12小时 易学速用 视听课堂

Word/Excel/PPT 商务应用 2016 傻瓜书

褚金明 编著

中国铁道出版社
CHINA RAILWAY PUBLISHING HOUSE

内 容 简 介

本书以 Word/Excel/PPT 2016 商务办公应用为切入点，采用实战案例的方式，系统地讲解了初学者需要掌握的各种 Office 商务办公操作技能与技巧。本书分为 12 章，其中包括快速编排普通 Word 商务文档，制作图文并茂的 Word 商务文档，制作 Word 商务办公表格，使用 Word 文档邮件合并与模板，使用 Excel 制作商务办公表格，Excel 商务办公表格管理与美化，Excel 数据统计与分析，Excel 数据分析图形化，使用公式与函数计算 Excel 数据，使用 PPT 设计与制作普通演示文稿，制作带切换与动画效果的动态演示文稿，以及商务演示文稿的放映、输出与打包。

本书适合需要学习使用 Word、Excel 和 PowerPoint 进行商务办公的初级用户，希望迅速提高 Office 办公软件应用能力的中高级用户，行政文秘、人力资源、财务管理、销售管理等需要快速学习和掌握商务办公技能的从业人员，以及大、中专应届毕业生与想从事商务办公工作的求职人员学习使用。

图书在版编目（CIP）数据

Word/Excel/PPT 2016 商务应用傻瓜书/褚金明编著. —北京：中国铁道出版社, 2017. 9

ISBN 978-7-113-23313-6

Ⅰ. ①W… Ⅱ. ①褚… Ⅲ. ①办公自动化-应用软件 Ⅳ. ①TP317. 1

中国版本图书馆 CIP 数据核字（2017）第 150638 号

书　　名：Word/Excel/PPT 2016 商务应用傻瓜书
作　　者：褚金明　编著

策　　划：苏　茜　　**读者热线电话：**010-63560056
责任编辑：张　丹
责任印制：赵星辰　　**封面设计：**MXK DESIGN STUDIO

出版发行：中国铁道出版社（北京市西城区右安门西街 8 号　　邮政编码：100054）
印　　刷：三河市兴达印务有限公司
版　　次：2017 年 9 月第 1 版　　2017 年 9 月第 1 次印刷
开　　本：850mm×1 092mm　1/16　　**印张：**20.25　　**字数：**544 千
书　　号：ISBN 978-7-113-23313-6
定　　价：49.80 元

前 言

在 Office 办公套装软件中，Word、Excel 和 PowerPoint 是常用的三个重要工具软件，使用这些软件几乎可以完成日常商务办公中的所有文档的处理与制作、数据管理、计算与分析，以及各种演讲、培训或报告内容的演绎。为了让更多的用户学会使用 Office 软件进行高效商务办公，提高工作效率，我们特别邀请资深 Office 办公专家精心策划并编写了本书。

本书立足于 Word/Excel/PowerPoint 2016 三款软件的商务办公应用，采用实战案例的方式系统地讲解初学者需要掌握的各种 Office 办公操作技能和相关技巧。

内容导读

本书充分考虑到广大职场人士的实际需求，将 Word、Excel、PPT 商务办公操作、技巧与典型实例完美融合，以求读者能在短时间内快速学会软件的使用方法，又能掌握商务办公文档制作的思路与方法。

全书分为 12 章，其中包括快速编排普通 Word 商务文档，制作图文并茂的 Word 商务文档，制作 Word 商务办公表格，使用 Word 文档邮件合并与模板，使用 Excel 制作商务办公表格，Excel 商务办公表格管理与美化，Excel 数据统计与分析，Excel 数据分析图形化，使用公式与函数计算 Excel 数据，使用 PPT 设计与制作普通演示文稿，制作带切换与动画效果的动态演示文稿，以及商务演示文稿的放映、输出与打包。

视频特色

本书附赠配套情景交互式、12 小时超长播放的多媒体视听教学视频，情景教学、互动学习，既是与图书完美结合的视听课堂，又是一套具备完整教学功能的学习软件，直观、便利、实用。所有操作的视频演示，均支持交互模式，可实现即扫即看功能。

视频中提供了全书实例涉及的所有素材文件，方便读者上机练习实践，达到即学即用、举一反三的学习效果。另外，还超值赠送了 2 470 套 Word、Excel 和 PowerPoint 办公模板，供读者使用，除了赠送本书视频与素材外，还赠送了由中国铁道出版社出版的《Excel 会计与财务管理日常应用傻瓜书》和《Photoshop 图像处理傻瓜书》的多媒体教学视频，一书多用，物超所值。

如何获取视频教程

1．“扫一扫”封面上的二维码，在打开的界面上单击本书所对应的下载文件；

2．选择保存路径后开始下载，并将文件命名为“1”；

3．下载其他压缩文件，依次命名为“2”、“3”、……；

备注：读者只需解压一个文件，即可免费得到全部视频内容。

教学视频下载地址：http://www.crphdm.com/2017/0620/13571.shtml。

适用人群

本书系统全面、案例丰富、讲解细致、实用性强，能够满足不同层次读者的学习需求，适合以下读者群体学习阅读：

1. 需要学习使用 Word、Excel 和 PowerPoint 进行商务办公的初级用户；
2. 希望迅速提高 Office 办公软件应用能力的中高级用户；
3. 行政文秘、人力资源、财务管理、销售管理等需要快速学习和掌握商务办公技能的从业人员；
4. 大、中专应届毕业生与想从事商务办公工作的求职人员。

售后服务

如果读者在使用本书的过程中遇到什么问题或者有什么好的意见或建议，可以通过发送电子邮件（E-mail：jtbooks@126.com）或者 QQ：843688388 联系我们，我们将及时予以回复，并尽最大努力提供学习上的指导与帮助。

希望本书能提高广大读者朋友的学习效率和工作效率，由于编者知识有限，书中可能存在不足之处，欢迎读者朋友提出宝贵意见，我们将加以改进，在此深表谢意！

编　者

2017 年 6 月

目　录

第7章 Excel数据统计与分析

第8章 Excel数据分析图形化

第9章 使用公式与函数计算Excel数据

第1章 快速编排普通 Word 商务文档

章前导读

在日常办公应用中，Word 是目前非常流行、常用的文字处理软件之一，它可以帮助用户轻松、快捷地制作办公文件。本章将以制作委托书、公司管理制度、物资采购管理办法等文档为例，介绍使用 Word 2016 编排普通办公文件的操作方法与技巧，制作出专业、实用的商务办公文件。

- 制作委托书
- 制作公司管理制度
- 制作物资采购管理办法

小神通，你知道怎样使用 Word 2016 制作文档吗？

首先要输入文本，然后进行各种格式设置，我们让博士来详细介绍一下吧！

没错，输入文本是制作 Word 文档的第一步，不过为了使文档更加美观，我们需要设置文档的字体格式、段落格式等，这样才能使整篇文档看起来条理清晰，更有商务范儿。本章就来学习如何快速编排普通 Word 商务文档。

1.1 制作委托书

委托书类纯文本文档在公司的日常办公中经常会用到。一般的委托书由标题、称谓、正文、签署栏、落款五部分组成。下面将以公司授权委托书为例介绍其制作过程。

1.1.1 设置内容格式

提示您

单击“剪贴板”组右下角的扩展按钮，可打开“剪贴板”窗格，从中可以查看复制过的内容。

制作公司授权委托书，首先需要在 Word 2016 中新建文档并输入内容，然后对当前文档的页面和文本格式进行一些必要的设置，包括页面尺寸、字体格式和段落格式等。

1．复制与粘贴文本

在输入文档内容时，有时可能需要从外部文件或其他文档中复制一些文本内容。例如，本例将从素材文件中复制公司授权委托书的内容到 Word 中进行编辑，具体操作方法如下：

第1步 输入标题 新建“公司授权委托书”文档，输入标题内容，按【Enter】键另起一行。

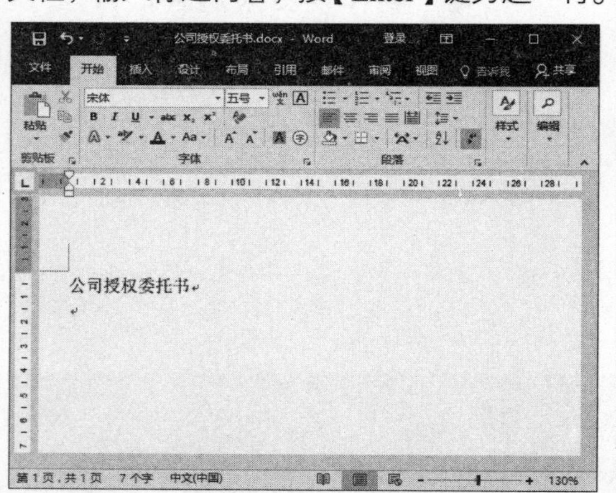

第2步 复制文本 打开文本素材文件，按【Ctrl+A】组合键全选内容文本，按【Ctrl+C】组合键复制文本。

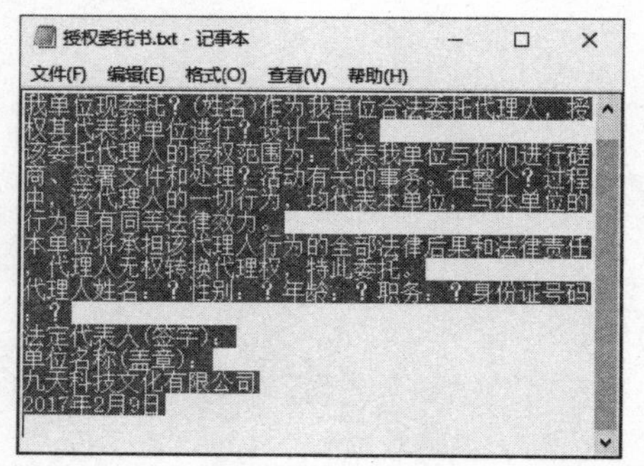
授权委托书.txt - 记事本

文件(F) 编辑(E) 格式(O) 查看(V) 帮助(H)

我单位现委托？（姓名）作为我单位合法委托代理人，授权其代表我单位进行？设计工作。
该委托代理人的授权范围为：代表我单位与你们进行磋商、签署文件和处理？活动有关的事务。在整个？过程中，该代理人的一切行为，均代表本单位，与本单位的行为具有同等法律效力。
本单位将承担该代理人行为的全部法律后果和法律责任，代理人无权转换代理权。特此委托。
代理人姓名：？性别：？年龄：？职务：？身份证号码：？
法定代表人(签字)：
单位名称(盖章)：
九天科技文化有限公司
2017年2月9日

第3步 粘贴文本 切换到 Word 文档，在“剪贴板”组中单击“粘贴”按钮，即可将复制的文本粘贴到文档中，按【Ctrl+S】组合键保存文档。

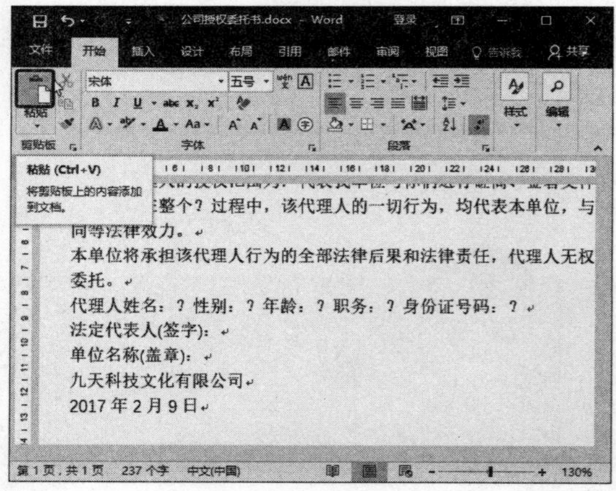

多学点

选中文本后直接拖动选中的文本，即可移动文本的位置。在拖动过程中按住【Ctrl】键，即可复制文本。

在粘贴项目后按【Ctrl】键，将弹出“粘贴选项”面板，从中可选择所需的粘贴方式。

2．设置页面尺寸

页面设置是排版文档的第一步，包括设置页边距和纸张大小等，具体操作方法如下：

第1步 单击扩展按钮 ❶ 选择“布局”选项卡。❷ 单击“页面设置”组右下角的扩展按钮。

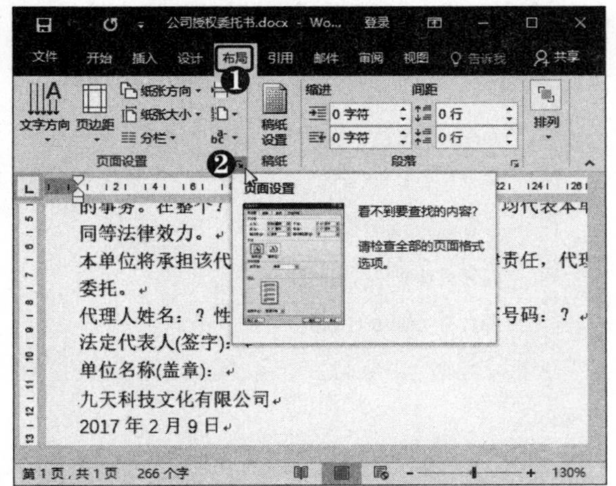

第2步 设置页边距 弹出“页面设置”对话框，在“页边距”选项卡下设置上、下、左、右页边距均为“2 厘米”。

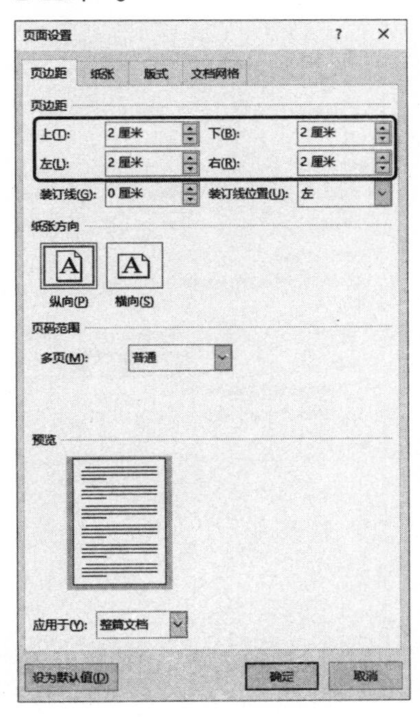

第3步 设置纸张大小 ❶ 选择“纸张”选项卡。❷ 设置纸张的宽度和高度。❸ 单击“确定”按钮。

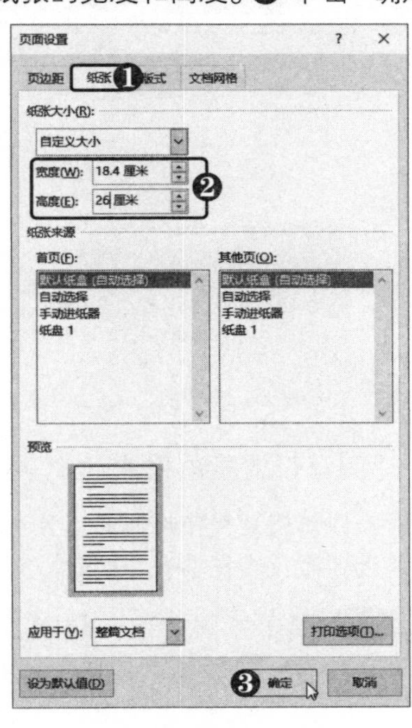

第4步 查看效果 此时即可更改文档的页边距和纸张大小。

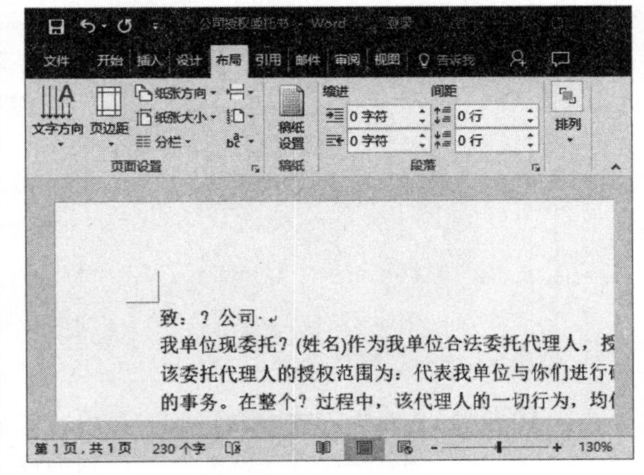

3．设置字体格式

常用的文本字体格式设置主要包括字体、字号、粗体、斜体、加下画线等。下面将介绍如何对文档各部分的字体格式进行设置，使其更加整齐、美观，具体操作方法如下：

第1步 **设置字体与字号** ❶ 选中标题文本。❷ 在“字体”组中设置字体格式为“黑体”、“二号”。❸ 单击“加粗”按钮B。

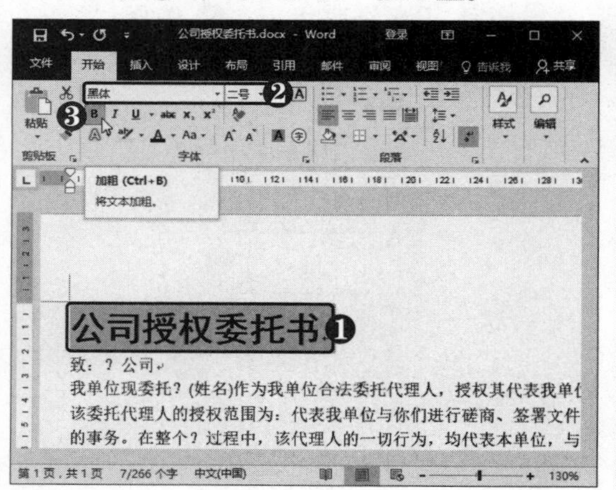

第2步 **设置字体格式** 采用同样的方法，设置内容文本和落款文本的字体格式。

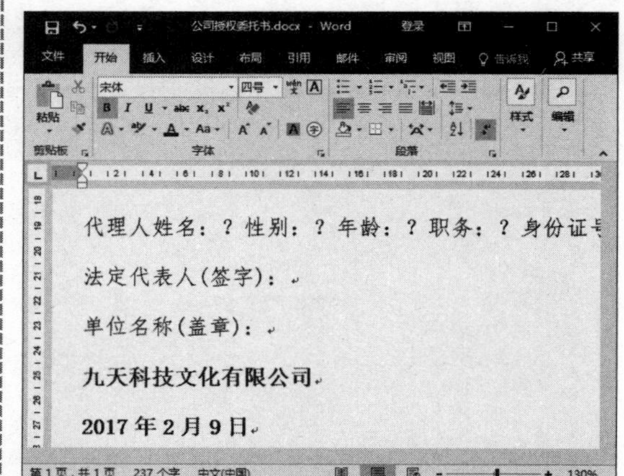

电脑小专家

问：如何快速还原字体和段落格式？

答：选中文本或段落后，在“字体”组中单击“清除所有格式”按钮，即可清除其字体和段落格式。

4．设置段落格式

段落格式是指控制段落外观的格式设置，如缩进、对齐方式、行距和段落间距等。在编排“公司授权委托书”文档时，应根据需要对文本的段落格式进行设置，具体操作方法如下：

第1步 **单击扩展按钮** ❶ 选中除标题外的其他文本。❷ 单击“段落”组右下角的扩展按钮。

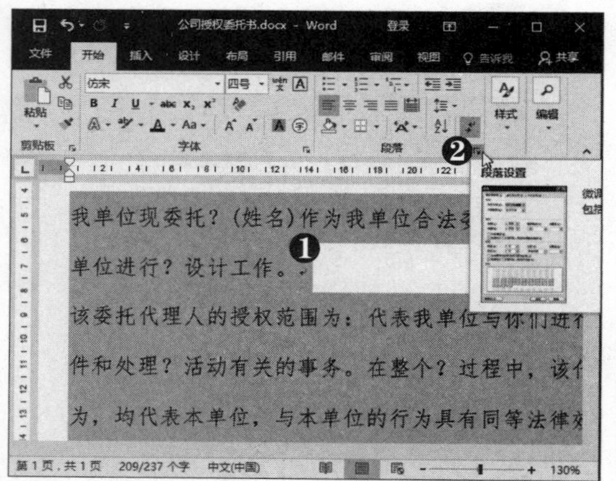

第2步 **设置首行缩进和行距** 弹出“段落”对话框，❶ 在“特殊格式”下拉列表框中选择“首行缩进”选项。❷ 在“行距”下拉列表框中选择“1.5 倍行距”选项。❸ 单击“确定”按钮。

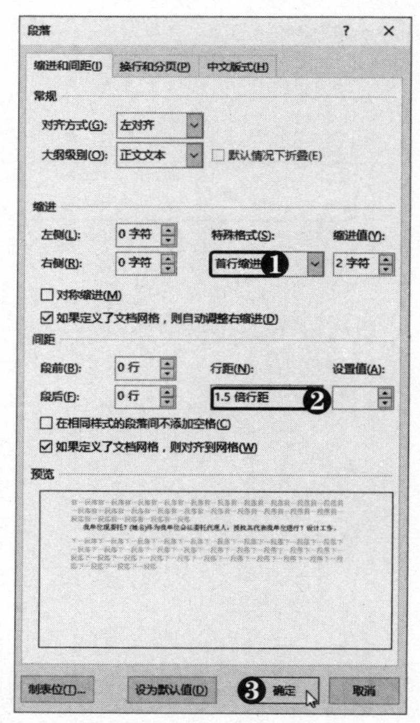

第3步 **设置对齐方式和段落间距** 选中标题文本，打开“段落”对话框，❶ 设置对齐方式为居中。❷ 设置段前间距为 0 行，段后间距为 3 行。❸ 单击“确定”按钮。

新手巧上路

问：如何将行距设置为固定值？

答：打开“段落”对话框，在“行距”下拉列表框中选择“固定值”选项，然后设置磅值即可。

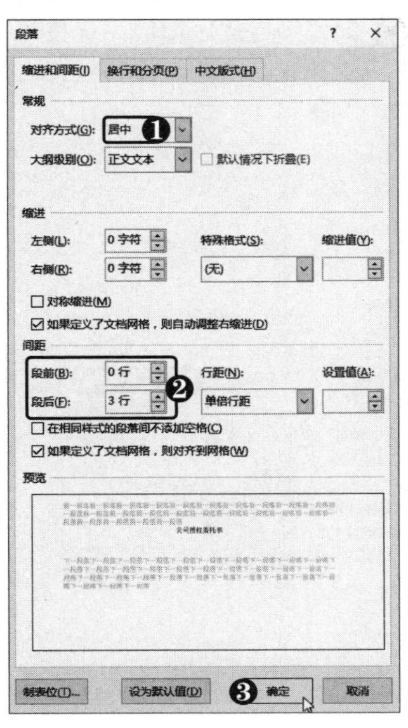

第4步 设置右对齐 ❶ 选中落款文本。❷ 在“段落”组中单击“右对齐”按钮。

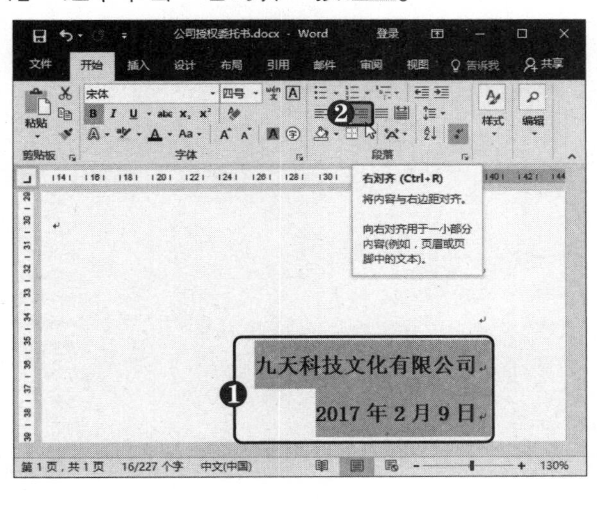

1.1.2 替换指定内容

使用“查找和替换”功能可以快速地将指定的文本内容或格式替换为所需的内容或格式。例如，在本例中为提高录入速度，在所有需要留白处使用“？”进行替代，下面将所有的“？”替换为空白，具体操作方法如下：

第1步 单击“替换”按钮 在“编辑”组中单击“替换”按钮。

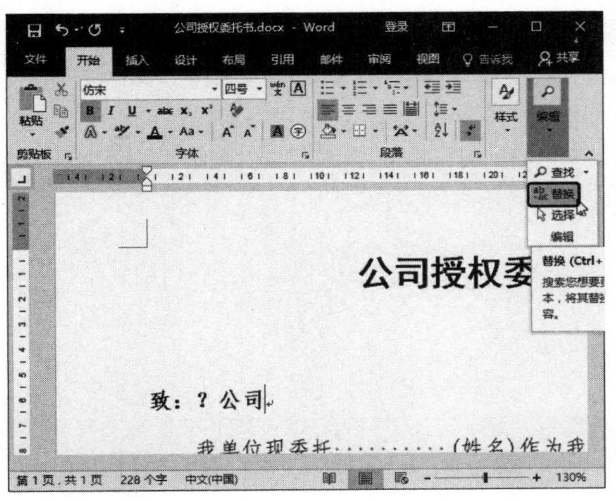

第2步 输入查找和替换内容 弹出“查找和替换”对话框，❶ 在“查找内容”文本框中输入“？”。❷ 在“替换为”文本框中输入 10 个空格。❸ 单击“更多”按钮。

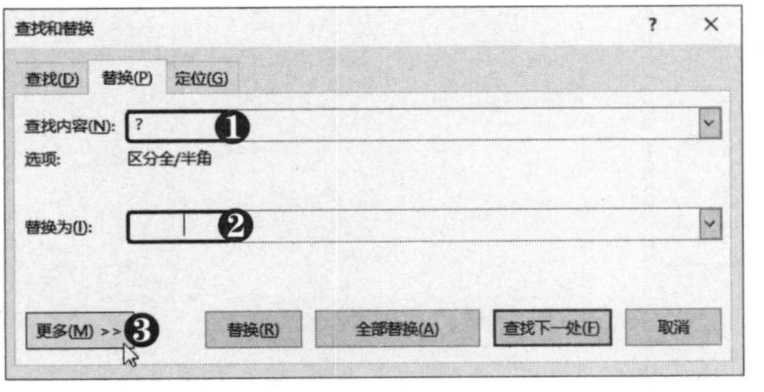

第3步 选择“字体”选项 ❶ 单击“格式”下拉按钮。❷ 选择“字体”选项。

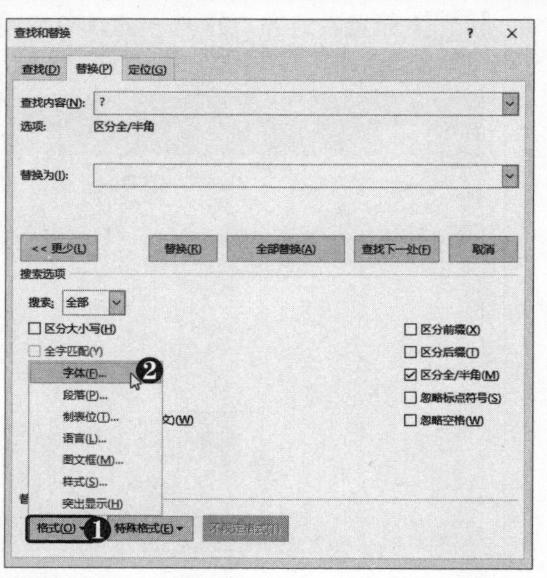

第4步 选择下画线类型 弹出“替换字体”对话框，❶ 选择下画线类型。❷ 单击“确定”按钮。

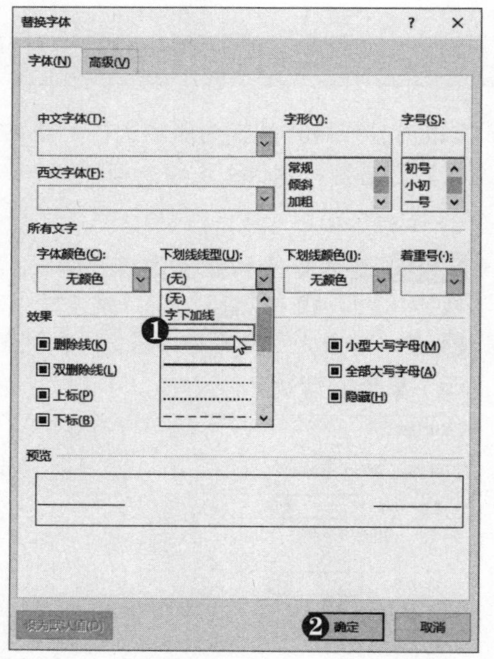

第5步 替换完成 返回“查找与替换”对话框，❶ 单击“全部替换”按钮，弹出提示信息框。❷ 单击“确定”按钮。

第6步 查看替换效果 关闭“查找与替换”对话框，查看替换效果。

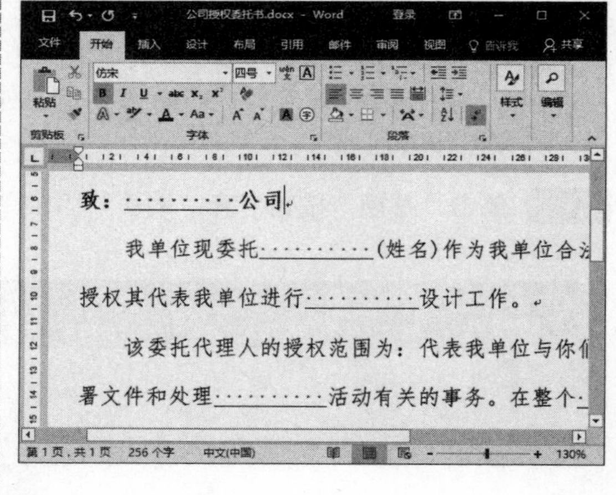

提示您

若不是在整篇文档中查找或替换内容，只需先选中要查找或替换的文本，然后在“查找和替换”对话框中进行操作即可。

多学点

使用“查找和替换”对话框还可以替换特殊格式，如将手动换行符替换为段落标记，只需单击“特殊格式”下拉按钮，在弹出的下拉列表中选择格式即可。

1.1.3 设置签署栏格式

公司授权委托书的签署栏用于填写授权单位的基本信息，需要授权单位签章和法定代表人签字。使用制表位功能可以快速对齐签署栏，具体操作方法如下：

第1步 **设置制表符对齐方式** 单击标尺左侧的"左对齐式制表符"按钮 ⌊，直到其变为"右对齐式制表符" ⌋。

第2步 **添加制表符** ❶ 选中文本。❷ 在标尺上单击添加制表符。

第3步 **按【Tab】键** 将光标定位到文本前，按【Tab】键即可使文本与制表符右对齐。采用同样的方法，将下一行文本与制表符右对齐。

第4步 **单击"下画线"按钮** ❶ 定位光标。❷ 在"字体"组中单击"下画线"按钮 U。

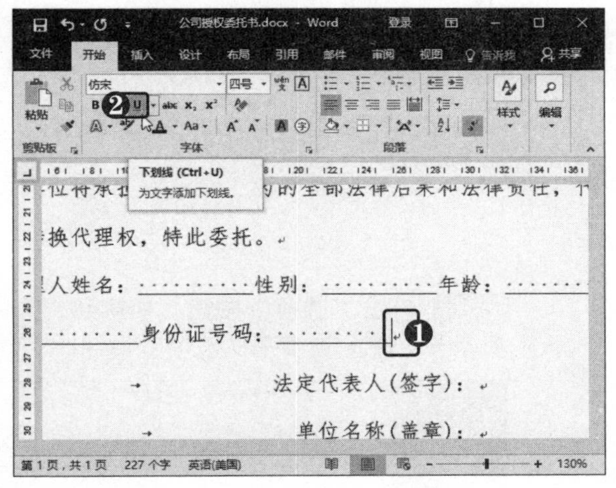

第5步 **添加下画线** 按空格键，即可添加下画线。

1.2 制作公司管理制度

为维护公司的正常工作秩序，每个公司都会有自己的一套规章制度。作为一名行政人员，制作这些规章制度是必不可少的工作。下面将介绍如何在 Word 2016 中制作一份完整的公司内部管理制度。

1.2.1 使用自动更正快速输入文本

在输入文档内容时，如果某些较长的名词或词组经常出现，如公司名称或公司地址，此时可以使用 Word 自动更正功能将这些词语或词组用更简短的内容替代，以快速输入所需的文本，具体操作方法如下：

第1步 输入内容 新建“公司内部管理制度”文档，输入封面文本。

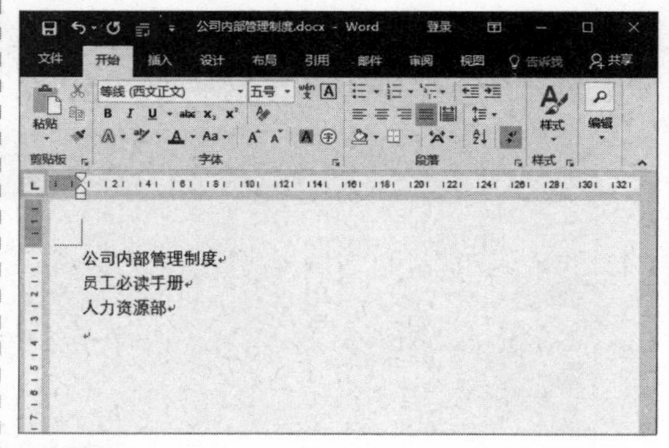

第2步 单击“选项”按钮 切换到“文件”选项卡，在左侧单击“选项”按钮。

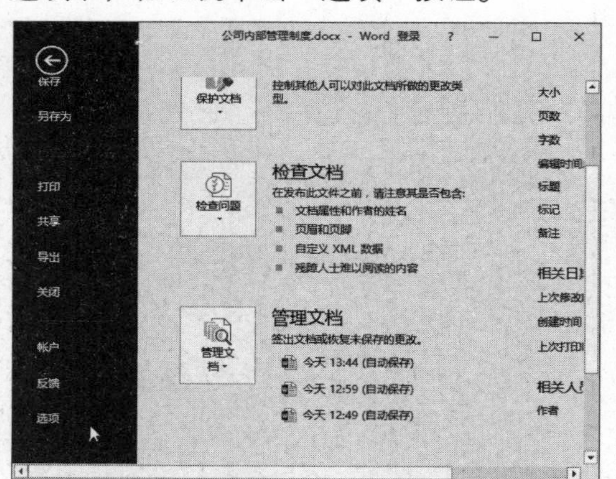

第3步 单击“自动更正选项”按钮 弹出“Word 选项”对话框，❶ 在左侧选择“校对”选项。❷ 单击“自动更正选项”按钮。

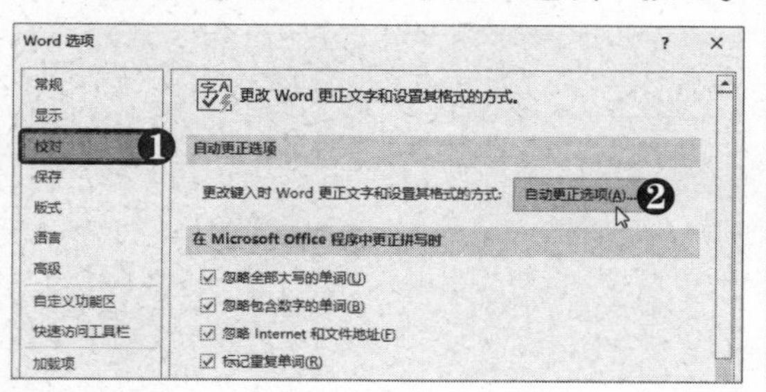

第4步 单击“添加”按钮 弹出“自动更正”对话框，❶ 输入“替换”和“替换为”内容。❷ 单击“添加”按钮。

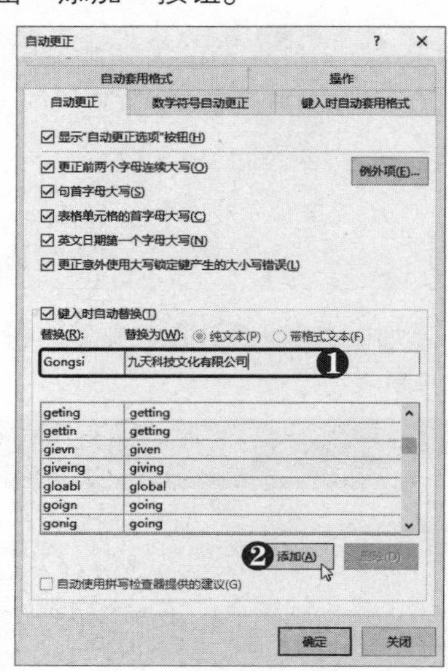

第5步 添加自动替换内容 此时即可将自动替换内容添加到列表中，单击“确定”按钮。

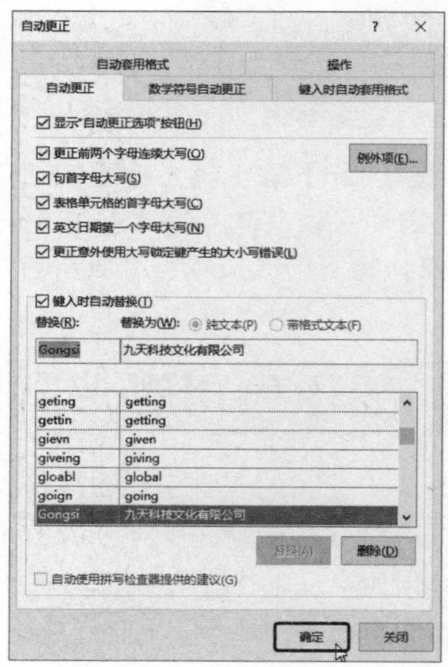

电脑小专家

问：如何取消应用自动更正功能？

答：将鼠标指针移至自动更正文本的下方，单击“自动更正选项”按钮，在弹出的下拉列表中可以选择撤销或停止自动更正功能。

新手巧上路

问：如何删除自动更换的替换内容？

答：在“自动更正”对话框中选中替换内容，然后单击“删除”按钮即可。

第6步 查看更正效果 在文档中输入 Gongsi，即可自动填充为“九天科技文化有限公司”。

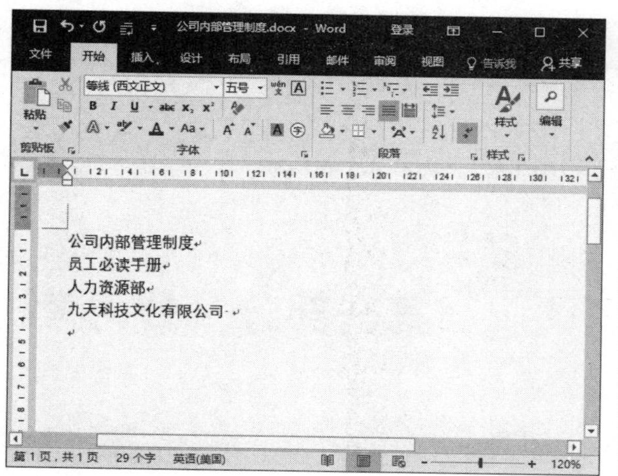

第7步 设置字体格式 设置封面内容的字体和段落格式。

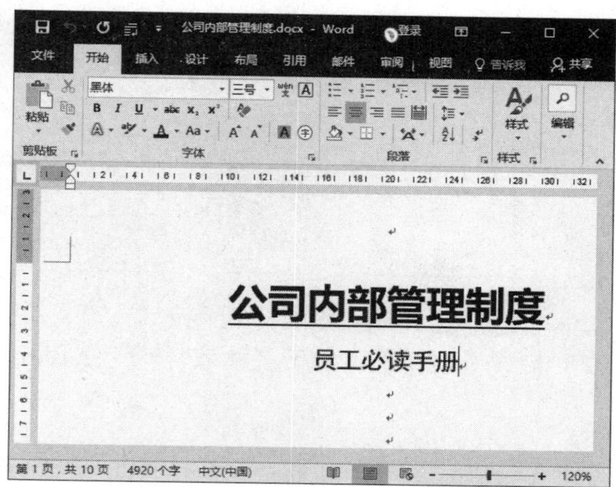

1.2.2 创建标题样式

在编辑文档时，使用样式可以帮助用户准确、迅速地统一文档格式，此时可以使用 Word 中内置的样式，也可以根据需要自定义样式。下面将介绍如何使用样式设置“公司内部管理制度”文档的标题格式，具体操作方法如下：

第1步 设置字体格式 将文本素材粘贴到文档中，选中第一行文本并设置字体格式，单击“段落”组右下角的扩展按钮。

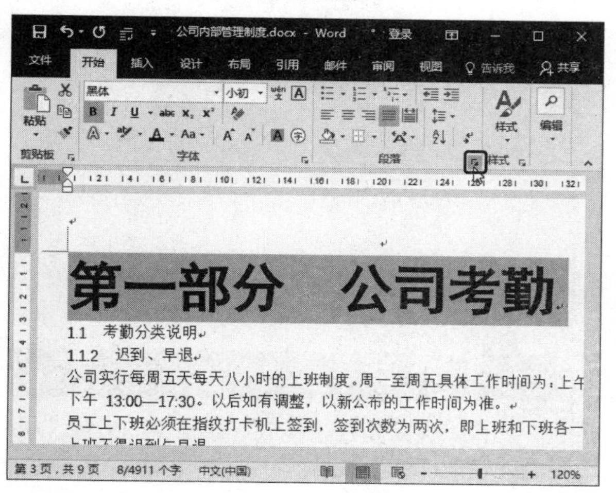

第2步 设置段落格式 弹出“段落”对话框，❶ 设置对齐方式为“居中”。❷ 在“大纲级别”下拉列表框中选择“1 级”选项。❸ 设置段前、段后间距。❹ 单击“确定”按钮。

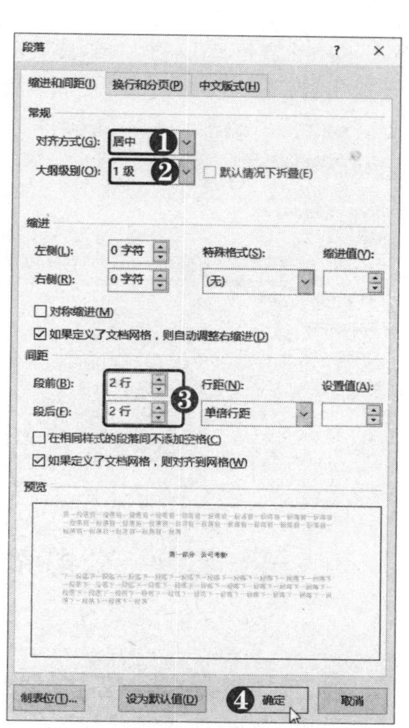

第3步 单击扩展按钮 单击“样式”组右下角的扩展按钮。

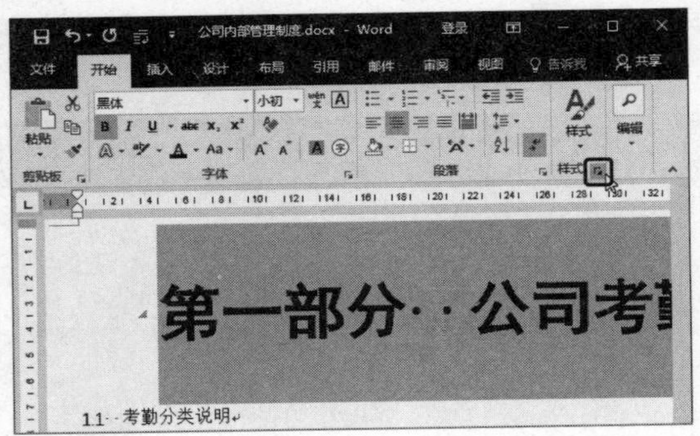

第4步 单击“新建样式”按钮 打开“样式”窗格，在下方单击“新建样式”按钮。

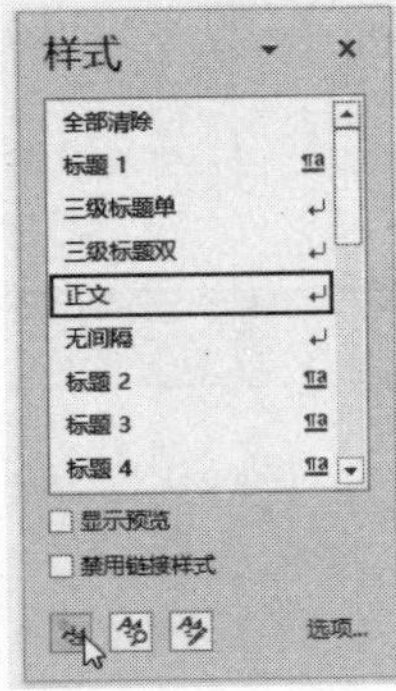

第5步 设置样式属性 弹出对话框，❶ 输入样式名称。❷ 选中“自动更新”复选框。❸ 单击“确定”按钮。采用同样的方法，为其他标题新建样式。

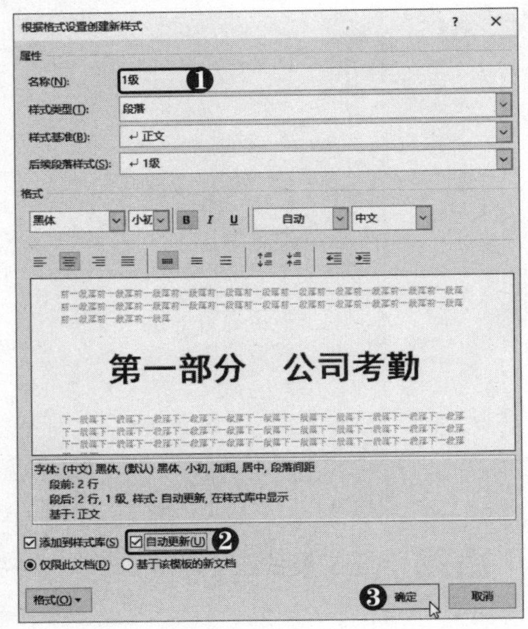

提示您

样式是一切Word排版工作的基础，少了样式就不能称其为排版。样式的使用大大提高了我们的工作效率。

多学点

在排版工作中使用样式后，若要调整整篇文档中某种页面元素的形式，只需修改与其对应的样式，即可快速更新整篇文档的设计。

第6步 查看样式效果 此时即可创建“1级”样式，在文档中即可查看样式效果。

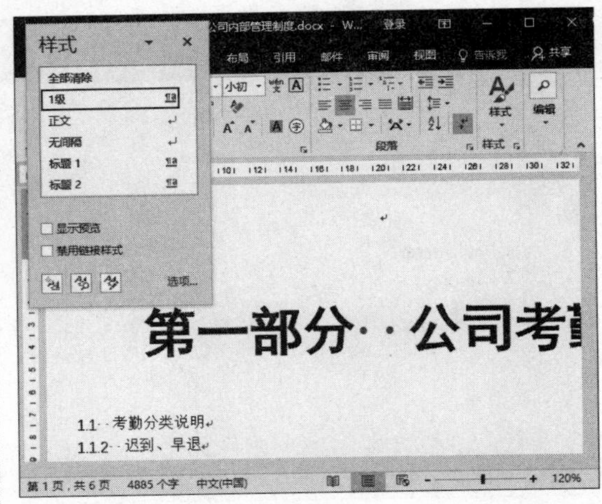

第7步 创建标题样式 采用同样的方法，创建2级、3级标题样式。

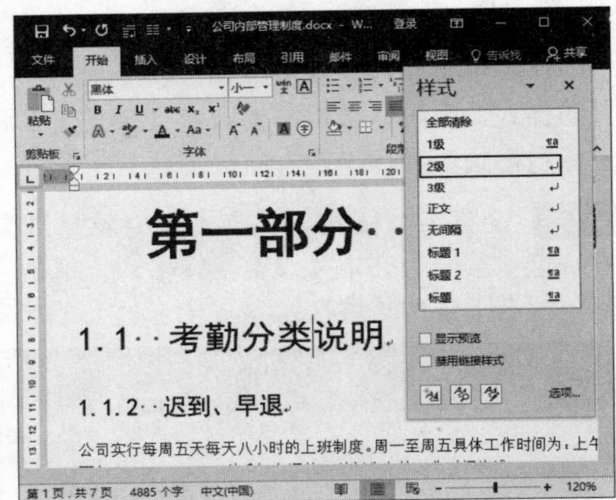

高手点拨

要调整文本在“样式”窗格中的位置，可在“管理样式”对话框中选择“推荐”选项卡，从中单击“上移”或“下移”按钮即可。

1.2.3 创建正文样式

公司内部管理制度的内容一般有很多条目，在创建正文样式时，为了使正文的条理更加清晰，可以为条目添加自动编号。下面通过创建和应用正文样式来快速设置这些条目的格式，具体操作方法如下：

第1步 单击"创建样式"按钮 ❶ 选中第一段文本。❷ 在"样式"窗格中单击"创建样式"按钮。

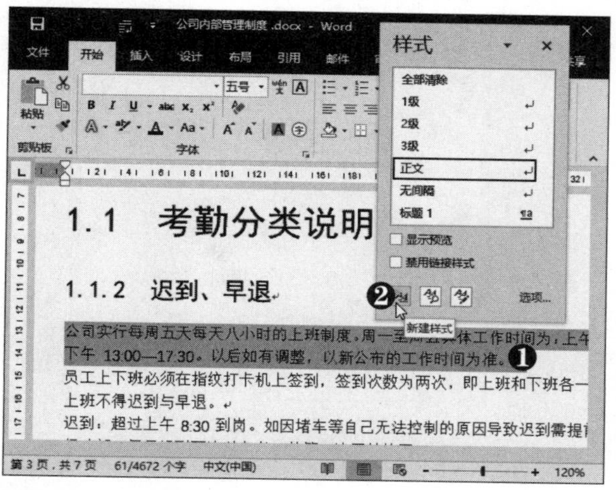

第2步 选择"编号"选项 弹出"根据格式设置创建新样式"对话框，❶ 输入样式名称。❷ 单击"格式"下拉按钮。❸ 选择"编号"选项。

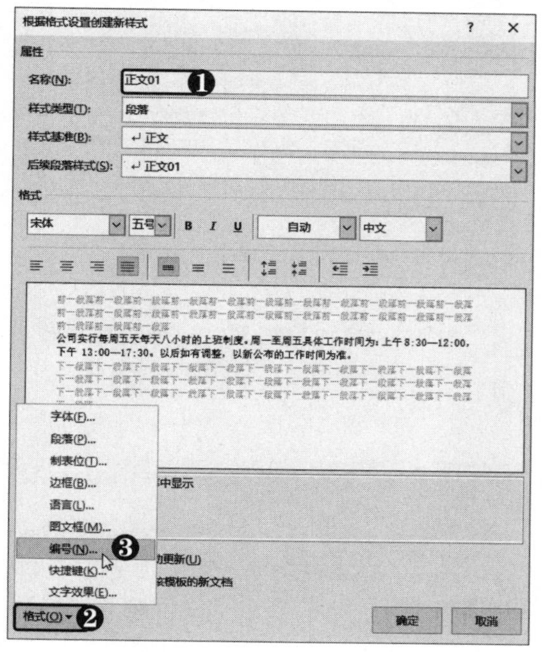

第3步 单击"定义新编号格式"按钮 弹出"编号和项目符号"对话框，单击"定义新编号格式"按钮。

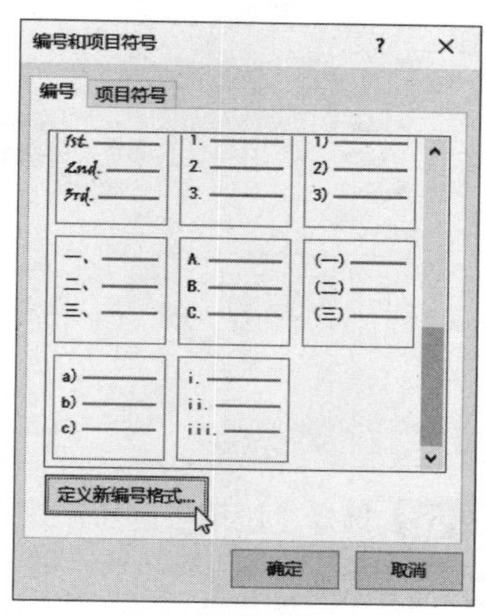

第4步 输入编号格式 弹出"定义新编号格式"对话框，❶ 选择编号样式。❷ 在编号格式中输入"第 1 条"。❸ 单击"字体"按钮。

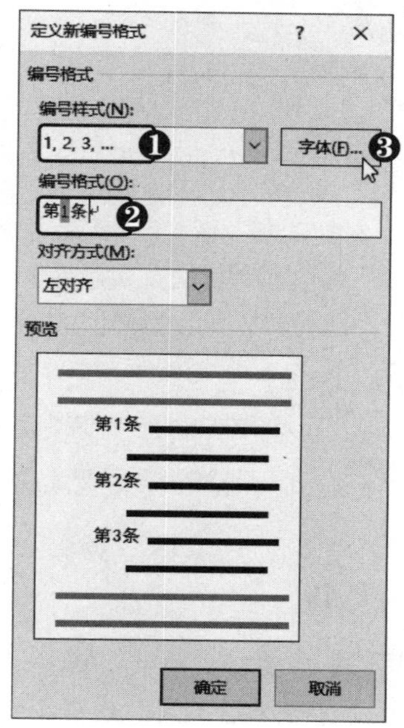

电脑小专家

问：怎样查看样式具体格式？

答：在“样式”窗格选中样式后，单击下方的“样式检查器”按钮，打开“样式检查器”窗格，在其下方单击“显示格式”按钮，打开“显示格式”窗格，其中显示了样式的具体格式。

新手巧上路

问：怎样为样式指定快捷键？

答：打开“修改样式”对话框，单击“格式”下拉按钮，选择“快捷键”选项，在弹出的对话框中设置快捷键即可。

第5步 设置字体格式 弹出“字体”对话框，❶ 设置字体格式。❷ 单击“确定”按钮。

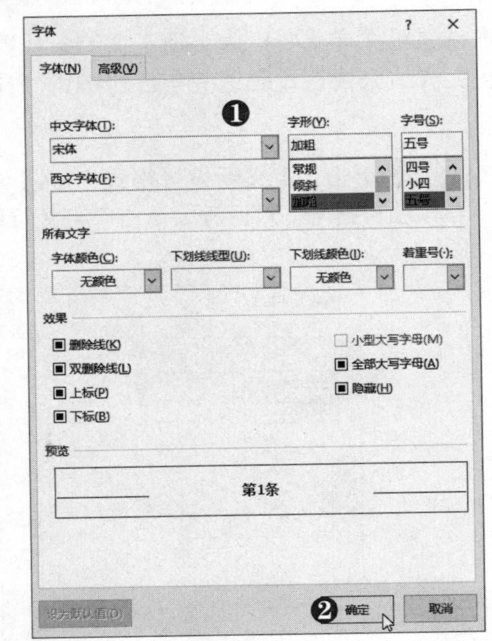

第6步 选择“段落”选项 返回“根据格式设置创建新样式”对话框，❶ 单击“格式”下拉按钮。❷ 选择“段落”选项。

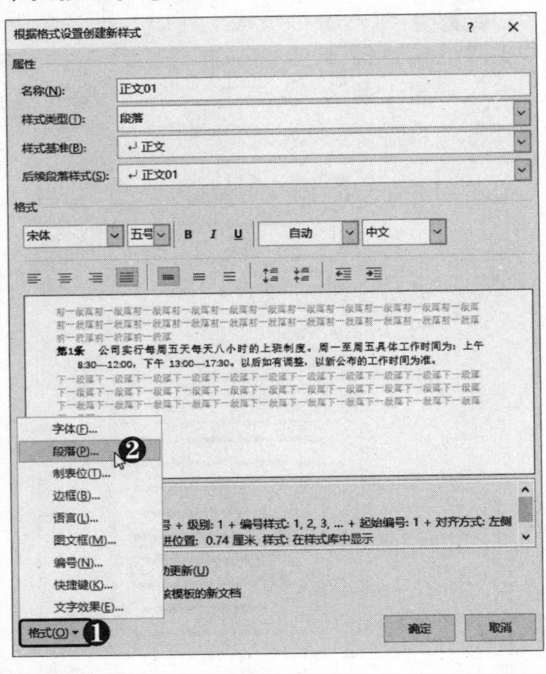

第7步 设置段落格式 弹出“段落”对话框，❶ 设置特殊格式为“悬挂缩进”、“4 字符”。❷ 设置段后间距为 0.5 行。❸ 单击“确定”按钮。

第8步 选中“自动更新”复选框 返回“根据格式设置创建新样式”对话框，❶ 选中“自动更新”复选框。❷ 单击“确定”按钮。

第9步 **查看样式效果**　此时即可创建“正文 01”样式，在文档中即可查看样式效果。

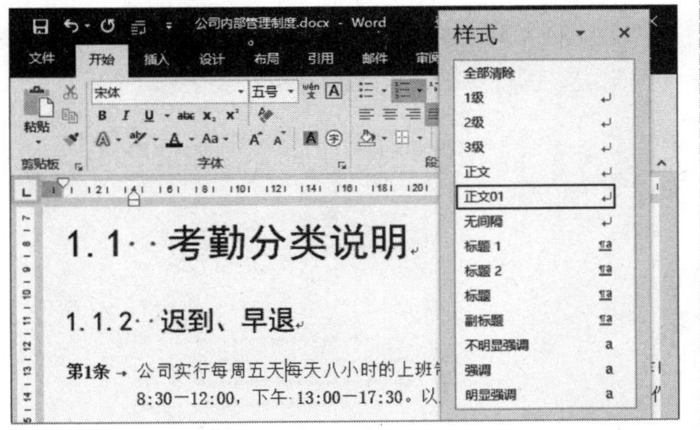

第10步 **应用样式**　❶ 将光标定位到第二段文本中。❷ 在“样式”窗格中选择“正文 01”样式，此时即可应用“正文 01”样式。采用同样的方法，在文档中设置各标题和条目文本。

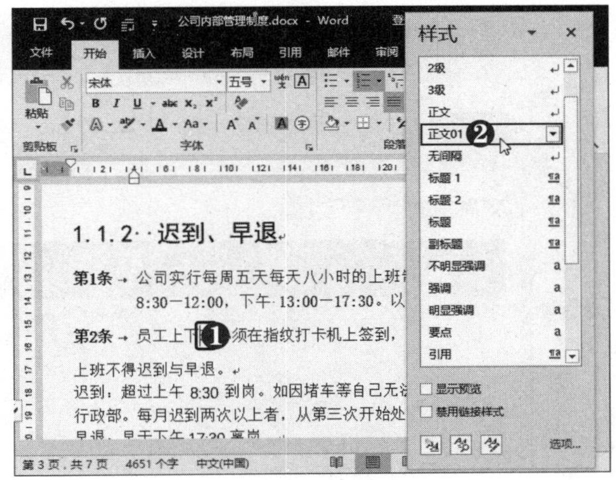

1.2.4 使用编号设置文本级别

在编辑文档时，为使文档的结构严谨，层次清晰，需要为子级条目添加自动编号，并更改编号级别，具体操作方法如下：

第1步 **选择编号样式**　选中需要添加编号的文本，❶ 在“段落”组中单击“编号”下拉按钮。❷ 选择所需的编号样式。

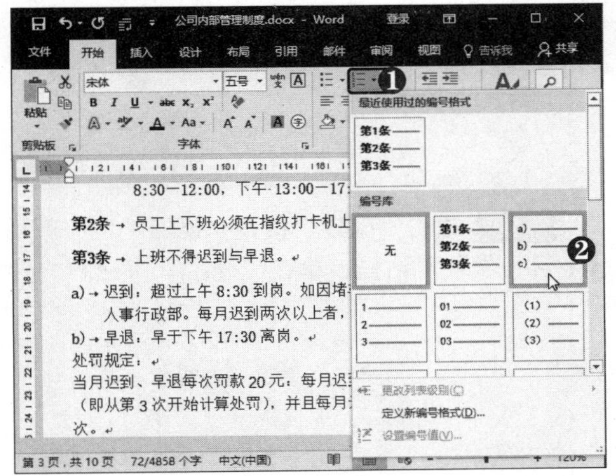

第2步 **选择“2 级”选项**　❶ 单击“编号”下拉按钮。❷ 选择“更改列表级别”选项。❸ 选择“a)”选项。

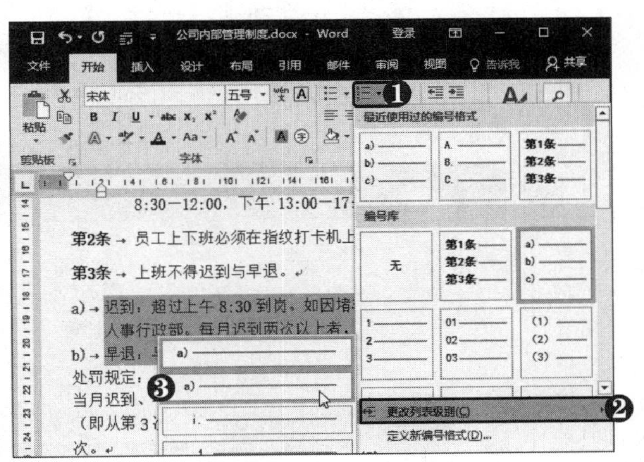

第3步 **查看编号效果**　此时即可查看更改列表级别后的编号效果。

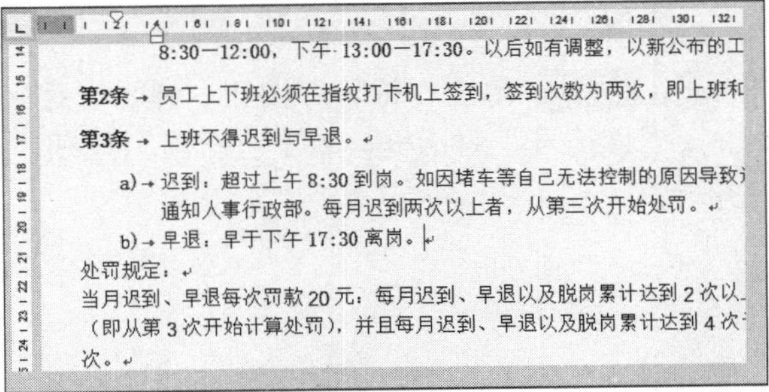

1.2.5 添加项目符号

项目符号是放在文本（如列表中的项目）前以添加强调效果的点或其他符号。下面将介绍如何为“公司内部管理制度”中的条目内容添加项目符号，具体操作方法如下：

第1步 添加字符边框 ❶ 选中文本。❷ 单击“字体”组中的“字符边框”按钮，为文本添加字符边框。

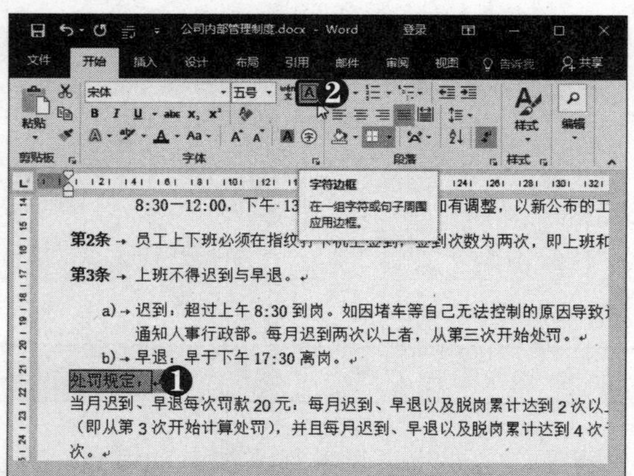

提示您

若插入的项目符号不能对齐文本，可打开“段落”对话框，选择“中文版式”选项卡，将文本对齐方式设置为“居中”即可。

第2步 选择“定义新项目符号”选项 ❶ 选中文本。❷ 在“段落”组中单击“项目符号”下拉按钮。❸ 选择“定义新项目符号”选项。

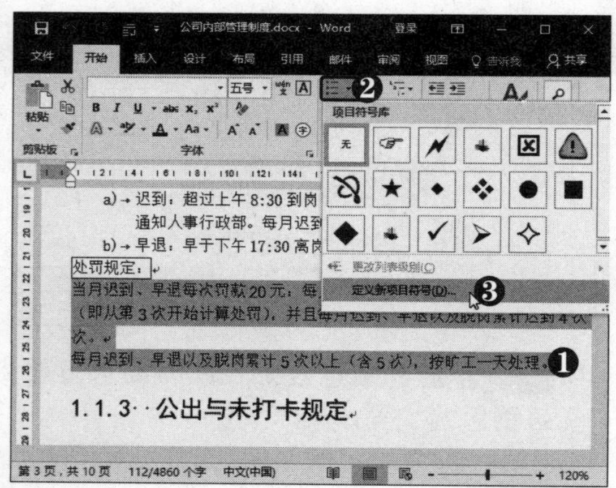

多学点

要改变项目符号的颜色，可在“定义新项目符号”对话框中单击“字体”按钮，在弹出的对话框中设置字体颜色即可。

第3步 单击“符号”按钮 弹出“定义新项目符号”对话框，单击“符号”按钮。

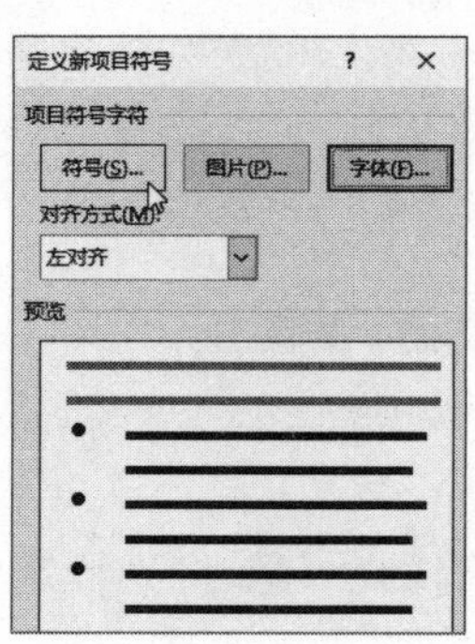

第4步 选择符号 弹出“符号”对话框，❶ 在“字体”下拉列表框中选择 Wingdings 字体。❷ 选择符号。❸ 单击“确定”按钮。

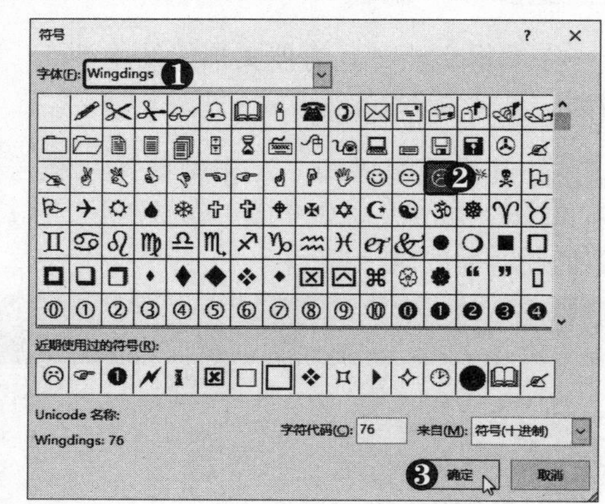

第5步 单击“确定”按钮 返回“定义新项目符号”对话框，单击“确定”按钮。

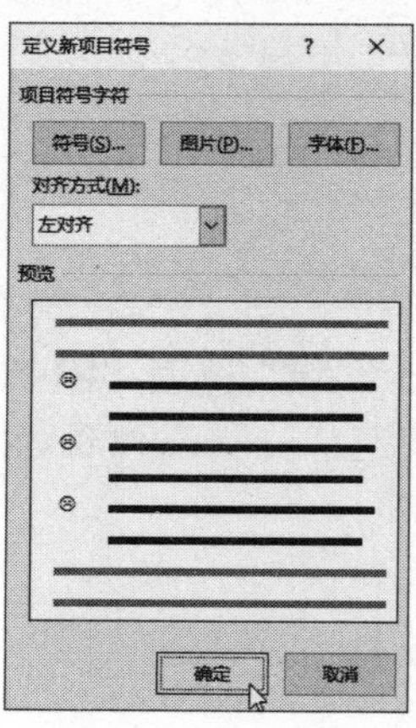

第6步 选择“定义新的多级列表”选项 ❶ 在“段落”组中单击“多级列表”下拉按钮。❷ 选择“定义新的多级列表”选项。

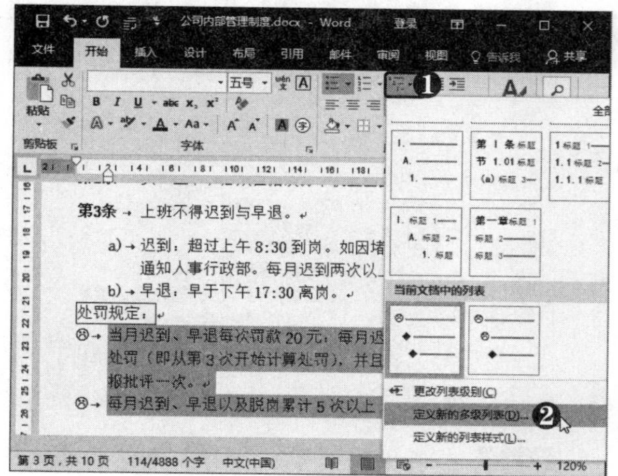

第7步 选择编号样式 弹出“定义新多级列表”对话框，❶ 在左侧单击要修改的级别，在此选择 2。❷ 选择此级别的编号样式。❸ 单击“确定”按钮。

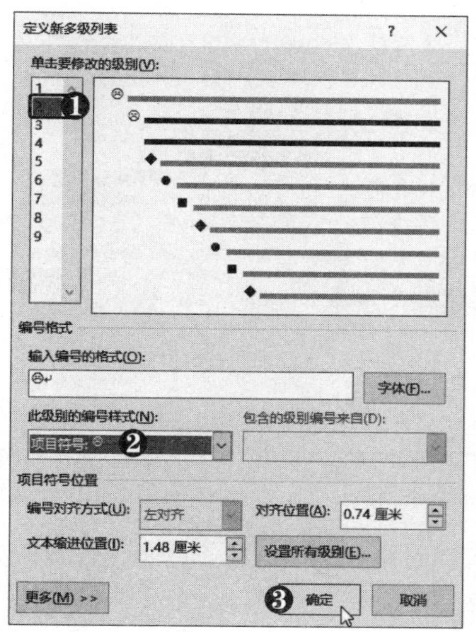

第8步 选择“2 级”选项 ❶ 在“段落”组中单击“项目符号”按钮。❷ 选择“更改列表级别”选项。❸ 选择“2 级”选项。

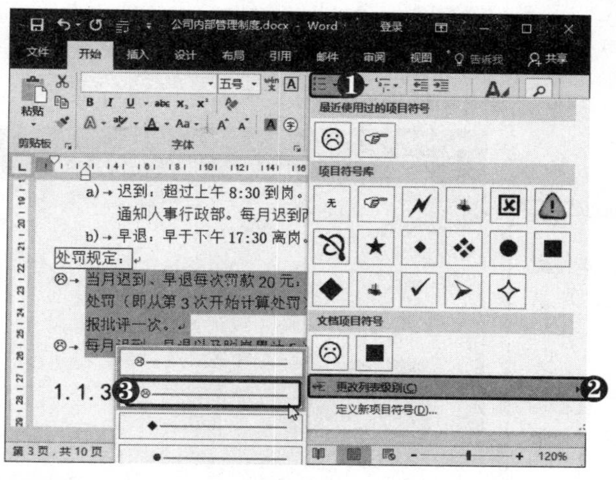

第9步 查看项目符号效果 此时即可查看更改列表级别后的项目符号效果。

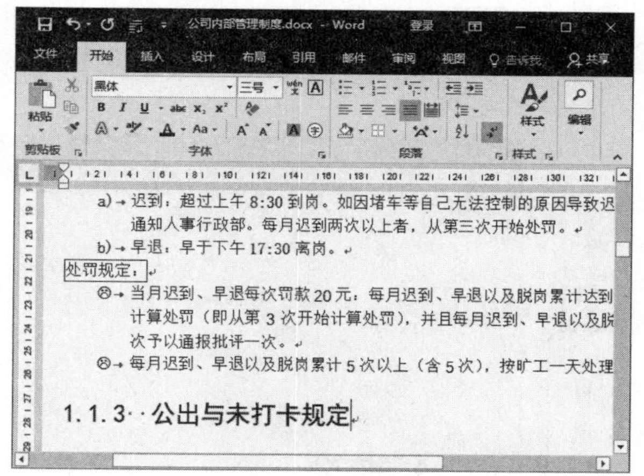

第10步 双击“格式刷”按钮 ❶ 选中文本。❷ 在“字体”中设置字体格式。❸ 在“剪贴板”组中双击“格式刷”按钮。

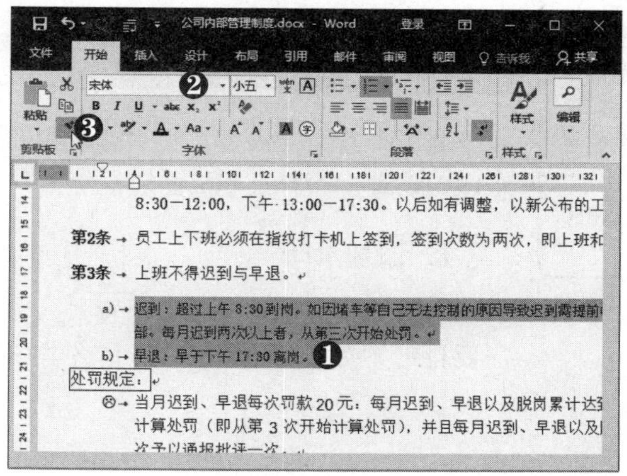

第11步 **应用格式** 进入格式刷状态，鼠标指针变为![]形状。此时可连续应用格式刷工具，在要应用格式的文本上拖动鼠标即可。

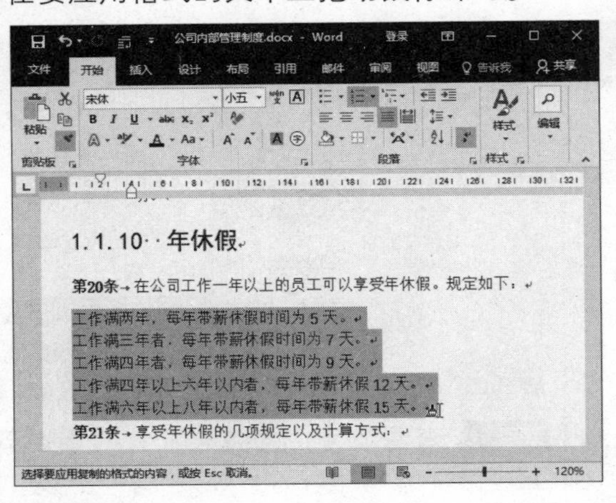

第12步 **退出格式刷** 继续使用“格式刷”工具复制编号格式，完成后按【Esc】键退出格式刷状态。

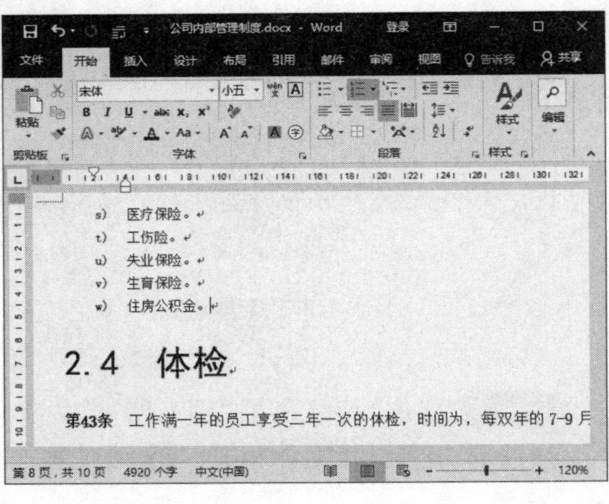

第13步 **重新编号** ❶选中文本并右击。❷选择“重新开始于a”命令。

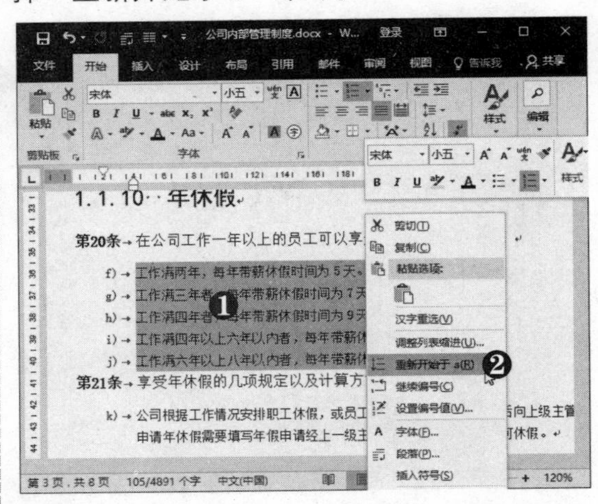

第14步 **查看编号效果** 此时即可重新从a开始编号，采用同样的方法设置其他编号。

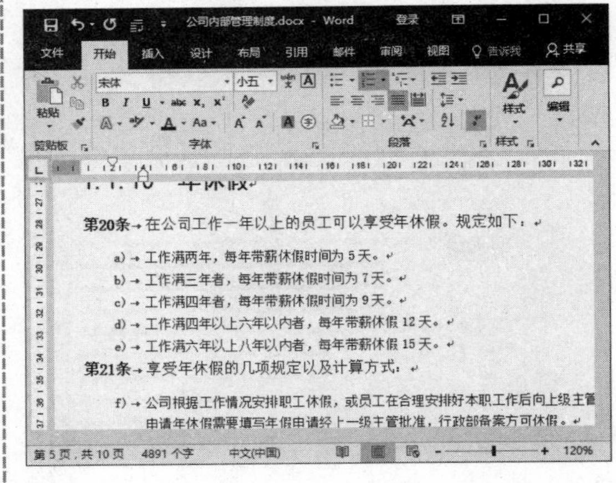

电脑小专家

问：如何删除编号后的制表符？

答：右击编号，选择“调整列表缩进”命令，在弹出的对话框中设置“编号之后”为“不特别标注”即可。

新手巧上路

问：怎样自定义图片项目符号？

答：在“定义新项目符号”对话框中单击“图片”按钮即可。若显示不出图片，可单击“项目符号”下拉按钮，再次应用该图片项目符号即可。

1.2.6 美化文档页面

为了丰富文档内容，吸引读者的注意力，可以对文档页面进行一些美化设置，如添加水印、设置页面背景和页面边框等。

1. 添加水印

水印效果类似于一种页面背景，但水印内容大多是文档所有者名称等信息，可以根据需要自定义文档水印，具体操作方法如下：

第1步 选择“自定义水印”选项 ❶ 在“设计”选项卡下的“页面背景”组中单击“水印”下拉按钮。❷ 选择“自定义水印”选项。

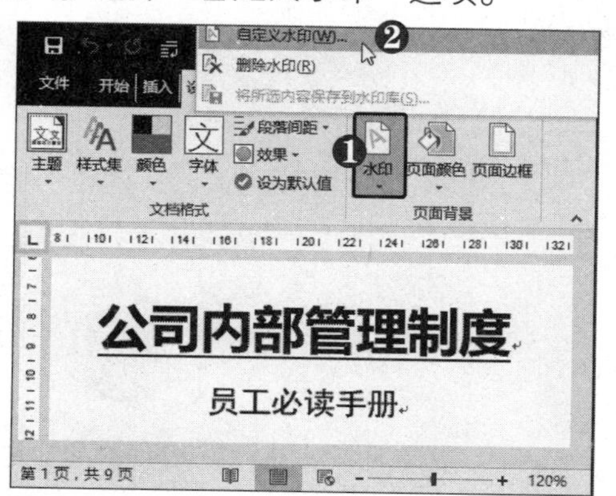

第2步 设置文字水印 弹出“水印”对话框，❶ 选中“文字水印”单选按钮。❷ 输入文字内容。❸ 设置“字体”、“字号”、“颜色”“版式”等参数。❹ 单击“确定”按钮。

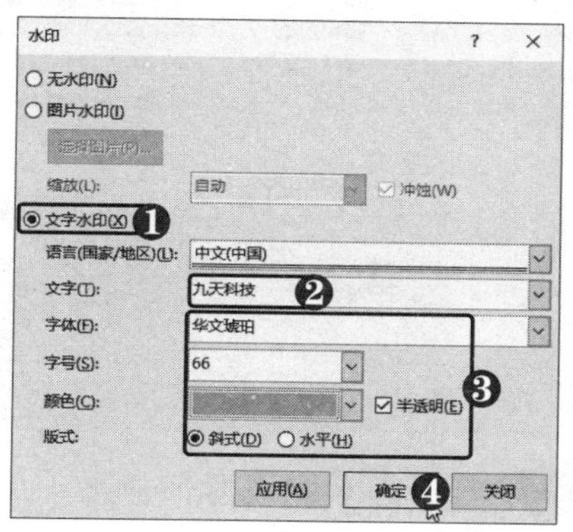

第3步 查看文字水印效果 此时即可为文档添加文字水印。

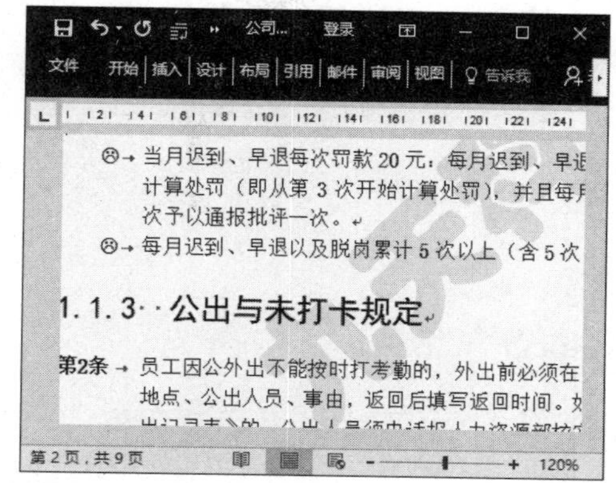

第4步 删除水印 ❶ 在“页面设置”组中单击“水印”下拉按钮。❷ 选择“删除水印”选项，即可删除水印。

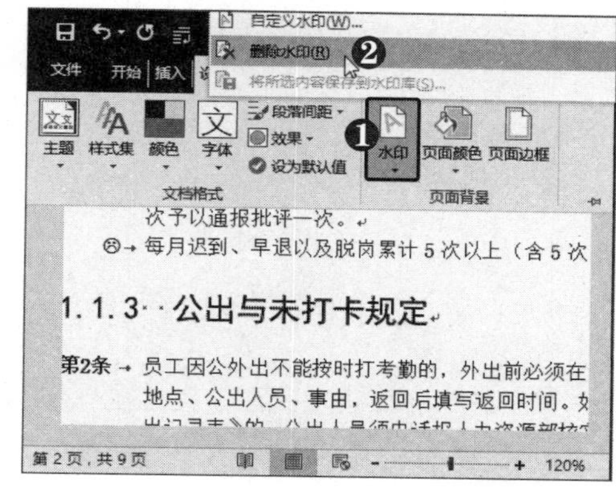

2．设置页面背景和页面边框

为使文档的页面显示效果更加丰富多彩，可以为文档添加页面背景和边框。下面将介绍如何在“公司内部管理制度”文档中设置图片背景，并为首页添加页面边框，具体操作方法如下：

第1步 选择“填充效果”选项 ❶ 在“页面背景”组中单击“页面颜色”下拉按钮。❷ 选择“填充效果”选项。

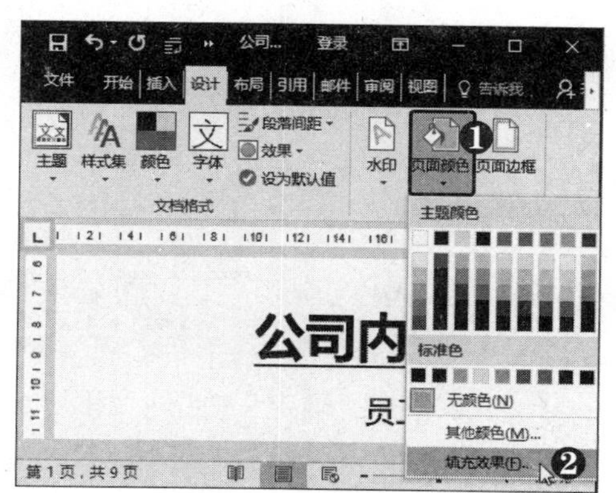

高手点拨

要删除页面颜色，可单击“页面颜色”下拉按钮，选择“无颜色”选项即可。

第2步 单击“选择图片”按钮 弹出“填充效果”对话框，❶ 选择“图片”选项卡。❷ 单击“选择图片”按钮。

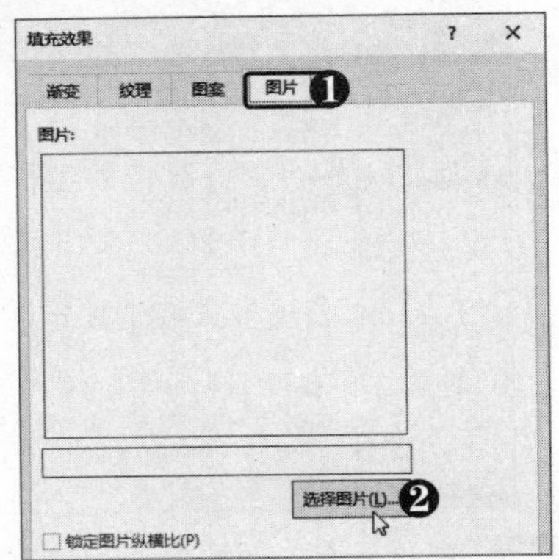

第3步 单击“来自文件”按钮 弹出“插入图片”对话框，单击“来自文件”按钮。

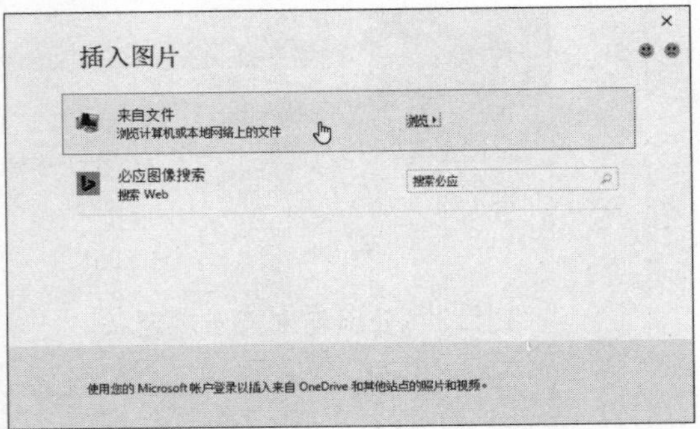

第4步 选择图片 弹出“插入图片”对话框，❶ 选择要作为背景的图片。❷ 单击“插入”按钮。

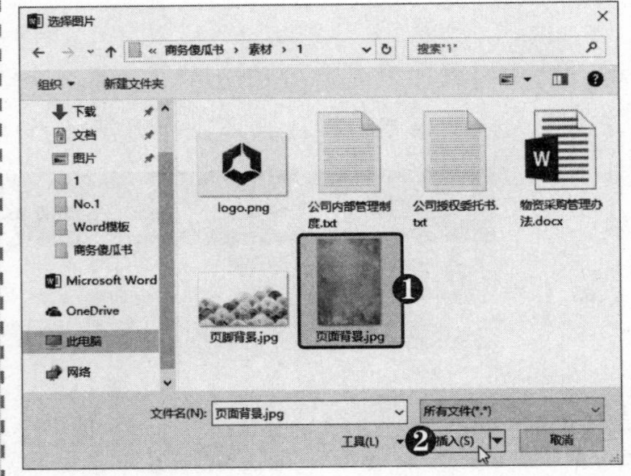

第5步 单击“确定”按钮 返回“填充效果”对话框，单击“确定”按钮。

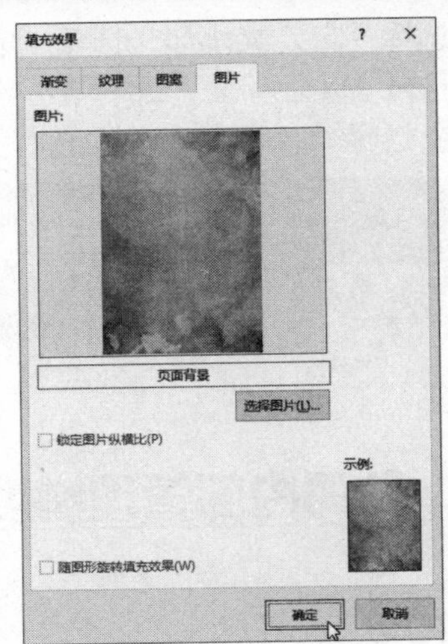

第6步 单击“页面边框”按钮 返回文档，查看设置图片背景效果。在“页面设置”组中单击“页面边框”按钮。

第7步 选择艺术型边框 弹出“边框和底纹”对话框，❶ 选择艺术型边框。❷ 在“应用于”下拉列表框中选择“本节-仅首页”选项。❸ 单击“选项”按钮。

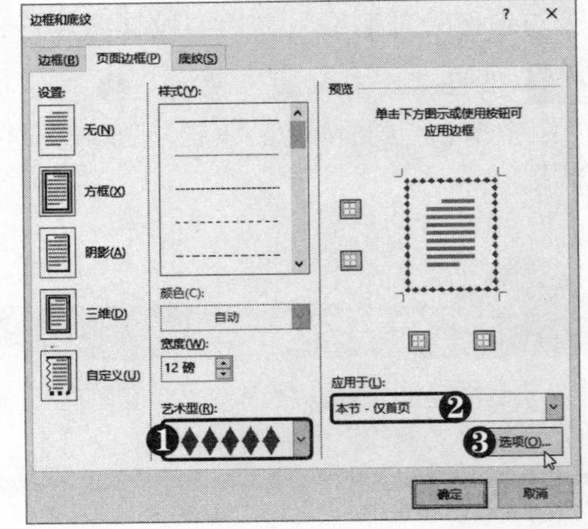

提示您

页面颜色中的填充效果除了图片填充，还有渐变、纹理和图案填充，用户可以根据实际需要选择填充方式。

多学点

在“段落”组中单击“边框”下拉按钮，选择“边框和底纹”选项卡，在弹出的对话框中选择“页面边框”选项卡，也可以设置页面边框。

第8步 设置边距 弹出“边框和底纹选项”对话框，❶ 设置上、下、左、右边距均为 30 磅。❷ 单击“确定“按钮。

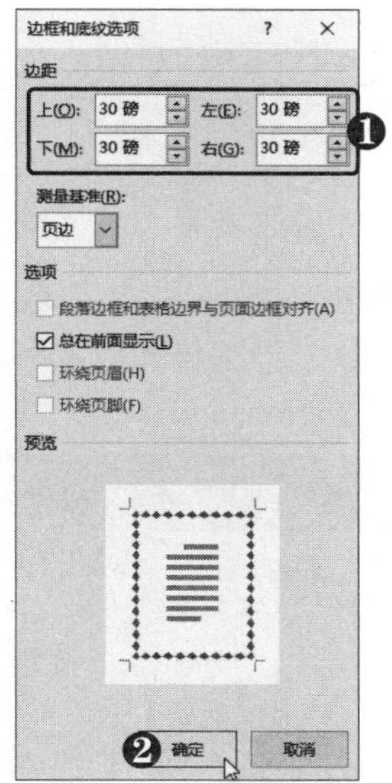

第9步 查看页面边框效果 查看设置效果，此时即可为首页添加页面边框。

第10步 单击“选项”按钮 选择“文件”选项卡，在左侧单击“选项”按钮。

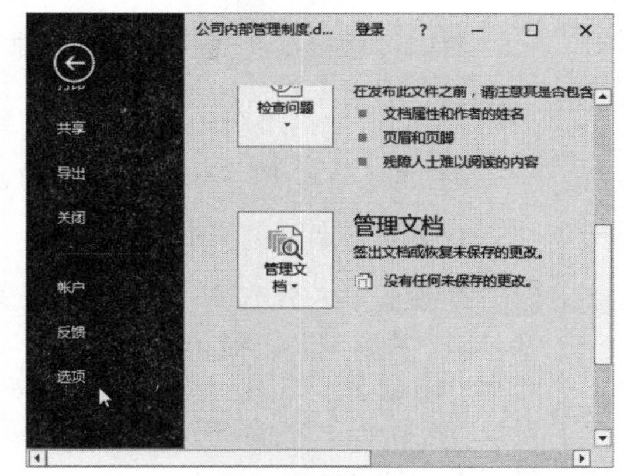

第11步 设置打印背景色和图像 ❶ 在左侧选择“显示”选项。❷ 在“打印选项”选项区中选中“打印背景色和图像”复选框。

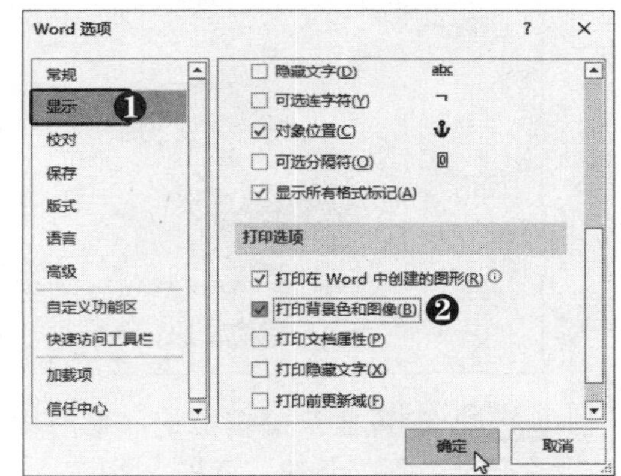

高手点拨

若一个页面位于文档或节的开头，可只在该页周围放置边框；若页面位于文档的中间，必须首先添加分页符。

1.3 制作物资采购管理办法

物资采购管理办法是为了提高公司采购效率、明确岗位职责、有效降低采购成本、满足公司对优质资源的需求、进一步规范物资采购流程并加强与各部门间的配合而制定的规章制度。作为公司内部文件，此类文档需要彰显公司特色。下面将介绍此类文档的修饰方法及技巧。

1.3.1 制作封面

封面可以根据文档的特色和主题来制作，制作封面的方式和技巧多种多样，下面将介绍如何使用文本框、增加字符宽度、添加带圈字符等功能制作文档封面。

1. 插入文本框

在编辑封面时，使用文本框可以将封面标题移动到所需的位置，具体操作方法如下：

电脑小专家

问：如何删除分隔符？

答：只需将光标置于分隔符前面，然后按【Delete】键，即可删除分隔符。

第1步 设置插入分节符 打开“物资采购管理办法”素材文档，❶ 在第1行文本前定位光标。❷ 选择“布局”选项卡。❸ 在“页面设置”组中单击“分隔符”下拉按钮。❹ 选择“下一页”选项。

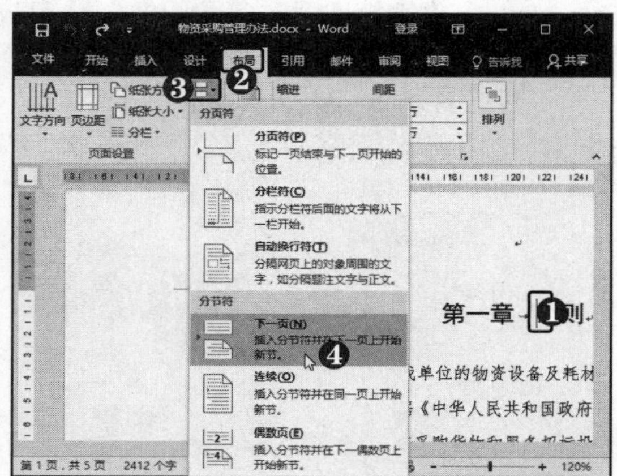

第2步 设置显示编辑标记 此时即可添加空白页，在“开始”选项卡下时“段落”组中单击“显示/隐藏编辑标记”按钮，显示“分节符”编辑标记。

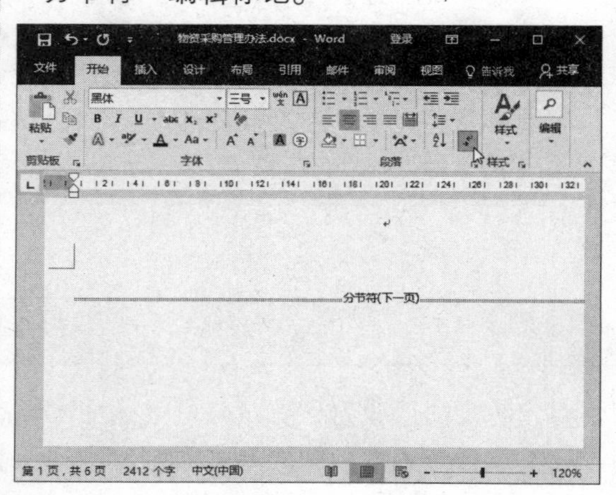

第3步 选择“正文”选项 ❶ 输入并选中标题文本。❷ 打开“样式”窗格，选择“正文”选项。

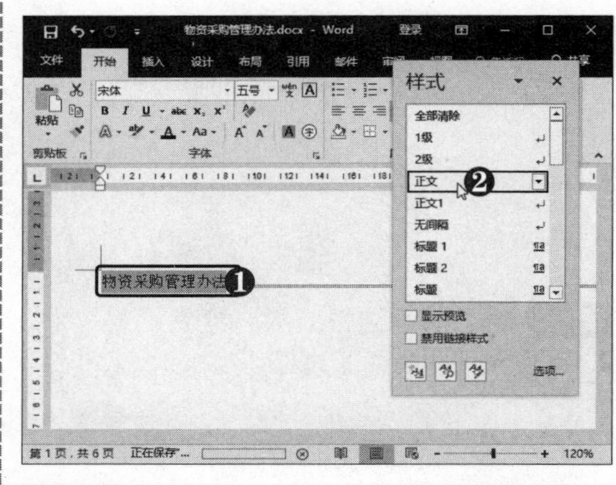

第4步 设置字体格式 在“字体”组中设置字体、字号等格式。

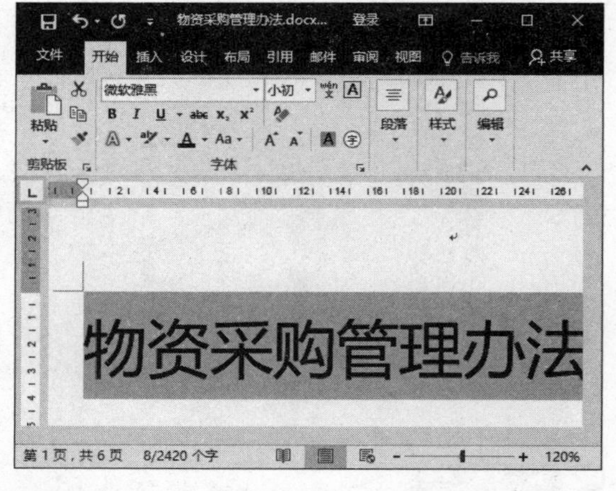

第5步 选择“绘制竖排文本框”选项 ❶ 选择“插入”选项卡。❷ 在“文本”组中单击“文本框”下拉按钮。❸ 选择“绘制竖排文本框”选项。

新手巧上路

问：“连续”分节符有什么作用？

答：“连续”分节符会在同一页上开始新节。使用连续分节符的最常见原因之一是可以添加栏数，而无须开始新页面。

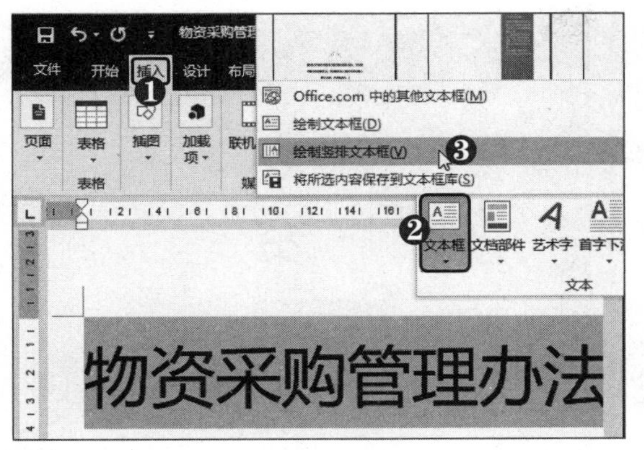

第6步 **查看效果** 此时即可将所选文本转换为文本框。

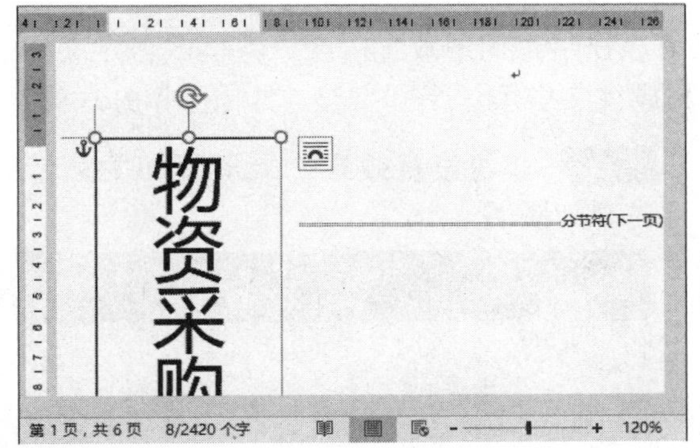

第7步 **设置位置** ❶ 选择"格式"选项卡。❷ 在"排列"组中单击"位置"下拉按钮。❸ 选择"中间居中，四周型文字环绕"选项。

第8步 **设置无轮廓** ❶ 在"形状样式"组中单击"形状轮廓"下拉按钮。❷ 选择"无轮廓"选项。

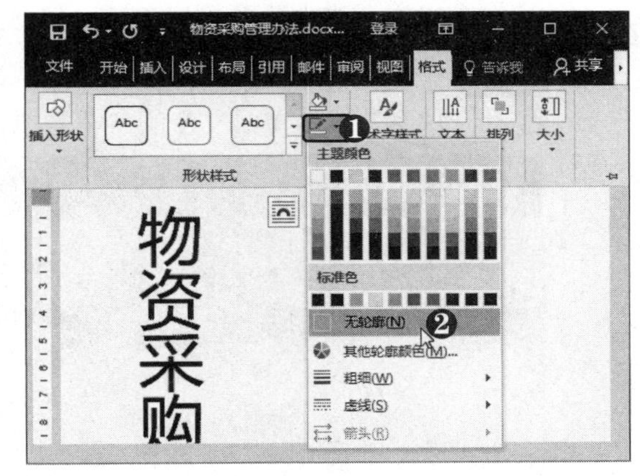

2．调整字符宽度

在设置文字排列效果时，使用中文版式中的"调整宽度"功能可以指定所选文字的宽度，具体操作方法如下：

第1步 **选择"调整宽度"选项** ❶ 选中文本框中的文本。❷ 在"段落"组中单击"中文版式"下拉按钮。❸ 选择"调整宽度"选项。

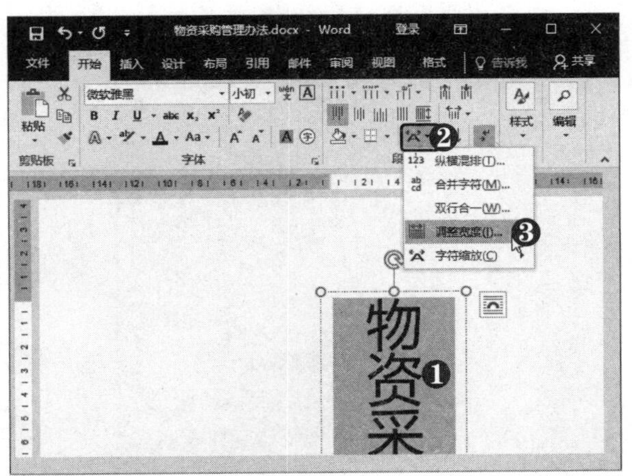

高手点拨

要调整文本的宽度，可在"段落"组中单击"分散对齐"按钮，然后调整文本的大小，也可达到增加字符宽度的效果。

第2步 **设置文字宽度** 弹出“调整宽带”对话框，❶ 设置“新文字宽度”为 12 字符。❷ 单击“确定“按钮。

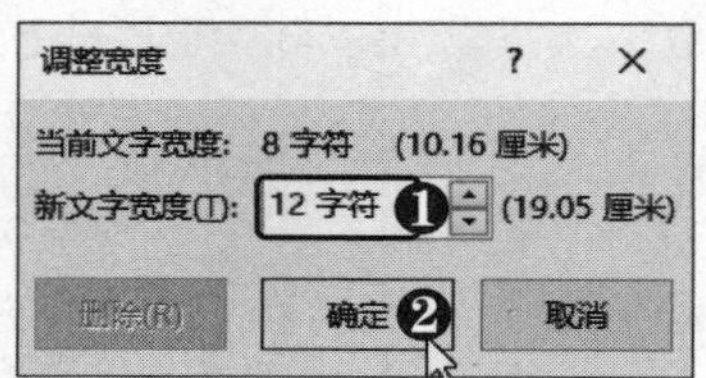

第3步 **查看调整效果** 此时即可查看调整文字宽度后的显示效果。

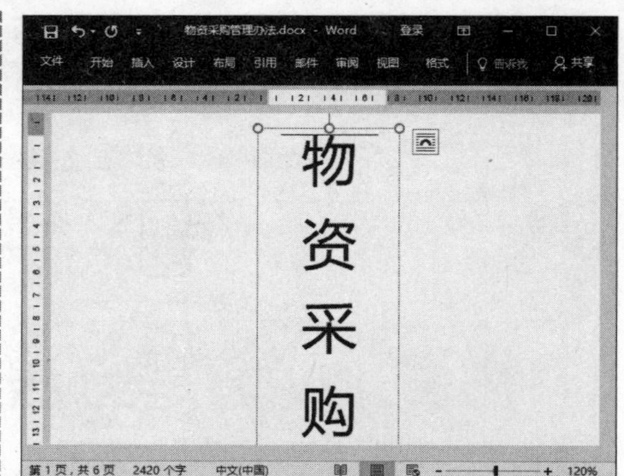

提示您

要想把文字放置到圈内，除了改变圆圈大小之外，还可通过单击“中文版式”下拉按钮，选择“字符缩放”选项来缩小文字。

3. 插入并自定义带圈字符

带圈字符是一种特殊格式的文本效果，可以在字符周围放置圆圈、方框或自定义的符号加以修饰或强调。下面将介绍如何在封面标题文字中添加带圈字符，具体操作方法如下：

第1步 **单击“带圈字符”按钮** ❶ 选中文本。❷ 在“段落”组中单击“带圈字符”按钮㊫。

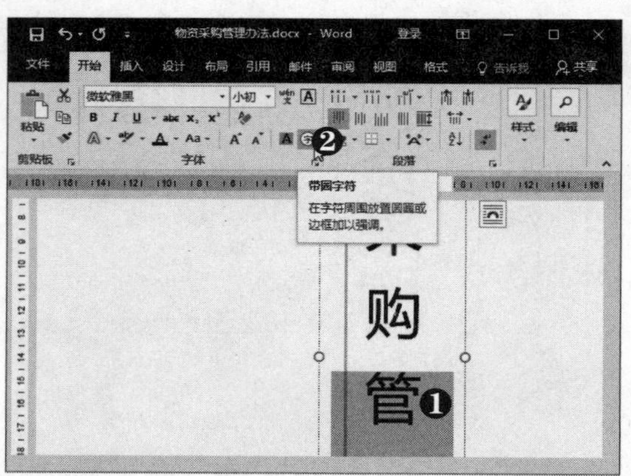

第2步 **选择“增大圈号”选项** 弹出“带圈字符”度对话框，❶ 选择圈号。❷ 单击“增大圈号”按钮。❸ 单击“确定”按钮。

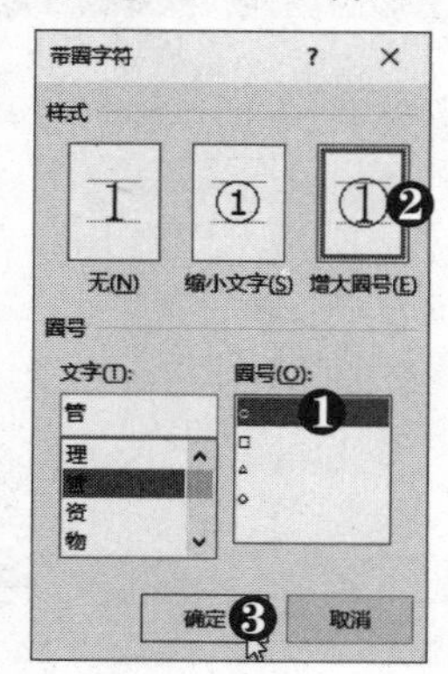

第3步 **查看设置效果** 此时即可为所选文本添加圆圈。

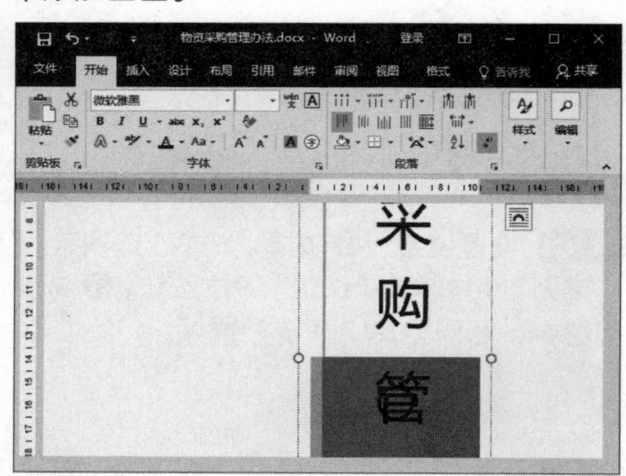

第4步 **进入域代码编辑状态** 按【Alt+F9】组合键，进入域代码编辑状态。

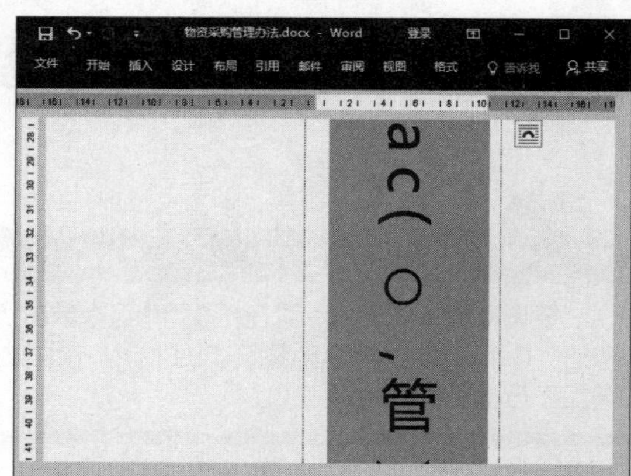

多学点

单击“字体”组右下角的扩展按钮，在弹出的对话框中选择“高级”选项卡，也可设置字符缩放和字符间距大小。

第5步 选择“其他符号”选项 ❶ 删除“圈号”并定位光标。❷ 选择“插入”选项卡。❸ 在“符号”组中单击“符号”下拉按钮。❹ 选择“其他符号”选项。

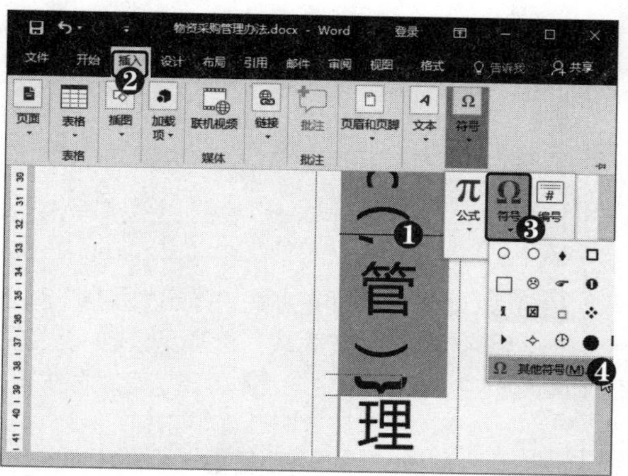

第6步 单击“插入“按钮 弹出“符号”对话框，❶ 选择字体为 Wingdings2。❷ 选中所需的符号。❸ 单击“插入“按钮。

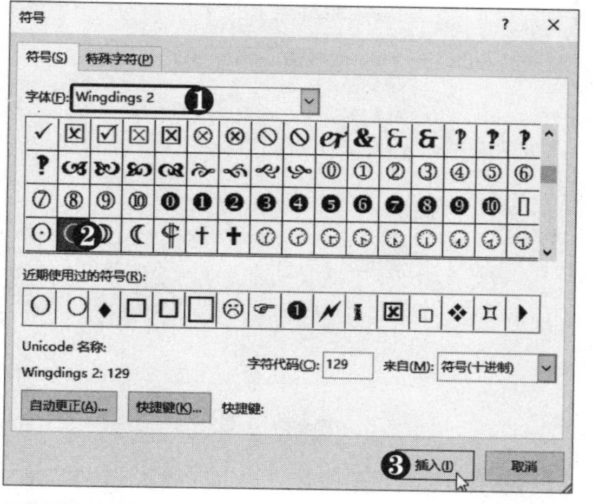

第7步 设置字号 ❶ 选中符号。❷ 选择“开始”选项卡。❸ 在“字体”组中设置字号。

第8步 设置文本颜色 按【Alt+F9】组合键，退出域代码编辑状态。❶ 选中文本。❷ 设置文本颜色。

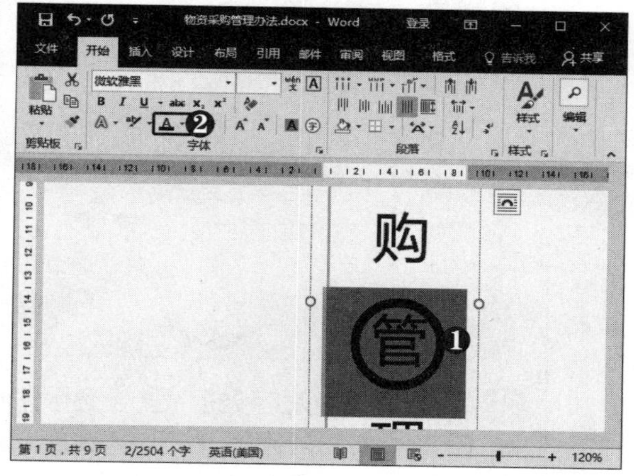

高手点拨

除了使用快捷键外，右击带圈字符，选择“切换域代码”命令，也可进入域代码编辑状态。此外，若选择“编辑域”命令，在弹出的对话框中也可编辑域代码。

4．插入特殊符号

特殊符号是指相对于传统或常用的符号外使用频率较少且难以直接输入的符号，如“数学符号”、“几何图形符号”等。下面将介绍如何在文档封面填写编号的位置添加“□”符号，具体操作方法如下：

第1步 **选择"绘制文本框"选项** ❶ 选择"插入"选项卡。❷ 在"文本"组中单击"文本框"下拉按钮。❸ 选择"绘制文本框"选项。

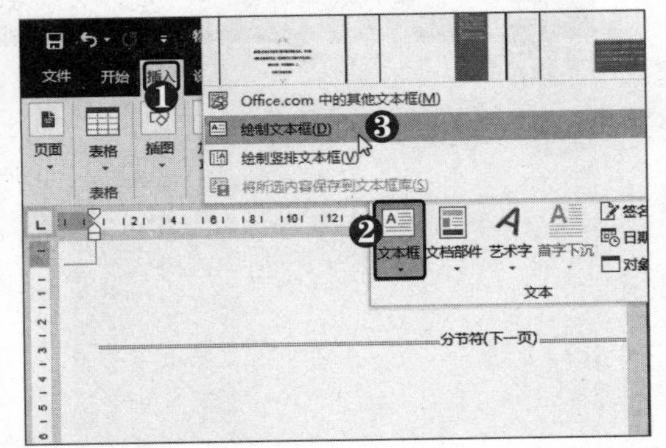

第2步 **选择"其他符号"选项** ❶ 在"符号"组中单击"符号"下拉按钮。❷ 选择"其他符号"选项。

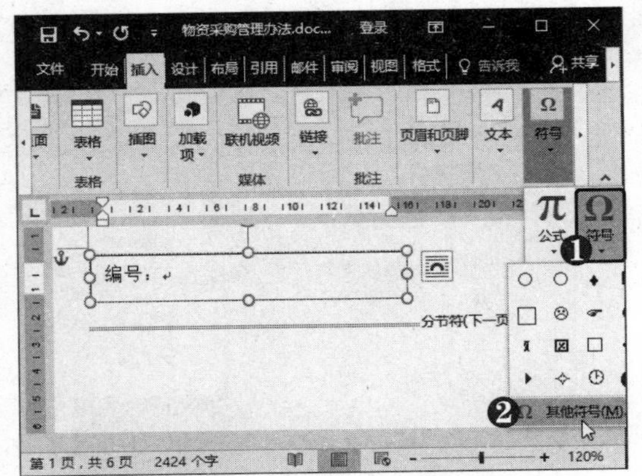

第3步 **单击"插入"按钮** ❶ 设置字体和子集。❷ 选中所需的符号。❸ 连续单击"插入"按钮，插入多个符号。❹ 单击"关闭"按钮。

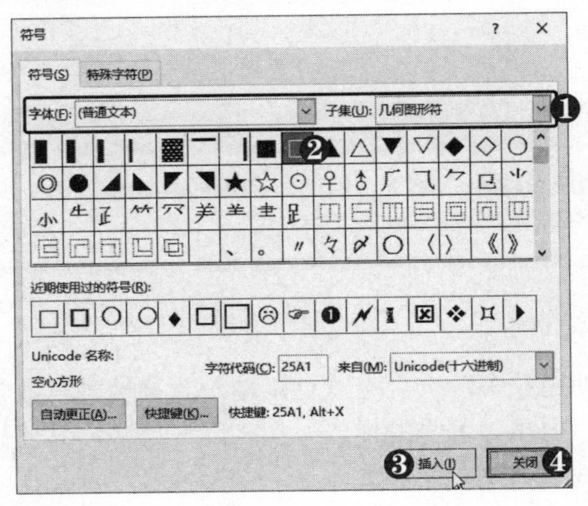

第4步 **选择"段落"命令** ❶ 选中插入的符号并右击。❷ 在浮动工具栏中单击"增大字号"按钮增大字号。❸ 选择"段落"命令。

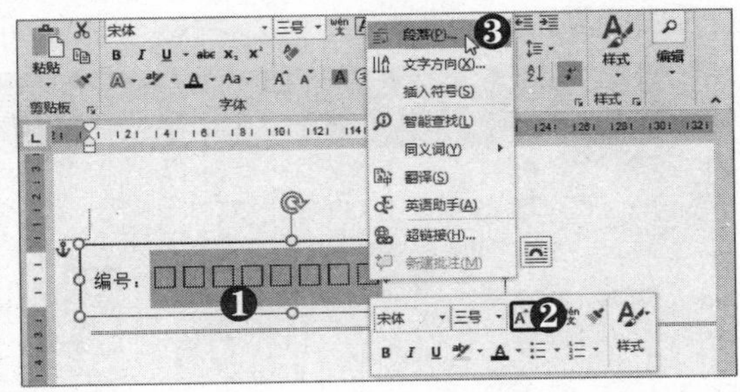

第5步 **设置文本对齐方式** 弹出"段落"对话框，❶ 选择"中文版式"选项卡。❷ 设置文本对齐方式为"居中"。❸ 单击"确定"按钮。

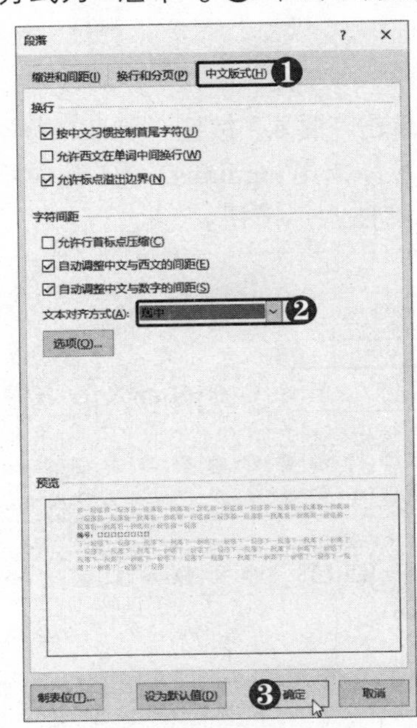

第6步 **选择"无轮廓"选项** ❶ 选择"格式"选项卡。❷ 在"形状样式"组中单击"形状轮廓"下拉按钮。❸ 选择"无轮廓"选项。

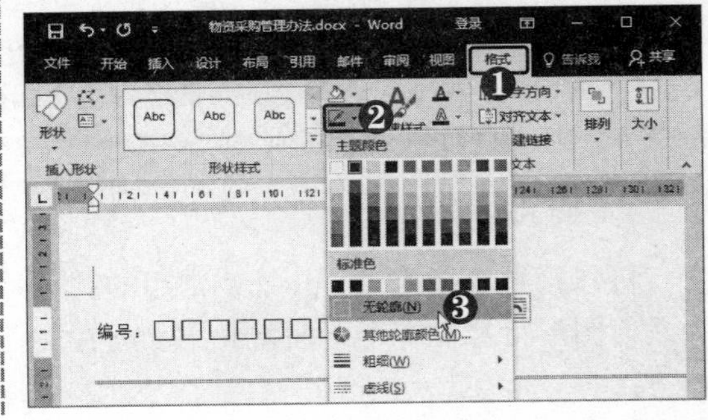

电脑小专家

问：如何更快速地插入特殊符号呢?

答：在"符号"对话框中选中符号后，单击"快捷键"按钮，在弹出的对话框中可为该符号指定快捷键，以后再插入该符号时只需按快捷键即可。

新手巧上路

问：除了使用 Word 中的内置特殊符号外，还有没有其他方法插入特殊符号?

答：利用输入法也可以插入特殊符号，如搜狗输入法，右击输入法状态条，选择"表情&符号"|"符号大全"命令即可。

1.3.2 添加文档目录

在文档中插入目录可以方便用户快速查阅文档。为文档内容设置大纲级别后，可以通过“目录”功能快速插入自动目录，具体操作方法如下：

第1步 选择“下一页”选项 ❶ 将光标定位到第 1 行文本前。❷ 选择“布局”选项卡。❸ 在“页面设置”组中单击“分隔符”下拉按钮。❹ 选择“下一页”选项。

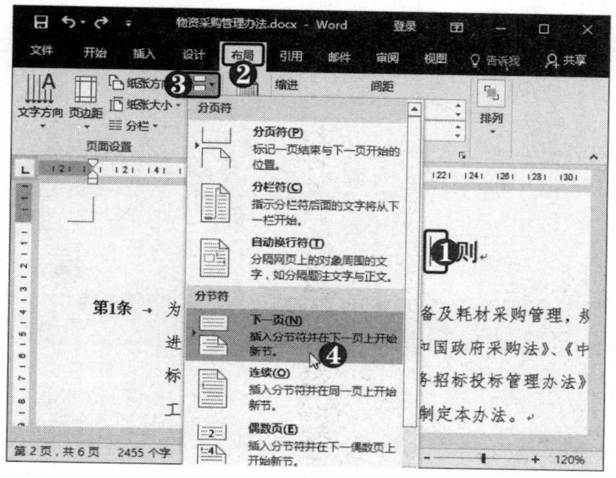

第2步 应用正文样式 ❶ 输入文本。❷ 打开“样式”窗格，选择“正文”样式。

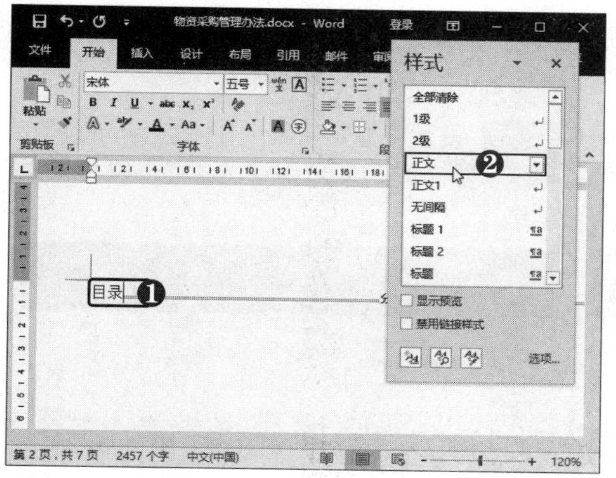

第3步 选择“自定义目录”选项 设置文本的字体格式，❶ 在“引用”选项卡下单击“目录”下拉按钮。❷ 选择“自定义目录”选项。

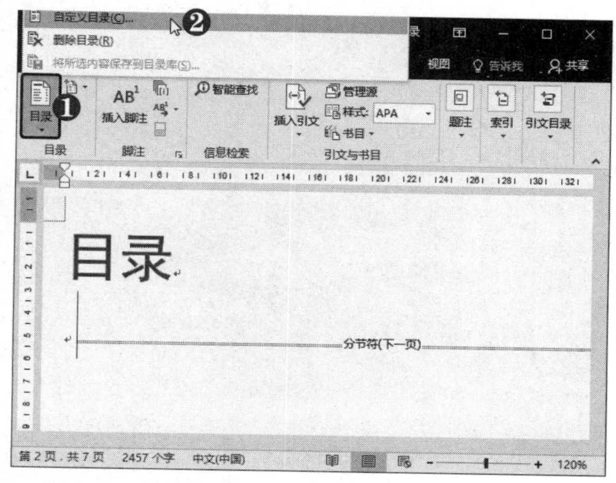

第4步 设置目录格式 弹出“目录”对话框，❶ 选择格式为“古典”。❷ 选择制表符前号符为“……”。❸ 单击“确定”按钮。

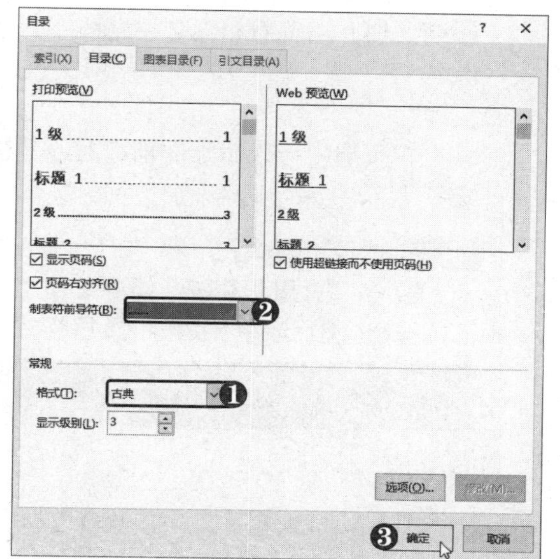

高手点拨

在“目录”对话框中单击“选项”按钮，在弹出的“目录选项”对话框中可以设置目录的级别样式。

第5步 设置字体格式 此时即可插入目录，按住【Ctrl】键的同时单击目录可快速跳转到文档的相应位置。❶ 选中目录文本。❷ 在“字体”组中设置字体格式。

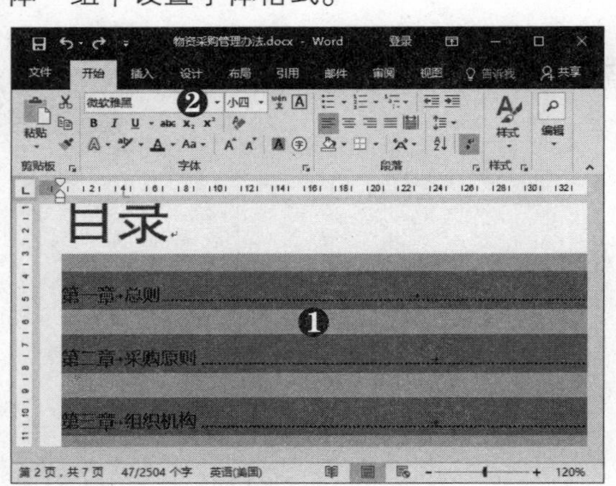

第6步 设置段落间距 ❶ 选择“布局”选项卡。❷ 在“段落”组中设置段落间距。

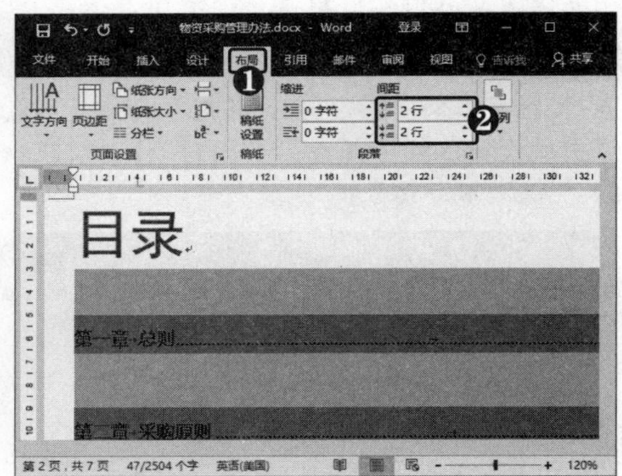

提示您

按住【Ctrl】键的同时单击目录标题，即可自动跳转到文档中相应的标题位置。

1.3.3 插入页眉和页脚

在对页面进行修饰时，页面的顶部、底部和侧边边缘处可以添加一些指示性或标志性的文字或图片，以引导阅读者，同时起到美化的作用。该部分内容即为文档页眉和页脚。下面详细介绍页眉和页脚在文档中的应用方法。

1．插入页眉

在页眉中可以添加文档标题、宣传标语、公司名称等。下面将介绍如何在页眉中添加公司名称，并为页眉添加边框，具体操作方法如下：

多学点

若文档中的标题或标题所在的页码发生变化，可将光标定位到文档目录中，选择“引用”选项卡，在“目录”组中单击“更新目录”按钮即可。

第1步 选择页眉样式 ❶ 选择“插入”选项卡。❷ 在“页眉和页脚”组中单击“页眉”下拉按钮。❸ 选择“空白”页眉样式。

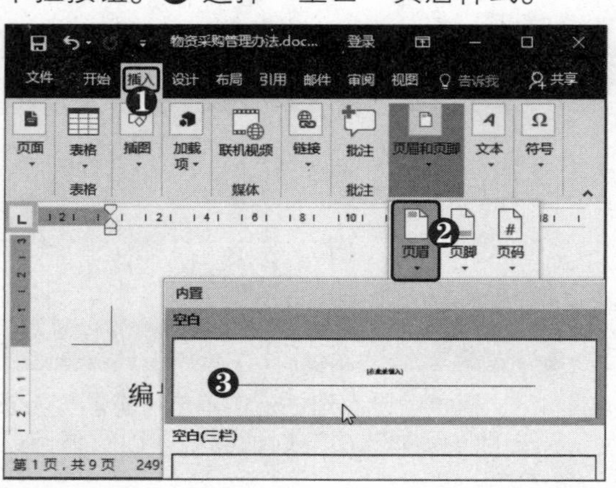

第2步 设置奇偶页不同 ❶ 选择“设计”选项卡。❷ 在“选项”组中选中“奇偶页不同”复选框。

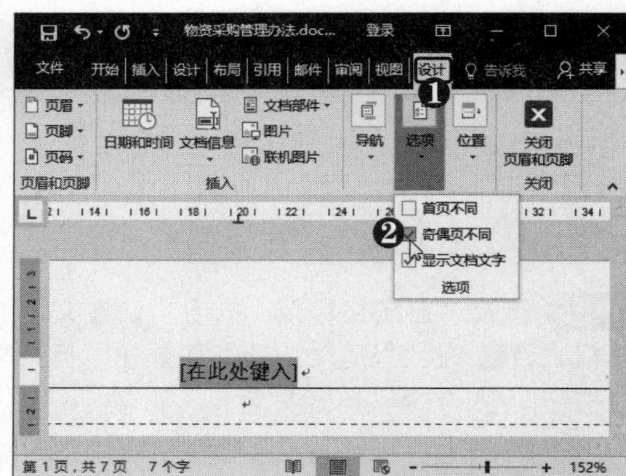

第3步 选择"边框和底纹"选项 ❶ 输入并选中页眉文本，在"字体"组中设置字体格式。❷ 在"段落"组中单击"边框"下拉按钮。❸ 选择"边框和底纹"选项。

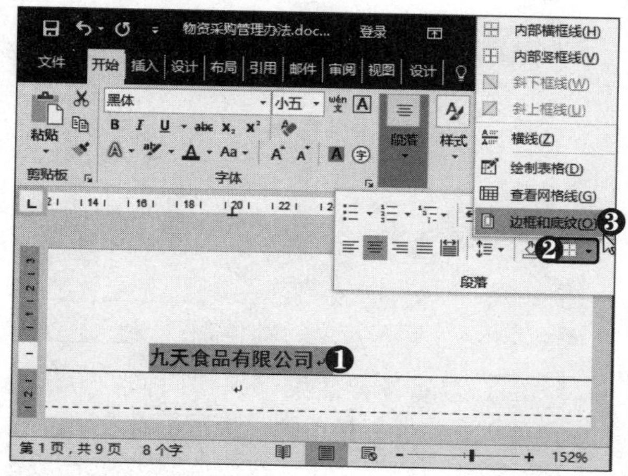

第4步 设置边框格式 弹出"边框和底纹"对话框，❶ 设置边框样式、颜色和宽度。❷ 在右侧预览选项区中单击"下框线"按钮。❸ 单击"确定"按钮。

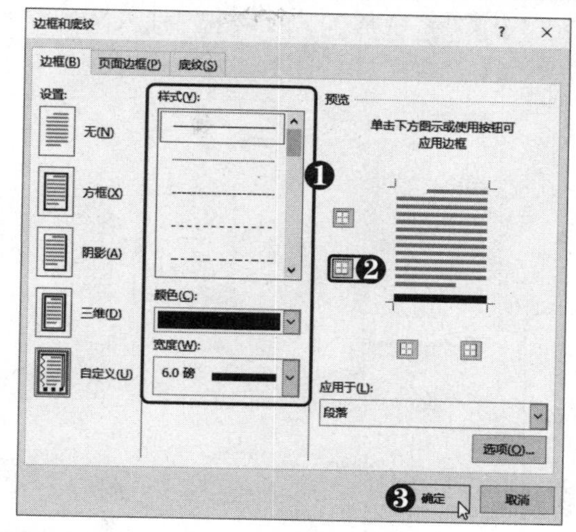

第5步 查看添加边框效果 此时即可为页眉添加边框。

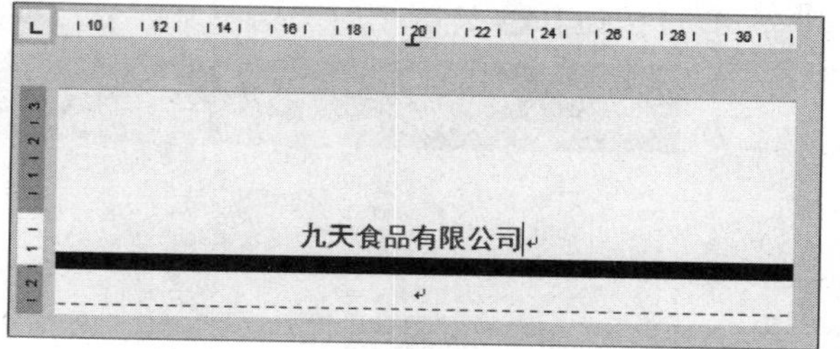

2．插入页脚

页脚即页面底部边缘的空白位置，通常在页脚处可以添加一些修饰图案。下面将在文档中为封面和目录添加图片页脚，具体操作方法如下：

第1步 选择"编辑页脚"选项 选择"设计"选项卡。❶ 在"页眉和页脚"组中单击"页脚"下拉按钮。❷ 选择"编辑页脚"选项。

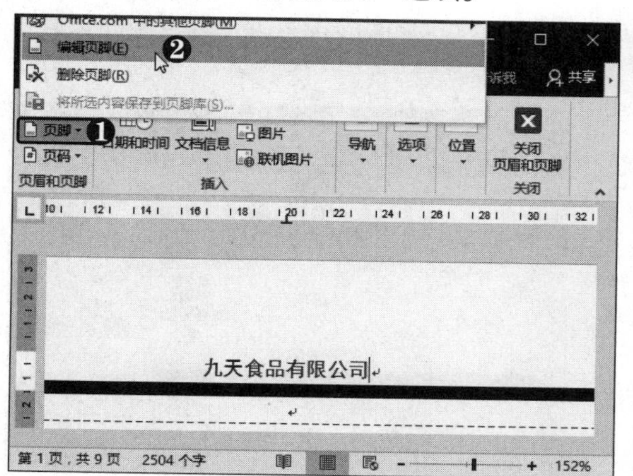

第2步 单击"图片"按钮 在"插入"组中单击"图片"按钮。

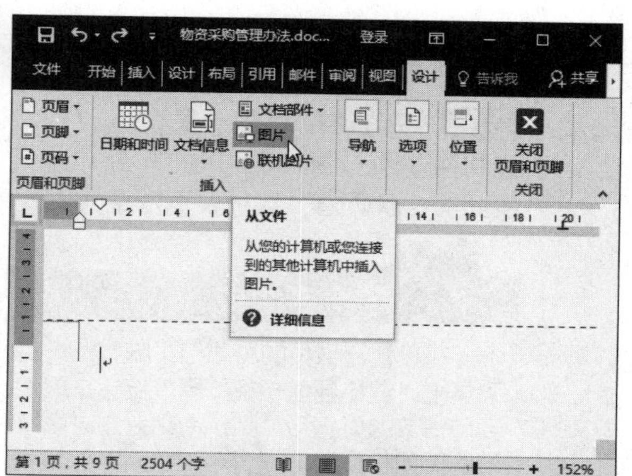

第3步 选择图片 弹出“插入图片”对话框，❶ 选择所需的图片。❷ 单击“插入”按钮。

第4步 设置环绕文字 ❶ 选择“格式”选项卡。❷ 在“排列”组中单击“环绕文字”下拉按钮。❸ 选择“衬于文字下方”选项。

第5步 调整图片大小和位置 根据需要调整图片的大小和位置。

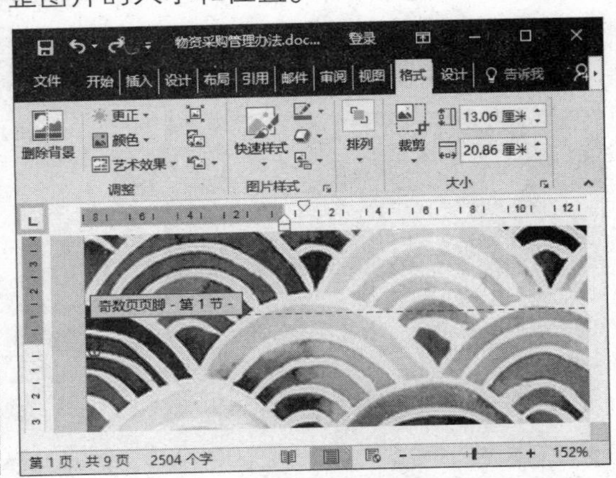

第6步 查看设置效果 采用同样的方法设置第 2 页的页眉和页脚，查看设置效果。

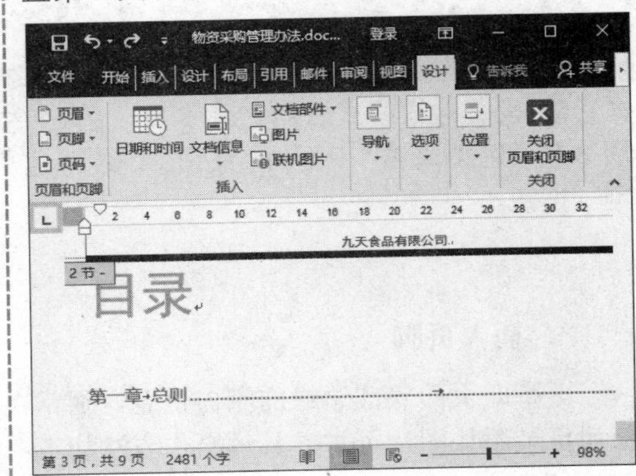

电脑小专家

问：如何删除页眉中的段落标记?

答：在“Word 选项”对话框中选择“显示”选项，取消选择“段落标记”复选框即可。

新手巧上路

问：如何删除首页的页眉?

答：选择“设计”选项卡，在“选项”组中选中“首页不同”复选框，然后删除首页的页眉即可。

3．设置奇数页的页眉和页脚

在 Word 文档中，每一节的页眉和页脚都是默认链接到前一节的，为使正文的页眉和页脚区别于封面和目录，可以取消链接。下面将介绍如何为正文的奇数页设置页眉和页脚，具体操作方法如下：

第1步 取消链接到前一条页眉 将光标定位到第 3 页页眉，在“导航”组中单击“链接到前一条页眉”选项，取消链接。

高手点拨

在设置奇数页的页眉和页脚时，一定要分别单击**“链接到前一条页眉”**按钮来取消链接到前一节的页眉和页脚，否则会同时修改前一节的页眉和页脚。

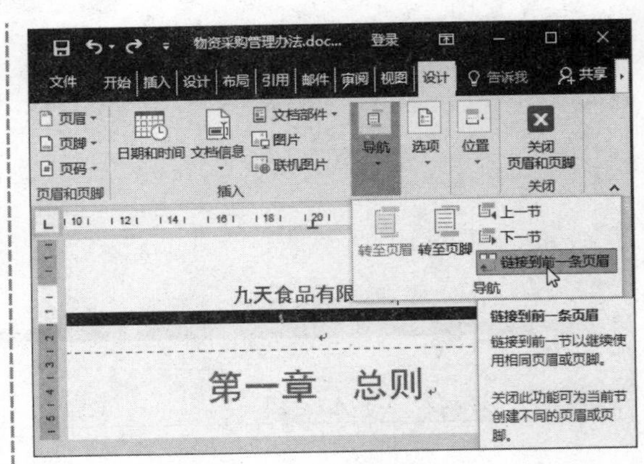

第2步 **单击“左对齐”按钮** ❶ 输入页眉文本。❷ 在“段落”组中单击“左对齐”按钮≡。

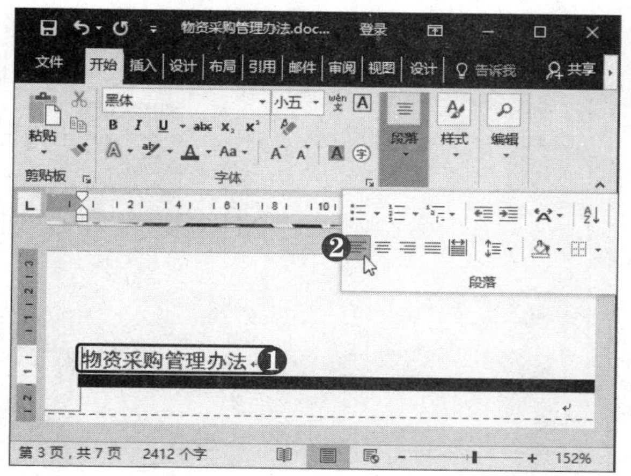

第3步 **单击“转至页脚”按钮** 在“导航”组中单击“转至页脚”按钮。

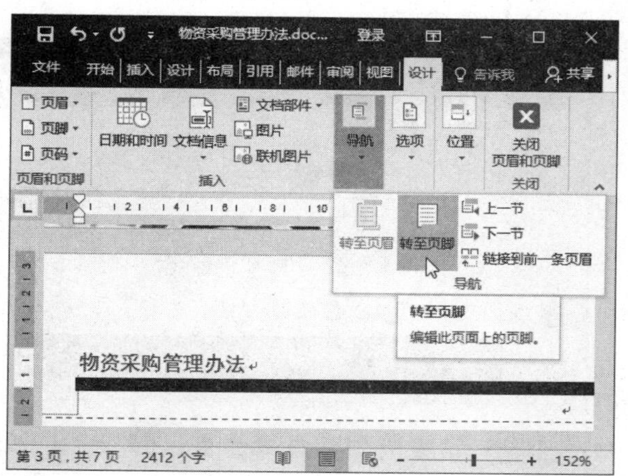

第4步 **取消链接到前一条页眉** 在“导航”组中单击“链接到前一条页眉”取消链接。

第5步 **插入页码** ❶ 在“页眉和页脚”组中单击“页码”下拉按钮。❷ 选择“页面底端”选项。❸ 选择“普通数字 1”选项。

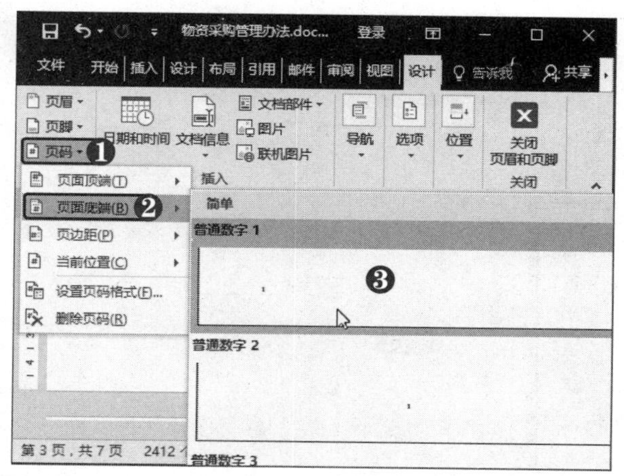

第6步 **选择“设置页码格式”命令** ❶ 选中页码并右击。❷ 选择“设置页码格式”命令。

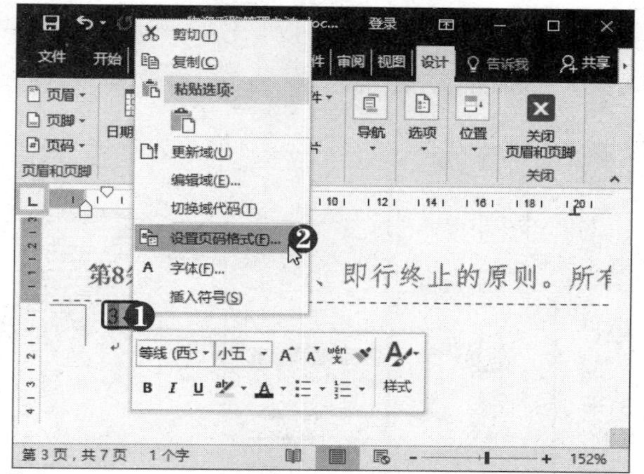

第7步 **设置起始页码** 弹出“页码格式”对话框，❶ 选中“起始页码”单选按钮。❷ 设置起始页码为 1。❸ 单击“确定”按钮。

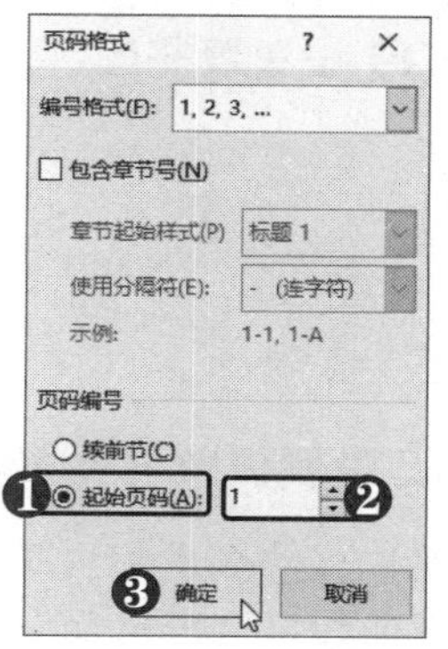

第8步 选择“边框和底纹”选项 ❶ 选中页码。❷ 在“段落”组中单击“边框”下拉按钮。❸ 选择“边框和底纹”选项。

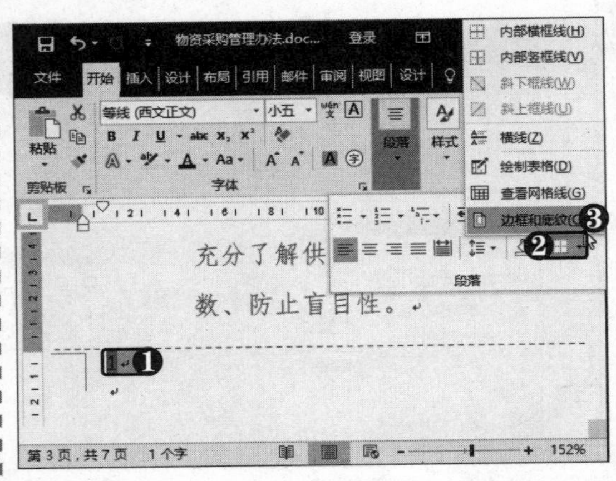

第9步 设置边框格式 弹出“边框和底纹”对话框，❶ 设置边框样式。❷ 在右侧的“预览”选项区中单击“上边框”按钮。

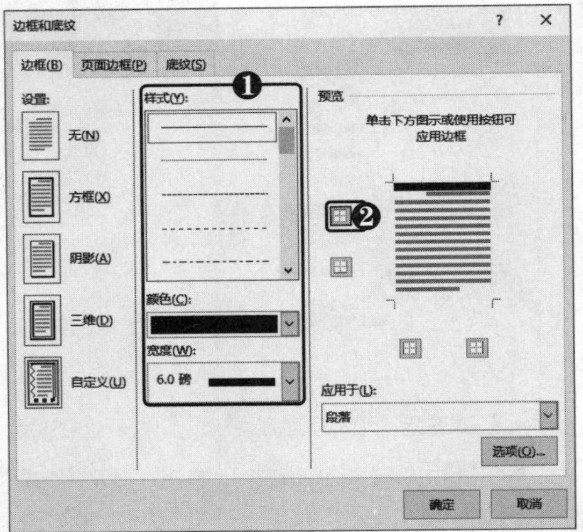

第10步 设置底纹颜色 ❶ 选择“底纹”选项卡。❷ 设置填充颜色。❸ 单击“确定”按钮。

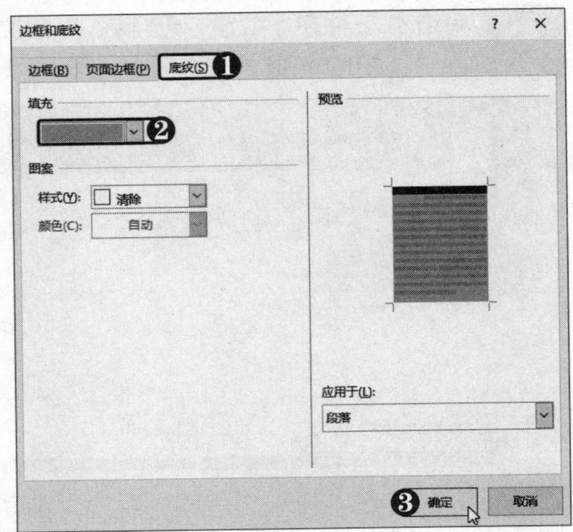

第11步 设置字体格式 此时即可在页脚中添加上边框。❶ 选中页码。❷ 在“字体”组中设置字体格式。

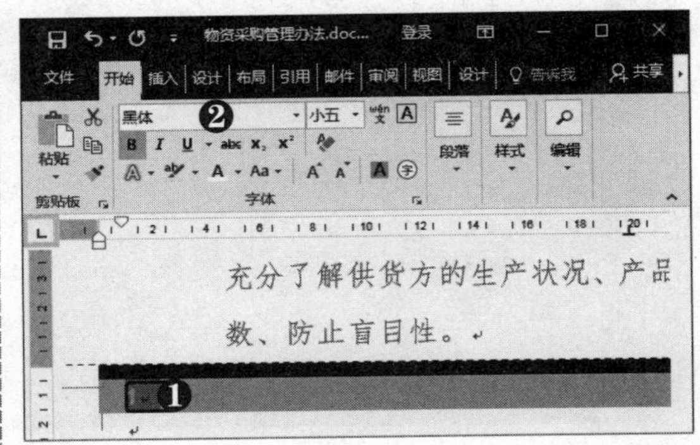

第12步 设置页眉和页脚位置 ❶ 选择“设计”选项卡。❷ 在“位置”组中设置页眉顶端距离和页脚底端距离。

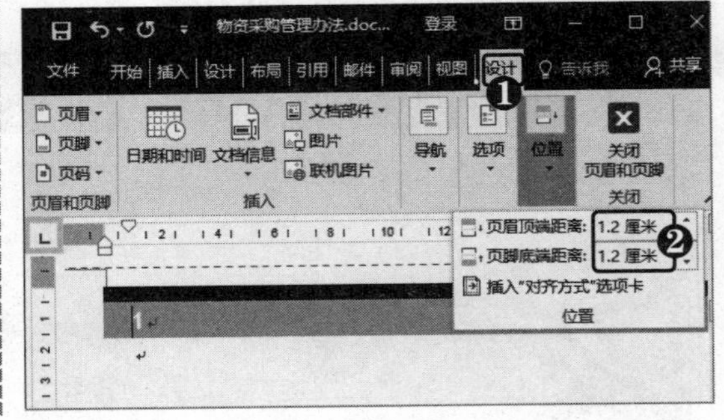

提示您

Word 2016提供了多种内置页码样式，其中包括 X/Y 型页码，此类型页码可以显示文档的总页数。

多学点

选择“设计”选项卡，在“插入”组中单击“日期和时间”按钮，在弹出的对话框中选择格式，并选中“自动更新”复选框，单击“确定”按钮，即可插入日期和时间。

4．设置偶数页页眉和页脚

偶数页的页眉和页脚可以和奇数页的页眉和页脚略有不同，如奇数页可以添加文档名称，而偶数页可以添加公司名称，插入公司 Logo，具体操作方法如下：

第1步 取消链接到前一条页眉 ❶ 将光标定位到页眉位置。❷ 选择“设计”选项卡。❸ 在“导航”组中单击“链接到前一条页眉”按钮，取消链接。

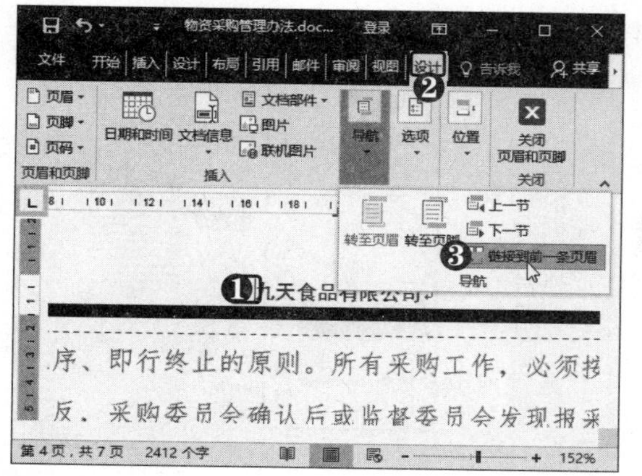

第2步 单击“图片”按钮 在页眉中定位光标，按【Ctrl+R】组合键设置右对齐，在“插入”组中单击“图片”按钮。

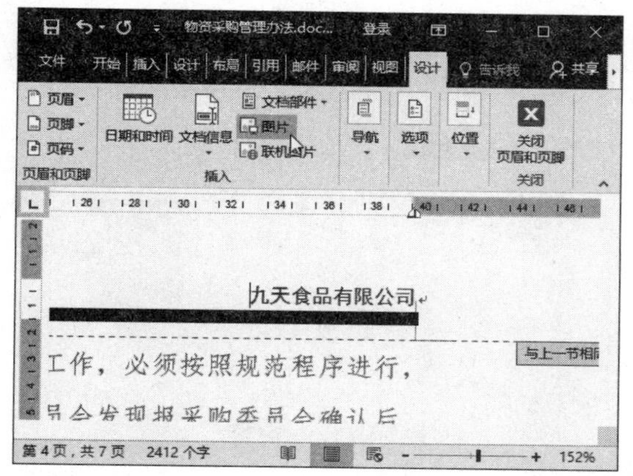

第3步 选择插入图片 ❶ 选择 Logo 图片。❷ 单击“插入”按钮。

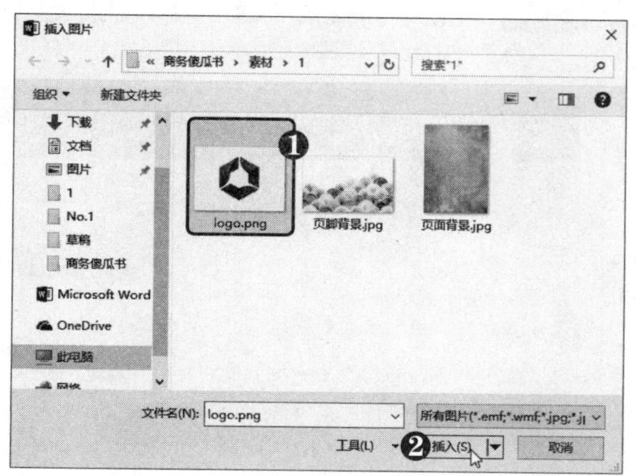

第4步 选择“设置透明色”选项 ❶ 在“格式”选项卡下的“调整”组中单击“颜色”下拉按钮。❷ 选择“设置透明色”选项。

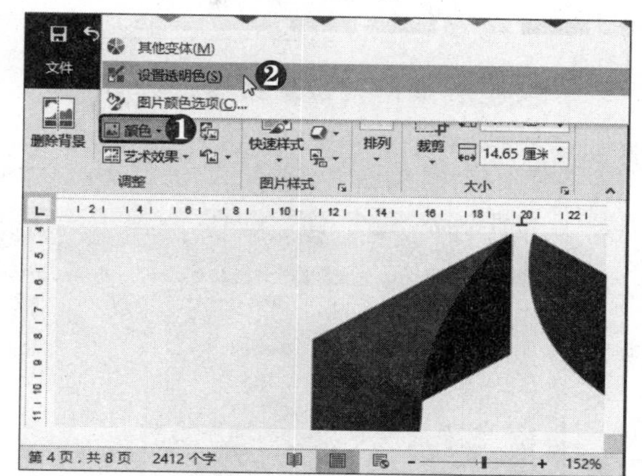

第5步 设置图片背景 此时鼠标指针变为形状，在图片空白背景处单击，即可将图片背景设置为透明色。

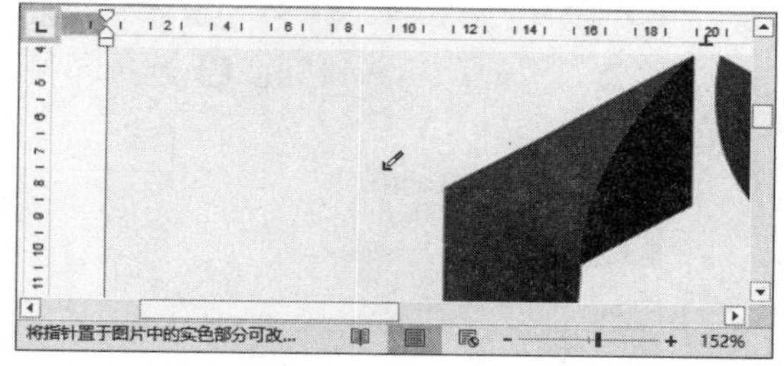

第6步 选择“浮于文字上方”选项 ❶ 在“排列”组中单击“环绕文字”下拉按钮。❷ 选择“浮于文字上方”选项。

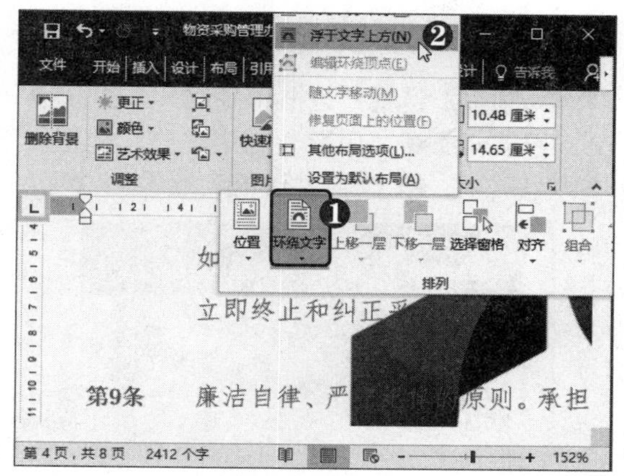

第7步 调整图片大小和位置 拖动控制柄，调整图片大小和位置。

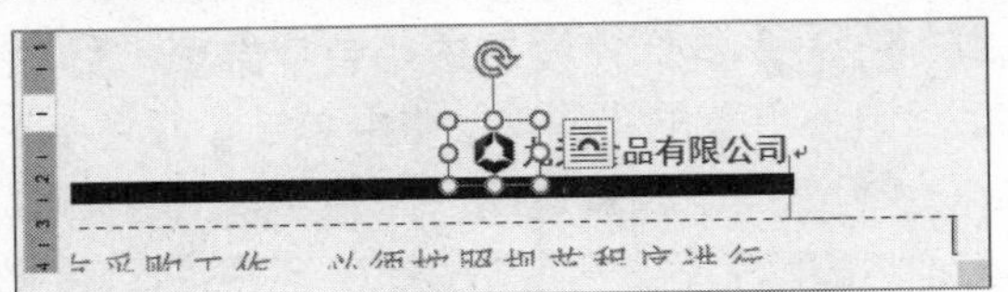

第8步 取消链接到第一条页眉 将光标定位到页脚位置，在“设计”组中单击“链接到前一条页眉”按钮，取消链接。

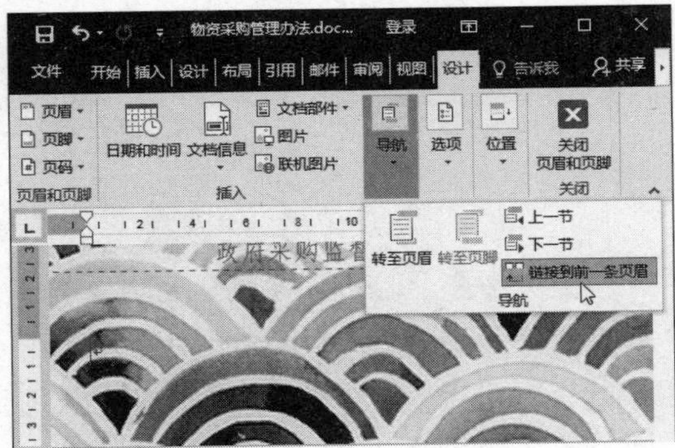

第9步 插入页码 ❶ 在“页眉和页脚”组中单击“页码”下拉按钮。❷ 选择“普通数字3”选项。

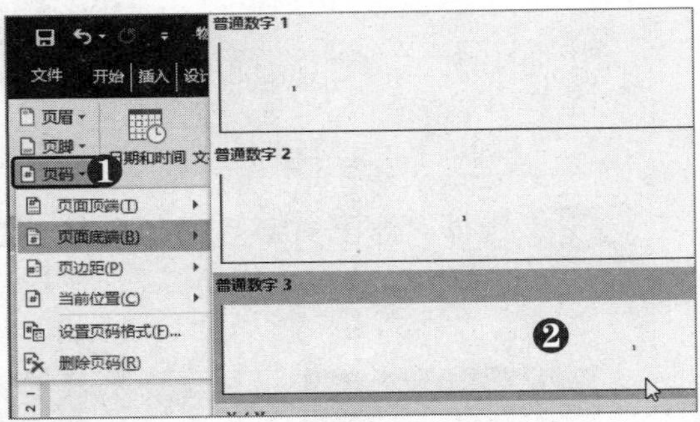

第10步 选择“边框和底纹”选项 ❶ 选中页码。❷ 在“段落”组中单击“边框”下拉按钮。❸ 选择“边框和底纹”选项。

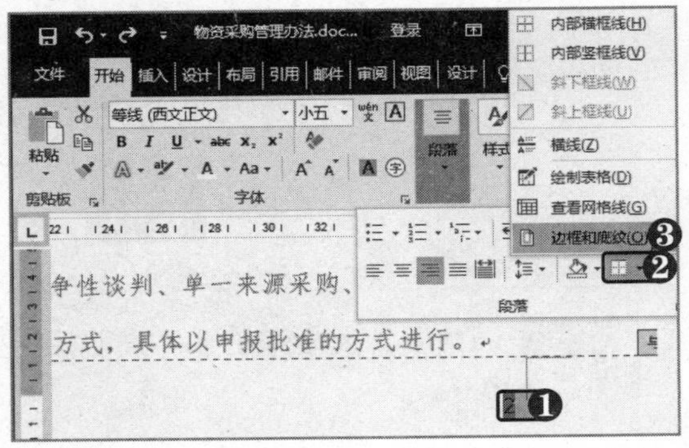

电脑小专家

问：如何在已经存在页脚信息的位置插入页码？

答：在页脚位置插入文本框，选择“设计”选项卡，在“插入”组中单击“文档信息”下拉按钮，选择“域”选项，在弹出的对话框中选择Page域即可。

新手巧上路

问：如何在页眉和页脚中插入文档信息？

答：进入页眉和页脚状态，选择“设计”选项卡，在“插入”组中单击“文档信息”下拉按钮，在弹出的下拉列表中选择所需的选项即可。

第11步 设置边框格式 弹出“边框和底纹”对话框，❶ 设置边框样式。❷ 在右侧“预览”选项区单击“上边框”按钮。

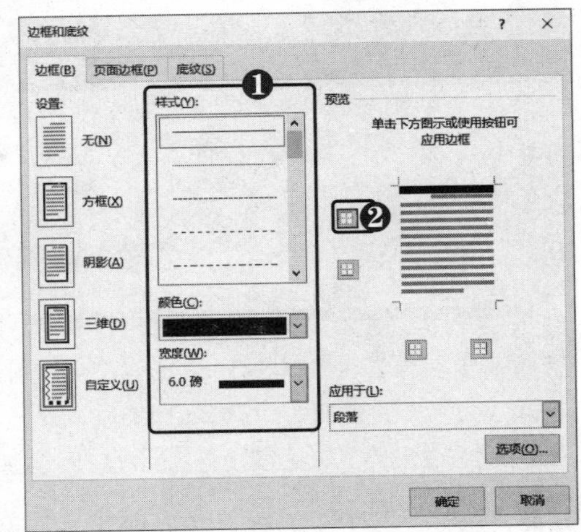

第12步 设置底纹颜色 ❶ 设置填充颜色。❷ 单击“确定”按钮。

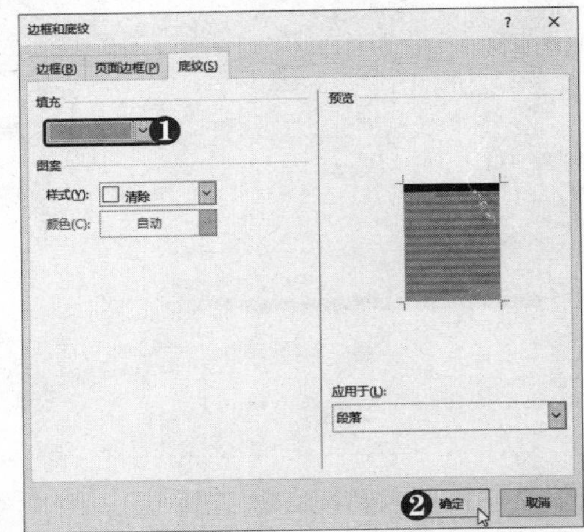

第13步 设置字体格式 ❶ 选中页码。❷ 在“字体”组中设置字体格式。

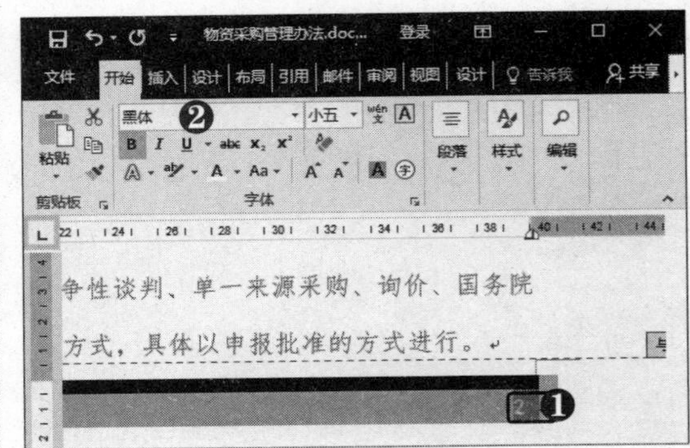

1.3.4 插入脚注

在文档中插入脚注可以为所述的某个事项提供解释、批注或参考，脚注显示在当前页面的底部。在文档中插入脚注的具体操作方法如下：

第1步 单击“插入脚注”按钮 ❶ 选中文本。❷ 选择“引用”选项卡。❸ 单击“插入脚注”按钮。

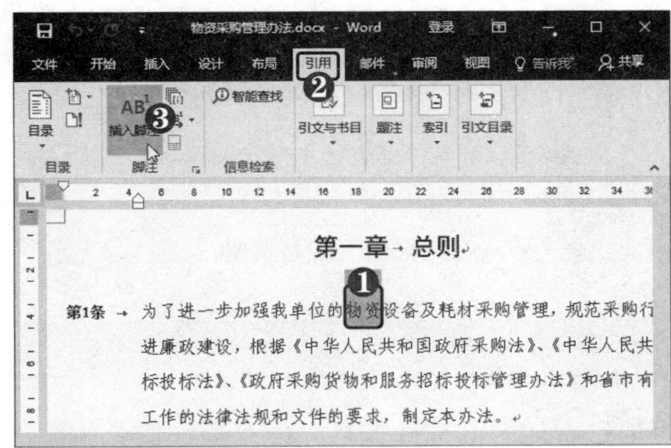

高手点拨

单击“脚注”组右下角的扩展按钮，在弹出的“脚注和尾注”对话框中可以设置脚注的编号格式。

第2步 输入脚注内容 此时将自动转到当前页面下方并自动添加脚注编号，根据需要输入脚注内容，双击编号。

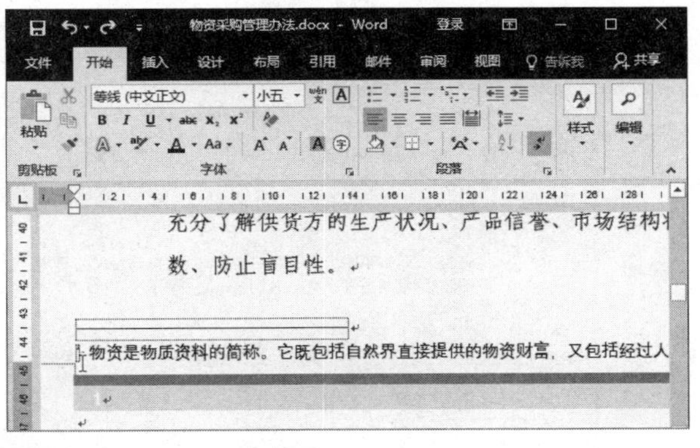

第3步 查看注释效果 此时将自动跳转到脚注尾注，插入脚注的位置将自动添加引用标记。将鼠标指针置于该标记上，自动显示脚注内容。

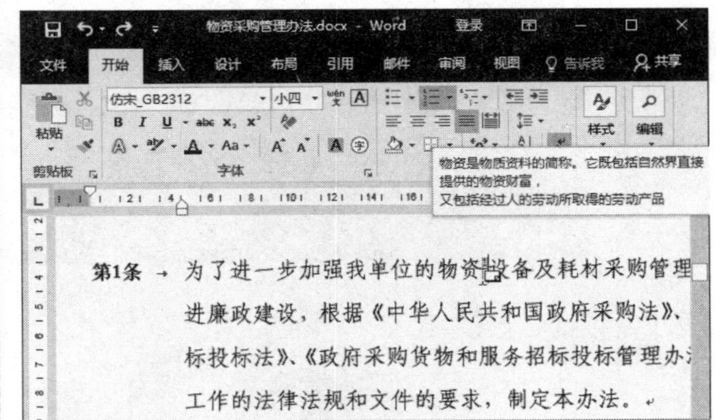

1.3.5 插入尾注

尾注显示在文档或小节的末尾，文档中的尾注都是依次排序放置在文档的最后部分。插入尾注的具体操作方法如下：

第1步 单击“插入尾注”按钮 ❶ 选中文本。❷ 在“脚注”组中单击“插入尾注”按钮。

高手点拨

单击“脚注”组右下角的扩展按钮，在弹出的“脚注和尾注”对话框中单击“转换”按钮，可在脚注和尾注之间快速切换，以调整注释的格式类型。

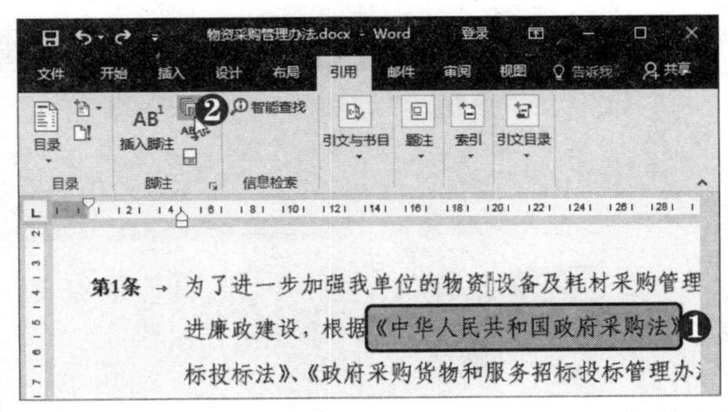

第2步 输入尾注内容 此时会自动跳转到文档的末尾位置，根据需要输入尾注内容，双击编号。

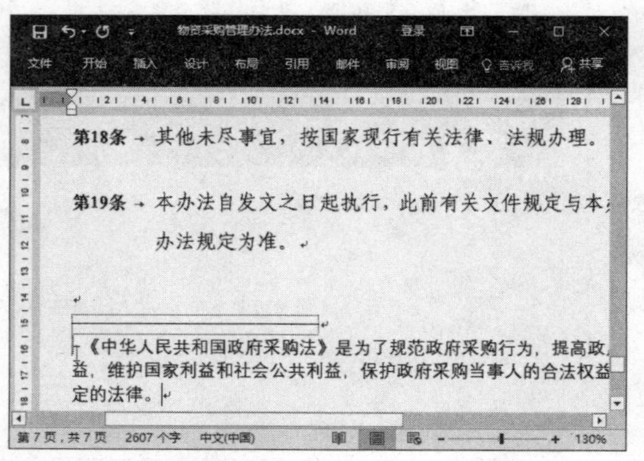

第3步 查看注释效果 在插入尾注的位置同样会自动添加引用标记，将鼠标指针置于该标记上会自动显示尾注内容。

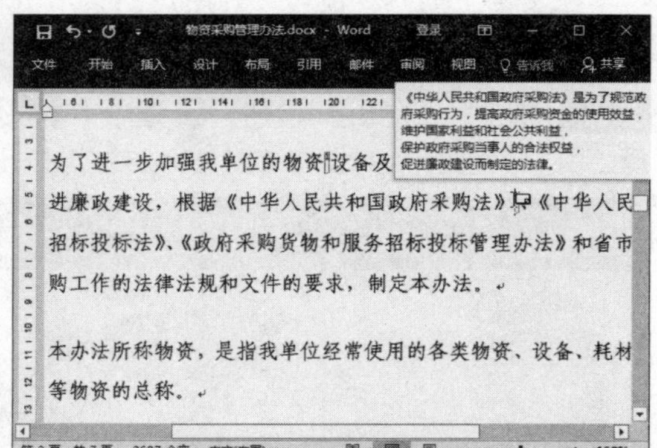

提示您

要修改尾注样式，可选中尾注并右击，选择“样式”命令，在弹出的对话框中选择所需的样式即可。

1.3.6 插入题注

题注就是给图片、表格、图表和公式等项目添加的名称和编号。插入题注的具体操作方法如下：

第1步 选择“上下型环绕”选项 在文档中插入图片，❶ 单击“布局选项”按钮。❷ 选择“上下型环绕”选项。

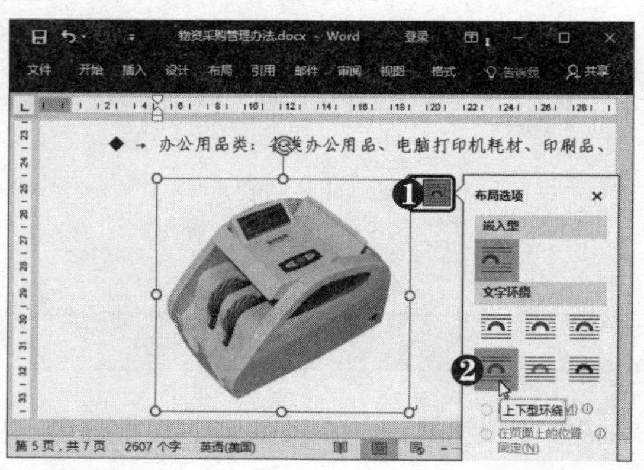

多学点

在“脚注和尾注”对话框中选中“脚注”或“尾注”单选按钮，然后在“编号”下拉列表框中选择“每节重新编号”选项，即可在每个小节的开头重新开始对脚注或尾注进行编号。

高手点拨

在“题注”对话框中也可设置题注的位置，还可通过单击“编号”按钮设置题注的编号样式。

第2步 选择“水平居中”选项 ❶ 在“排列”组中单击“对齐”下拉按钮。❷ 选择“水平居中”选项。

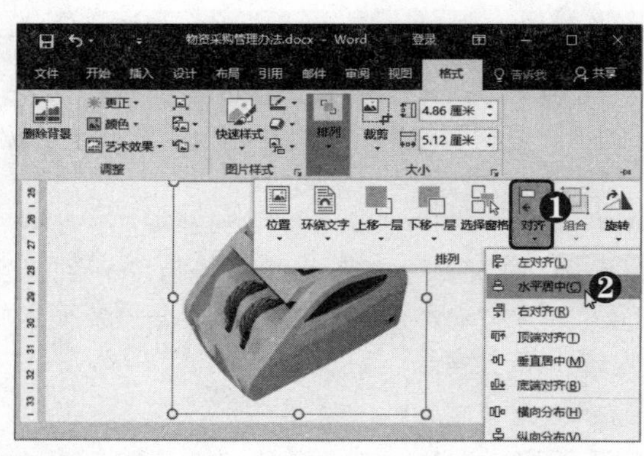

第3步 单击“插入题注”按钮 ❶ 选中图片。❷ 选择“引用”选项卡。❸ 在“题注”组中单击“插入题注”按钮。

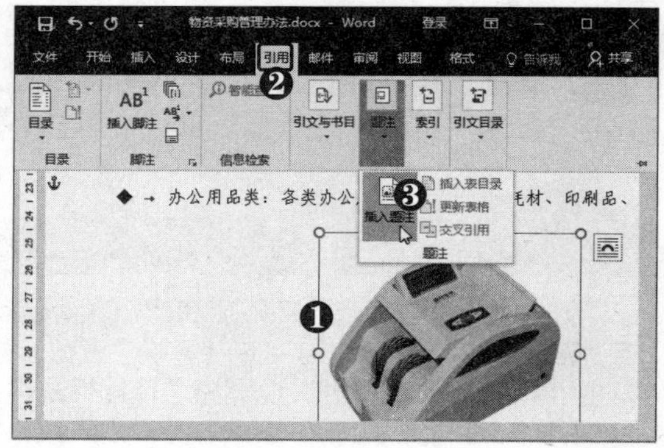

第4步 单击"新建标签"按钮 弹出"题注"对话框，单击"新建标签"按钮。

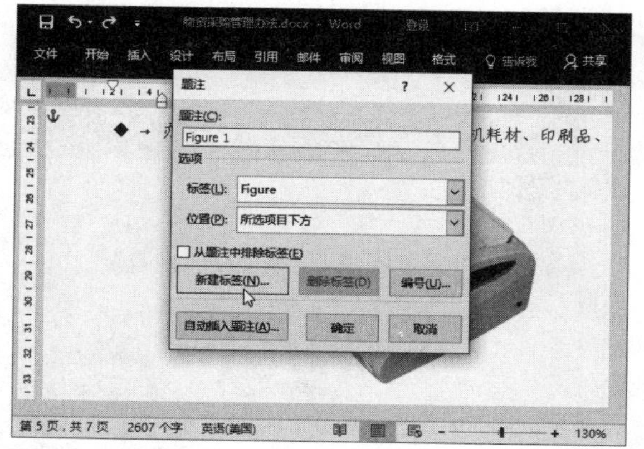

第5步 设置标签名称 弹出"新建标签"对话框，❶ 输入标签名称。❷ 单击"确定"按钮。

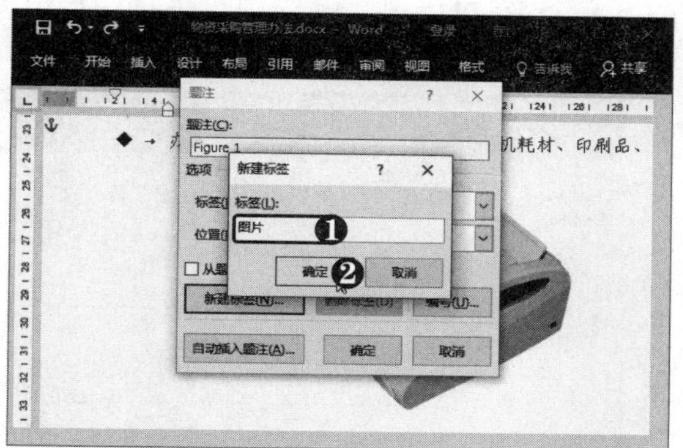

第6步 确认题注名称 返回"题注"对话框，此时题注名称默认为新添加的标签名称，单击"确定"按钮。

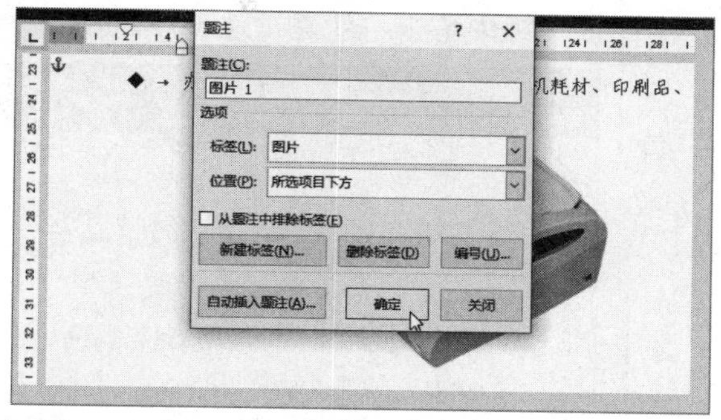

第7步 单击"居中"按钮 此时即可在图片下方添加题注，❶ 选中题注。❷ 在"字体"组中设置字体格式。❸ 单击"居中"按钮≡。

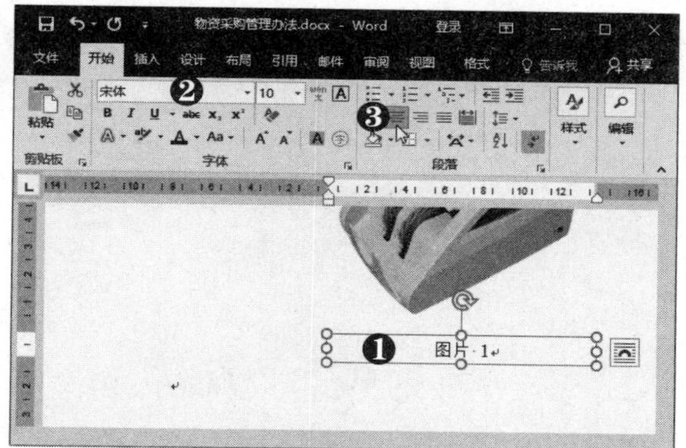

1.3.7 文档的审阅

Word 2016 提供的文档审阅功能包括修订、批注和标记操作，这为不同用户共同协作提供了方便。下面将介绍如何使用文档的审阅功能，具体操作方法如下：

第1步 设置用户名 打开"Word 选项"对话框，❶ 在左侧选择"常规"选项。❷ 在右侧输入用户名和缩写。❸ 单击"确定"按钮。

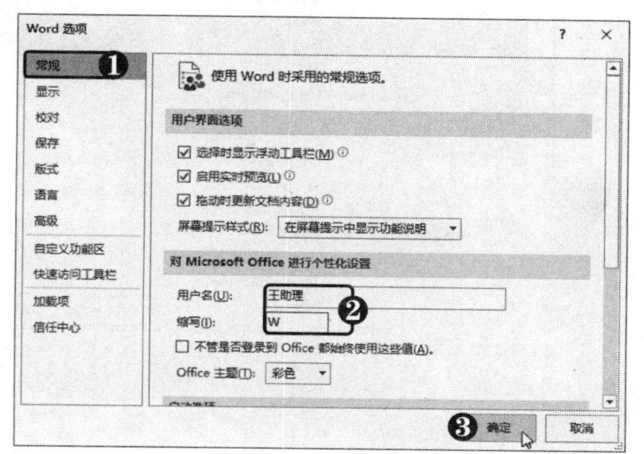

高手点拨

在"Word 选项"对话框中设置好用户名后，添加批注时即可在批注框中显示该用户名。

第2步 单击“新建批注”按钮 ❶ 选中要添加批注的文本，或将光标定位到要添加批注的位置。❷ 选择“审阅”选项卡。❸ 在“批注”组中单击“新建批注”按钮。

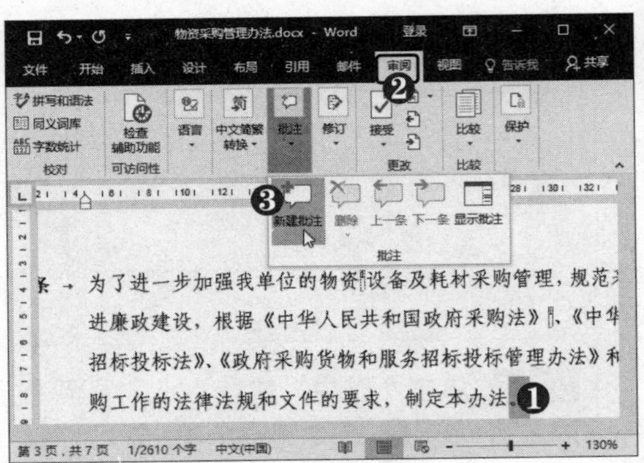

第3步 输入批注内容 此时即可在文档右侧打开批注框，根据需要输入批注内容。

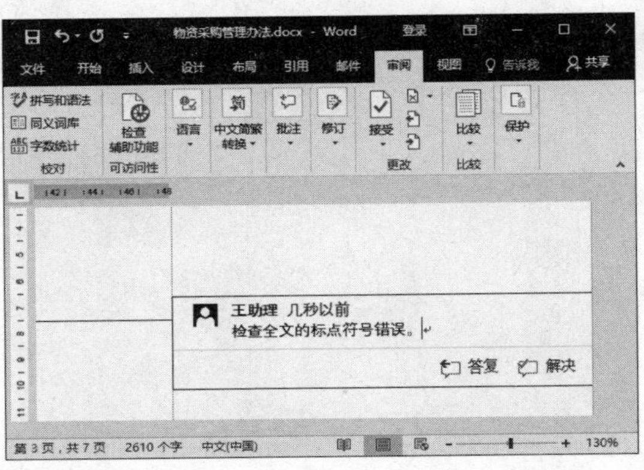

第4步 答复批注 若要答复批注，❶ 单击“答复”按钮。❷ 输入答复内容。

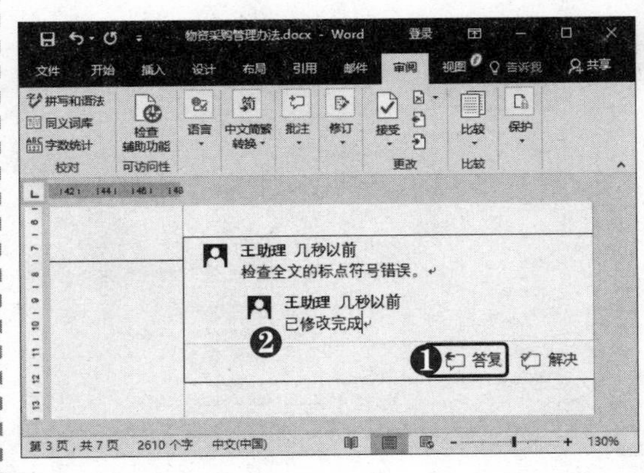

第5步 解决批注 ❶ 右击批注。❷ 选择“解决批注”命令。

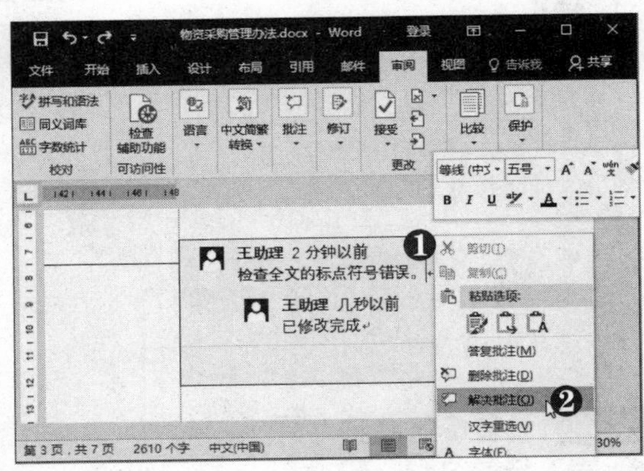

第6步 完成标记 此时即可将批注标记为完成状态，批注内容为灰色显示。

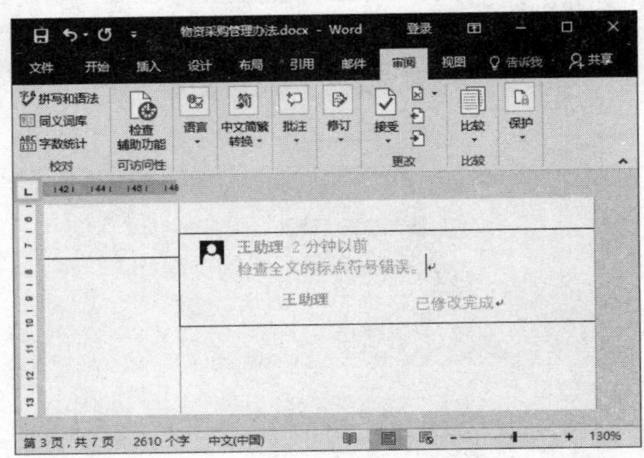

第7步 删除批注 ❶ 将光标定位在批注中。❷ 在“批注”组中单击“删除”按钮，即可删除批注。

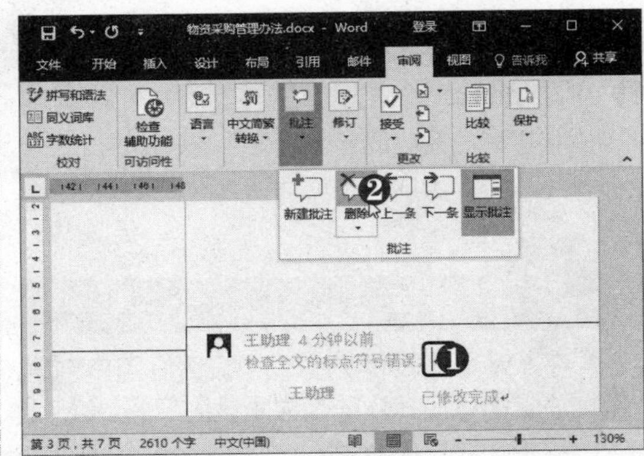

电脑小专家

问：如何快速新建批注？

答：右击要添加批注的文本或位置，在弹出的快捷菜单中选择“新建批注”命令即可。

新手巧上路

问：如何在文档中隐藏批注？

答：在“批注”组中单击“显示批注”按钮，即可快速隐藏批注，再次单击此按钮，即可显示批注。

1.3.8 修订文档

使用修订功能可以在保留文档原有格式或内容的同时在页面中对文档内容进行修订，可用于协同工作。一个用户对文档进行修订后，其他人还可设置拒绝或接受修订。修订文档的具体操作方法如下：

第1步 单击“修订”按钮 ❶ 选择“审阅”选项卡。❷ 在“修订”组中单击“修订”按钮，即可进入修订状态，“修订”按钮呈按下状态。

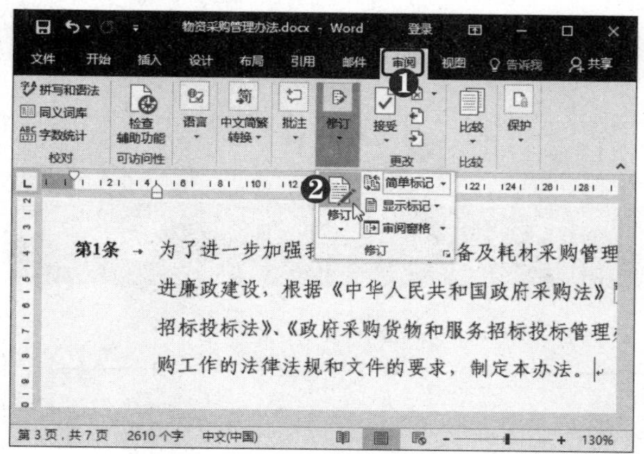

第2步 选择“所有标记”选项 ❶ 单击“所有标记”下拉按钮。❷ 选择“所有标记”选项。

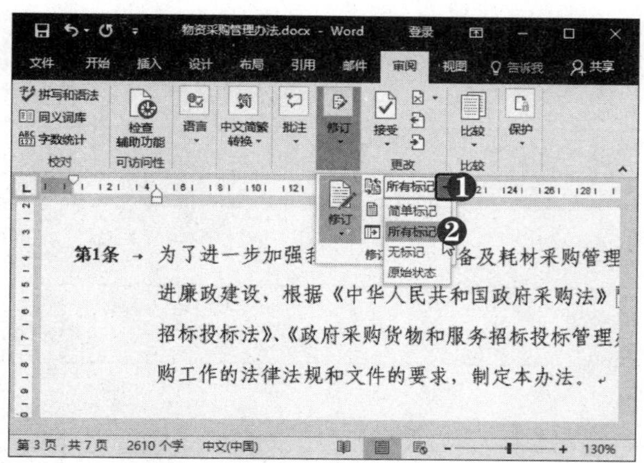

第3步 修订文档 在文档中对内容进行修改，此时在页面右侧的批注框中显示修订内容。

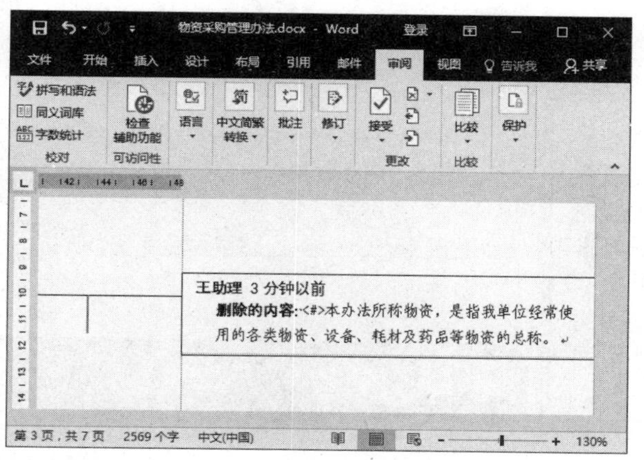

第4步 选择批注显示方式 ❶ 单击“显示标记”下拉按钮。❷ 选择“批注框”选项。❸ 选择“以嵌入方式显示所有修订”选项。

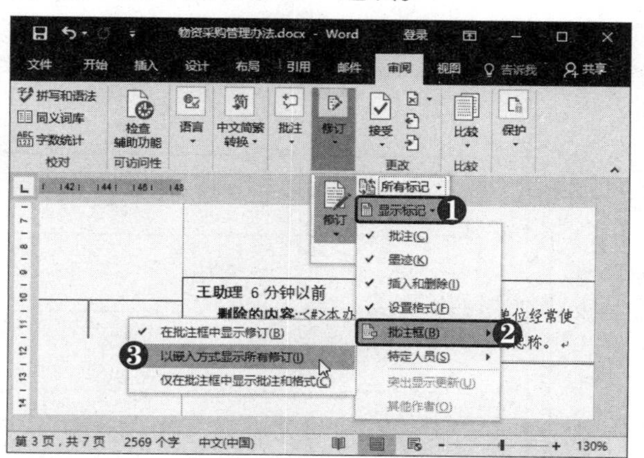

第5步 以嵌入方式显示修订 此时即可隐藏批注框，在文档中以嵌入方式显示修订。

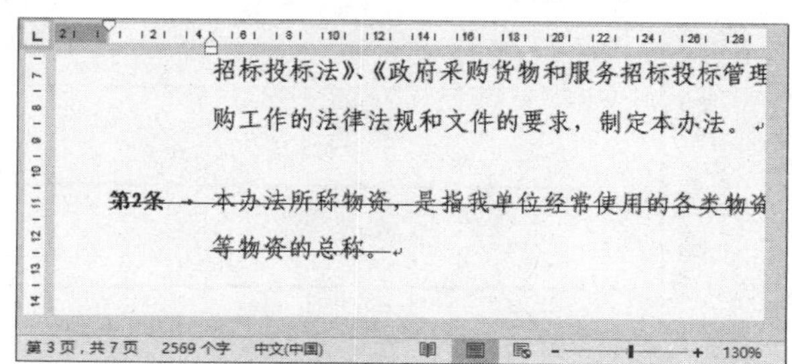

第6步 接受修订 ❶ 在“更改”组中单击“接受”下拉按钮。❷ 选择“接受所有修订”选项。

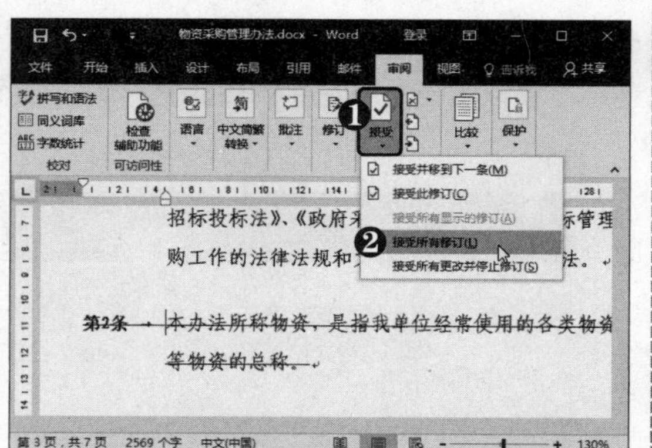

第7步 完成修订 接受修订后，将自动取消修订标记。

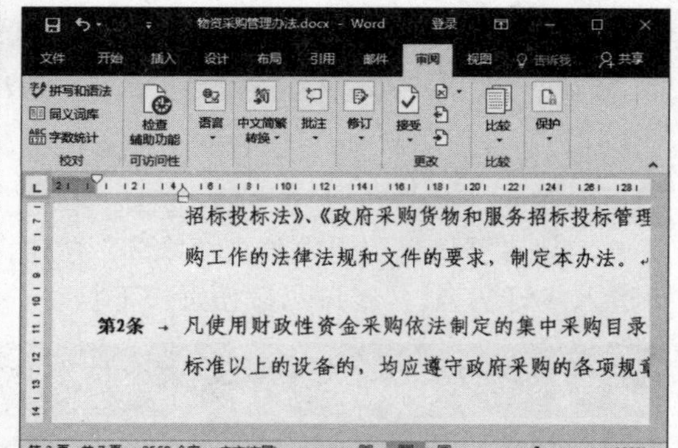

提示您

在对文档进行修订前建议备份好原文档，在“审阅”选项卡下单击“比较”按钮，可将原文档与修订后的文档进行对比。

多学点

单击“修订”组右下角的扩展按钮，在弹出的对话框中单击“高级选项”按钮，可对修订标记进行自定义设置。

学习笔录

第2章 制作图文并茂的 Word 商务文档

New Computer Tech For Dummies

章前导读

在 Word 文档中，为了更直观地表达文档意图，通常需要在文档中插入图片或图形来帮助读者了解文档内容。本章以制作网站运营流程体系图、企业组织结构图、食品宣传单为例，介绍 Word 2016 中图形、图片、文本框、艺术字以及 SmartArt 图形等功能的应用方法。

- 制作网站运营流程体系图
- 制作企业组织结构图
- 制作宣传单

小神通，我想在 Word 文档中插入图形对象，你能帮帮我吗?

不同的对象有不同的插入方法，还是让博士介绍一下吧!

在文档中插入图片点缀文档，可以增加文档的可读性。图片可以将无法用语言描述的内容形象地表现出来，帮助读者更快地理解文档内容。在 Word 2016 中不仅可以插入系统自带的图形、艺术字和文本框等，也可以插入事先从网站上下载好的图片，并对这些插入的图形对象进行格式设置。

2.1 制作网站运营流程体系图

流程图由一些图框和流程线组成，其中图框表示各种操作的类型，流程线表示操作的先后次序。在企业中，流程图主要用于说明某一过程。下面将以网站运营流程体系图为例，详细介绍制作流程体系图的方法和技巧。

2.1.1 添加流程图标题

每个流程图中都包含一个标题，用来说明该流程图的用途。下面将介绍如何设置流程图的标题格式，具体操作方法如下：

提示您

也可在文档中先输入文字并将其选中，再为其应用艺术字样式。

第1步 选择艺术字样式 ❶ 选择“插入”选项卡。❷ 在“文本”组中单击“艺术字”下拉按钮。❸ 选择所需的样式。

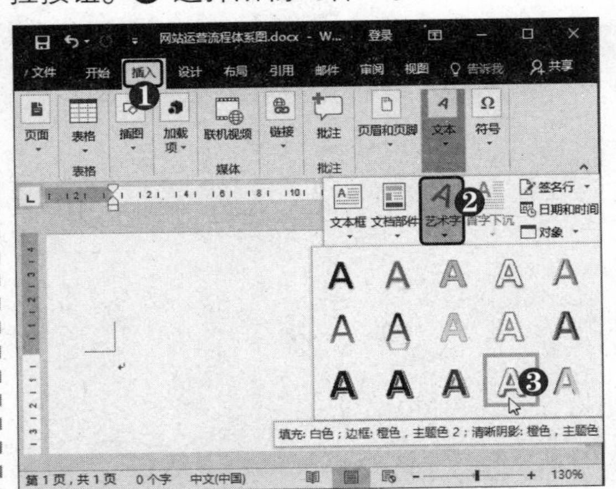

第2步 设置字体格式 ❶ 输入并选中文本。❷ 选择“开始”选项卡。❸ 在“字体”组中设置字体格式。

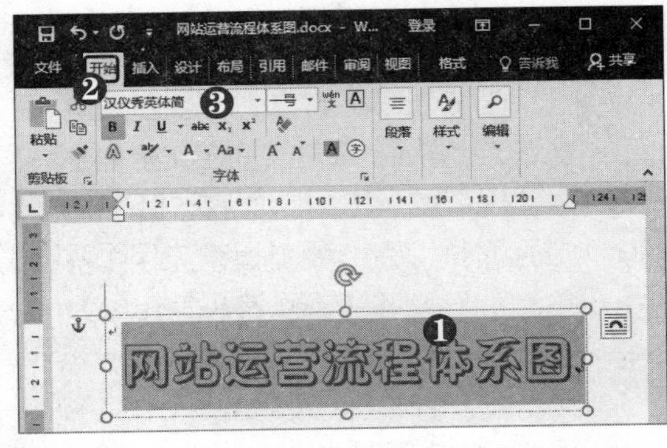

第3步 设置形状样式 ❶ 将艺术字文本框移到页面左上方。❷ 选择“格式”选项卡。❸ 在“形状样式”列表中选择所需的样式。

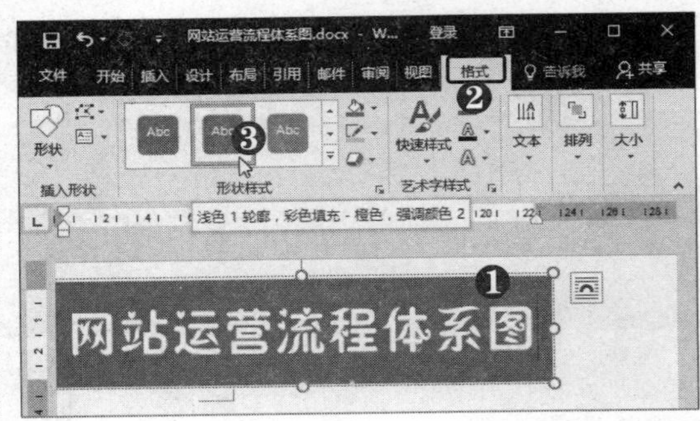

多学点

可以根据需要对艺术字中不同的文本应用不同的艺术字样式。

2.1.2 制作流程中的程序图形

程序结构图一般由构成系统的若干要素和表达各要素之间关系的连线或方向箭头构成。在 Word 2016 中可以通过形状工具绘制各种程序图形。

1．绘制初级程序图形

通过移动图形四周的控制点可以调整图形的形状和大小，设置完成后可以将多个图形组合成一个整体，具体操作方法如下：

第1步 **选择形状** ❶ 选择“插入”选项卡。❷ 在“插图”组中单击“形状”下拉按钮。❸ 选择“椭圆”形状。

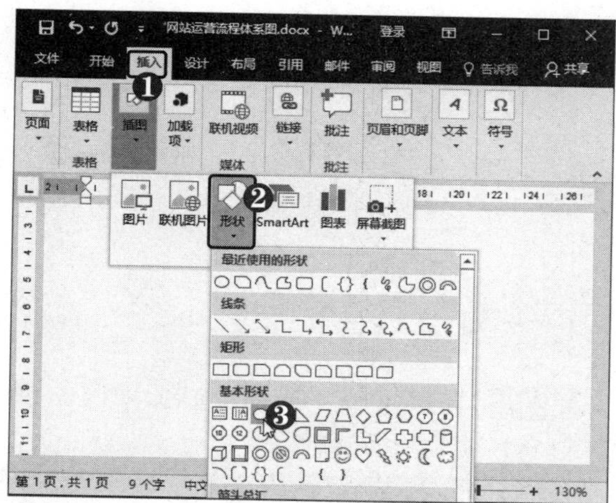

第2步 **绘制形状** 此时鼠标指针变为十字形状，按住【Shift】键的同时拖动鼠标，即可绘制圆形。

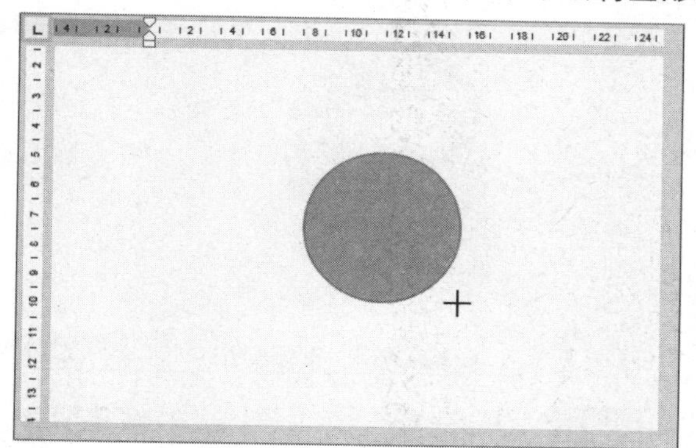

第3步 **选择同心圆形状** ❶ 选择“格式”选项卡。❷ 在“插入形状”组中单击“形状”下拉按钮。❸ 选择“同心圆”形状。

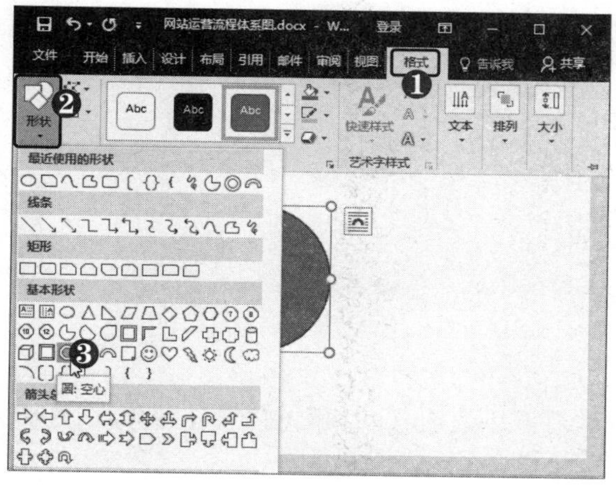

第4步 **绘制同心圆** 按住【Shift】键绘制同心圆，拖动形状上的控制点调整同心圆的宽度。

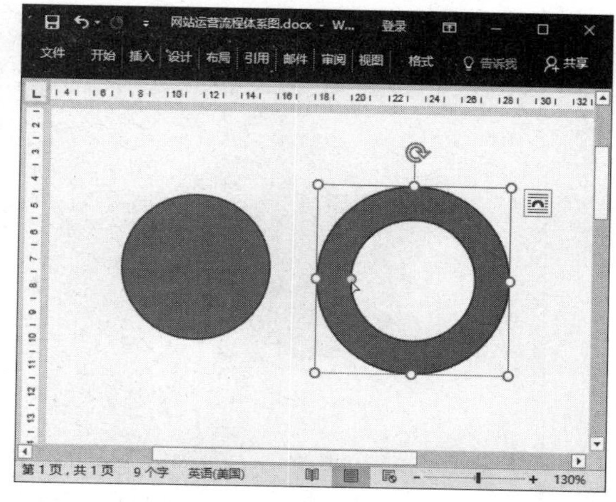

第5步 **调整图形位置** 将同心圆移到所需的位置。

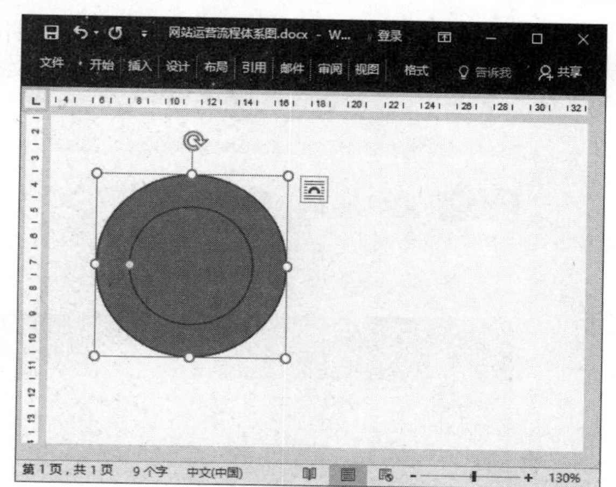

第6步 **复制同心圆** 按【Ctrl+C】和【Ctrl+V】组合键，快速复制一个相同的同心圆。

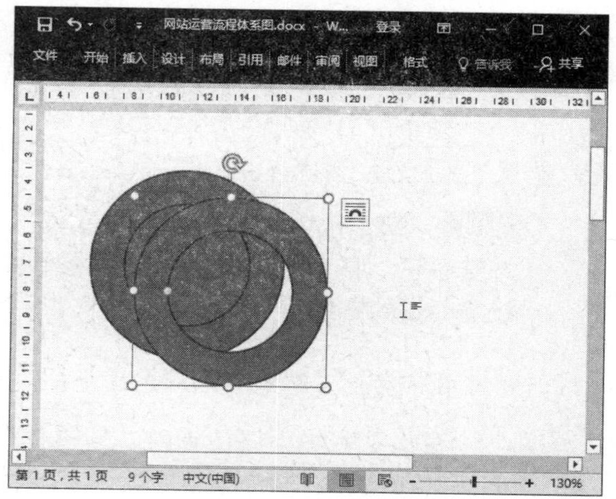

电脑小专家

问：如何反复绘制同一形状？

答：在形状列表中右击形状，选择“锁定绘图模式”命令，此时即可在文档中反复绘制该形状，按【Esc】键可取消锁定。

新手巧上路

问：当拖动鼠标无法精确移动形状的位置时怎么办？

答：可先选中形状，然后按【↑】、【↓】、【←】、【→】键对形状的位置进行微调。

第7步 **调整图形位置** 将复制的同心圆移到所需的位置。

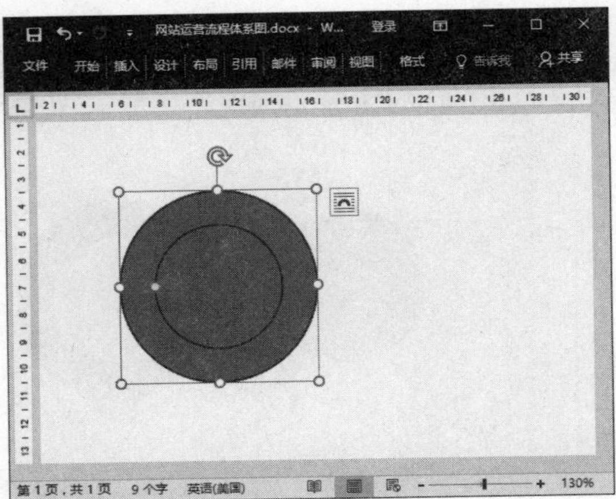

高手点拨

在绘制圆形时，拖动鼠标的同时按住【Shift+Ctrl】组合键即可从圆心处绘制形状。

第8步 **更改形状** ❶ 在“插入形状”组中单击“编辑形状”下拉按钮。❷ 选择“更改形状”选项。❸ 选择“空心弧”形状。

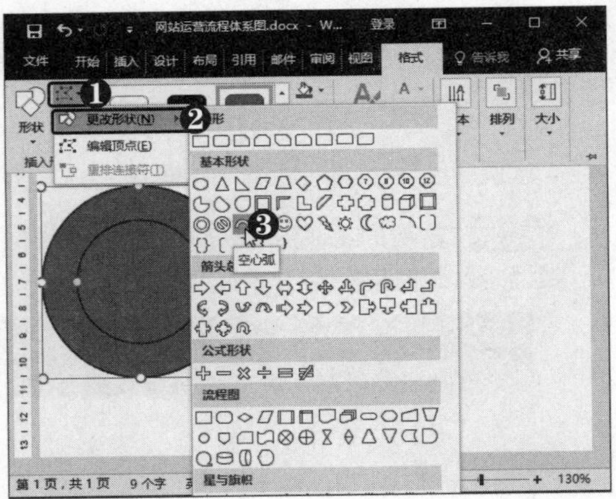

第9步 **调整形状** 此时即可将同心圆更改为空心弧。拖动空心弧内侧的控制点，调整空心弧的宽度。

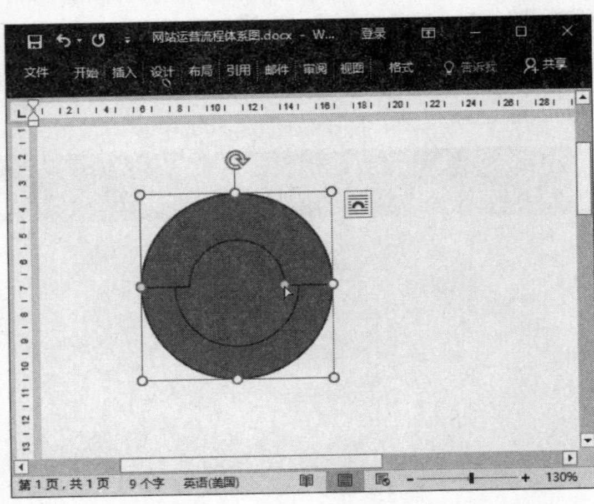

第10步 **调整弧长** 拖动空心弧外侧的控制点，调整空心弧的弧长。

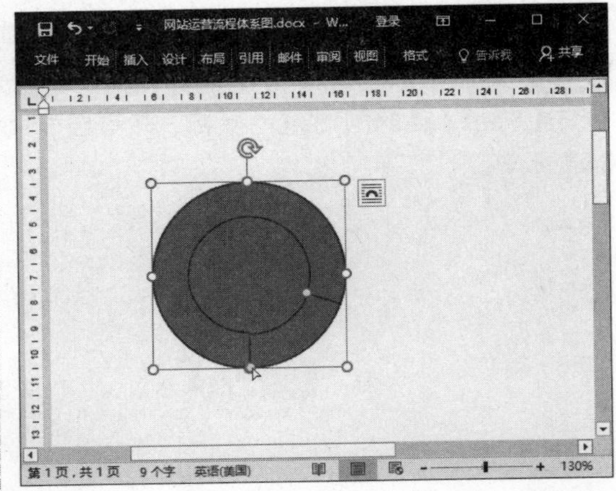

第11步 **旋转形状** 拖动形状上的旋转柄，旋转形状。

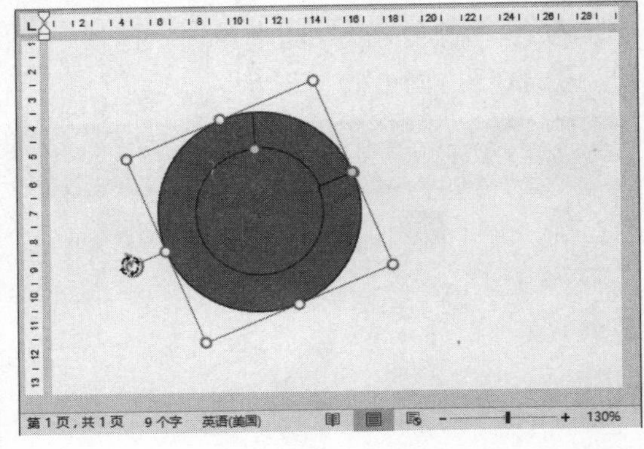

2．绘制多级程序图形

在绘制多级程序图形时，通过使用快捷键可以迅速地移动和复制形状，使操作更加简便，具体操作方法如下：

第1步 选择形状 ❶ 选择“格式”选项卡。❷ 在“插入形状”组中单击“形状”下拉按钮。❸ 选择“左中括号”形状。

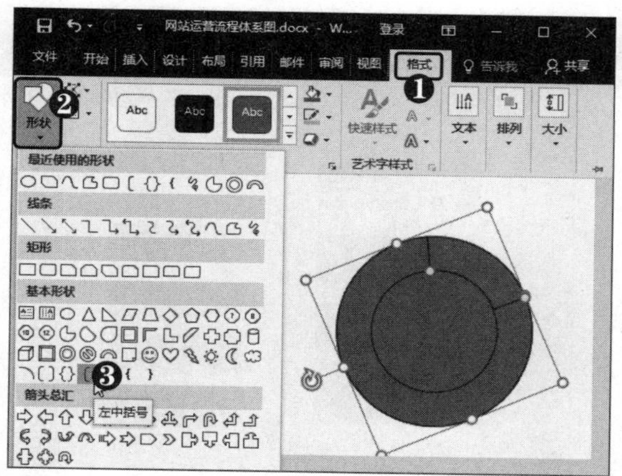

第2步 设置轮廓粗细 绘制左中括号，❶ 单击“形状轮廓”下拉按钮。❷ 设置“颜色”为“白色，深色 35%”。❸ 设置“粗细”为“3 磅”。

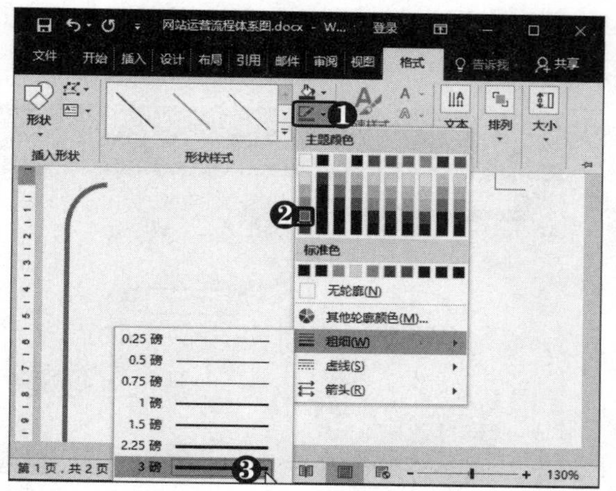

第3步 调整形状 拖动形状上的控制点，调整形状。

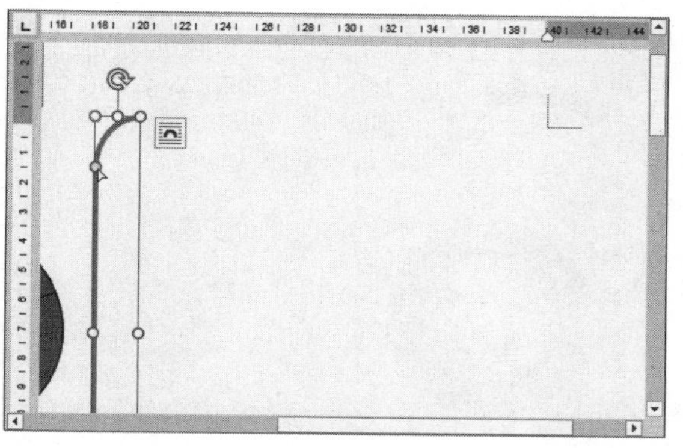

第4步 复制并调整形状 按住【Ctrl】键的同时拖动形状，即可复制形状。拖动形状上的控制点，调整形状大小。

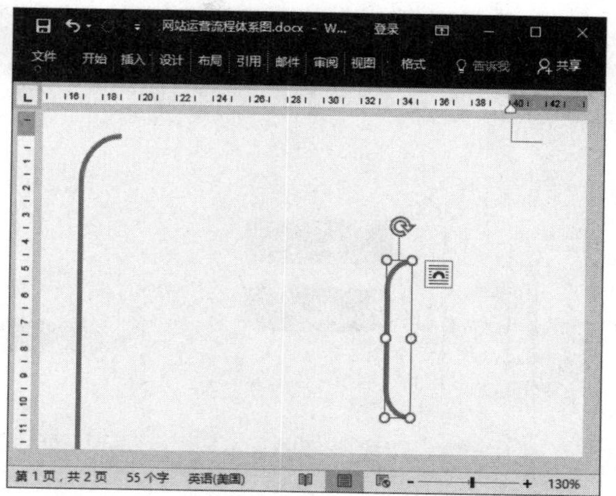

第5步 选择圆角矩形 ❶ 单击“形状”下拉按钮。❷ 选择“圆角矩形”形状。

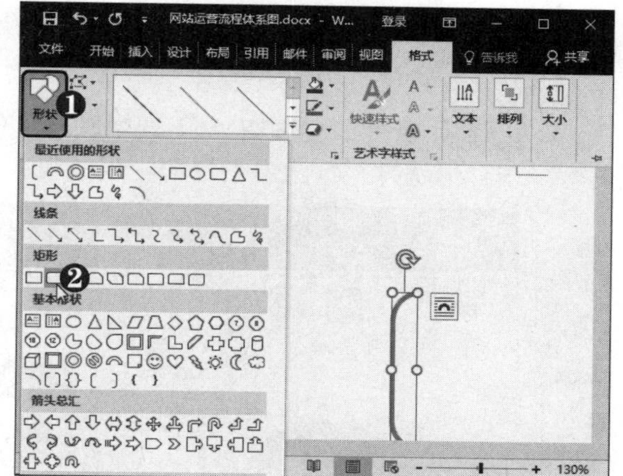

第6步 绘制并调整矩形 绘制矩形，按住【Ctrl】键复制矩形，并调整矩形大小。

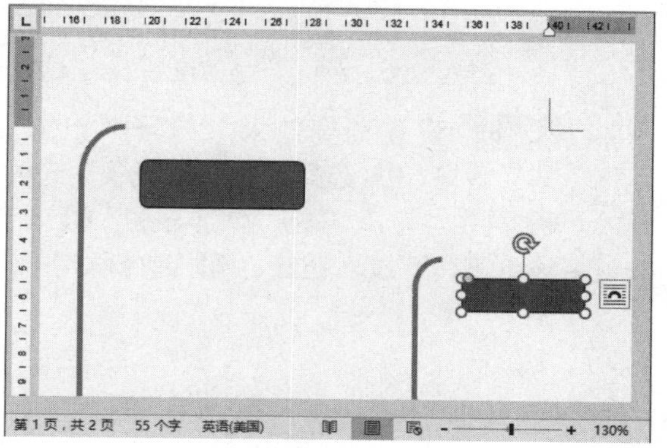

第7步 复制形状 按住【Ctrl+Shift】组合键的同时向下拖动形状，即可在垂直方向上复制形状。

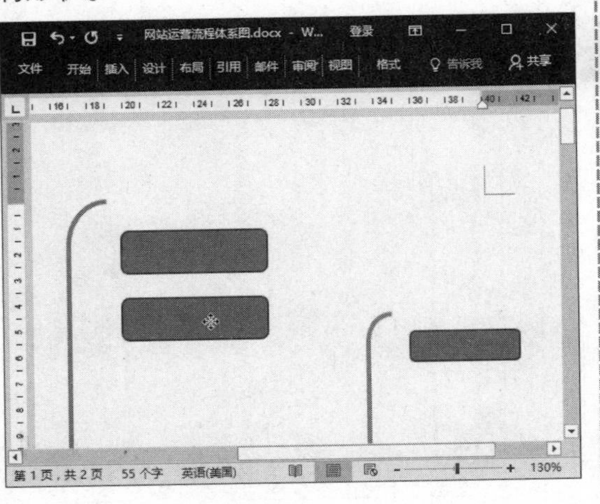

第8步 复制多个形状 采用同样的方法，复制多个形状，并调整形状的位置。

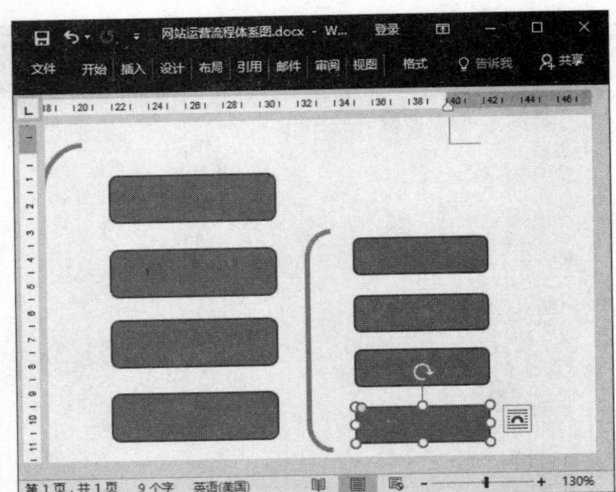

提示您

若要使多个形状纵向等距排列，可先选中多个形状，然后选择“格式”选项卡，在“排列”组中单击“对齐”下拉按钮，选择“纵向分布”选项即可。

2.1.3 设置图形样式

为美化流程体系图，可以自定义形状的填充与线条样式，或应用 Word 2016 中内置的形状样式来美化图形效果，具体操作方法如下：

第1步 单击扩展按钮 ❶ 选中圆形。❷ 单击“形状样式”组右下角的扩展按钮。

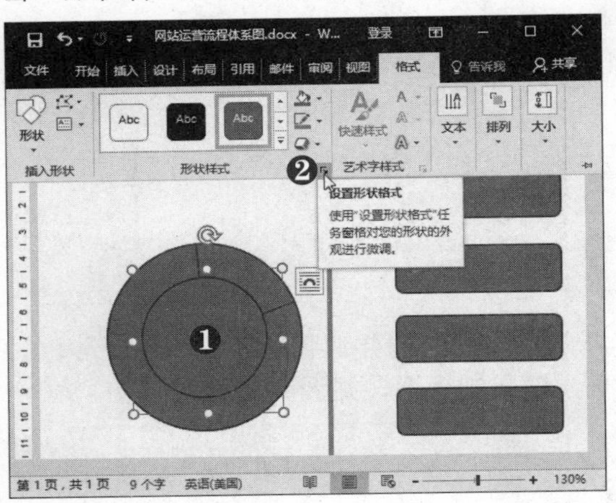

第2步 设置渐变效果 打开“设置形状格式”窗格，❶ 选择“填充与线条”选项卡。❷ 选中“渐变填充”单选按钮。❸ 单击“预设渐变”下拉按钮。❹ 选择所需的渐变效果。

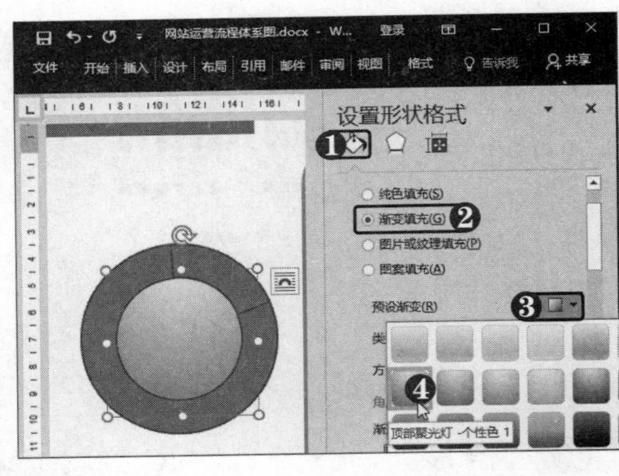

第3步 调整渐变光圈 根据需要调整渐变光圈的颜色和位置参数。

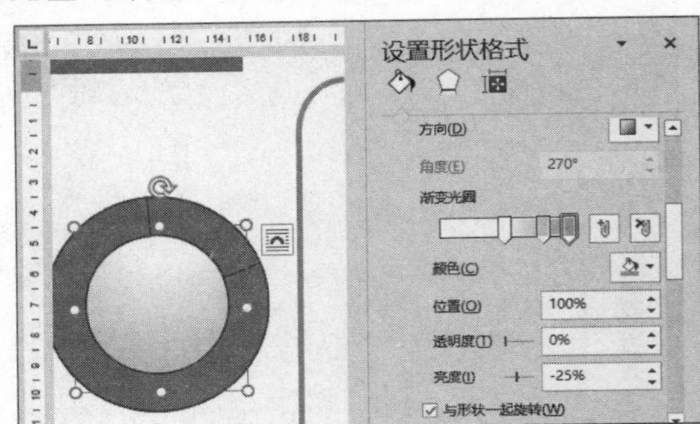

多学点

右击形状，选择“设置形状格式”命令，即可快速打开“设置形状格式”窗格。

第4步 设置形状格式 ❶ 选中空心弧。❷ 打开“设置形状格式”窗格，选中“纯色填充”单选按钮。❸ 设置填充颜色。❹ 在“线条”组下选中“无线条”单选按钮。

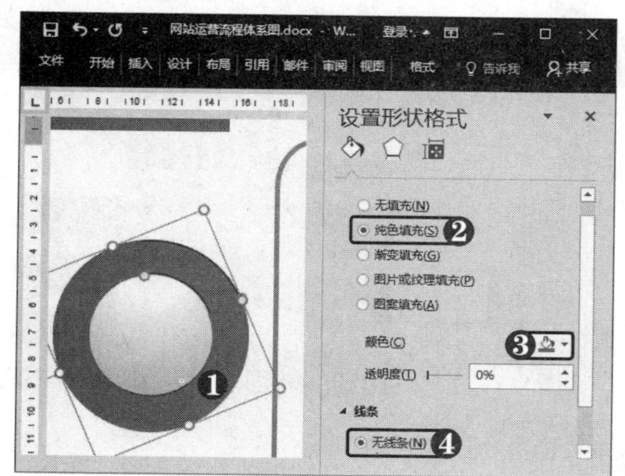

第5步 设置阴影效果 ❶ 选择“效果”选项卡。❷ 在“阴影”组中单击“预设”下拉按钮。❸ 选择所需的阴影效果。

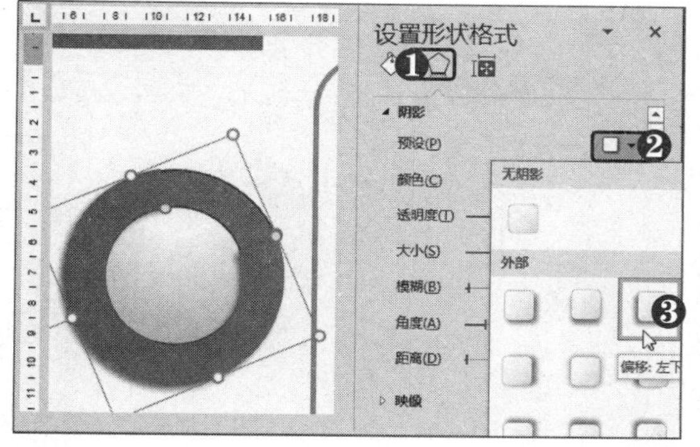

第6步 设置形状格式 ❶ 选中同心圆，❷ 选择“填充与线条”选项卡。❸ 选中“纯色填充”单选按钮。❹ 设置填充颜色。❺ 在“线条”组中选中“无线条”单选按钮。

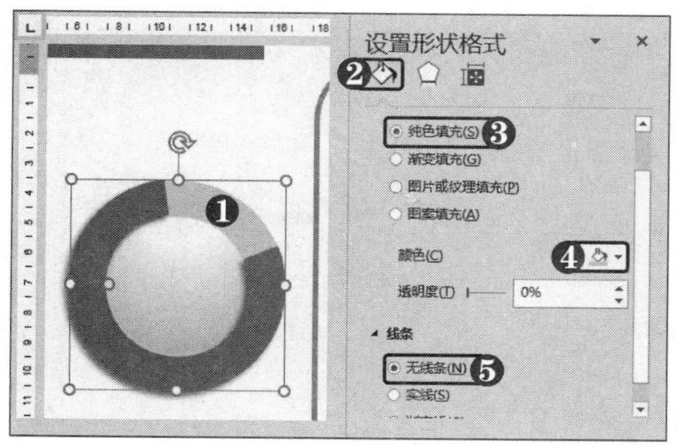

第7步 应用形状样式 ❶ 选中圆角矩形。❷ 在“形状样式”列表中选择所需的样式。

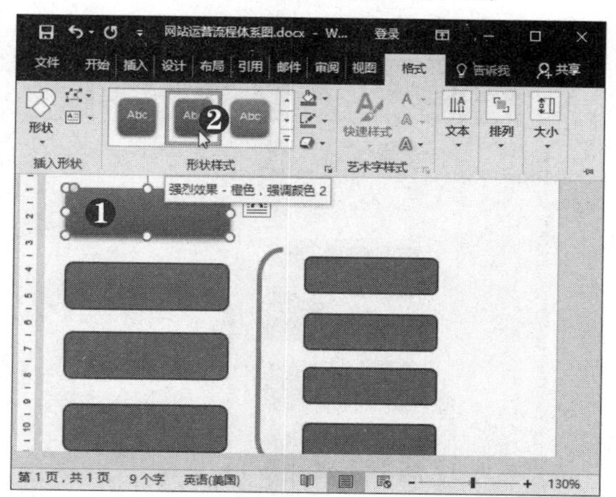

第8步 重复操作 选中另一个圆角矩形，按【F4】键即可重复上一步操作，为所选形状添加样式。

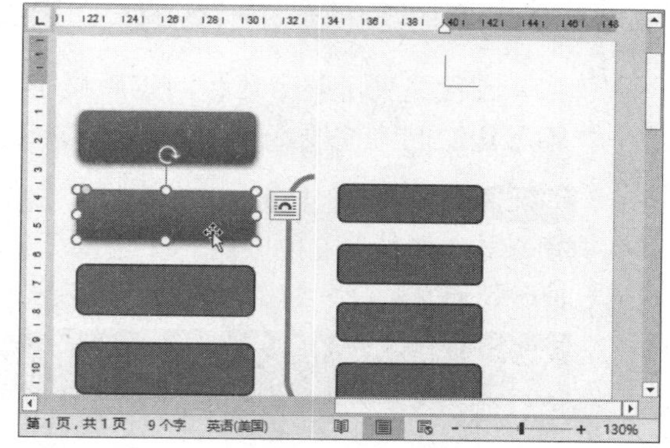

第9步 选中多个形状 采用同样的方法，为此级别的矩形添加样式。按住【Shift】键依次单击下一级别的圆角矩形，即可同时选中多个形状。

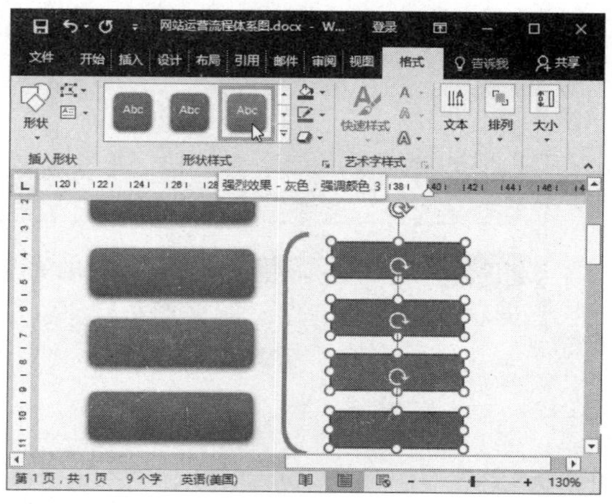

第10步 应用形状样式 在“形状样式”列表中选择所需的样式，即可使多个形状同时应用样式。

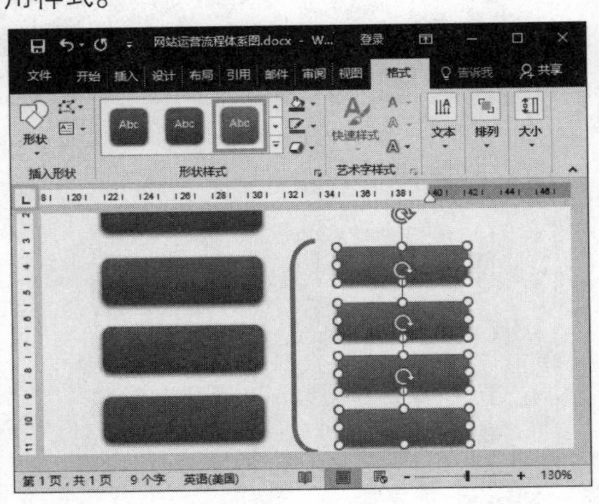

第11步 自定义形状样式 ❶ 在“形状样式”组中单击“形状填充”下拉按钮。❷ 选择所需的颜色，即可自定义形状样式。

电脑小专家

问：怎样快速选中多个形状？

答：选择“开始”选项卡，在“编辑”组中单击“选择”下拉按钮，选择“选择对象”选项，此时即可拖动鼠标框选所需的图形对象。

2.1.4 绘制流程线

流程线表示整个流程的先后顺序，在Word 2016中可以采用“肘形”、“箭头”、“直线”等形状绘制流程线，具体操作方法如下：

第1步 选择形状 ❶ 选择“插入”选项卡。❷ 单击“形状”下拉按钮。❸ 选择“连接符：肘形”形状。

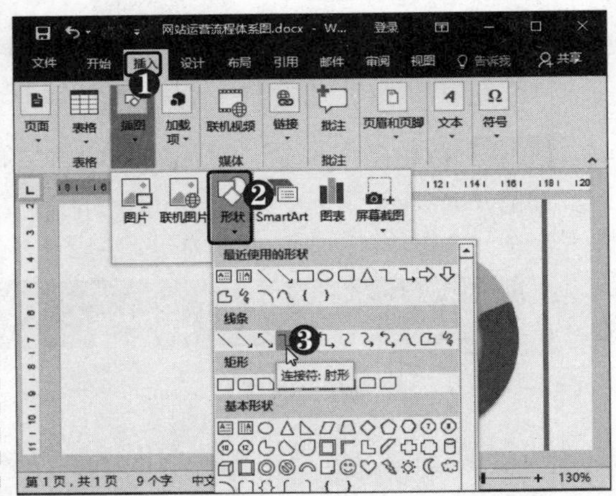

第2步 绘制并调整肘形 绘制肘形并拖动形状上的控制点，调整形状样式。

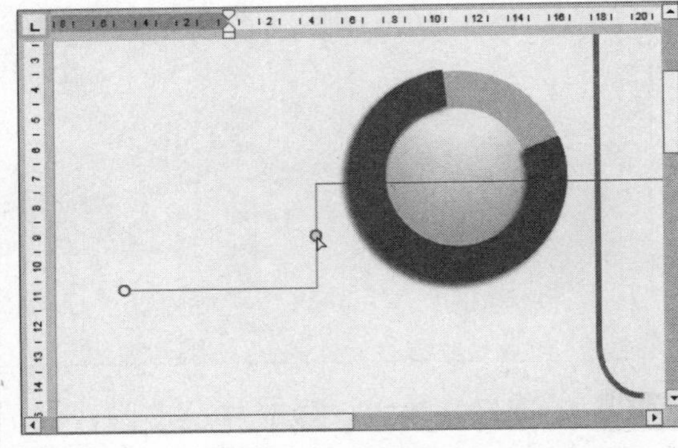

第3步 选择“置于底层”命令 ❶ 选中形状并右击。❷ 选择“置于底层”选项。❸ 选择“置于底层”命令。

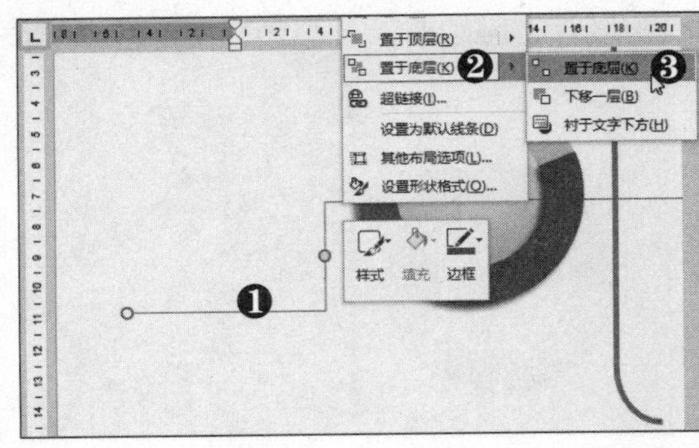

新手巧上路

问：如何快速对齐所绘制的形状？

答：选择“布局”选项卡，单击“对齐”下拉按钮，选择“网格设置”选项，在弹出的对话框中选中“对象与其他对象对齐”复选框即可。

第4步 查看设置效果 此时即可将肘形置于底层。

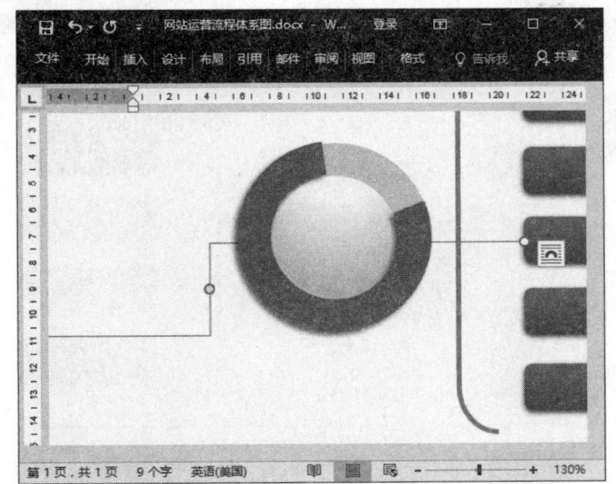

第5步 选择形状 ❶ 单击“形状”下拉按钮。❷ 在弹出的下拉列表中选择“箭头”形状。

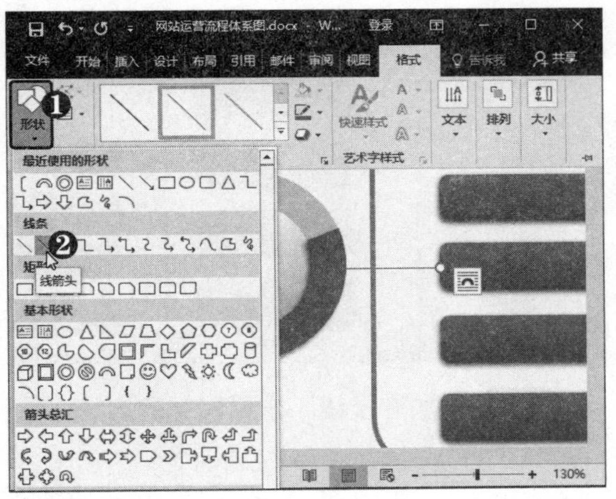

第6步 复制形状 绘制箭头，按住【Ctrl+Shift】组合键复制形状。

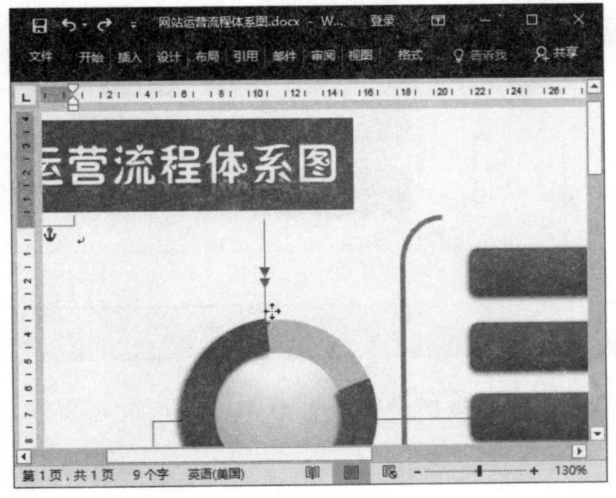

第7步 组合图形 按住【Shift】键选中 2 个箭头，❶ 在“排列”组中单击“组合”下拉按钮。❷ 选择“组合”选项。

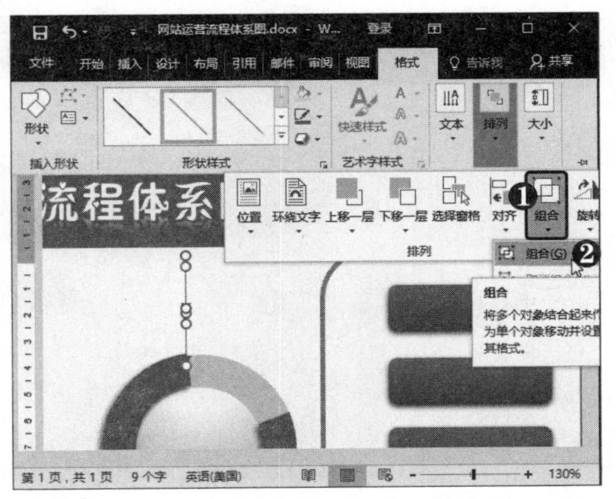

第8步 将图形置于底层 ❶ 在“排列”组中单击“下移一层”下拉按钮。❷ 选择“置于底层”选项。

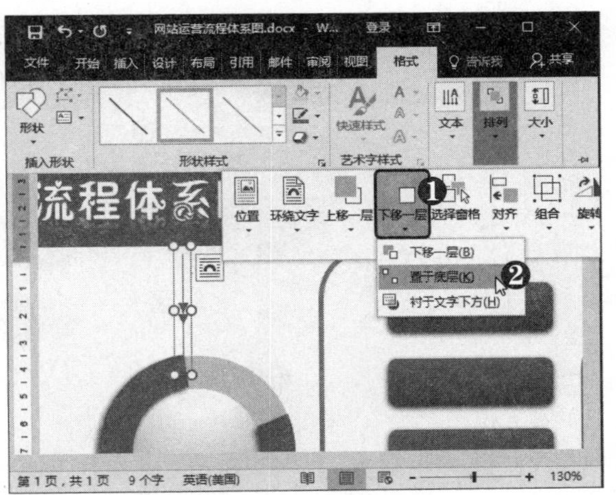

第9步 复制形状 按住【Ctrl+Shift】组合键拖动形状，复制 2 个形状，并调整形状的位置。

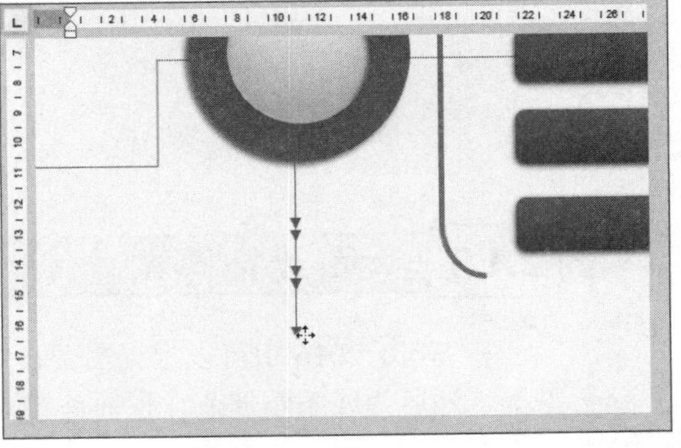

第10步 组合形状 ❶ 按住【Shift】键选中2个形状并右击。❷ 选择“组合”选项。❸ 选择“组合”命令。

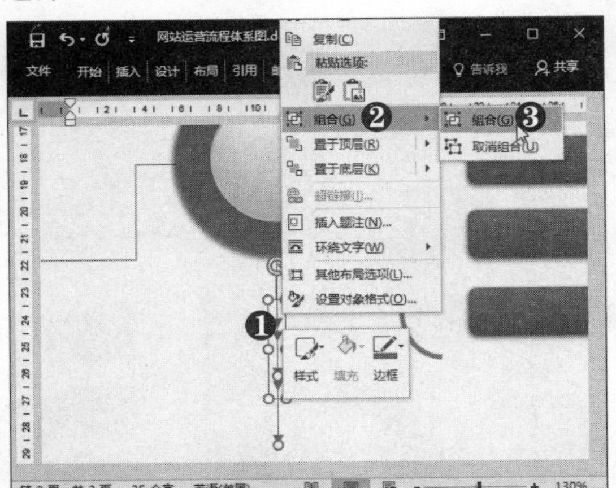

第11步 置于底层 ❶ 选中形状并右击。❷ 选择“置于底层”选项。❸ 选择“置于底层”命令。

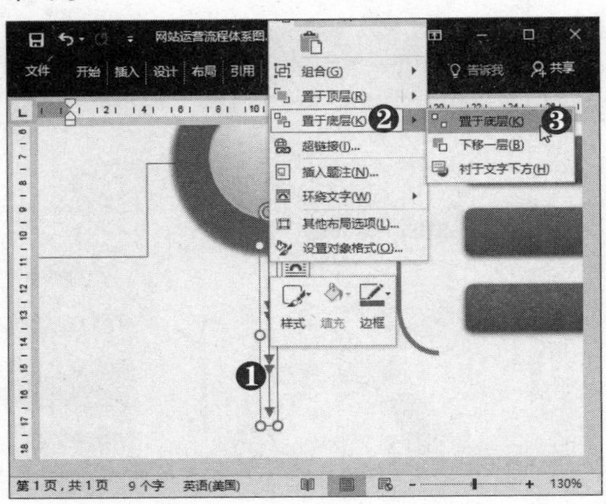

第12步 选择形状 ❶ 单击“形状”下拉按钮。❷ 选择“直线”形状。

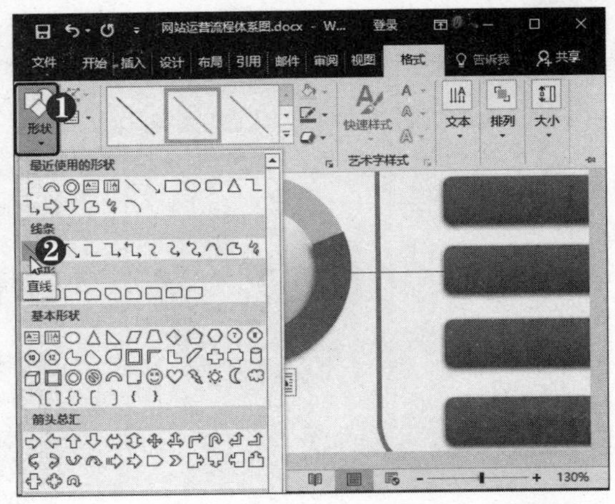

第13步 复制形状 在所需位置绘制直线并调整形状大小，按【Ctrl+Shift】组合键复制直线。

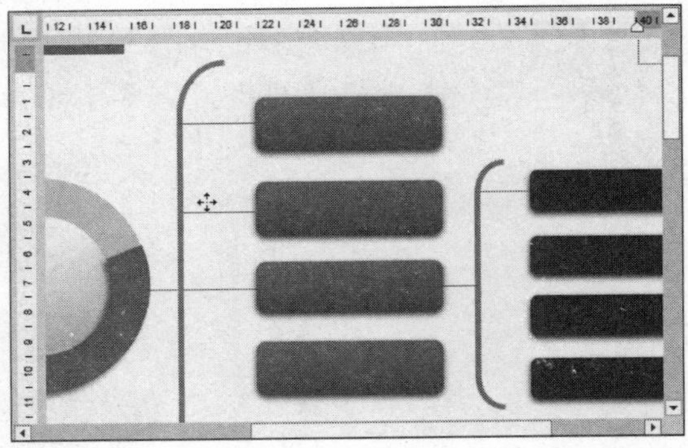

第14步 添加连接线 采用同样的方法，添加其余连接线。

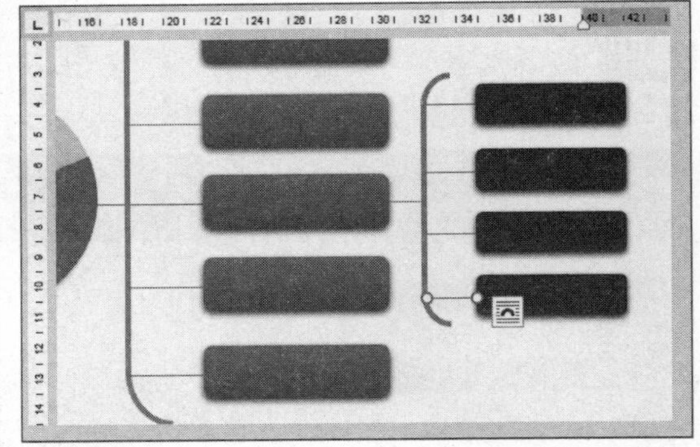

提示您

对于组合的形状，也可选中其中单个形状，然后设置其格式。

多学点

在“形状”列表中也可插入横排文本框或竖排文本框。

2.1.5 设置线条样式

在 Word 2016 中可以根据需要自定义线条样式，包括设置线条颜色、宽度和短画线类型等，还可为线条添加或设置箭头样式，具体操作方法如下：

第1步 **单击扩展按钮** ❶ 选中肘形。❷ 单击"形状样式"组右下角的扩展按钮。

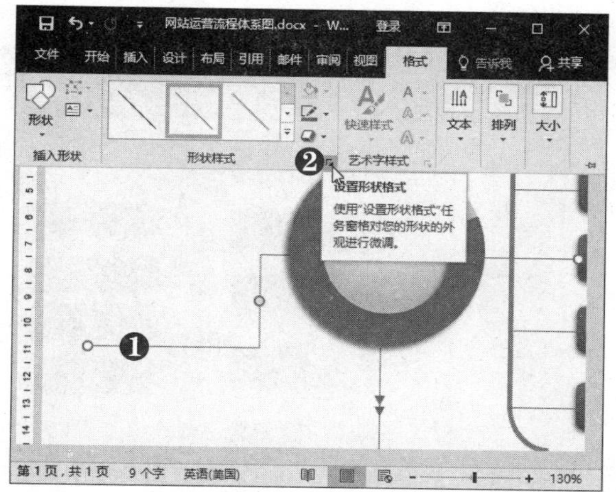

第2步 **设置线条样式** 设置线条颜色、宽度和短画线类型参数。

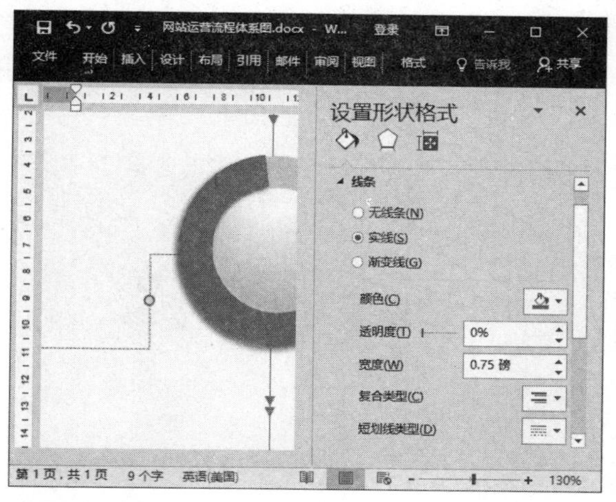

第3步 **设置箭头末端类型** ❶ 单击"箭头末端类型"下拉按钮。❷ 选择所需的箭头样式。

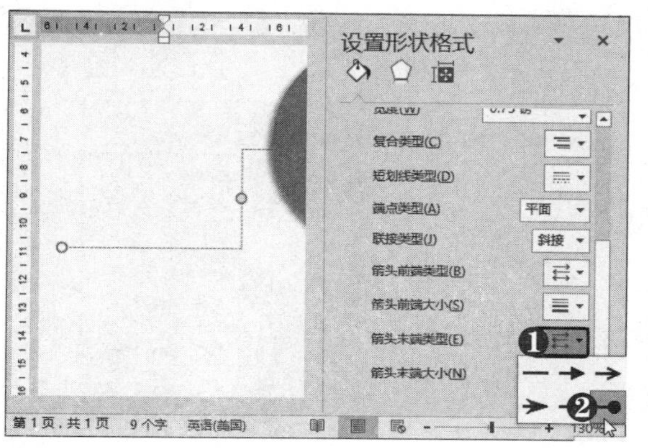

第4步 **查看添加箭头效果** 此时即可为肘形末端添加圆形箭头。

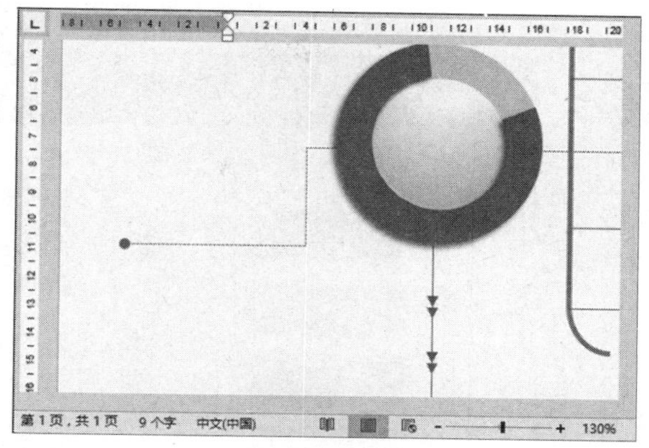

第5步 **设置箭头末端大小** ❶ 选中组合图形。❷ 打开"设置形状格式"窗格，单击"箭头末端大小"下拉按钮。❸ 选择所需的样式。

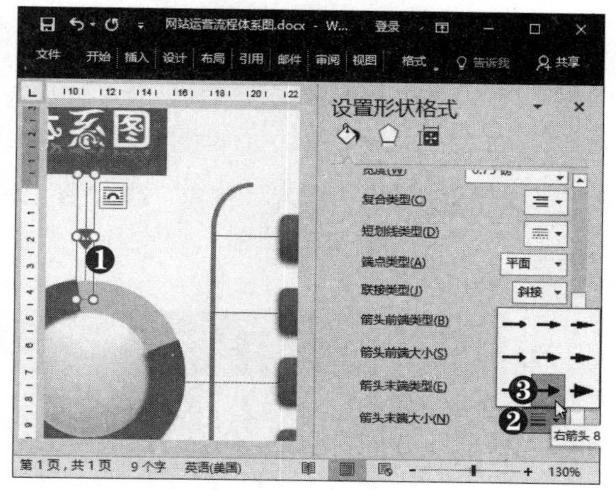

第6步 **设置另一个箭头** 采用同样的方法，设置另外一个组合形状箭头的末端大小。

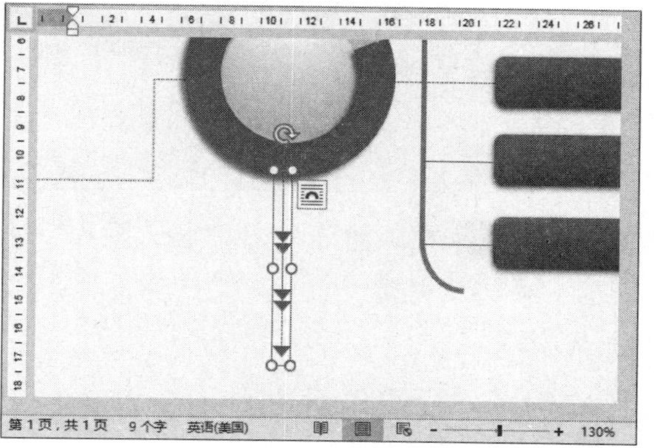

第7步 设置线条样式 ❶ 按住【Shift】键同时选中多个形状。❷ 打开“设置形状格式”窗格，设置线条颜色、宽度和短画线类型参数。

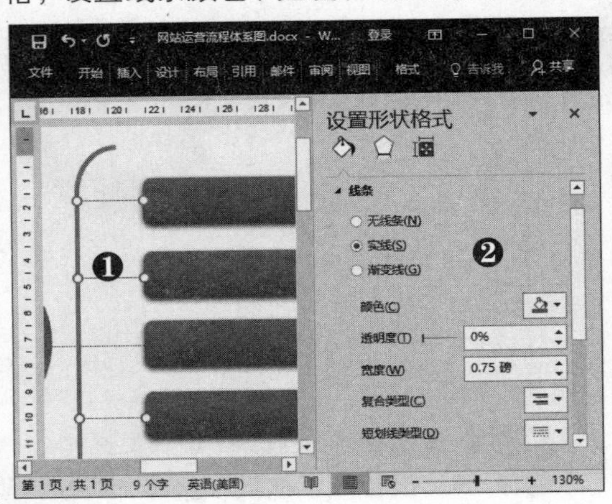

第8步 设置下一级线条样式 采用同样的方法，设置下一级流程线的线条样式。

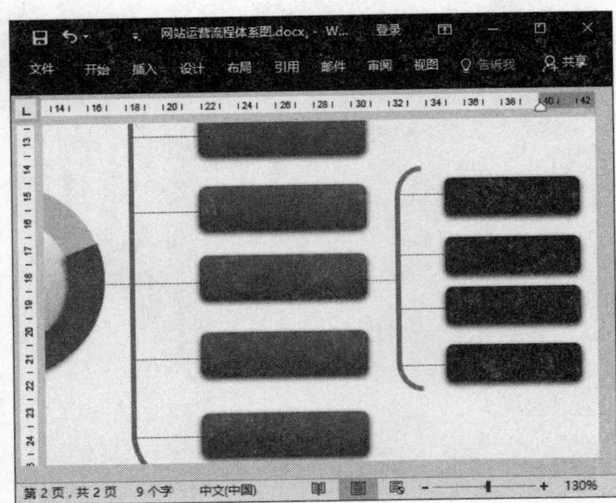

电脑小专家

问：怎样把直线变为虚线？

答：选中直线，在“设置形状格式”窗格中单击“短画线类型”下拉按钮，选择所需的虚线样式即可。

2.1.6 修饰流程图页面

在流程图中可以添加图片并根据需要调整图片颜色，然后在形状中输入文本并调整字体格式，最后添加页面背景，即可完成流程图的制作，具体操作方法如下：

第1步 单击“图片”按钮 ❶ 选择“插入”选项卡。❷ 在“插图”组中单击“图片”按钮。

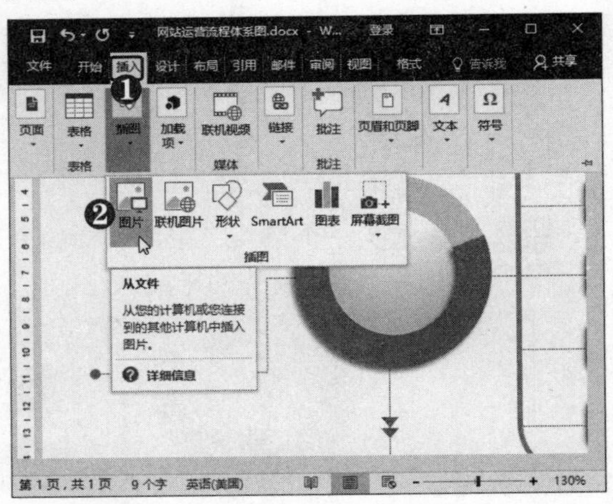

第2步 插入图片 弹出“插入图片”对话框，❶ 选择所需的图片。❷ 单击“插入”按钮。

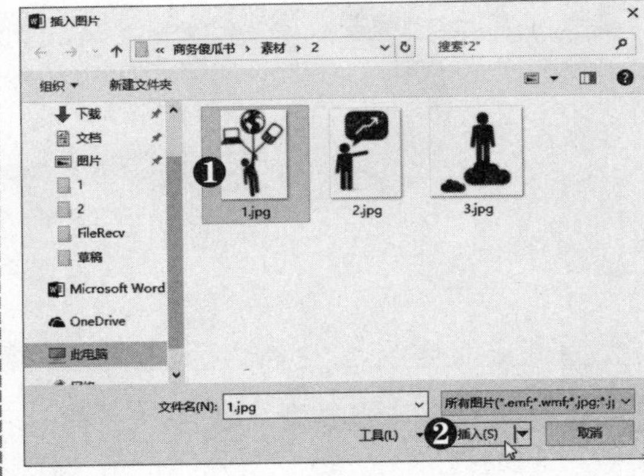

第3步 设置图片布局 ❶ 单击“布局选项”按钮。❷ 选择“浮于文字上方”选项。

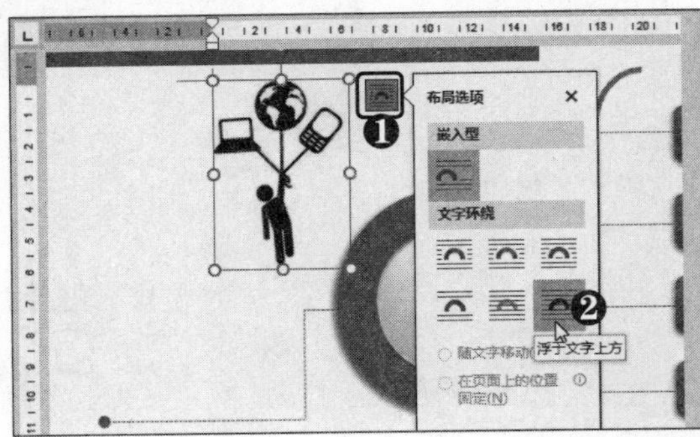

新手巧上路

问：怎样一次插入多张图片？

答：在“插入图片”对话框中，按住【Ctrl】键的同时选中多张图片，然后单击“插入”按钮即可。

第4步 选择“设置透明色”选项 选择“格式”选项卡，❶在“调整”组中单击“颜色”下拉按钮。❷选择“设置透明色”选项。

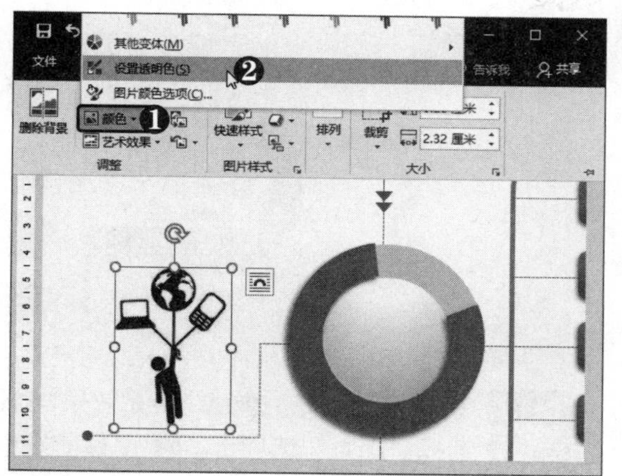

第5步 设置图片背景 此时鼠标指针变为✎形状，在图片空白背景处单击，即可将图片背景设置为透明色。

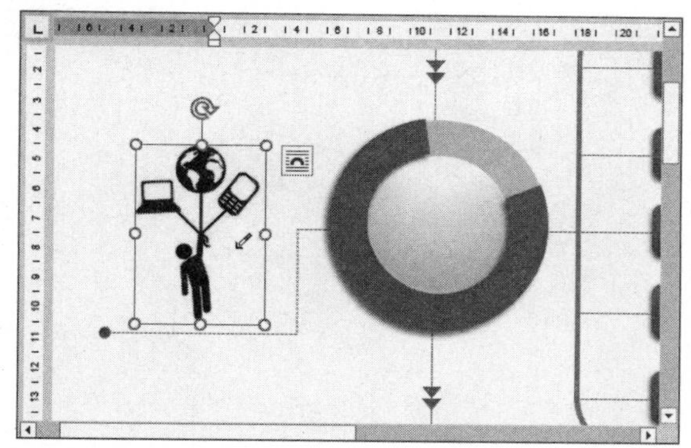

第6步 重新着色 ❶在“调整”组中单击“颜色”下拉按钮。❷在“重新着色”列表中选择所需的颜色样式。

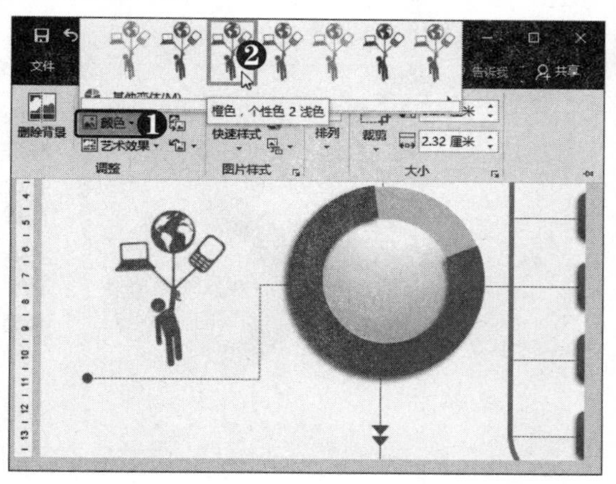

第7步 添加文字 ❶选中圆形并右击。❷选择“添加文字”命令。

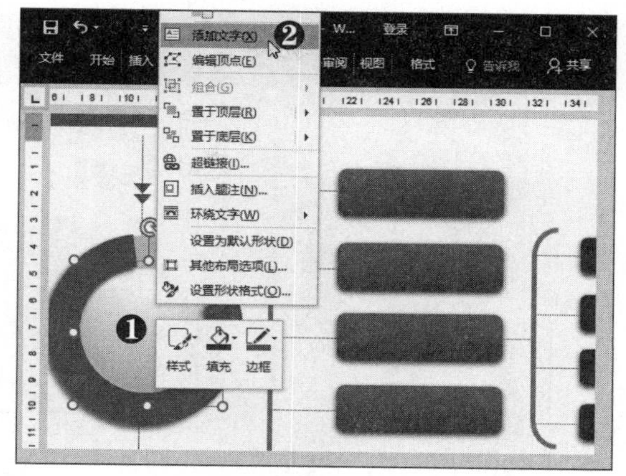

第8步 设置字体格式 ❶输入并选中文本。❷在浮动工具栏中设置字体格式。

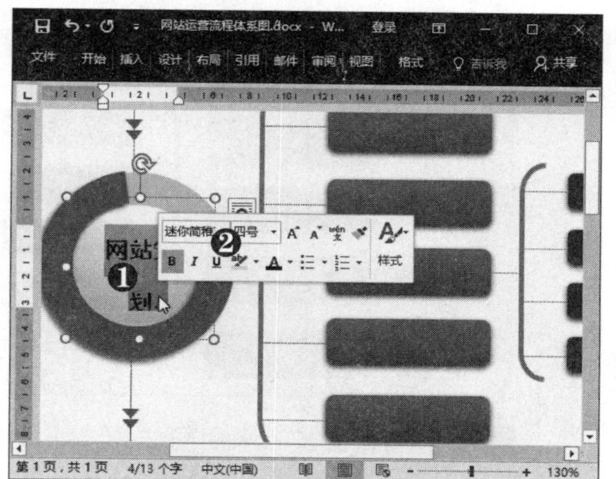

第9步 单击扩展按钮 单击“艺术字样式”组右下角的扩展按钮。

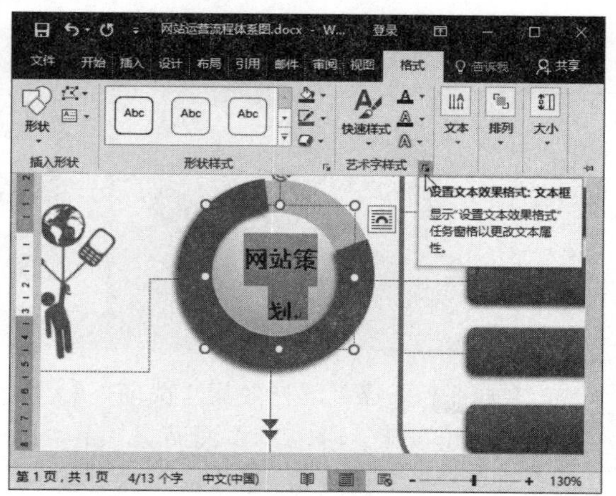

第10步 设置文本框边距 ❶ 选择“布局属性”选项卡。❷ 设置上、下、左、右边距均为0。

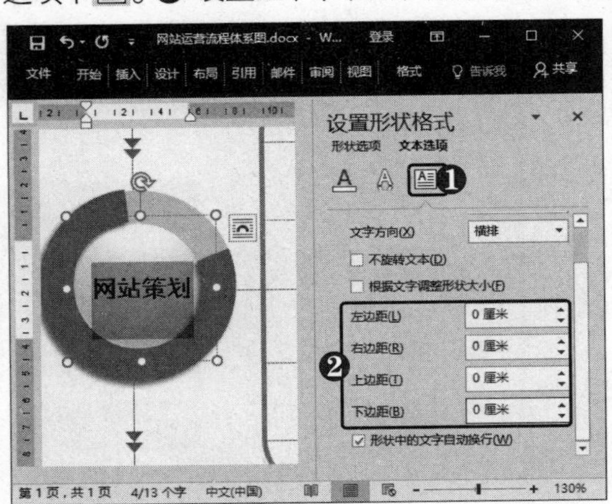

第11步 继续操作 采用同样的方法，为其他程序图形添加文字，并设置文本框边距。

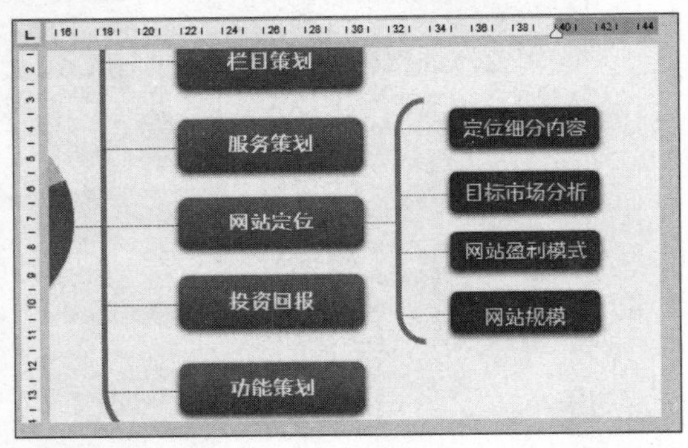

第12步 调整弧长 采用同样的方法，添加其他流程。选中第2个项目中的空心弧，拖动形状外侧的控制点，调整弧长。

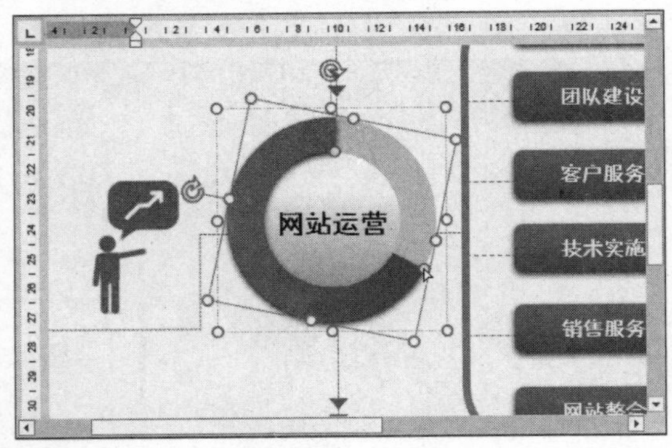

第13步 选择“填充效果”选项 ❶ 选择“设计”选项卡。❷ 在“页面背景”组中单击“页面颜色”下拉按钮。❸ 选择“填充效果”选项。

提示您

右击图片，选择“更改图片”命令，即可更改图片。

多学点

若要导出文档中的所有图片，可将文档另存为网页格式，此时将生成一个文件夹，其中包含文档中的所有图片。

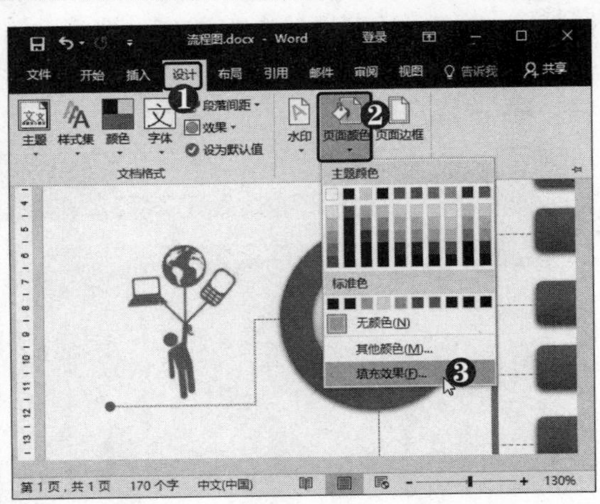

第14步 设置图案填充 弹出“填充效果”对话框，❶ 选择“图案”选项卡。❷ 设置前景色。❸ 选择所需的图案样式。❹ 单击“确定”按钮。

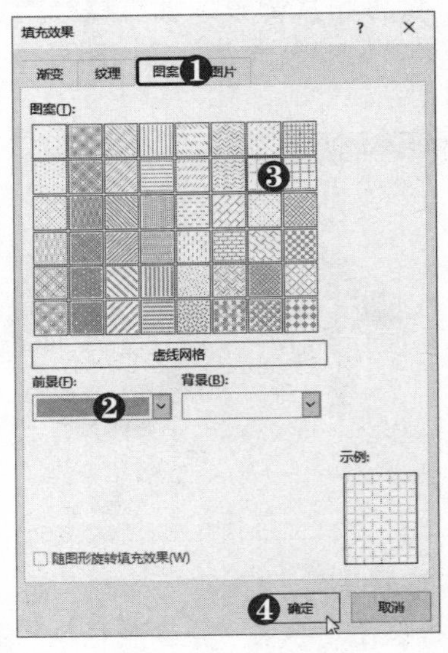

第15步 查看设置背景效果 此时即可为文档页面设置图案背景。

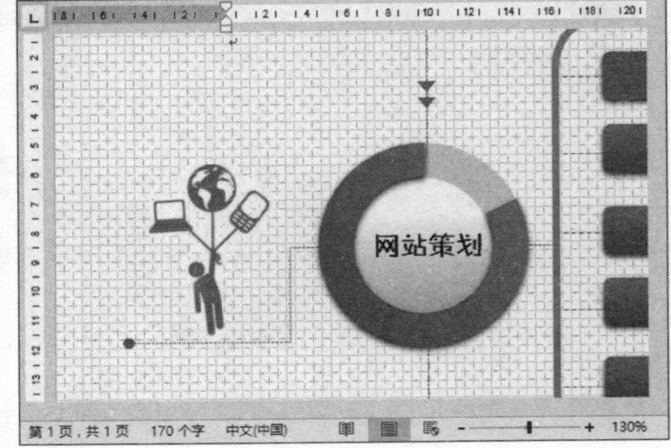

2.2 制作企业组织结构图

组织结构图是企业的流程运转、部门设置及职能规划等基本的结构依据，由于不同行业的部门划分、部门人员职能、以及所需人员都有所区别，每个行业的组织架构图各不相同。下面以制作工业品企业组织结构图为例，介绍使用 SmartArt 图形快速创建组织结构图的方法。

2.2.1 设置组织结构图标题

标题是文档中起引导作用的重要元素，通过插入艺术字为文档设置标题，然后更改艺术字的文字方向，具体操作方法如下：

第1步 选择艺术字样式 ❶ 输入并选中文本。❷ 选择“插入”选项卡。❸ 在“文本”组中单击“艺术字”下拉按钮。❹ 选择所需的样式。

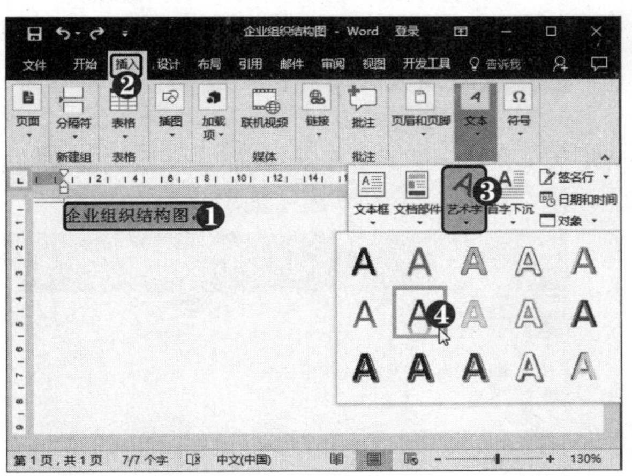

第2步 设置文字方向 此时即可将文本转换为艺术字，❶ 选择“格式”选项卡。❷ 在“文本”组中单击“文字方向”下拉按钮。❸ 选择“垂直”选项。

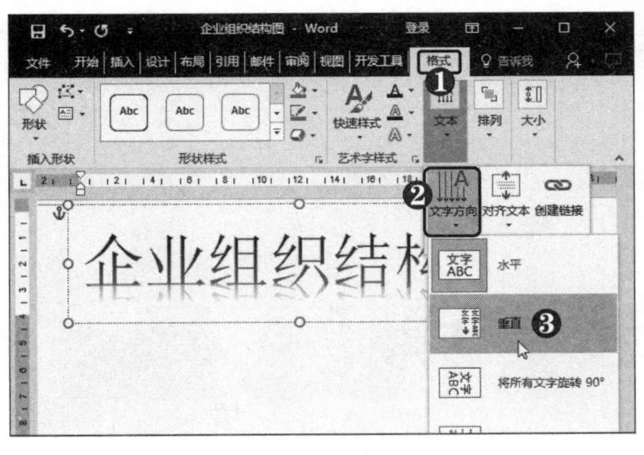

第3步 设置纸张方向 ❶ 选择“布局”选项卡。❷ 在“页面设置”组中单击“纸张方向”下拉按钮。❸ 选择“横向”选项。

第4步 查看效果 此时即可将纸张方向设置为横向。

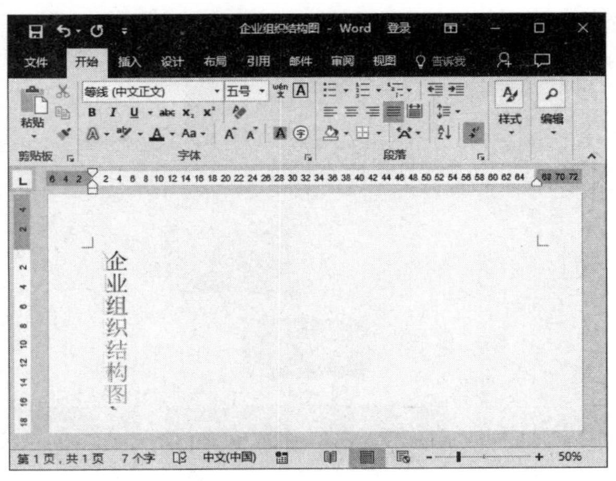

2.2.2 插入与编辑组织结构图

Word 2016 中提供了多种 SmartArt 图形类型，且每种类型都包含许多不同的布局，其中组织结构图属于“层次结构”类型。插入组织结构图后，可以使用文本窗格向图形中添加并调整图形框的级别，具体操作方法如下：

第1步 单击 SmartArt 按钮 ❶ 选择“插入”选项卡。❷ 在“插图”组中单击 SmartArt 按钮。

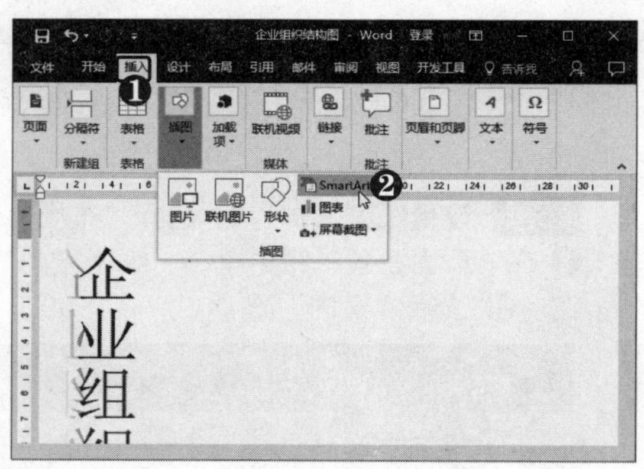

第2步 选择图形类型 弹出“选择 SmartArt 图形”对话框，❶ 在左侧选择“层次结构”分类，❷ 选择“组织结构图”图形类型。❸ 单击“确定”按钮。

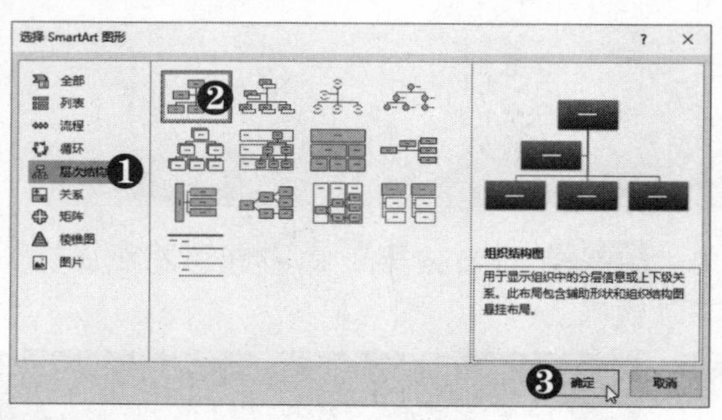

第3步 插入 SmartArt 图形 此时即可在文档窗口中插入组织结构图类型的 SmartArt 图形。

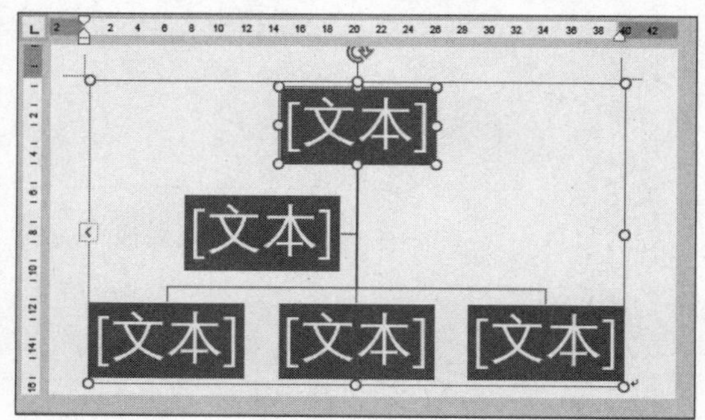

第4步 输入文本 在 SmartArt 图形的文本占位符中输入所需的文本。

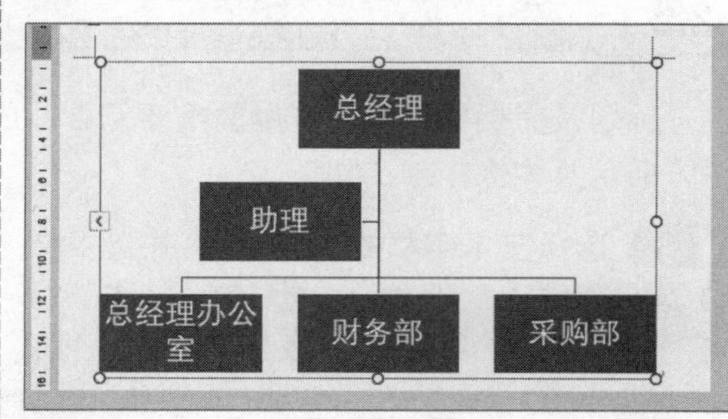

第5步 在后面添加形状 ❶ 选中“采购部”图形。❷ 选择“设计”选项卡。❸ 在“创建图形”组中单击“添加形状”下拉按钮。❹ 选择“在后面添加形状”选项。

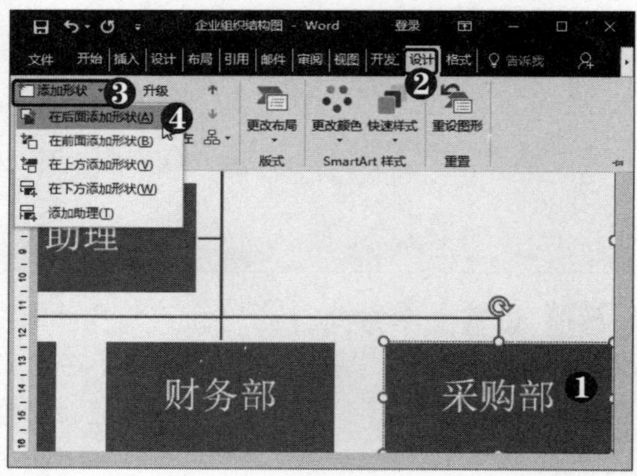

第6步 查看添加图形效果 此时即可添加同一级别的图形。

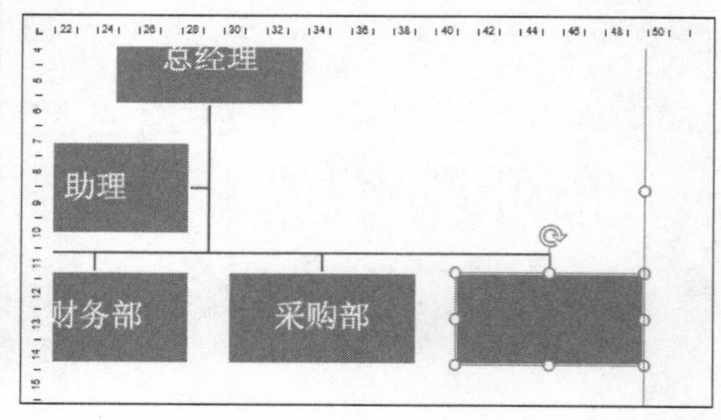

电脑小专家

问：如何快速设置 SmartArt 图形的格式？

答：选中 SmartArt 图形并右击，在弹出的浮动工具栏中可快速对其样式、颜色和布局进行设置。

新手巧上路

问：如何删除 SmartArt 图形中的形状？

答：在 SmartArt 图形中选中形状并右击，按【Delete】键即可删除形状。

第7步 **继续操作** 采用同样的方法，在组织结构图中添加形状并输入文本。

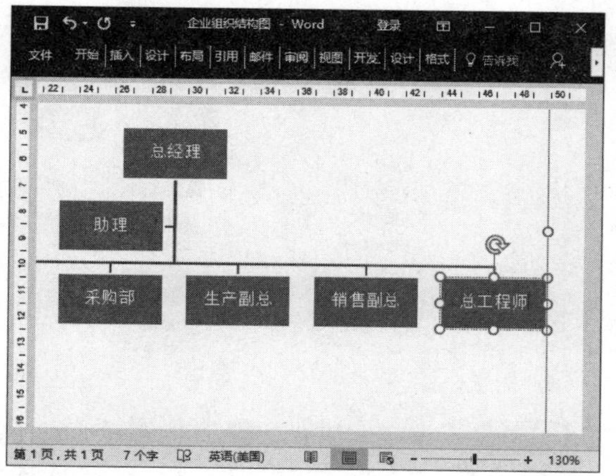

第8步 **在下方添加形状** ❶ 选中“总工程师”图形并右击。❷ 选择“添加形状”选项。❸ 选择“在下方添加形状”命令。

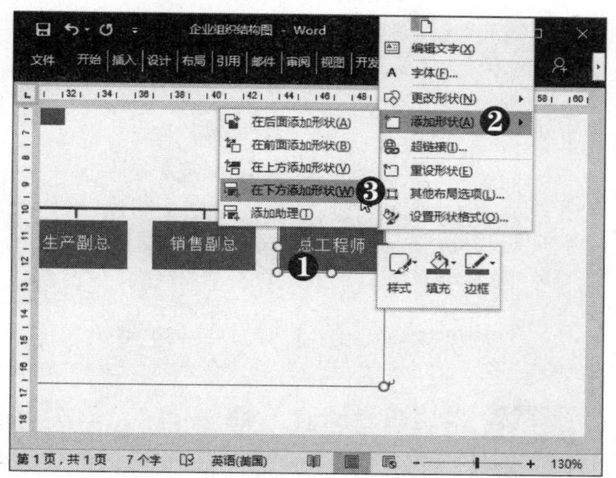

第9步 **查看添加图形效果** 此时即可添加所选图形的下一级图形。

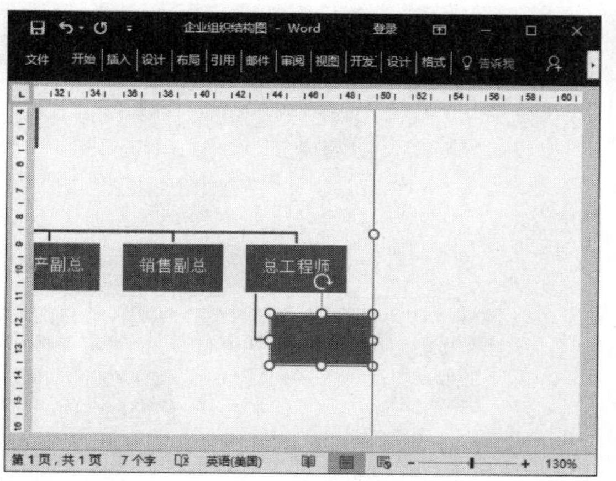

第10步 **添加下一级图形** 采用同样的方法，为“生产副总”和“销售副总”图形添加下一级图形。

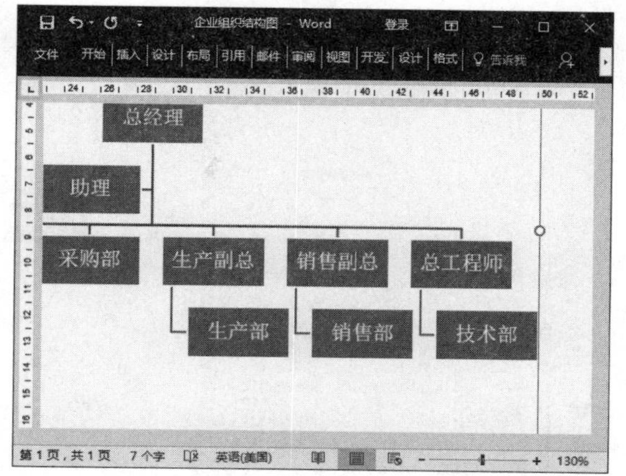

第11步 **单击“文本窗格”按钮** 单击 SmartArt 图形左侧的按钮。

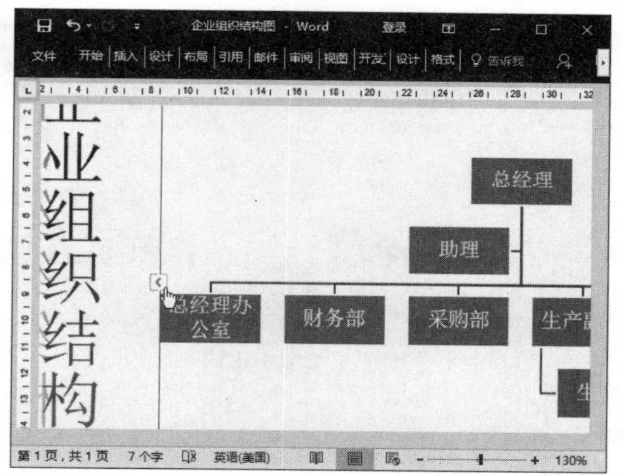

第12步 **定位光标** 打开文本窗格，将光标定位到“总经理办公室”文本框。

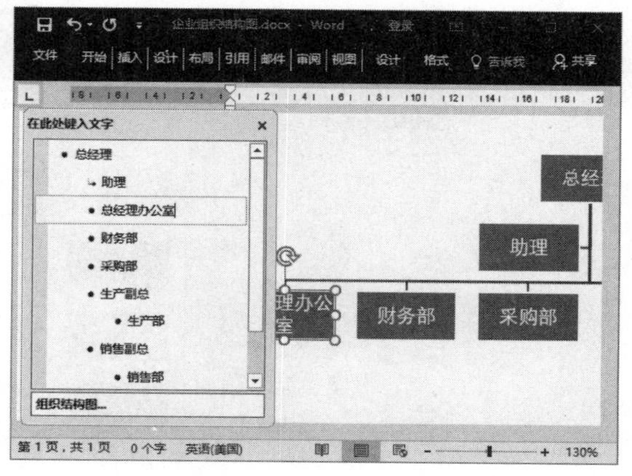

第13步 添加形状 按【Enter】键，即可添加一个同等级的图形，在新添加的形状中输入文本。

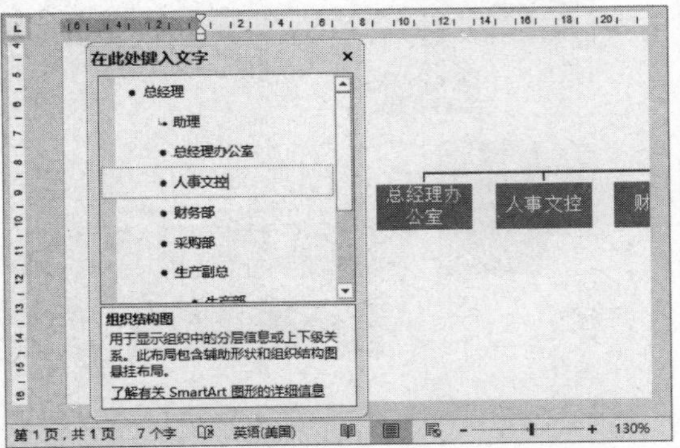

提示您

双击 SmartArt 图形，即可快速切换到“格式”选项卡。

第14步 选择“降级”命令 采用同样的方法，添加“后勤保卫”和“行政”图形。❶ 选中并右击新添加的 3 个图形。❷ 选择“降级”命令。

多学点

选中 SmartArt 图形中的形状并拖动，即可调整形状在 SmartArt 图形中的位置。

第15步 查看降级效果 此时即可将所选的图形降级。

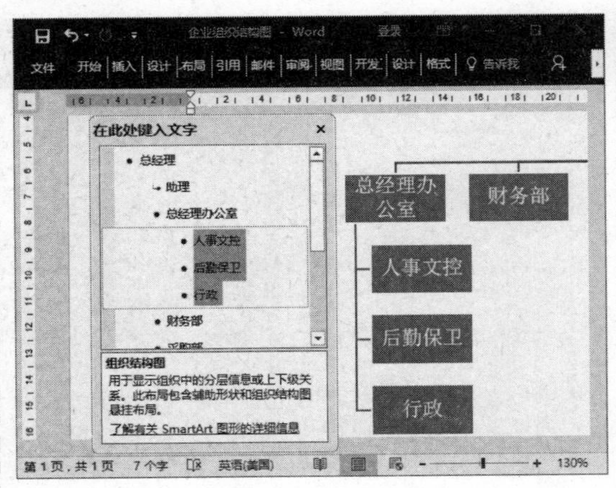

第16步 添加下一级图形 采用同样的方法，为“生产部”图形添加下一级图形。

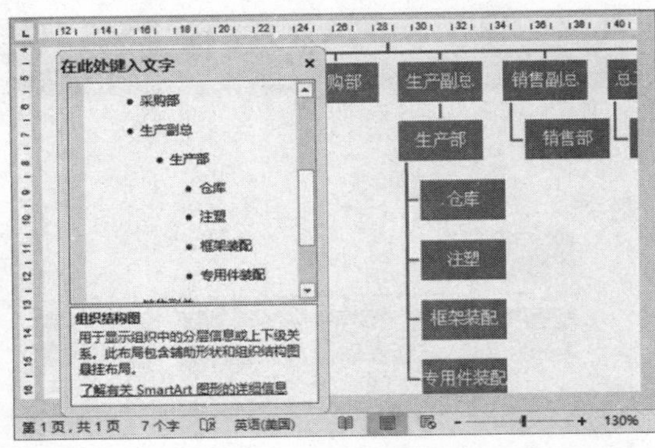

第17步 设置字体格式 ❶ 选中整个 SmartArt 图形。❷ 在“字体”组中设置字体样式和字号。

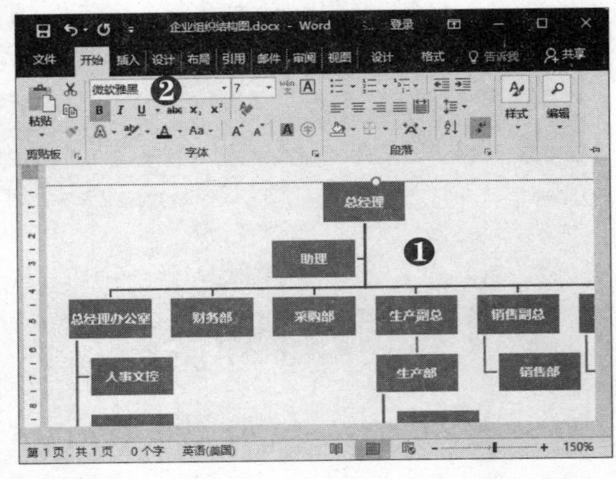

第18步 设置悬挂方式 ❶ 选中“总经理办公室”图形。❷ 选择“设计”选项卡。❸ 在“创建图形”组中单击“布局”按钮。❹ 选择“标准”选项。

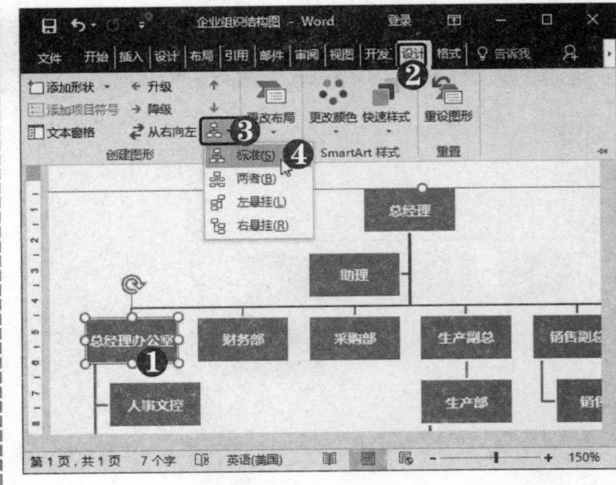

第19步 查看设置效果 此时即可将子集悬挂方式设置为标准样式。

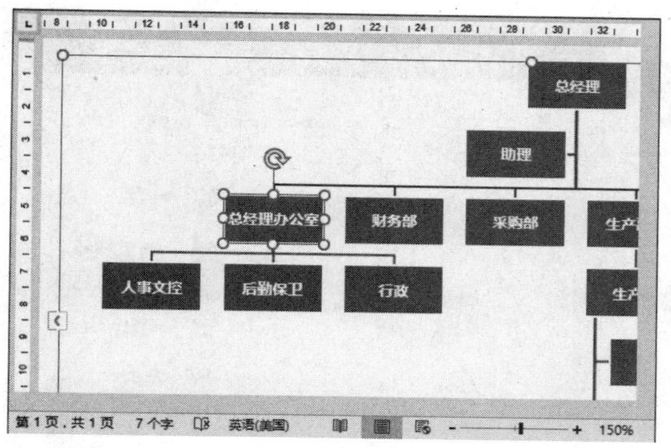

第20步 继续操作 采用同样的方法，将“生产部”图形的子集悬挂方式设置为标准样式。

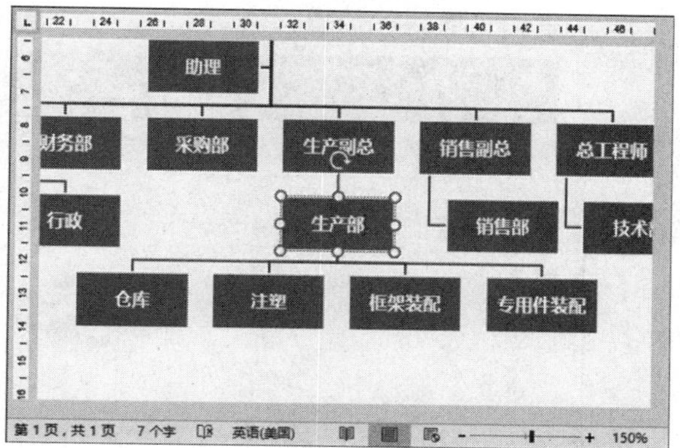

2.2.3 美化组织结构图

为使组织结构图更加清晰、美观，可以为图形应用颜色和外观样式，设置图形背景或更改形状，具体操作方法如下：

第1步 更改图形类型 ❶ 选中 SmartArt 图形。❷ 选择“设计”选项卡。❸ 在“版式”组中单击“更改布局”下拉按钮。❹ 选择“水平组织结构图”图形类型。

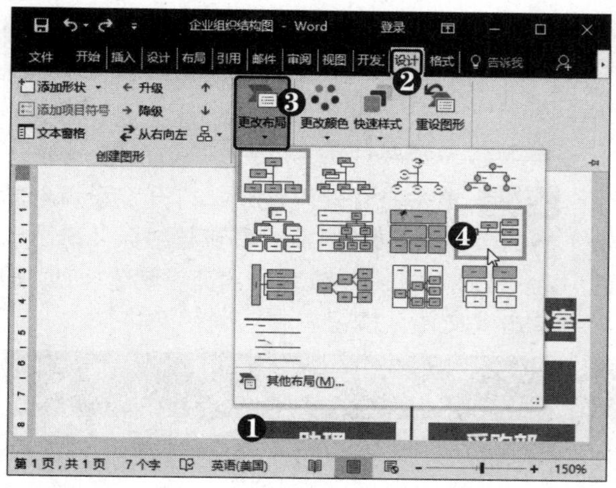

第2步 查看设置效果 此时即可将图形类型更改为“水平组织结构图”类型。

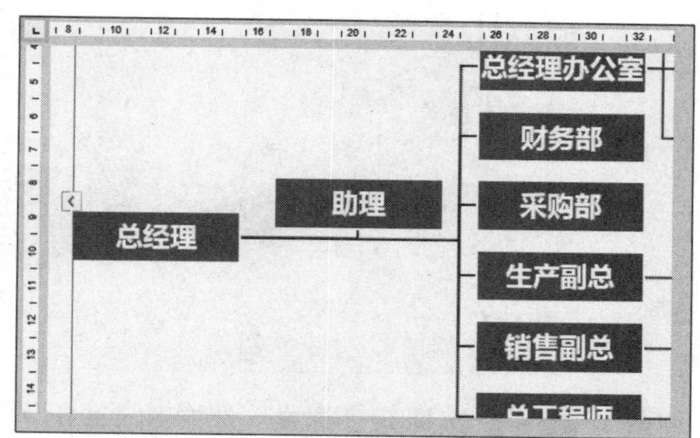

第3步 更改图形形状 ❶ 选中“总经理”图形。❷ 选择“格式”选项卡。❸ 在“形状”组中单击“更改形状”下拉按钮。❹ 选择所需的形状。

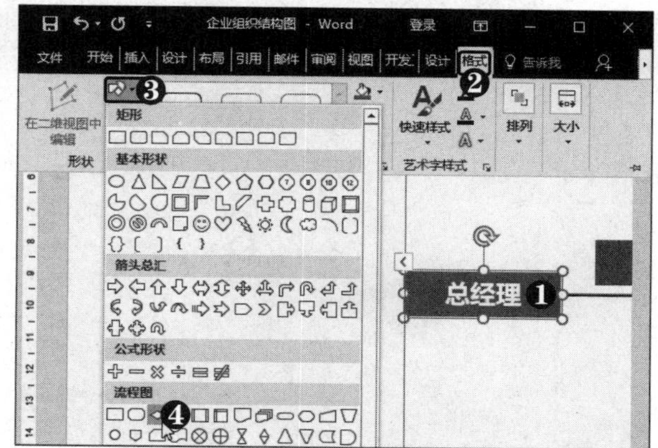

第4步 增大图形 此时即可将所选图形形状设置为所需的形状。在“形状”组中多次单击“增大”按钮。

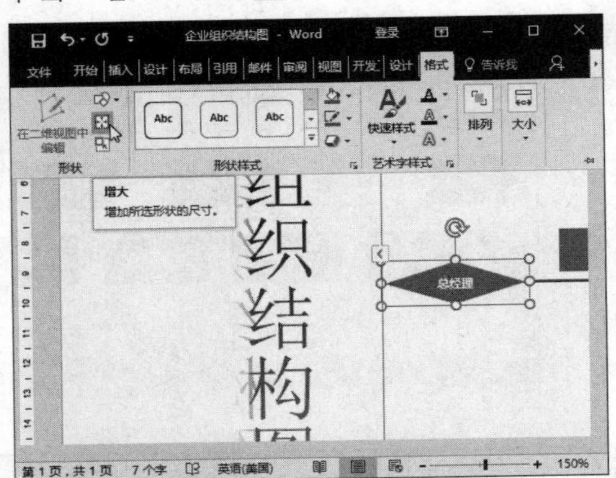

第5步 查看增大图形效果 此时即可将图形增大。

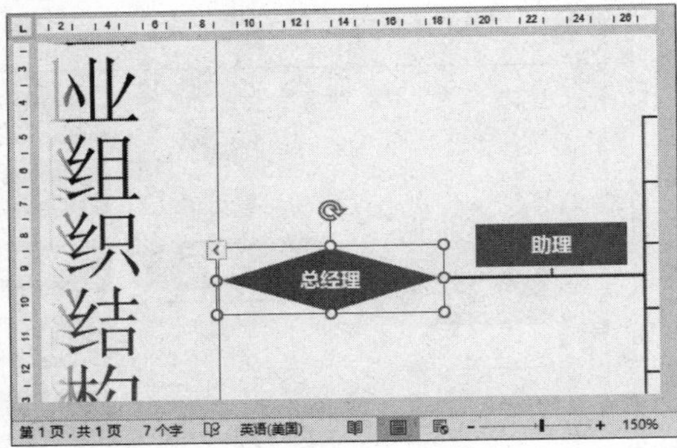

第6步 选择颜色样式 选中SmartArt图形，❶选择“设计”选项卡。❷在“SmartArt样式”组中单击“更改颜色”下拉按钮。❸选择所需的颜色样式。

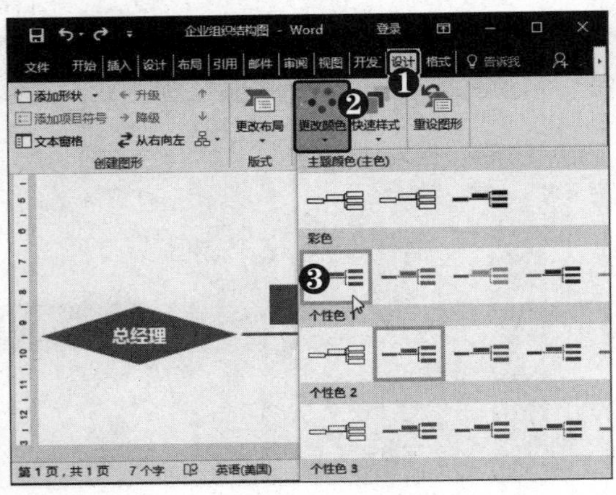

第7步 选择图形样式 ❶单击“快速样式”下拉按钮。❷选择所需的外观样式。

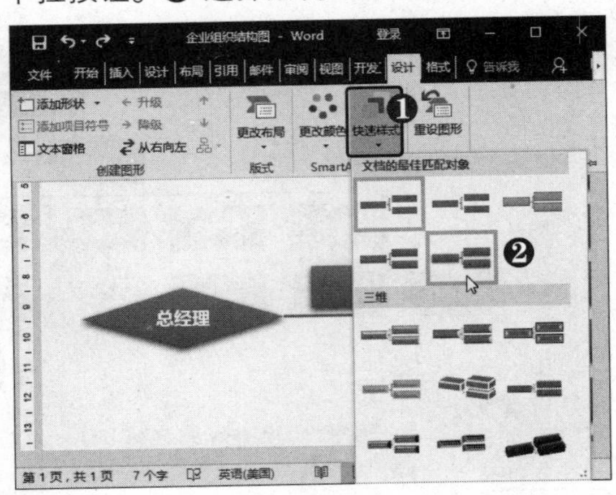

第8步 选择“设置对象格式”命令 ❶选中并右击整个SmartArt图形。❷选择“设置对象格式”命令。

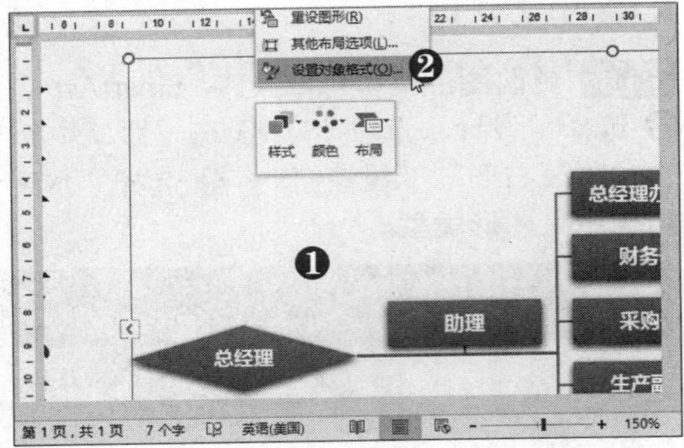

第9步 单击“文件”按钮 打开“设置形状格式”窗格，❶选择“填充与线条”选项卡。❷选中“图片或纹理填充”单选按钮。❸单击“文件”按钮。

电脑小专家

问：怎样自定义SmartArt图形的颜色？

答：选中SmartArt图形中的形状，选择“格式”选项卡，在“形状样式”组中即可设置形状的填充颜色和形状轮廓等格式。

新手巧上路

问：怎样还原SmartArt图形的格式？

答：选中SmartArt图形，选择“设计”选项卡，在“重置”组中单击“重置图形”按钮即可。

第10步 选择图片 弹出"插入图片"对话框，❶ 选择图片。❷ 单击"插入"按钮。

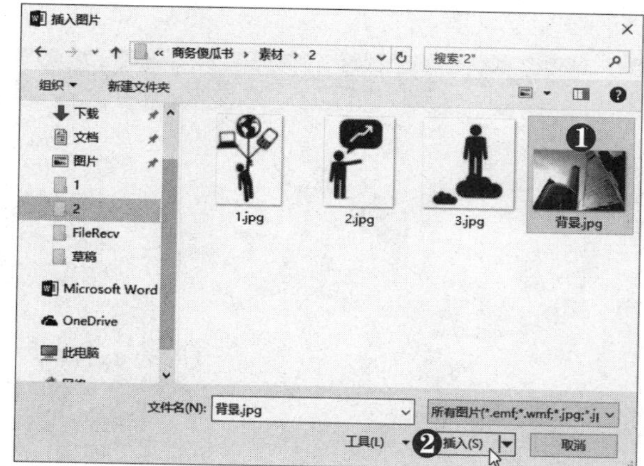

第11步 调整透明度 此时即可将图片设置为 SmartArt 图形的背景，透明度调整为 20%。

第12步 设置文字环绕 ❶ 选中图形。❷ 单击其右上方的"布局选项"按钮。❸ 选择"四周型"选项。

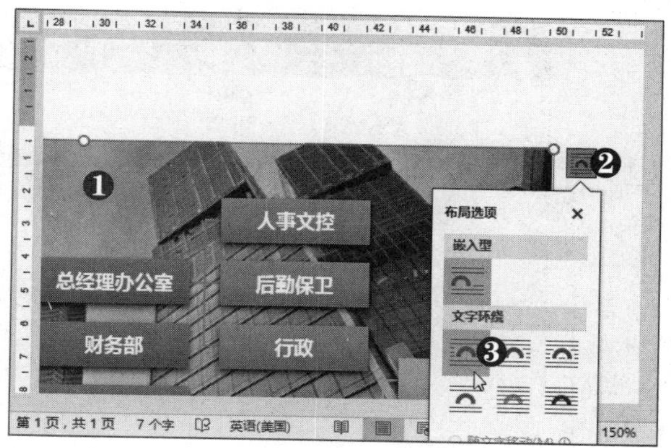

第13步 调整图片大小 拖动图片上的控制点，调整图片大小。

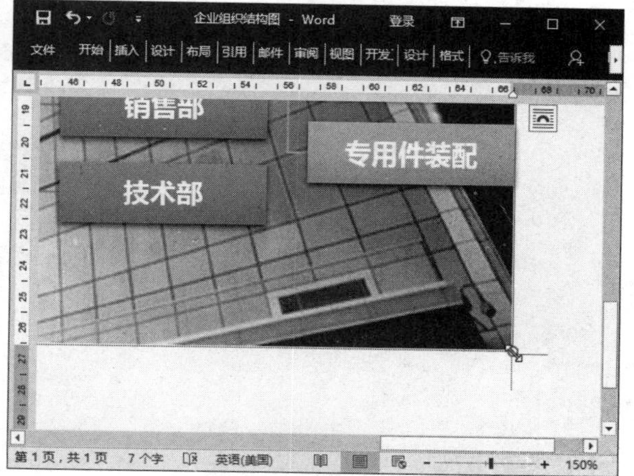

2.3 制作宣传单

制作公司宣传单主要是为了最大限度地促进销售、提高销售业绩、增强公司形象、提高公司的知名度。宣传单在不同行业中设计的侧重点不同，其中食品宣传单设计要从食品的特点出发来体现视觉，味觉等信息，诱发消费者的食欲、增强购买欲望。下面以制作 KFC 半折优惠宣传单为例介绍其制作方法。

2.3.1 设置宣传单背景

宣传单背景可以采用图片和形状来修饰页面，设置完成后，为便于操作，可以先将其隐藏起来，等宣传单内容制作完成后再将其显示出来，具体操作方法如下：

第1步 单击“图片”按钮 ❶ 选择“插入”选项卡。❷ 在“插图”组中单击“图片”按钮。

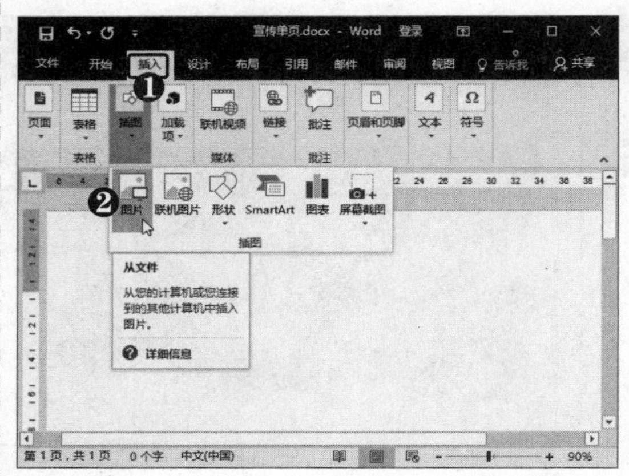

第2步 选择图片 弹出“插入图片”对话框，❶ 选择图片。❷ 单击“插入”按钮。

第3步 设置图片文字环绕 ❶ 单击图片右上方的“布局选项”按钮。❷ 选择“衬于文字下方”选项。

第4步 选择形状 调整图片的大小和位置，❶ 在“插图”组中单击“形状”下拉按钮。❷ 选择“矩形”形状。

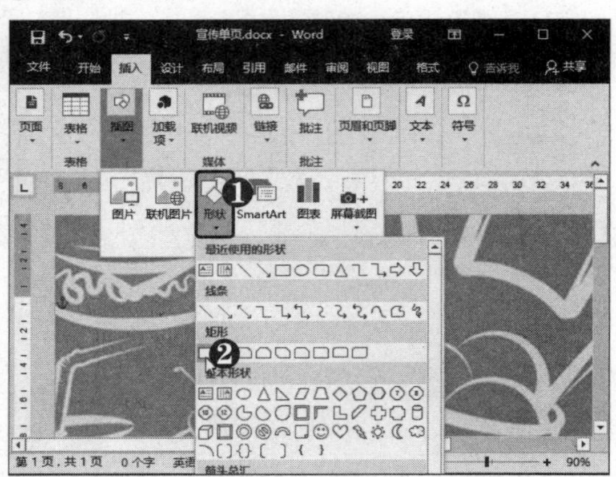

第5步 单击扩展按钮 ❶ 绘制形状。❷ 选择“格式”选项卡。❸ 单击“形状样式”组右下角的扩展按钮。

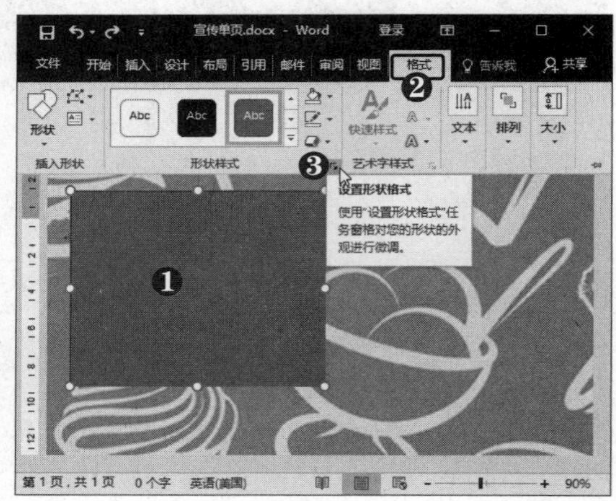

第6步 设置形状格式 打开“设置形状格式”窗格，❶ 选中“纯色填充”单选按钮。❷ 设置填充颜色。❸ 调整透明度。

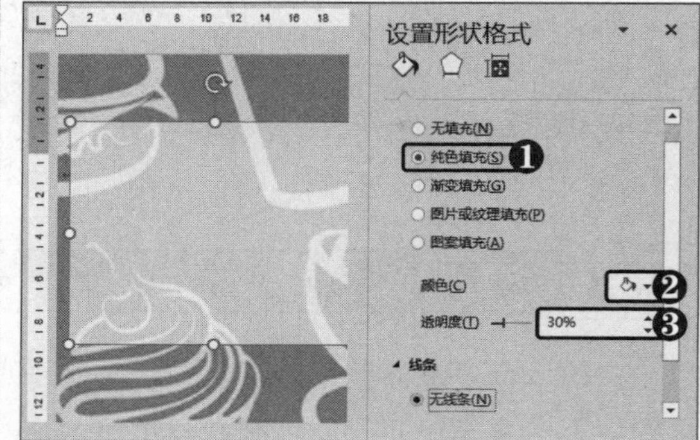

提示您

为了不喧宾夺主，可在背景图片上覆盖一层半透明的“蒙版”，这样即可使背景图片达到若隐若现的效果。

多学点

当图片尺寸不合适时，可选中图片，选择“格式”选项卡，在“大小”组中单击“裁剪”按钮，即可根据需要裁剪图片。

第7步 选择"选择窗格"选项 调整形状的大小和位置，❶ 选择"开始"选项卡。❷ 在"编辑"组中单击"选择"下拉按钮。❸ 选择"选择窗格"选项。

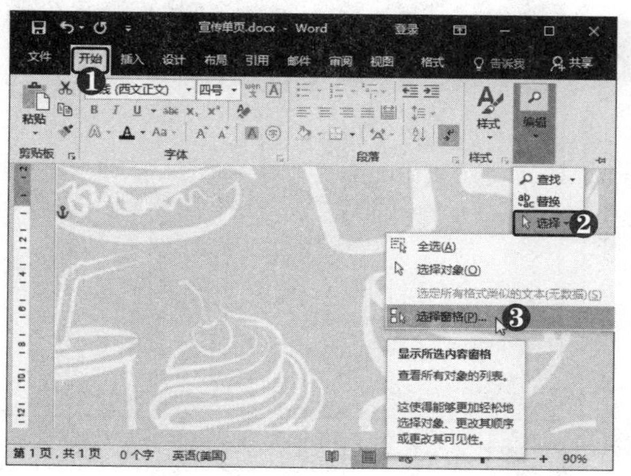

第8步 隐藏对象 打开"选择"窗格，单击其中的对象，可对插入的背景图片和矩形形状进行重命名。单击"全部隐藏"按钮，即可将其隐藏。

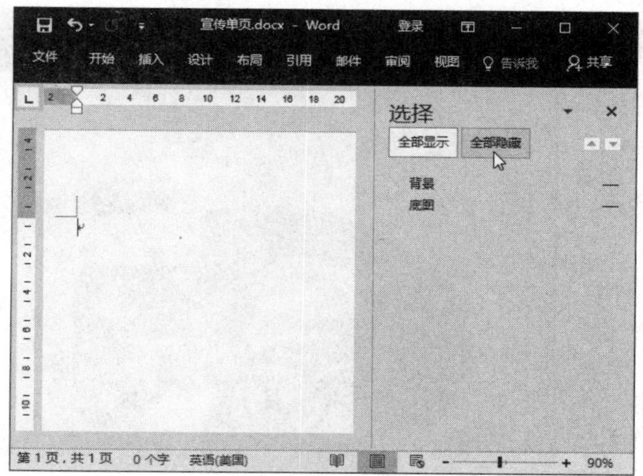

2.3.2 设计宣传单中的公司 Logo

Logo 在企业形象传递过程中是应用广泛、出现频率高，同时也是较为关键的元素。下面通过裁剪素材并应用样式的方法设计公司 Logo，具体操作方法如下：

第1步 设置图片文字环绕 在文档中插入素材图片，❶ 单击图片右上方的"布局选项"按钮。❷ 选择"衬于文字下方"选项。

第2步 应用图片样式 ❶ 选择"格式"选项卡。❷ 单击"快速样式"下拉按钮。❸ 选择所需的样式。

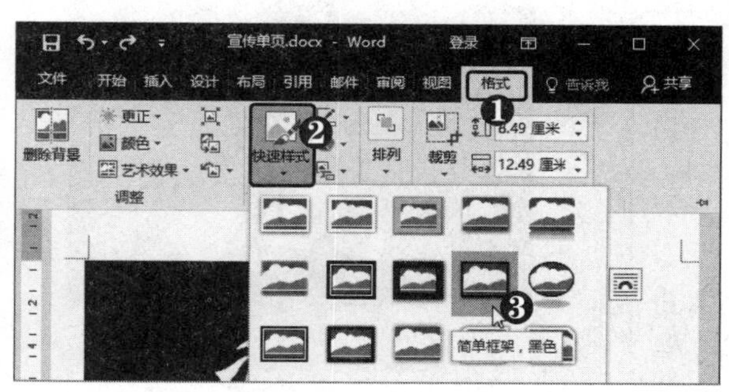

第3步 选择形状 ❶ 在"大小"组中单击"裁剪"下拉按钮。❷ 选择"裁剪为形状"选项。❸ 选择"椭圆"形状。

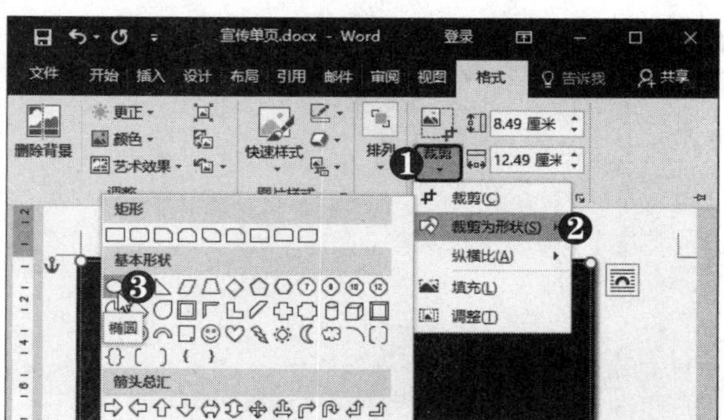

第4步 设置纵横比 此时即可将所选图片裁剪为椭圆形状。❶ 在"大小"组中单击"裁剪"下拉按钮。❷ 选择"纵横比"选项。❸ 选择"1∶1"选项。

第5步 完成裁剪 此时即可将图片纵横比设置为1∶1，在空白处单击即可完成裁剪操作。

第6步 调整图片 拖动图片边角的○控制点调整图片的大小，然后拖动图片移动其位置。

第7步 选择文本框 ❶ 选择"插入"选项卡。❷ 在"插图"组中单击"形状"下拉按钮。❸ 选择"文本框"形状。

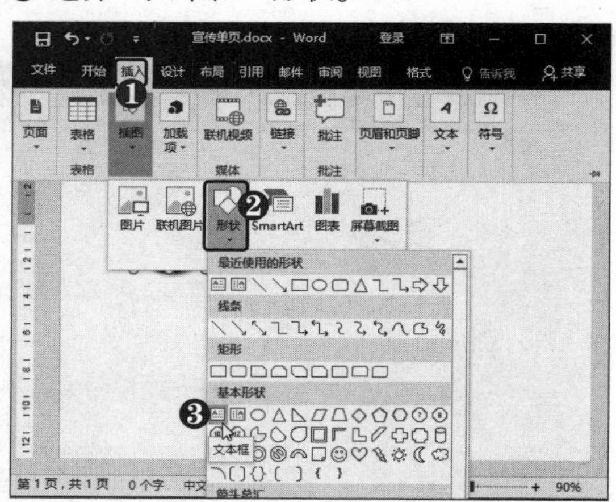

第8步 设置字体格式 在文档中拖动鼠标插入文本框，❶ 输入文本并选中文本框。❷ 在浮动工具栏中设置字体格式。

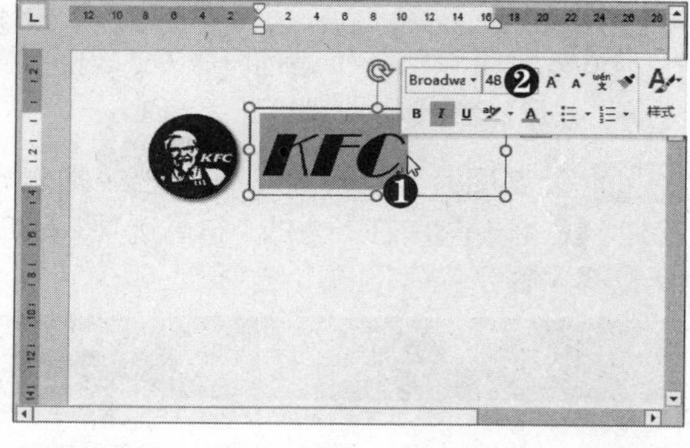

第9步 设置无填充颜色 ❶ 选择"格式"选项卡。❷ 在"形状样式"组中单击"形状填充"下拉按钮。❸ 选择"无填充颜色"选项。

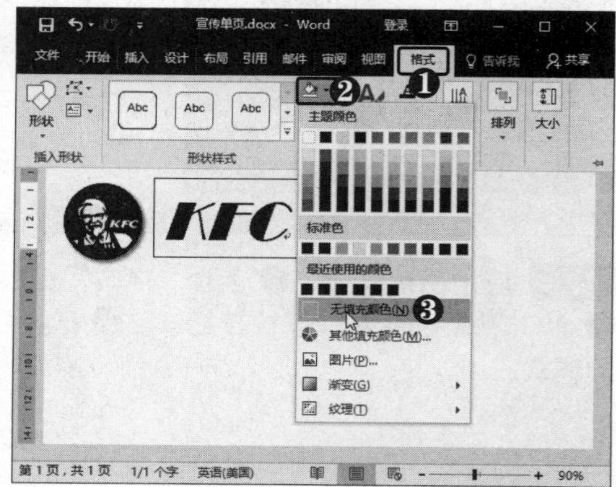

电脑小专家

问：在编辑图片时，可以先裁剪图片，再应用图片样式吗？

答：不可以，必须先应用图片样式，再裁剪图片，否则在应用图片样式时会使图片还原成原始形状。

新手巧上路

问：为什么要将文本框设置为"无填充颜色"和"无轮廓"？

答：在Word中默认的文本框填充颜色为白色，形状轮廓为黑色。在此文档中，为了使文本框不影响背景的显示效果，所以要将文本框设置为无填充、无轮廓。

第10步 设置无轮廓 ❶ 在“形状样式”组中单击“形状轮廓”下拉按钮。❷ 选择“无轮廓”选项。

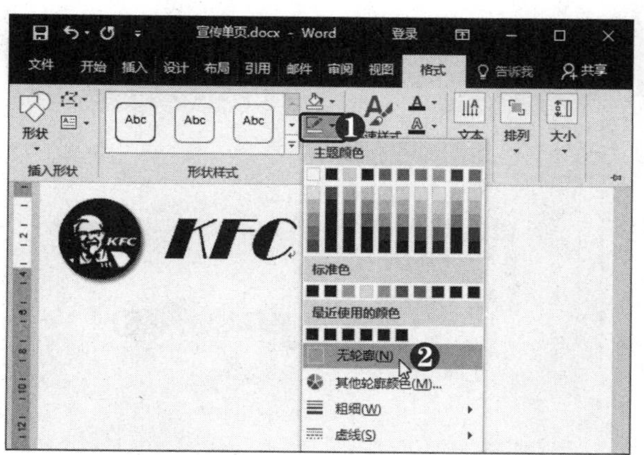

第11步 组合图形 ❶ 按住【Shift】键的同时选中图片和文本框并右击。❷ 选择“组合”选项。❸ 选择“组合”命令。

2.3.3 设置宣传单标题格式

宣传单标题是设计的重点，通过设置多个形状和文本框的颜色、大小和位置可以制作出生动有趣、夺人眼球的标题，具体操作方法如下：

第1步 选择形状 ❶ 选择“插入”选项卡。❷ 在“插图”组中单击“形状”下拉按钮。❸ 选择“矩形”形状。

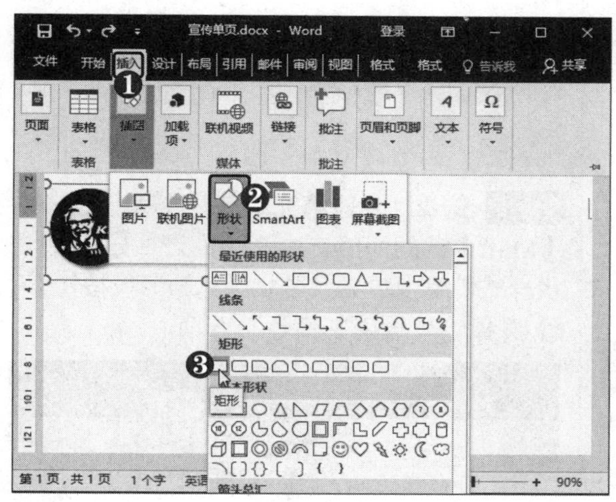

第2步 插入形状 ❶ 单击“形状”下拉按钮。❷ 选择“等腰三角形”形状。

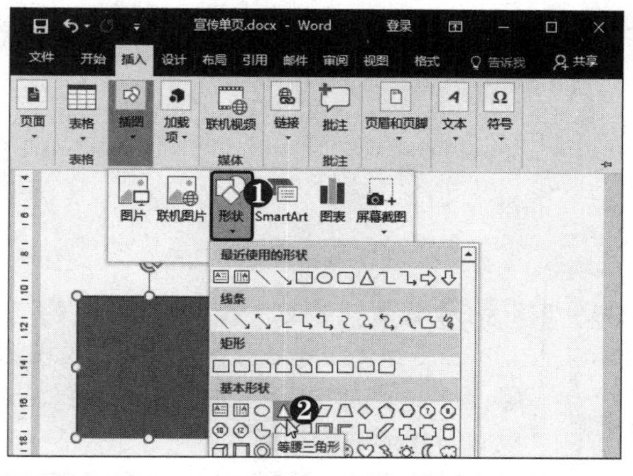

第3步 旋转形状 拖动鼠标绘制三角形，拖动形状上的旋转柄旋转形状。

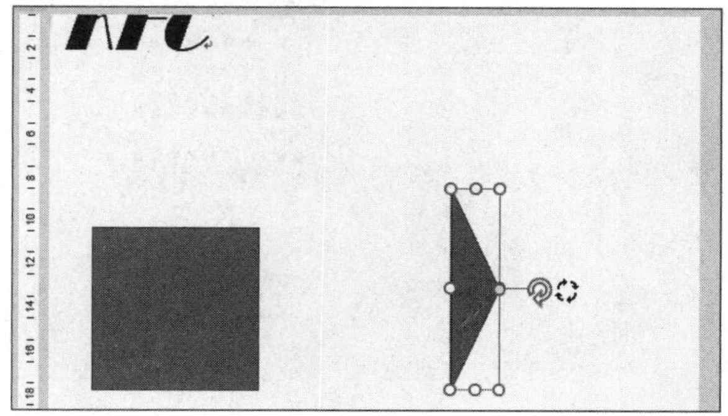

第4步 调整形状样式 调整形状的位置和大小，拖动形状上的●控制点调整形状样式。

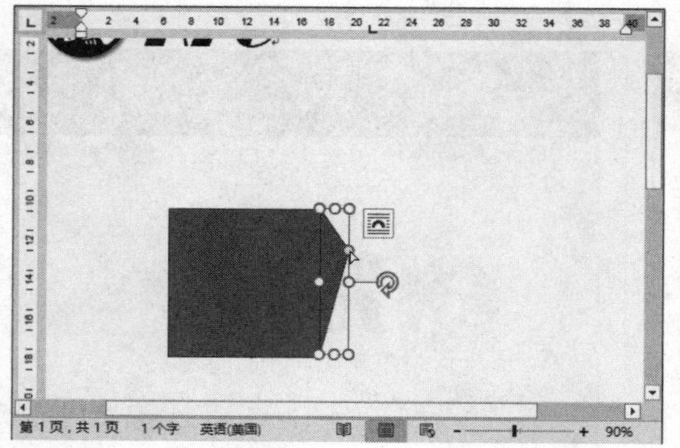

第5步 设置形状填充颜色 ❶ 选中矩形。❷ 在“形状样式”组中单击“形状填充”下拉按钮。❸ 选择所需的颜色。

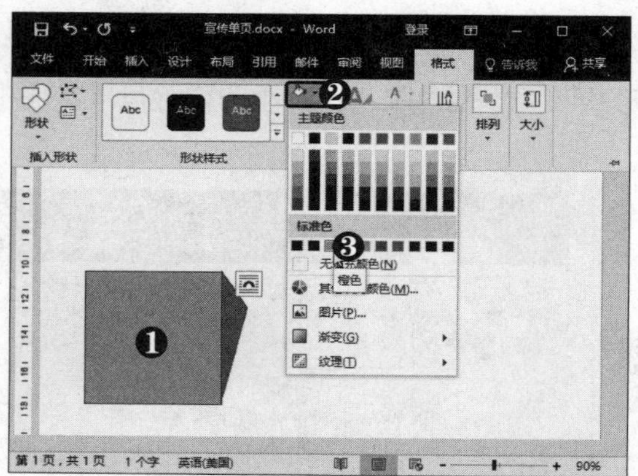

第6步 设置无轮廓 ❶ 选中矩形。❷ 在“形状样式”组中单击“形状轮廓”下拉按钮。❸ 选择“无轮廓”选项。采用同样的方法，设置三角形的形状格式。

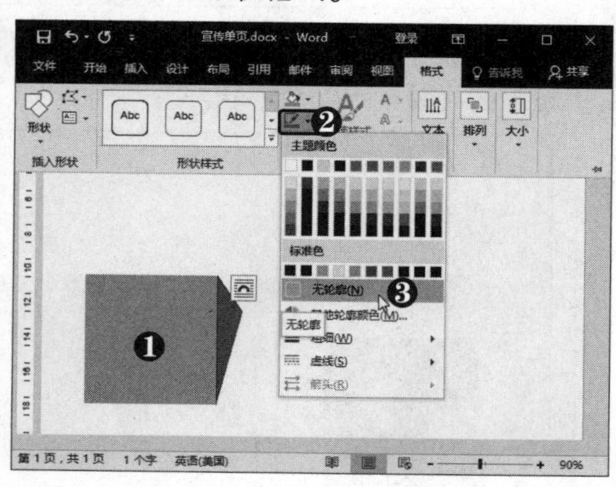

提示您

在使用形状制作阴影效果时，最好采用同一色系中较深的颜色作为阴影颜色，这样才更有立体感。

多学点

在旋转形状时，可以通过按【Alt+→】或【Alt+←】组合键将形状向右或向左精确旋转15°。

第7步 组合图形 ❶ 按住【Shift】键的同时选中矩形和三角形并右击。❷ 选择“组合”选项。❸ 选择“组合”命令。

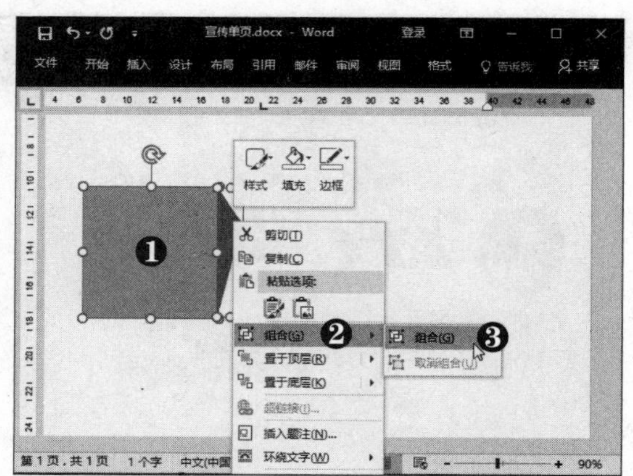

第8步 旋转图形 选中并复制图形，拖动图形上的旋转柄旋转图形。采用同样的方法，调整其他图形的位置。

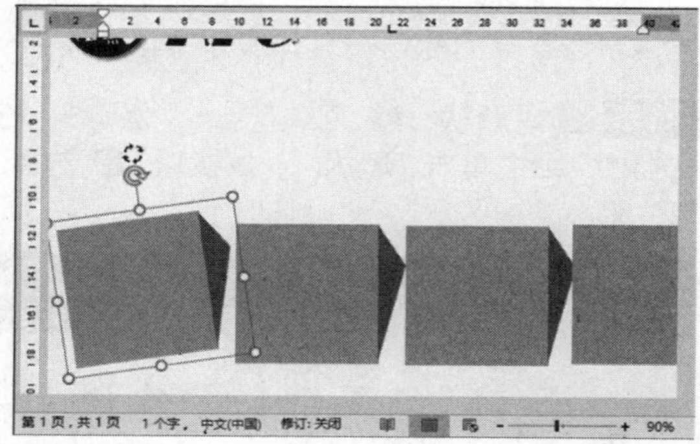

第9步 选择“其他填充颜色”选项 ❶ 按住【Shift】键的同时选中2个图形。❷ 在“形状样式”组中单击“形状填充”下拉按钮。❸ 选择“其他填充颜色”选项。

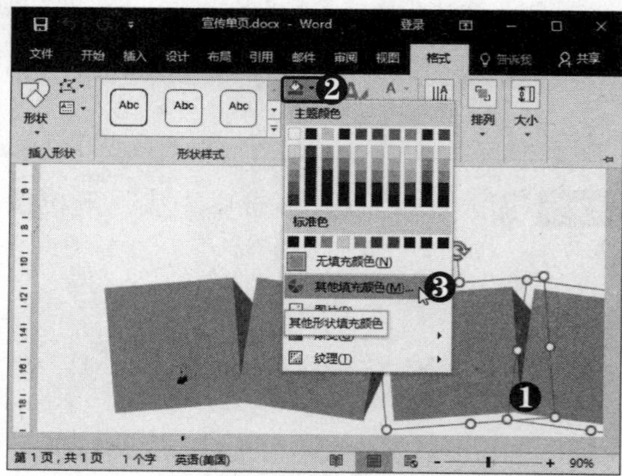

第10步 设置颜色参数 弹出“颜色”对话框，❶ 选择“自定义”选项卡。❷ 设置颜色参数。❸ 单击“确定”按钮。采用同样的方法，设置组合图形中三角形的填充颜色。

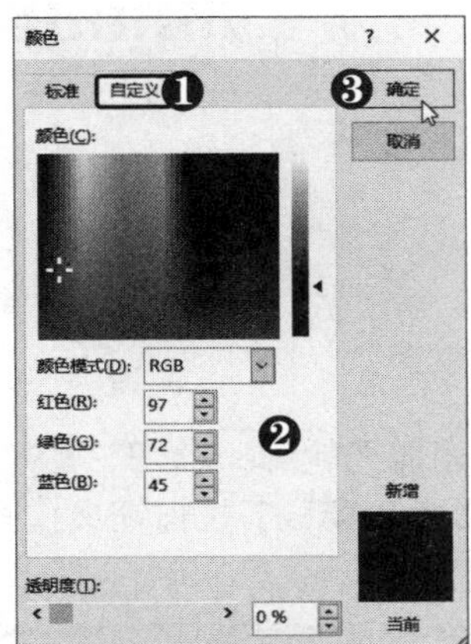

第11步 选择文本框 ❶ 选择“插入”选项卡。❷ 在“插图”组中单击“形状”下拉按钮。❸ 选择“文本框”形状。

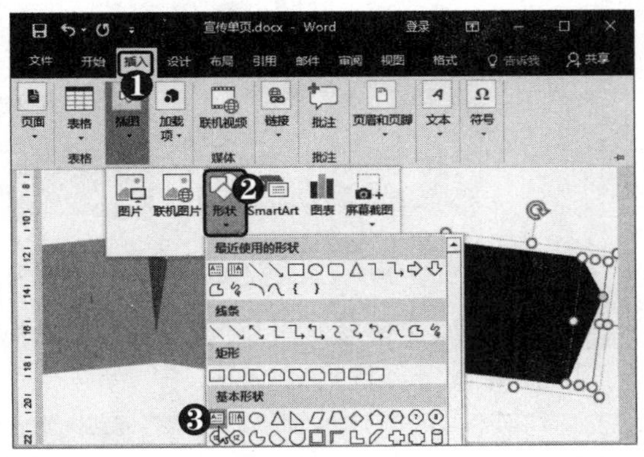

第12步 设置无填充颜色 ❶ 选择“格式”选项卡。❷ 在“形状样式”组中单击“形状填充”下拉按钮。❸ 选择“无填充颜色”选项。

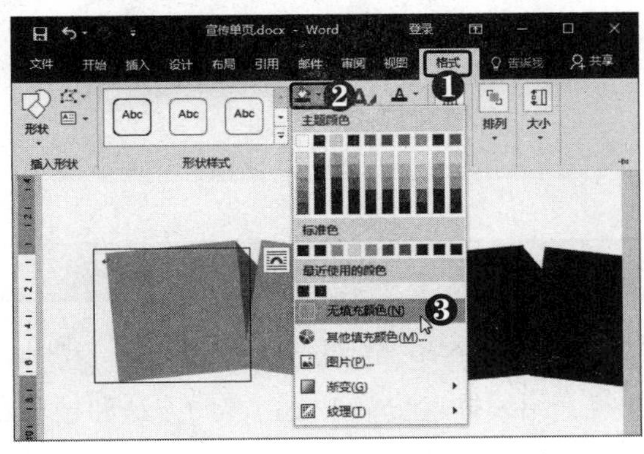

第13步 选择“无轮廓”选项 ❶ 在“形状样式”组中单击“形状填充”下拉按钮。❷ 选择“无轮廓”选项。

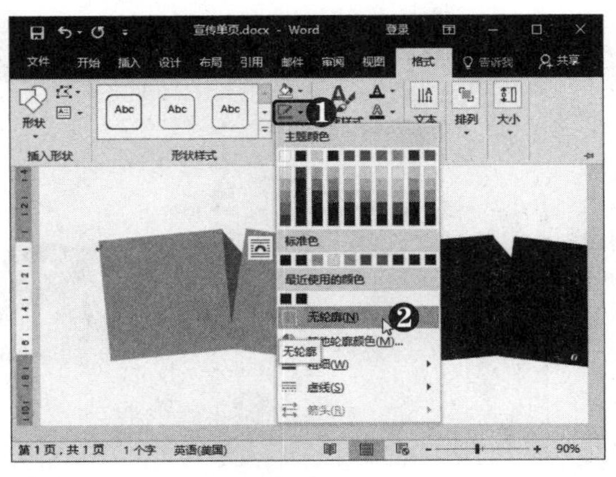

第14步 设置字体格式 ❶ 输入并选中文本。❷ 在浮动工具栏中设置字体格式。

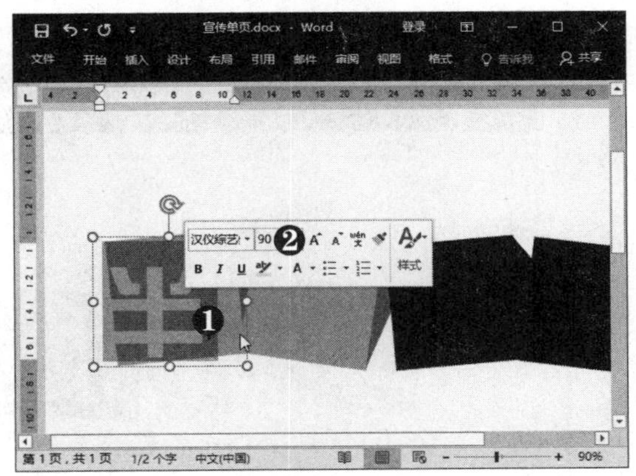

第15步 旋转文本框 拖动形状上的旋转柄，旋转文本框。采用同样的方法，添加所需的文本框。

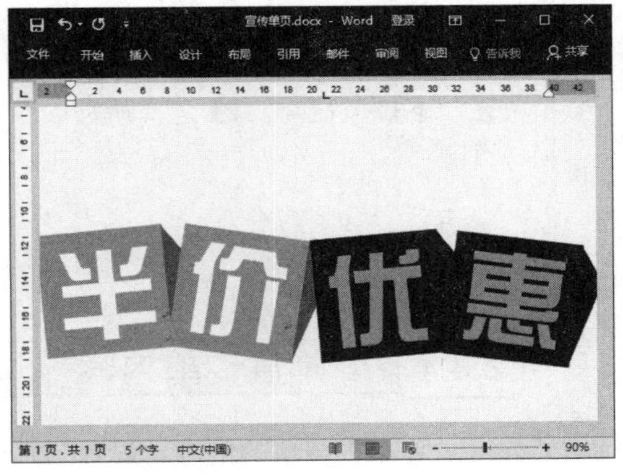

第16步 选择形状 ❶ 选择“插入”选项卡。❷ 在“插图”组中单击“形状”下拉按钮。❸ 选择“三角形”形状。

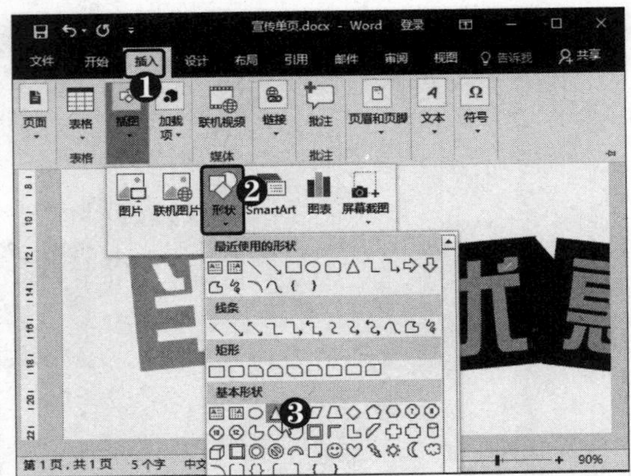

第17步 旋转形状 在文档中绘制三角形形状，调整形状大小和位置，拖动形状上的旋转柄旋转形状。

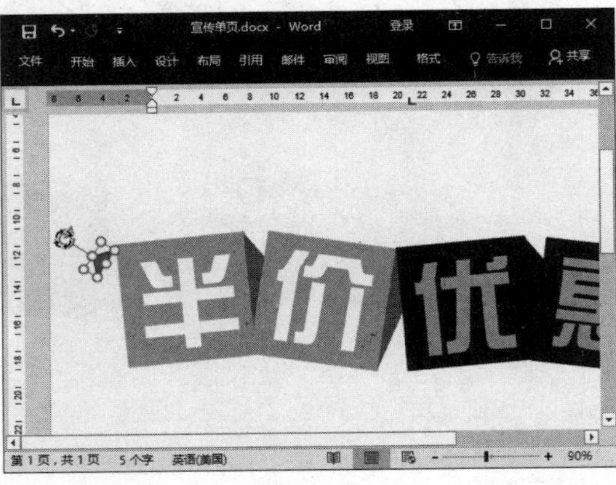

第18步 设置形状填充颜色 复制形状并调整位置和大小，按住【Shift】键的同时选中2个形状，❶ 在“形状样式”组中单击“形状填充”下拉按钮。❷ 选择所需的颜色。

第19步 设置无轮廓 ❶ 在“形状样式”组中单击“形状轮廓”下拉按钮。❷ 选择“无轮廓”选项。

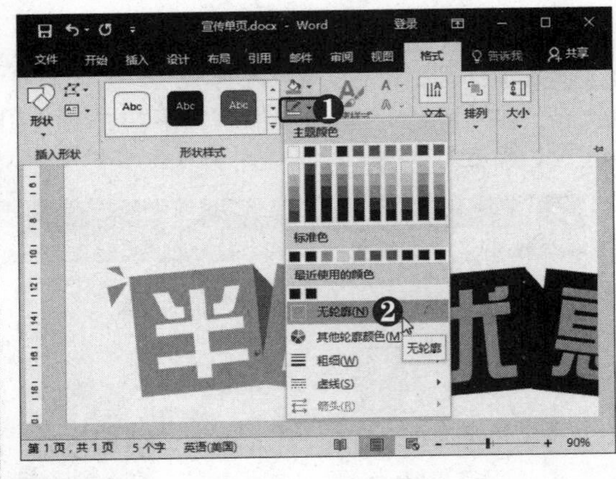

第20步 添加三角形 采用同样的方法，添加三角形并设置形状格式。

电脑小专家

问：怎样精确设置形状的大小？

答：选中形状，选择“格式”选项卡，在“大小”组中可以设置形状的高度和宽度。

新手巧上路

问：怎样自定义形状的形状效果？

答：选中形状，选择“格式”选项卡，单击“形状效果”下拉按钮，在弹出的下拉列表中选择所需的形状效果即可。

2.3.4 编排宣传单内容

食品宣传单的内容一般包括宣传标语、活动内容介绍、活动日期和店铺信息，通常采用图文混排的方式加强对比效果。下面将介绍编排宣传单正文内容的方法和技巧。

1．添加文字内容

通过插入文本框来编辑宣传活动信息，对文本进行字体和段落格式设置，然后调整文本框的位置，增加排版的层次感，以达到增强宣传效果的目的，具体操作方法如下：

第1步 选择形状 ❶ 单击“形状”下拉按钮。❷ 选择“文本框”形状。

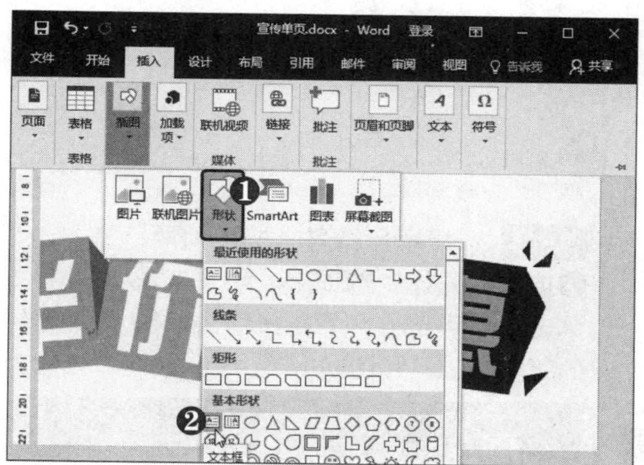

第2步 设置字体格式 ❶ 输入并选中文本。❷ 在浮动工具栏中设置字体格式。

高手点拨

文本框是制作宣传单页必不可少的元素，使用文本框可以根据需要在文档中的任意位置放置文字。

第3步 设置文本框格式 采用同样的方法，设置第 2 行文本的字体格式，在“格式”选项卡下设置文本框无填充颜色、无轮廓。拖动文本框上的旋转柄，旋转文本框。

第4步 选择形状 ❶ 单击“形状”下拉按钮。❷ 选择“圆角矩形”形状。

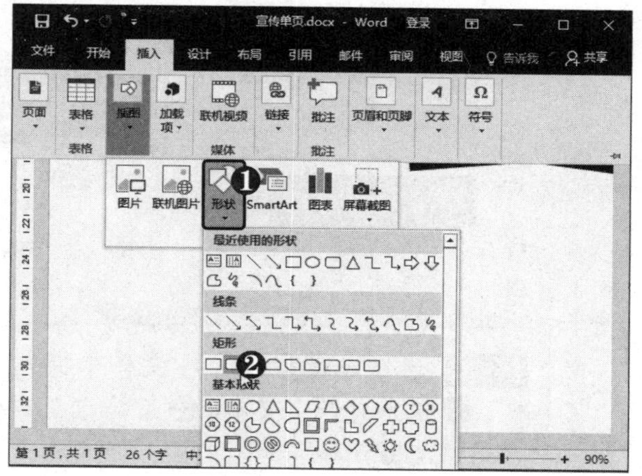

第5步 设置字体格式 ❶ 在圆角矩形中输入并选中文本。❷ 在浮动工具栏中设置字体格式。

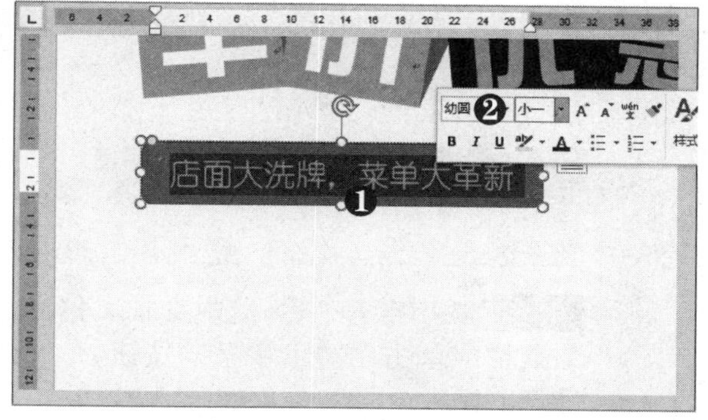

第6步 设置填充颜色 ❶ 在“形状样式”组中单击“形状填充”下拉按钮。❷ 选择所需的颜色。

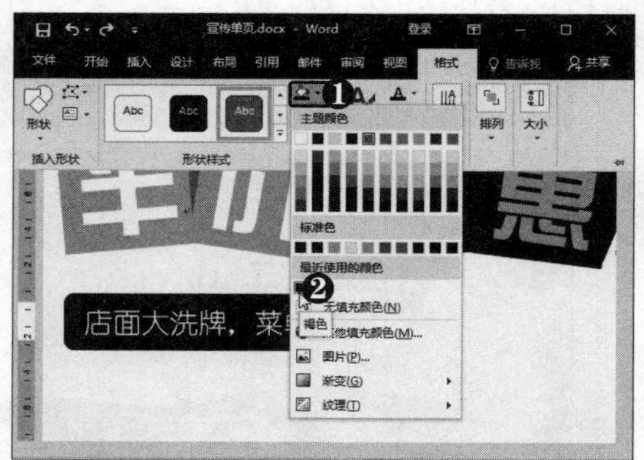

第7步 设置无轮廓 ❶ 单击“形状轮廓”下拉按钮。❷ 选择“无轮廓”选项。

第8步 设置字体格式 在文档中插入文本框，❶ 输入并选中文本。❷ 在浮动工具栏中设置字体格式。

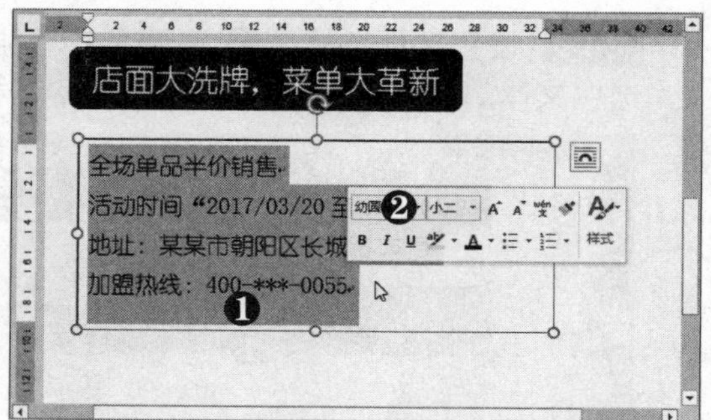

第9步 减小字号 ❶ 选中文本。❷ 在浮动工具栏中单击“减小字号”按钮，调整字号至所需大小。

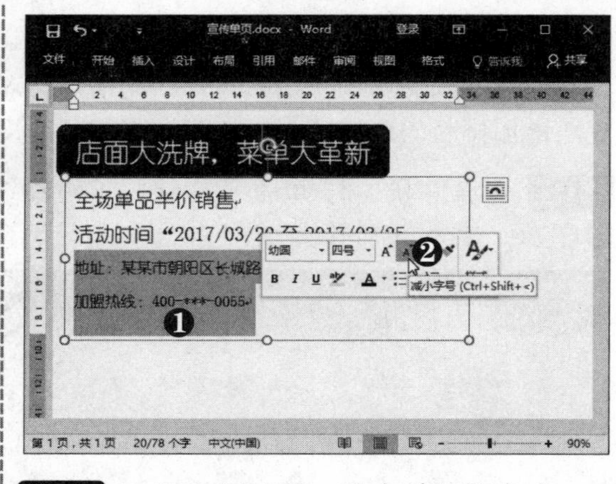

第10步 选择项目符号 选中前两行文本，❶选择“开始”选项卡。❷ 在“段落”组中单击“项目符号”下拉按钮。❸ 选择所需的符号样式。

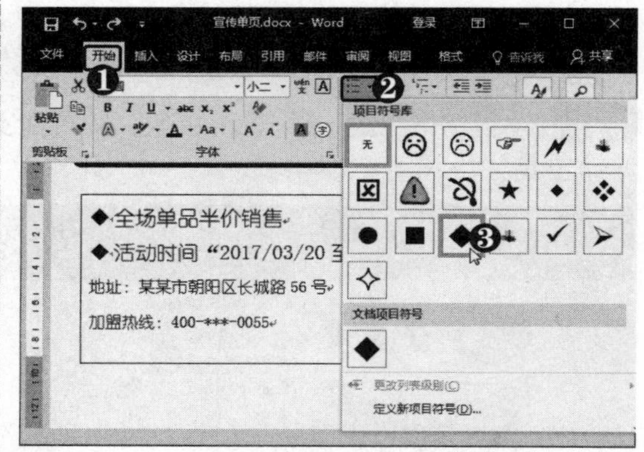

第11步 设置对齐方式 设置文本框无填充颜色、无轮廓，❶ 按住【Shift】键的同时选中圆角矩形和文本框。❷ 选择“格式”选项卡。❸ 在“排列”组中单击“对齐”下拉按钮。❹ 选择“左对齐”选项。

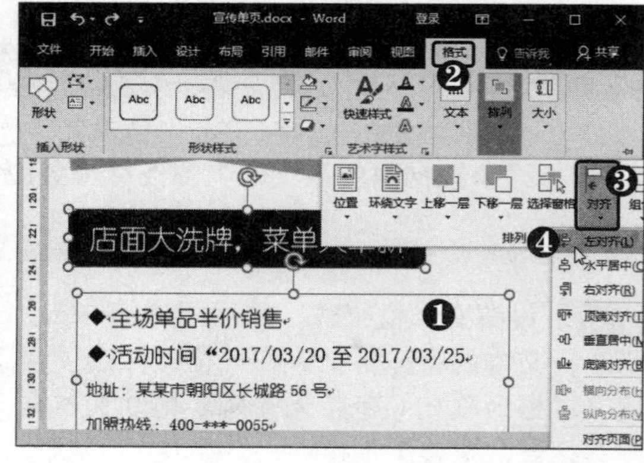

提示您

在“对齐”下拉列表中还有许多对齐方式，如水平居中、垂直居中、顶端对齐等，可以根据需要应用这些对齐方式。

多学点

在设置文本大小时，按【Ctrl+Shift+>】或【Ctrl+Shift+<】组合键可以快速增大或缩小所选文本的字号。

2．添加图片

宣传单中图片的作用是创造一种感觉和氛围，可以和宣传主题相呼应，大小应和文字形成鲜明对比，给人强烈的视觉冲击，从而突出宣传主题，具体操作方法如下：

第1步 设置图片文字环绕 在文档中插入素材图片，❶ 单击图片右上方的“布局选项”按钮。❷ 选择“浮于文字上方”选项。

第2步 选择“设置透明色”选项 选择“格式”选项卡，❶ 在“调整”组中单击“颜色”下拉按钮。❷ 选择“设置透明色”选项。

第3步 在图片背景处单击 鼠标指针变为形状，在图片背景处单击，即可将图片背景设置为透明色。

第4步 调整图片位置和大小 将图片移至所需位置，调整图片的大小。

2.3.5 制作宣传单页尾内容

为了统一页面效果、丰富宣传单内容，可以适当对宣传页页尾内容进行设置，具体操作方法如下：

第1步 选择“选择窗格”选项 ❶选择“开始”选项卡。❷在“编辑”组中单击“选择”下拉按钮。❸选择“选择窗格”选项。

第2步 显示对象 打开“选择”窗格，单击“全部显示”按钮。

第3步 选择形状 此时即可显示页面背景。❶选择“插入”选项卡。❷在“插图”组中单击“形状”下拉按钮。❸选择“矩形”形状。

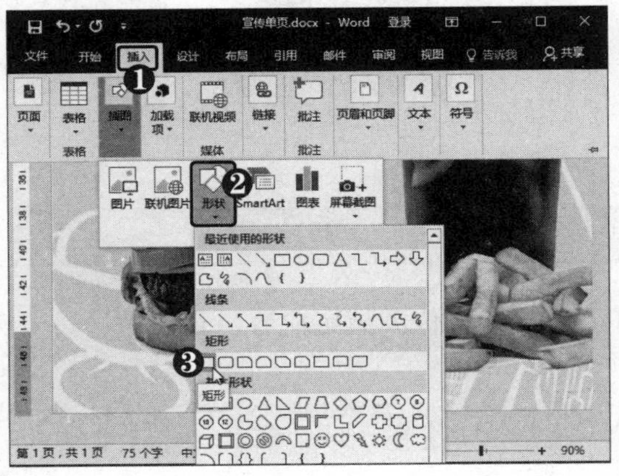

第4步 设置字体格式 在页面底部绘制矩形形状，❶输入并选中文本。❷在浮动工具栏中设置字体格式。

第5步 单击扩展按钮 ❶选择“格式”选项卡。❷单击“形状样式”组右下角的扩展按钮。

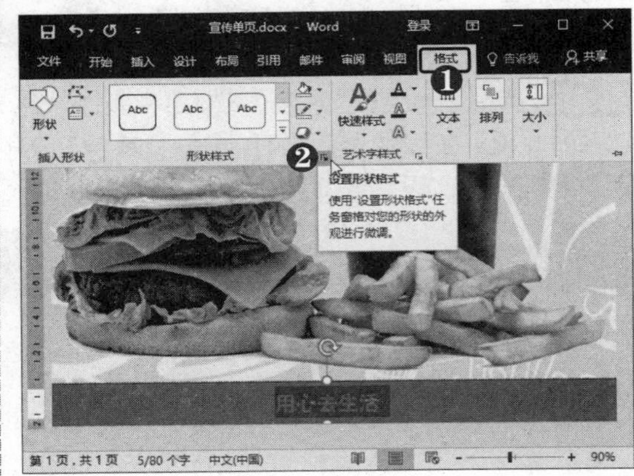

第6步 设置形状格式 ❶选中“纯色填充”单选按钮。❷设置填充颜色。❸调整透明度。❹选中“无线条”单选按钮。

电脑小专家

问：怎样调整图形对象在文档中的叠放顺序？

答：在“选择”窗格中选中图形对象，单击▲、▼按钮即可调整图形的叠放顺序。需要注意的是，在更改图片的叠放顺序时，需先设置图片的环绕方式。

新手巧上路

问：怎样更改图形对象的名称？

答：在“选择”窗格中单击图形对象，即可更改名称。

第3章 制作Word商务办公表格

章前导读

在编辑Word文档时，为使文档内容遵循一定的规律进行排列，可以通过插入表格元素对文档内容的位置进行限制。Word 2016提供了多种表格属性，可以对文档内容进行修饰，使文档更丰富，内容更明确。本章将以案例的形式介绍如何制作表格文档。

- 制作销售出货单
- 制作楼盘调查表

小神通，你知道Word中的表格都有哪些用途吗?

Word中的表格可以将各种复杂的多条信息简明扼要地表达出来，通常用来制作一些清单和调查表，如销售出货单、楼盘调查表等。

没错，Word中的表格虽然不如Excel专业，但用途也是很大的。在Word 2016中不仅可以快速创建各种各样的表格，还可以很方便地设置表格的各种参数。在表格中可以输入文字和数据，对表格数据进行排序、计算等操作，还可以通过设置表格的边框和底纹对表格进行美化!

3.1 制作销售出货单

在 Word 文档中为表现某些特殊的内容或数据，可以在文档中插入表格，并根据需要对表格进行美化操作，以突出表格中的各项内容。下面以制作销售出货单为例介绍 Word 表格的制作方法与技巧。

3.1.1 创建表格

提示您

使用网格最多可创建 8 行 10 列的表格。

销售出货单的创建过程涉及表格的多种操作，如插入表格、合并单元格、复制单元格等。下面通过创建该表来介绍 Word 表格的基本操作。

1．插入表格并编辑

在 Word 2016 中有多种创建表格的方法，因为本例中大部分单元格为划分整齐的行列，所以可以直接使用“插入表格”功能快速创建表格，具体操作方法如下：

第1步 设置纸张方向 ❶ 选择“布局”选项卡。❷ 在“页面设置”组中单击“纸张方向”下拉按钮。❸ 选择“横向”选项。

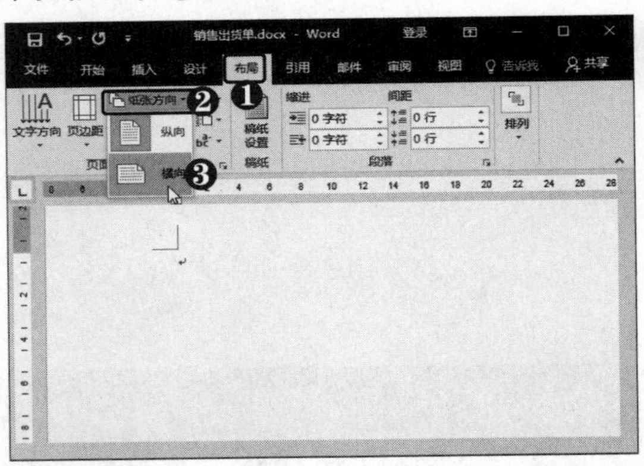

多学点

在“插入表格”对话框中选中“为新表格记忆此尺寸”复选框，下次再使用“插入表格”对话框时会自动设置为上次表格的尺寸。

第2步 设置页边距 ❶ 在“布局”选项卡下单击“页边距”下拉按钮。❷ 选择“窄”选项。

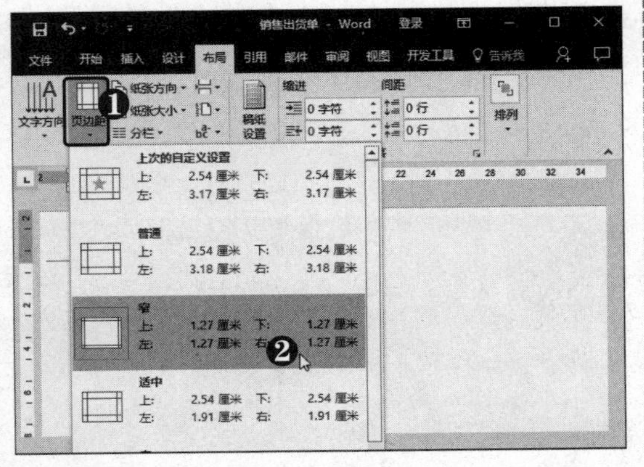

第3步 选择“插入表格”选项 ❶ 选择“插入”选项卡。❷ 单击“表格”下拉按钮。❸ 选择“插入表格”选项。

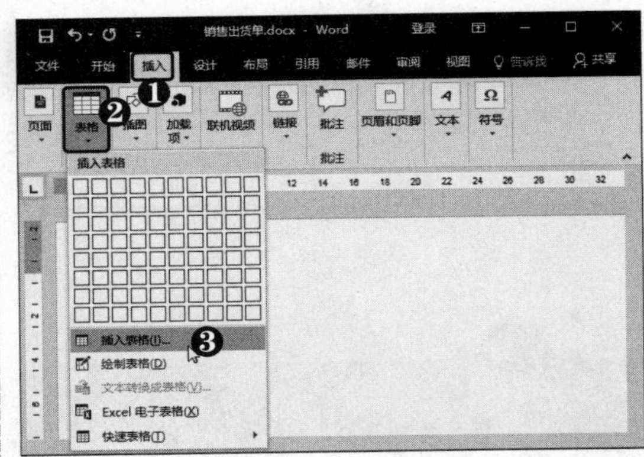

第4步 设置表格尺寸 弹出“插入表格”对话框，❶ 设置表格行数和列数。❷ 选中“根据窗口调整表格”单选按钮。❸ 单击“确定”按钮。

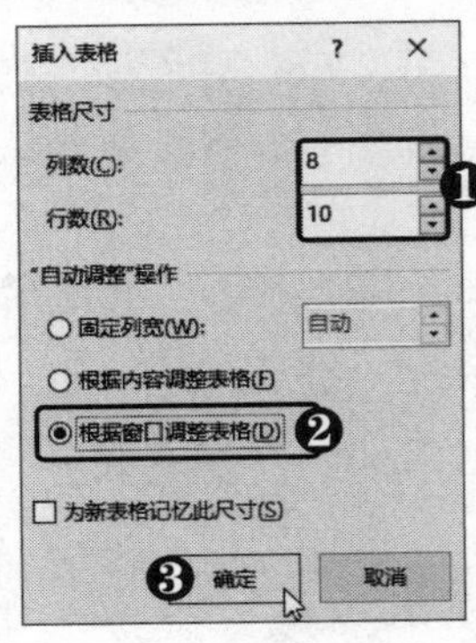

第5步 **插入空行**　此时即可插入 10 行 8 列的表格。将光标定位到第 1 行，按【Ctrl+Shift+Enter】组合键，即可在表格上方插入一个空行。

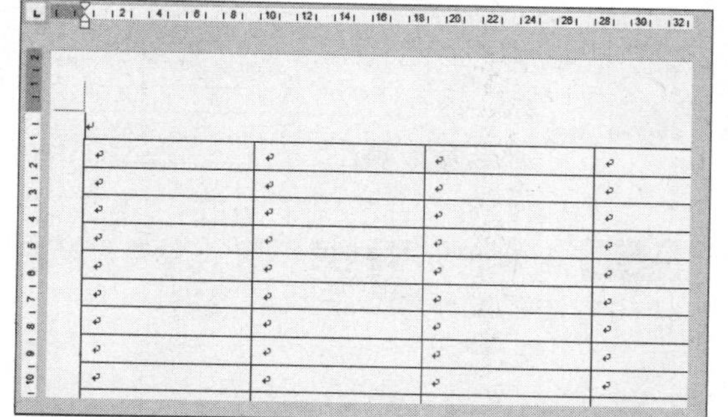

第6步 **设置字体段落格式**　❶ 输入并选中文本。❷ 在“字体”组中设置字体格式。❸ 在“段落”组中单击“居中”按钮≡。

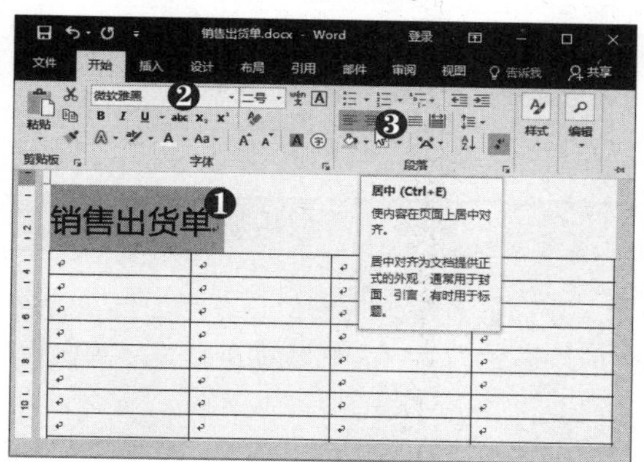

第7步 **单击“合并单元格”按钮**　❶ 拖动鼠标选中要合并的单元格。❷ 选择“布局”选项卡。❸ 在“合并”组中单击“合并单元格”按钮，即可将所选单元格合并为一个单元格。

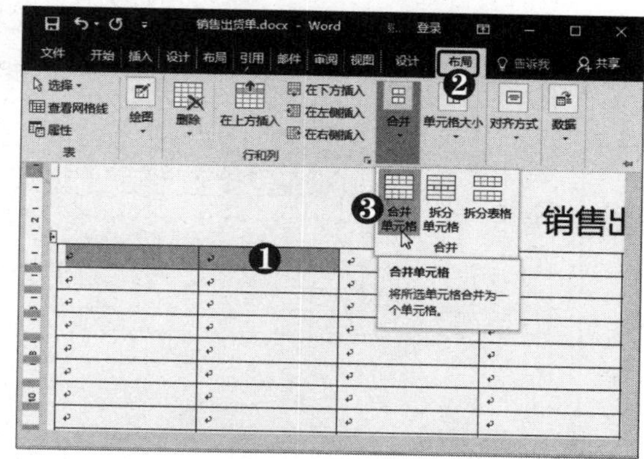

第8步 **输入开单信息**　采用同样的方法，合并第 2 行中相应的单元格，输入开单信息。

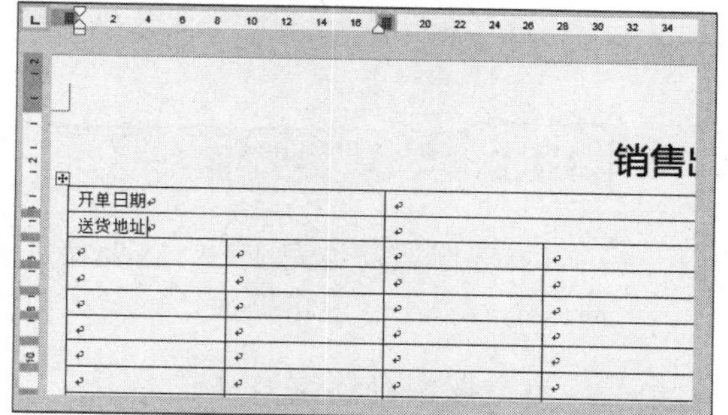

2．复制单元格

对于表格中的重复内容，可以通过拖动鼠标快速复制单元格中的内容，具体操作方法如下：

第1步 **单击“橡皮擦”按钮**　❶ 选择“布局”选项卡。❷ 在“绘图”组中单击“橡皮擦”按钮。

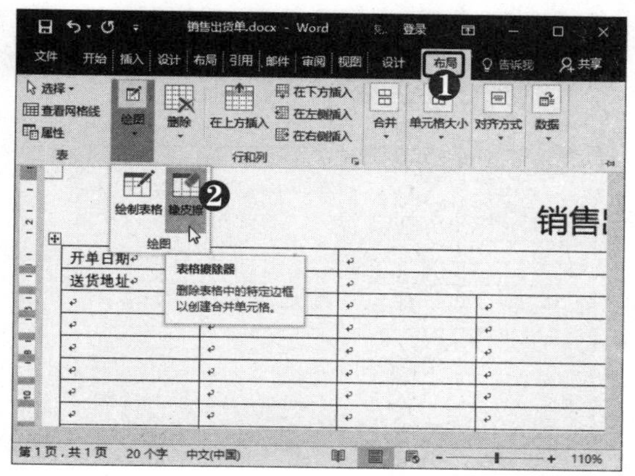

第2步 **擦除表格线**　此时鼠标指针变为样式，在表格线上单击或拖动鼠标即可擦除表格线，以合并单元格。

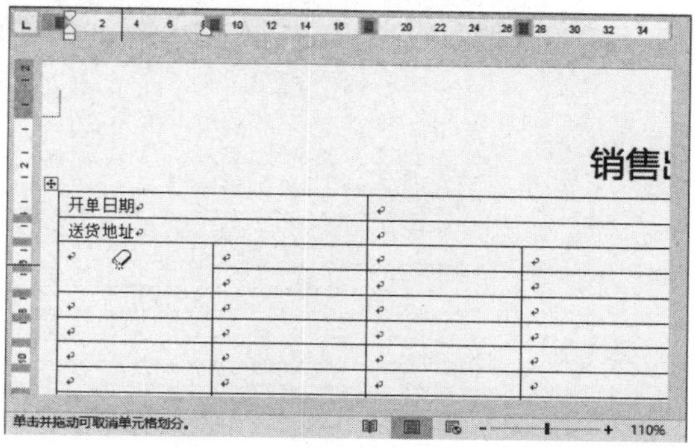

第3步 复制单元格数据 选中单元格，按住【Ctrl】键拖动鼠标至所需的位置，复制单元格数据。

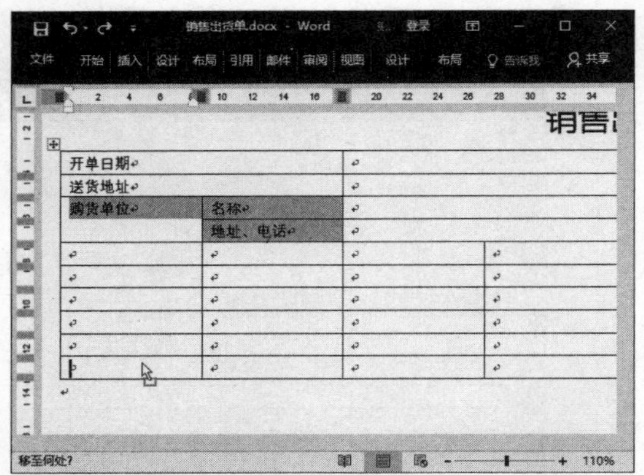

第4步 修改文本内容 此时即可将所选单元格的内容复制到所需位置，根据需要修改文本。

第5步 复制单元格数据 输入文本，采用同样的方法复制所需单元格的数据。

> **电脑小专家**
>
> 问：怎样选择不连续的单元格？
>
> 答：选中要选择的第一个单元格，在按住【Ctrl】键的同时选择其他单元格即可。

3.1.2 编辑货物信息

表格框架创建完成后，需要添加表格文本。下面通过编辑货物信息介绍如何在表格中插入编号并绘制表格框线，以及如何在表格中应用公式，并对表格数据进行排序等操作。

1. 插入自动编号

在表格中输入数据时，有时需要在单元格中输入连续的数字编号，此时可以使用Word 2016的编号功能快速插入编号，具体操作方法如下：

第1步 定位光标 输入文本“序号”，按【Tab】键即可将光标自动定位到下一单元格。

第2步 快速插入行 采用同样的方法输入文本。将光标定位到行后的段落标记中，按【Enter】键即可插入一行。

> **新手巧上路**
>
> 问：还有什么方法可以快速插入行？
>
> 答：将鼠标指针置于行线的左侧，此时将出现按钮，单击即可快速插入行。

第3步 单击“在下方插入”按钮 ❶ 选择“布局”选项卡。❷ 在“行和列”组中单击“在下方插入”按钮。

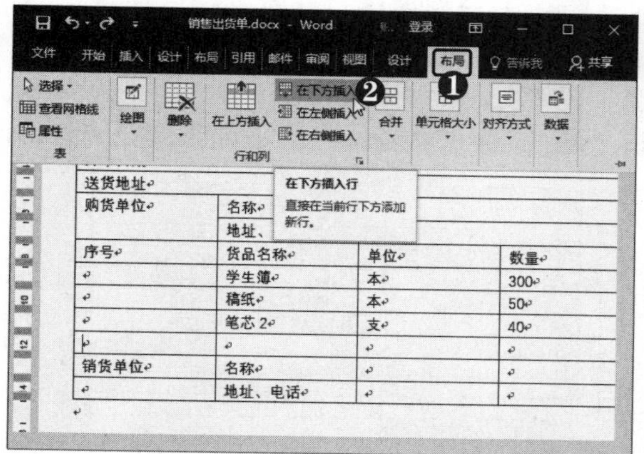

第4步 插入多行 此时即可插入一行表格。采用同样的方法，插入多行表格。

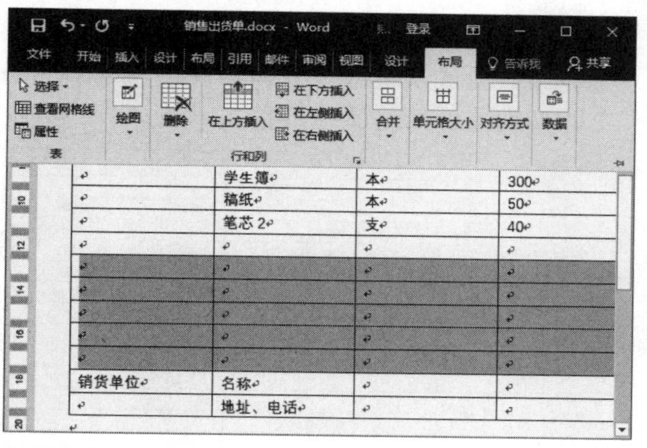

第5步 选择编号格式 ❶ 选择要添加编号的单元格。❷ 在“段落”组中单击“编号”下拉按钮 。❸ 选择所需的编号格式。

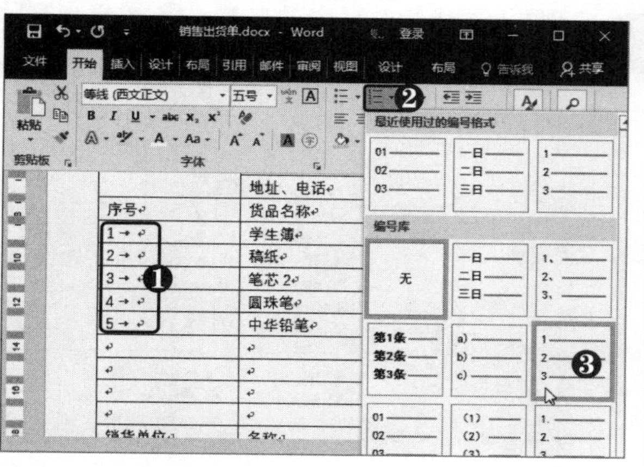

第6步 填充编号 此时即可为所选单元格自动填充编号。❶ 在编号中右击。❷ 选择“调整列表缩进”命令。

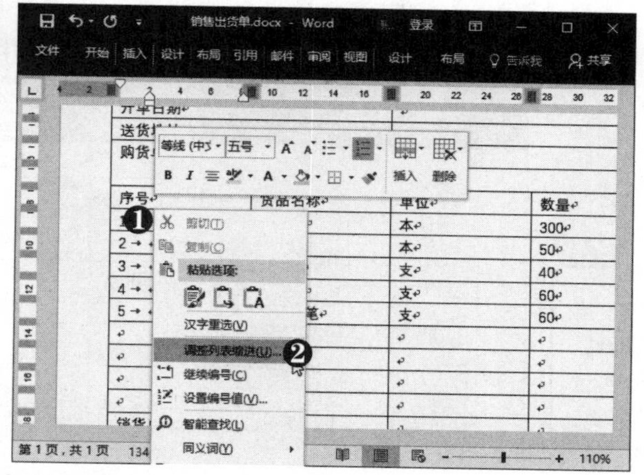

第7步 调整列表缩进 弹出“调整列表缩进量”对话框，❶ 在“编号之后”下拉列表框中选择“不特别标注”选项。❷ 单击“确定”按钮。

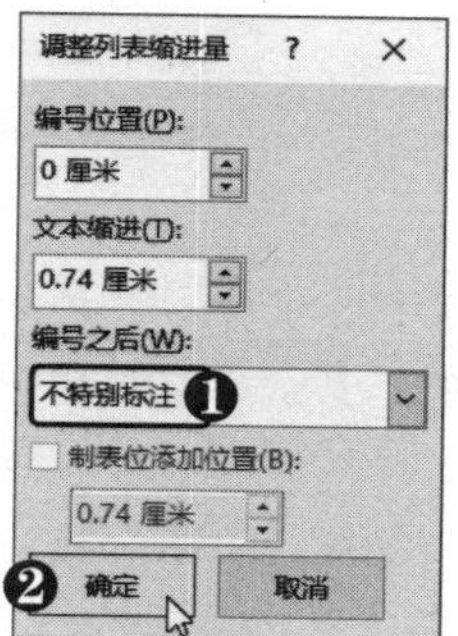

第8步 清除制表符标记 此时即可清除编号后的制表符标记。

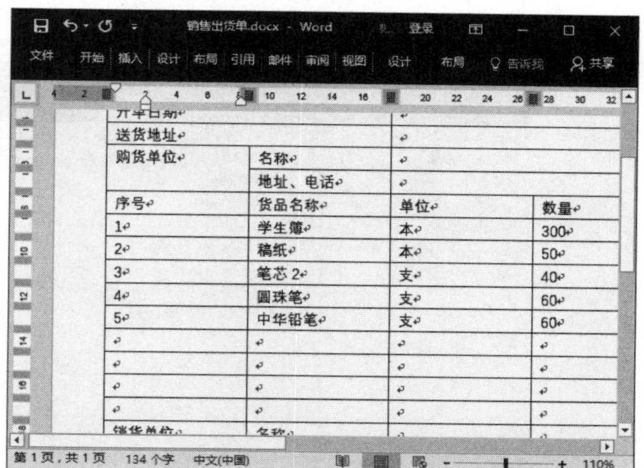

2．使用绘制表格功能

通过绘制表格功能也可以更为灵活地在表格中添加表格线，具体操作方法如下：

第1步 **擦除表格线** 在“布局”选项卡下使用橡皮擦功能擦除表格线，以合并单元格。

提示您

在绘制表格时，按【Shift】键即可切换为“橡皮擦”模式。

第2步 **合并单元格** ❶ 选中并右击要合并的单元格。❷ 选择“合并单元格”命令。

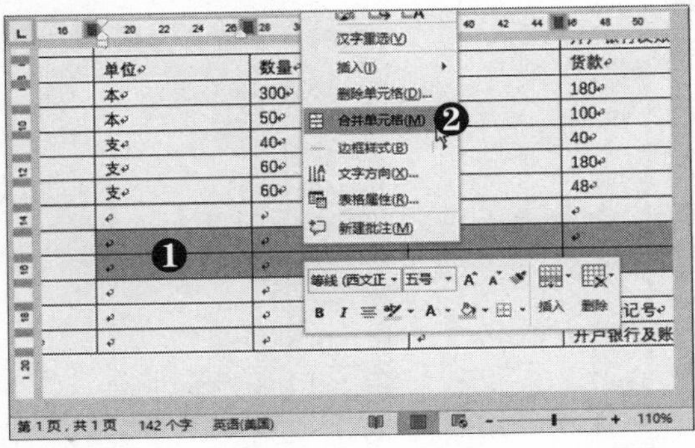

第3步 **单击“绘制表格”按钮** ❶ 选中“布局”选项卡。❷ 在“绘图”组中单击“绘制表格”按钮。

多学点

若要在单元格中绘制嵌套表格，只需在单元格内绘制一个方框即可。

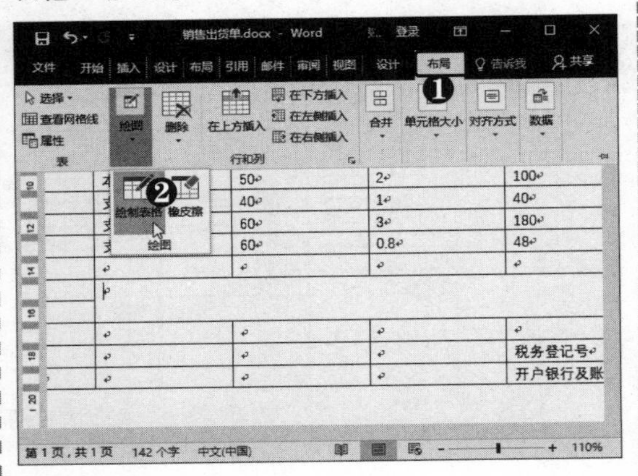

第4步 **绘制表格** 此时鼠标指针变为✎样式，在所需位置拖动绘制表格线。

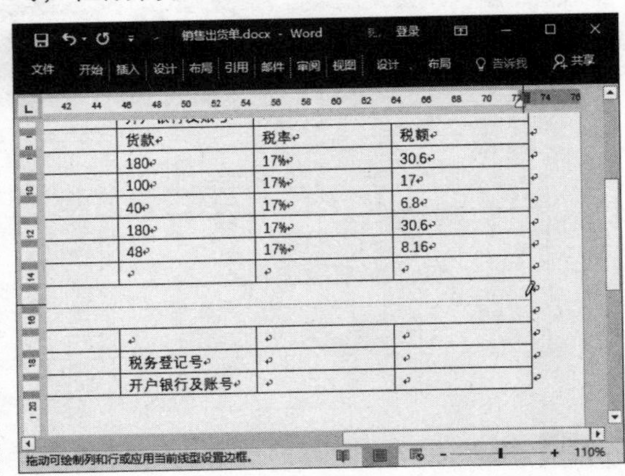

第5步 **调整列宽** 完成绘制后，按【Esc】键退出“绘制表格”状态。将鼠标指针置于要调整位置的表格线上，待其变为双向箭头⫲时拖动鼠标即可调整列宽。

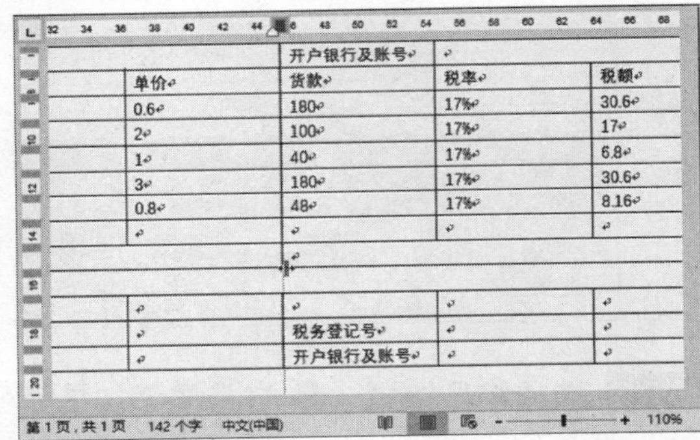

第6步 **选择“删除单元格”选项** ❶ 将光标定位于要删除的行中并右击。❷ 选择“删除单元格”选项。

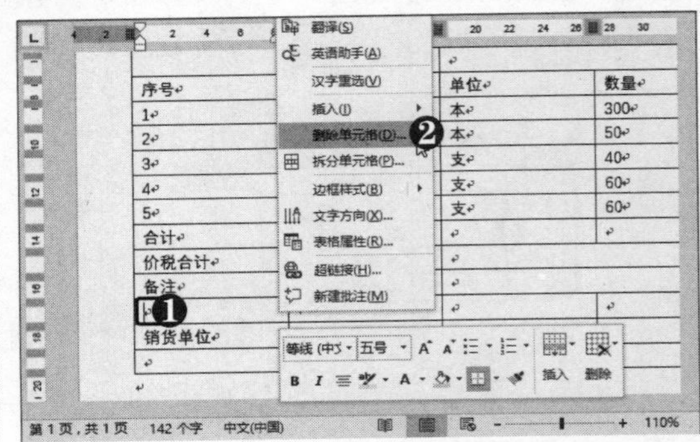

第7步 删除行 弹出“删除单元格”对话框，❶ 选中“删除整行”单选按钮。❷ 单击“确定”按钮。

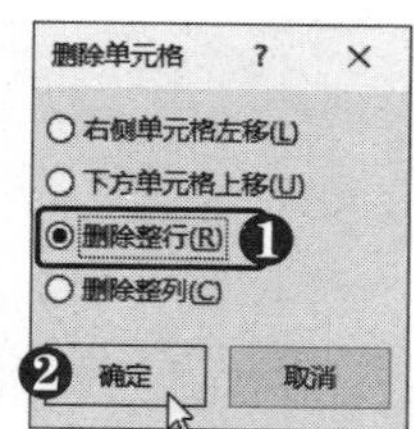

第8步 查看删除行效果 此时即可删除光标所在的行。

3．应用公式与排序

在 Word 2016 中可以按照递增或递减的顺序把表格内容按笔画、数字、拼音或日期进行排序。在进行复杂的排序时，Word 2016 会根据一定的排序规则进行排序，具体操作方法如下：

第1步 单击“公式”按钮 ❶ 将光标定位到单元格中。❷ 选择“布局”选项卡。❸ 在“数据”组中单击“公式”按钮。

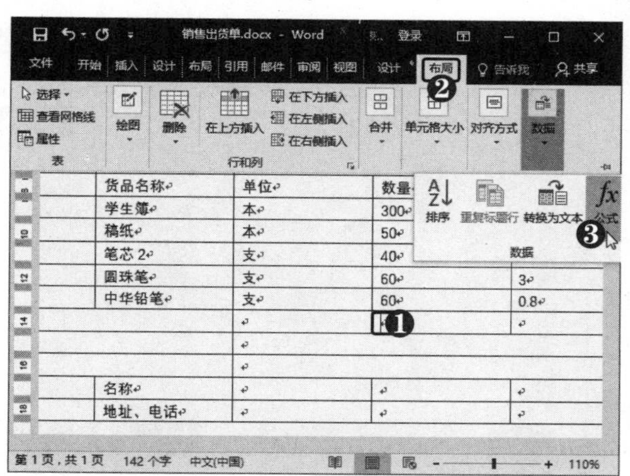

第2步 输入公式 弹出“公式”对话框，❶ 在“公式”文本框中输入公式。❷ 单击“确定”按钮。

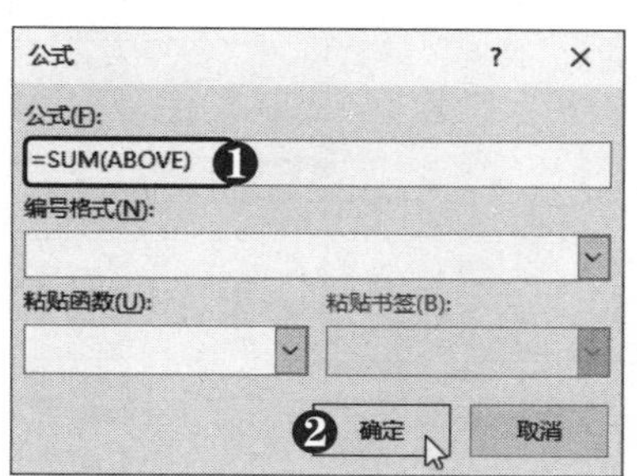

第3步 查看计算结果 此时即可计算出结果。

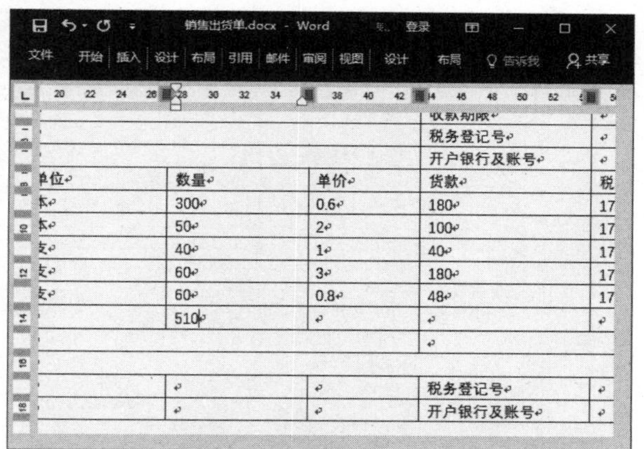

第4步 计算总和 采用同样的方法，计算货款和税额的总和。

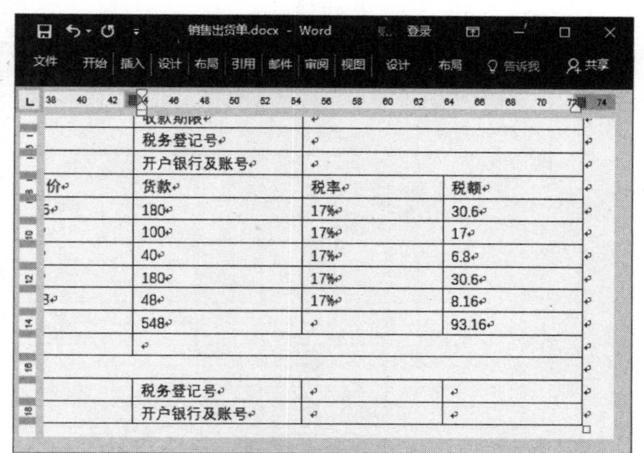

第5步 进入域代码编辑状态 定位光标，按【Alt+F9】组合键进入域代码编辑状态，按【Ctrl+F9】组合键将自动输入大括号。

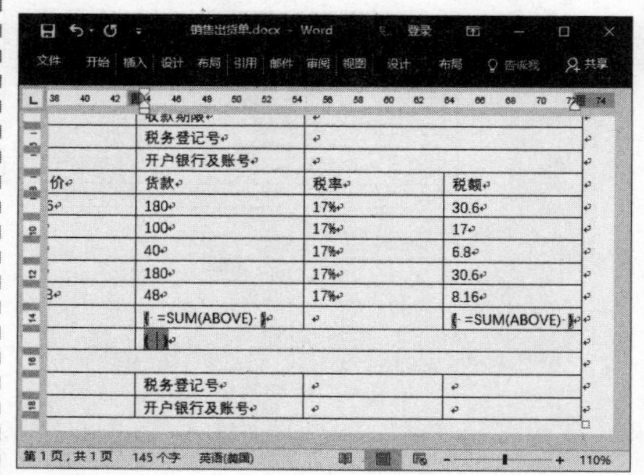

第6步 编辑公式 输入公式(以A、B、C……表示列数，以1、2、3……表示行数)，SUM表示求和，"："表示范围。

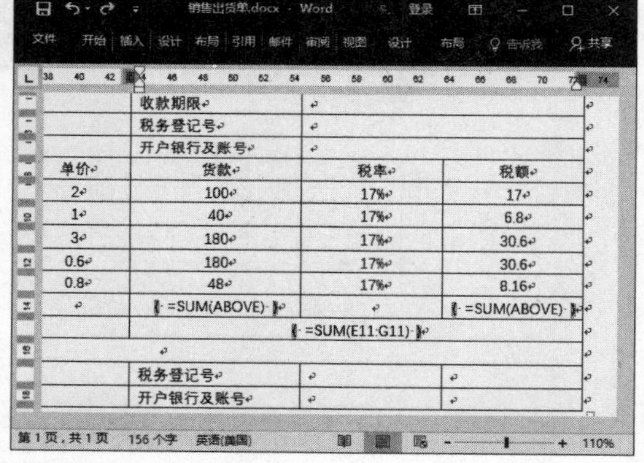

第7步 更新域 按【Alt+F9】组合键退出域代码编辑状态，此时即可查看计算出结果，按【F9】键更新域。

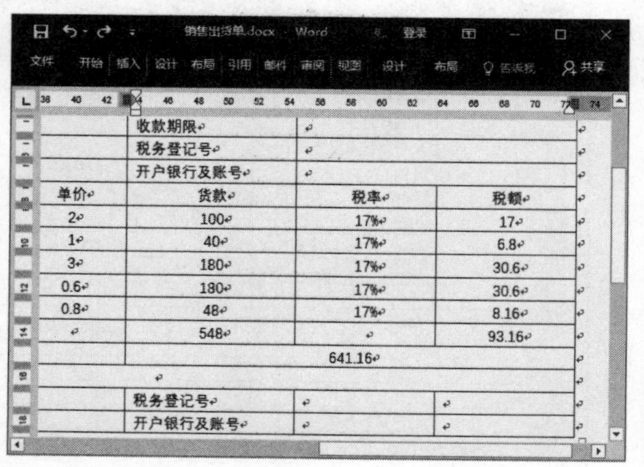

第8步 单击"排序"按钮 ❶ 选中要进行排序的单元格。❷ 在"数据"组中单击"排序"按钮。

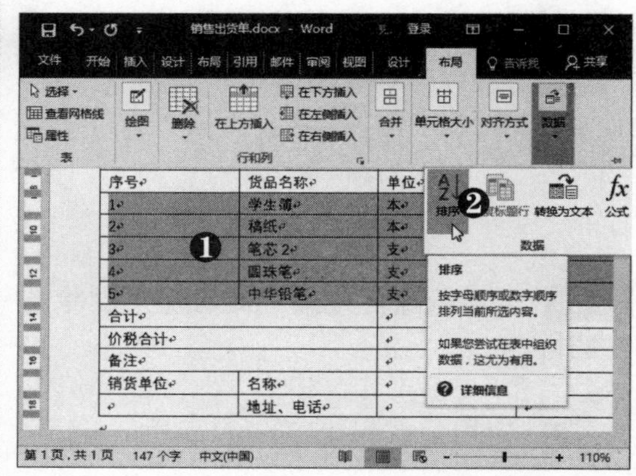

第9步 设置排序参数 弹出"排序"对话框，❶ 在"主要关键字"下拉列表框中选择"列2"选项。❷ 在"类型"下拉列表框中选择"笔画"选项。❸ 选中"降序"单选按钮。❹ 单击"确定"按钮。

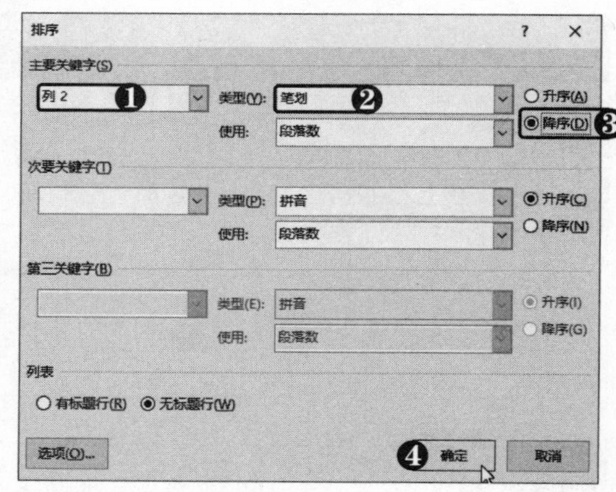

第10步 查看排序效果 此时即可按照所设置的排序参数对数据进行排序。

电脑小专家

问：若更改了公式中的数据，怎样更新计算结果？

答：可右击公式数据，选择"更新域"命令，也可按【F9】键更新计算结果。

新手巧上路

问：怎样将表格中的数据转换为文本？

答：只需在表格中定位光标，选择"布局"选项卡，在"数据"组中单击"转换为文本"按钮即可。

3.1.3 美化表格

添加完表格数据，可以根据需要对表格进行美化操作，如调整表格布局、设置单元格边框和底纹等。

1．调整表格布局

调整表格布局包括设置表格对齐方式、调整单元格选项和表格列宽等，具体操作方法如下：

第1步 **擦除表格线** 在“布局”选项卡下使用橡皮擦功能擦除多余的表格线。

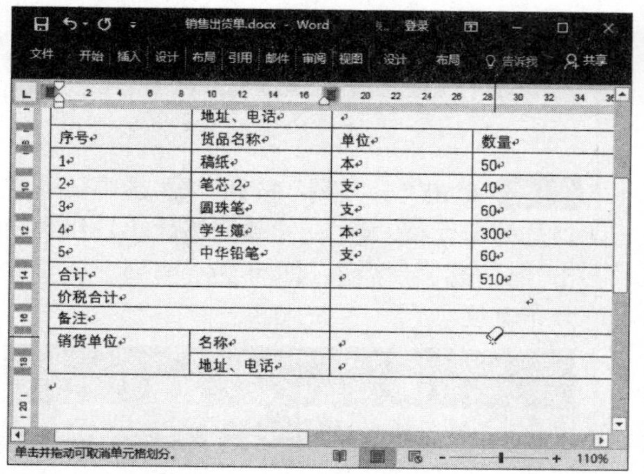

第2步 **单击“水平居中”按钮** ❶ 单击表格左上方的⊞按钮全选表格。❷ 在“对齐方式”组中单击“水平居中”按钮▤，即可将单元格中的文本设置为水平居中。

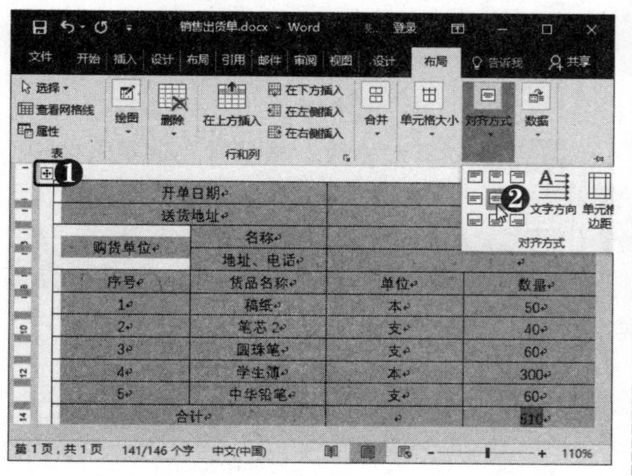

第3步 **左对齐文本** 定位光标，按【Backspace】键并输入文本，即可使文本靠单元格左侧对齐。

第4步 **单击“属性”按钮** ❶ 选中要调整格式的单元格。❷ 在“表”组中单击“属性”按钮。

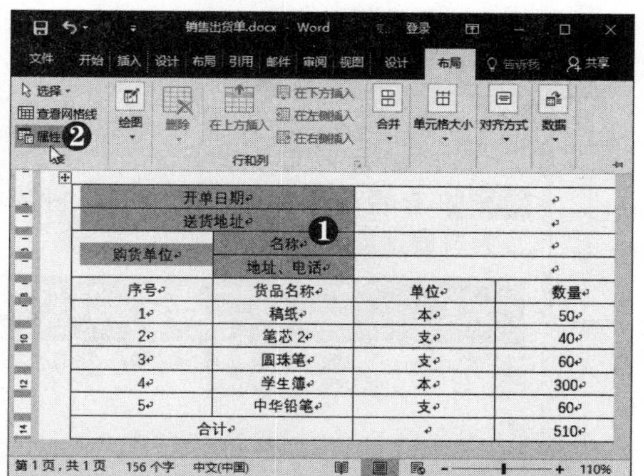

第5步 **单击“选项”按钮** 弹出“表格属性”对话框，❶ 选择“单元格”选项卡。❷ 单击“选项”按钮。

第6步 设置单元格选项 弹出“单元格选项”按钮，❶ 选中“适应文字”复选框。❷ 单击“确定”按钮。

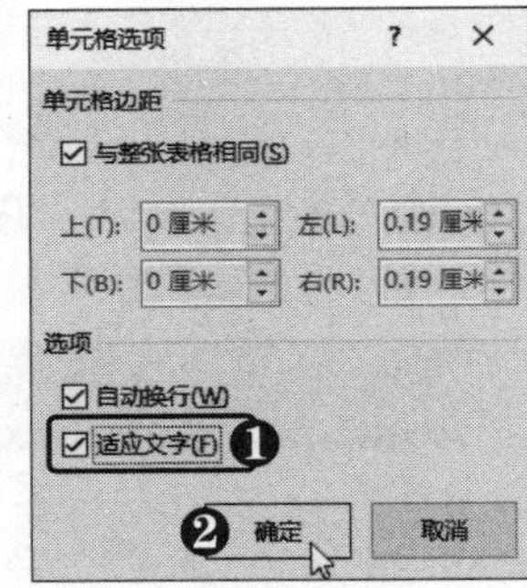

第7步 查看设置效果 此时即可将文本设置为自动适应单元格。

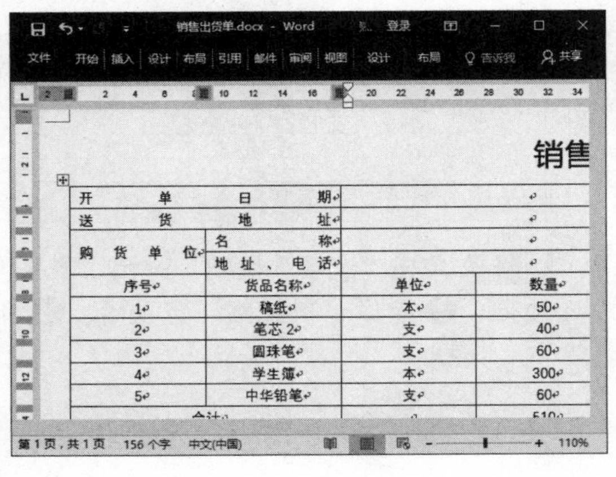

提示您

要精确设置表格的宽度，可右击单元格，选择“表格属性”命令，在弹出的对话框中选中“指定宽度”复选框，然后输入数值即可。

多学点

要插入多行或多列，只需选中相应数目的行或列，再进行插入操作。

第8步 调整列宽 按住【Shift】键调整表格线，只改变该表格线左方的列宽，其右方的列宽不变。

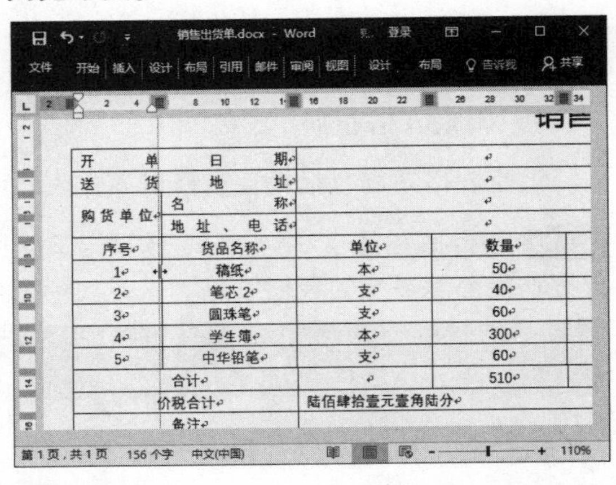

第9步 单击“分布列”按钮 ❶ 选中要调整列宽的单元格。❷ 在“单元格大小”组中单击“分布列”按钮，即可在所选列之间平均分布宽度。

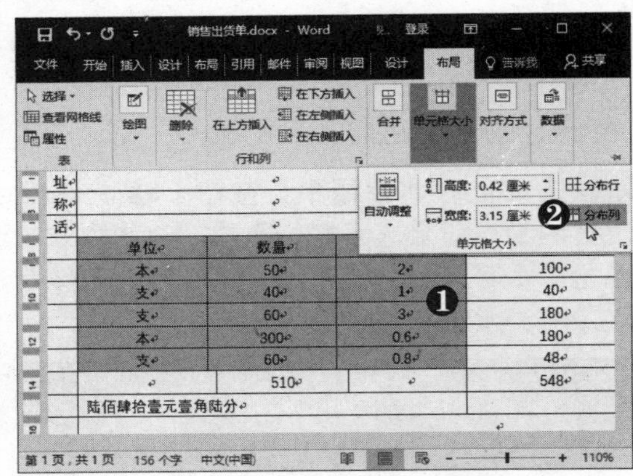

第10步 对齐表格线 根据需要调整表格线，使之相互对齐。

第11步 **调整行高** ❶ 单击表格左上方的⊞按钮全选表格。❷ 在“单元格大小”组中设置单元格高度，即可调整全部单元格的行高。

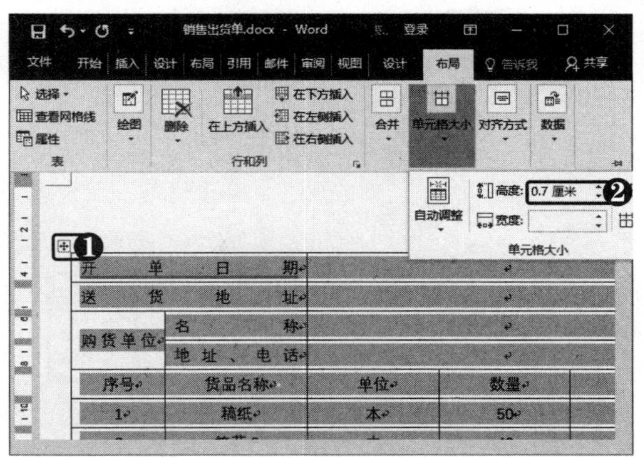

高手点拨

表格默认以嵌入方式置于文档中，要随意更改表格的位置，可打开“表格属性”对话框，在“文字环绕”选项区中单击“环绕”按钮。

2．设置边框和底纹

为表格和单元格设置边框与底纹可以使表格更加美观，表格中的内容更加突出，具体操作方法如下：

第1步 **单击扩展按钮** 根据需要设置表格文本的字体格式，❶ 单击表格左上方的⊞按钮全选表格。❷ 选择“设计”选项卡。❸ 单击“边框”组右下角的扩展按钮。

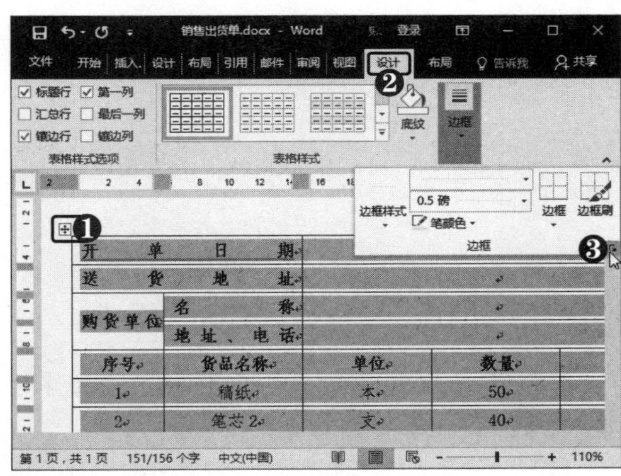

高手点拨

选中单元格后，在“设计”选项卡下“边框”组中单击“边框”下拉按钮，选择“无框线”选项，可以删除单元格边框。

第2步 **设置外边框样式** 弹出“边框与底纹”选项卡，❶ 选择“方框”选项。❷ 选择所需的样式。❸ 设置外边框颜色与宽度。

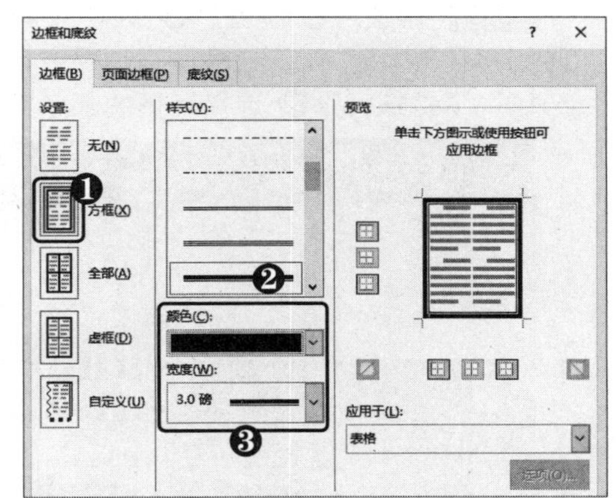

第3步 **设置内边框样式** ❶ 选择“自定义选项”。❷ 选择所需的样式。❸ 设置内边框的颜色为“白色，深色 5%”，宽度为“0.5 磅”。❹ 在预览图示上单击内边框。

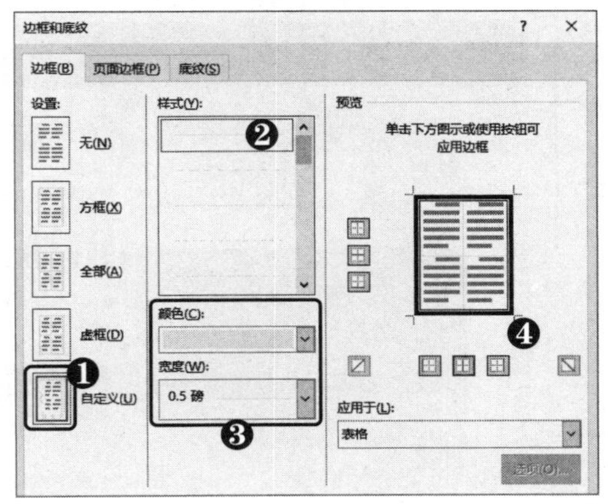

第4步 设置底纹颜色 ❶ 选择"底纹"选项卡。❷ 设置填充颜色。❸ 单击"确定"按钮。

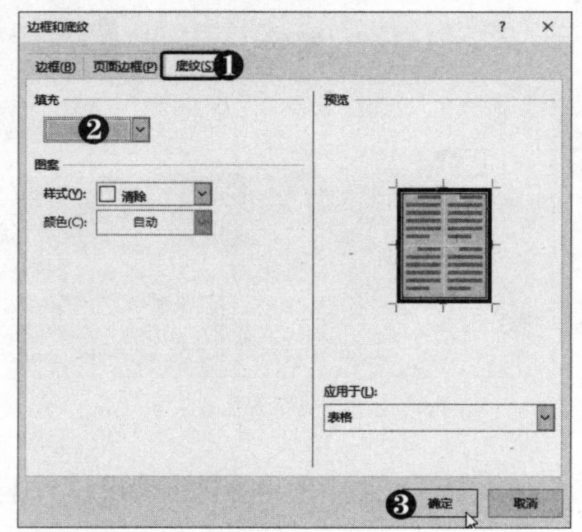

第5步 调整底纹颜色 ❶ 选中要调整底纹的单元格。❷ 在"表格样式"组中单击"底纹"下拉按钮。❸ 选择所需的颜色。

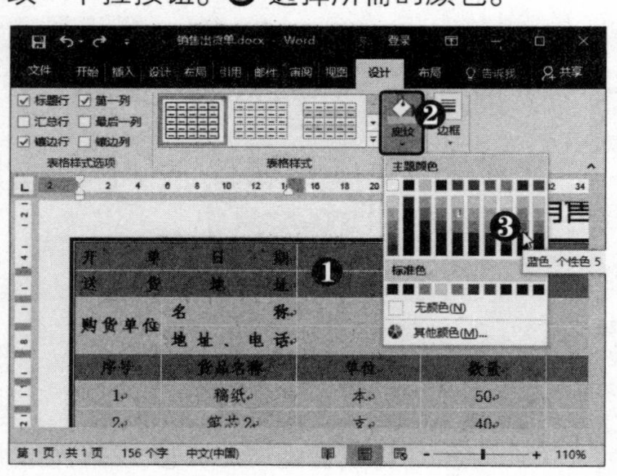

第6步 继续操作 采用同样的方法，继续设置其他单元格的底纹颜色。

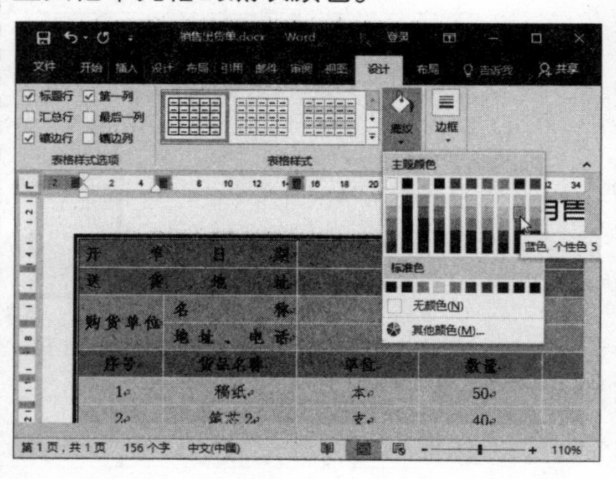

第7步 选择"表格属性"命令 ❶ 在表格中右击。❷ 选择"表格属性"命令。

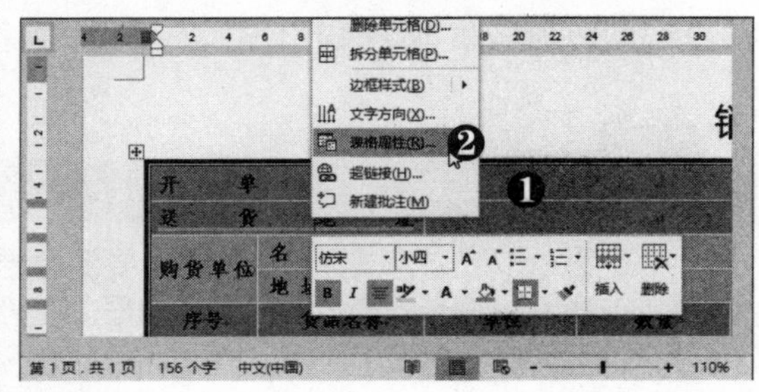

第8步 设置表格属性 弹出"表格属性"对话框，❶ 设置表格对齐方式为"居中"。❷ 设置表格文字环绕为"无"。❸ 单击"确定"按钮。

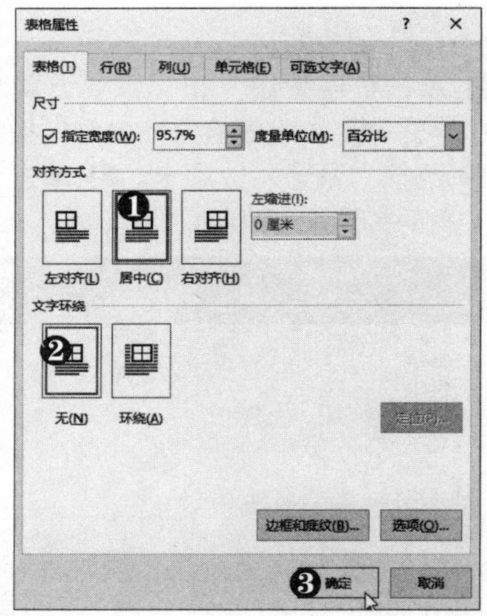

第9步 查看设置效果 此时即可将整个表格在页面中的位置设置为居中。

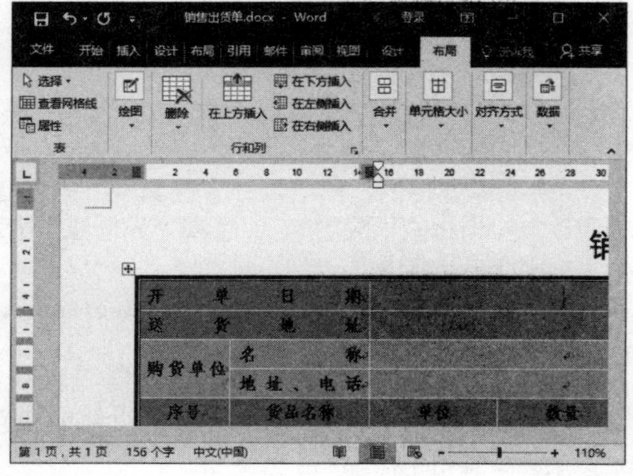

电脑小专家

问：如何为表格设置更多的底纹样式？

答：打开"边框和底纹"对话框，选择"底纹"选项卡，在"图案"选项区中可以设置图案样式和颜色。

新手巧上路

问：在表格中能否使用"格式刷"工具来复制底纹和边框？

答：不可以。对于表格边框，可以使用"边框取样器"来复制边框样式；对于底纹，可复制单元格，然后选择"覆盖单元格"的粘贴方式。

3.2 制作楼盘调查表

对于结构较为复杂的表格，可以通过合并和拆分单元格来构建表格框架，然后通过应用表格样式为表格添加修饰，除了应用内置的表格样式外，还可根据需要新建表格样式。

3.2.1 插入艺术字

在插入表格前，可以通过插入艺术字来制作表格标题，具体操作方法如下：

第1步 选择艺术字样式 ❶ 选择“插入”选项卡。❷ 在“文本”组中单击“艺术字”下拉按钮。❸ 选择所需的样式。

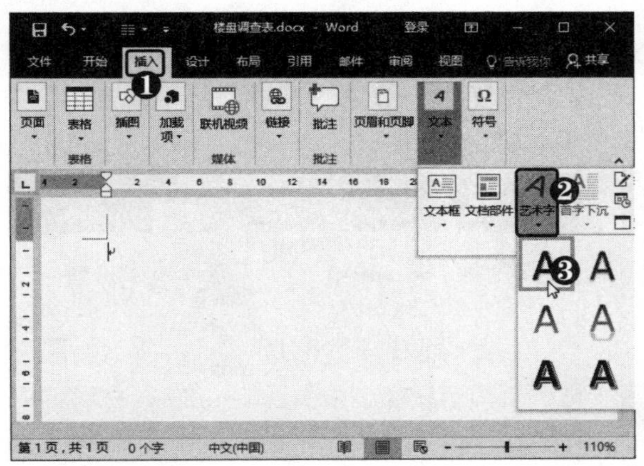

第2步 设置字体格式 ❶ 输入标题文本并将其选中。❷ 在“字体”组中设置字体格式。

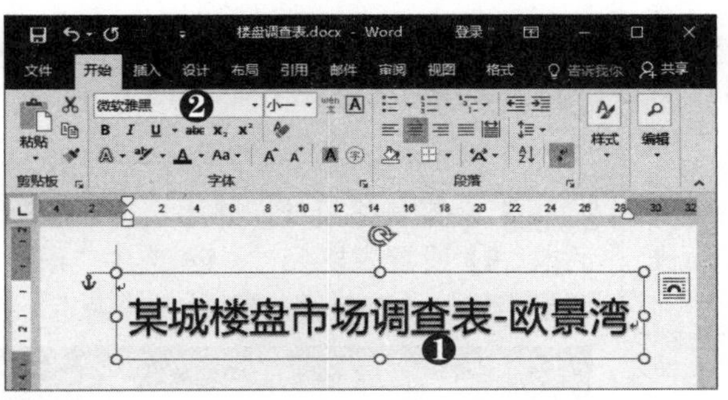

第3步 选择“顶端居中”选项 ❶ 选择“格式”选项卡。❷ 在“排列”组中单击“位置”下拉按钮。❸ 选择“顶端居中”选项。

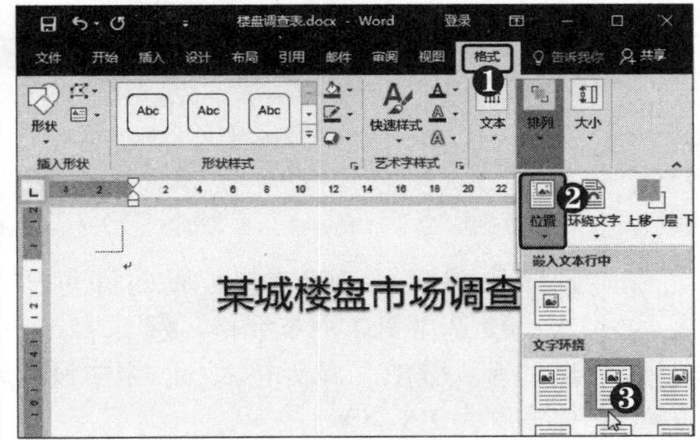

3.2.2 创建表格结构

在创建表格结构时，可以根据需要事先调整表格列宽，然后通过合并与拆分单元格等操作制作出表格的框架，并在所需位置插入嵌套表格，最后添加表格内容即可。

1．插入调查表

调查表一般由许多整齐的行列组成，可以通过“插入表格”命令快速创建表格，并根据需要合并单元格，具体操作方法如下：

第1步 选择“插入表格”选项 ❶ 选择“插入”选项卡。❷ 单击“表格”下拉按钮。❸ 选择“插入表格”选项。

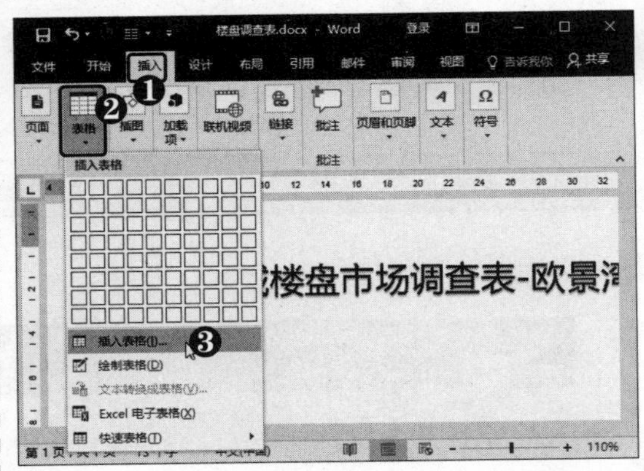

第2步 设置表格尺寸 弹出“插入表格”对话框，❶ 设置表格尺寸。❷ 选中“根据窗口调整表格”单选按钮。❸ 单击“确定”按钮。

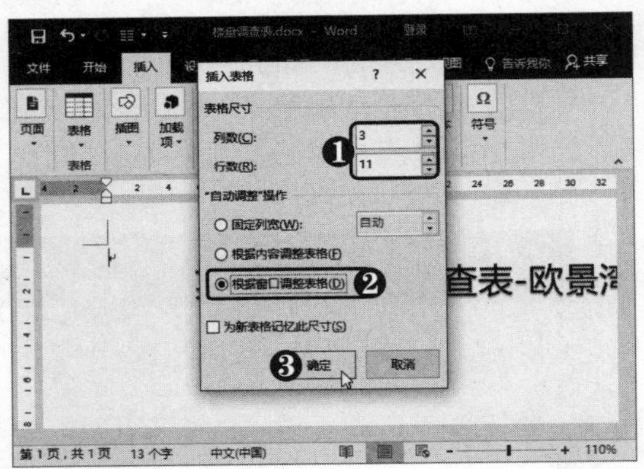

第3步 设置单元格宽度 此时即可插入表格，❶ 选中第1列单元格。❷ 选择“布局”选项卡。❸ 在“单元格大小”组中设置单元格宽度为1.8厘米。

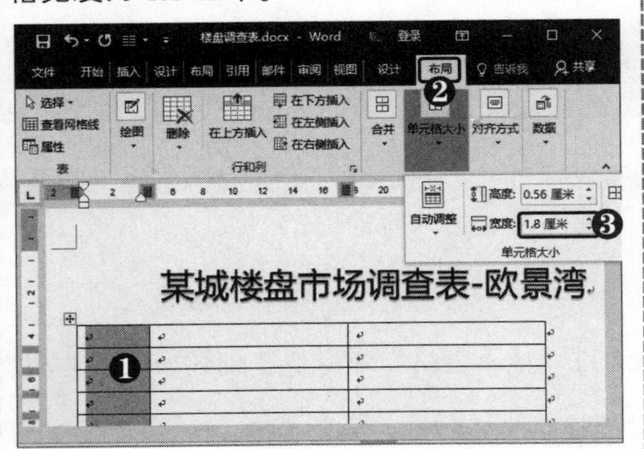

第4步 设置其他单元格宽度 采用同样的方法，设置其他单元格的宽度。

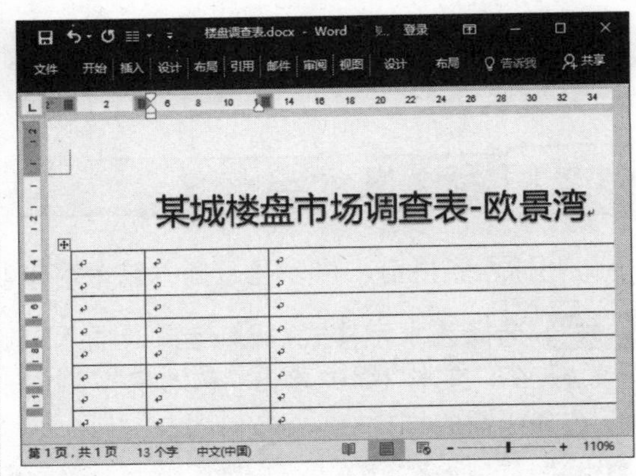

第5步 单击“合并单元格”按钮 ❶ 选中第1行单元格。❷ 在“合并”组中单击“合并单元格”按钮。

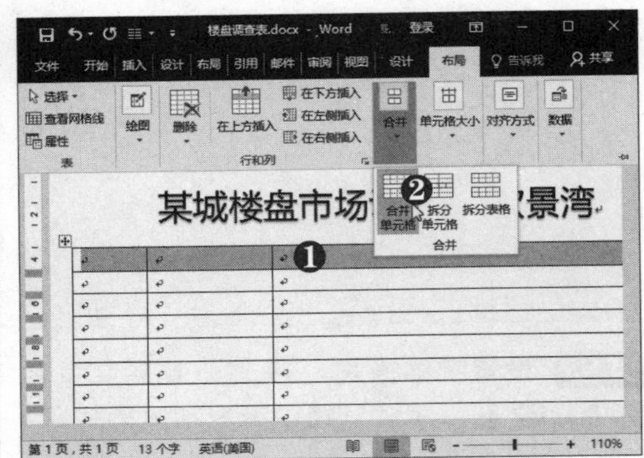

第6步 重复上一步操作 选中单元格区域，按【F4】键即可重复上一步操作，合并所选单元格。

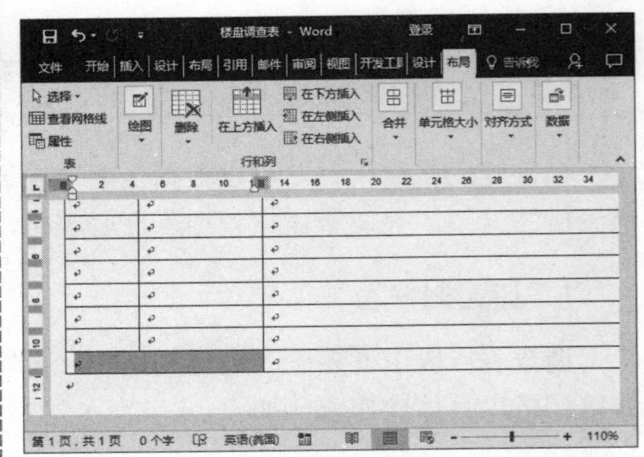

提示您

要合并单元格，也可选中要合并的单元格并右击，选择“合并单元格”命令。合并单元格后，原单元格的数据将全部放到合并后的单元格中。

多学点

也可根据需要把表格拆分为多个：将光标定位到要拆分为新表格的单元格中，在“布局”选项卡下“合并”组中单击“拆分表格”按钮即可。

第7步 合并其他单元格 采用同样的方法，合并其他单元格。

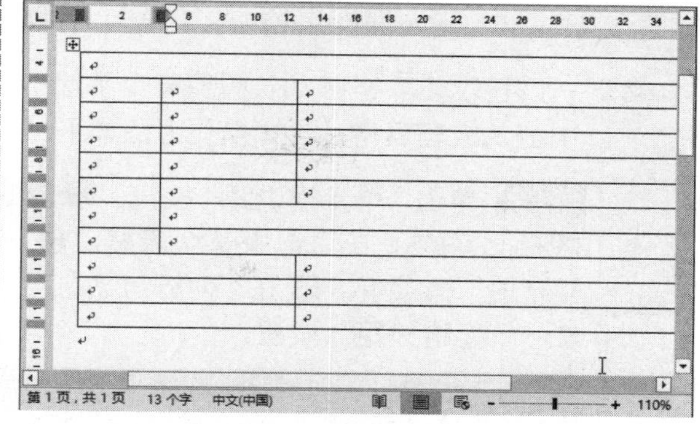

高手点拨

使用橡皮擦擦除单元格之间的框线，也可达到合并单元格的目的。

2．拆分单元格

在 Word 2016 中不仅可以合并单元格，还可根据需要拆分单元格，具体操作方法如下：

第1步 单击“拆分单元格”按钮 ❶ 在单元格中定位光标。❷ 选择“布局”选项卡。❸ 在“合并单元格”组中单击“拆分单元格”按钮。

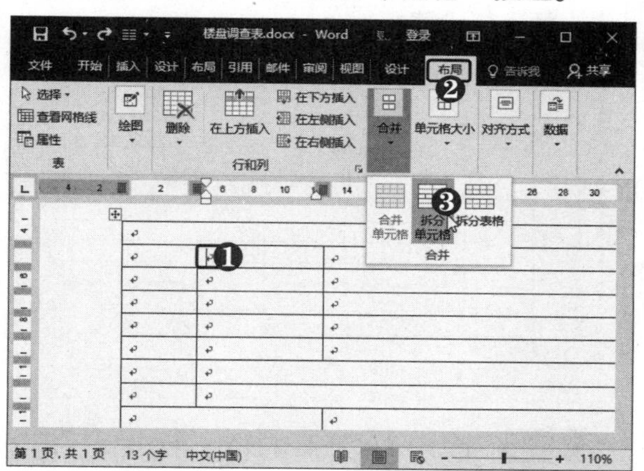

第2步 设置拆分参数 弹出“拆分单元格”对话框，❶ 设置拆分列数和行数。❷ 单击“确定”按钮。

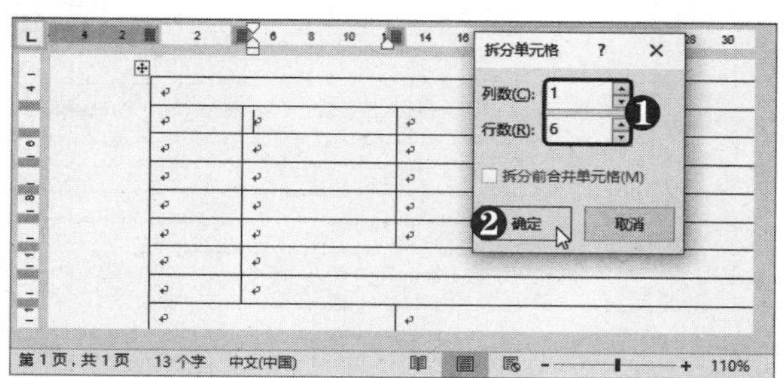

第3步 查看拆分效果 此时即可将单元格拆分为 6 行 1 列。

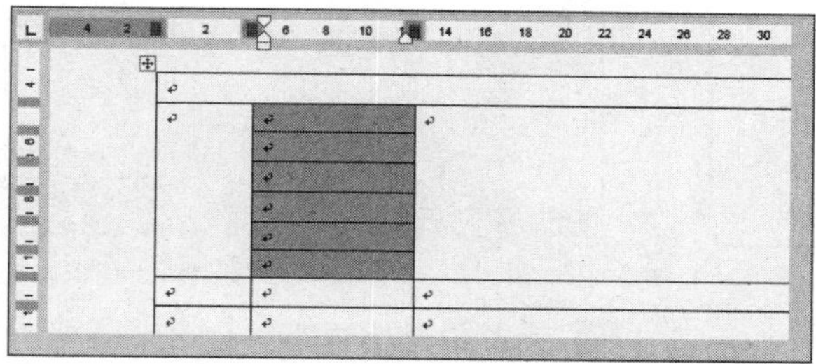

第4步 重复上一步操作 在单元格中定位光标，按【F4】键即可重复上一步操作，将单元格拆分为 6 行 1 列。

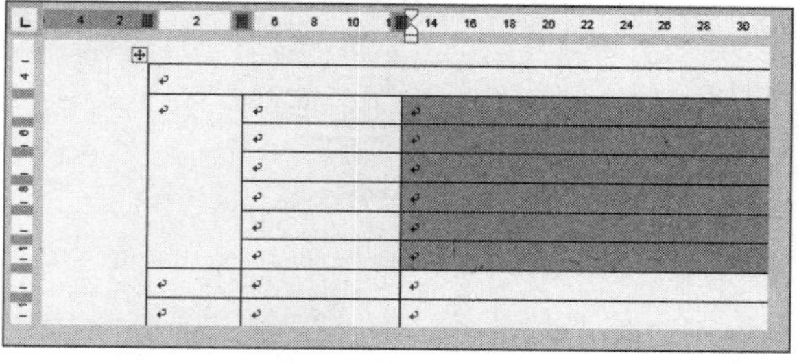

第5步 拆分其他单元格 采用同样的方法，拆分其他单元格。

3．插入嵌套表格

在制作表格时，若想将某个单元格中的文本也按照一定的规律整齐排列，可在单元格中插入嵌套表格，具体操作方法如下：

第1步 **单击“单元格边距”按钮** ❶ 单击表格左上方的⊞按钮选中整个表格。❷ 选择“布局”选项卡。❸ 在“对齐方式”组中单击“单元格边距”按钮。

第2步 **设置单元格边距** 弹出“表格选项”对话框，❶ 设置单元格上、下边距均为0.05厘米。❷ 单击“确定”按钮。

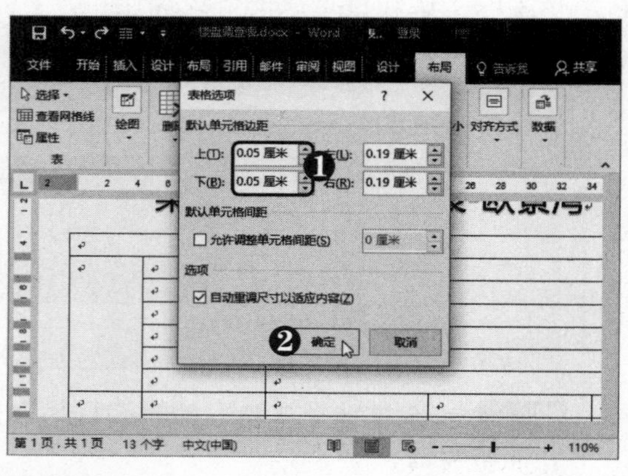

第3步 **设置表格尺寸** ❶ 在单元格中定位光标。❷ 打开“插入表格”对话框，根据需要设置表格尺寸。❸ 单击“确定”按钮。

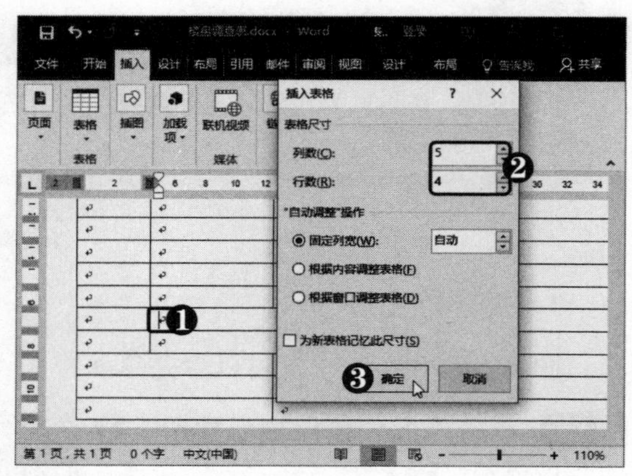

第4步 **插入嵌套表格** 此时即可在单元格中插入嵌套表格。

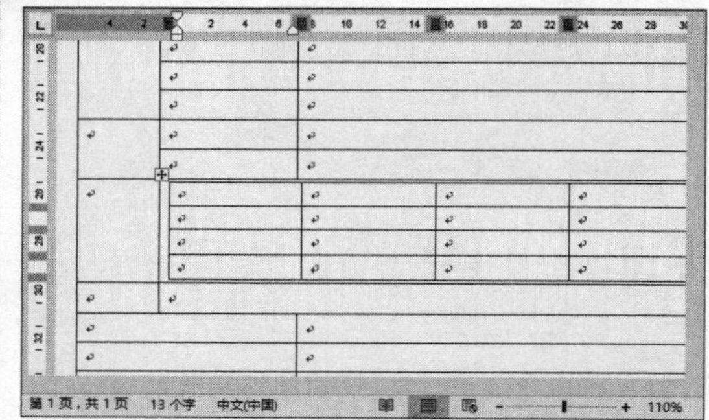

第5步 **继续插入嵌套表格** 采用同样的方法，在其他单元格中插入嵌套表格。

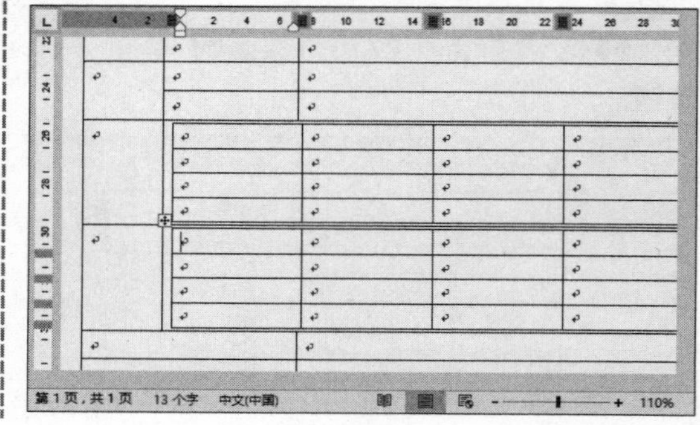

电脑小专家

问：为何无法拆分单元格，提示“所选内容含有合并单元格”？

答：遇到此种情况，需选中整个合并单元格，再拆分单元格。

新手巧上路

问：怎样删除嵌套表格？

答：单击嵌套表格左上角的按钮选中表格，按【Backspace】键即可删除表格。

4．编辑表格内容

在编辑表格内容时，有时需要在表格中插入公司Logo，下面将介绍如何在表格中插入图片并添加表格内容，具体操作方法如下：

第1步 单击“图片”按钮 ❶ 在单元格中定位光标。❷ 选择“插入”选项卡。❸ 在“插图”组中单击“图片”按钮。

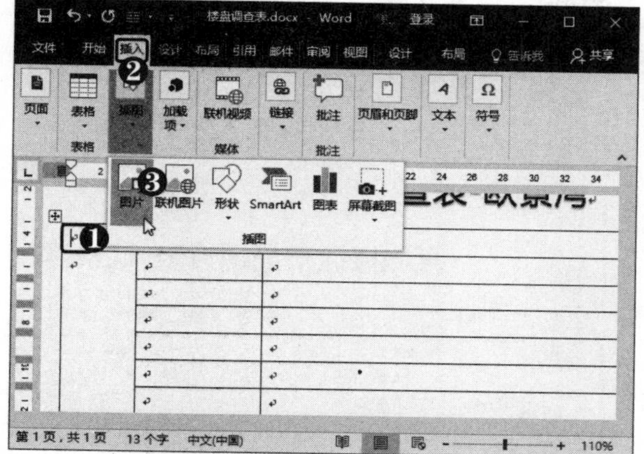

第2步 选择图片 弹出“插入图片”对话框，❶ 选择所需的图片。❷ 单击“插入”按钮。

第3步 插入图片 此时即可在单元格中插入图片。

第4步 选择“设置透明色”选项 根据需要调整图片大小，❶ 选择“格式”选项卡。❷ 在“调整”组中单击“颜色”下拉按钮。❸ 选择“设置透明色”选项。

第5步 单击图片背景 当鼠标指针变为✎形状时，在图片背景处单击即可将图片背景设置为透明色。

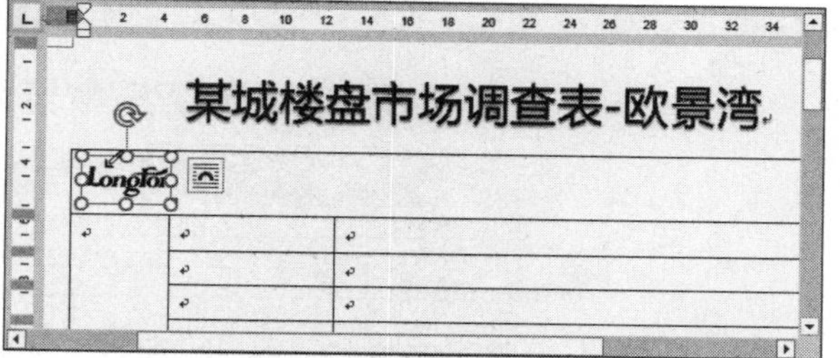

第6步 选择图片颜色样式 ❶ 单击“颜色”下拉按钮。❷ 根据需要选择图片颜色样式。

第7步 单击“水平居中”按钮 ❶ 在表格中输入文本，并选中整个表格。❷ 选择“布局”选项卡。❸ 在“对齐方式”组中单击“水平居中”按钮。

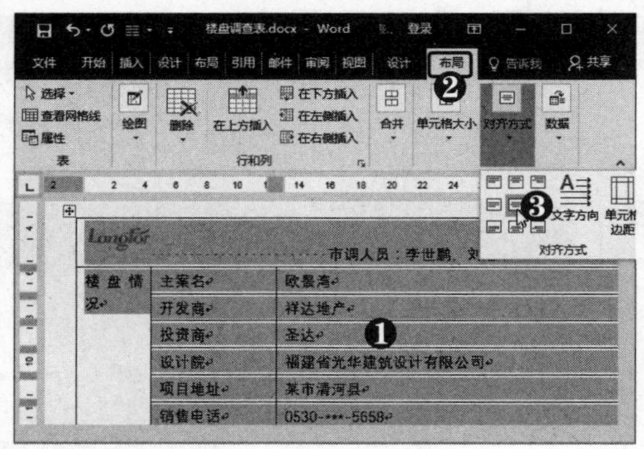

第8步 单击扩展按钮 此时即可将整个表格的对齐方式设置为水平居中。❶ 选中第 1 行单元格。❷ 选择“开始”选项卡。❸ 在“段落”组右下角单击扩展按钮。

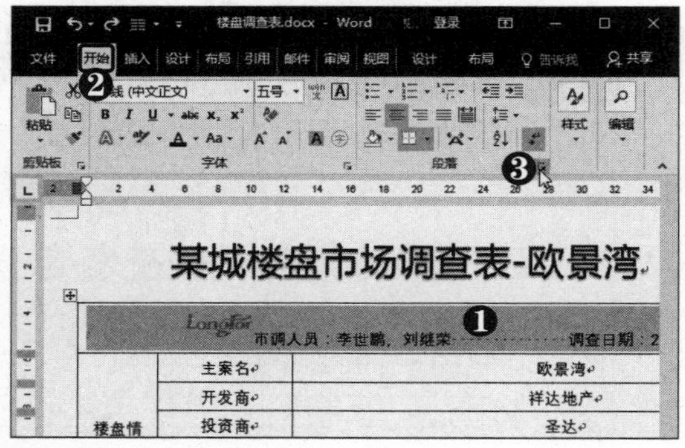

第9步 设置对齐方式 弹出“段落”对话框，❶ 选择“中文版式”选项卡。❷ 设置“文本对齐方式”为“居中”。❸ 单击“确定”按钮。

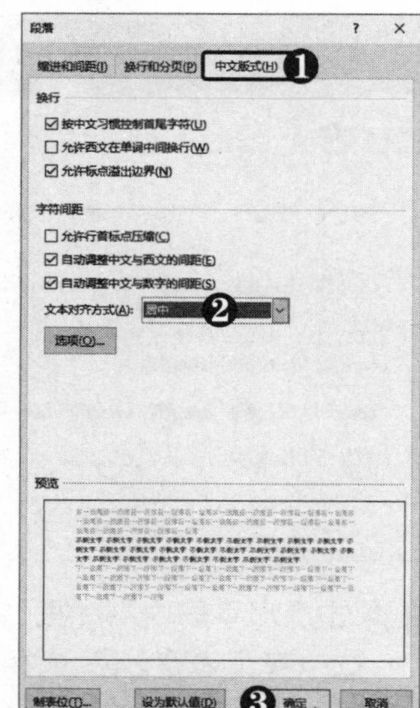

提示您

使用表格可以很轻松地对图片或文本进行特殊的排版。

多学点

将鼠标指针置于表格右下角的调整柄上，单击即可选中整个表格。

第10步 单击“左对齐”按钮 此时即可对齐单元格中的图片和文本。❶ 在“段落”组中单击“左对齐”按钮。❷ 根据需要在单元格中输入空格，调整表格文本的位置。

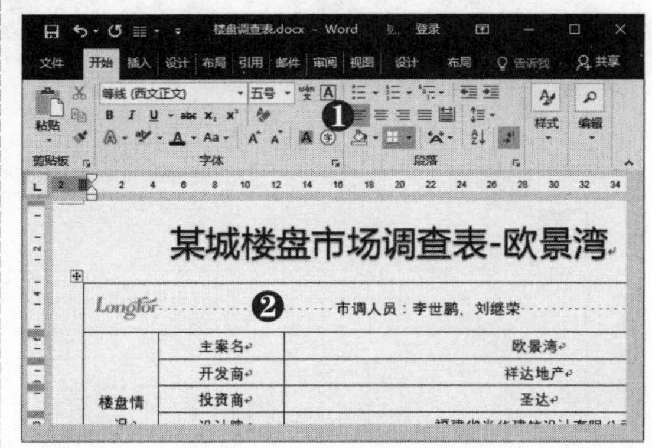

第11步 单击“文字方向”按钮 ❶ 选择单元格区域。❷ 选择“布局”选项卡。❸ 单击“文字方向”按钮。

第12步 设置文字方向 此时即可将所选单元格中的文字方向设置为竖向。❶ 选中单元格。❷ 再次单击“文字方向”按钮，即可将单元格文字方向设置为横向。

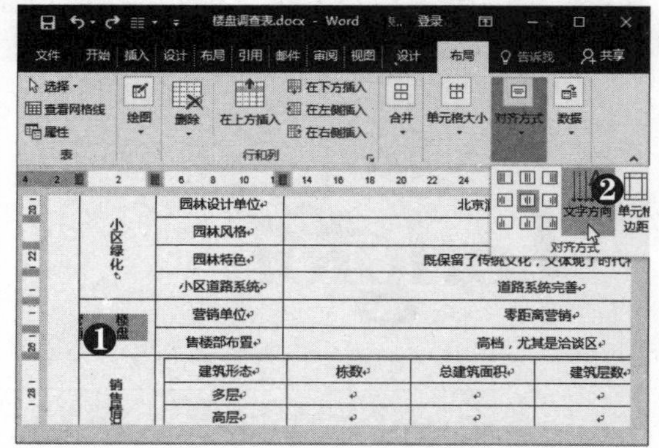

3.2.3 设置表格样式

表格框架制作完成后，可以为表格添加一些修饰，使其更加美观。如应用与新建表格样式，设置单元格底纹样式等。

1. 应用表格样式

Word 2016 中提供了许多精美的表格样式，若希望迅速改变表格外观，可以直接套用表格样式，具体操作方法如下：

第1步 选择表格样式 ❶ 选中整个表格。❷ 选择“设计”选项卡。❸ 在“表格样式”列表中选择所需的样式。

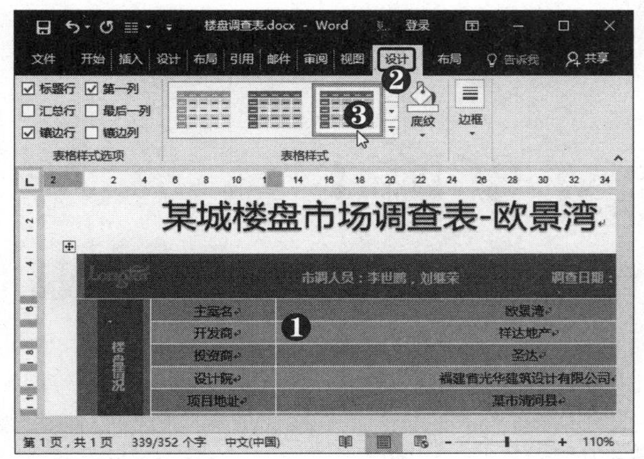

第2步 继续操作 采用同样的方法，为表格中的嵌套表格应用表格样式。

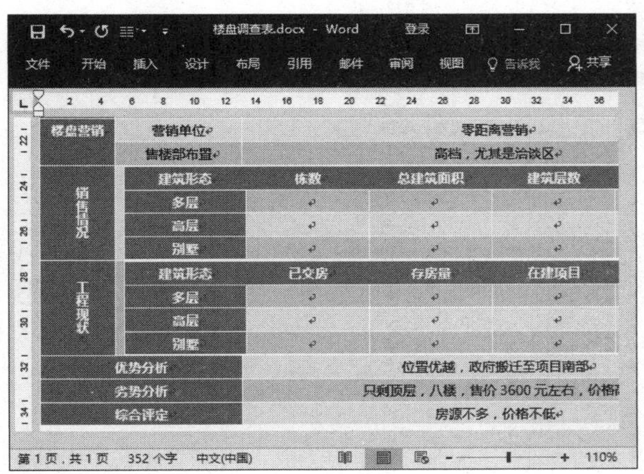

第3步 设置单元格高度 ❶ 选中整个表格。❷ 选择“布局”选项卡。❸ 在“单元格大小”组中设置单元格高度为 0.7 厘米。

第4步 设置单元格高度 ❶ 选择单元格。❷ 在“单元格大小”组中设置单元格高度为 2.7 厘米。

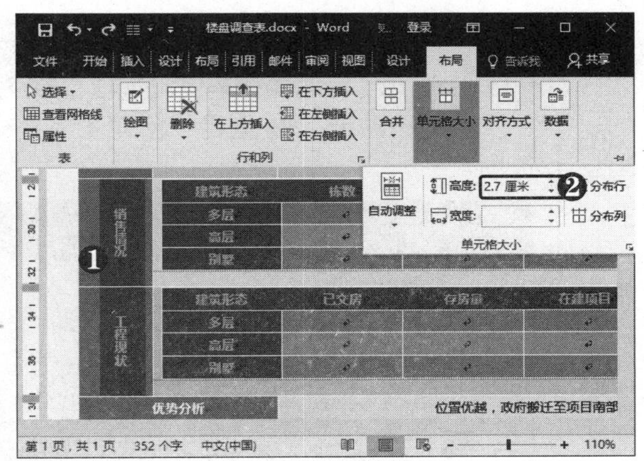

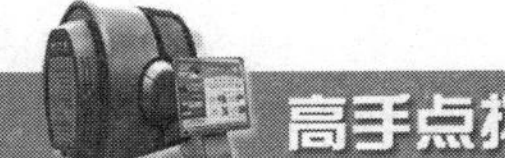

高手点拨

在套用表格样式时，可以选中嵌套表格并应用其他表格样式。

第5步 单击“中部居中”按钮 ❶在表格中输入文本并选中整个表格。❷选择“布局”选项卡。❸在“对齐方式”组中单击“中部居中”按钮。

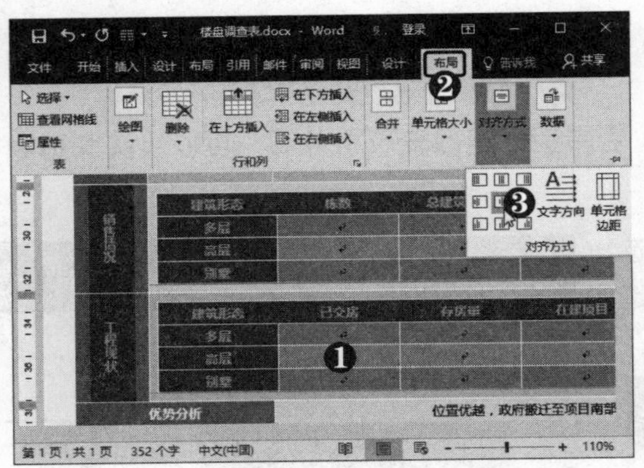

第6步 设置单元格底纹颜色 ❶选中第1行单元格。❷选择“设计”选项卡。❸单击“底纹”下拉按钮。❹选择所需的颜色。

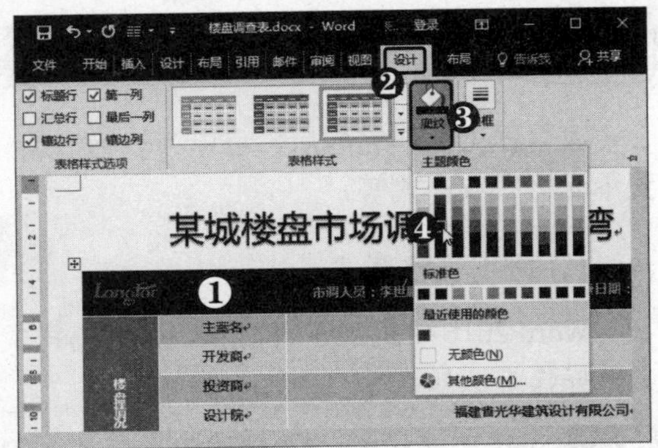

第7步 继续操作 采用同样的方法，设置最后1行单元格的底纹颜色。

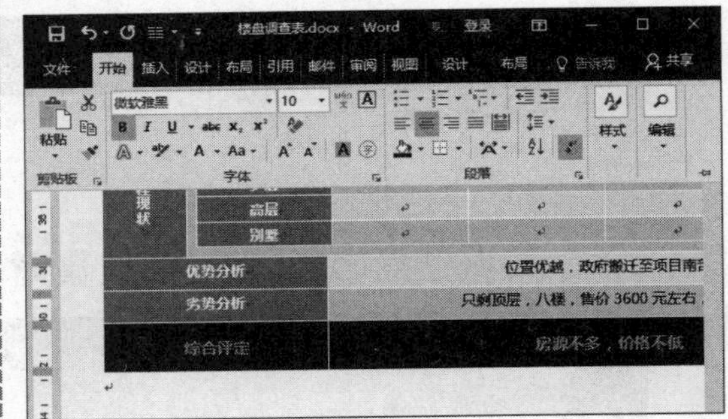

电脑小专家

问：如何应用更多的表格样式？

答：在新建表格样式时，单击“样式基准”下拉按钮，在弹出的下拉列表中包含大量的表格格式，选择所需的格式即可。

2. 新建表格样式

若要应用自定义表格样式，可通过“新建表格样式”功能来实现，具体操作方法如下：

第1步 选择“新建表格样式”选项 ❶选择“设计”选项卡。❷选择“新建表格样式”选项。

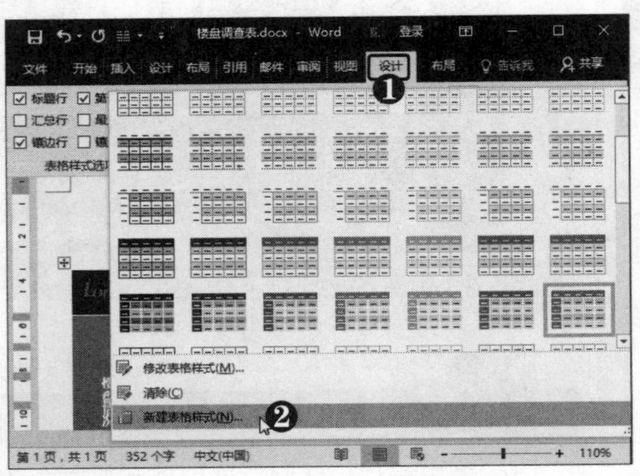

第2步 选择“水平居中”选项 弹出对话框，❶设置样式名称。❷在“将格式应用于”下拉列表框中选择“整个表格”选项。❸设置表格字体格式。❹单击“对齐方式”下拉按钮。❺选择“水平居中”选项。

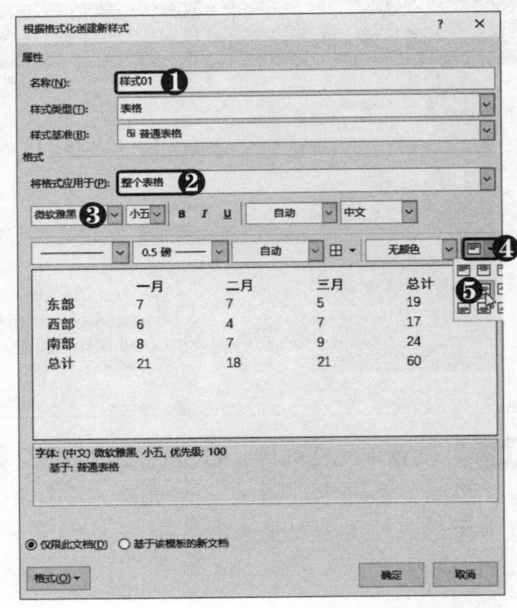

新手巧上路

问：如何清除表格样式？

答：单击“表格样式”下拉按钮，在弹出的下拉列表中选择“清除”选项即可。

第3步 选择"所有框线"选项 ❶ 设置单元格底纹颜色。❷ 设置边框颜色为白色。❸ 单击"边框"下拉按钮。❹ 选择"所有框线"选项。

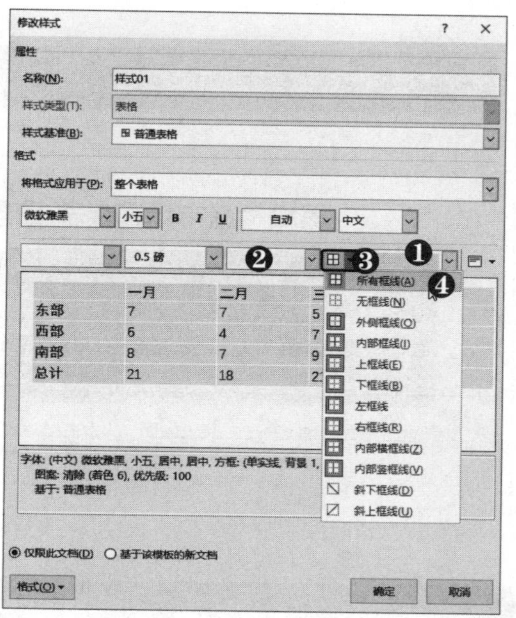

第4步 设置标题行底纹颜色 ❶ 在"将格式应用于"下拉列表框中选择"标题行"选项。❷ 设置单元格底纹颜色。❸ 单击"确定"按钮。

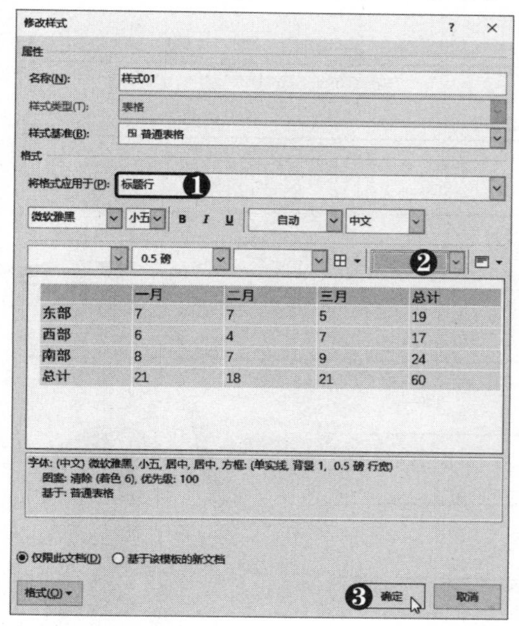

第5步 应用表格样式 ❶ 选中嵌套表格。❷ 在"表格样式"列表框中选择新建的表格样式。

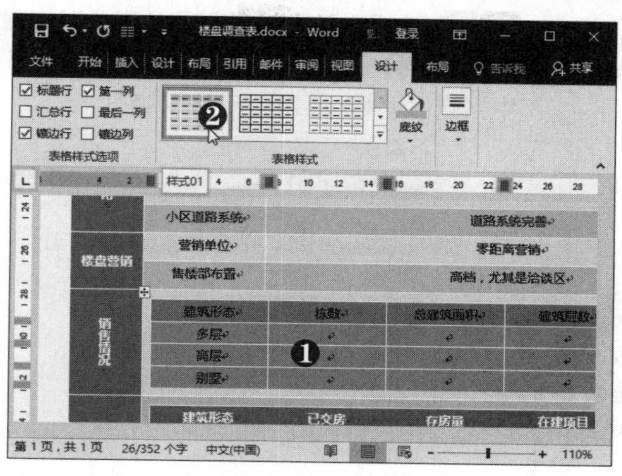

第6步 继续操作 采用同样的方法，设置另一个嵌套表格的表格样式。

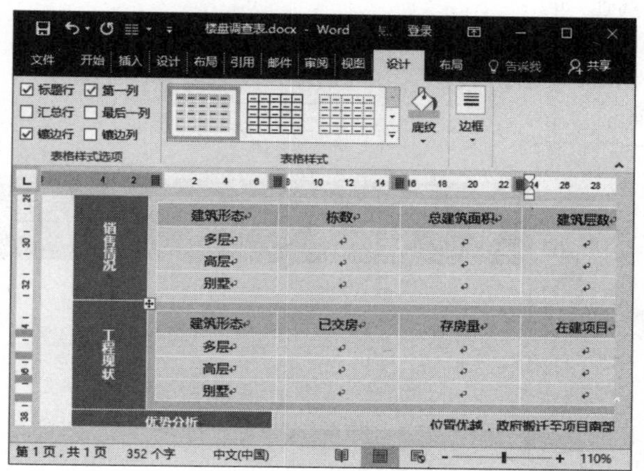

第7步 单击"属性"按钮 ❶ 选中整个表格。❷ 选择"布局"选项卡。❸ 在"表"组中单击"属性"按钮。

第8步 **选择"居中"选项** 弹出"表格属性"对话框，❶ 在"对齐方式"选项区中选择"居中"选项。❷ 单击"确定"按钮。

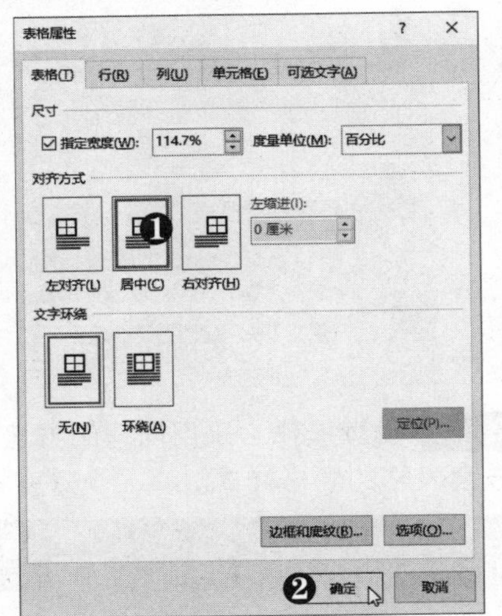

第9步 **查看居中效果** 此时即可将整个表格在文档中的对齐方式设置为居中。

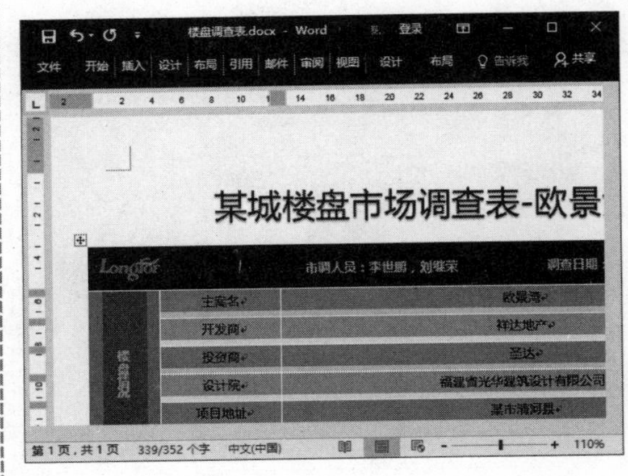

> **提示您**
>
> 当表格内容超过1页时会出现跨页断行的情况，为使表格数据显示完整，可打开"表格属性"对话框，取消选中"允许跨页断行"复选框。

> **多学点**
>
> 在表格中选中要设置为标题行的单元格，选择"布局"选项卡，在"数据"组中单击"重复标题行"按钮，即可在后续页中自动显示标题行。

学习笔录

第4章 使用 Word 文档邮件合并与模板

章前导读

在 Word 2016 中除了可以对文章、表格等内容进行排版和处理之外，还可以应用一些特殊功能进行更高级的编排操作，以提高工作效率。本章将以应用邮件合并与模板功能为例，介绍如何批量创建经费联审结算单与员工名片，以及如何制作项目状态报告模板等。

- 批量制作经费联审结算单
- 批量设计名片
- 制作项目状态报告模板

New Computer Tech For Dummies

小神通，Word 2016 中的邮件合并和模板有什么用？

利用 Word 2016 中的邮件合并功能可以批量生成 Word 文档，提高工作效率，而模板则可以快速创建格式统一的文档。

没错，应用邮件合并功能可以在原始文档中导入数据源，通过生成信函文件将数据以文档的形式导出，大大提高了工作效率。模板中包含多种样式，使用模板可以快速创建文档，不仅可以节省时间，还能创建出风格统一的文件。

4.1 批量制作经费联审结算单

经费联审结算单通常具有相同的表格结构，在制作此类文档时可以通过邮件合并功能在文档中导入数据源，并在所需位置插入合并域，通过生成信函文档批量制作结算单。

4.1.1 创建表单结构

批量生成经费联审结算单，首先需要创建表单结构，再根据需要为表格添加修饰，具体操作方法如下：

提示您

在创建表格时，也可先输入数据并将其选中，选择“插入”选项卡，单击“表格”下拉按钮，选择“文本转换成表格”选项，即可将所选文本转换成表格。

1. 插入表格并编辑内容

在文档中插入表格并根据需要合并与拆分单元格，添加表格内容，具体操作方法如下：

第1步 选择“插入表格”选项 新建 Word 文档，❶ 选择“插入”选项卡。❷ 单击“表格”下拉按钮。❸ 选择“插入表格”选项。

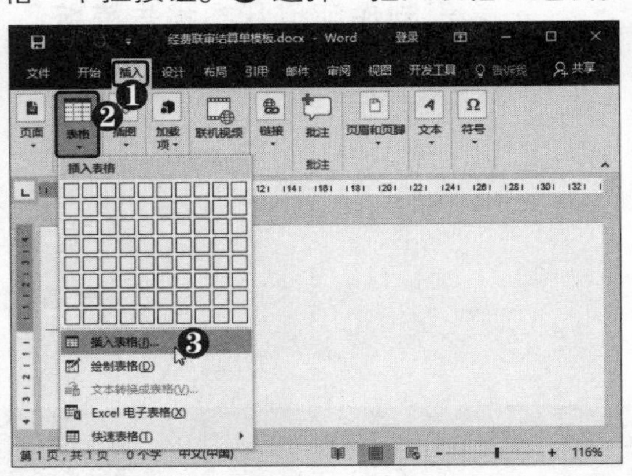

第2步 设置表格尺寸 弹出“插入表格”对话框，❶ 设置表格列数和行数。❷ 单击“确定”按钮。

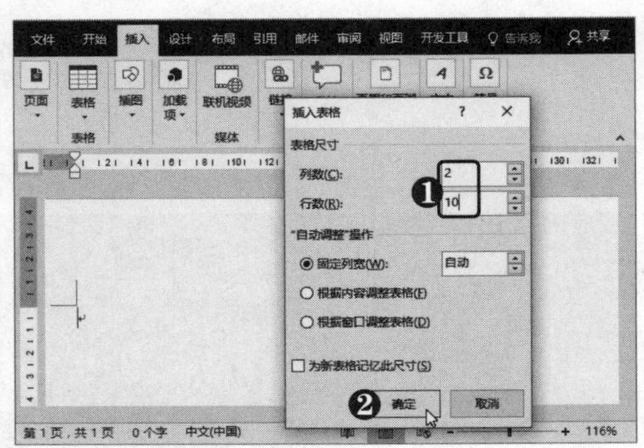

第3步 定位光标 在表格中输入文本，将光标定位到第 1 行单元格。

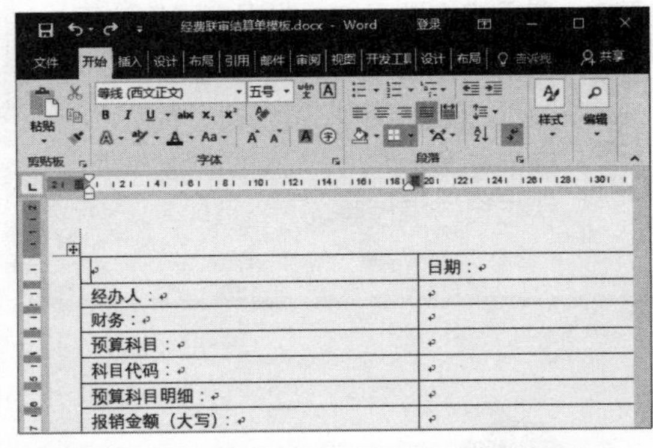

第4步 增加段落后的空格 按【Ctrl+Shift+Enter】组合键，即可在表格上方添加一行。❶ 输入标题文本。❷ 在“字体”组中设置字体格式。❸ 在“段落”组中单击“行距”按钮。❹ 选择“增加段落后的空格”选项。

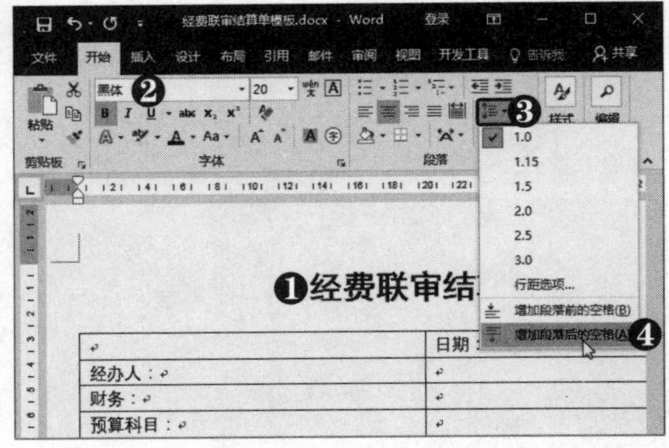

多学点

将光标置于中间行的单元格中，按【Ctrl+Shift+Enter】组合键即可拆分表格。

第5步 调整单元格列宽 ❶ 选中“日期”单元格。❷ 将鼠标指针置于单元格的表格线上，当其变为双向箭头 ⟺ 时拖动鼠标调整列宽。

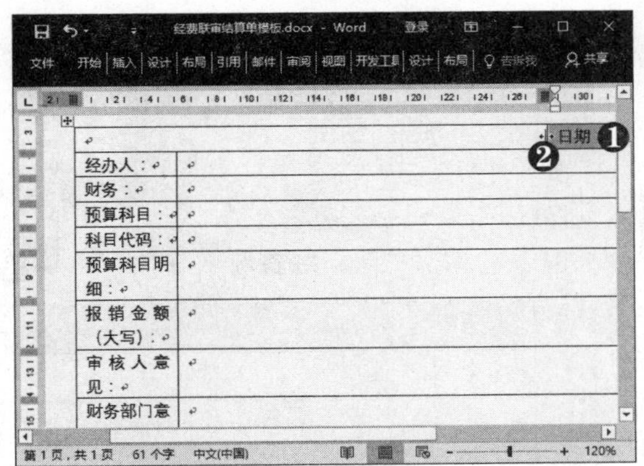

第6步 单击“拆分单元格”按钮 ❶ 将光标定位到单元格中。❷ 选择“布局”选项卡。❸ 在“合并”组中单击“拆分单元格”按钮。

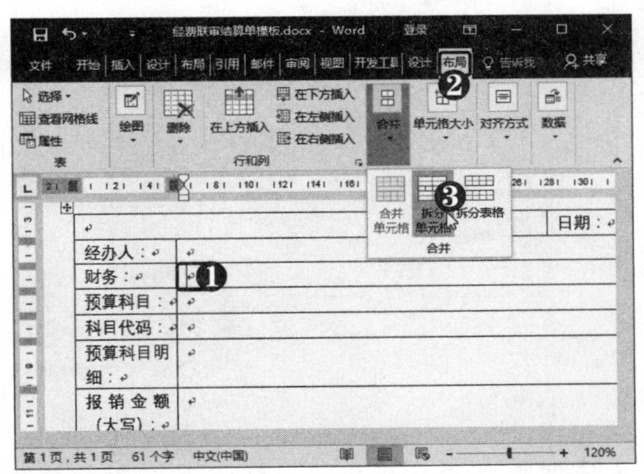

第7步 设置拆分单元格选项 弹出“拆分单元格”对话框，❶ 设置行数和列数。❷ 单击“确定”按钮。

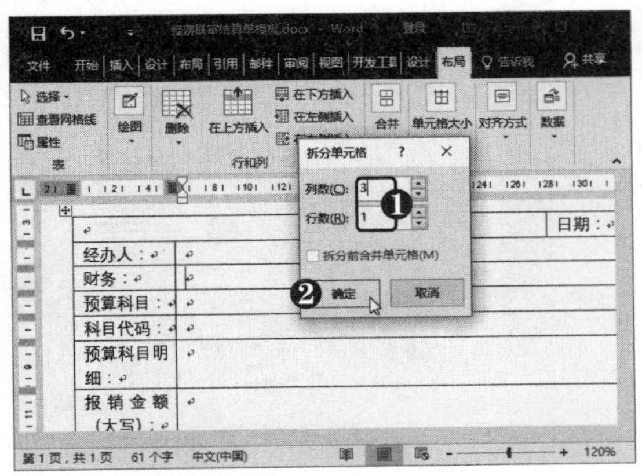

第8步 继续操作 采用同样的方法，拆分“科目代码”和“预算科目明细”后的单元格。

第9步 合并单元格 ❶ 在“结算情况”后的单元格中插入嵌套表格，并选中第 1 行单元格。❷ 在“合并”组中单击“合并单元格”按钮。

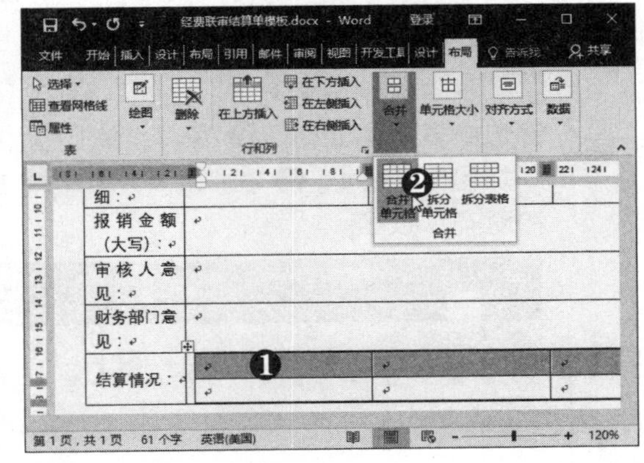

第10步 调整单元格宽度 根据需要调整“出纳”单元格的宽度，此时“单据张数”和“报销金额（小写）”单元格也会随着“出纳”单元格自动调整宽度。

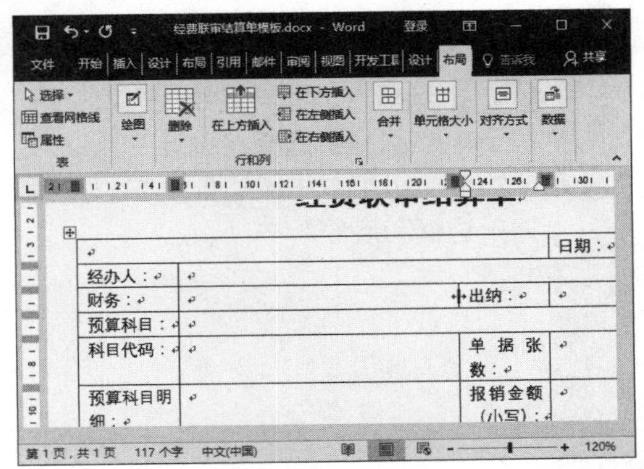

2．美化表格

创建完表单结构后，可以通过设置单元格文本格式与边框对表格进行美化操作，具体操作方法如下：

第1步 设置字体格式 ❶ 单击表格左上方的⊞按钮全选整个表格。❷ 在“字体”组中设置字体格式。

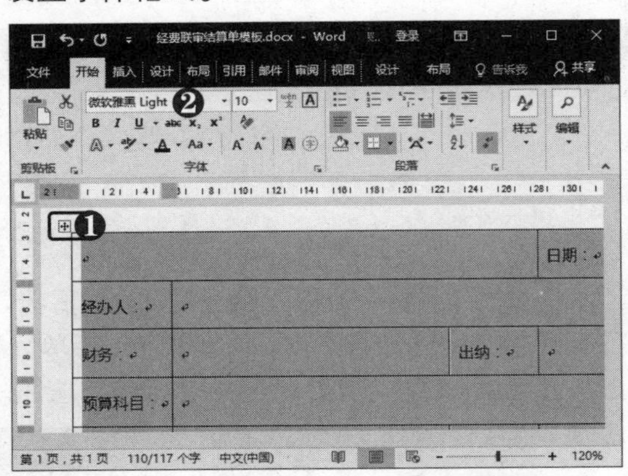

第2步 单击“分散对齐”按钮 ❶ 按【Ctrl】键选中多个单元格。❷ 在“字体”组中单击“加粗”按钮B。❸ 在“段落”组中单击“分散对齐”按钮。

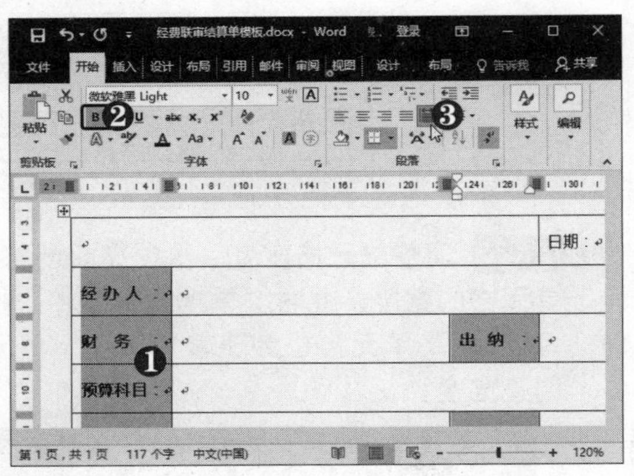

第3步 选择“边框与底纹”选项 ❶ 选中第1行单元格。❷ 选择“设计”选项卡。❸ 在“边框”组中单击“边框”下拉按钮。❹ 选择“边框和底纹”选项。

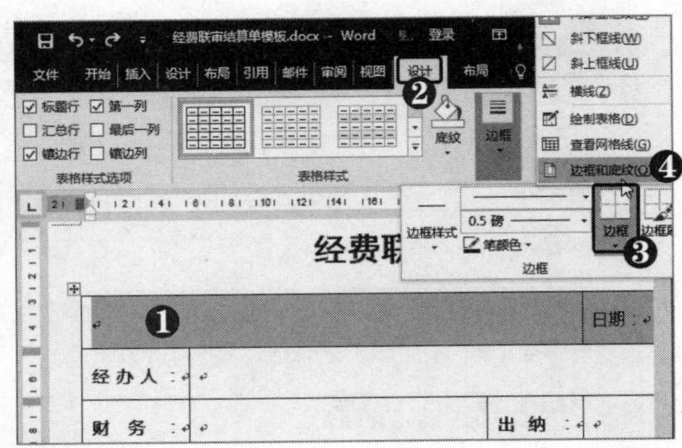

第4步 选择“无”选项 弹出“边框与底纹”对话框，在“设置”选项区中选择“无”选项。

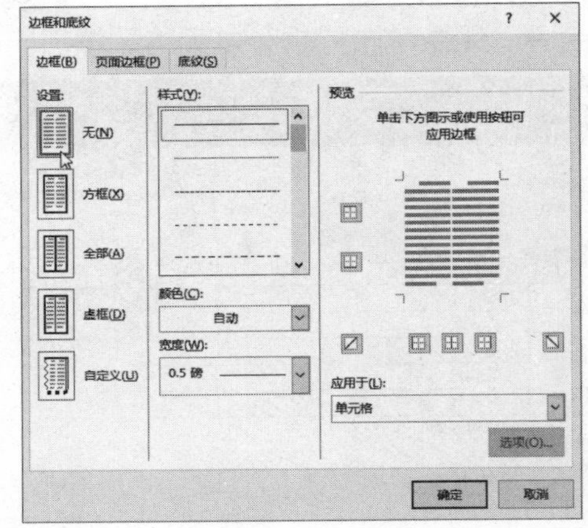

第5步 设置边框样式 ❶ 设置线条宽度为3磅。❷ 在“预览”选项区中单击“下框线”按钮。❸ 单击“确定”按钮。

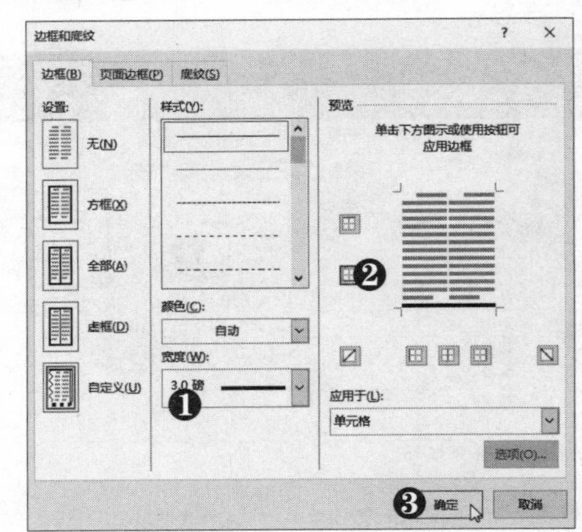

电脑小专家

问：怎样快速删除多个特定表格边框？

答：选择“设计”选项卡，在“边框”组中单击“线型”下拉按钮，选择“无边框”选项，使用边框刷在边框上拖动即可删除边框。

新手巧上路

问：如何复制表格的边框样式？

答：在表格中右击，选择“边框样式”|“边框取样器”命令，在边框上取样，并将其应用到其他边框即可。

第6步 **选择“边框与底纹”选项** ❶ 选中单元格区域。❷ 在“边框”组中单击“边框”下拉按钮。❸ 选择“边框与底纹”选项。

三线表是常用的表格样式之一，因其形式简洁、功能分明、阅读方便而被广泛使用。三线表的特点是没有竖框线，只有顶线、底线和栏目线，其中顶线和底线为粗线，栏目线为细线。

第7步 **设置边框样式** 弹出“边框与底纹”对话框，❶ 设置边框样式。❷ 单击“确定”按钮。

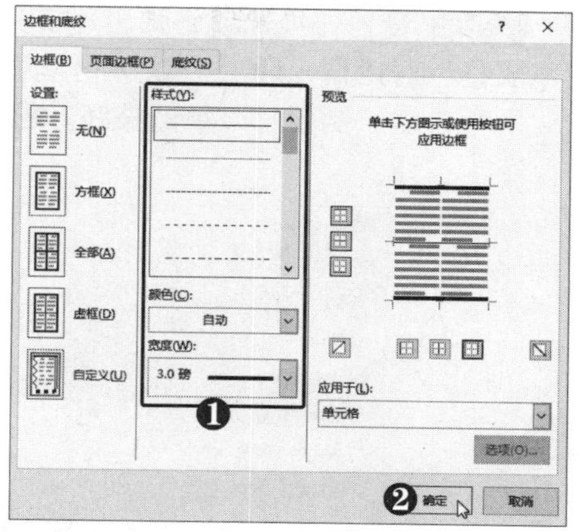

第8步 **选择“无框线”选项** ❶ 选中嵌套表格。❷ 在“边框”组中单击“边框”下拉按钮。❸ 选择“无框线”选项。

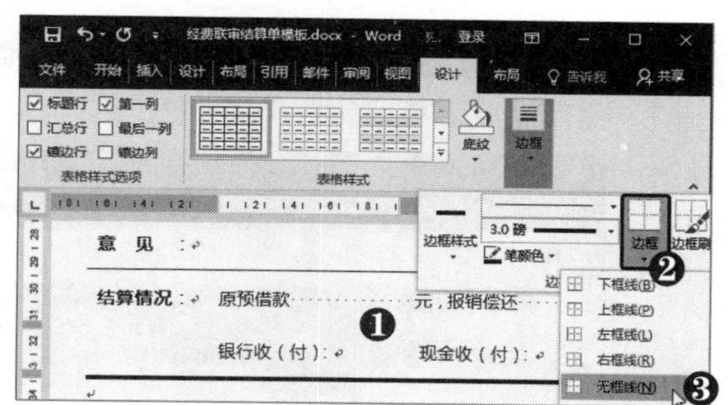

4.1.2 制作并导入报销数据

为快速将报销数据添加到经费联审结算单中，方便批量生成经费联审结算单，需要先准备好报销数据表，该数据表格可以是多种类型的数据表，如 Excel 表格、Access 数据库，或 Word 中的表格等。本例将数据表存储为 Word 表格格式，具体操作方法如下：

第1步 **复制数据** 新建 Word 文档，将素材文档“报销数据”中的文本内容复制到 Word 文档中。

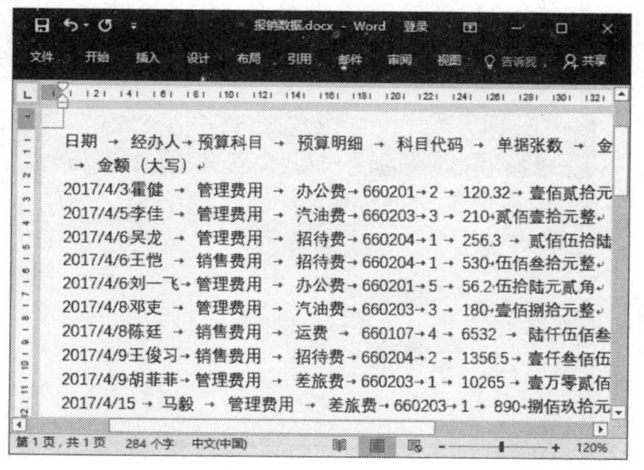

第2步 **选择“文本转换成表格”选项** ❶ 按【Ctrl+A】组合键全选文本内容。❷ 选择“插入”选项卡。❸ 单击“表格”下拉按钮。❹ 选择“文本转换成表格”选项。

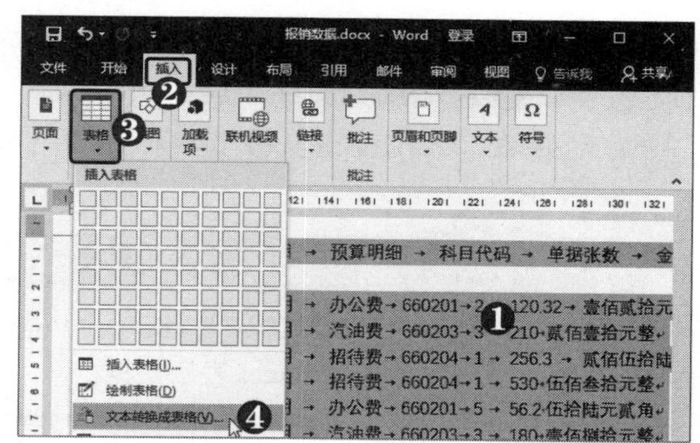

第3步 设置转换选项 弹出“将文字转换成表格”对话框，❶ 在“文字分隔位置”选项区中选中“制表符”单选按钮。❷ 单击“确定”按钮。

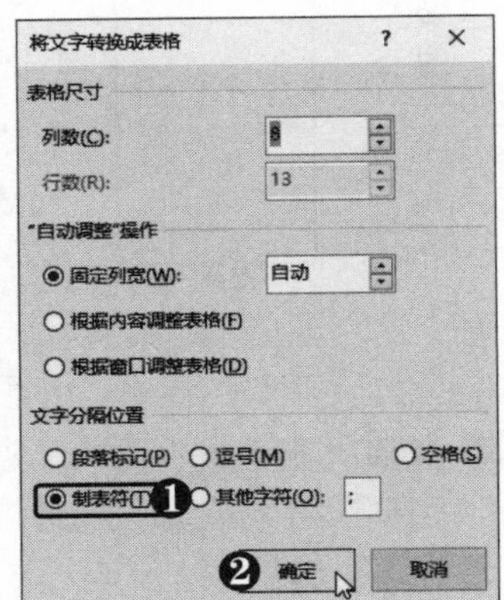

第4步 查看转换效果 此时即可将文本内容转换成表格。

日期	经办人	预算科目	预算明细	科目代码	单据张数	金额（写）
2017/4/3	霍健	管理费用	办公费	660201	2	120.3
2017/4/5	李佳	管理费用	汽油费	660203	3	210
2017/4/6	吴龙	管理费用	招待费	660204	1	256.3
2017/4/6	王恺	销售费用	招待费	660204	1	530

提示您

在插入合并域之前，需先在文档中导入数据源。

多学点

若要转成表格的文本是由其他符号隔开的，可在“将文字转换成表格”对话框中的“文字分隔位置”选项区中选择相应的符号。

第5步 选择收件人 打开“经费联审结算单模板”文档，❶ 选择“邮件”选项卡。❷ 在“开始合并邮件”组中单击“选择收件人”下拉按钮。❸ 选择“使用现有列表”选项。

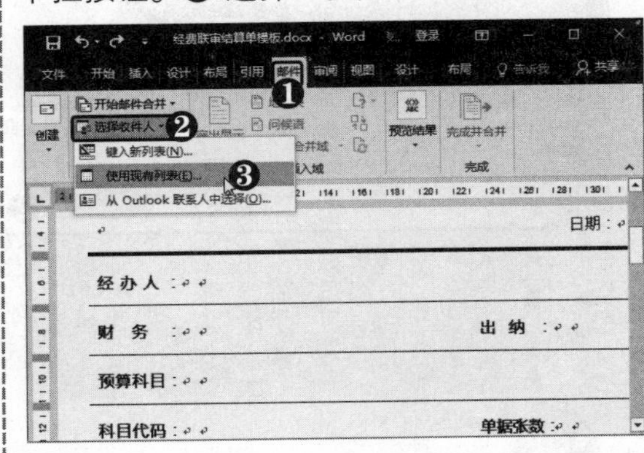

第6步 选择数据源 弹出“选择数据源”对话框，❶ 选择“报销数据”数据表文件。❷ 单击“打开”按钮。

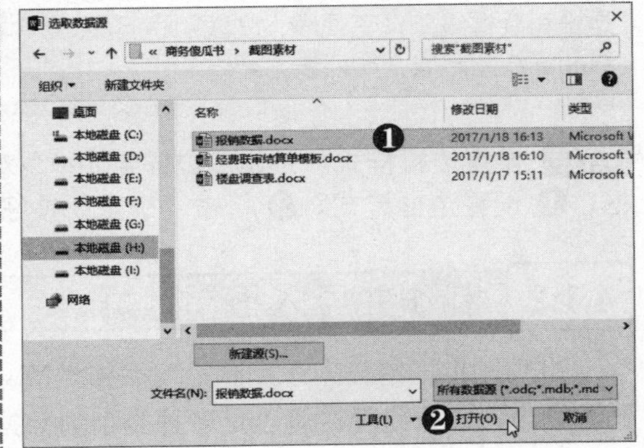

4.1.3 批量生成经费联审结算单

导入报销数据后，还需将表格中的各项数据插入结算单中相应的位置，批量生成经费联审结算单，具体操作方法如下：

第1步 插入“日期”域 ❶ 在表格中定位光标。❷ 在“编写和插入域”组中单击“插入合并域”下拉按钮。❸ 选择“日期”选项。

在邮件合并时，除了可以导入 Word 表格数据外，还可导入 Excel 表格数据。

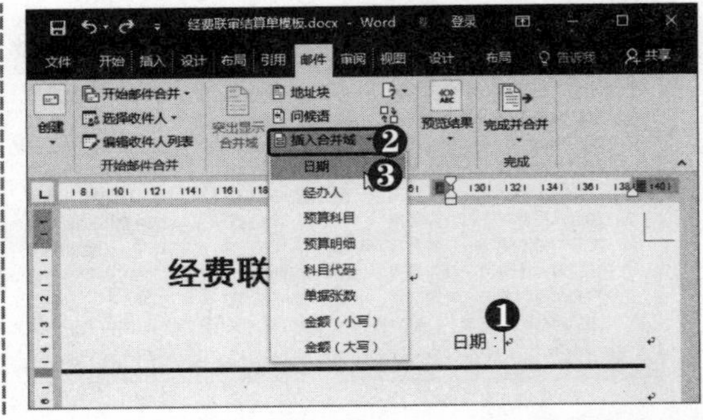

第2步 插入"单据张数"域 此时即可插入"日期"域。❶ 在"单据张数"单元格后定位光标。❷ 单击"插入合并域"下拉按钮。❸ 选择"单据张数"选项。

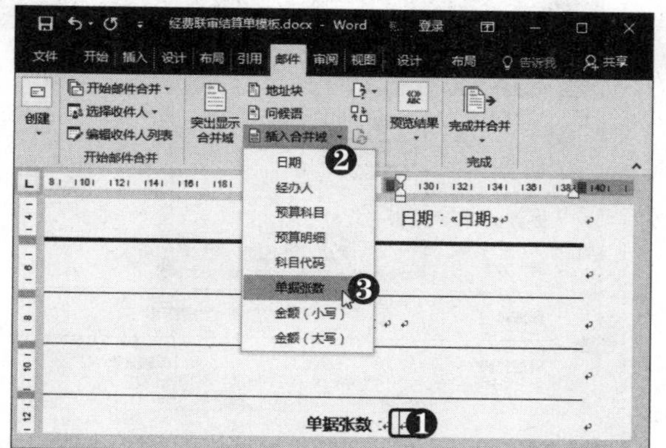

第3步 输入内容 采用同样的方法，在其他需要使用合并域的单元格中插入相应的合并域。在"财务"和"出纳"单元格后输入内容。

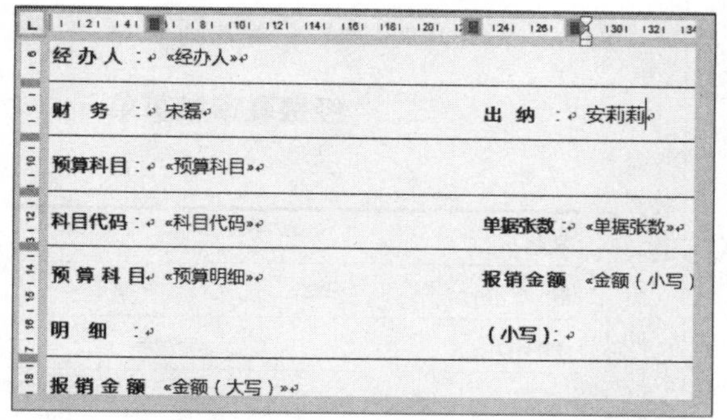

第4步 选择规则 ❶ 在"审核人"单元格后定位光标。❷ 在"编写和插入域"组中单击"规则"下拉按钮。❸ 选择"如果……那么……否则"选项。

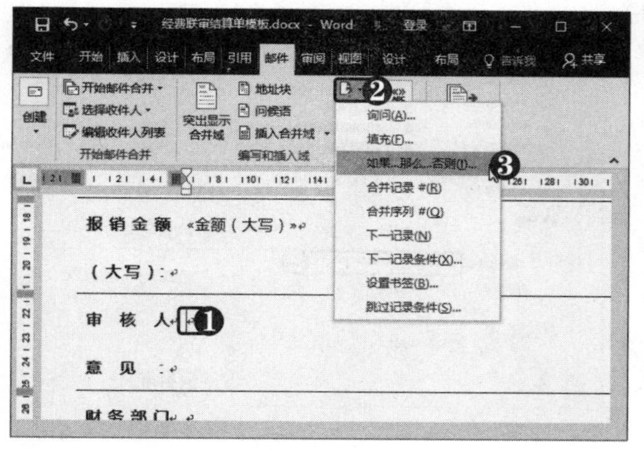

第5步 设置规则条件 弹出对话框，❶ 设置域名为"金额（小写）"。❷ 设置比较条件为"小于等于"。❸ 设置"比较对象"为5000。❹ 在"则插入此文字"文本框中输入同意内容。❺ 在"否则插入此文字"文本框中输入拟同意内容。❻ 单击"确定"按钮。

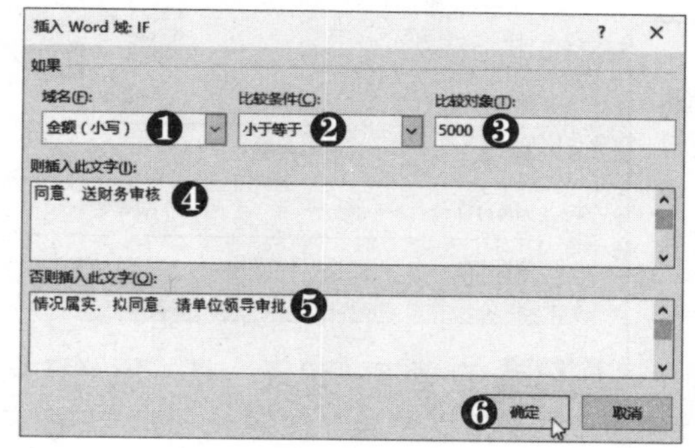

第6步 设置字体格式 此时即可在单元格中插入规则。❶ 选中规则文本内容。❷ 在"字体"组中设置字体格式。

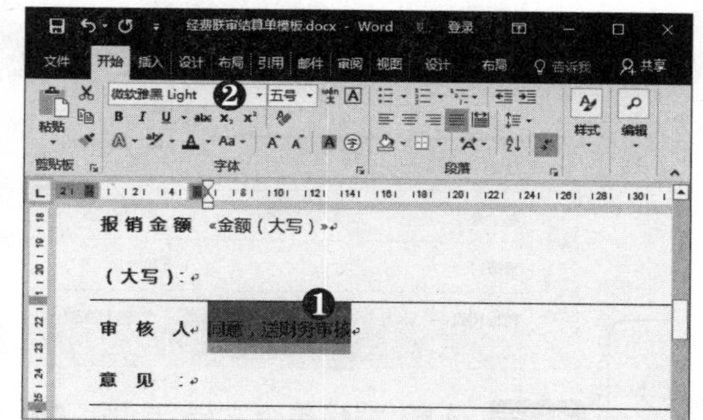

第7步 单击"水平居中"按钮 ❶ 选中单元格区域。❷ 选择"布局"选项卡。❸ 在"对齐方式"组中单击"水平居中"按钮。

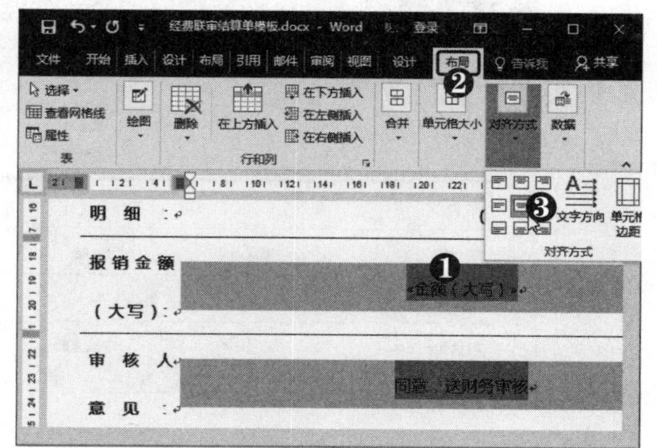

第8步 预览结果 单击“预览结果”按钮，即可预览插入合并域后的经费联审结算单。

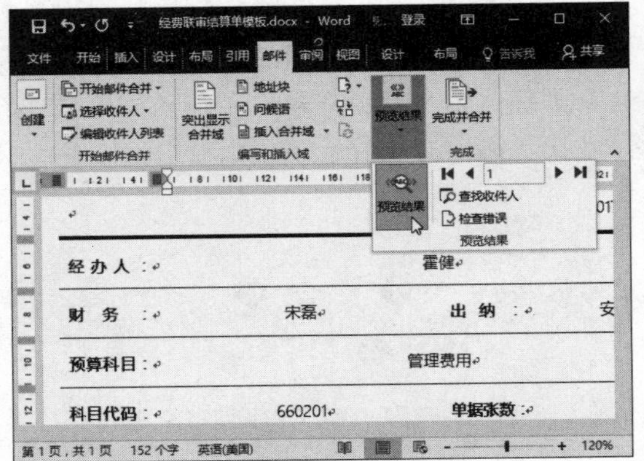

第9步 查看下一记录 在“预览结果”组中单击“下一记录”按钮▶，即可查看下一条结算单记录。

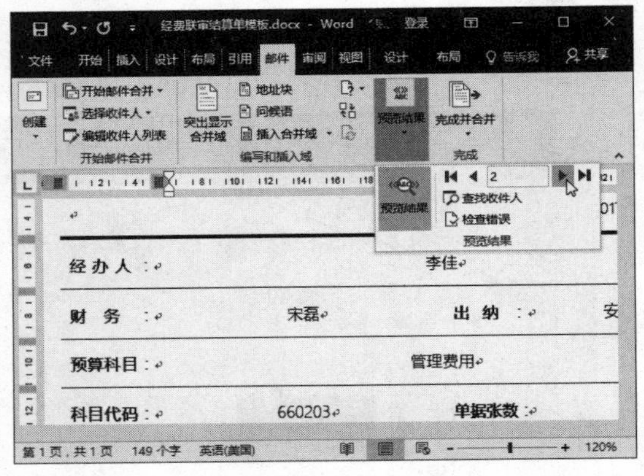

第10步 选择“编辑单个文档”选项 ❶ 在“完成”组中单击“完成并合并”下拉按钮。❷ 选择“编辑单个文档”选项。

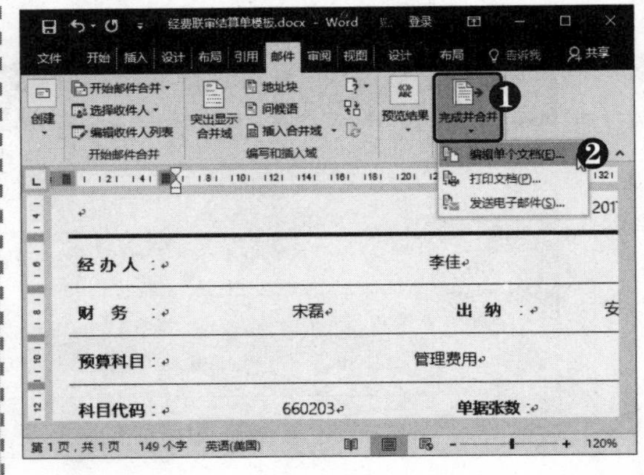

第11步 选中“全部”单选按钮 弹出“合并到新文档”对话框，❶ 选中“全部”单选按钮。❷ 单击“确定”按钮。

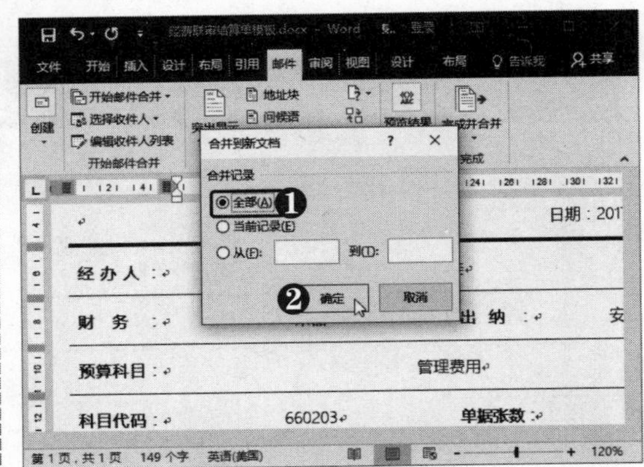

第12步 查看合并后的文档 此时将自动生成一个新文档，在该文档中已将报销数据表中的数据分别放置在对应的合并域的位置，并为每一条记录生成一页。

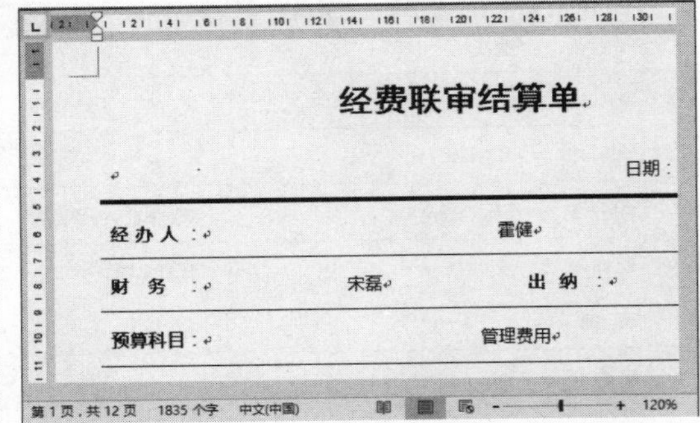

第13步 保存文档 按【F12】键，弹出“另存为”对话框。❶ 选择保存位置。❷ 输入文档名称。❸ 单击“保存”按钮。

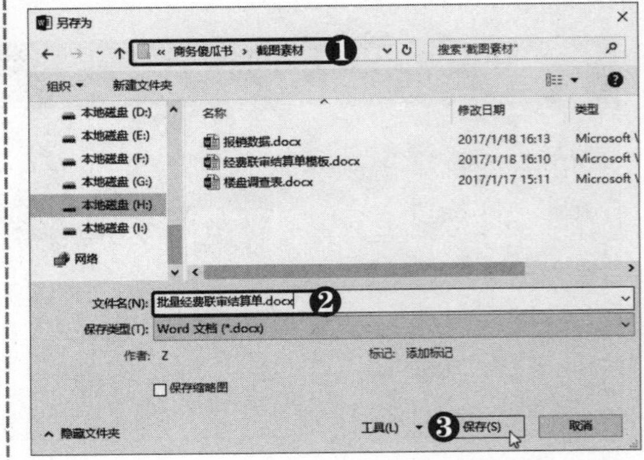

电脑小专家

问：怎样将插入合并域后的文档以电子邮件的形式发送出去？

答：选择“邮件”选项卡，在“完成”组中单击“完成并合并”下拉按钮，选择“发送电子邮件”选项即可。

新手巧上路

问：怎样快速缩小页面显示比例？

答：按住【Ctrl】键的同时滚动鼠标滚轴，即可控制页面缩放比例。

4.2 批量设计名片

通常企业会为员工制作统一格式的名片，使用 Word 2016 可以快速设计名片模板，并批量生成每个员工的名片，从而大大提高工作效率。

4.2.1 设计名片模板

批量生成员工名片前需要先创建出名片的模板文件，在模板文件中设计出名片的效果。

1．制作名片模板背景

Word 2016 中提供了多种内置的主题颜色，在制作名片模板背景时可以通过更换主题颜色快速应用内置的配色方案，具体操作方法如下：

第1步 选择“其他纸张大小”选项 新建空白文档，选择“布局”选项卡，❶ 在“页面设置”组中单击“纸张大小”下拉按钮。❷ 选择“其他纸张大小”选项。

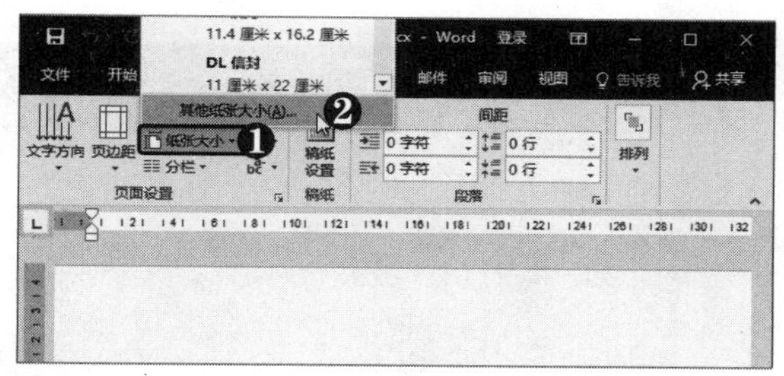

第2步 设置纸张大小 弹出“页眉设置”对话框，❶ 设置纸张宽度和高度。❷ 单击“确定”按钮。

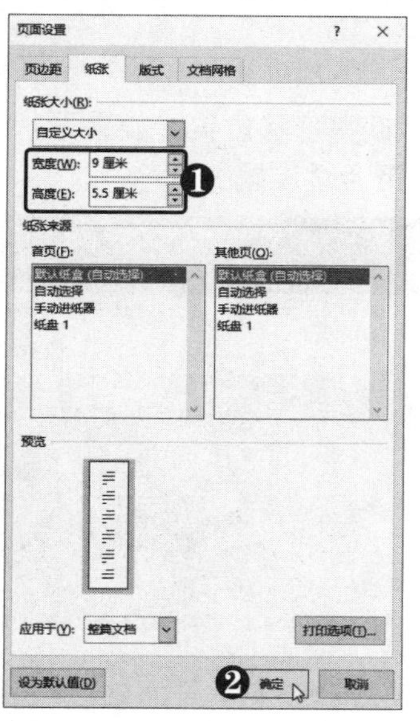

第3步 选择“添加到快速访问工具栏”命令 ❶ 选择“插入”选项卡。❷ 在“插图”组中右击“形状”下拉按钮。❸ 选择“添加到快速访问工具栏”命令。

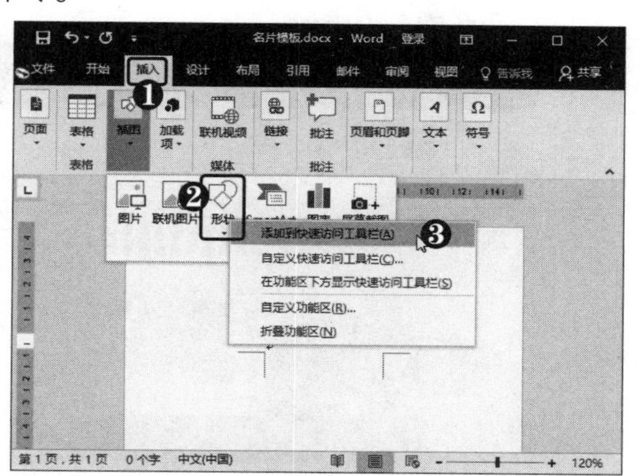

第4步 选择形状 ❶ 在快速访问工具栏中单击“形状”下拉按钮。❷ 选择矩形形状。

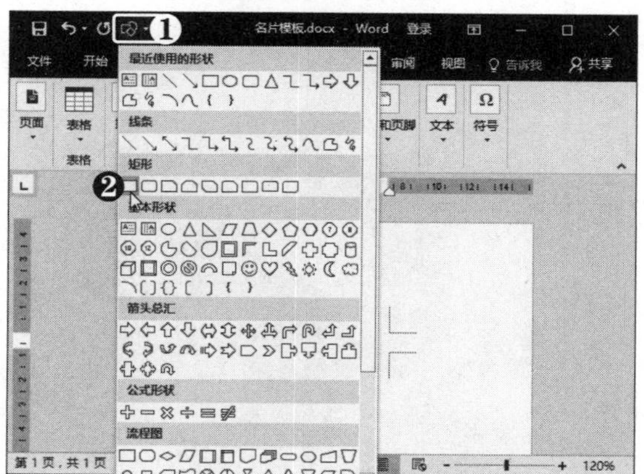

第5步 选择颜色样式 ❶ 绘制矩形。❷ 选择“设计”选项卡。❸ 单击“颜色”下拉按钮。❹ 选择所需的颜色样式。

提示您

名片的标准尺寸有90mm×54mm、90mm×55mm、90mm×45mm等，在此采用的是90mm×55mm。

第6步 设置形状格式 选中矩形，❶ 选择“格式”选项卡。❷ 设置形状填充颜色。❸ 单击“形状轮廓”下拉按钮。❹ 选择“无轮廓”选项。

多学点

名片设计应简洁、大方，宜选择较厚重的颜色。另外，使用半透明的形状会增加名片的层次感。

第7步 调整形状位置 采用同样的方法，插入直角三角形并设置形状格式，调整形状至合适位置。

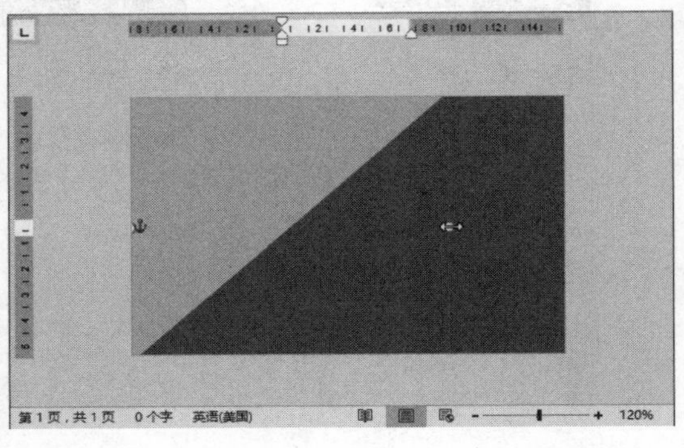

第8步 选择形状 ❶ 在快速访问工具栏中单击“形状”下拉按钮。❷ 选择等腰三角形。

第9步 设置填充透明度 打开“设置形状格式”窗格，❶ 设置形状填充颜色。❷ 设置填充透明度。❸ 在“线条”选项区中选中“无线条”单选按钮。

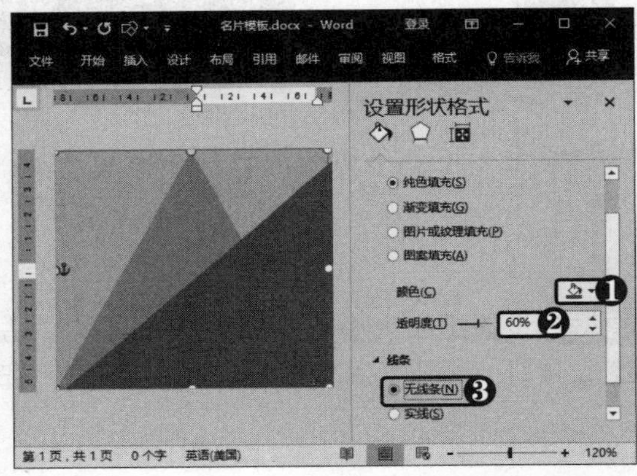

第10步 调整形状位置 旋转形状，并调整形状大小至合适位置。

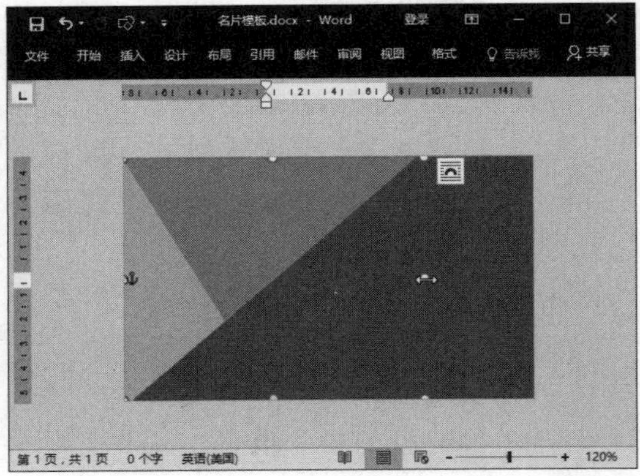

2．插入联机图片

Word 2016 中提供了插入联机图片功能，在 Word 2016 中通过 bing 搜索在网上找到所需图片并直接插入，省去了单独上网下载图片的过程，具体操作方法如下：

第1步 **设置字体格式** ❶ 插入文本框，并选中文本。❷ 在浮动工具栏中设置字体格式。

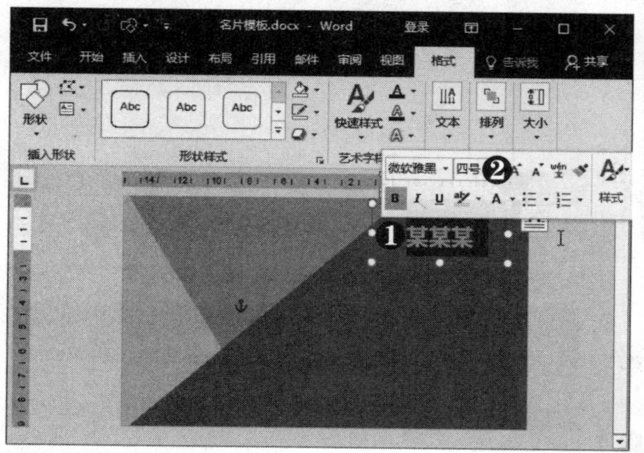

第2步 **继续操作** 采用同样的方法，插入文本框并输入员工联系方式。

第3步 **单击"联机图片"按钮** ❶ 选择"插入"选项卡。❷ 在"插图"组中单击"联机图片"按钮。

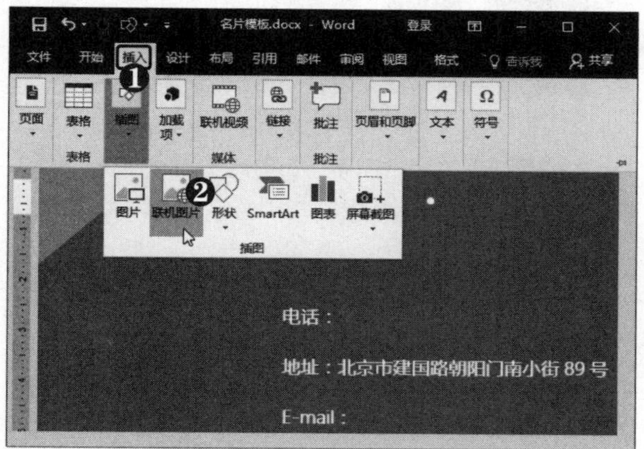

第4步 **单击"搜索"按钮** 弹出"插入图片"对话框，❶ 在"必应图像搜索"文本框中输入要搜索的内容。❷ 单击"搜索"按钮。

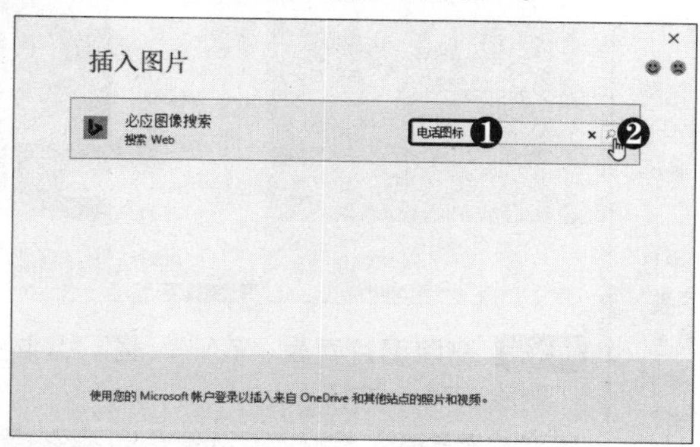

第5步 **显示所有结果** 此时即可搜索出相关图片，单击"显示所有结果"按钮。

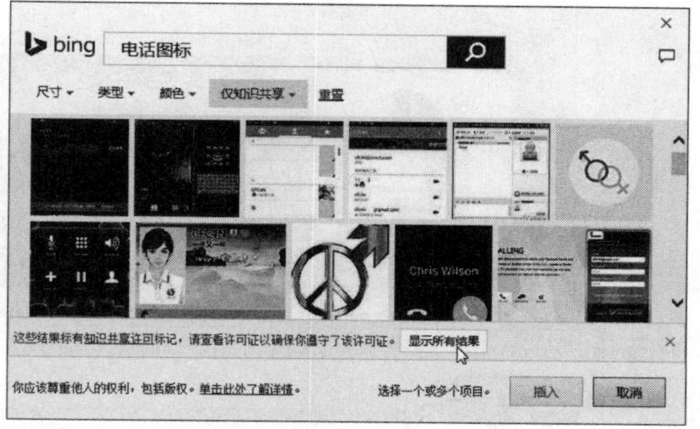

第6步 **选择图片** ❶ 选择要插入的图片。❷ 单击"插入"按钮。

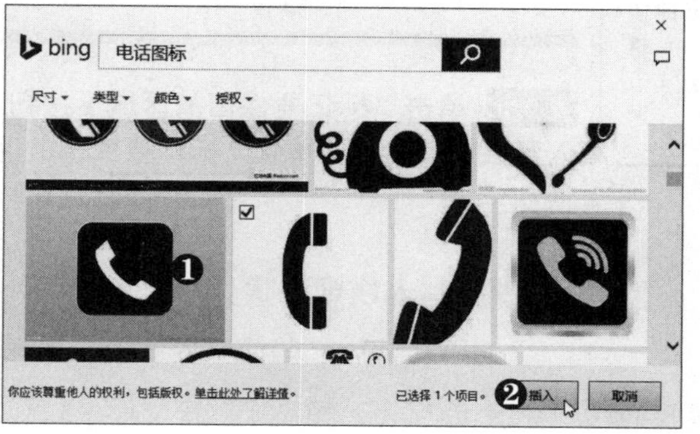

第7步 **选择环绕方式** 此时插入的图片默认位于最底层，❶ 单击其右上方的“布局选项”按钮。❷ 选择“浮于文字上方”选项。

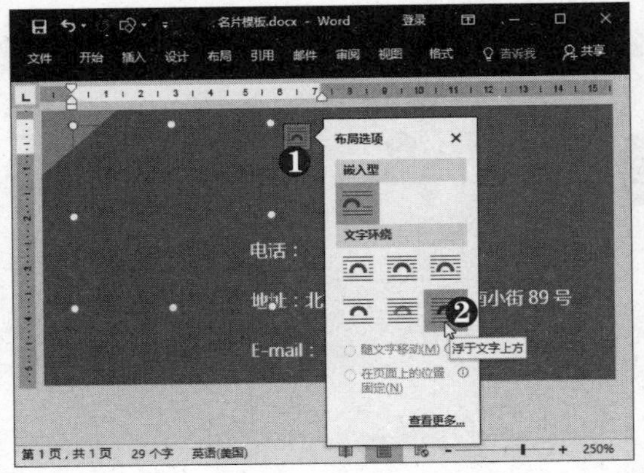

第8步 **删除图片背景** 在“调整”组中单击“删除背景”按钮。

高手点拨

当图片亮度为100%时，图片颜色显示为白色；当图片亮度为0%时，图片颜色显示为黑色。

第9步 **单击“标记要保留的区域”按钮** 进入删除背景状态，单击“标记要保留的区域”按钮。

第10步 **单击“保留更改”按钮** ❶ 在图像中通过单击标记要保留的图片部分。❷ 单击“保留更改”按钮。

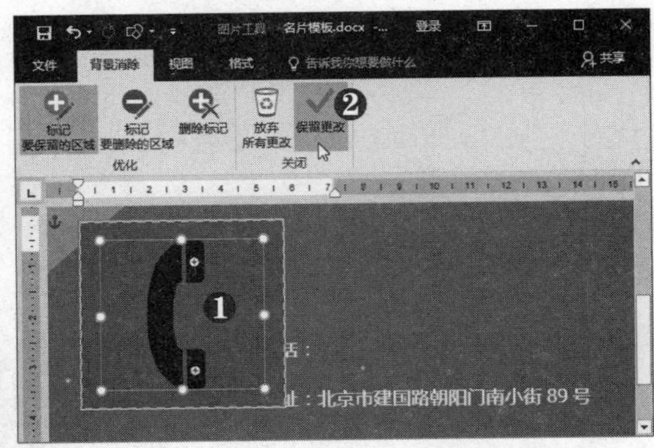

第11步 **调整图片亮度** 打开“设置图片格式”窗格，在“图片更正”选项区中调整图片亮度为100%，此时图片即可显示为白色。

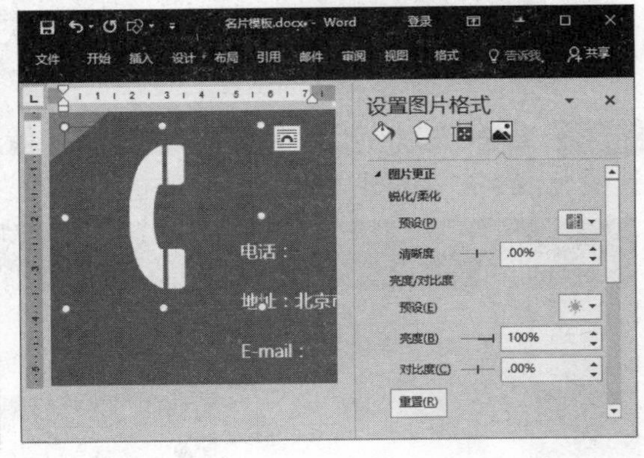

电脑小专家

问：如何将白色背景的图片设置为透明背景？

答：选中图片后，在“调整”组中单击“颜色”下拉按钮，选择“设置透明色”选项，单击白色背景即可。

新手巧上路

问：怎样将插入的联机图片保存到电脑中？

答：右击图片，在弹出的快捷菜单中选择“另存为图片”命令即可。

3. 插入修饰形状

对于名片中一些简单的图形，如地址、邮件图标等，可以通过插入多种形状并组合得到，不必再去下载合适的素材图片，提高工作效率。插入修饰形状的具体操作方法如下：

第1步 选择形状 ❶ 在快速访问工具栏中单击"形状"下拉按钮。❷ 选择泪滴形形状。

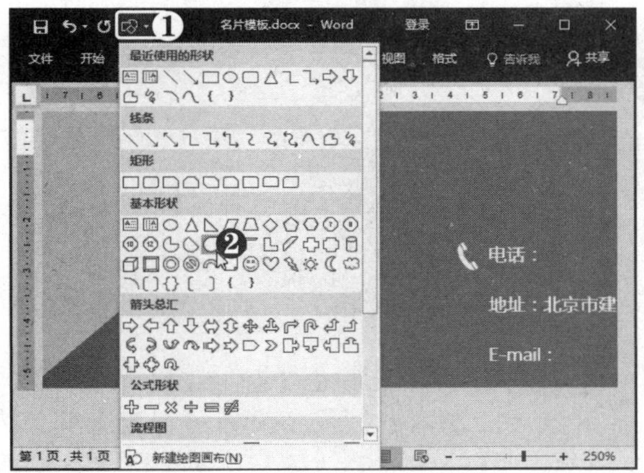

第2步 设置形状格式 ❶ 绘制形状。❷ 在"形状样式"列表中选择所需的样式。❸ 单击"形状轮廓"下拉按钮。❹ 选择轮廓颜色。

第3步 插入形状 采用同样的方法，插入圆形并移至所需的位置，设置形状填充和轮廓颜色均为白色。

第4步 组合形状 ❶ 按住【Shift】键的同时选中 2 个形状并右击。❷ 选择"组合"命令。

第5步 插入形状 根据需要调整组合形状的大小和位置。插入矩形和三角形，设置形状填充和轮廓颜色均为白色。

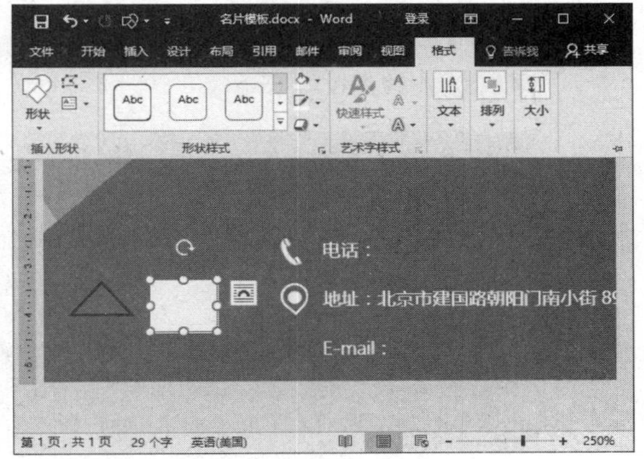

第6步 设置形状格式 选中三角形，❶ 设置形状填充颜色为白色。❷ 单击"形状轮廓"下拉按钮。❸ 选择轮廓颜色。

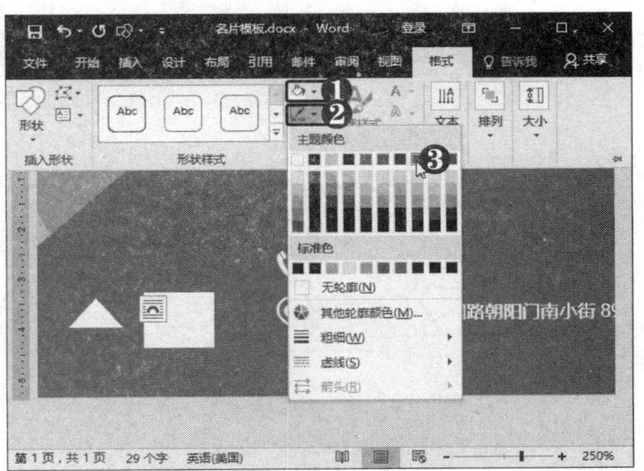

第7步 组合形状 旋转三角形，并将其放置到矩形上方。❶ 按住【Shift】键的同时选中2个形状并右击。❷ 选择“组合”命令。

提示您

为使三角形和矩形能够拼合在一起，可在“大小”组中将2个形状的宽度设置为同一数值。

第8步 插入形状 根据需要调整组合形状的大小和位置。插入直线和圆角矩形，设置线条颜色为白色，❶ 选中圆角矩形。❷ 设置形状填充颜色与名片模板背景色相同。❸ 设置形状轮廓颜色为白色。

多学点

为使圆角矩形覆盖在直线上方，可将圆角矩形的填充颜色设置为背景色。

第9步 设置形状格式 插入多个形状并调整形状位置，❶ 选中标注形状。❷ 设置形状填充为白色。❸ 设置形状轮廓为无轮廓。

第10步 选择填充颜色 按住【Shift】键的同时选中三角形和矩形，设置形状轮廓颜色为白色，❶ 单击“形状填充”下拉按钮。❷ 选择所需的颜色。

第11步 调整形状位置 将三角形和矩形移至标注形状上方，根据需要调整形状大小。

4.2.2 批量生成名片

设计好名片模板后，还需将员工联系方式添加到名片中，即可批量生成员工名片，具体操作方法如下：

第1步 **选择“使用现有列表”选项** ❶ 选择“邮件”选项卡。❷ 在“开始合并邮件”组中单击“选择收件人”下拉按钮。❸ 选择“使用现有列表”选项。

第2步 **选择数据源** 弹出“选择数据源”对话框，❶ 选择“名片数据”数据表文件。❷ 单击“打开”按钮。

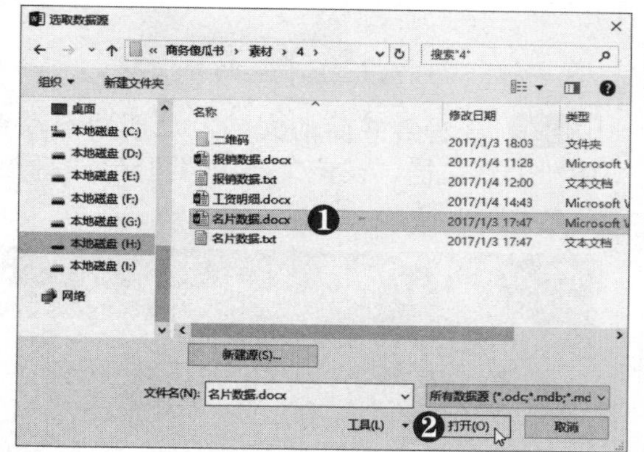

第3步 **插入“姓名”域** ❶ 删除文本框中的“某某某”并定位光标。❷ 在“编写和插入域”组中单击“插入合并域”下拉按钮。❸ 选择“姓名”选项。

第4步 **插入“职务”域** ❶ 删除文本框中的“总经理”并定位光标。❷ 单击“插入合并域”下拉按钮。❸ 选择“职务”选项。

第5步 **选择“域”选项** ❶ 选中圆角矩形并在矩形中定位光标。❷ 选择“插入”选项卡。❸ 在“文本”组中单击“文档部件”下拉按钮。❹ 选择“域”选项。

第6步 **选择域类型** 弹出“域”对话框，❶ 将“域名”设置为 IncludePicture，❷ 在“文件名或 URL”文本框中输入“二维码”。❸ 单击“确定”按钮。

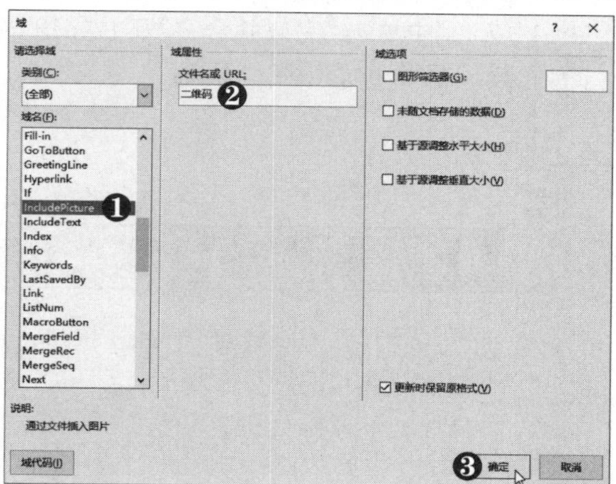

第7步 插入合并域 选中图片域，按【Alt+F9】组合键显示域信息，❶ 选中文本“二维码”。❷ 单击“插入合并域”下拉按钮。❸ 选择“微信二维码”选项。

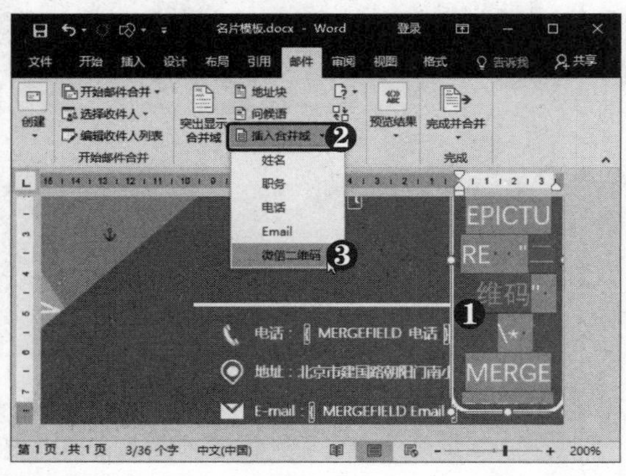

第8步 显示二维码 按【Alt+F9】组合键退出域编辑状态，按【F9】键进行刷新，即可显示相关二维码图片。

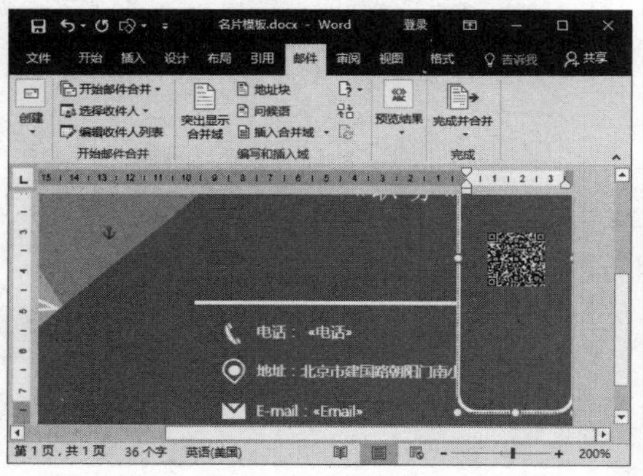

第9步 选择“编辑单个文档”选项 ❶ 在“完成”组中单击“完成并合并”下拉按钮。❷ 选择“编辑单个文档”选项。

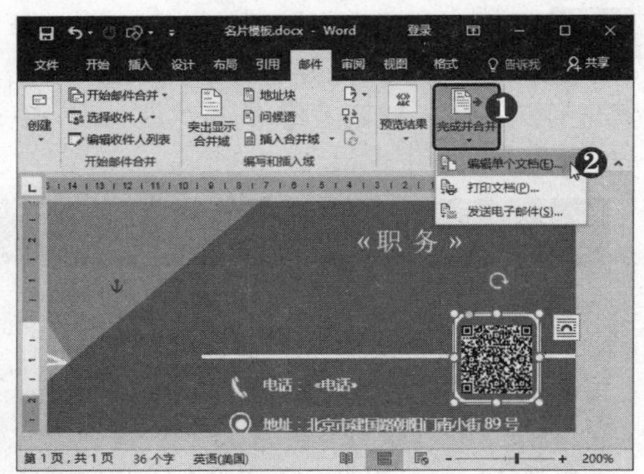

第10步 选中“全部”单选按钮 弹出“合并到新文档”对话框，❶ 选中“全部”单选按钮。❷ 单击“确定”按钮。

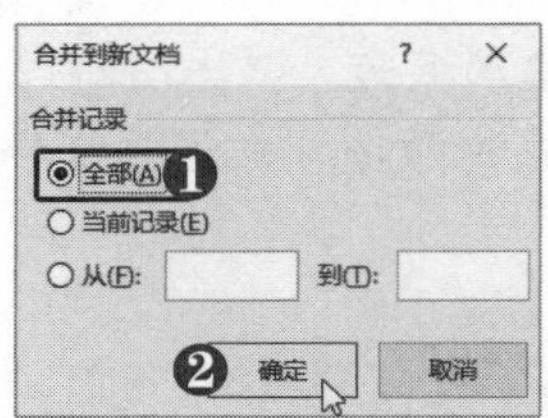

第11步 查看合并后的文档 此时将自动创建一个新文档，在该文档中将显示所有员工的名片。

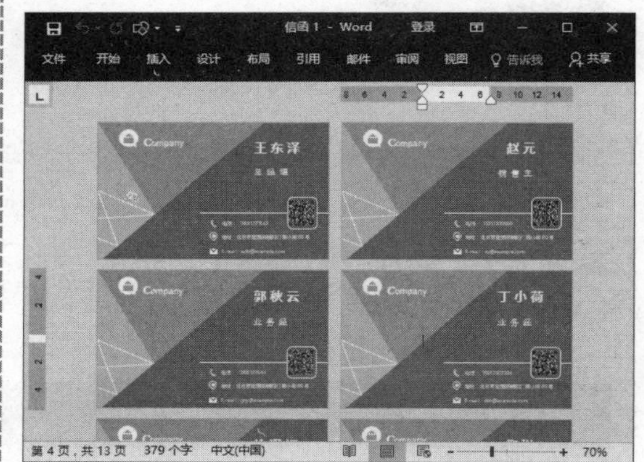

电脑小专家

问：怎样将文档设置为多页显示？

答：选择“视图”选项卡，在“显示比例”组中单击“多页”按钮即可。

新手巧上路

问：当生成的信函文件中的图片不能正常显示时怎么办？

答：在信函文档中按【Ctrl+A】组合键，再按【F9】键更新域即可。

4.3 制作项目状态报告模板

项目状态报告是一种正式的书面沟通方式，目的是使相关的项目相关方了解项目当前的总体状况，下一步的计划和将要采取的措施，主要包括项目摘要、状态摘要、项目概述、预算概览和建议等要素。下面以制作项目状态报告模板为例介绍如何应用模板。

4.3.1 创建模板文件

在模板文件中可以添加相关属性的说明，以便直接应用。创建模板文件的具体操作方法如下：

第1步 单击“浏览”按钮 新建空白 Word 文档，选择“文件”选项卡。❶ 选择“另存为”命令。❷ 在右侧单击“浏览”按钮。

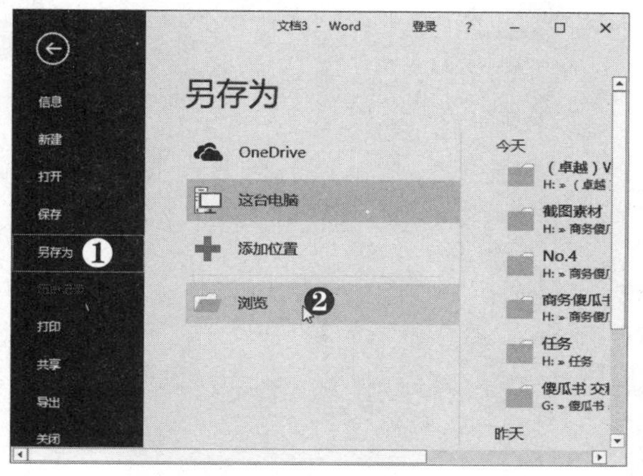

第2步 设置保存类型 弹出“另存为”文本框，❶ 设置类型为“启用宏的 Word 模板（*.dotm）”。❷ 选择保存位置。❸ 输入文件名。❹ 单击“保存”按钮。

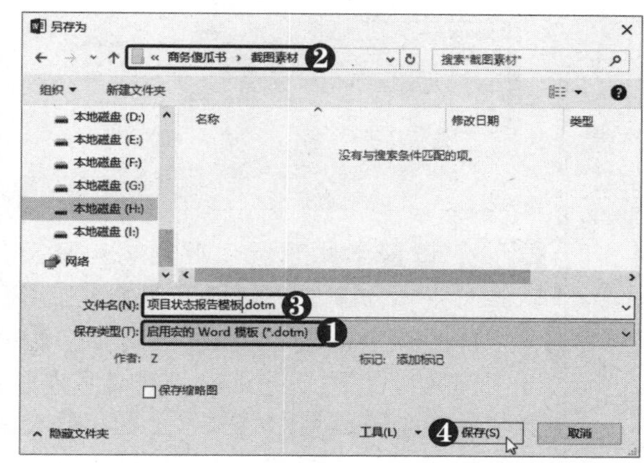

4.3.2 添加模板内容

模板文件创建完成后，需要将模板所需的内容、格式等添加进来。先添加文本中必需的固定格式，如说明文字或日期选取器等，在应用该模板创建新文件时只需修改少量文字内容即可。

1．创建新样式

在“设计”选项卡中不仅可以设置主题颜色，还可以设置主题字体样式，通过应用主题字体可以快速设置标题和正文的字体格式，提高工作效率，具体操作方法如下：

第1步 选择颜色样式 ❶ 选择“设计”选项卡。❷ 单击“颜色”下拉按钮。❸ 选择所需的颜色样式。

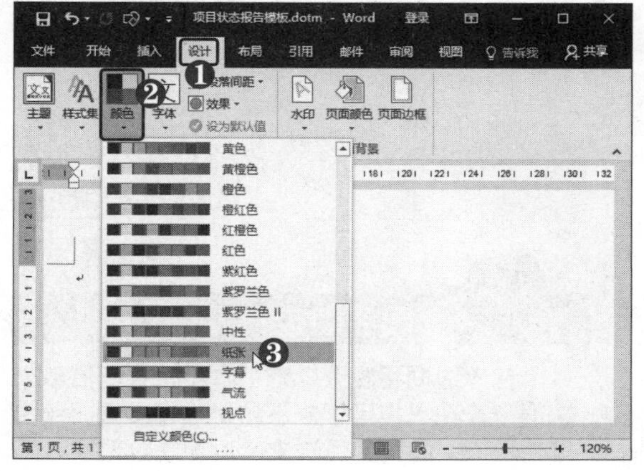

第2步 选择“自定义字体”选项 ❶ 单击“字体”下拉按钮。❷ 选择“自定义字体”选项。

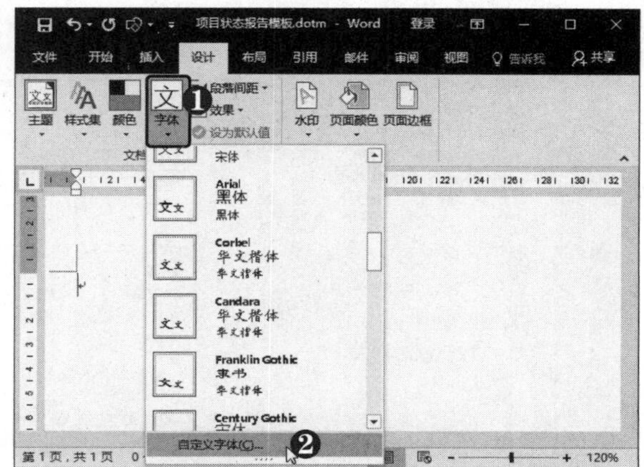

第3步 设置字体 弹出“新建主题字体”对话框，❶ 设置中文标题字体和正文字体。❷ 单击“保存”按钮。

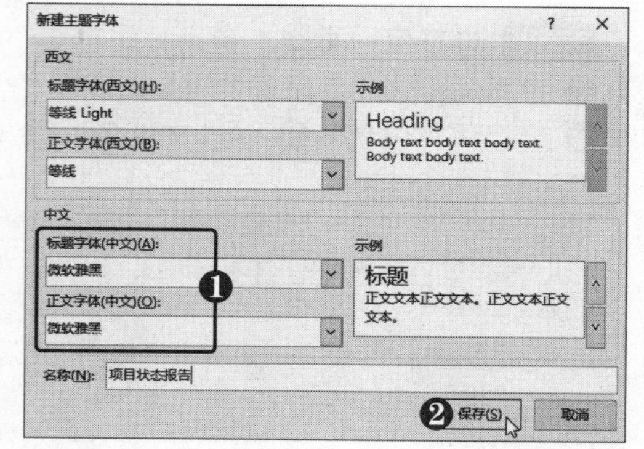

第4步 设置字体颜色 此时将自动应用微软雅黑字体，❶ 输入标题文本并选中。❷ 在“字体”组中单击“加粗”按钮B。❸ 单击“字体颜色”下拉按钮A，此时字体颜色列表中的颜色将应用“纸张”主题。❹ 选择字体颜色。

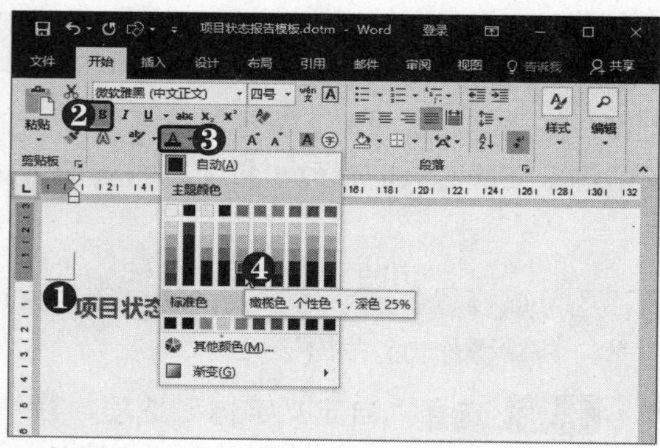

第5步 单击“新建样式”按钮 打开“样式”窗格，单击“新建样式”按钮。

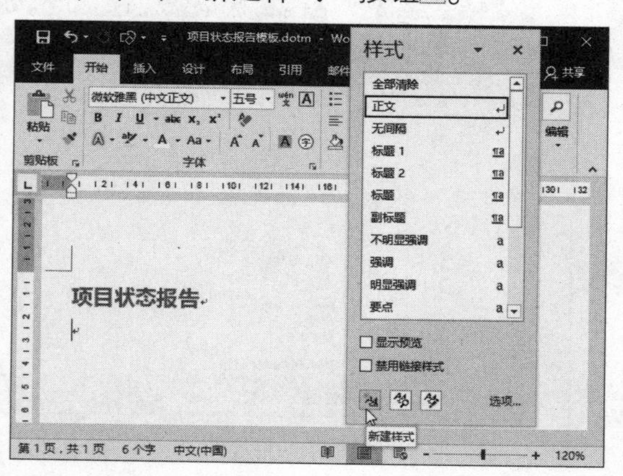

提示您

不同的主题会有不同的颜色，可以根据需要选择主题样式，也可选择“设计”选项卡，单击“颜色”下拉按钮，选择“自定义颜色”选项来自定义主题。

多学点

也可在“新建主题字体”对话框的“西文”选项区中设置英文字体。

第6步 选择“边框”选项 弹出“根据格式设置创建新样式”对话框，❶ 输入样式名称。❷ 单击“格式”下拉按钮。❸ 选择“边框”选项。

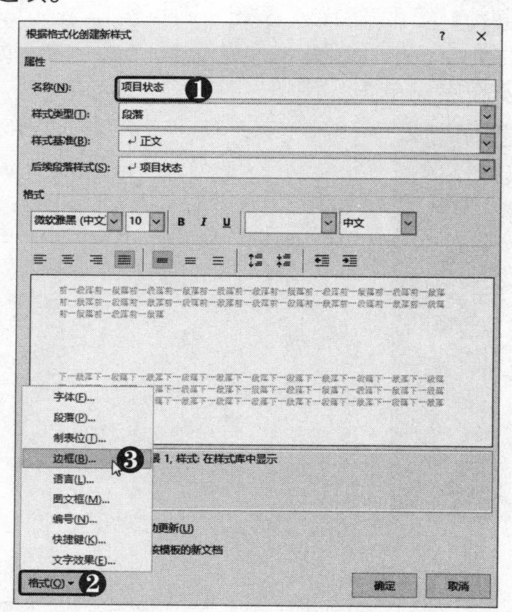

第7步 设置底纹颜色 弹出“边框和底纹”对话框，❶ 选择“底纹”选项卡。❷ 设置填充颜色。❸ 单击“确定”按钮。

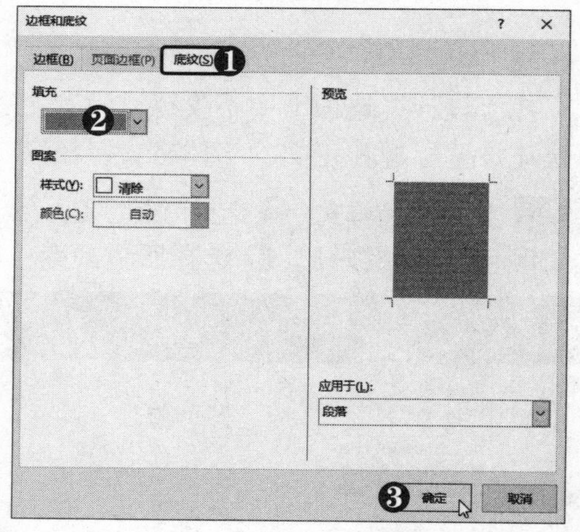

高手点拨

在“边框和底纹”对话框中选择“底纹”选项卡，在“应用于”下拉列表框中选择“文字”选项，即可为所选文字添加底纹效果。

第8步 **设置样式属性** ❶ 选中"自动更新"复选框。❷ 选中"基于该模板的新文档"单选按钮。❸ 单击"确定"按钮。

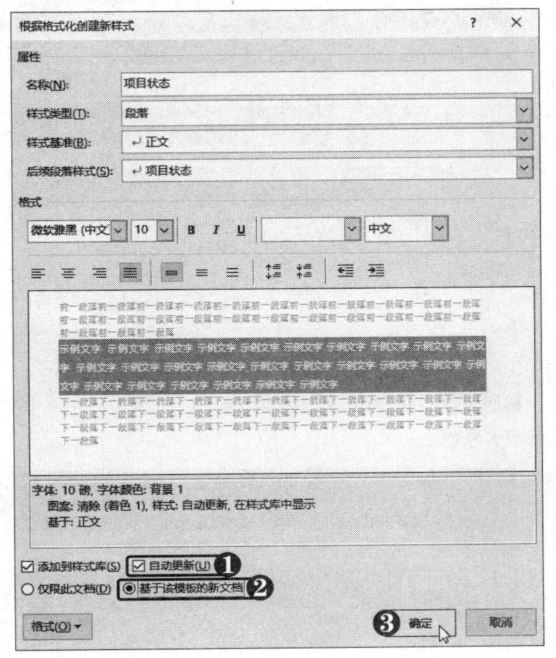

第9步 **应用样式** 输入文本，此时将自动应用创建的新样式。

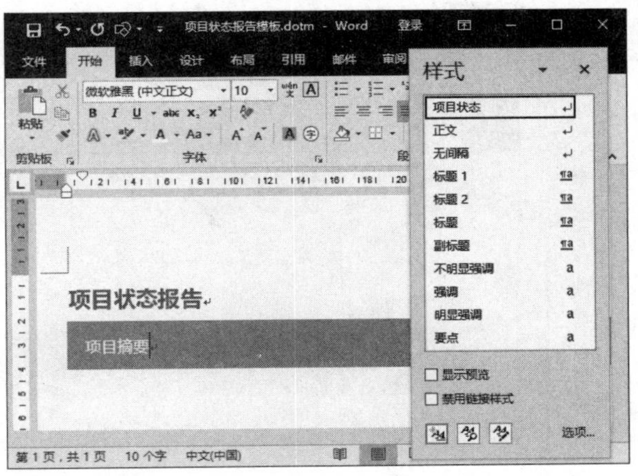

第10步 **选择"正文"样式** 按【Enter】键另起 1 行，在"样式"列表中选择"正文"样式。

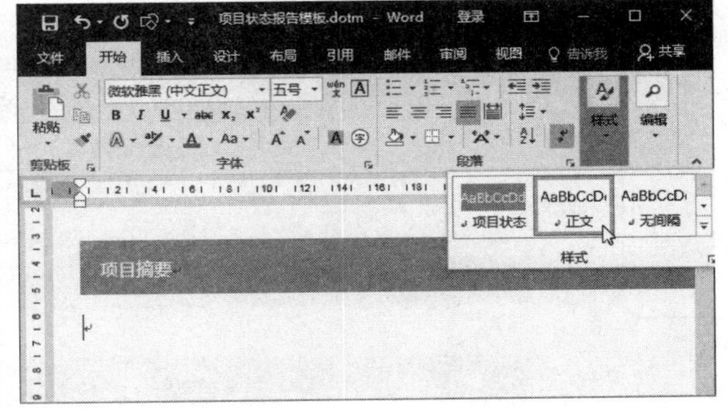

2. 插入并美化表格

为使项目状态报告中的内容排列整齐，可以通过插入表格对文档进行排版，具体操作方法如下：

第1步 **选择"边框和底纹"选项** ❶ 插入表格并选中。❷ 选择"设计"选项卡。❸ 单击"边框"下拉按钮。❹ 选择"边框和底纹"选项。

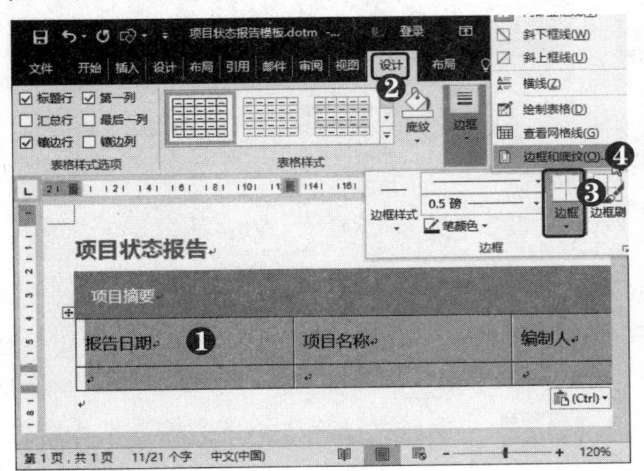

第2步 **设置边框样式** 弹出"边框和底纹"对话框，❶ 设置边框样式。❷ 单击"确定"按钮。

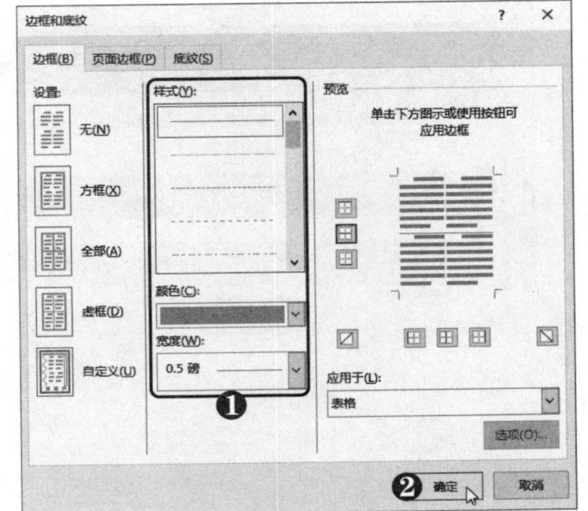

第3步 设置字体格式 ❶选中第1行单元格。❷在“字体”组中设置字体格式。

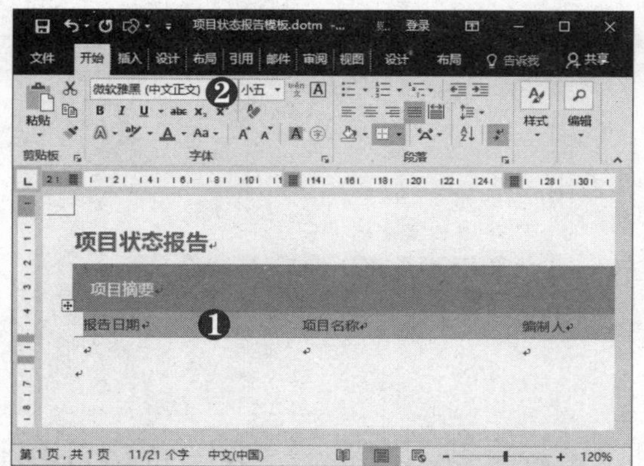

第4步 应用样式 在表格下方输入文本，在“样式”列表中选择“项目状态”样式。

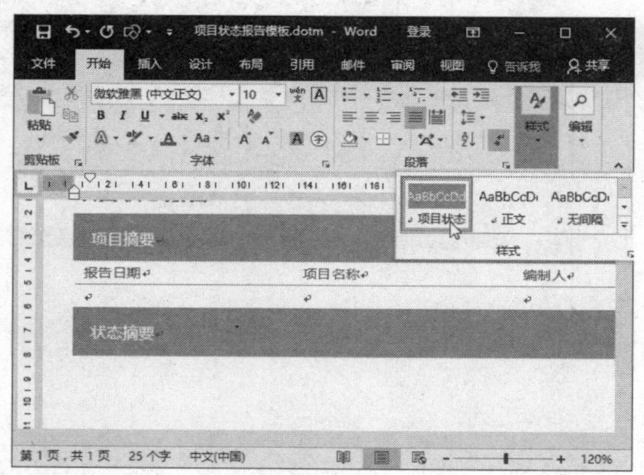

第5步 快速插入行 复制表格，将鼠标指针置于最后1行单元格行线左侧，此时出现⊕图标，单击即可快速插入行。

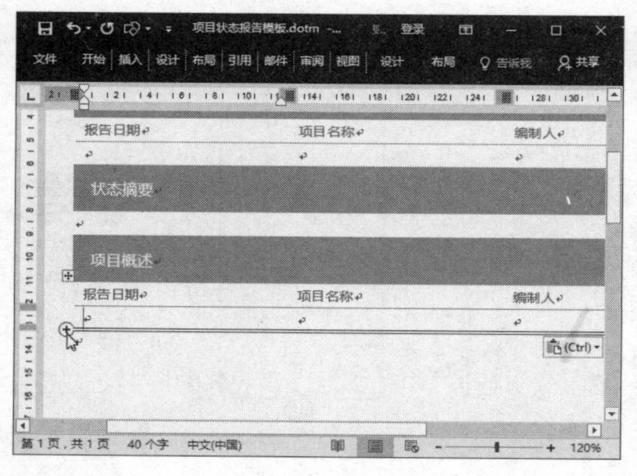

第6步 继续操作 采用同样的方法，在第1列单元格后插入2列单元格。

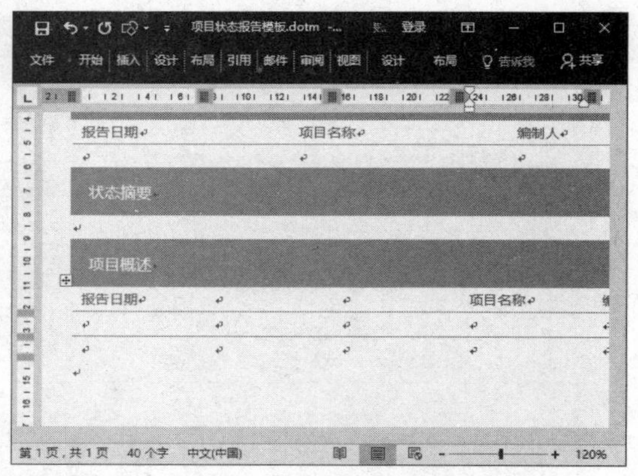

第7步 修改内容 根据需要修改单元格中的内容。

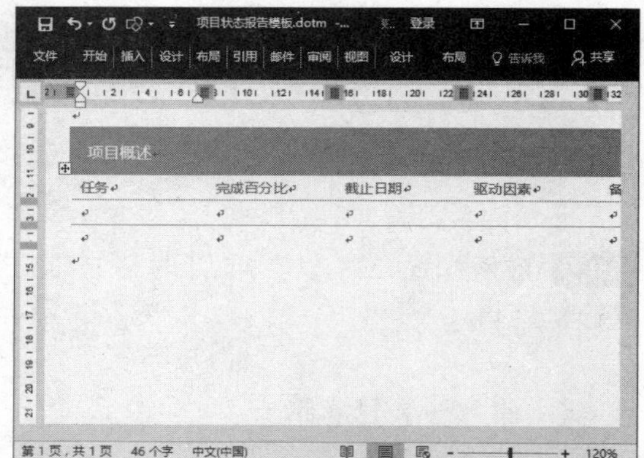

第8步 复制表格 将“项目概述”下的表格复制到“预算概览”下，添加1行单元格并根据需要修改表格内容。

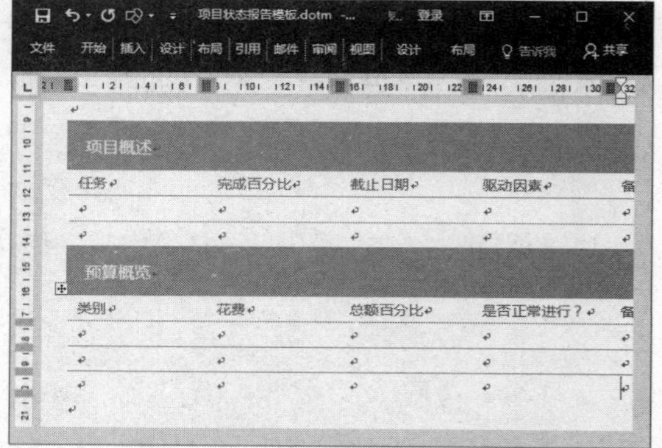

第9步 应用样式 在表格下方输入文本，应用“项目状态”样式。

电脑小专家

问：怎样快速插入表格？

答：连续输入多个“+”、“-”号，然后按【Enter】键即可快速得到一个表格。“+”越多，制作的表格列越多；“-”越多，表格的宽度越大。另外，必须以“+”作为结尾，否则无法生成表格。

新手巧上路

问：如何快速去掉表格的外边框？

答：在“段落”组中单击“边框”下拉按钮，选择“外侧边框”选项即可。

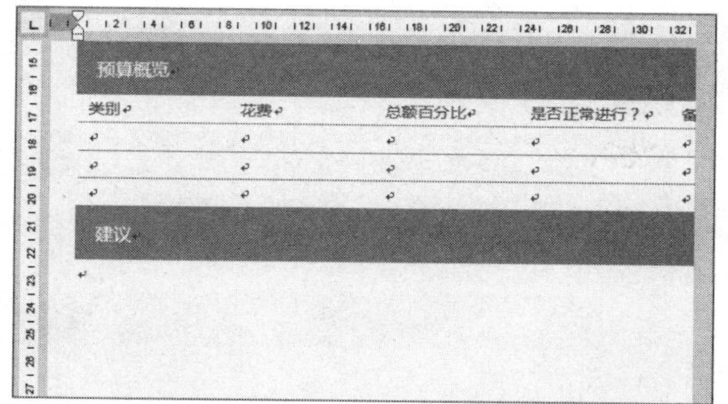

第10步 选择“修改”命令 ❶在“样式”列表中右击“项目状态”样式。❷选择“修改”命令。

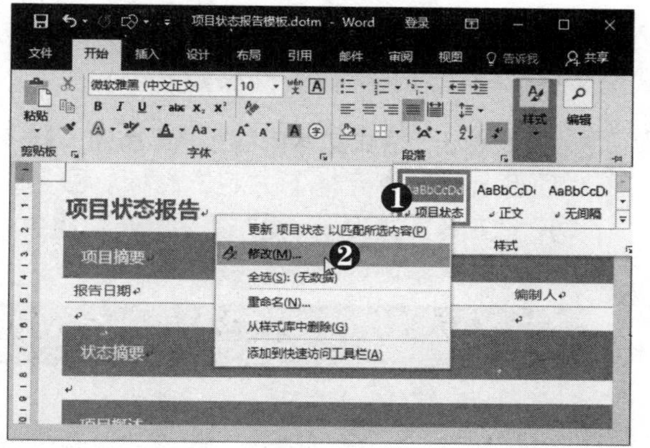

第11步 选择“段落”选项 弹出“修改样式”对话框，❶输入样式名称。❷单击“格式”下拉按钮。❸选择“段落”选项。

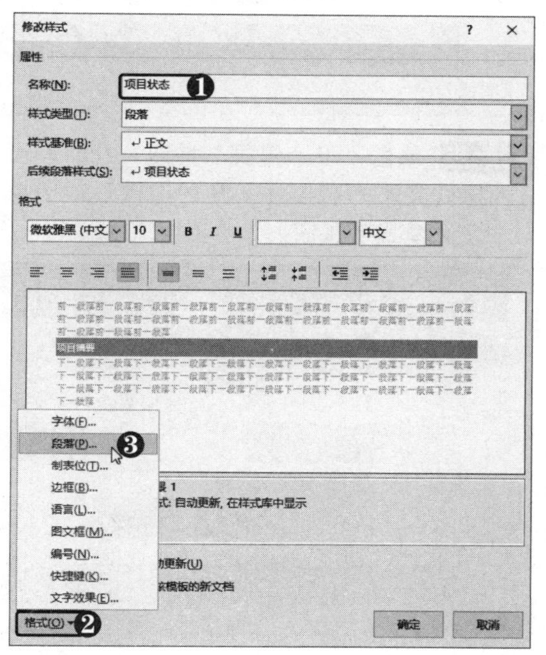

第12步 设置段落间距 弹出“段落”对话框，❶设置段前和段后间距。❷单击“确定”按钮。

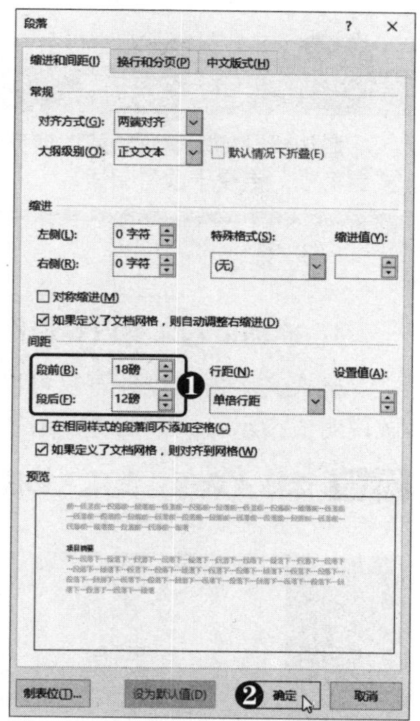

第13步 设置样式属性 返回“修改样式”对话框，❶选中“自动更新”复选框。❷选中“基于该模板的新文档”单选按钮。❸单击“确定”按钮。

第14步 **查看修改样式效果** 此时即可应用修改后的"项目状态"样式。

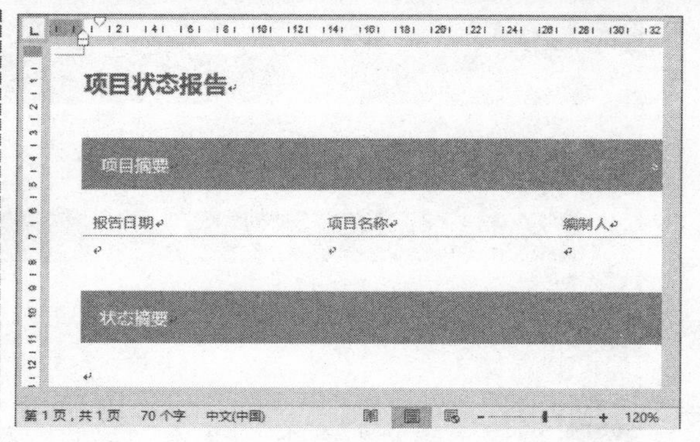

增加标题的段落间距可以使整个页面的版式更美观，更便于读者阅读。

提示您

在功能区中右击选项卡，选择"自定义功能区"命令，即可打开"Word 选项"对话框。

3. 添加格式文本内容控件

格式文本内容控件不仅可以对需要输入的内容进行格式预设，还可为需要输入的部分做说明或指示等。下面将介绍如何插入格式文本内容控件，具体操作方法如下：

第1步 **选择"选项"选项** 切换到"文件"选项卡，在左侧选择"选项"选项。

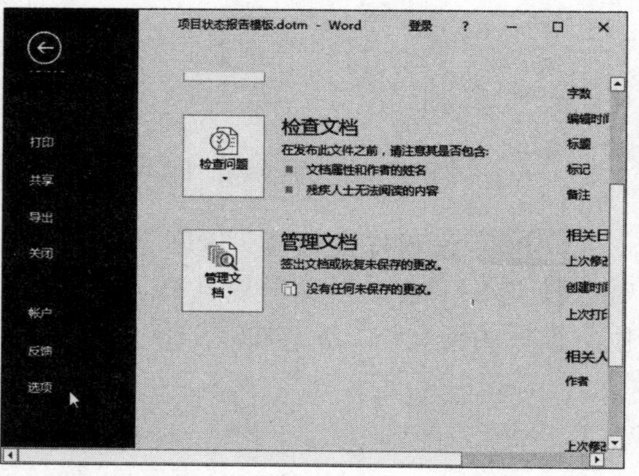

第2步 **选中"开发工具"复选框** 弹出"Word 选项"对话框，❶ 在左侧选择"自定义功能区"选项。❷ 在"自定义功能区"列表中选中"开发工具"复选框。❸ 单击"确定"按钮。

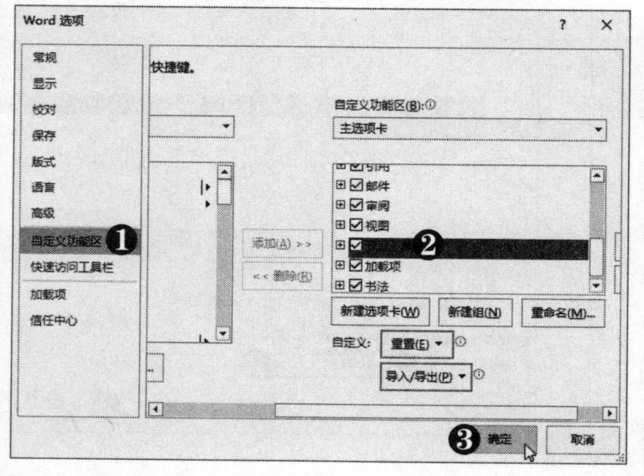

多学点

在功能区中双击选项卡，可以快速隐藏或显示功能区。

第3步 **单击"格式文本内容控件"按钮** ❶ 在"项目名称"单元格下方定位光标。❷ 选择"开发工具"选项卡。❸ 在"控件"组中单击"格式文本内容控件"按钮Aa。

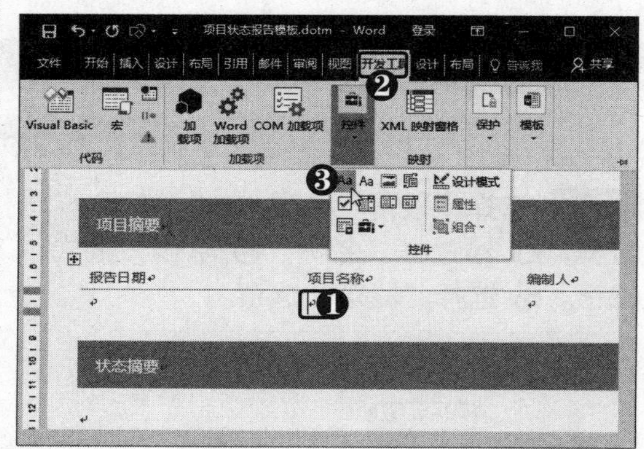

第4步 **单击"设计模式"按钮** 此时即可插入格式文本内容控件，在"控件"组中单击"设计模式"按钮。

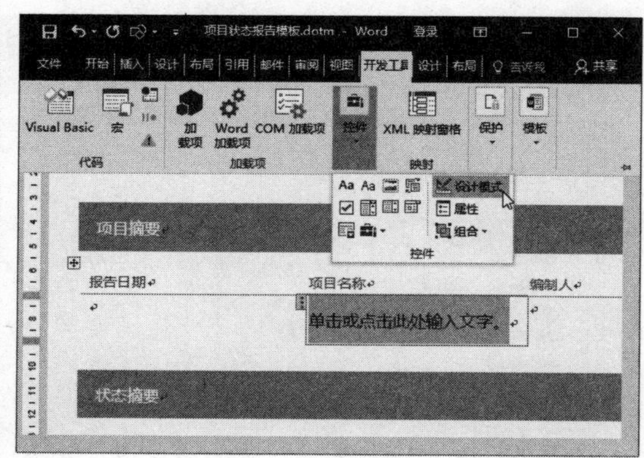

第5步 单击“属性”按钮 此时即可进入设计模式，在“控件”组中单击“属性”按钮。

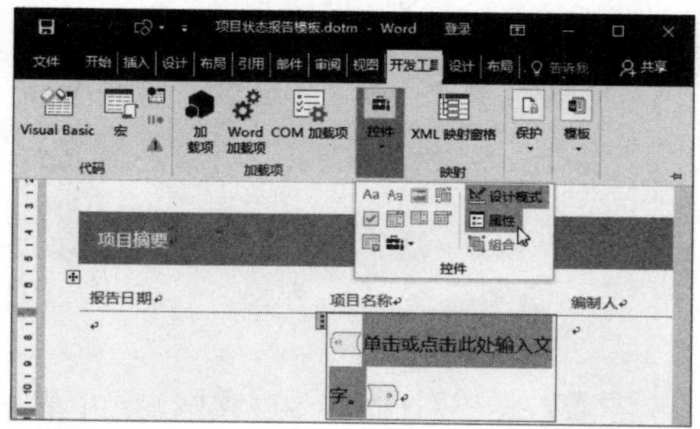

第6步 单击“新建样式”按钮 弹出“内容控件属性”对话框，❶ 输入控件标题和标记。❷ 选中“使用样式设置键入空控件中的文本格式”复选框。❸ 单击“新建样式”按钮。

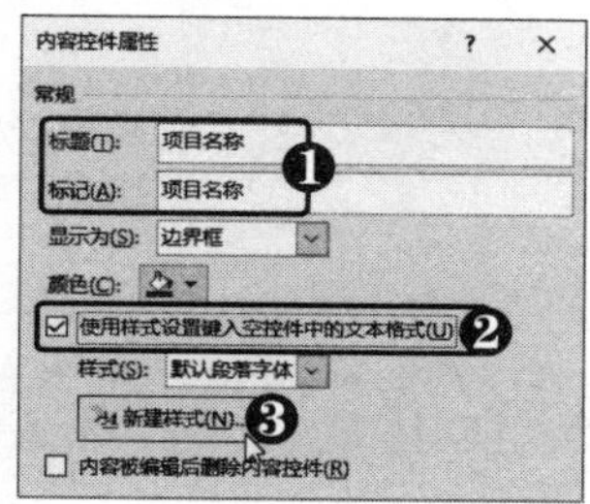

第7步 创建新样式 弹出对话框，❶ 设置样式名称。❷ 在“格式”选项区中设置样式字体格式。❸ 选中“基于该模板的新文档”单选按钮。❹ 单击“确定”按钮。

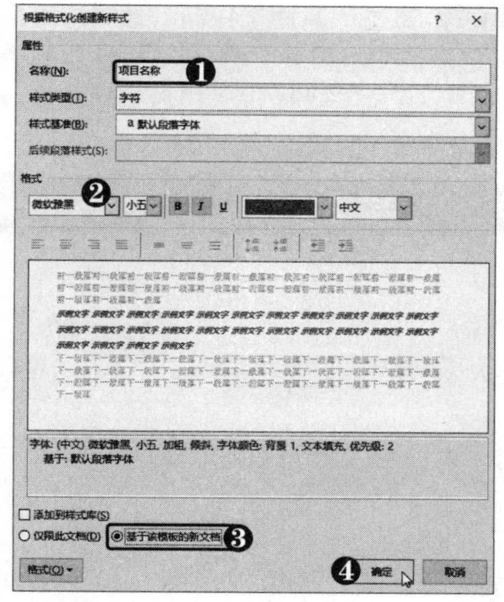

第8步 应用样式 返回“内容控件属性”对话框，❶ 在“样式”列表框中选择“项目名称”样式。❷ 单击“确定”按钮。

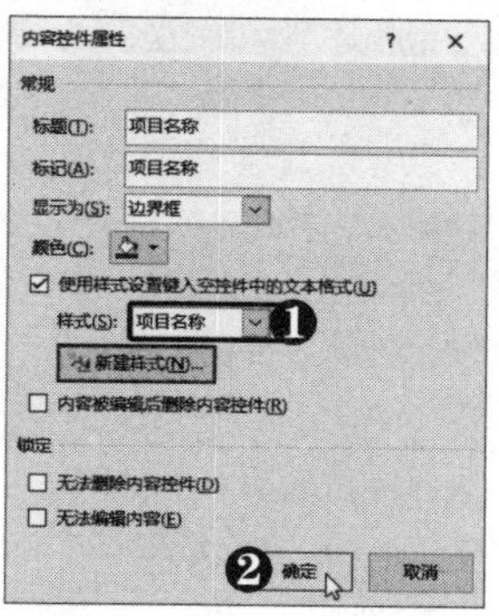

第9步 单击“属性”按钮 根据需要修改“项目名称”控件中的文本。采用同样的方法，在“编制人”单元格下方插入格式文本内容控件。在“控件”组中单击“属性”按钮。

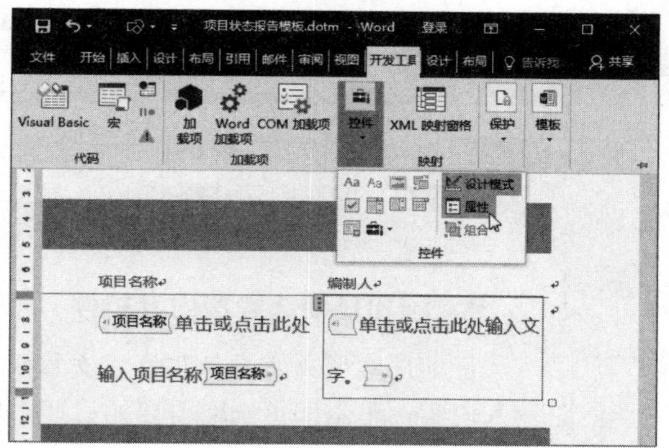

第10步 选择样式 弹出“内容控件属性”对话框，❶ 输入控件标题和标记。❷ 选中“使用样式设置键入空控件中的文本格式”复选框。❸ 在“样式”列表框中选择“项目名称”样式。❹ 单击“确定”按钮。

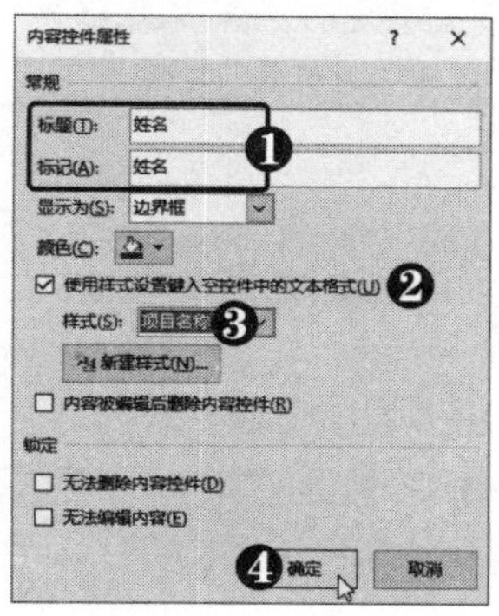

第11步 设置字体格式 ❶ 选中“姓名”控件中的文本。❷ 在“字体”组中设置字体格式。

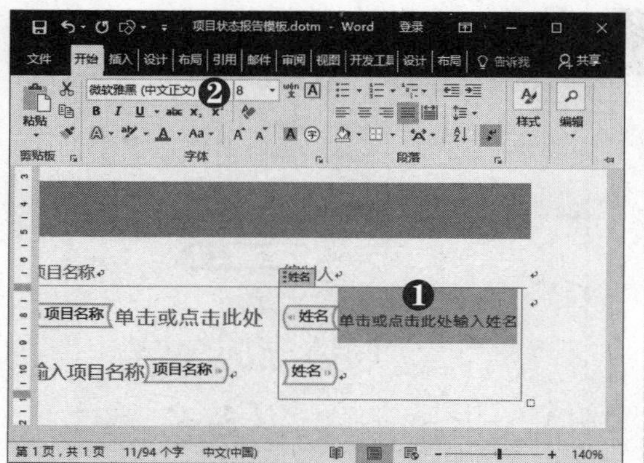

高手点拨

退出设计模式后，将不能对控件进行编辑操作。要进入设计模式，只需再次单击“设计模式”按钮。

第12步 继续操作 采用同样的方法，设置“项目名称”控件的字体格式。

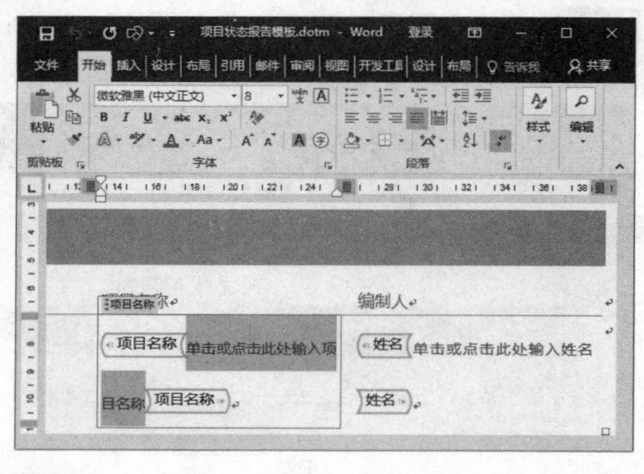

第13步 退出设计模式 在“控件”组中单击“设计模式”按钮，退出设计模式。

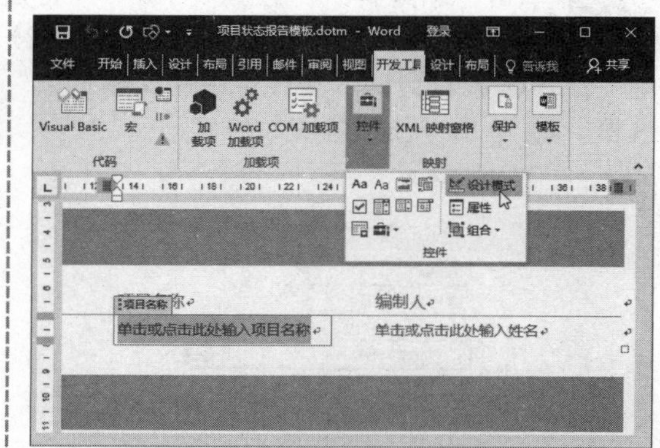

电脑小专家

问：为什么要设置控件中文本的格式？

答：在用户编辑控件内容之前，为使整个模板文件看起来更美观，需要调整控件中文本的字体格式。

4. 添加日期选取器内容控件

日期选取器内容控件与格式文本内容控件的使用方法类似，只是日期选取器控件无须输入内容，单击即可选取需要的日期。插入日期选取器控件的具体操作方法如下：

第1步 单击“日期选取器内容控件”按钮 ❶ 在“报告日期”单元格下方定位光标。❷ 在“控件”组中单击“日期选取器内容控件”按钮。

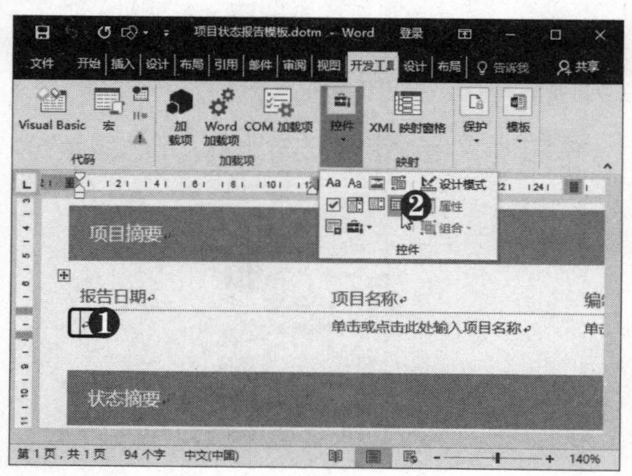

第2步 单击“属性”按钮 此时即可插入日期选取器内容控件。❶ 在“控件”组中单击“设计模式”按钮，进入控件编辑状态。❷ 单击“属性”按钮。

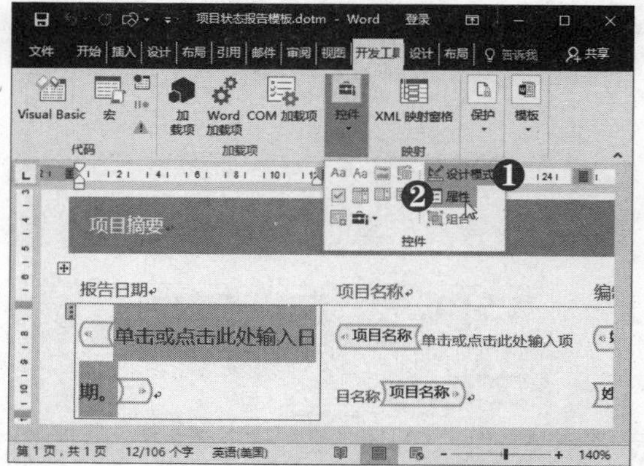

新手巧上路

问：如何快速插入今天的日期？

答：单击“日期”控件下拉按钮，单击“今日”按钮，即可快速插入当天的日期。

第3步 **设置日期显示方式** 弹出“内容控件属性”对话框，❶ 输入控件标题和标记。❷ 选中“使用样式设置键入空控件中的文本格式”复选框。❸ 设置控件文本样式。❹ 选择日期显示方式。❺ 单击“确定”按钮。

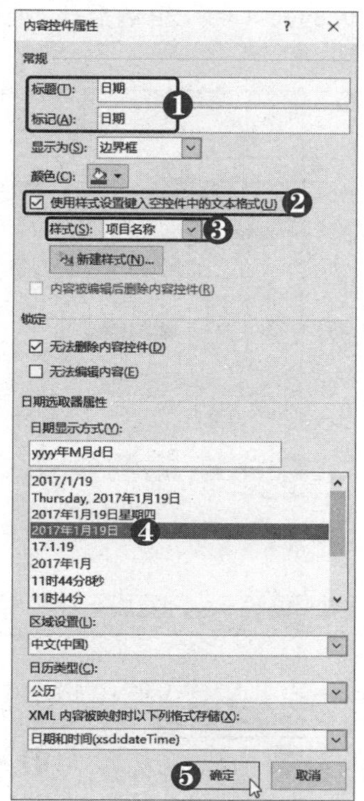

第4步 **设置字体格式** ❶ 根据需要修改日期控件中的文本并选中。❷ 在“字体”组中设置字体格式。

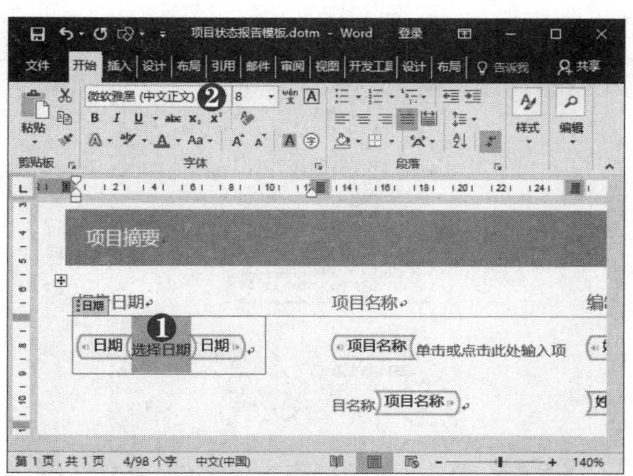

第5步 **退出设计模式** 在“控件”组中单击“设计模式”按钮，退出设计模式。

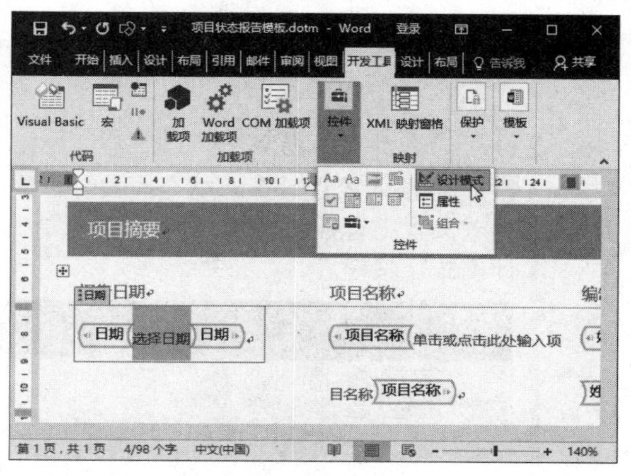

第6步 **选择日期** ❶ 单击日期控件右侧的下拉按钮。❷ 在弹出的下拉列表中选择日期。

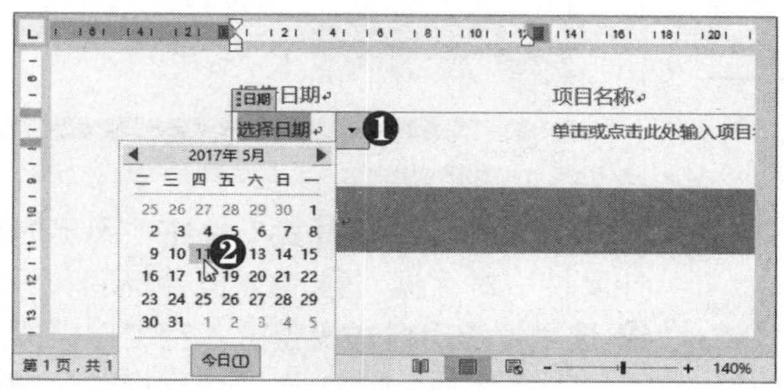

第7步 **查看显示结果** 此时即可应用“项目名称”样式和所选的日期格式。

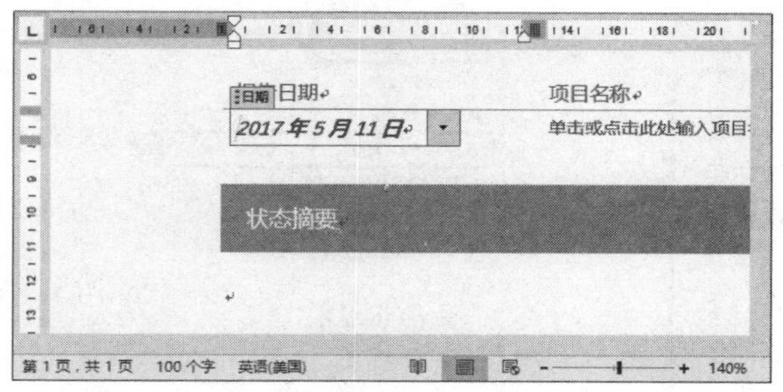

第8步 **输入项目名称** 单击“项目名称”控件，输入文本，此时即可应用“项目名称”样式。

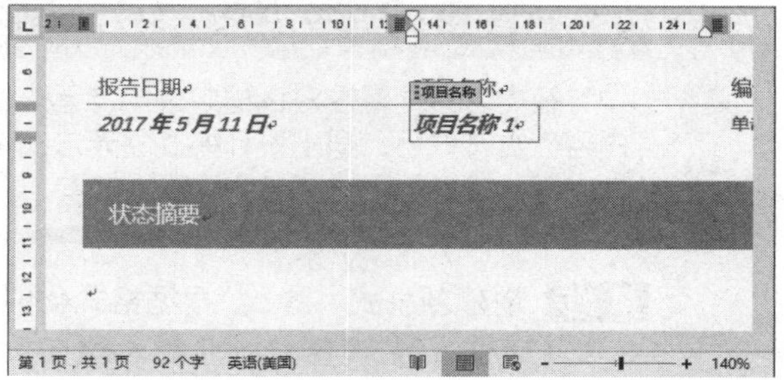

5. 添加下拉列表内容控件

使用下拉列表控件可以从选项列表中进行选择，下面将介绍如何为“性别”选项添加下拉列表控件，具体操作方法如下：

第1步 插入控件 在“状态摘要”栏中插入格式文本内容控件，在“控件”组中单击“设计模式”按钮。

第2步 单击“新建样式”按钮 弹出内容控件属性”对话框，❶ 输入控件标题和标记。❷ 选中“使用样式设置键入空控件中的文本格式”复选框。❸ 单击“新建样式”按钮。

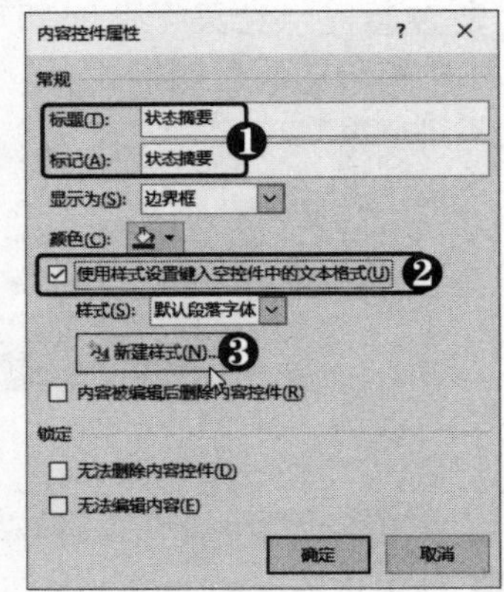

在内容控件属性对话框中选中“无法编辑内容”复选框后，退出设计模式将无法编辑控件内容，只适用于添加一些解释性文本。

第3步 创建新样式 弹出“根据格式化创建样式”对话框，❶ 设置样式名称。❷ 在“格式”选项区中设置样式字体格式。❸ 选中“基于该模板的新文档”单选按钮。❹ 单击“确定”按钮。

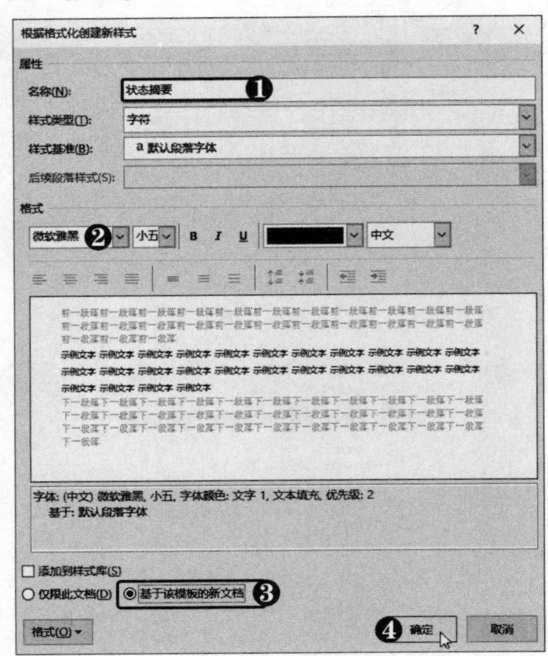

第4步 设置控件属性 返回“内容控件属性”对话框，❶ 选中“内容被编辑后删除内容控件”复选框。❷ 单击“确定”按钮。

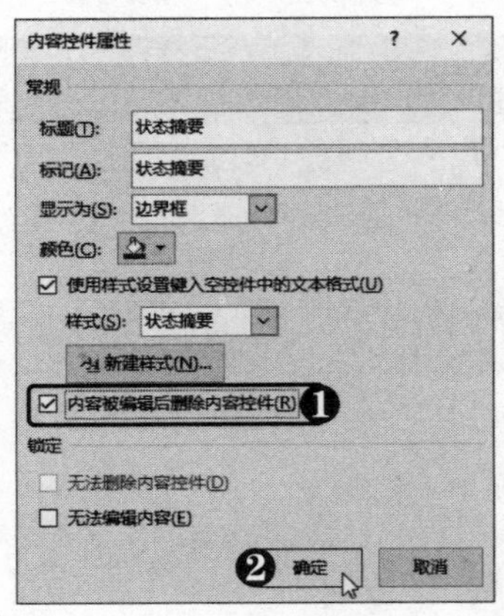

第5步 单击“下拉列表内容控件”按钮 ❶ 在“类别”单元格下方定位光标。❷ 在“控件”组中单击“下拉列表内容控件”按钮。

提示您

在“内容控件属性”对话框中单击“颜色”下拉按钮，即可设置控件颜色。

多学点

在“内容控件属性”对话框中也可设置控件的显示方式，单击“显示为”下拉按钮，在弹出的下拉列表中选择显示方式即可。

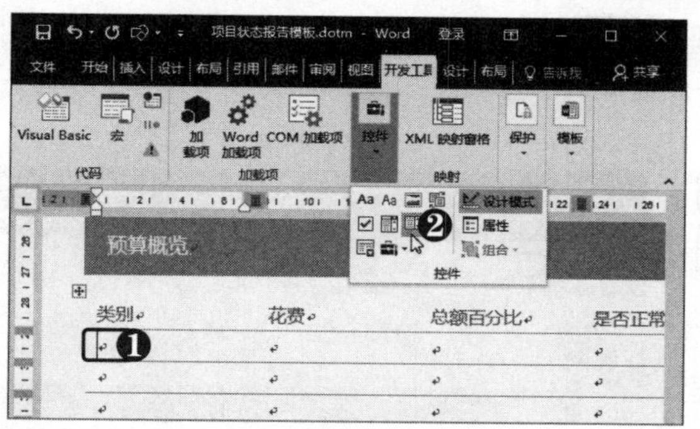

第6步 插入控件 此时即可插入下拉列表内容控件，❶ 单击“设计模式”按钮，进入控件编辑状态。❷ 单击“属性”按钮。

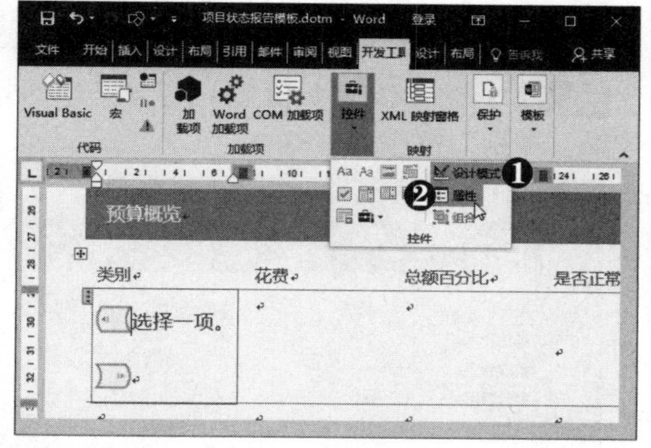

第7步 设置控件属性 弹出“内容控件属性”对话框，❶ 设置控件标题和标记名称。❷ 设置控件文本格式。❸ 在“下拉列表属性”列表中选择“选择一项”选项。❹ 单击“删除”按钮。

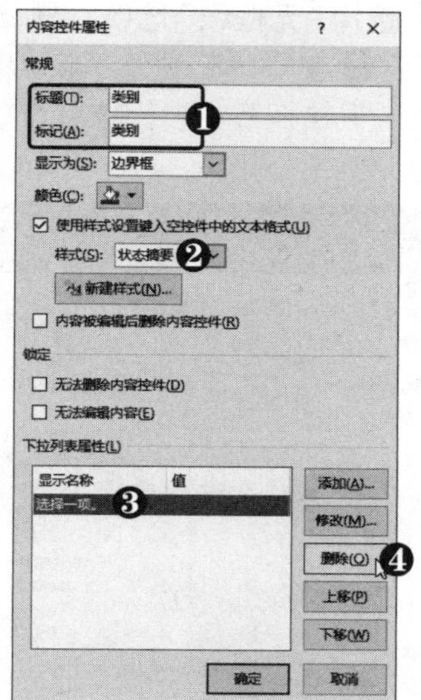

第8步 单击“添加”按钮 此时即可将所选列表项删除，单击“添加”按钮。

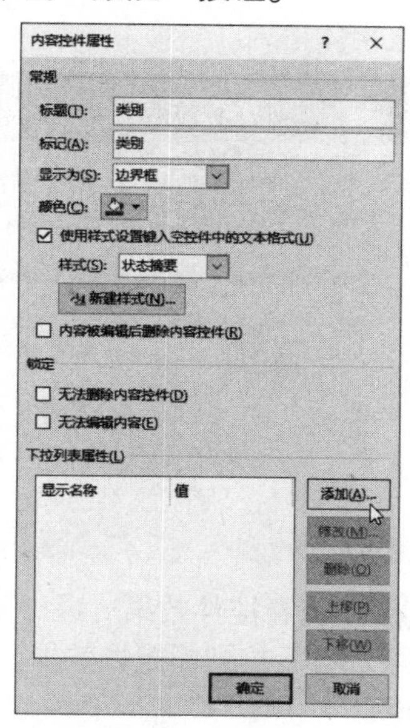

第9步 添加选项 弹出“添加选项”对话框，❶ 输入显示名称。❷ 单击“确定”按钮。

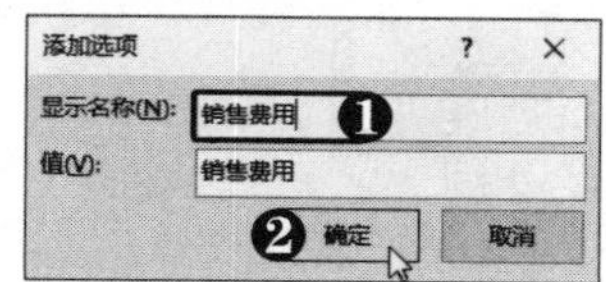

第10步 继续添加选项 采用同样的方法，❶ 再添加 2 个列表项。❷ 选中“无法删除内容控件”复选框。❸ 单击“确定”按钮。

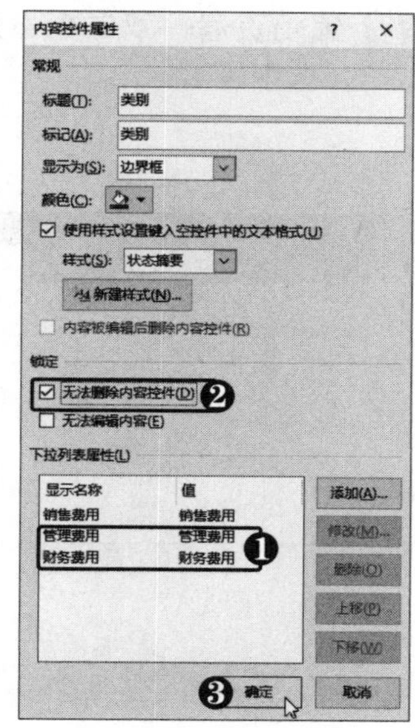

第11步 设置控件字体格式 ❶ 根据需要修改控件中的文本并选中。❷ 在“字体”组中设置字体格式。

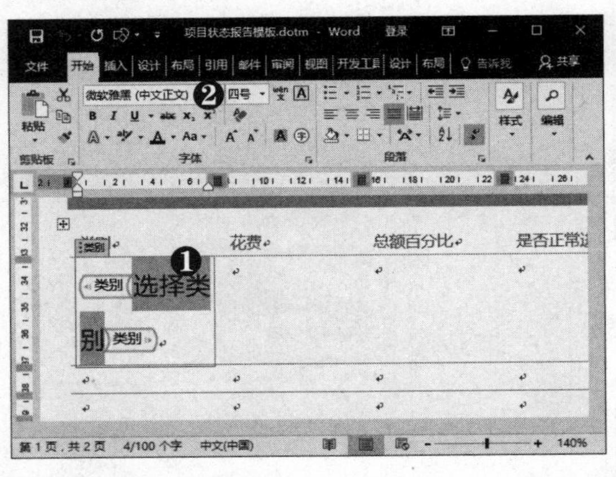

第12步 查看控件效果 退出设计模式，此时即可查看下拉列表控件效果。

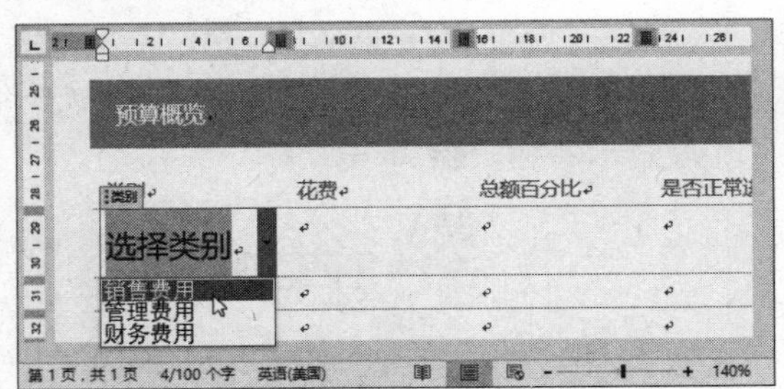

第13步 复制控件 选中“类别”控件，按【Ctrl+C】组合键复制控件。

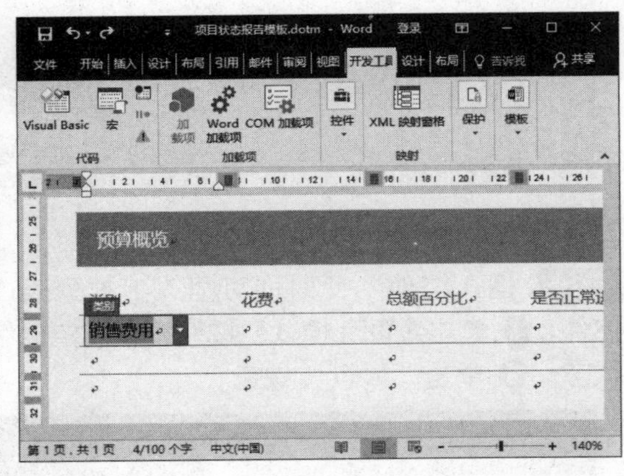

第14步 粘贴控件 按【Ctrl+V】组合键，粘贴“类别”控件。

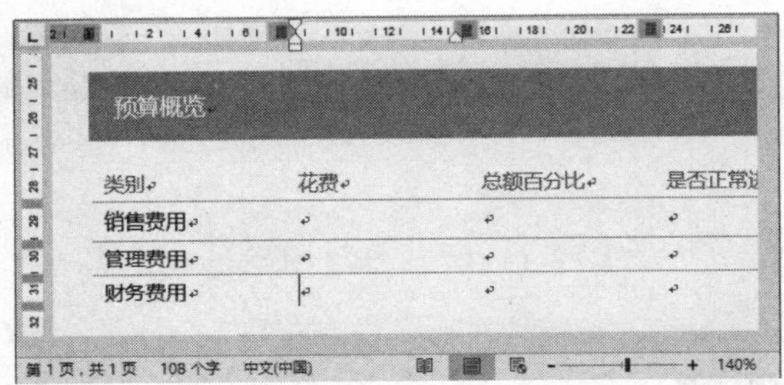

电脑小专家

问：如何在页眉中插入时间？

答：按【Alt+Shift+T】组合键，即可快速插入当前时间。

6．插入页眉

在页眉中可以通过插入控件添加最后编辑时间、电话和部门等信息，具体操作方法如下：

第1步 编辑页眉 双击页眉处进入页眉编辑状态，选中段落标记。

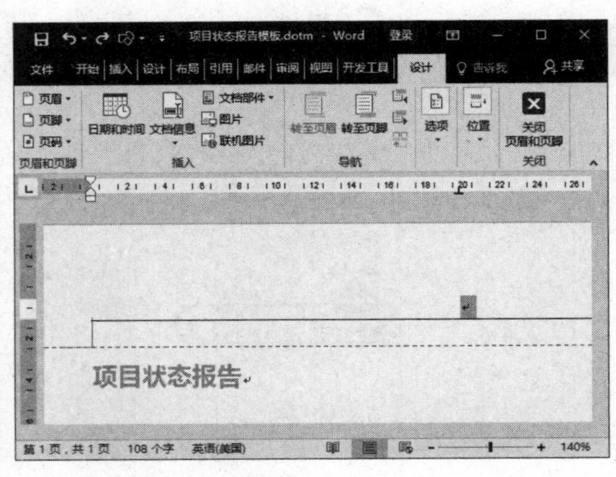

第2步 选择“无框线”选项 ❶ 选择“开始”选项卡。❷ 单击“左对齐”按钮。❸ 单击“边框”下拉按钮。❹ 选择“无框线”选项。

新手巧上路

问：如何设置插入时间的显示方式？

答：右击插入的时间，选择“编辑域”命令，在弹出的对话框中即可选择时间的显示方式。

第3步 **插入当前时间** 输入文本“最后编辑时间:”，按【Alt+Shift+D】组合键插入当前时间。

第4步 **设置字体格式** 继续编辑页眉，❶ 选中页眉文本。❷ 在“字体”组中设置字体格式。

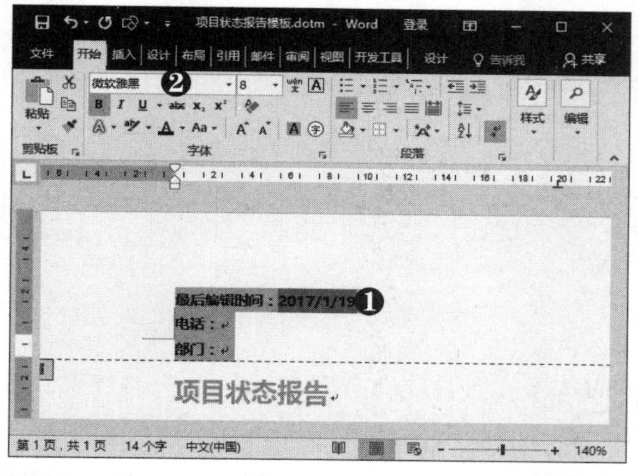

第5步 **单击“格式文本内容控件”按钮** ❶ 定位光标。❷ 在“控件”组中单击“格式文本内容控件”按钮Aa。

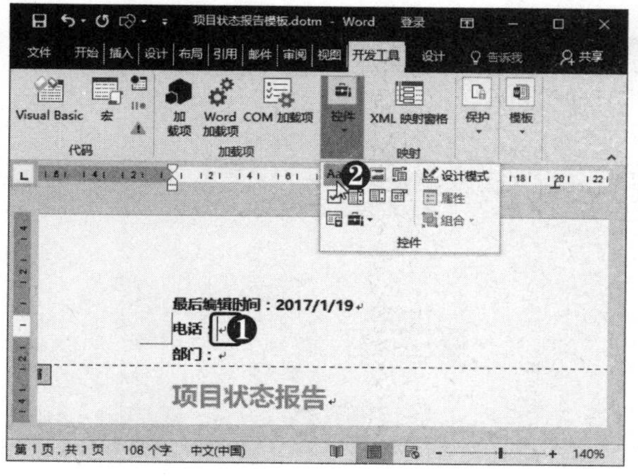

第6步 **编辑控件** 进入设计模式，根据需要修改控件中的文本。

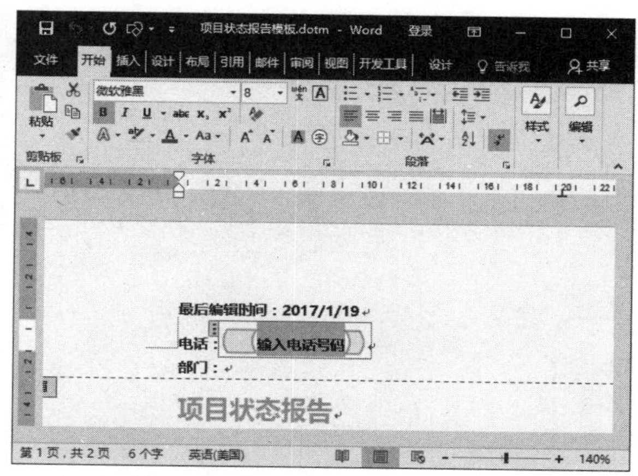

第7步 **单击“下拉列表内容控件”按钮** ❶ 定位光标。❷ 在“控件”组中单击“下拉列表内容控件”按钮。

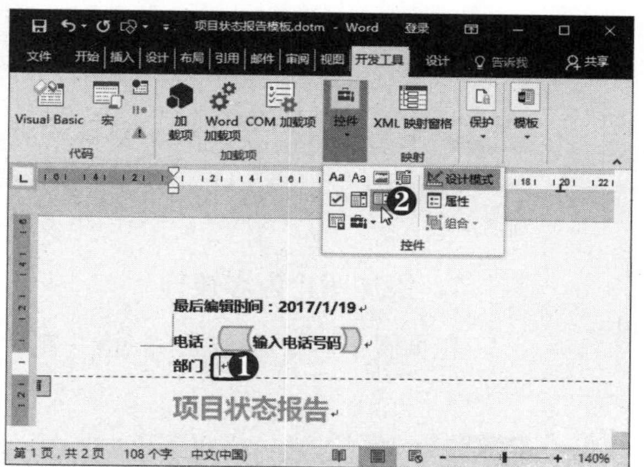

第8步 **插入控件** 此时即可插入下拉列表内容控件，单击“属性”按钮。

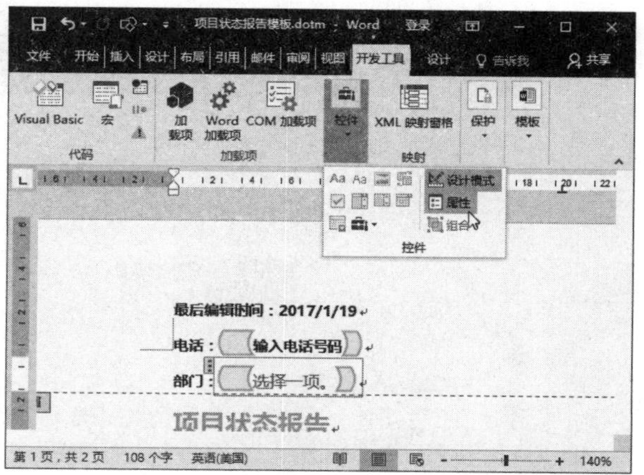

第9步 设置控件属性 弹出“内容控件属性”对话框，❶ 在“下拉列表属性”列表中添加列表项。❷ 单击“确定”按钮。

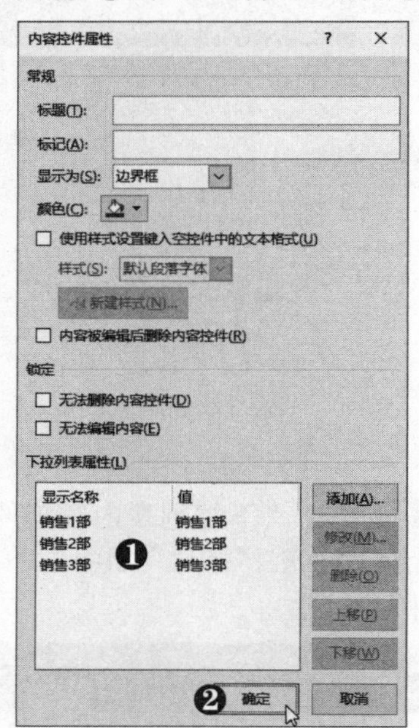

第10步 编辑控件 根据需要修改控件中的文本。

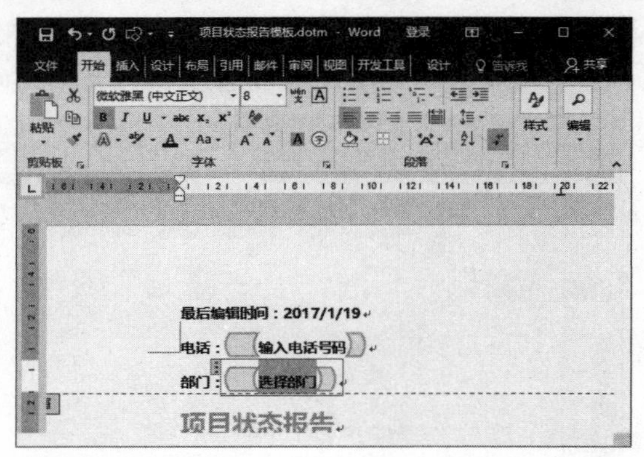

第11步 输入文本 退出设计模式，在控件中输入电话和部门。

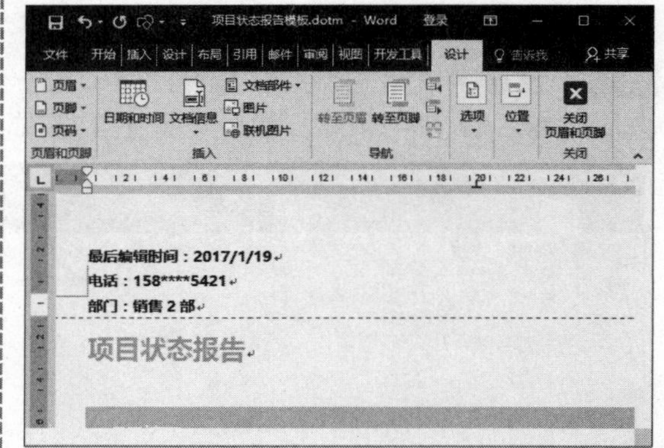

提示您

右击控件，选择“删除内容控件”命令，即可删除控件。

7. 添加图片内容控件

在页眉中可以通过插入表格并在表格中插入图片内容控件添加公司 Logo，具体操作方法如下：

多学点

在页眉中插入表格可以更好地控制图片控件的位置。

第1步 选择“文本转换成表格”选项 ❶ 选中页眉文本。❷ 选择“插入”选项卡。❸ 单击“表格”下拉按钮。❹ 选择“文本转换成表格”选项。

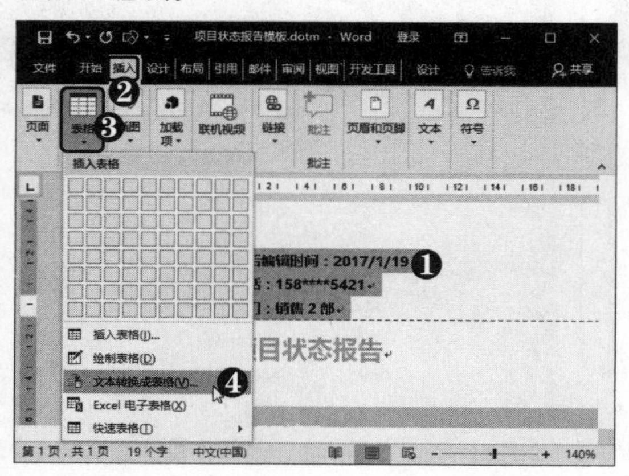

第2步 设置转换参数 弹出“将文字转换成表格”对话框，❶ 选中“段落标记”单选按钮。❷ 单击“确定”按钮。

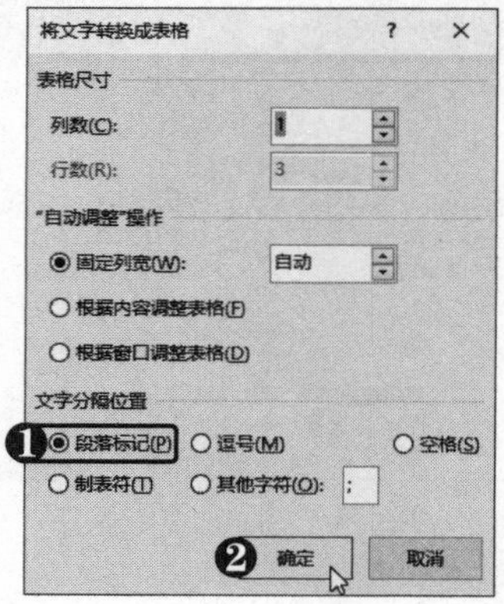

第3步 插入列 将鼠标指针置于表格右上角，此时出现⊕图标，单击即可快速插入一列。

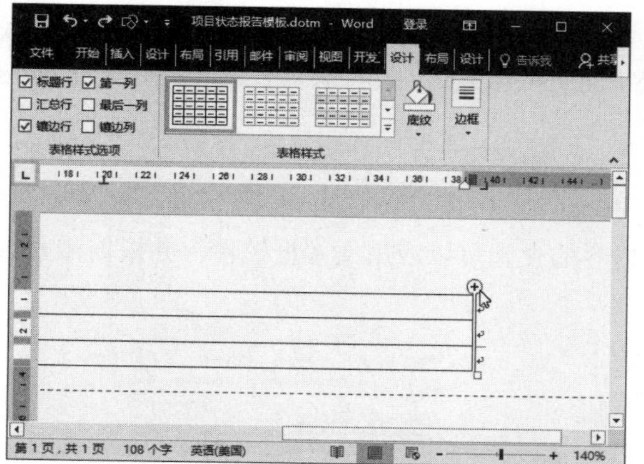

第4步 合并单元格 ❶ 选中第 2 列单元格。❷ 选择"布局"选项卡。❸ 在"合并"组中单击"合并单元格"按钮。

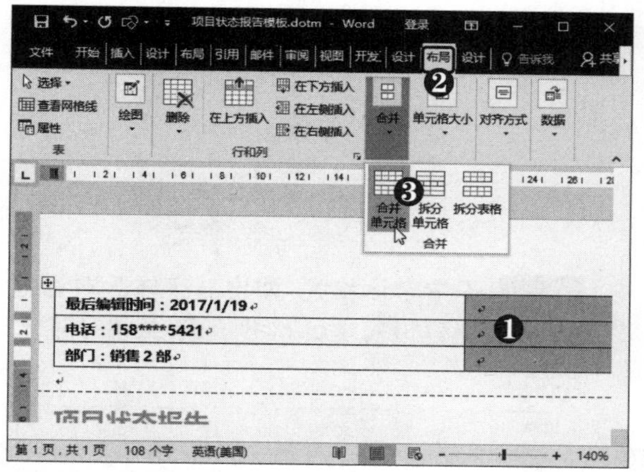

第5步 设置对齐方式 在"对齐方式"组中单击"靠上右对齐"按钮。

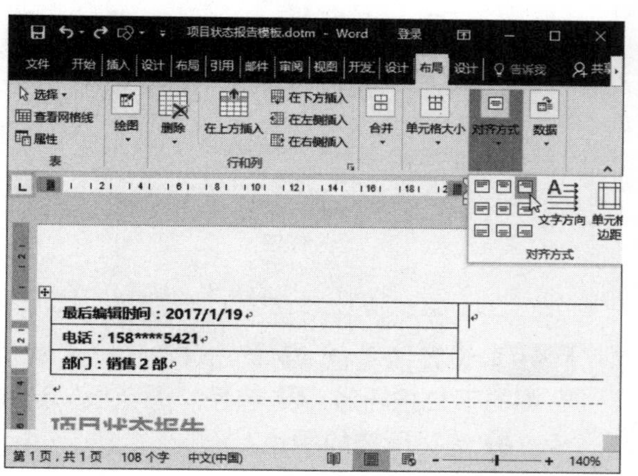

第6步 单击"图片内容控件"按钮 ❶ 选择"开发工具"选项卡。❷ 在"控件"组中单击"图片内容控件"按钮。

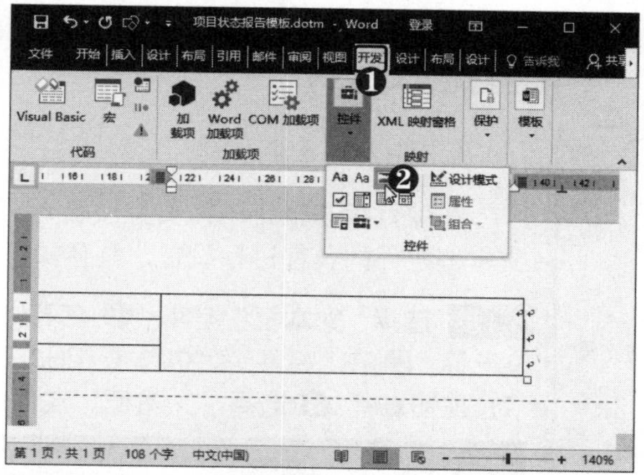

第7步 插入控件 此时即可在单元格中插入图片内容控件。

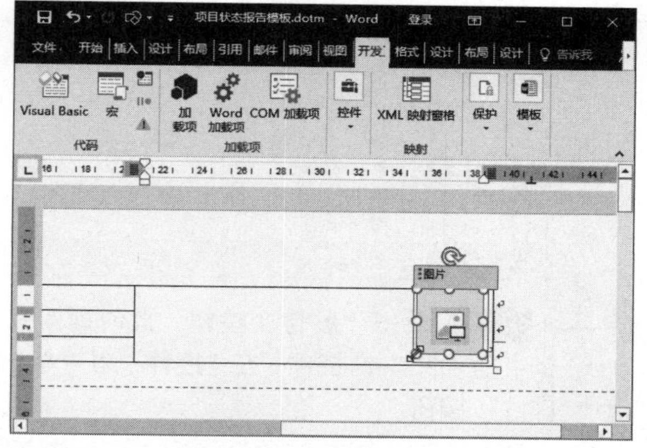

第8步 选择"无框线"选项 选中整个表格，❶ 选择"设计"选项卡。❷ 单击"边框"下拉按钮。❸ 选择"无框线"选项。

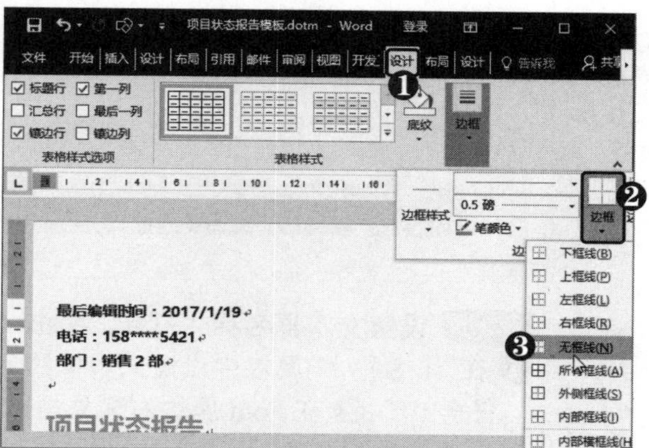

4.3.3 应用 ActiveX 控件

ActiveX 控件是软件中应用的组件和对象，如文本框、按钮等。在 Word 2016 中可以嵌入 ActiveX 控件，从而使文档内容更加丰富，同时可为 ActiveX 控件添加宏代码，增加 Word 文档的功能。

电脑小专家

问：如何能够快速找到所需的属性？

答：在“属性”对话框中选择“按分类序”选项卡，即可将控件属性分类排列，方便查找属性。

1. 插入文本框控件

在项目状态报告中需要直接输入文字内容的位置可以应用文本框控件，并根据需要对文本框控件的属性进行设置，具体操作方法如下：

第1步 选择“文本框”控件 ❶ 在表格中定位光标。❷ 在“控件”组中单击“旧式工具”下拉按钮。❸ 选择“文本框”控件。

第2步 单击“属性”按钮 此时即可在表格中插入文本框控件，在“控件”组中单击“属性”按钮。

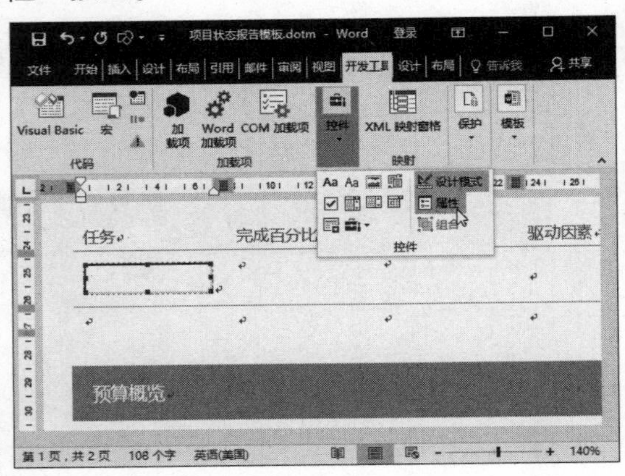

第3步 设置文本框名称 打开“属性”窗格，❶ 在“(名称)”属性中设置文本框的名称为“任务01”。❷ 在Font属性右侧单击按钮。

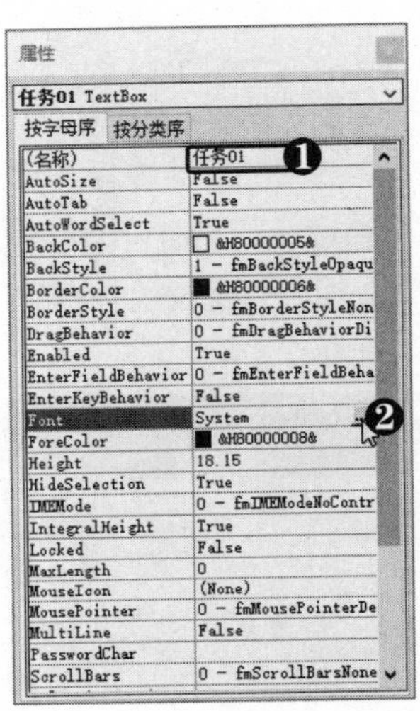

第4步 设置字体格式 弹出“字体”对话框，❶ 根据需要设置字体格式。❷ 单击“确定”按钮。

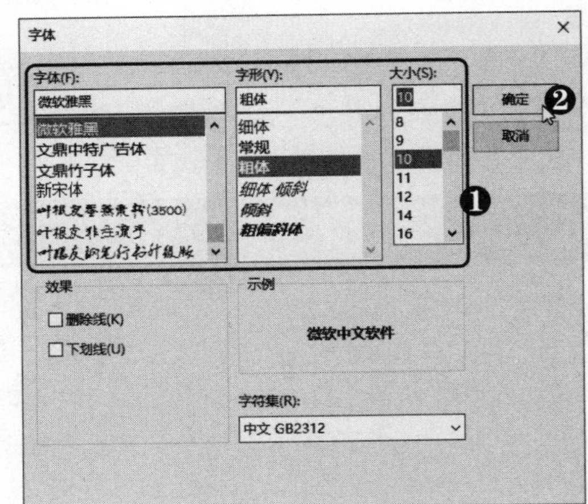

第5步 设置前景色 ❶ 单击 ForeColor 属性右侧的下拉按钮。❷ 选择“调色板”选项卡。❸ 选择所需的颜色。

新手巧上路

问：属性中的 Font 和 Fore Color 分别代表什么？

答：Font 代表字体，Fore Color 代表前景色，在此可以理解为字体颜色。

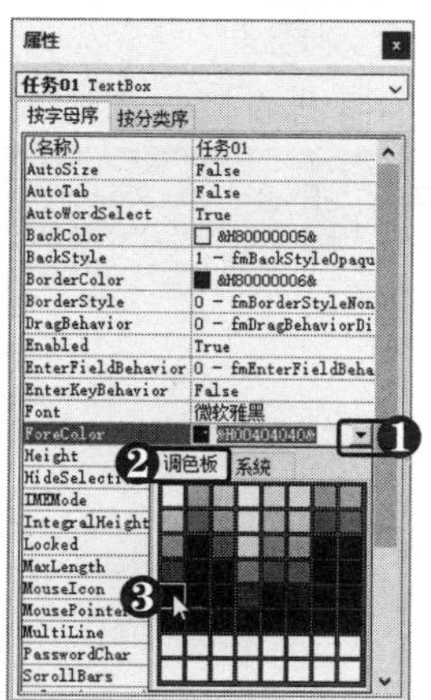

第6步 **复制控件** 根据需要将文本框控件复制到其他单元格中。

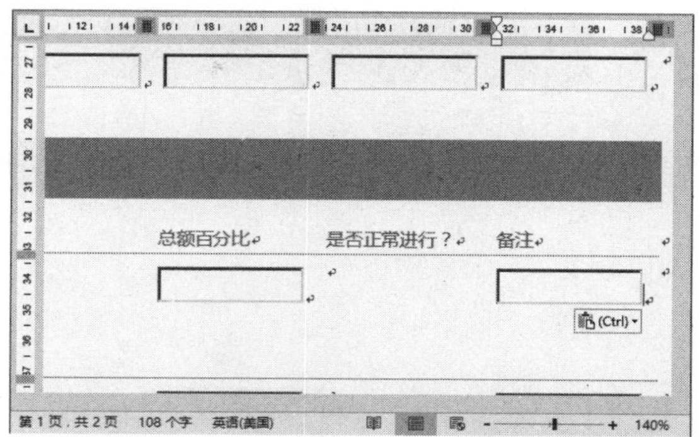

2．插入选项按钮控件

应用选项按钮控件可以对信息进行单项选择而不用直接输入。插入选项按钮控件的具体操作方法如下：

第1步 **选择“选项按钮”控件** ❶ 在单元格中定位光标。❷ 单击“旧式工具”下拉按钮。❸ 选择“选项按钮”控件◉。

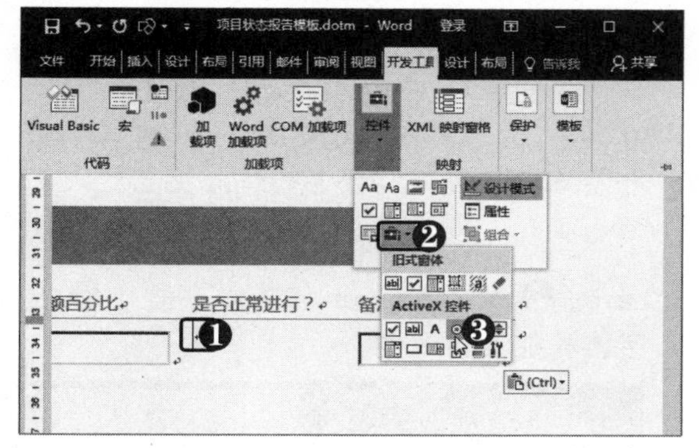

第2步 **设置 Caption 属性** 打开“属性”窗格，❶ 设置 Font 和 ForeColor 属性。❷ 设置 Caption 属性为“是”。

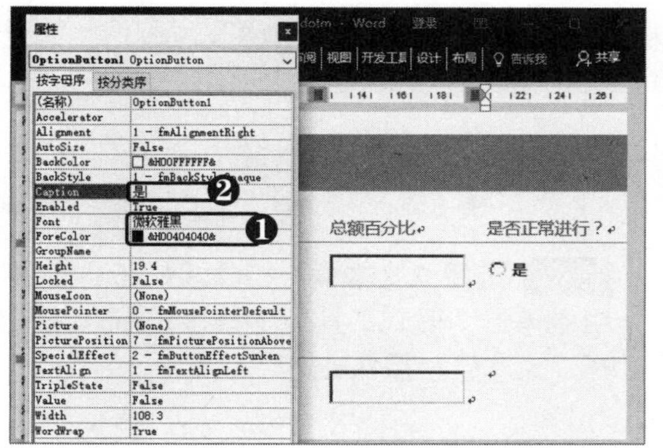

第3步 **选择“选项按钮”控件** ❶ 在单元格中定位光标。❷ 单击“旧式工具”下拉按钮。❸ 选择“选项按钮”控件◉。

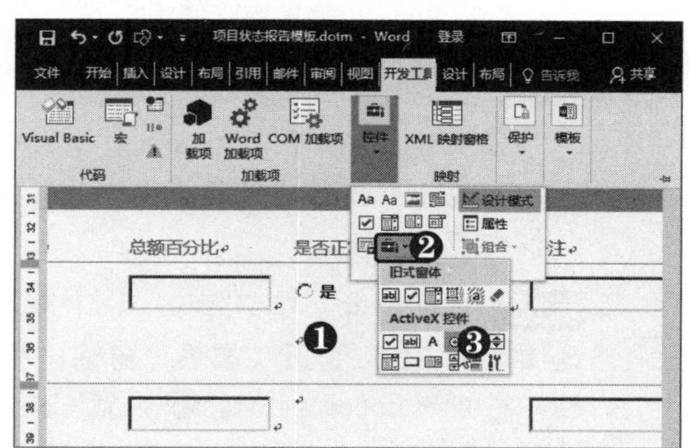

第4步 **设置 Caption 属性** 打开“属性”窗格，❶ 设置 Font 和 ForeColor 属性。❷ 设置 Caption 属性为“否”。

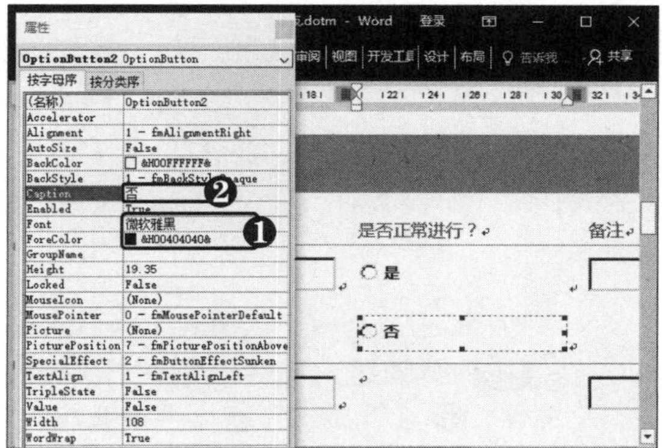

第5步 **调整控件大小** 根据需要调整选项按钮控件的大小。

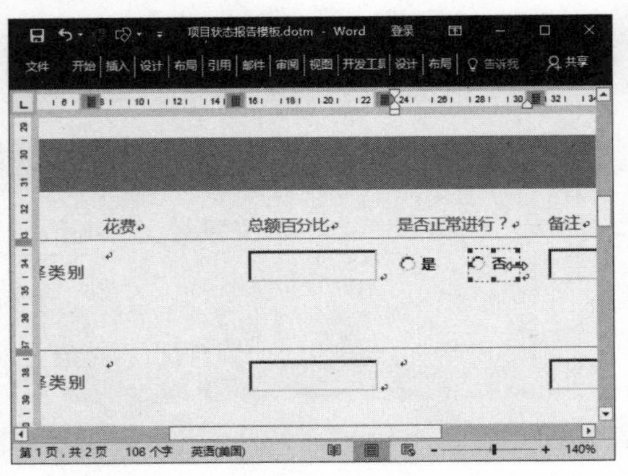

第6步 **复制控件** 将选项按钮控件复制到其他单元格中。

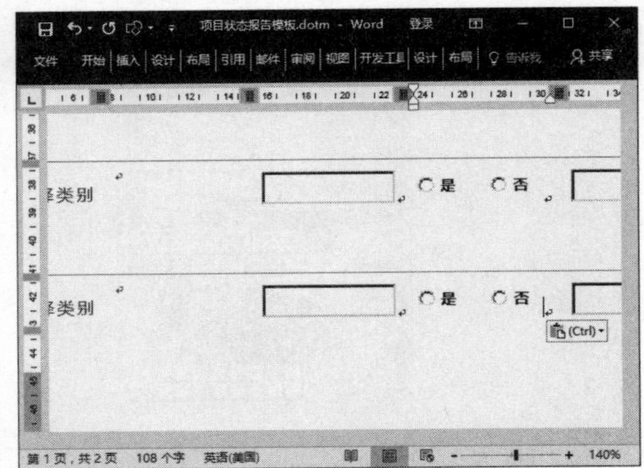

提示您

右击控件，选择“属性”命令，即可打开“属性”对话框。

高手点拨

右击控件，选择“设置自选图形/图片格式”命令，在弹出的对话框中选择“版式”选项卡，即可调整控件的环绕方式。

3．添加宏代码

宏实际上是指在 Office 软件中集成的 VBA 代码，应用宏代码可以增加 Word 文档的功能。本例中要使项目状态报告中的控件具有一些特殊的功能，需要为控件添加宏代码，具体操作方法如下：

多学点

右击控件，选择“‘选项按钮’对象”命令，即可编辑控件的内容。

第1步 **插入控件** 在“建议”栏下插入2个选项按钮控件，打开“属性”窗格，❶ 设置控件名称为 nonesuggest。❷ 设置 Caption 属性为“无”。❸ 设置字体和前景色属性。

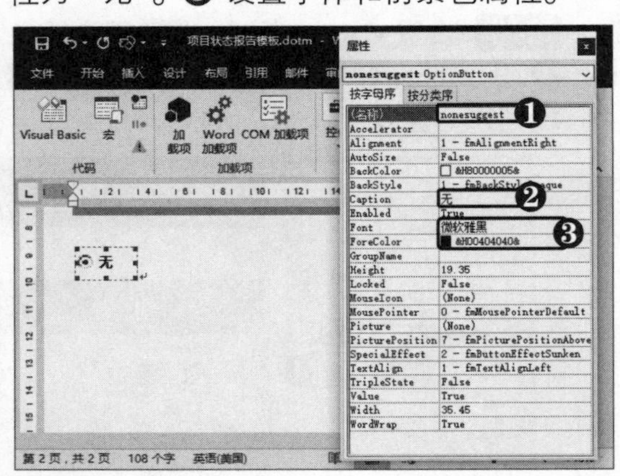

第2步 **继续插入控件** 继续插入选项按钮控件，❶ 在“属性”窗格中设置控件名称为 have。❷ 设置 Caption 属性为“有”。❸ 设置字体和前景色属性。

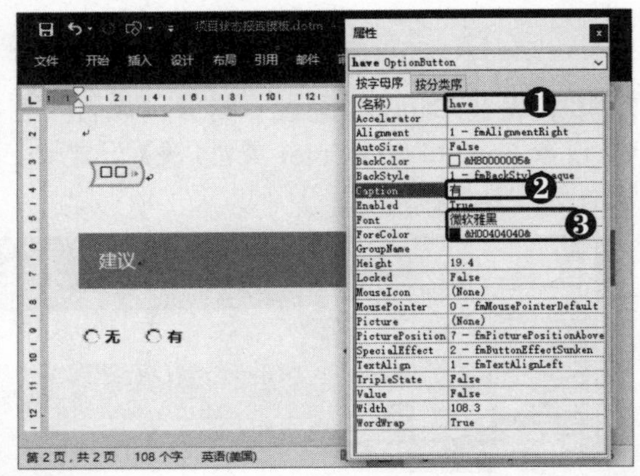

第3步 **选择“文本框”控件** ❶ 在“控件”组中单击“旧式工具”下拉按钮。❷ 选择“文本框”控件。

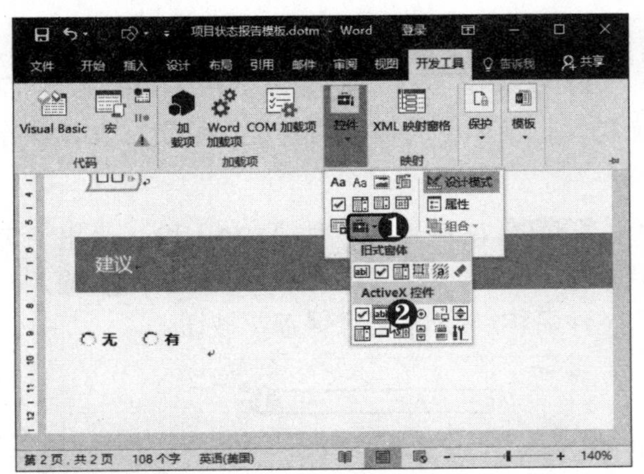

第4步 设置控件属性 ❶ 在“属性”窗格中设置控件名称为 suggestion。❷ 设置字体和前景色属性。

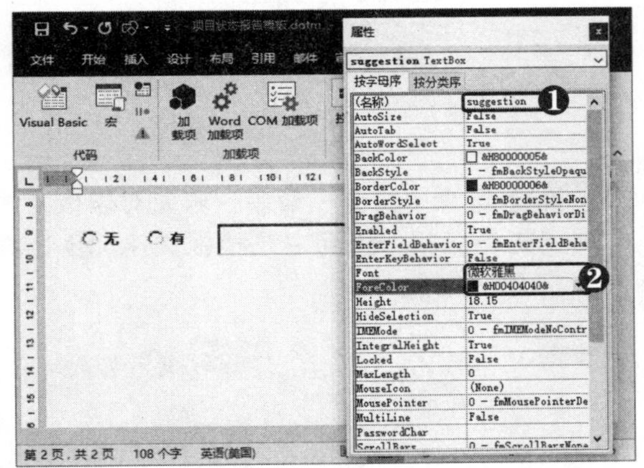

第5步 双击控件 根据需要调整文本框控件的大小，双击“无”选项按钮控件。

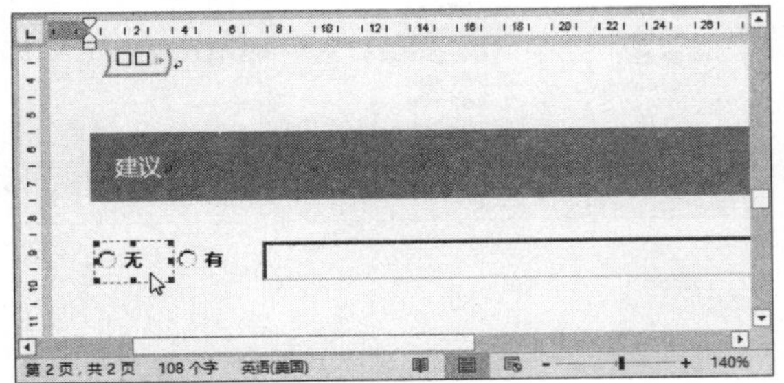

第6步 编写选项按钮单击事件过程 此时即可打开代码编辑窗口，代码中会自动生成该选项按钮控件的单击事件过程代码，在其过程中输入代码，从而使单击时 suggestion 文本框控件无效，同时使该对象的背景颜色为灰色（即 BackColor 属性值为&HC0C0C0）。

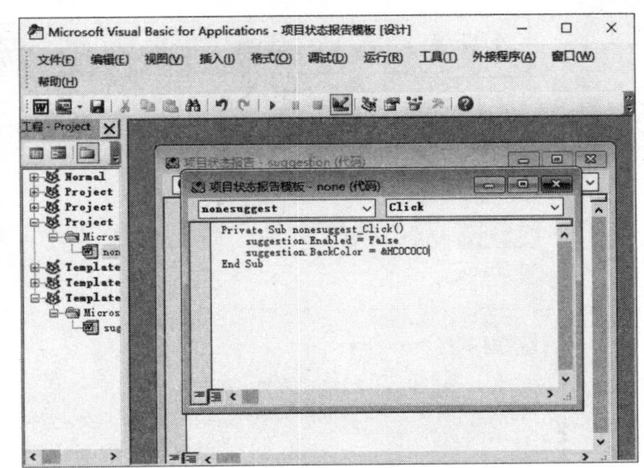

```
Private Sub nonesuggest_Click()
    suggestion.Enabled = False
    suggestion.BackColor = &HC0C0C0
End Sub
```

第7步 编写另一个选项按钮单击事件过程 添加 have 选项按钮控件的单击事件过程，使 suggestion 文本框控件有效，背景颜色属性变为白色（即 BackColor 属性值为&HFFFFFF）。

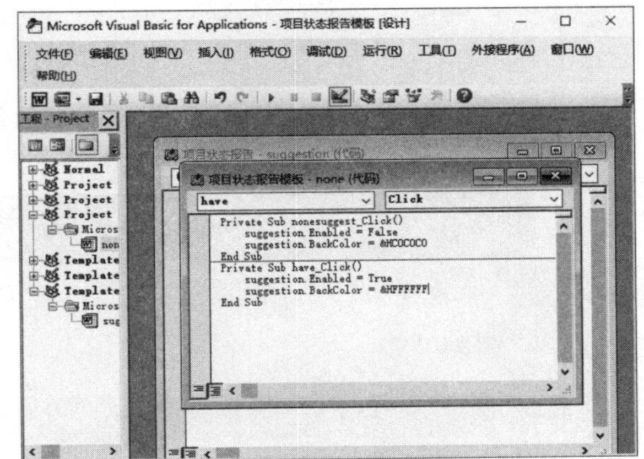

```
Private Sub nonesuggest_Click()
    suggestion.Enabled = False
    suggestion.BackColor = &HC0C0C0
End Sub
Private Sub have_Click()
    suggestion.Enabled = True
    suggestion.BackColor = &HFFFFFF
End Sub
```

第8步 查看控件效果 退出设计模式，单击“有”选项按钮控件，此时 suggestion 文本框控件有效，并且背景颜色为白色。

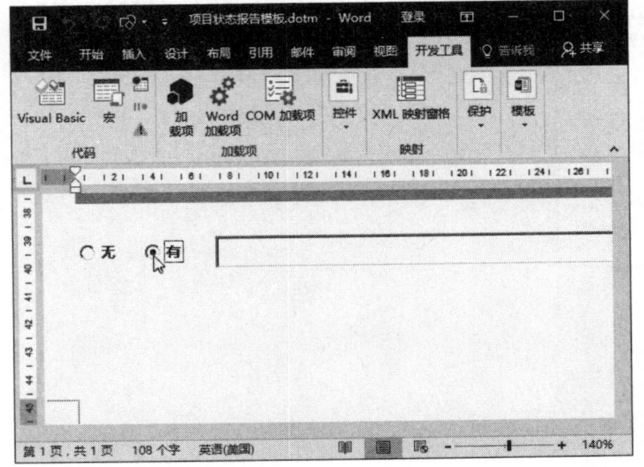

4.3.4 应用模板创建项目状态报告

下面将介绍如何使用功能模板创建新文档，以及如何对模板文件进行编辑，具体操作方法如下：

第1步 双击模板文件 找到模板文件，双击其图标。

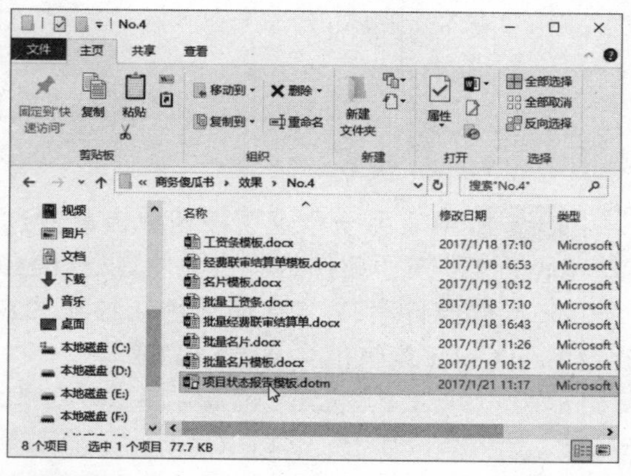

第2步 创建文档 此时即可在该模板基础上创建一个新文档。

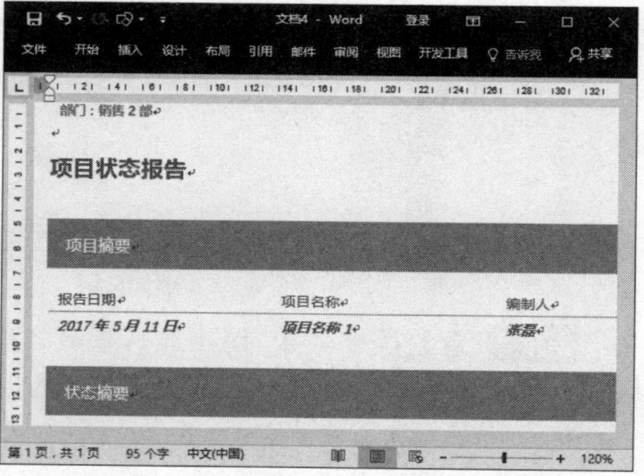

第3步 保存文档 按【F12】键，弹出“另存为”对话框，❶ 选择保存位置。❷ 输入文件名称。❸ 单击“保存”按钮。

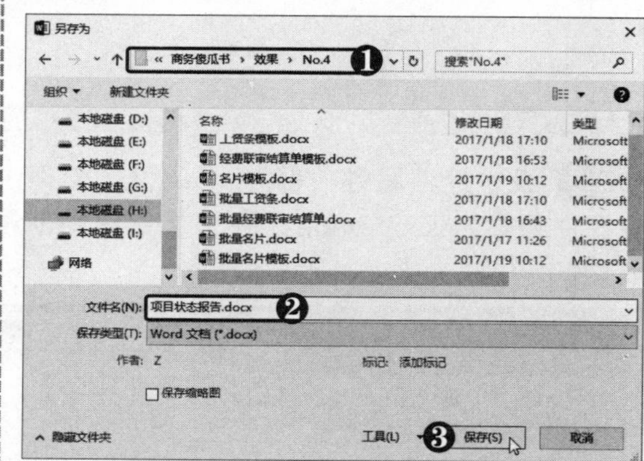

第4步 选择“打开”命令 若要对模板文件本身进行编辑，❶ 可右击模板文件。❷ 选择“打开”命令。

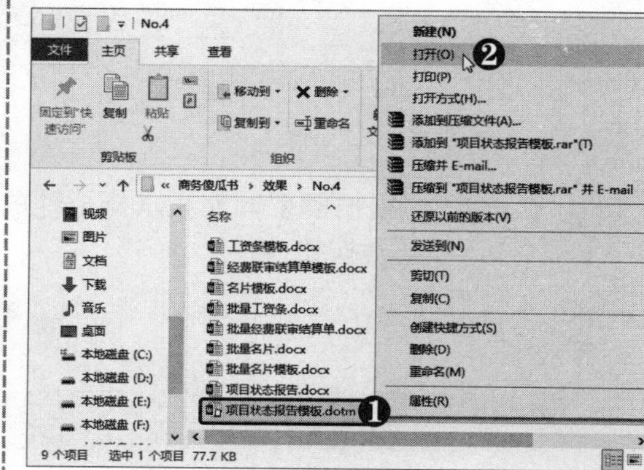

电脑小专家

问：如何更改个人模板的默认保存位置？

答：打开“Word 选项”对话框，在左侧选择“保存”选项，在右侧的“默认个人模板位置”文本框中输入位置即可。

新手巧上路

问：如何在 Word 2016 中使用旧版本 Office 创建的模板？

答：对于早期版本创建的模板，在 Word 2016 中仍然可以使用，可以将其移至自定义 Office 模板文件夹中，以便在 Word 2016 中可以找到它们。

第5章 使用 Excel 制作商务办公表格

章前导读

作为一款集电子表格、数据存储、数据处理及分析等功能于一体的办公应用软件，Excel 2016 可以对一些庞大而复杂的数据信息进行分析和处理。本章将以制作客户订单明细表和订单金额明细表为例，介绍 Excel 2016 的基础操作。

- ✔ 制作客户订单明细表
- ✔ 制作订单金额明细表

小神通，现在我会使用 Word 2016 了，接下来教教我怎样操作 Excel 2016 吧！

没问题！Excel 2016 是一款电子表格制作软件，可以制作出具有专业水准的电子表格。下面请博士详细介绍一下吧！

Excel 2016 不仅可以制作电子表格，也能对复杂的数据进行运算处理、分类汇总，以及制作图表等。本章我们就开始学习如何使用 Excel 2016 制作商务办公表格。

5.1 制作客户订单明细表

在日常办公中经常需要 Excel 表格对大量的数据进行存储和处理，下面将以制作客户订单明细表为例，介绍 Excel 表格的一些基本操作。

5.1.1 创建工作簿

工作簿是 Excel 的主要数据存储单位，一个工作簿即一个硬盘文件。在默认情况下，工作簿中包含一张 Sheet1 工作表，用户可以在工作表中编辑数据。下面将详细介绍如何创建工作簿，具体操作方法如下：

提示您

在一个Excel工作簿中可以有多个工作表，这一点和Word不同。

第1步 单击“业务”超链接 打开 Excel 2016，在右侧选择模板类型，在此单击“业务”超链接。

第2步 选择模板 在模板列表中选择所需的模板，如选择“费用报表”模板。

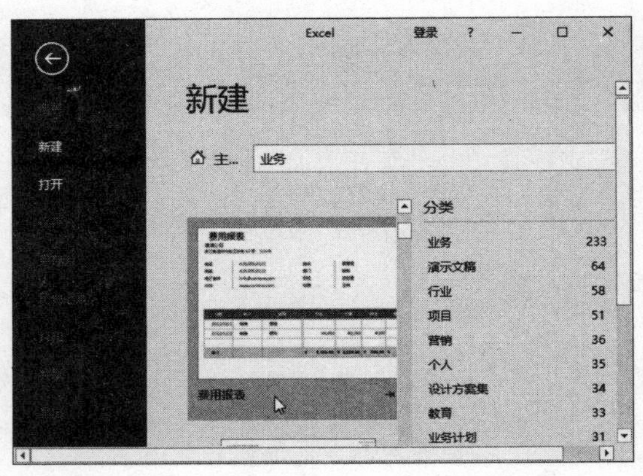

多学点

要对 Excel 程序进行自定义设置，可在“文件”选项卡下选择“选项”选项，在弹出的“Excel 选项”对话框中进行设置。

第3步 单击“创建”按钮 弹出该模板的说明和预览界面，若确认使用该模板，则单击“创建”按钮。

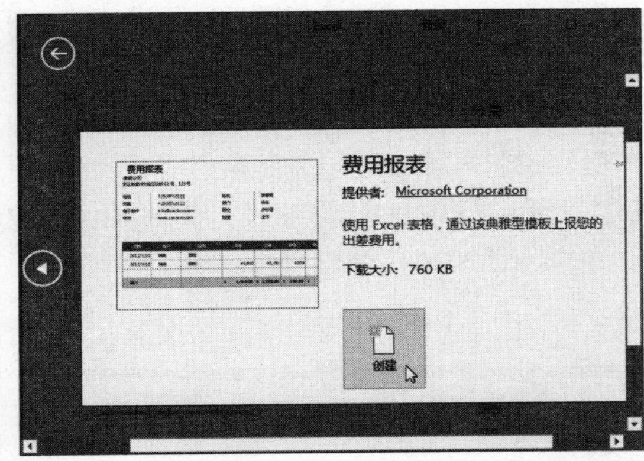

第4步 创建工作簿 开始从网上下载所选模板文件，下载完成后将自动创建一个基于该模板的工作簿。选择“文件”选项卡。

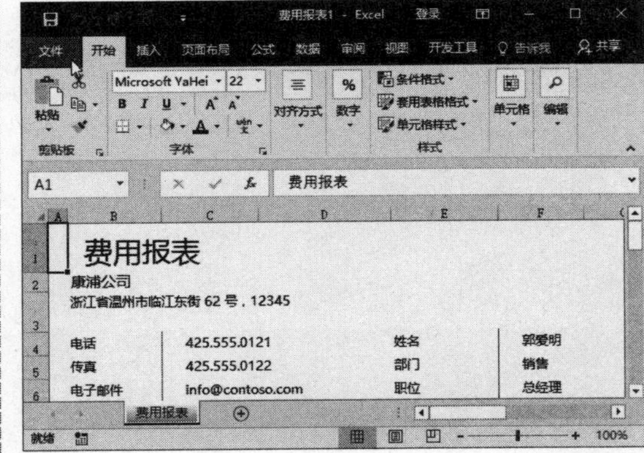

第5步 单击“浏览”按钮 ❶ 在左侧选择“另存为”选项。❷ 单击“浏览”按钮。

第6步 保存工作簿 弹出“另存为”对话框，❶ 选择保存位置。❷ 输入文件名称。❸ 单击“保存”按钮，即可保存新建的工作簿。

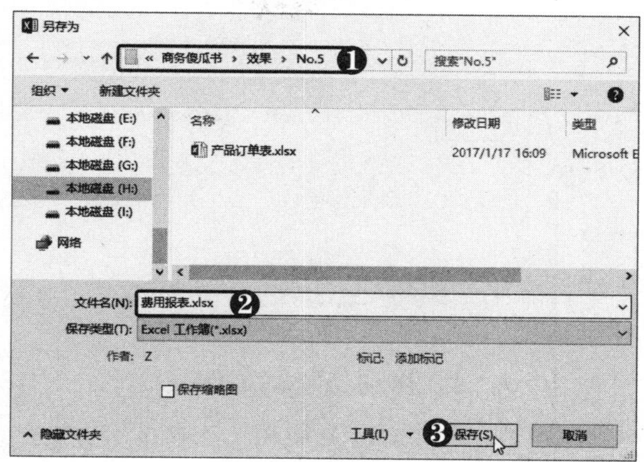

5.1.2 工作表的基本操作

创建好工作簿后，可以在工作簿中创建新工作表，默认新工作表会以 Sheet2、Sheet3 等命名，工作簿与工作表的关系就像是一本书与书中每一页的关系。工作簿是“书”，每个工作表相当于书中的每一页。下面将详细介绍工作表的基本操作。

1．新建工作表

新建的工作簿中会自动创建工作表 Sheet1，可以在该工作簿中新建多个工作表，以编辑不同类别的数据。可以对新工作表进行重命名，更改工作表标签颜色。若不再需要某个工作表，还可将其删除。

第1步 单击“空白工作簿”选项 启动 Excel 2016，在 Excel 开始界面中单击“空白工作簿”选项。

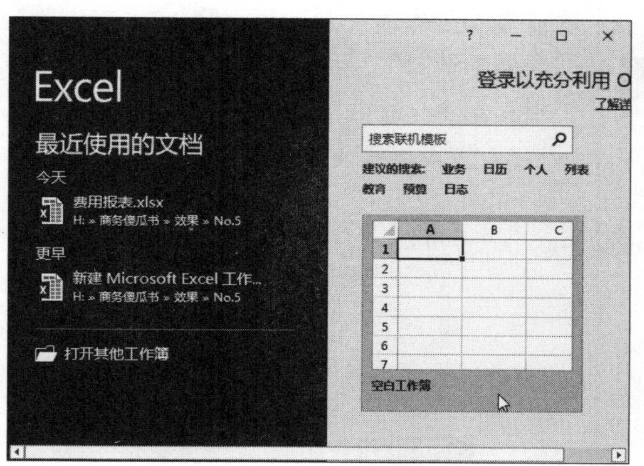

第2步 单击“新工作表”按钮 单击工作表标签右侧的“新工作表”按钮⊕。

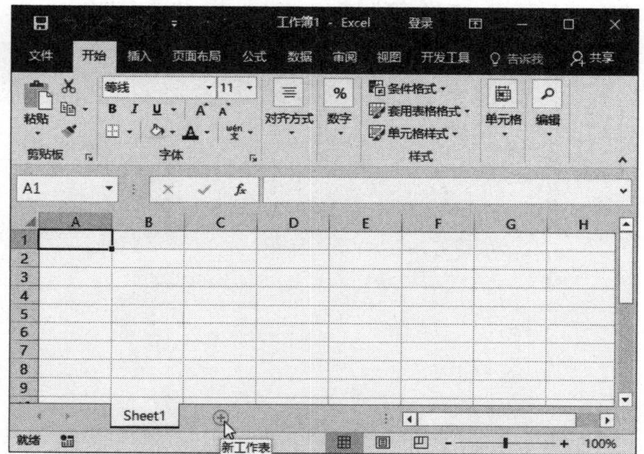

第3步 重命名工作表 在工作表标签上双击，此时工作表标签名称处于可编辑状态,输入新的工作表名称。

第4步 选择“删除”命令 按【Enter】键确认，即可重命名工作表。❶ 右击 Sheet1 工作表标签。❷ 选择“删除”命令，即可删除工作表。

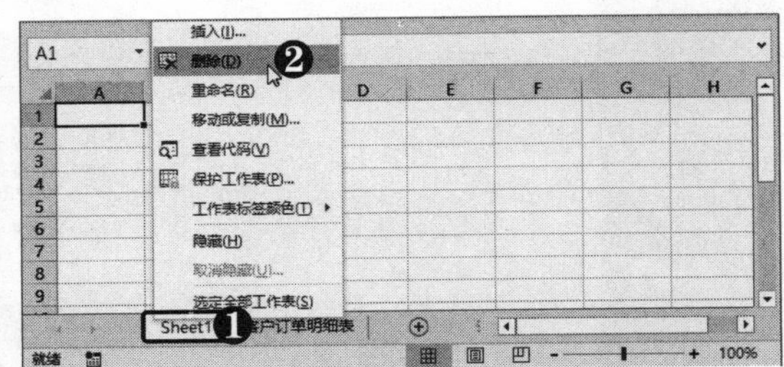

电脑小专家

问：怎样使用快捷键插入工作表？

答：按【Shift+F11】组合键，即可快速插入工作表。

2．移动与复制工作表

在相同或不同的工作簿中可以移动或复制工作表，具体操作方法如下：

第1步 新建工作表 新建工作表，并将其重命名为“产品名称”。

第2步 移动工作表 单击工作表标签并拖动鼠标，此时鼠标指针变为形状，移到目标位置后释放鼠标，即可移动工作表。

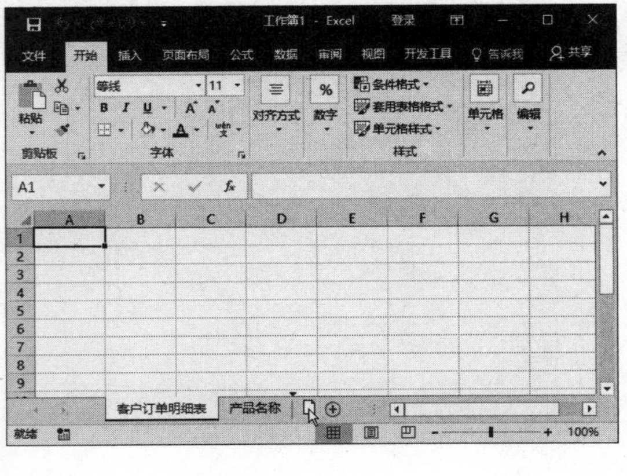

第3步 选择“移动或复制”命令 ❶ 右击需要移动的工作表标签。❷ 选择“移动或复制”命令。

第4步 选择“(新工作簿)”选项 弹出“移动或复制工作表”对话框，❶ 在“工作簿”列表框中选择“(新工作簿)”选项。❷ 选中“建立副本”复选框。❸ 单击“确定”按钮。

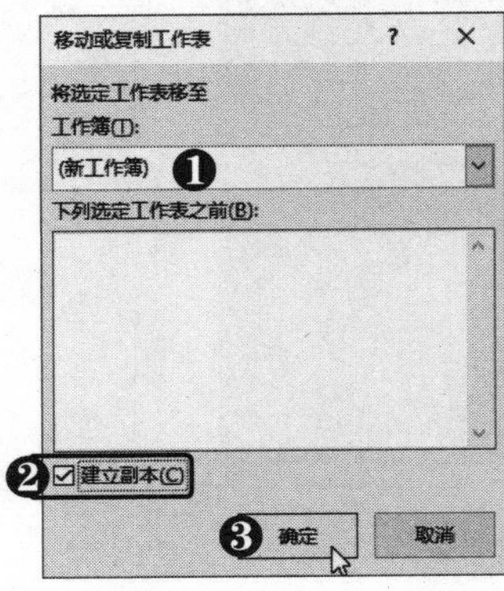

新手巧上路

问：怎样恢复 Word 2016 中默认的三个工作表呢？

答：打开“Excel 选项”对话框，在左侧选择“常规”选项，在右侧“包含的工作表数”文本框中输入数目即可。

第5步 建立副本 此时所选工作表即在一个新的工作簿中建立副本。

高手点拨

对于内容较简单的工作表，可将其数据直接复制到新的工作表中。

3．设置工作表标签颜色

当一个工作簿中有多个工作表时，为了更容易区分不同的工作表，可以将工作表标签设置成不同的颜色，具体操作方法如下：

第1步 设置工作表标签颜色 ❶ 右击工作表标签。❷ 选择“工作表标签颜色”命令。❸ 选择所需的颜色。

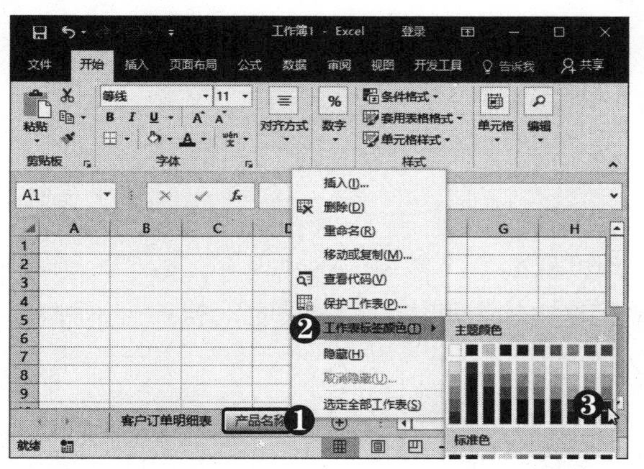

第2步 查看工作表标签颜色 切换到其他工作表，即可查看工作表标签的颜色效果。

第3步 继续操作 采用同样的方法，为“客户订单明细表”设置标签颜色。

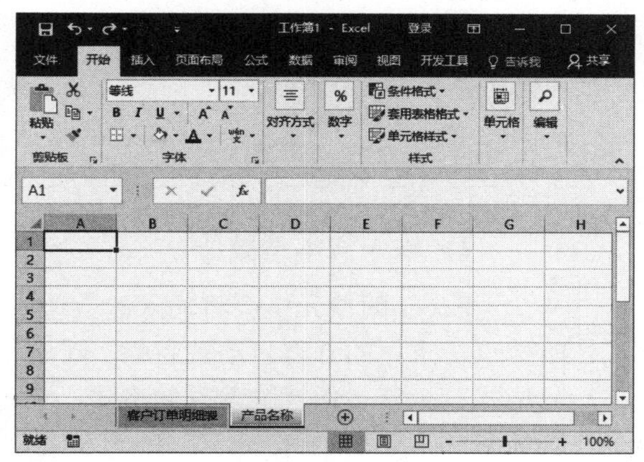

第4步 选择保存位置 按【F12】键，弹出“另存为”对话框，❶ 选择保存位置。❷ 输入文件名称。❸ 单击“保存”按钮，即可保存新建的工作簿。

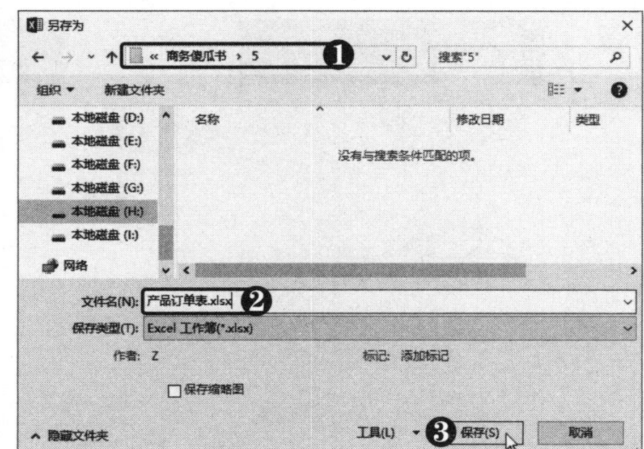

5.1.3 录入订单信息

Excel 文件创建完成后，接下来可以为表格填充数据内容。单个数据的输入和修改都是在单元格中进行的。单元格是指表格中行与列的交叉部分，它是组成表格的最小单位。下面以员工信息表的数据信息录入为例，详细介绍多种类型数据信息的录入方法。

1．输入普通文本内容

普通文本和数值的录入可以通过选择单元格直接输入，具体操作方法如下：

> **提示您**
>
> 在工作表中选中任意单元格，按【Ctrl+A】组合键可选中整个数据区域，再按【Ctrl+A】组合键可选中整个工作表。

第1步 输入数据 单击工作表中的 A1 单元格，即可直接输入文本，按【Enter】键确认。

第2步 输入首行 按【Tab】键或【→】键，快速选中右侧单元格，输入首行内容。

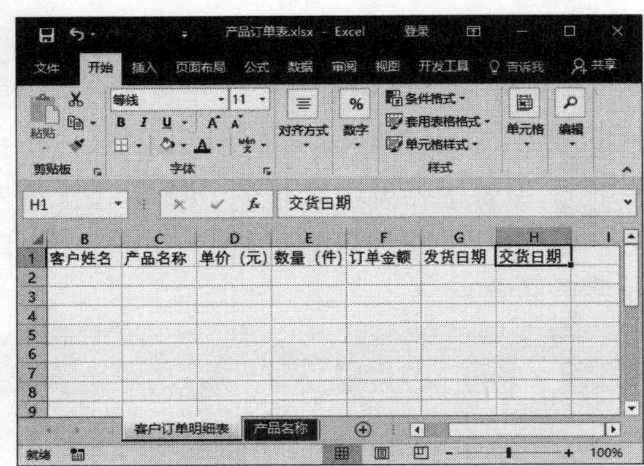

2．输入文本型数值

Excel 的单元格会将输入的数值内容自动以标准的“常规”格式保存，数值左侧或小数点后末尾的 0 将自动被省略。例如，在单元格内输入 001 后，将被自动转换为常规数值格式 1。若要保持输入时的格式，可将单元格的数字格式转换为“文本”，具体操作方法如下：

> **多学点**
>
> 在包含数据的工作表中按【Ctrl+方向键】可进行快速定位，如按【Ctrl+→】键可快速定位到当前选中单元格所在行的最右侧。

第1步 转换格式 ❶ 选中“订单编号”下方的第一个单元格。❷ 在“数字”组中单击“数字格式”下拉按钮。❸ 选择“文本”选项。

第2步 输入数据 在该单元格中输入 05001，按【Enter】键确认。

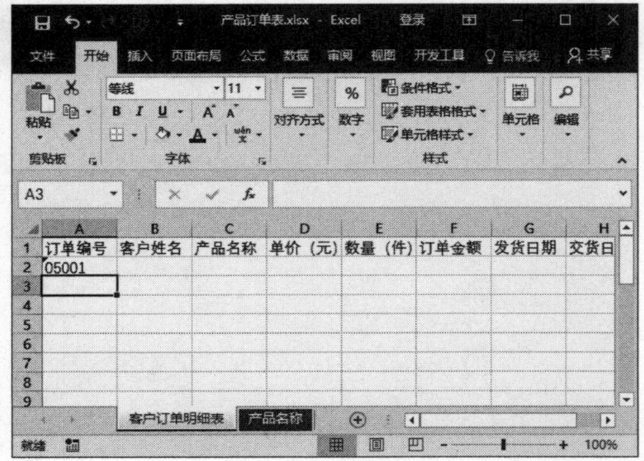

第3步 定位指针 将鼠标指针移至单元格右下角，此时指针变为填充柄样式✚。

第4步 自动填充序列 按住鼠标左键并向下拖动填充柄，拖到需要填充的单元格后释放鼠标，即可填充数据序列。

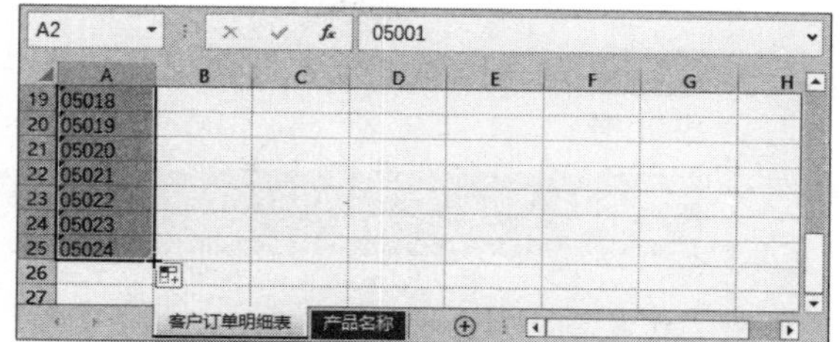

3．输入日期型数据

Excel 2016 中提供了多种多样的日期格式，可在“设置单元格格式”对话框中选择所需的格式，具体操作方法如下：

第1步 单击扩展按钮 ❶ 在 G2 单元格中输入日期数据并将其选中。❷ 单击“数字”组右下角的扩展按钮。

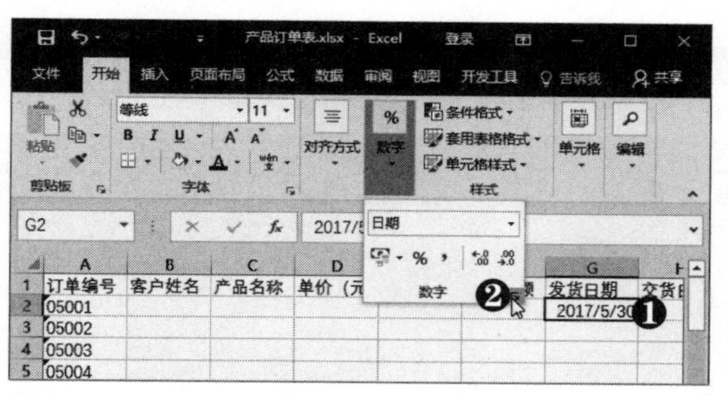

第2步 选择日期类型 弹出“设置单元格格式”对话框，❶ 在左侧选择“日期”选项。❷ 在右侧选择所需类型。❸ 单击“确定”按钮。

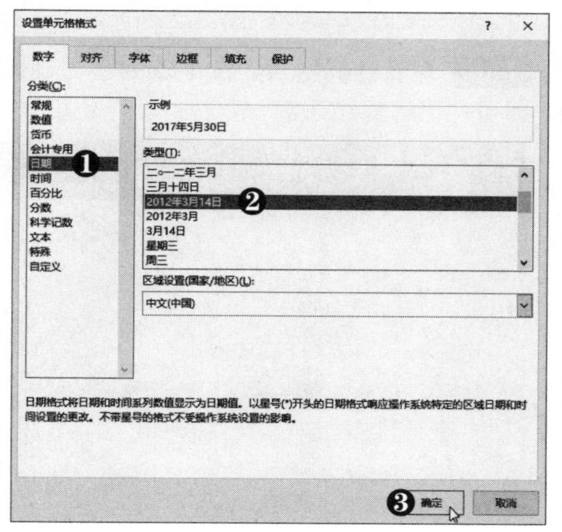

第3步 查看应用日期格式效果 此时即可应用该日期格式。

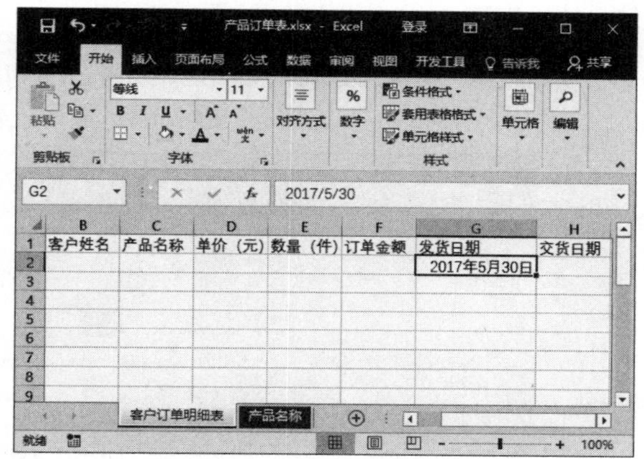

第4步 输入交货日期 采用同样的方法，输入其他发货日期和交货日期。

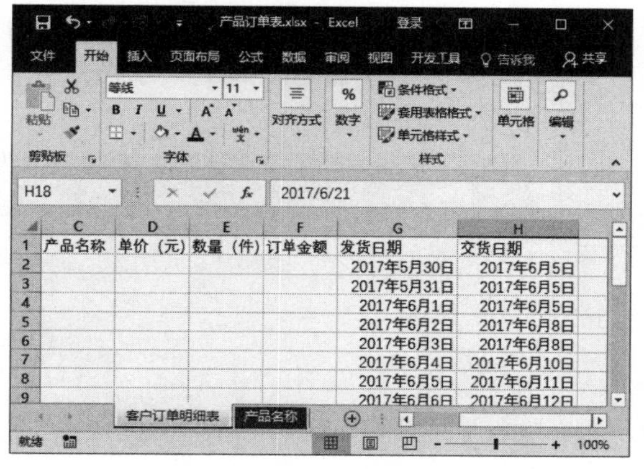

4．输入货币型数据

对于销售额或销售总额等金额数据，需要将其设置为货币格式，还可根据需要设置数字的小数位数，具体操作方法如下：

第1步 **输入数据** 输入单价信息，选中D2单元格。

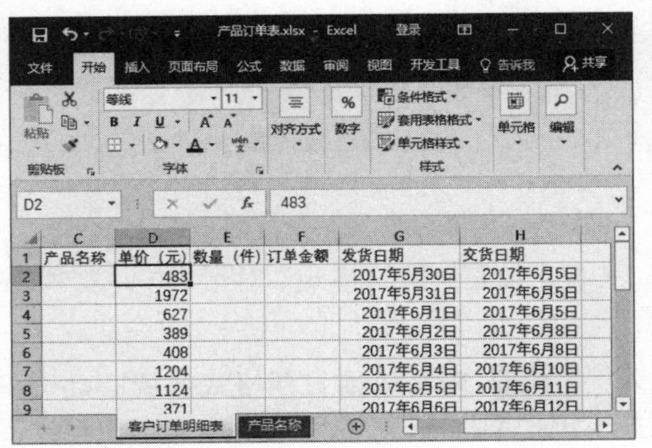

第2步 **转换格式** 按【Ctrl+Shift+↓】组合键，即可选中整列数据。❶ 在"数字"组中单击"数字格式"下拉按钮。❷ 选择"货币"选项。

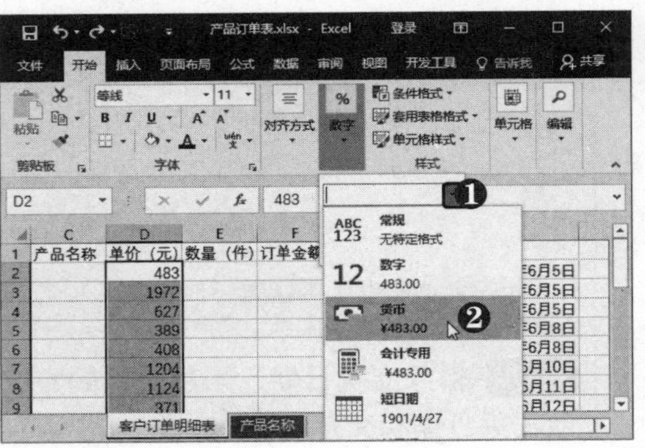

第3步 **单击"减少小数位数"按钮** 此时即可应用所选会计数字格式，单击"减少小数位数"按钮。

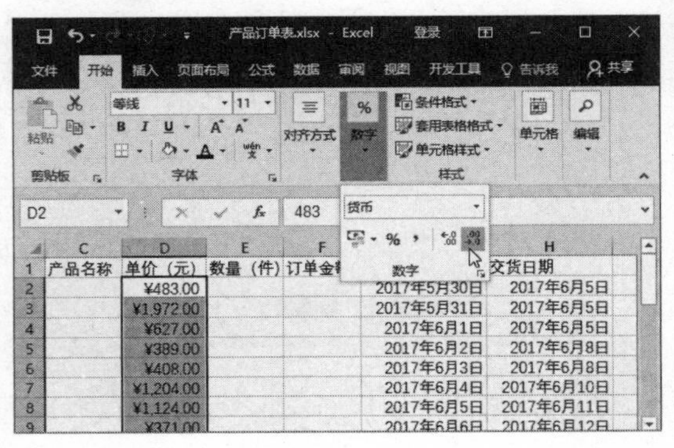

第4步 **减少小数位数** 此时即可减少所选单元格区域数据的小数位数。再次单击"减少小数位数"按钮。

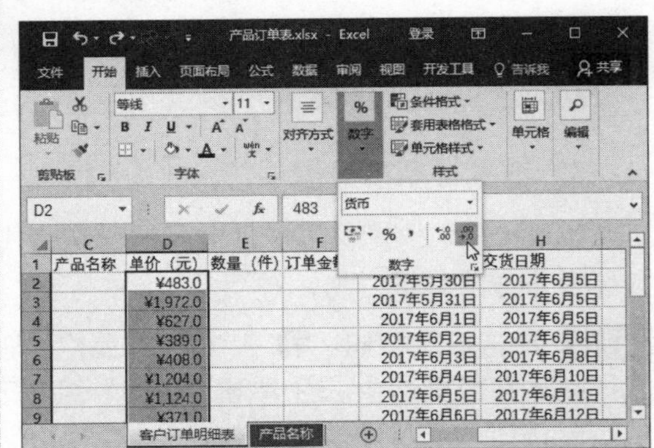

第5步 **输入公式** 在工作表中输入数量数据，在F2单元格中输入公式"=D2*E2"。

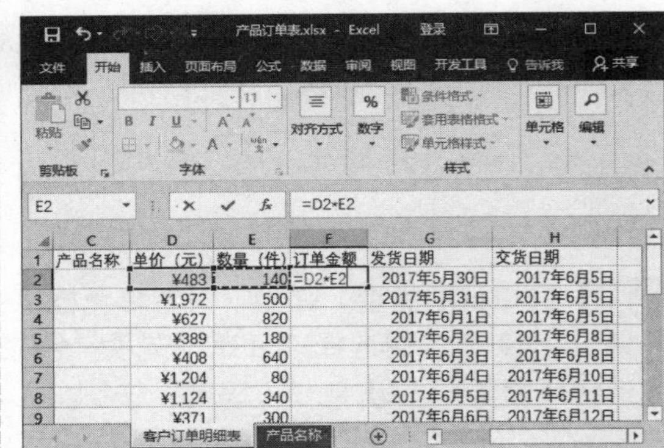

第6步 **查看计算结果** 按【Enter】键确认，即可得出计算结果。

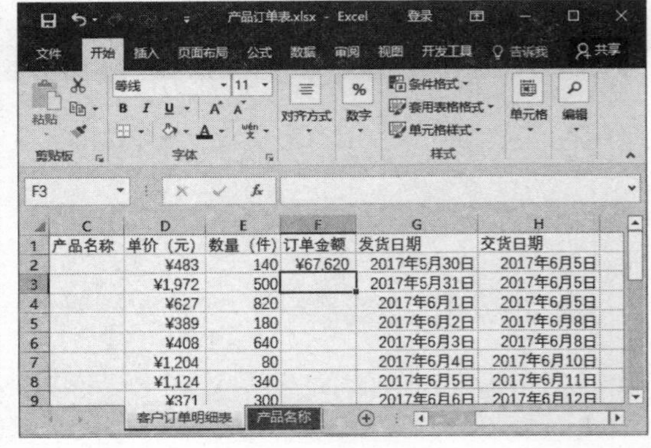

电脑小专家

问：如何使用快捷键选择单元格区域？

答：选择区域中的一个单元格，按【F8】键，再通过按方向键即可选择单元格区域。若要停止选择，再次按【F8】键即可。

新手巧上路

问：可不可以在输入数据的时候输入单位？

答：不可以，当手动为数据添加单位后，该数据将无法进行计算。

第7步 填充公式 双击 F2 单元格右下角的填充柄，将公式填充到整列。

F2 =D2*E2

	C	D	E	F	G	H
1	产品名称	单价（元）	数量（件）	订单金额	发货日期	交货日期
2		¥483	140	¥67,620	2017年5月30日	2017年6月5日
3		¥1,972	500	¥986,000	2017年5月31日	2017年6月5日
4		¥627	820	¥514,140	2017年6月1日	2017年6月5日
5		¥389	180	¥70,020	2017年6月2日	2017年6月8日
6		¥408	640	¥261,120	2017年6月3日	2017年6月8日
7		¥1,204	80	¥96,320	2017年6月4日	2017年6月10日
8		¥1,124	340	¥382,160	2017年6月5日	2017年6月11日
9		¥371	300	¥111,300	2017年6月6日	2017年6月12日

客户订单明细表　产品名称

5．自定义数字格式

若 Excel 2016 中提供的数字格式无法满足用户的需求，可以自定义数字格式。下面通过设置编号与电话号码的格式来介绍如何自定义数字格式，具体操作方法如下：

第1步 选择“转换为数字”选项 ❶ 选中 A2:A25 单元格区域。❷ 单击“错误检查”下拉按钮。❸ 选择“转换为数字”选项。

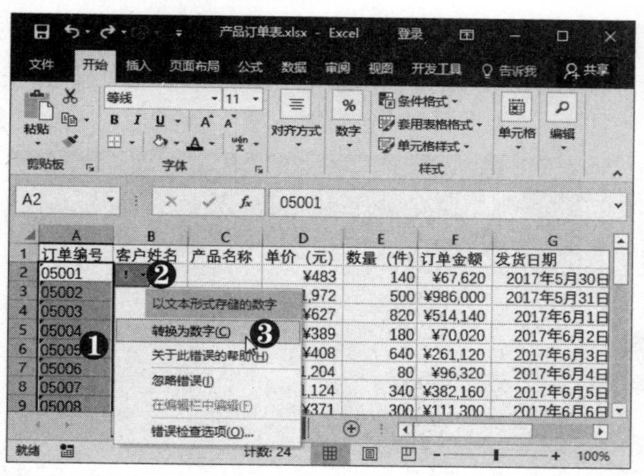

第2步 单击扩展按钮 此时即可将序列转换为数字形式，单击“数字”组右下角的扩展按钮。

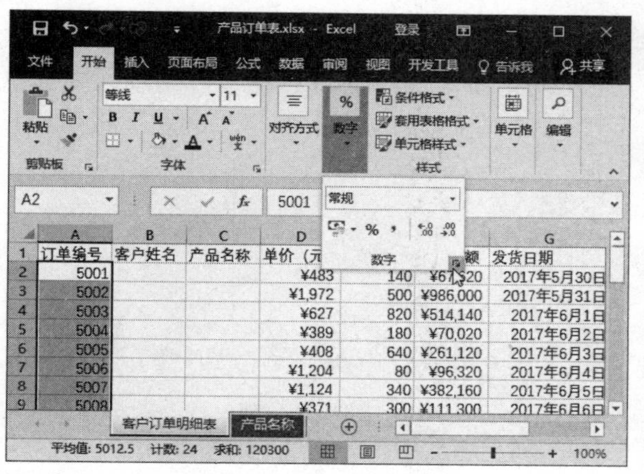

第3步 自定义数字格式 弹出对话框，❶ 在左侧选择“自定义”分类。❷ 在“类型”文本框中输入“"编号："00000”，在“示例”区域即可预览效果。❸ 单击“确定”按钮。

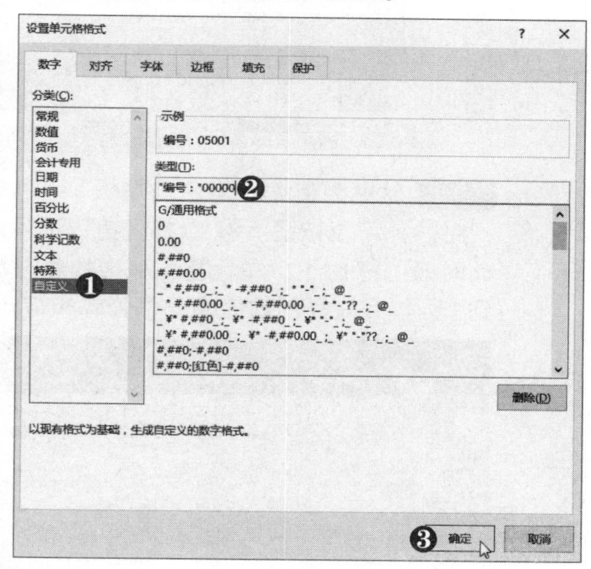

第4步 查看数字格式效果 此时即可更改订单编号的显示方式。

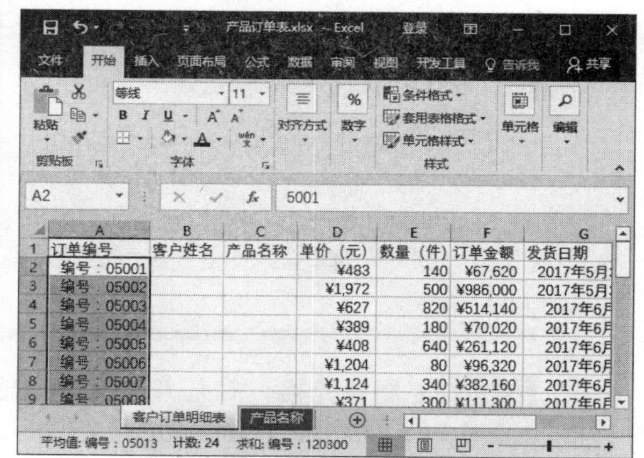

6．选择性粘贴

通过应用“选择性粘贴”功能不仅可以将复制的内容过滤掉格式和样式，粘贴为不同于内容源的格式，还可在粘贴过程中进行加减乘除等运算，具体操作方法如下：

第1步 **复制数据** ❶ 在 I1 单元格中输入文本。❷ 选中 F2:F25 单元格区域，按【Ctrl+C】组合键复制数据。

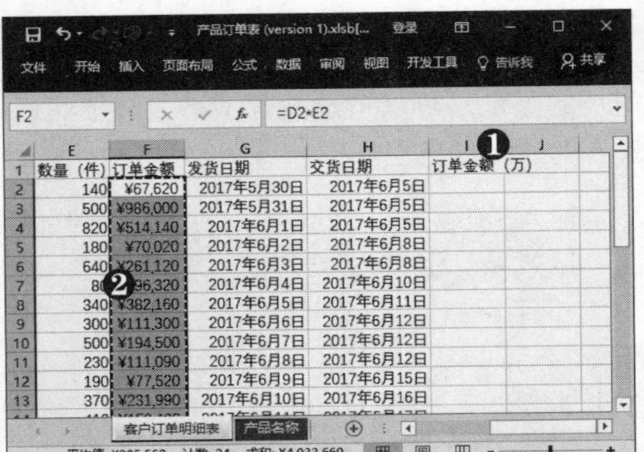

提示您

复制单元格数据后，按【Ctrl+Alt+V】组合键可弹出“选择性粘贴”对话框。

第2步 **粘贴为值** ❶ 在“剪贴板”组中单击“粘贴”下拉按钮。❷ 选择“值”选项。此时即可将 F2:F25 单元格区域中的数据粘贴到 I 列，且只复制数值而不带公式和格式。

多学点

若在“选择性粘贴”对话框中选中“转置”复选框，即可转置复制数据的行与列。

高手点拨

在“剪贴板”组中单击“粘贴”下拉按钮，选择“图片”选项，即可将复制的数据粘贴为图片。

第3步 **复制单元格** 在任意单元格中输入 10000，按【Ctrl+C】组合键进行复制。

第4步 **选择“选择性粘贴”选项** ❶ 选中 I2:I25 单元格区域。❷ 单击“粘贴”下拉按钮。❸ 选择“选择性粘贴”选项。

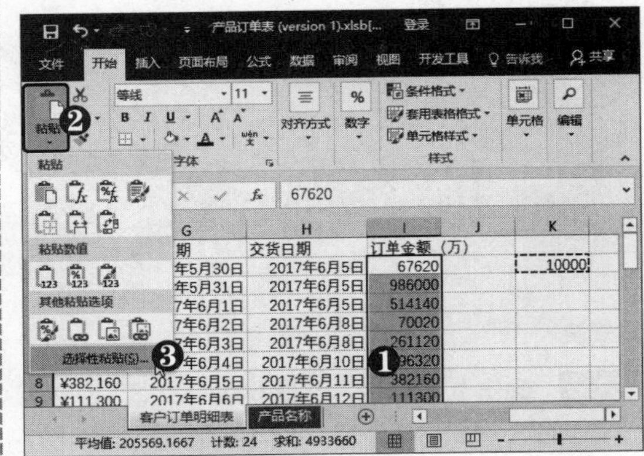

第5步 **选中“除”单选按钮** 弹出“选择性粘贴”对话框，❶ 在“运算”选项区中选中“除”单选按钮。❷ 单击“确定”按钮。

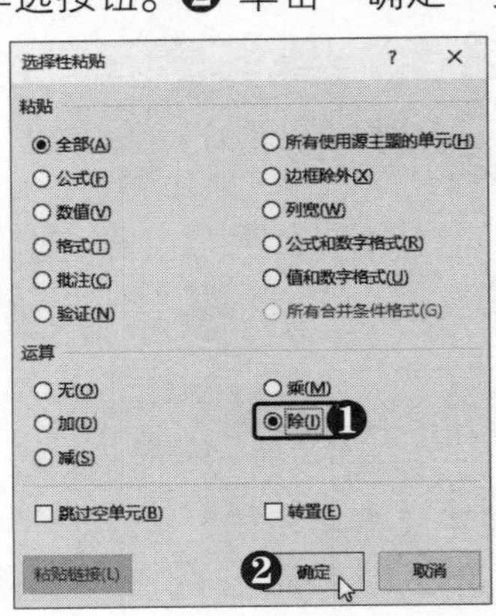

第6步 查看粘贴结果 此时即可将 I2:I25 单元格区域中的数据除以 10 000。

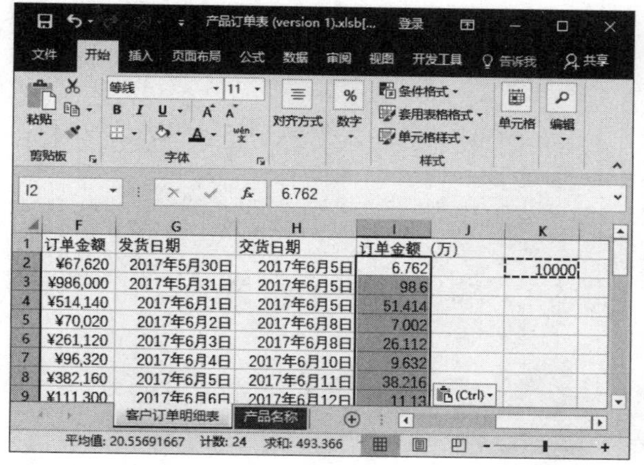

第7步 单击"减少小数位数"按钮 在"数字"组中单击"减少小数位数"按钮。

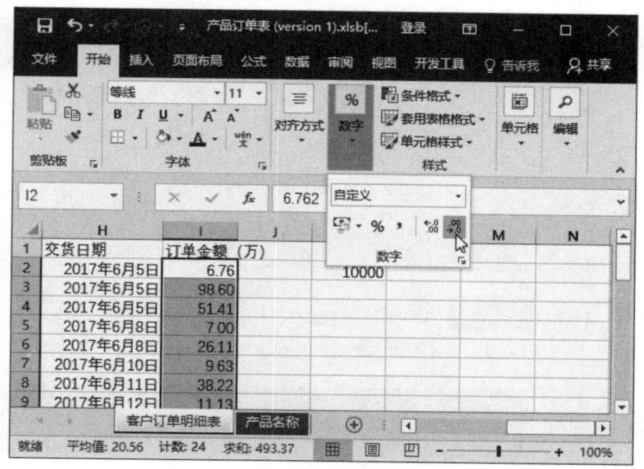

5.1.4 行、列和单元格的基本操作

单元格是 Excel 存储数据的最小单元，大量数据都存储在单元格中，许多操作也是针对单元格进行的。因此熟练掌握单元格操作是使用 Excel 的重要基础。单元格的基本操作主要包括插入行与列、调整行高与列宽、合并单元格、隐藏行或列、冻结行与列等，下面将分别对其进行介绍。

1. 标题行的插入与编辑

表格的主体内容填充完毕后，接下来可以对表格进行整体设置，首先为表格添加标题行，具体操作方法如下：

第1步 选择"插入"命令 ❶ 选中行并右击。❷ 选择"插入"命令。

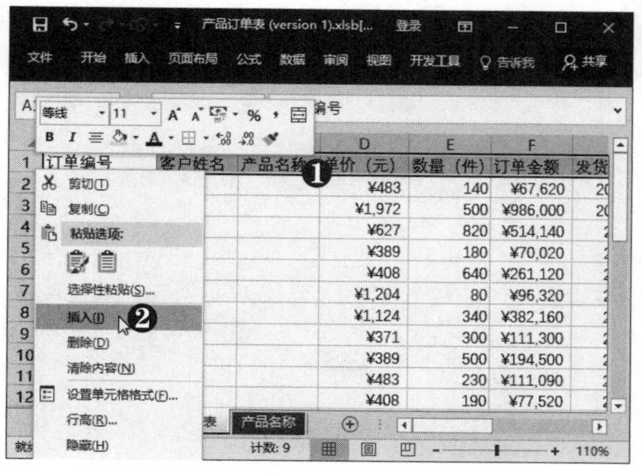

第2步 合并单元格 ❶ 选中 A1:I1 单元格区域。❷ 在"对齐方式"组中单击"合并后居中"下拉按钮。❸ 选择"合并单元格"选项。

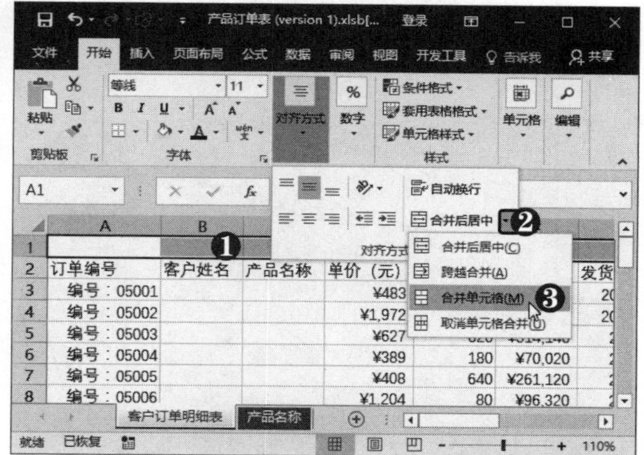

第3步 输入标题文本 在合并单元格中输入标题文本。

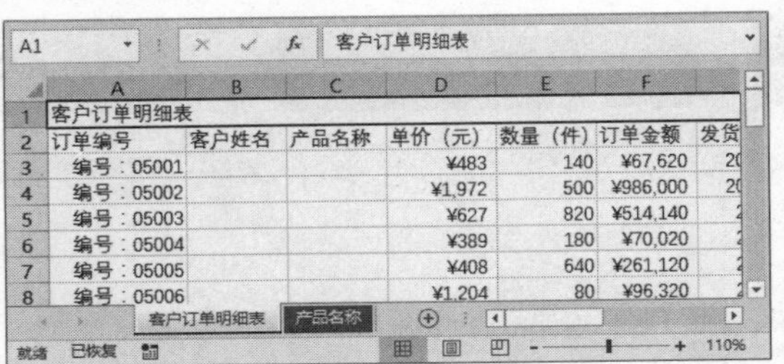

第4步 选择“插入”命令 ❶ 选中第 2、3 行单元格并右击。❷ 选择“插入”命令。

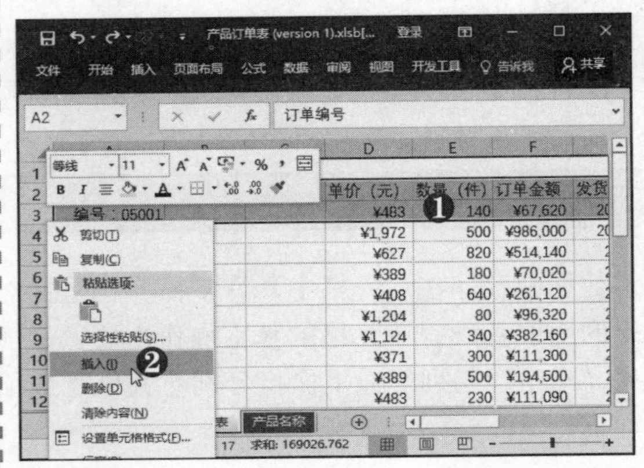

第5步 选择“求和”选项 此时即可在第 2 行上方插入 2 行单元格，❶ 在单元格中输入文本内容。❷ 选中 A3 单元格。❸ 在“编辑”组中单击“自动求和”下拉按钮。❹ 选择“求和”选项。

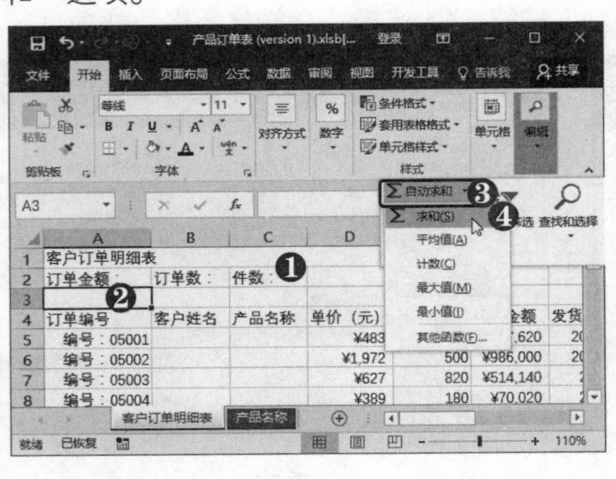

电脑小专家

问：有没有其他方法合并单元格？

答：选中要合并的单元格区域并右击，在浮动工具栏中单击“合并后居中”按钮，也可合并单元格。

新手巧上路

问：如何快速插入或删除单元格？

答：按【Ctrl++】组合键，可快速打开“插入”对话框。若按【Ctrl+−】组合键，可打开“删除”对话框。

第6步 选择求和区域 此时即可自动插入求和公式，拖动鼠标选中 F5:F28 单元格区域。

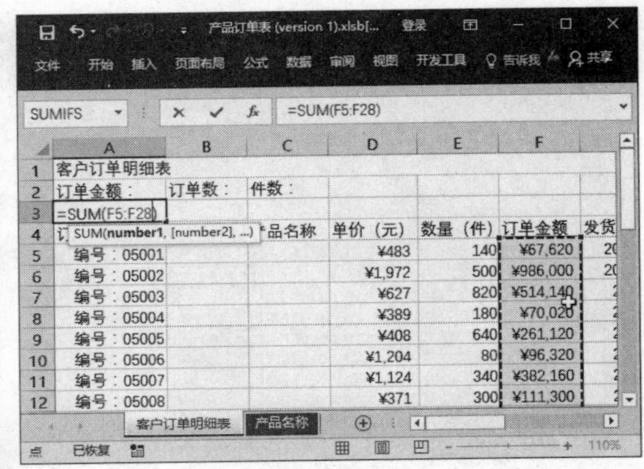

第7步 继续操作 按【Enter】键确认公式。采用同样的方法，在 C3 单元格中插入求和公式，拖动鼠标选择求和区域。

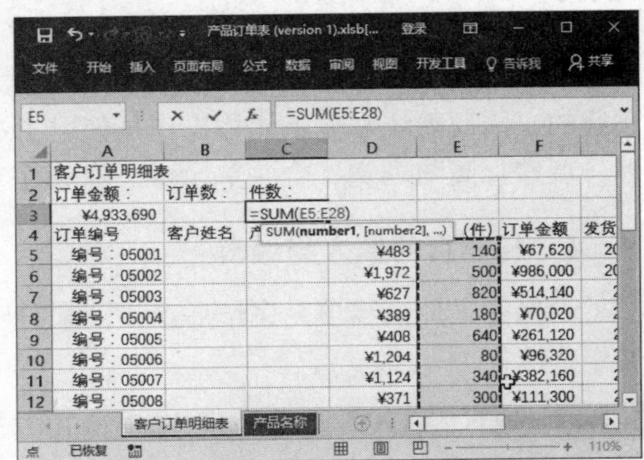

第8步 输入订单数 按【Enter】键确认公式，在 B3 单元格中输入订单数。

	A	B	C	D	E	F
1	客户订单明细表					
2	订单金额：	订单数：	件数：			
3	¥4,933,690	24	7070			
4	订单编号	客户姓名	产品名称	单价（元）	数量（件）	订单金额
5	编号：05001			¥483	140	¥67,620
6	编号：05002			¥1,972	500	¥986,000
7	编号：05003			¥627	820	¥514,140
8	编号：05004			¥389	180	¥70,020
9	编号：05005			¥408	640	¥261,120
10	编号：05006			¥1,204	80	¥96,320
11	编号：05007			¥1,124	340	¥382,160
12	编号：05008			¥371	300	¥111,300

2. 调整行高和列宽

当系统默认的行高和列宽不能满足表格制作需求时，可以根据需要通过多种方法来调整行高或列宽，具体操作方法如下：

第1步 选择“行高”命令 ❶ 选中第 1 行单元格并右击。❷ 选择“行高”命令。

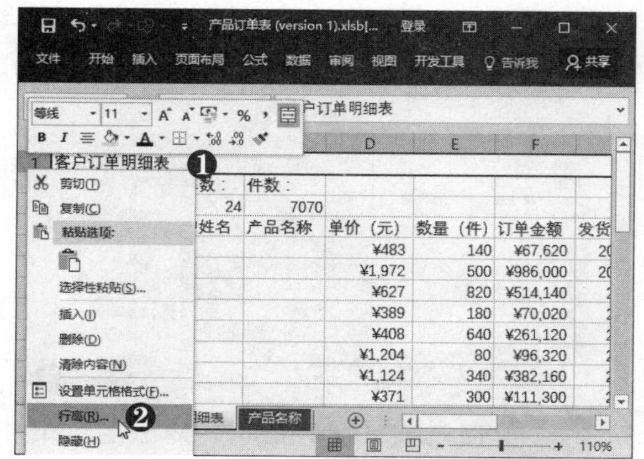

第2步 精确设置行高 弹出“行高”对话框，显示当前行高，❶ 输入“行高”数值。❷ 单击“确定”按钮。

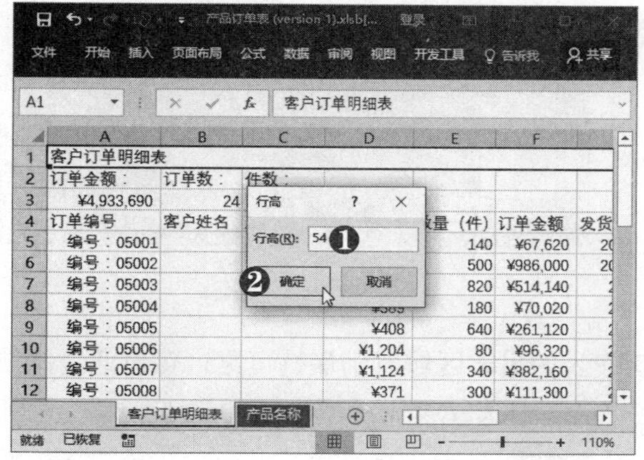

第3步 继续操作 采用同样的方法，设置第 2、3、4 行单元格的行高。

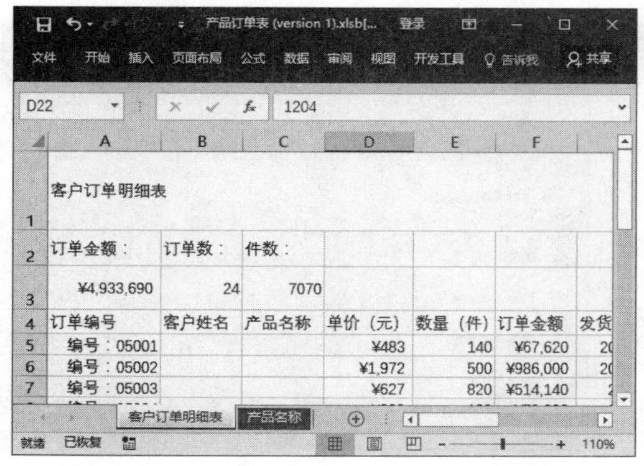

第4步 统一调整行高 选中其他行，将鼠标指针移至行号下边缘，当指针变为双向箭头形状时向下拖动鼠标，即可统一调整所选行的行高。

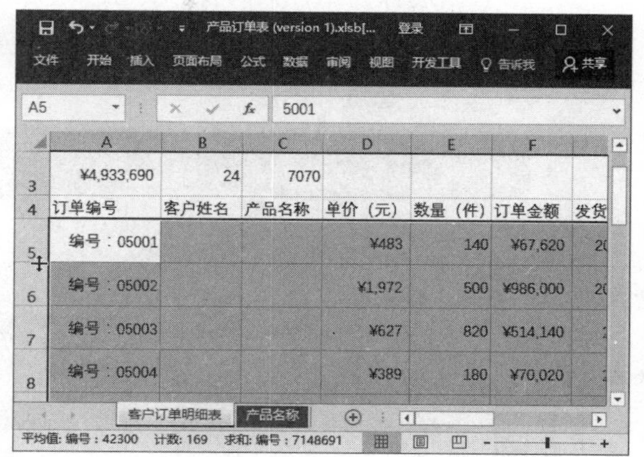

第5步 选择“自动调整列宽”选项 ❶ 选中 A 列~I 列。❷ 在“单元格”组中单击“格式”下拉按钮。❸ 选择“自动调整列宽”选项。

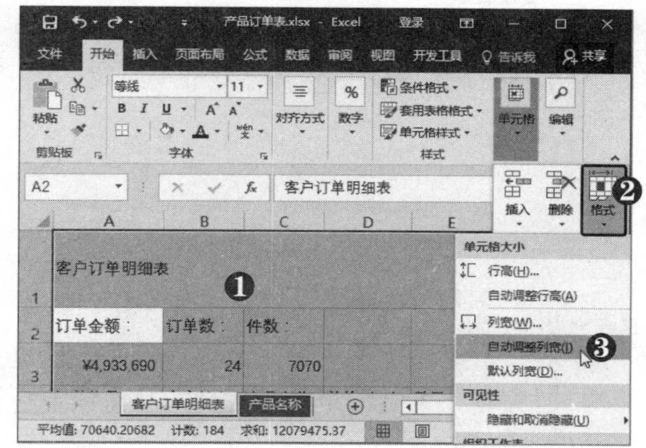

第6步 自动调整列宽 此时即可根据单元格文本的宽度自动调整列宽。

3．隐藏订单数据列

在工作表中，对于不需要显示的行或列数据，可以将其隐藏起来。下面以隐藏订单数据为例进行介绍，具体操作方法如下：

第1步 设置隐藏列 ❶ 选中D~F列并右击。❷ 选择“隐藏”命令。

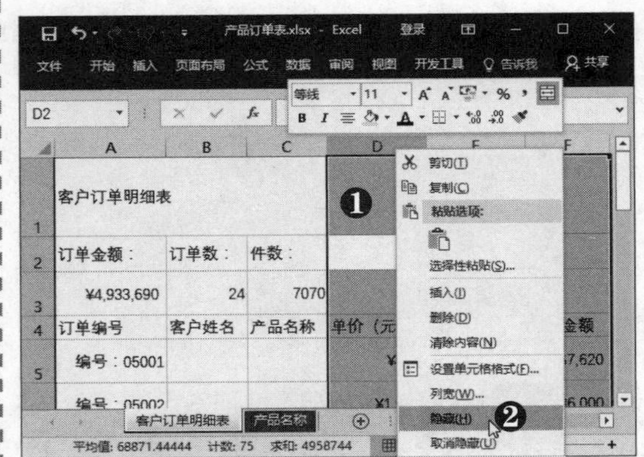

第2步 选择“取消隐藏”命令 此时即可隐藏所选行。❶ 选中隐藏列的前1列和后1列并右击。❷ 选择“取消隐藏”命令。

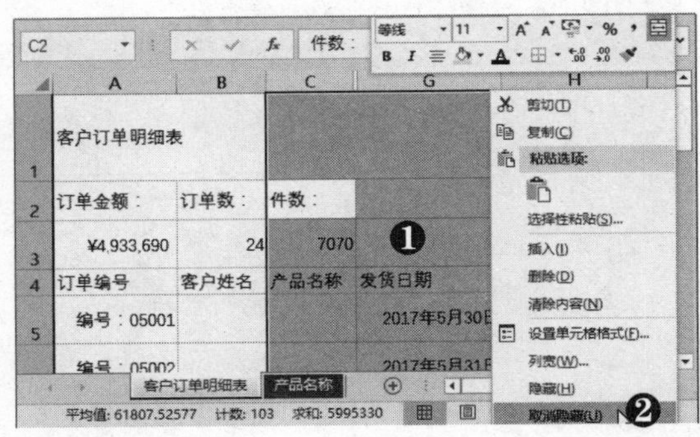

第3步 显示列 此时即可将隐藏的订单数据列显示出来。

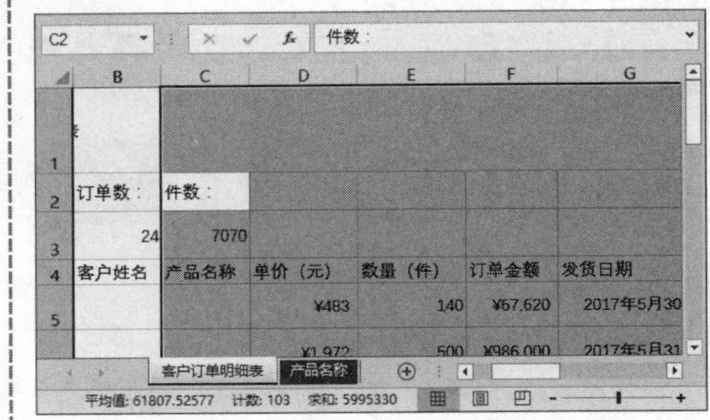

提示您

选中要隐藏的行或列后，按【Ctrl+F9】组合键可隐藏行，按【Ctrl+0】组合键可隐藏列。

4．冻结行与列

要使工作表的某一区域即使在滚动到工作表的另一区域时仍保持可见，可以通过冻结窗格来冻结特定的行和列，从而锁定它们，具体操作方法如下：

第1步 选择“冻结首行”选项 ❶ 选择“视图”选项卡。❷ 单击“冻结窗格”下拉按钮。❸ 选择“冻结首行”选项。

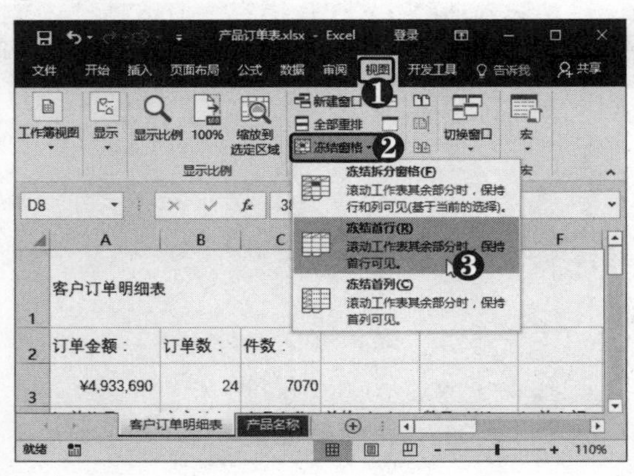

第2步 查看冻结效果 此时即可在第1行下方显示实线，向下滚动多行可以看到第1行依然可见。

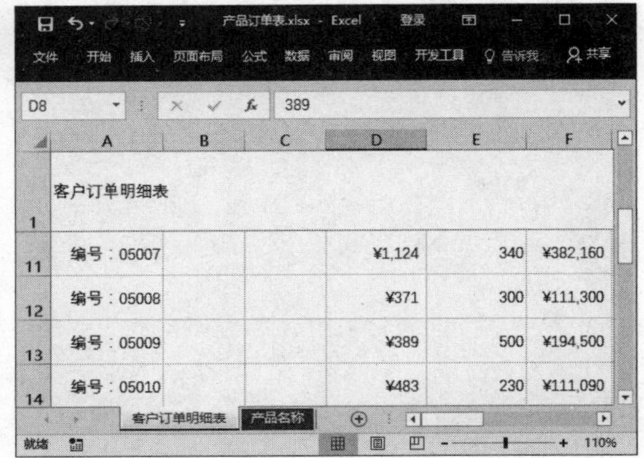

多学点

选择“视图”选项卡，在“窗口”组中单击“拆分”按钮即可拆分窗口。拆分窗口后，可在各窗口显示工作表不同区域的数据，以进行对比。

第3步 **选择“冻结首列”选项** ❶ 单击“冻结窗格”下拉按钮。❷ 选择“冻结首列”选项。

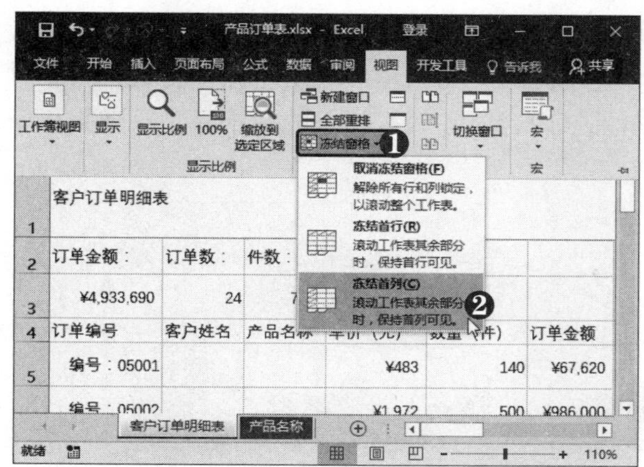

高手点拨

选择“视图”选项卡，在“窗口”组中单击“隐藏”按钮▭，即可隐藏当前窗口。单击“取消隐藏”按钮▭，即可显示窗口。

第4步 **查看冻结效果** 此时即可在第 1 列右侧显示实线。向右拖动水平滚动条，可以看到第 1 列依然可见。

第5步 **取消冻结窗格** ❶ 单击“冻结窗格”下拉按钮。❷ 选择“取消冻结窗格”选项，即可取消冻结窗格。

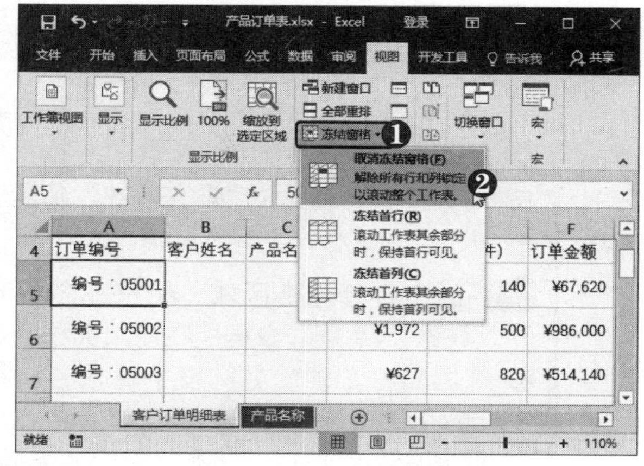

第6步 **选择“冻结拆分窗格”选项** ❶ 选择 B5 单元格。❷ 单击“冻结窗格”下拉按钮。❸ 选择“冻结拆分窗格”选项。

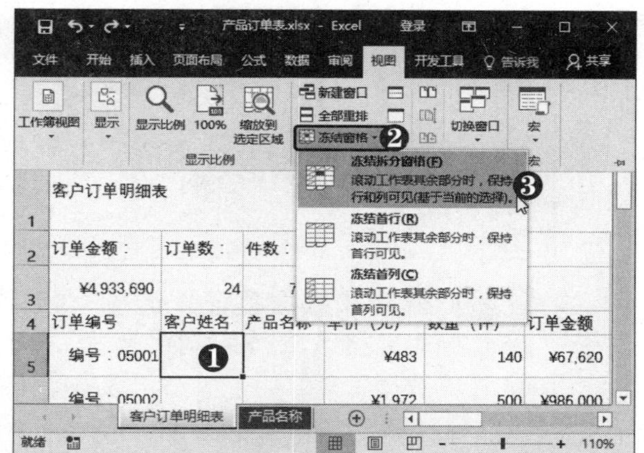

第7步 **冻结拆分窗格** 此时即可在冻结窗格的位置显示实线。向下滚动多行或向右拖动水平滚动条，可以看到第 1~4 行和 A 列依然可见。

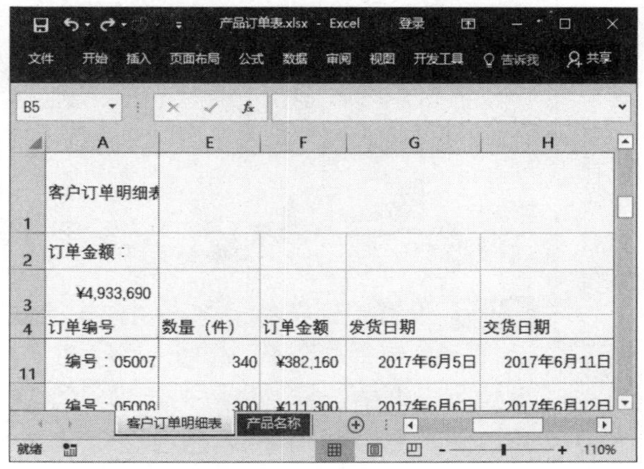

5.1.5 添加序列选择

在表格中输入数据时，为保证数据的准确性，方便以后对数据进行查找，对相同的数据应使用相同的描述。对于此类数据，可以在单元格上加入限制，防止同一种数据有多种表现形式，即应用“数据有效性”功能对单元格内容添加允许输入的数据序列，并提供下拉按钮进行选择，具体操作方法如下：

电脑小专家

问：怎样应用数据验证保证所选单元格区域中没有重复值？

答：以选中A2:A30单元格区域为例，在“允许”下拉列表框中选择“自定义”选项，然后输入公式“COUNTIF($A$2：$A$30，A1)=1”，则表示A2:A30单元格区域中的所有数据都包含唯一值。

第1步 命名单元格区域 在产品名称表中输入数据，❶ 选择数据所在的单元格区域。❷ 在编辑栏左侧的名称框中输入名称并按【Enter】键确认，为单元格区域命名。

第2步 选择“数据验证”选项 ❶ 选择C5:C28单元格区域。❷ 选择“数据”选项卡。❸ 在“数据工具”组中单击“数据验证”下拉按钮。❹ 选择“数据验证”选项。

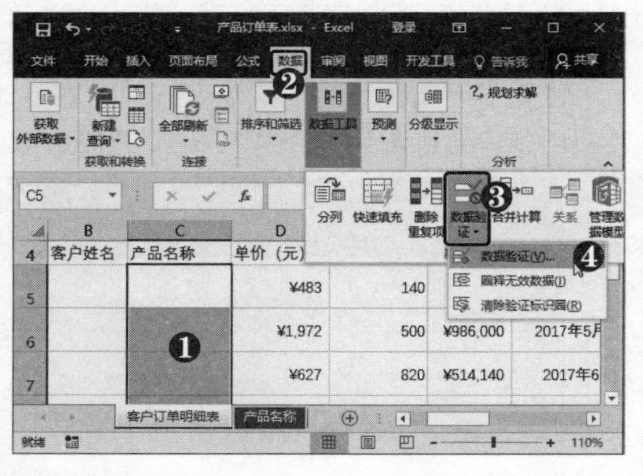

新手巧上路

问：出错警告中除“停止”样式外，还有哪些出错警告？

答：还有“警告”和“信息”样式，这两种样式不会阻止用户输入无效数据，仅是提示出错。

第3步 设置验证条件 弹出“数据验证”对话框，❶ 选择“设置”选项卡。❷ 在“允许”下拉列表框中选择“序列”选项。❸ 在“来源”文本框中输入“=产品名称”。

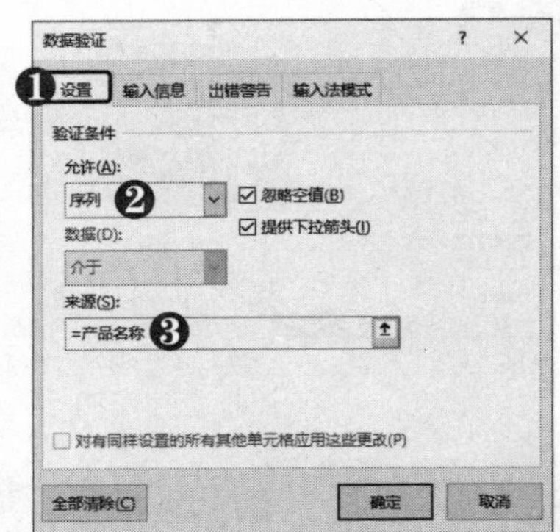

第4步 设置输入信息 ❶ 选择“输入信息”选项卡。❷ 输入在选择单元格时所要显示的信息。

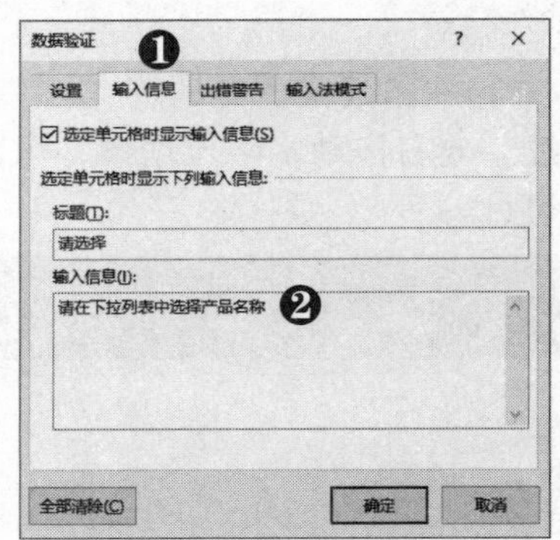

第5步 设置出错警告 ❶ 选择“出错警告”选项卡。❷ 输入警告消息，如“请正确输入产品名称！”。❸ 单击“确定”按钮。

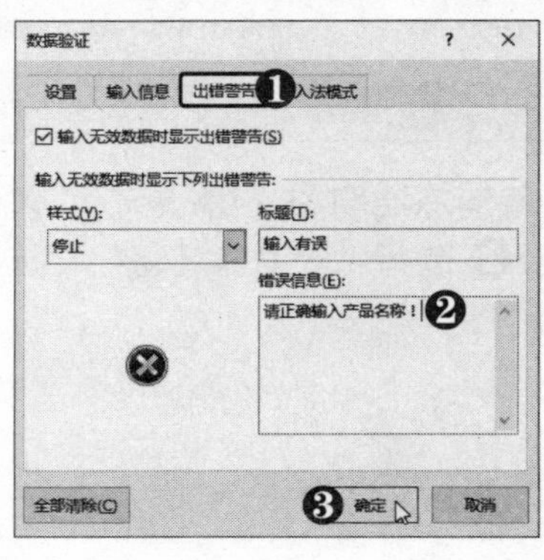

第6步 选择产品名称 此时选中单元格，在单元格下方会出现提示信息。单击单元格右侧的下拉按钮▼，选择所需的产品名称。

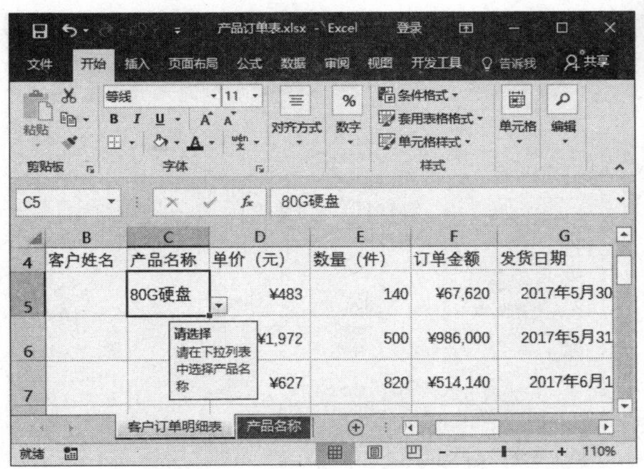

第7步 输入其他产品名称 采用同样的方法，输入其他产品名称。

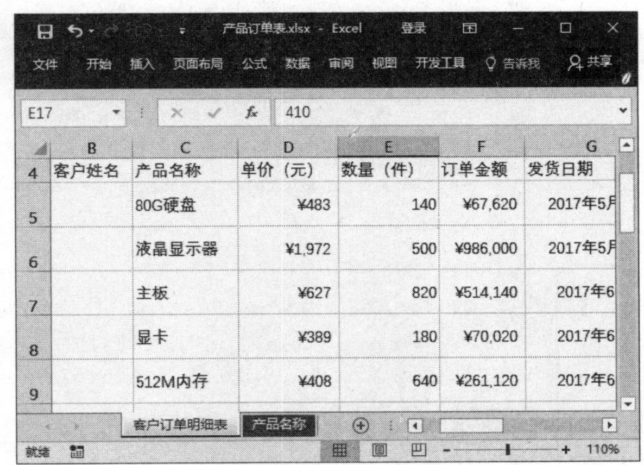

5.2 制作订单金额明细表

在产品订单工作簿中，为方便查看每笔订单的金额，可以在工作簿中创建订单金额明细表。下面以制作订单金额明细表为例，介绍如何快速填充工作表数据，设置单元格字体格式与对齐方式，设置单元格边框与填充，添加单元格批注，以及如何创建超链接等操作。

5.2.1 成组工作表填充数据

通过选中多个工作表以构成工作表组，即可快速填充相同的数据，具体操作方法如下：

第1步 移动工作表 新建工作表并重命名，移动工作表至产品名称表前。

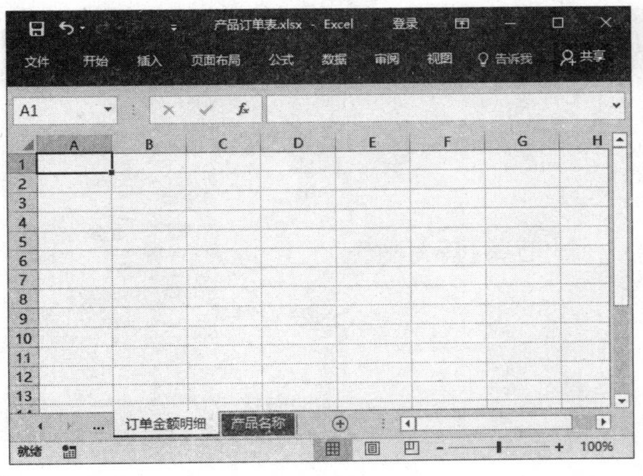

第2步 组合工作表 在“客户订单明细表”工作表中按住【Ctrl】键的同时单击“订单金额明细”工作表标签，此时标题栏中会显示“工作组”字样。

第3步 输入客户姓名 在“客户订单明细表”工作表中输入客户姓名。

第4步 查看填充效果 切换到“订单金额明细”工作表，可以看到在对应位置填充了客户名称数据。

第5步 选择“成组工作表”选项 ❶ 在“客户订单明细表”工作表中选中 A4:A28 单元格区域。❷ 在“编辑”组中单击“填充”下拉按钮。❸ 选择“成组工作表”选项。

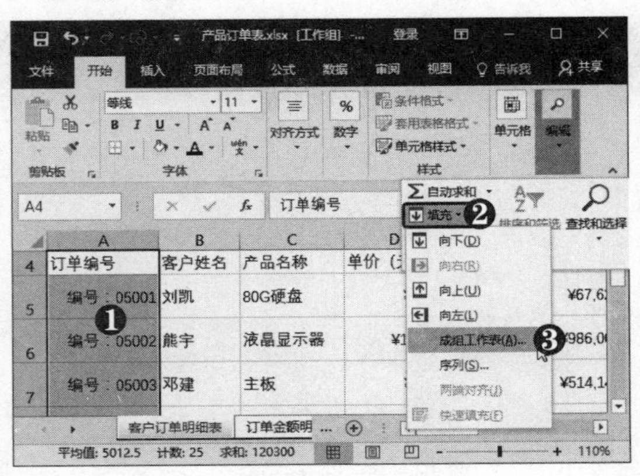

提示您

按【Ctrl+;】组合键可输入当前日期，按【Ctrl+Shift+;】组合键可输入当前时间。

多学点

选择要填充数据的单元格区域后，输入要填充的数据，然后按【Ctrl+Enter】组合键，即可在所选单元格区域中填充相同的数据。

第6步 设置填充选项 弹出“填充成组工作表”对话框，❶ 选中“全部”单选按钮。❷ 单击“确定”按钮。

第7步 取消组合工作表 切换到“订单金额明细”工作表，可以看到在对应位置填充了订单编号数据。❶ 右击工作表标签。❷ 选择“取消组合工作表”命令。

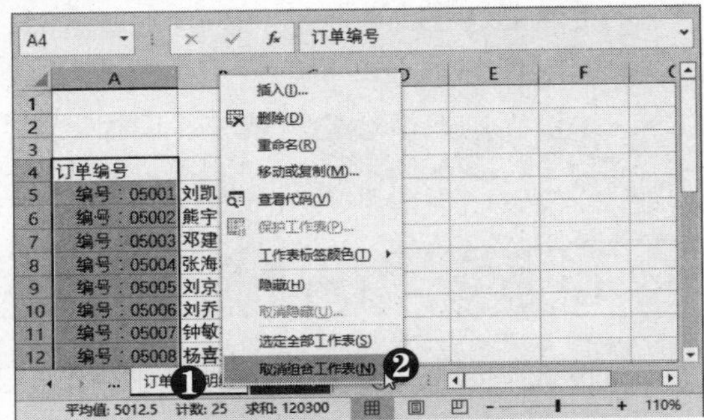

第8步 合并单元格 在工作表中输入其他数据，❶ 选中 A1:F1 单元格区域。❷ 在“对齐方式”组中单击“合并后居中”下拉按钮。❸ 选择“合并单元格”选项。

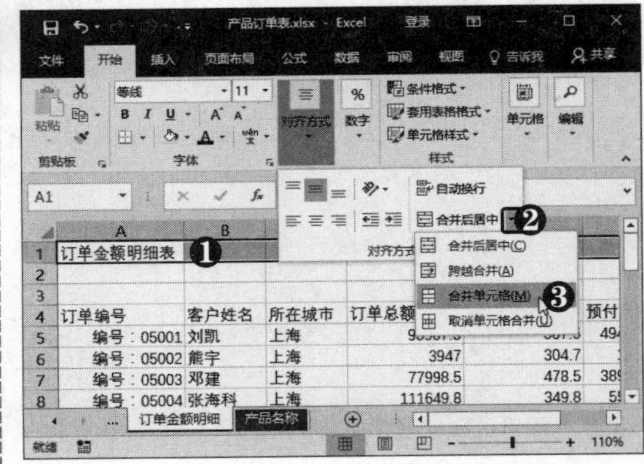

第9步 **调整单元格大小** 根据需要调整单元格行高和列宽。

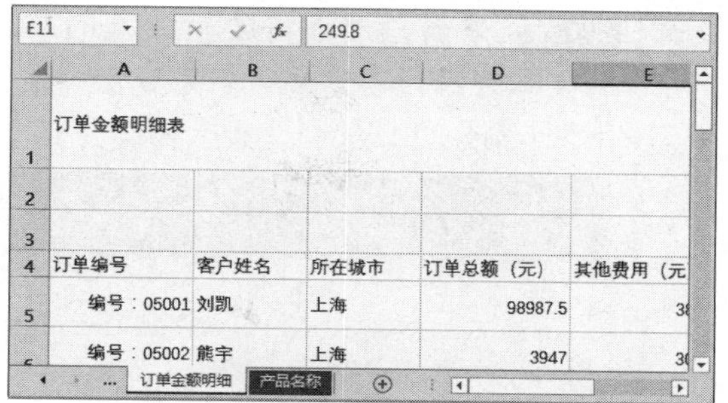

高手点拨

在列与列之间的分隔线上双击，即可根据单元格中的文字长度自动调整单元格的列宽。

5.2.2 设置字体格式与对齐方式

在表格中输入数据后，默认情况下其字体格式为等线、11 磅。字体格式并不是固定不变的，用户可以根据需要对表格数据的字体格式进行设置。为使输入的数据更加整齐有序，还可对单元格的对齐方式进行设置，具体操作方法如下：

第1步 **设置标题行格式** ❶ 选中标题行。❷ 在“字体”组中设置字体格式。❸ 在“对齐方式”组中单击左对齐按钮≡。❹ 单击“底端对齐”按钮≡。

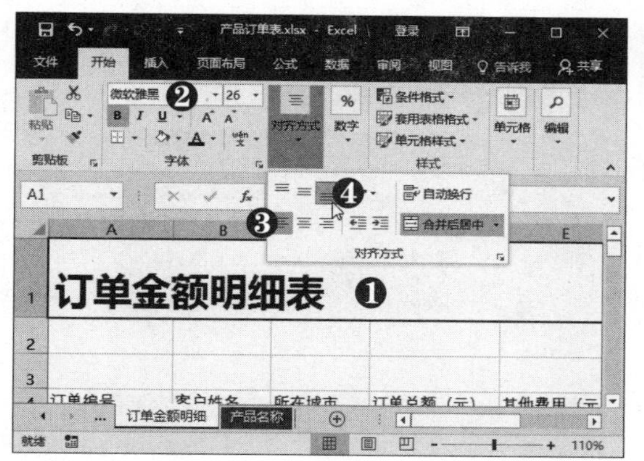

第2步 **设置单元格格式** ❶ 选中 A4:F28 单元格区域。❷ 在“字体”组中设置字体格式。❸ 在“对齐方式”组中单击“底端对齐”按钮≡。

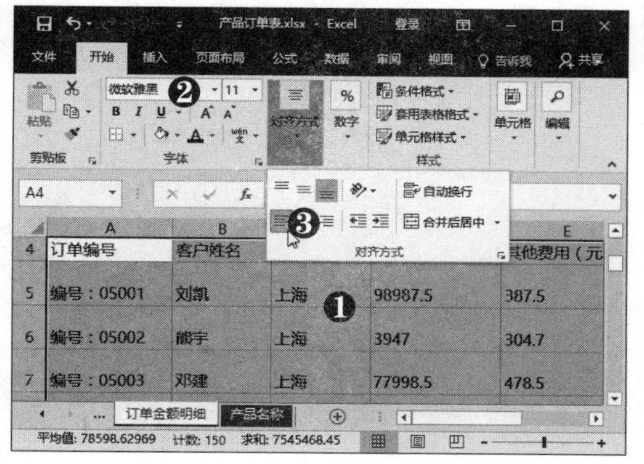

第3步 **设置货币格式** ❶ 选中 D5:F28 单元格区域。❷ 在“数字”组中设置单元格格式为“货币”类型。

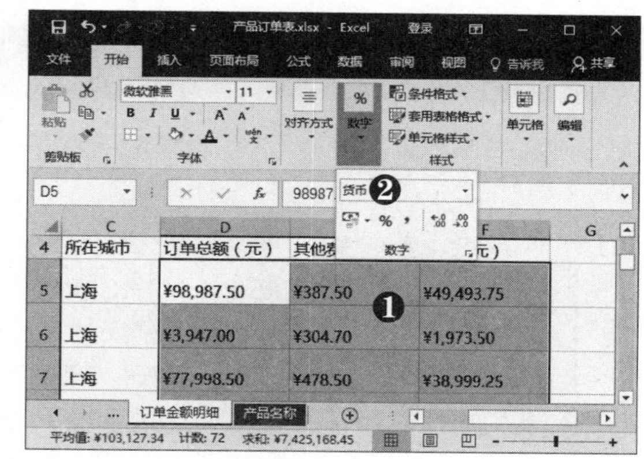

第4步 **单击“自动换行”按钮** 缩小 E 列的列宽，使其中的文字无法完全显示出来。❶ 选中 E4 单元格。❷ 在“对齐方式”组中单击“自动换行”按钮。

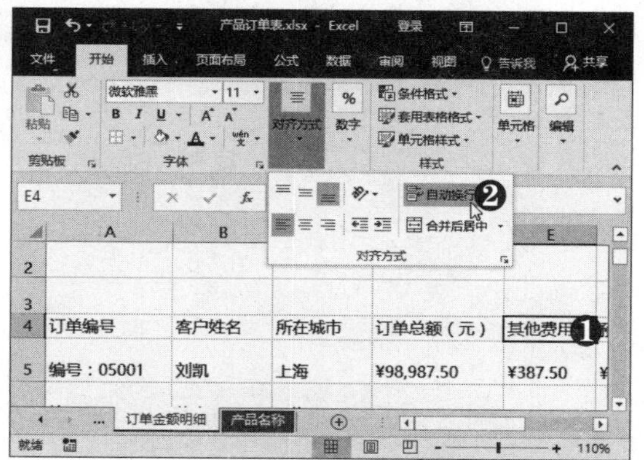

第5步 **查看自动换行效果** 此时单元格中的文本将进行自动换行，以完全将文字显示出来。

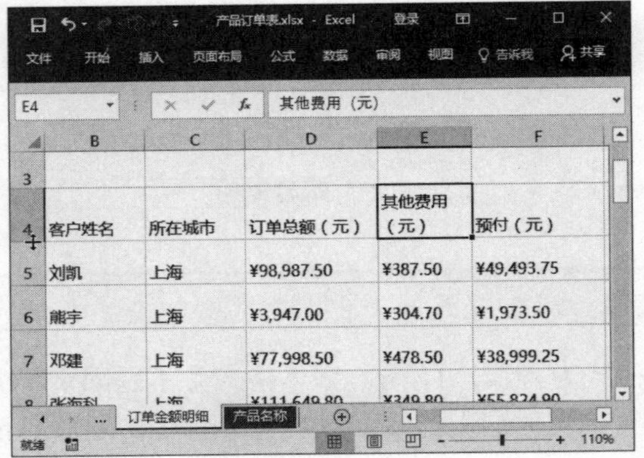

第6步 **手动换行** 在E4单元格中双击，将光标定位到要进行换行的位置。按【Alt+Enter】组合键，即可将光标所在位置的文字进行换行。

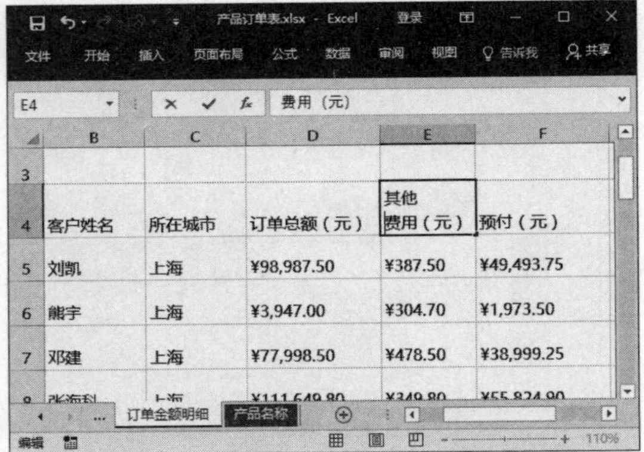

第7步 **取消自动换行** 在“对齐方式”组中单击“自动换行”按钮，取消自动换行。

第8步 **选中“缩小字体填充”复选框** 按【Ctrl+1】组合键，打开“设置单元格格式”对话框。❶ 选择“对齐”选项卡。❷ 选中“缩小字体填充”复选框。❸ 单击“确定”按钮。

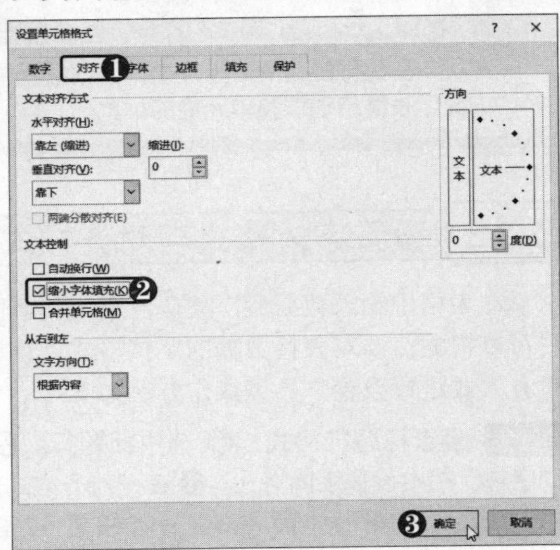

第9步 **查看设置效果** 此时单元格中的文本自动缩小字号后全部显示出来。

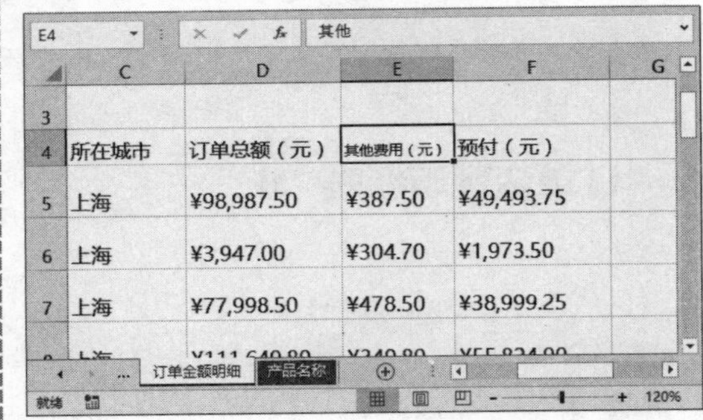

第10步 **调整列宽** 调整E列单元格列宽，E4单元格中的文本将自动恢复到原来大小。

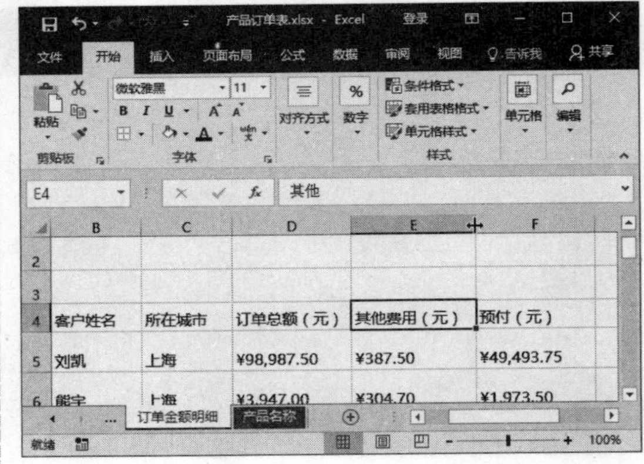

电脑小专家

问：怎样调整单元格中的文字方向？

答：在“设置单元格格式”对话框中选择“对齐”选项卡，在“方向”选项区中即可设置单元格文本方向。

新手巧上路

问：怎样移动单元格数据？

答：选中单元格区域，将鼠标指针置于所选单元格区域的边框位置，此时指针变为✣形状，按住鼠标左键并拖动，即可移动单元格数据。

5.2.3 设置边框样式

用 Excel 制作的电子表格不会自动添加边框线，需要用户自定义设置。设置边框线的具体操作方法如下：

第1步 选择单元格区域 在“产品名称”工作表中选中 B2:C13 单元格区域。

第2步 设置上、下边框样式 按【Ctrl+1】组合键，打开“设置单元格格式”对话框。❶ 选择“边框”选项卡。❷ 选择线条样式。❸ 设置线条颜色。❹ 在右侧“边框”选项区中单击□、□按钮。

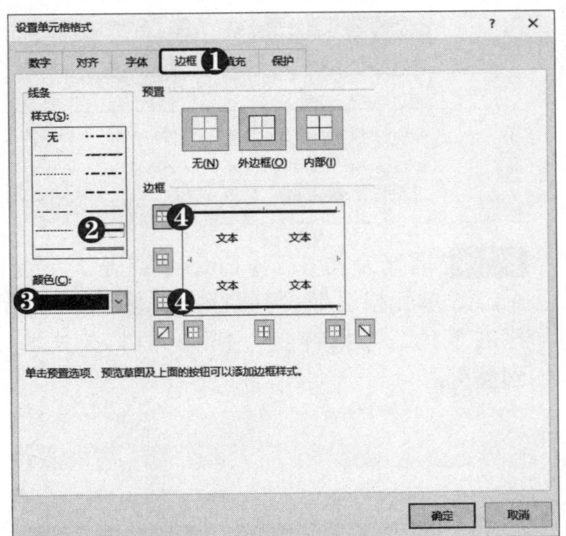

第3步 设置内部边框样式 ❶ 选择线条样式。❷ 单击□按钮。❸ 单击“确定”按钮。

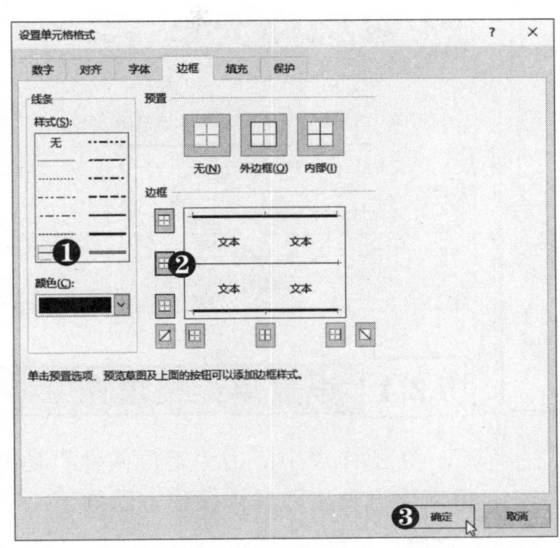

第4步 选择线型 ❶ 单击“边框”下拉按钮□·。❷ 选择“线型”选项。❸ 选择所需的样式。

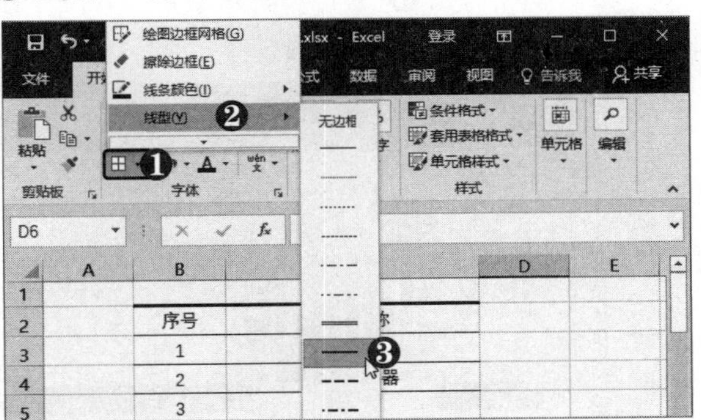

第5步 选择线条颜色 ❶ 单击“边框”下拉按钮□·。❷ 选择“线条颜色”选项。❸ 选择所需的颜色。

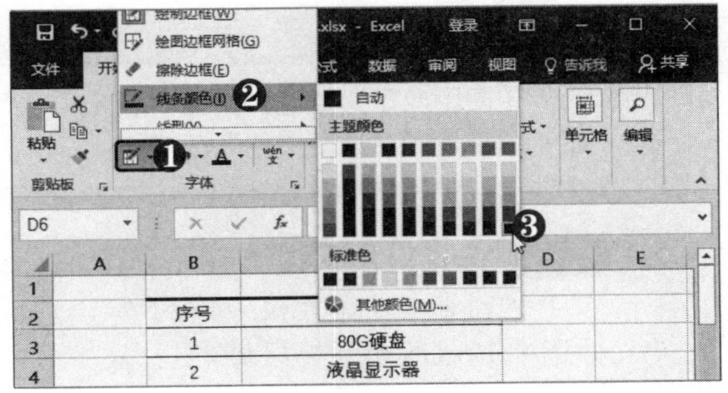

第6步 绘制边框 当鼠标指针变为✏形状时，拖动鼠标绘制边框。

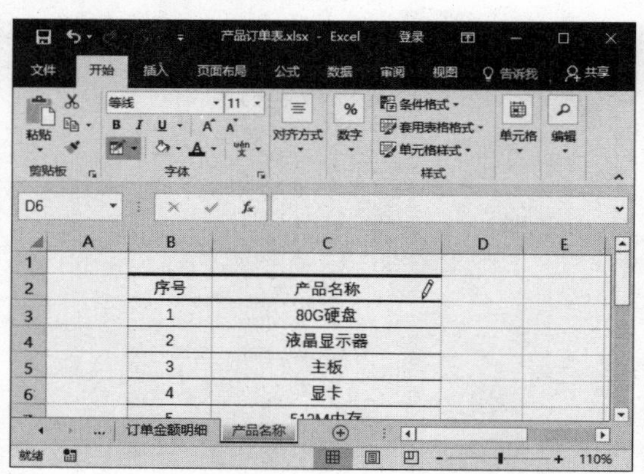

第7步 继续绘制 采用同样的方法，在“订单金额明细”工作表中绘制边框。

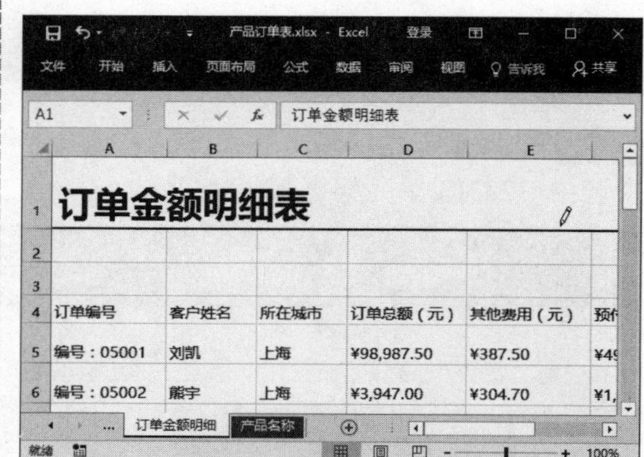

提示您

在绘制单元格边框的过程中，按住【Shift】键即可切换到“擦除边框”状态。

5.2.4 设置单元格填充

在工作表中应用“定位条件”功能可以快速选中单元格区域，通过设置单元格填充颜色来美化表格，具体操作方法如下：

第1步 设置单元格填充颜色 ❶ 选中B4:G4单元格区域。❷ 在“字体”组中设置字体格式。❸ 单击“填充颜色”下拉按钮。❹ 选择所需的颜色。

多学点

绘制边框完毕后，双击即可退出边框绘制状态。

高手点拨

要使用自定义颜色，可在“填充颜色”下拉列表中选择“其他颜色”选项。

第2步 选择引用区域 在工作表最左侧插入1列，在A6单元格中输入“=”，拖动鼠标选中B6:G6单元格区域。

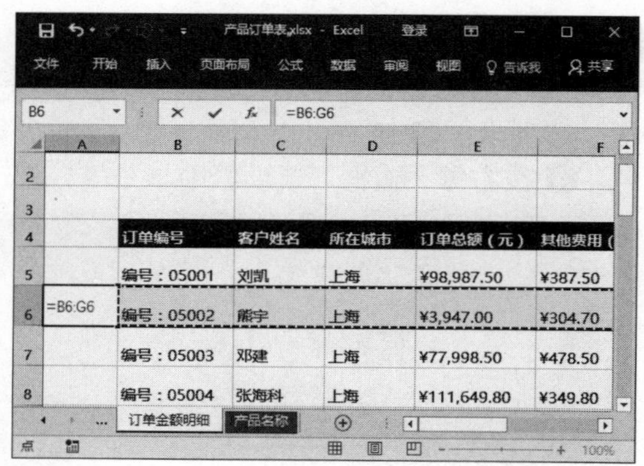

第3步 填充公式 按【Enter】键确认，选中A5:A6单元格区域，将鼠标指针移至A6单元格右下角，当指针变为+形状时将公式填充到整列。

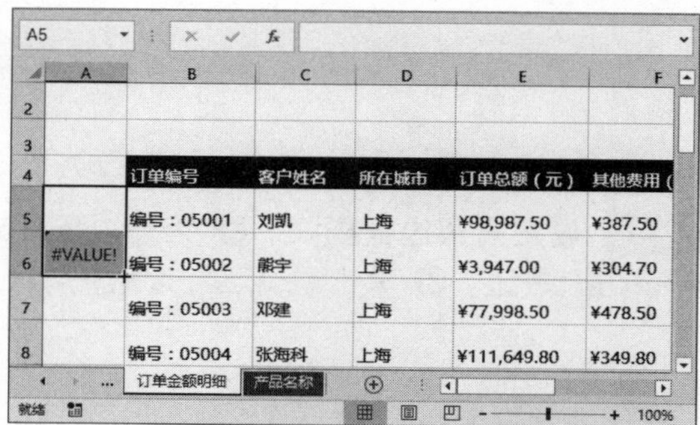

第4步 选择“定位条件”选项 ❶ 在“编辑”组中单击“查找和选择”下拉按钮。❷ 选择“定位条件”选项。

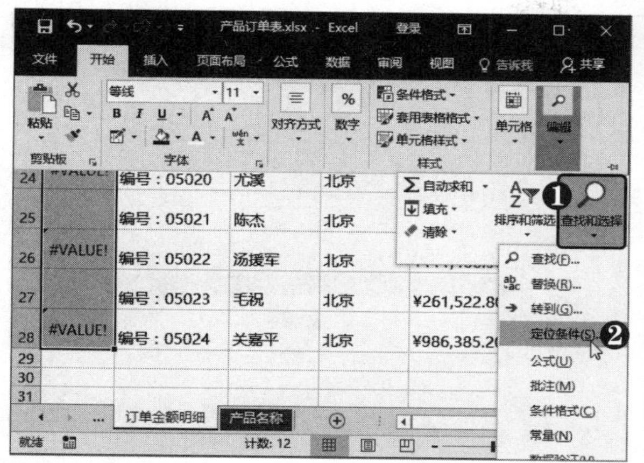

第5步 单击“定位条件”按钮 弹出“定位”对话框，单击“定位条件”按钮。

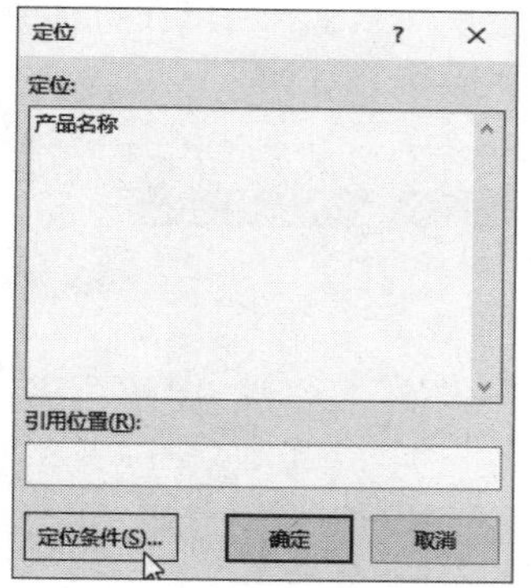

第6步 设置定位条件 弹出“定位条件”对话框，❶ 选中“引用单元格”单选按钮。❷ 单击“确定”按钮。

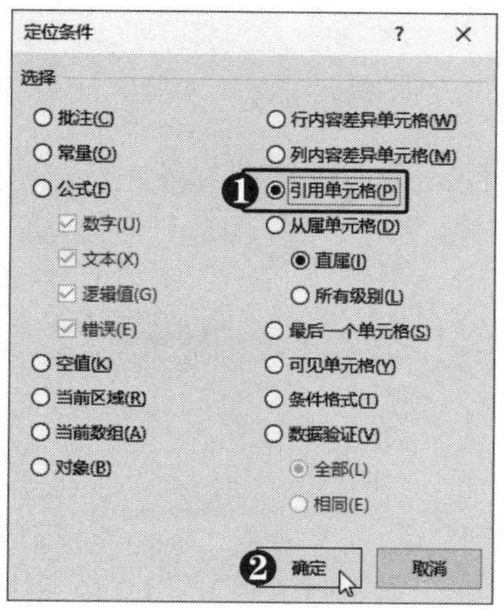

第7步 查看定位效果 此时即可隔行选中单元格数据。

第8步 设置单元格填充颜色 ❶ 单击“填充颜色”下拉按钮。❷ 选择所需的颜色。

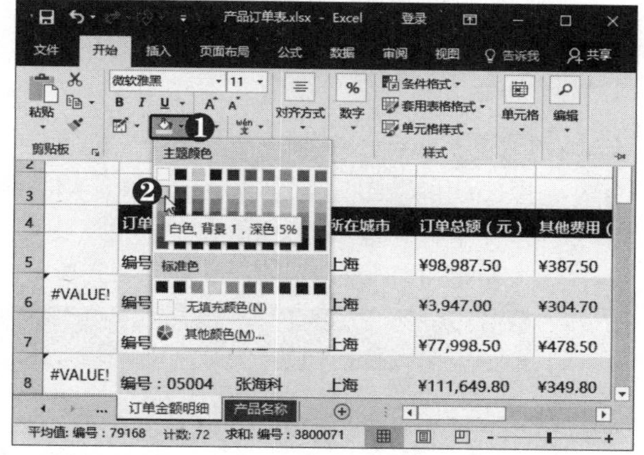

第9步 清除数据 ❶ 选中 A6:A28 单元格区域。❷ 在“编辑”组中单击“清除”下拉按钮。❸ 选择“全部清除”选项。

第10步 取消显示网格线 ❶ 选择“视图”选项卡。❷ 在“显示”组中取消选择“网格线”复选框。

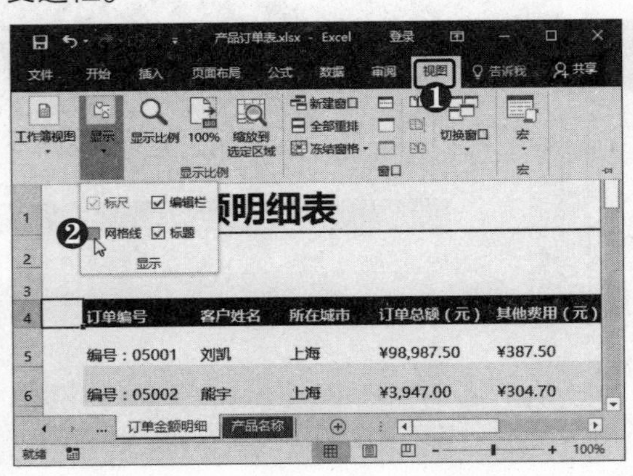

第11步 设置单元格格式 采用同样的方法，设置“客户订单明细表”工作表的单元格格式。

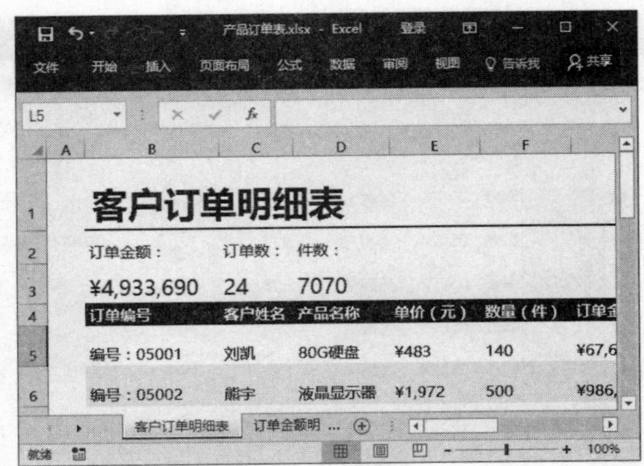

电脑小专家

问：怎样为整个工作表设置背景色？

答：可以单击工作表左上角的◢按钮全选工作表，并设置填充颜色，这时将隐藏网格线，但通过显示所有单元格周围的单元格边框可以提高工作表的可读性。

5.2.5 设置单元格批注

在 Excel 2016 中不仅可以为单元格添加批注并设置批注格式，还可在批注中插入图片，例如，插入客户微信二维码图片，方便联系客户，具体操作方法如下：

第1步 单击“新建批注”按钮 ❶ 在“订单金额明细”工作表中选中 C6 单元格。❷ 选择“审阅”选项卡。❸ 在“批注”组中单击“新建批注”按钮。

第2步 选择“设置批注格式”命令 此时即可在 C6 单元格中插入批注，❶ 输入批注内容并右击。❷ 选择“设置批注格式”命令。

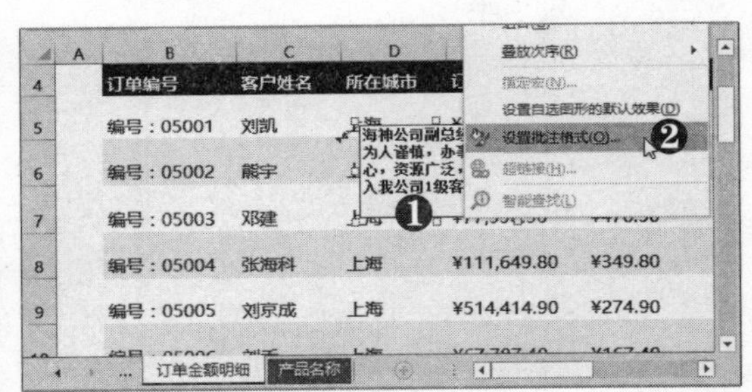

第3步 设置批注字体格式 弹出“设置批注格式”对话框，❶ 选择“字体”选项卡。❷ 设置字体格式。

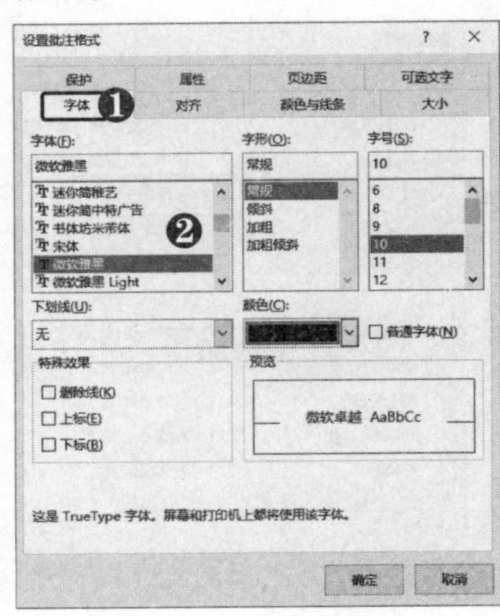

新手巧上路

问：怎样快速复制单元格格式？

答：选中单元格区域后，在“剪贴板”组中单击“格式刷”按钮即可复制格式，拖动鼠标选择其他单元格即可应用格式。

第4步 设置填充与线条样式 ❶ 选择“颜色与线条”选项卡。❷ 设置填充颜色为白色。❸ 设置线条颜色。❹ 设置线条粗细。❺ 单击“确定”按钮。

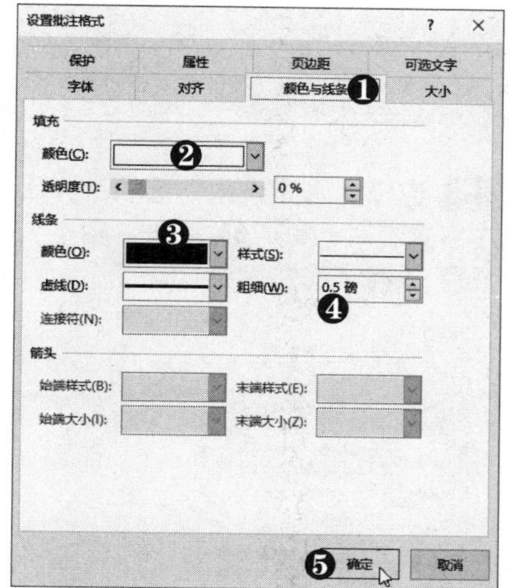

第5步 查看修改样式效果 此时即可修改批注样式。

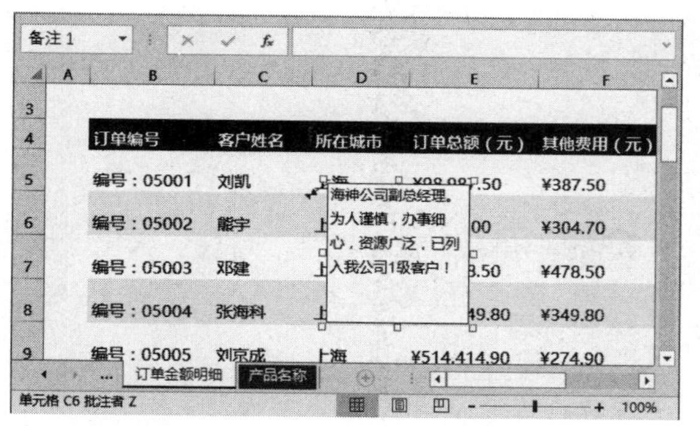

第6步 选择“选项”选项 切换到“文件”选项卡，在左侧选择“选项”选项。

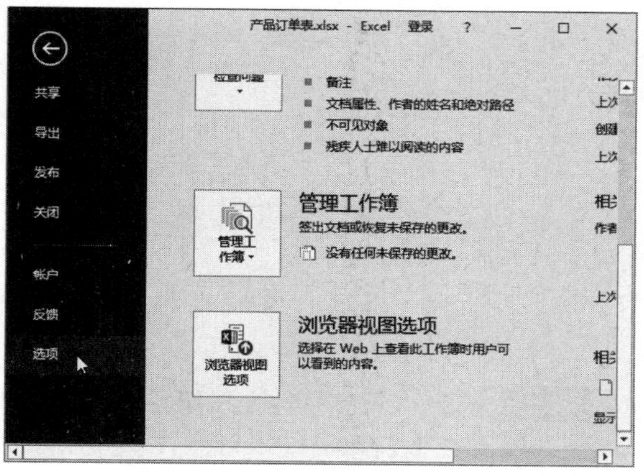

第7步 选择命令 弹出“Excel 选项”对话框，❶ 在左侧选择“快速访问工具栏”选项。❷ 在“从下列位置选择命令”列表框中选择“绘图工具 | 格式 选项卡”选项。❸ 选择“更改形状”选项。❹ 单击“添加”按钮。

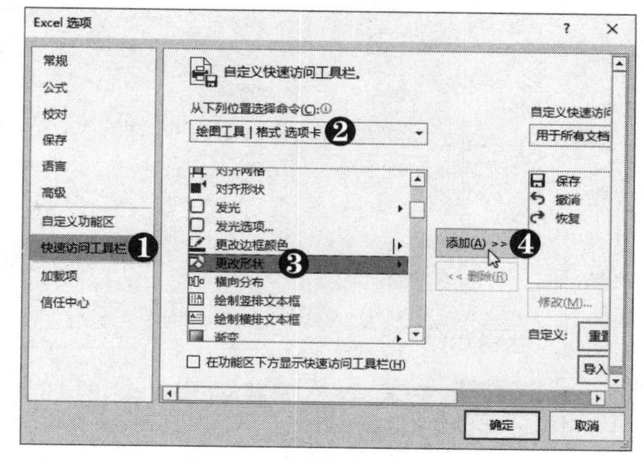

第8步 添加命令 此时即可将“更改形状”命令添加到快速访问工具栏，单击“确定”按钮。

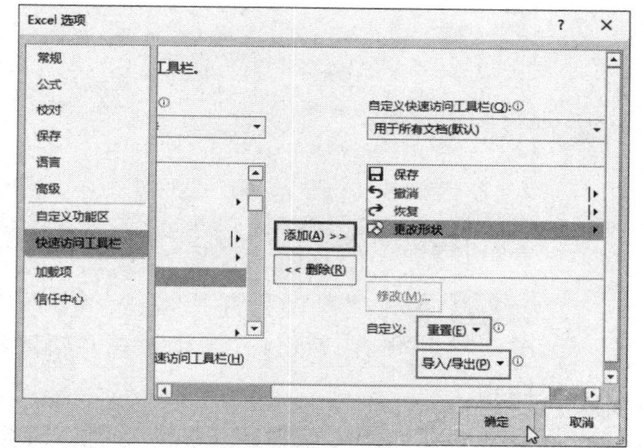

第9步 编辑批注 ❶ 选中 C6 单元格。❷ 单击“编辑批注”按钮。

第10步 选择更改形状 ❶在快速访问工具栏中单击“更改形状”命令。❷选择所需的形状。

第11步 查看更改样式效果 此时即可更改批注的形状样式。

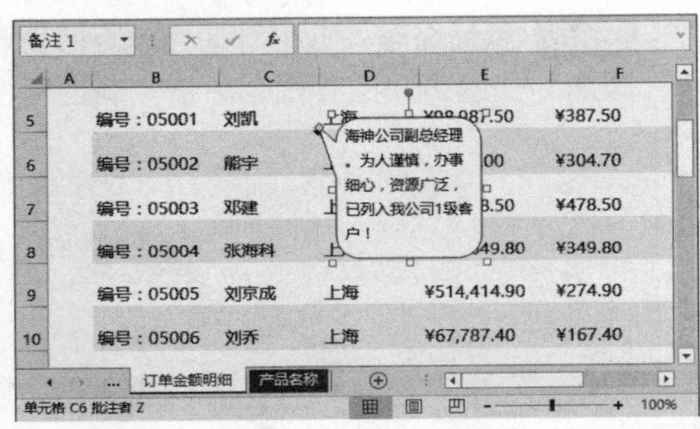

第12步 单击“新建批注”按钮 ❶选中C8单元格。❷在“批注”组中单击“新建批注”按钮。

第13步 选择“设置批注格式”命令 ❶选中批注并右击。❷选择“设置批注格式”命令。

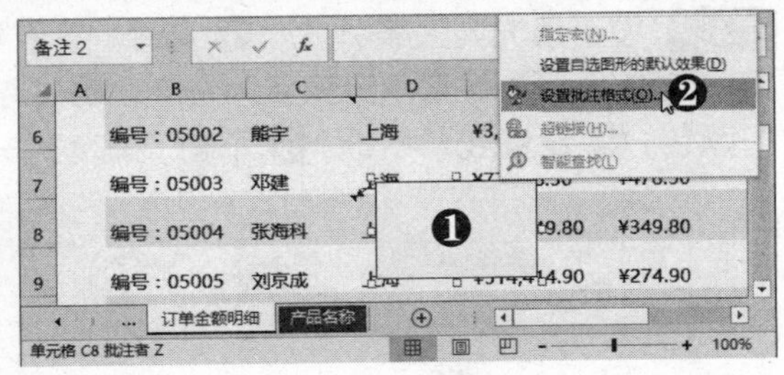

第14步 选择“填充效果”选项 弹出“设置批注格式”对话框，❶单击“颜色”下拉按钮。❷选择“填充效果”选项。

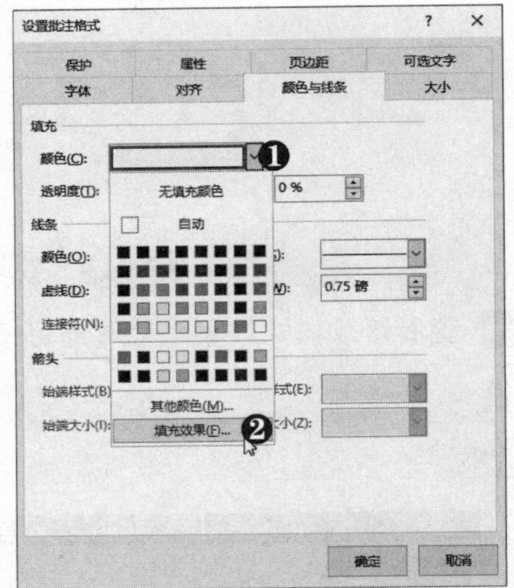

第15步 单击“选择图片”按钮 弹出“填充效果”对话框，❶选择“图片”选项卡。❷单击“选择图片”按钮。

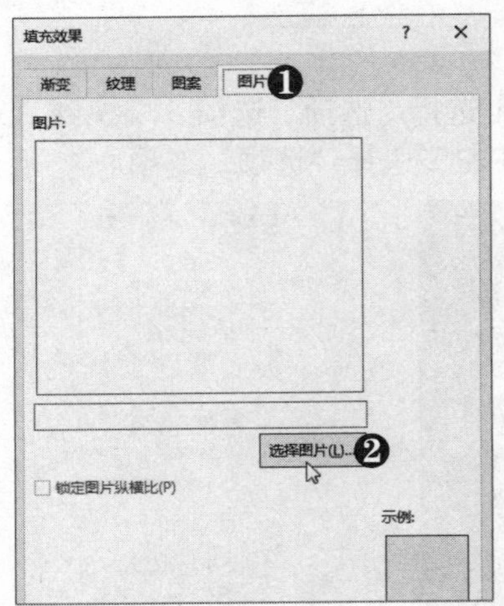

第16步 单击“来自文件”按钮 弹出“插入图片”对话框，单击“来自文件”按钮。

提示您

按【Shift+F2】组合键，即可插入批注。也可右击单元格，选择“插入批注”命令。

多学点

按【Ctrl+Shift+O】组合键，可在工作表中快速选中所有包含批注的单元格。

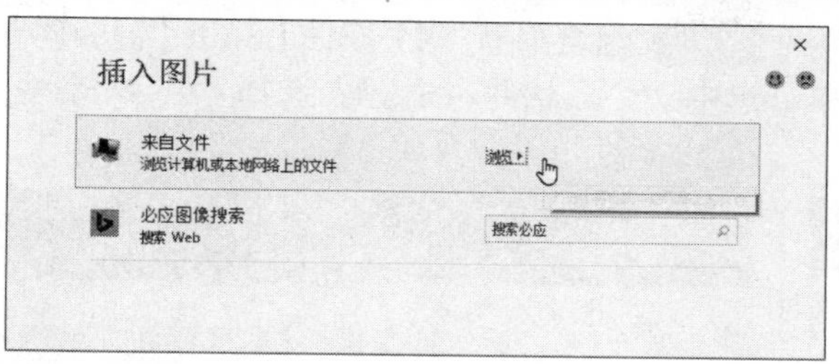

第17步 选择图片 弹出"选择图片"对话框，❶ 选择所需的图片。❷ 单击"插入"按钮。

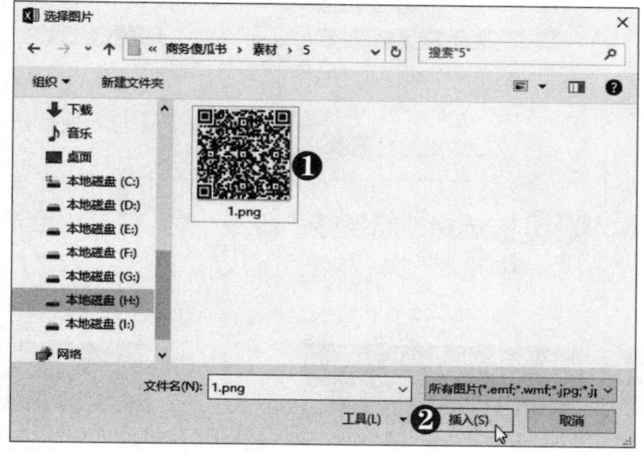

第18步 单击"确定"按钮 返回"填充效果"对话框，单击"确定"按钮。

第19步 设置批注大小 返回"设置批注格式"对话框，❶ 选择"大小"选项卡。❷ 设置批注高度和宽度。❸ 单击"确定"按钮。

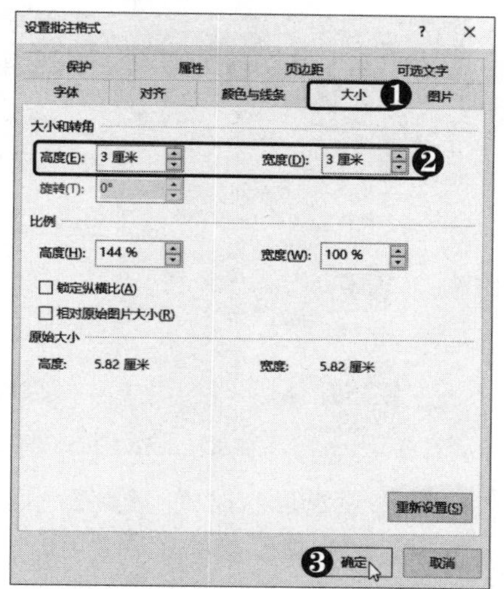

第20步 查看批注效果 此时即可在批注中插入图片。

高手点拨

选中批注所在的单元格，选择"审阅"选项卡，在"批注"组中单击"显示/隐藏批注"按钮，即可显示或隐藏批注。

5.2.6 创建超链接

当工作簿中存在多个工作表时，插入超链接可以方便切换工作表，提高工作效率，具体操作方法如下：

第1步 选择矩形形状 切换到"客户订单明细表"工作表，❶ 选择"插入"选项卡。❷ 单击"形状"下拉按钮。❸ 选择矩形形状。

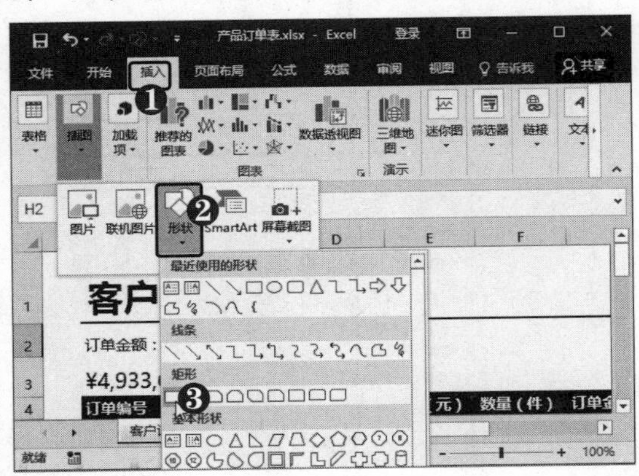

第2步 设置形状格式 ❶ 在"形状样式"组中设置形状填充颜色。❷ 单击"形状轮廓"下拉按钮。❸ 选择"无轮廓"选项。

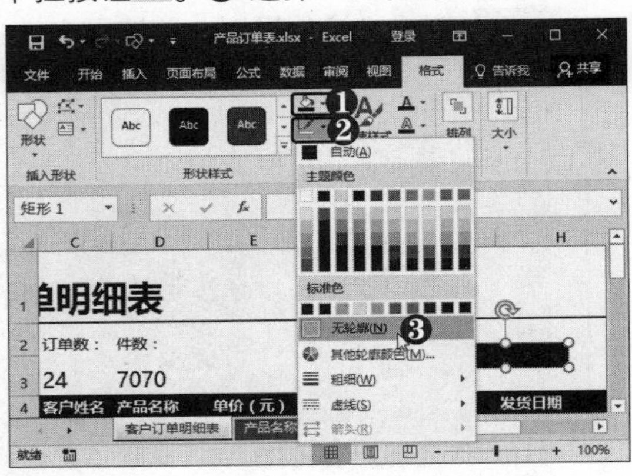

第3步 插入三角形 在矩形中输入文本，并设置字体格式。在矩形右侧插入三角形，在"形状样式"组中设置形状格式。

第4步 组合形状 ❶ 按住【Shift】键的同时选中2个形状并右击。❷ 选择"组合"命令。

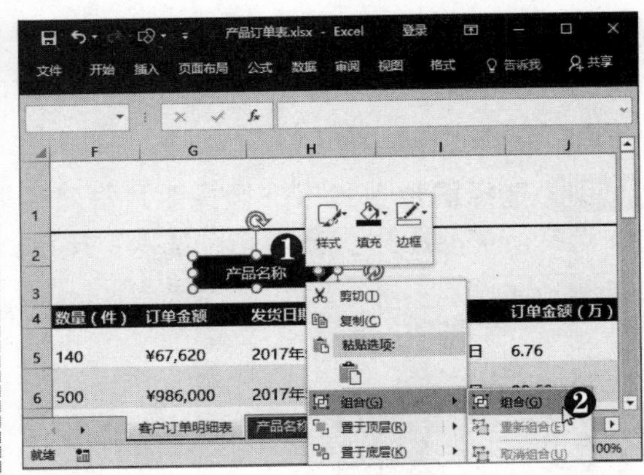

第5步 选择"超链接"命令 ❶ 右击组合形状。❷ 选择"超链接"命令。

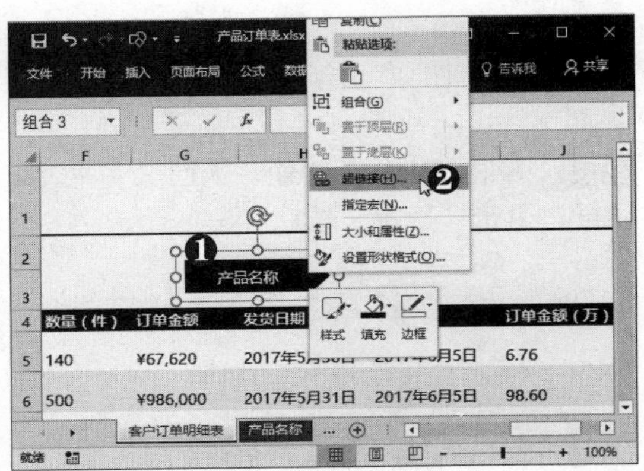

第6步 单击"屏幕提示"按钮 弹出"插入超链接"对话框，单击"屏幕提示"按钮。

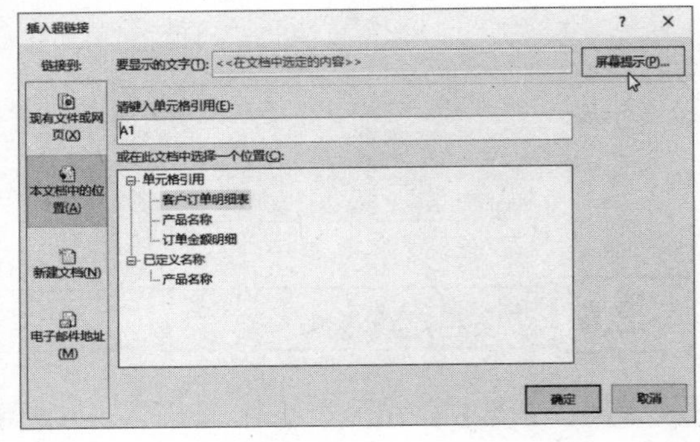

电脑小专家

问：如何删除超链接？

答：右击已添加超链接的形状，在弹出的快捷菜单中选择"取消超链接"命令即可。

新手巧上路

问：如何选中已添加超链接的形状对象？

答：按住【Ctrl】键的同时单击形状，即可选中形状而不打开超链接。

第7步 设置屏幕提示 弹出"设置超链接屏幕提示"对话框，❶ 输入屏幕提示文字。❷ 单击"确定"按钮。

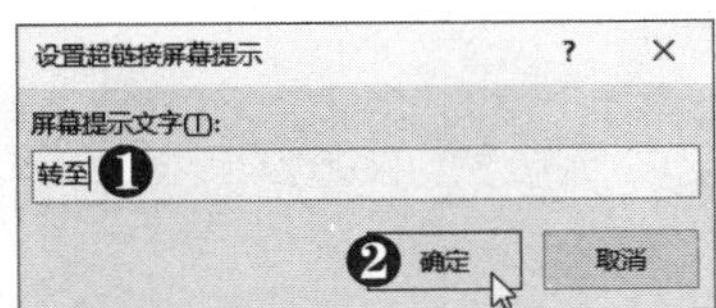

第8步 设置超链接选项 返回"插入超链接"对话框，❶ 在左侧选择"本文档中的位置"选项。❷ 在右侧选择"产品名称"工作表。❸ 单击"确定"按钮。

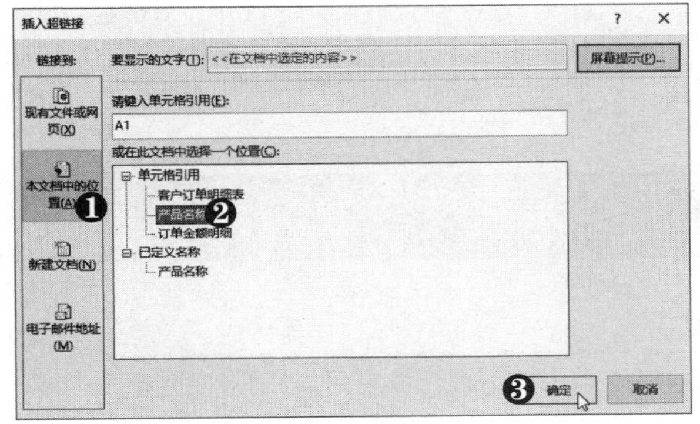

第9步 插入超链接 此时即可为组合形状插入超链接。当鼠标指针移至形状上方时，出现屏幕提示，单击即可启动超链接，跳转至"产品名称"工作表。

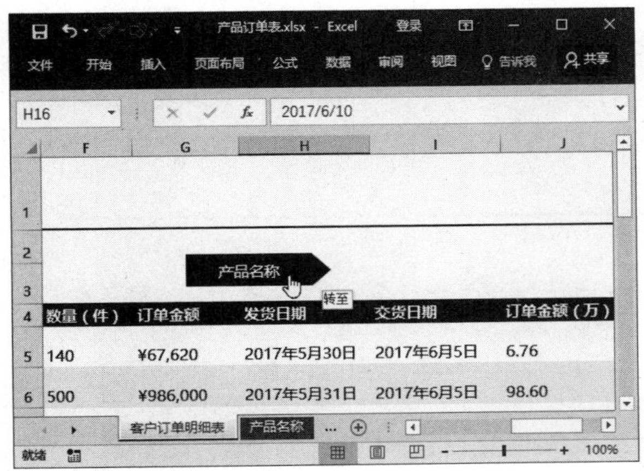

第10步 复制形状 ❶ 右击组合形状。❷ 选择"复制"命令。

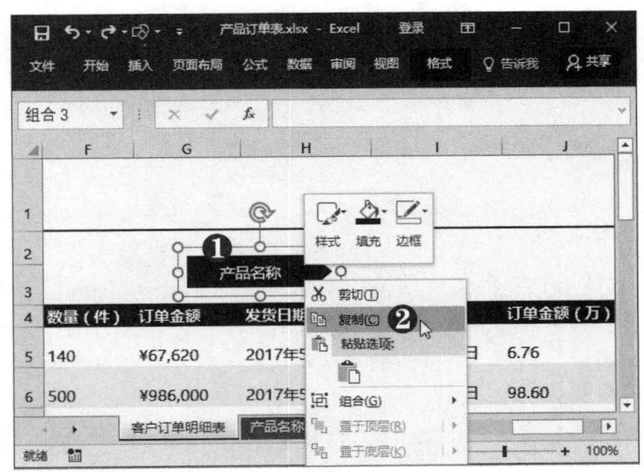

第11步 修改文本 按【Ctrl+V】组合键粘贴形状，根据需要修改形状中的文本内容。

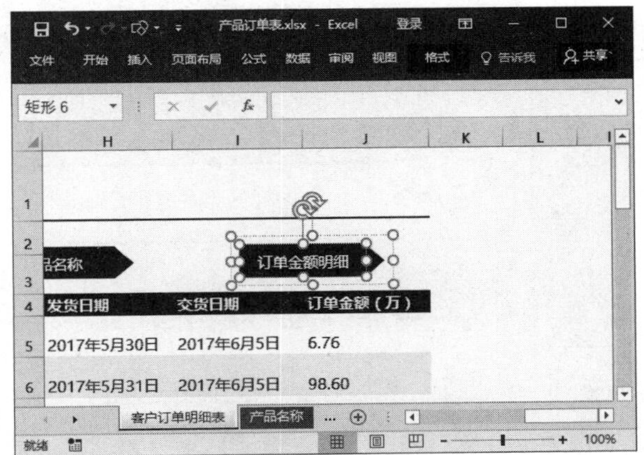

第12步 编辑超链接 ❶ 右击形状。❷ 选择"编辑超链接"命令。

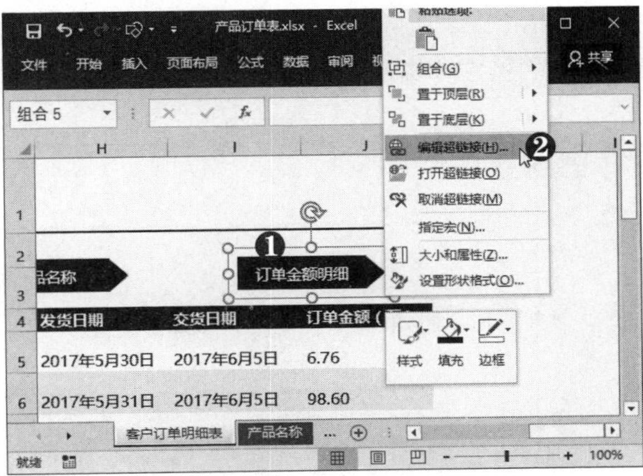

第13步 选择工作表 弹出“编辑超链接”对话框，❶ 选择“订单金额明细”工作表。❷ 单击“确定”按钮。

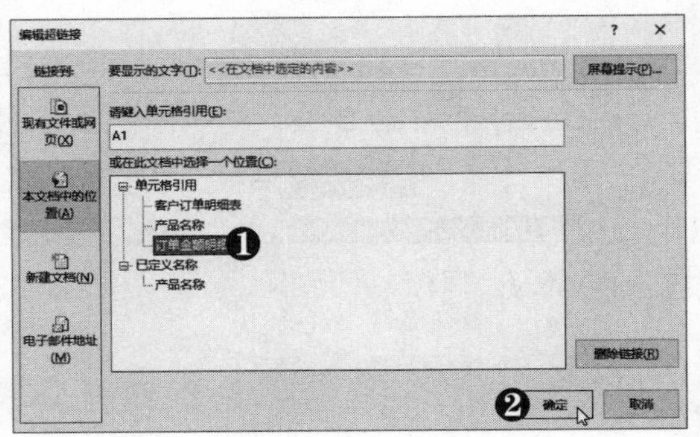

第14步 继续操作 采用同样的方法，将组合形状复制到“订单金额明细”工作表中，根据需要修改形状中的文本内容，并修改形状的超链接。

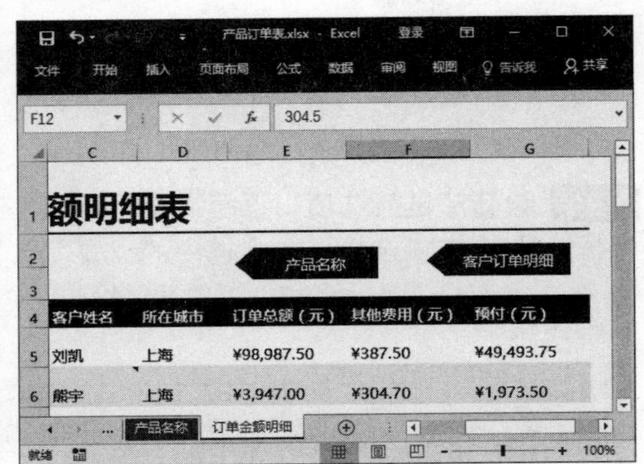

提示您

在插入超链接时，还可链接到外部文件。打开“插入超链接”对话框，在左侧“链接到”选项区中单击“现有文件或网页”按钮，在右侧选择要链接到的文件即可。

多学点

要将超链接链接到网页，可在左侧“链接到”选项区中单击“现有文件或网页”按钮，在下方的“地址”文本框中输入网址即可。

学习笔录

第6章 Excel 商务办公表格管理与美化

章前导读

工作表的管理和美化是制作表格的一项重要内容，本章将以制作年度财务报表和历年财务数据表为例，介绍如何通过设置单元格样式、设置表格格式、应用简单与复杂条件格式对 Excel 表格进行管理与美化。

- 制作年度财务报表
- 工作表的美化与打印

小神通，我想让我的 Excel 表格看起来更美观，应该怎样做呢？

我认为应该是对表格进行相应的格式设置，比如边框和底纹等。

是的！本章我们就来学习如何美化工作表，以及打印工作表。在 Excel 中可以通过为工作表设置单元格格式、套用表格格式，以及应用条件格式来美化工作表。设置好工作表格式后，可以进行相关的打印设置并打印工作表。

6.1 制作年度财务报表

美化工作表包括设置单元格样式、设置表格格式、应用条件格式、插入图形等操作，下面将以制作年度财务报表为例，介绍美化工作表的操作方法与技巧。

6.1.1 设置单元格样式

提示您

选中单元格区域，在“编辑”组中单击“清除”下拉按钮，选择“清除格式”选项，即可清除单元格格式。

单元格样式是字体格式、数字格式、单元格边框和底纹等单元格属性的集合。在Excel 2016中提供了多种单元格样式，用户可以根据需要选择内置单元格样式，也可通过“新建单元格样式”功能自定义单元格样式，具体操作方法如下：

第1步 选择“跨越合并”选项 打开素材文件，❶ 设置标题文本的字体格式。❷ 选中A1:G2单元格区域。❸ 在“对齐方式”组中单击“合并后居中”下拉按钮。❹ 选择“跨越合并”选项。

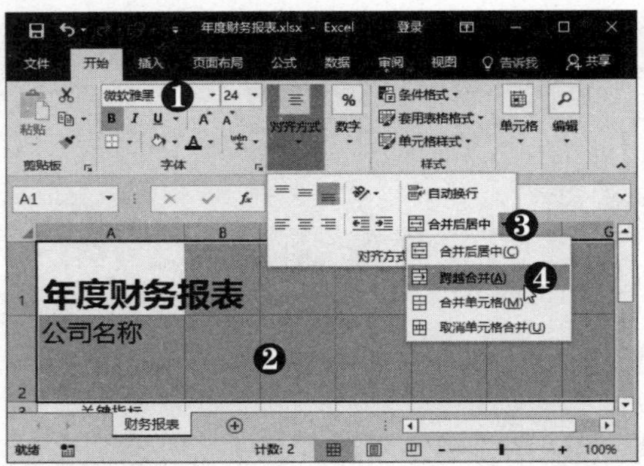

多学点

单击“单元格样式”下拉按钮，选择“合并样式”选项，在弹出的对话框中选择目标工作簿（需将其打开），单击“确定”按钮，即可将其他工作簿的单元格样式复制到本工作表中。

第2步 查看合并效果 此时即可合并每行的单元格，而列之间则不进行合并。

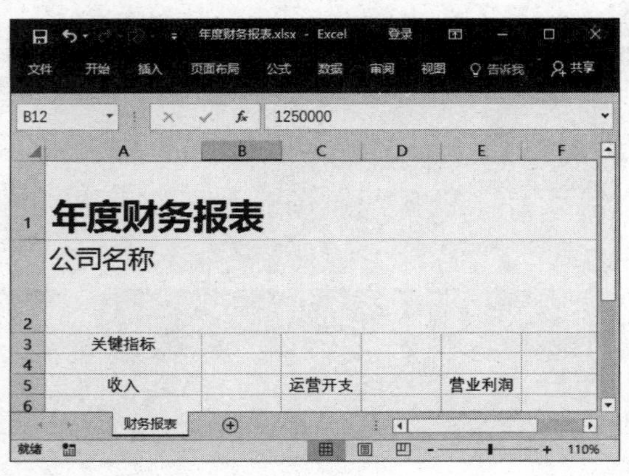

第3步 继续操作 采用同样的方法，合并去年和报表年的指标数据。

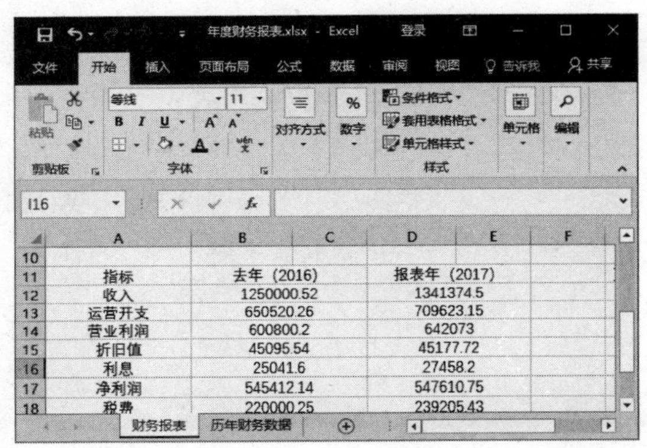

第4步 选择单元格样式 ❶ 选中A3:G3单元格区域。❷ 单击“单元格样式”下拉按钮。❸ 选择所需的样式。

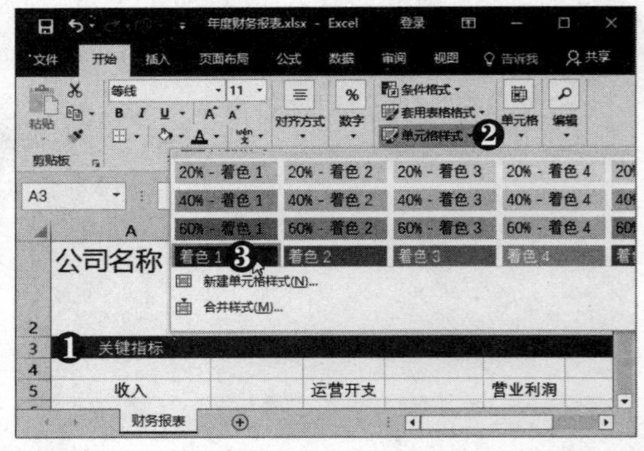

第5步 设置单元格字体格式 按【Ctrl+1】组合键，打开“设置单元格格式”对话框。❶ 选择“字体”选项卡。❷ 设置字体为“微软雅黑”。❸ 设置字号。❹ 设置字体颜色。

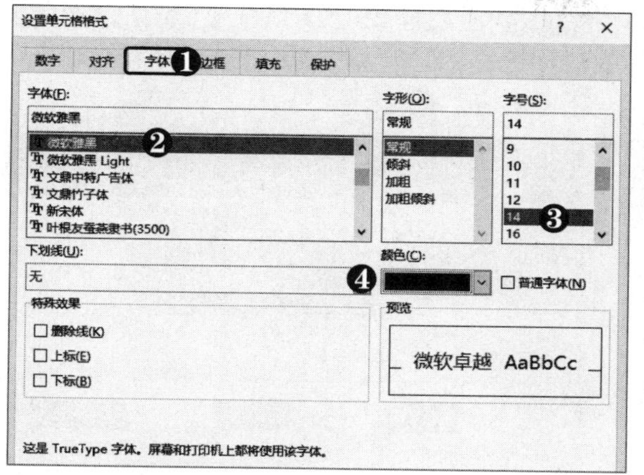

第6步 设置边框样式 ❶ 选择"边框"选项卡。❷ 选择线条样式。❸ 设置线条颜色。❹ 在右侧单击、按钮。

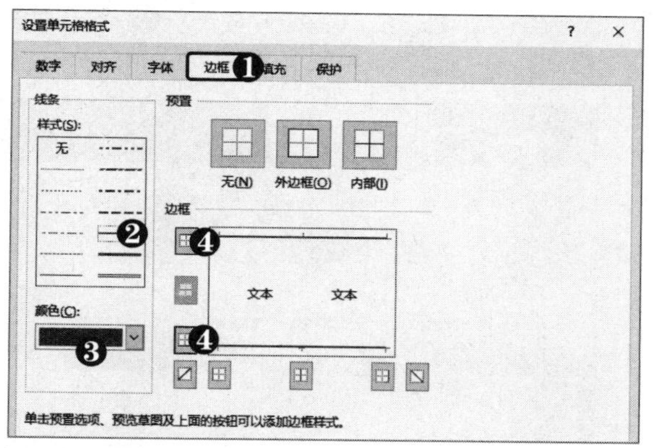

第7步 设置填充颜色 ❶ 选择"填充"选项卡。❷ 设置背景色为无颜色。❸ 单击"确定"按钮。

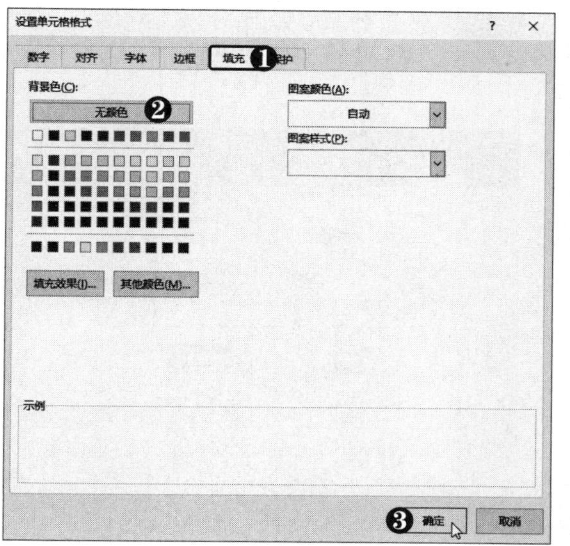

第8步 选择"新建单元格样式"选项 ❶ 选中A3单元格。❷ 单击"单元格样式"下拉按钮。❸ 选择"新建单元格样式"选项。

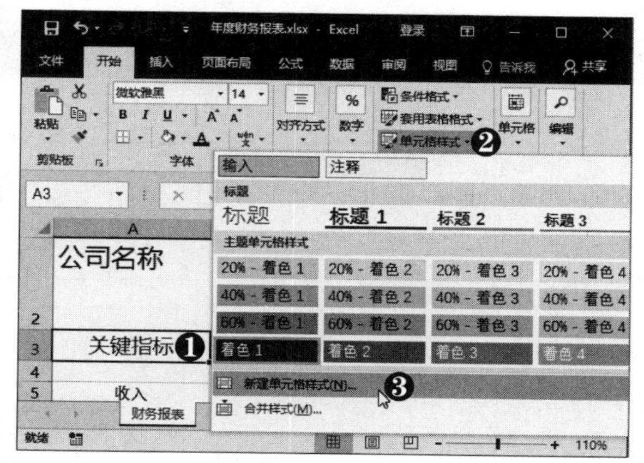

第9步 设置样式属性 弹出"样式"对话框，❶ 输入样式名称。❷ 单击"确定"按钮。

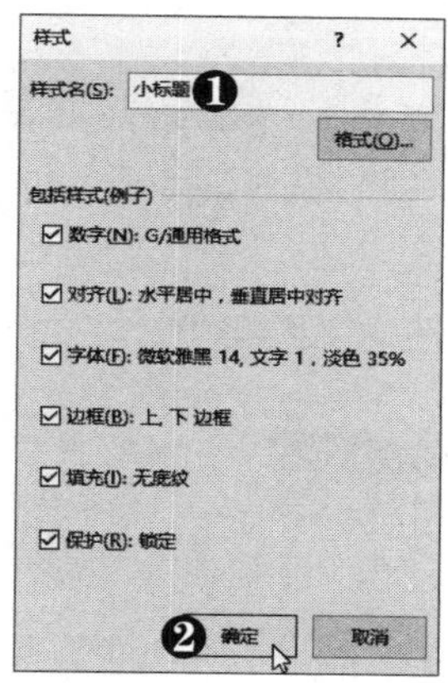

第10步 应用样式 ❶ 选中 A9:G9 单元格区域。❷ 单击"单元格样式"下拉按钮。❸ 选择"小标题"样式。

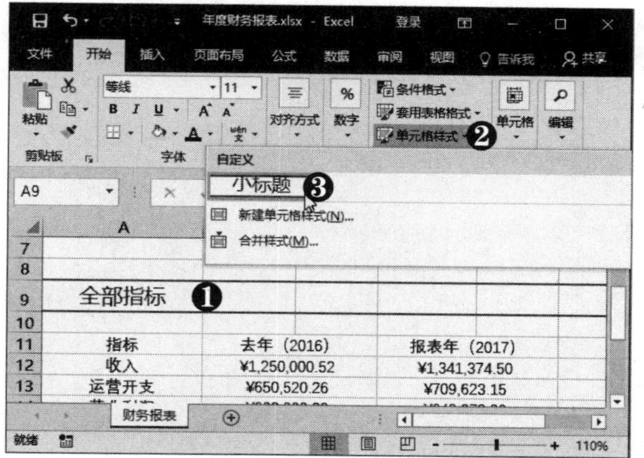

第11步 设置单元格格式 调整第5行单元格的行高，根据需要设置A5单元格的格式。

第12步 选择“新建单元格样式”选项 ❶单击“单元格样式”下拉按钮。❷选择“新建单元格样式”选项。

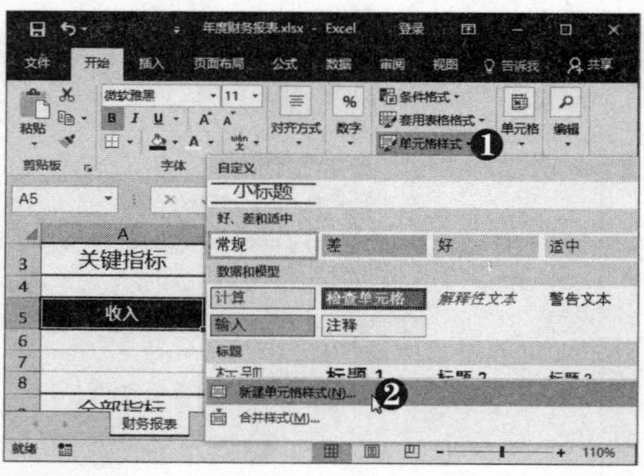

第13步 设置样式名称 弹出“样式”对话框，❶输入样式名称。❷单击“确定”按钮。

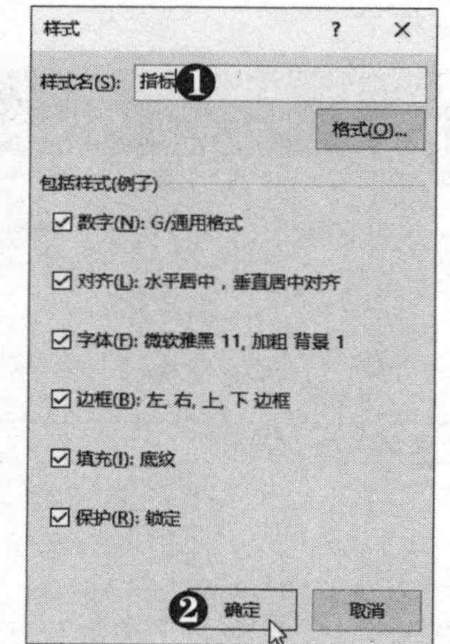

第14步 应用样式 ❶按住【Ctrl】键选中多个不连续的单元格。❷单击“单元格样式”下拉按钮。❸选择“指标”样式。

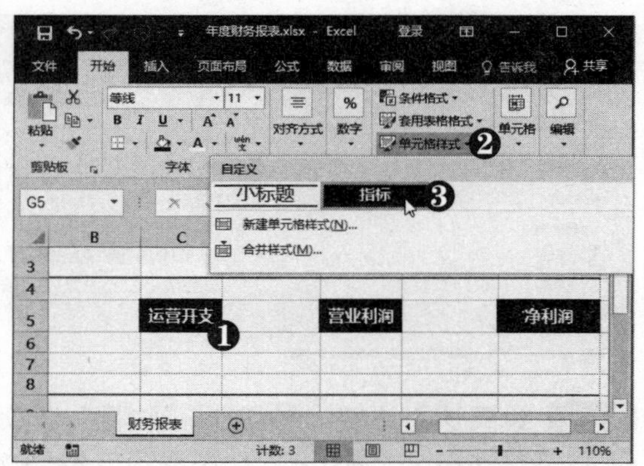

第15步 选择“列宽”命令 ❶按住【Ctrl】键选中A、C、E、G列并右击。❷选择“列宽”命令。

第16步 设置列宽 弹出“列宽”对话框，❶输入列宽。❷单击“确定”按钮。

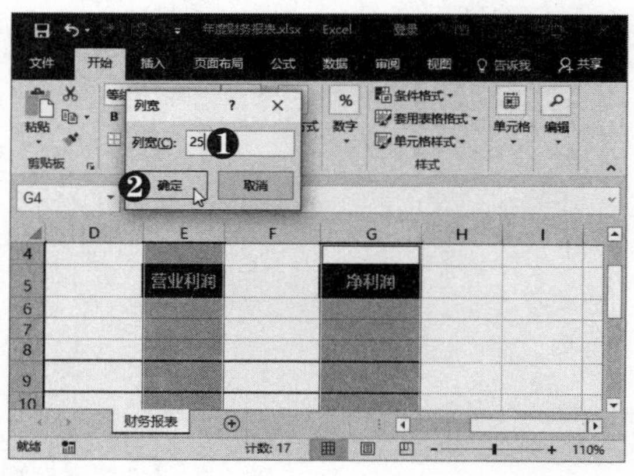

电脑小专家

问：如何在现有单元格样式的基础上创建新样式？

答：右击现有的单元格样式，在弹出的快捷菜单中选择“复制”命令，然后修改样式即可。

新手巧上路

问：如何删除单元格样式？

答：在“单元格样式”列表中右击样式，在弹出的快捷菜单中选择“删除”命令即可。

第17步 继续设置列宽 采用同样的方法，设置 B、D、F 列的列宽。

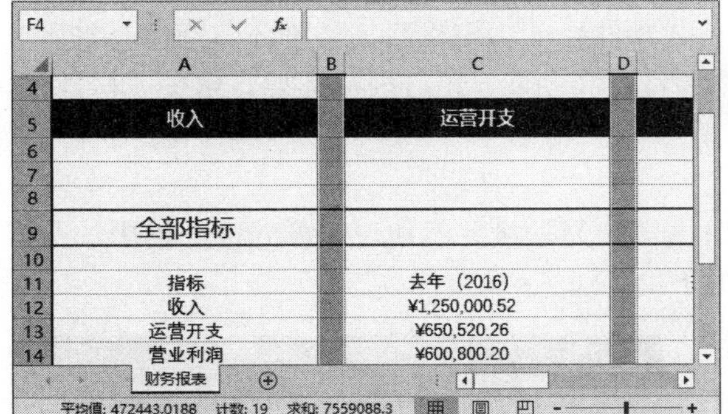

第18步 插入行 在第 8 行下方插入 1 行，按住【Ctrl】键选中单元格区域。

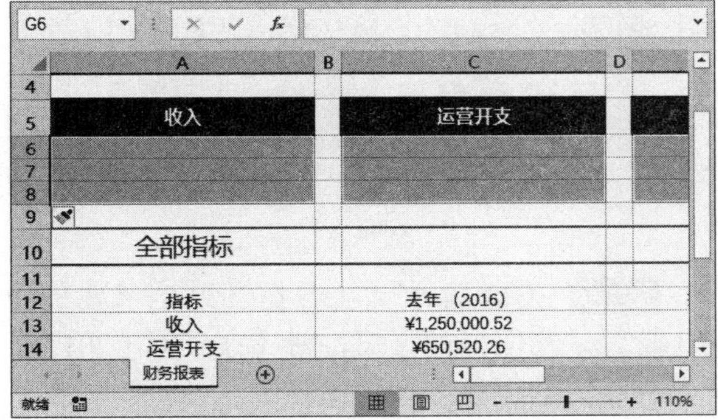

第19步 设置边框样式 按【Ctrl+1】组合键，打开“设置单元格格式”对话框。❶ 选择线条样式。❷ 设置线条颜色。❸ 单击“外边框”按钮。❹ 单击“确定”按钮。

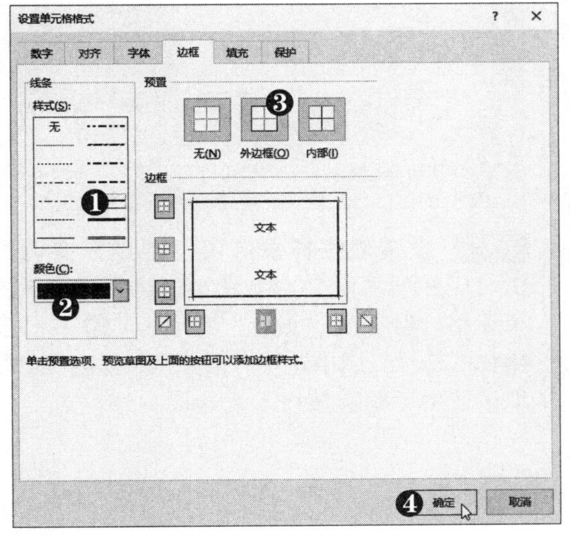

第20步 选择线型 根据需要调整第 6 行行高，❶ 单击“边框”下拉按钮⊞ -。❷ 选择“线型”选项。❸ 选择需要的线型。

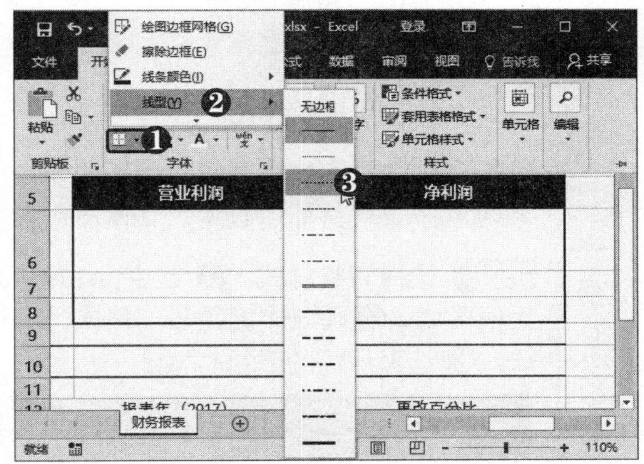

第21步 选择线条颜色 ❶ 单击“边框”下拉按钮⊞ -。❷ 选择“线条颜色”选项。❸ 选择所需的颜色。

第22步 绘制边框 当鼠标指针变为✎形状时，绘制边框。

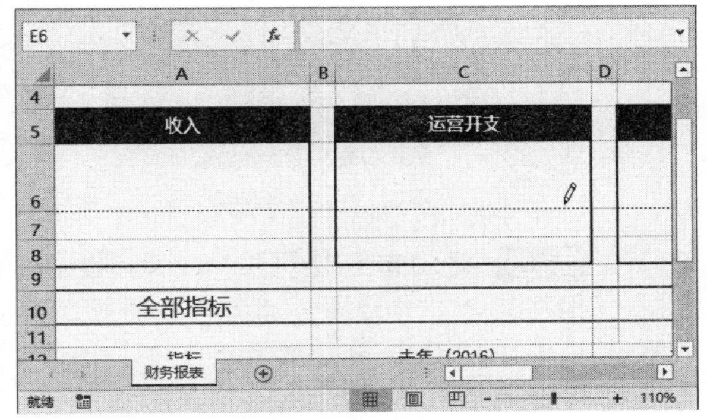

6.1.2 设置表格格式

在 Excel 2016 中，可以应用套用表格格式功能快速为表格添加修饰。该功能会将所选单元格区域转换为表格元素，应用表格特有的样式和功能，还可根据需要自定义表格样式。

1．套用表格格式

通过套用表格格式可以将工作表中的数据转换为表格并添加表格样式，表格中的数据将独立于该表格外的数据，具体操作方法如下：

提示您

将光标定位到表格中，选择“设计”选项卡，在“属性”组中可以定义表格名称。

第1步 选择表格样式 ❶ 选中 A12:G20 单元格区域。❷ 单击“套用表格格式”下拉按钮。❸ 选择所需的表格样式。

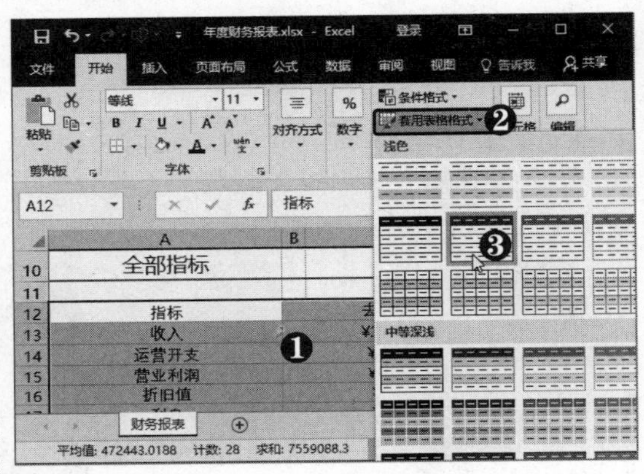

第2步 设置包含标题 弹出“套用表格格式”对话框，❶ 选中“表包含标题”复选框。❷ 单击“确定”按钮。

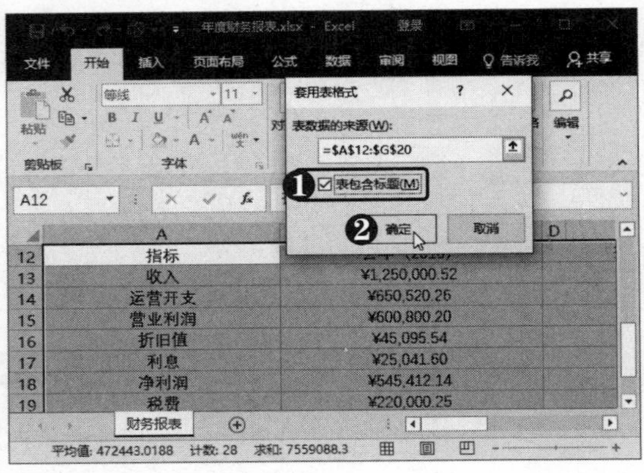

第3步 复制单元格区域 此时即可套用表格格式，并自动取消单元格中的跨越合并。选中 B12:B20 单元格区域，按【Ctrl+X】组合键剪切数据。

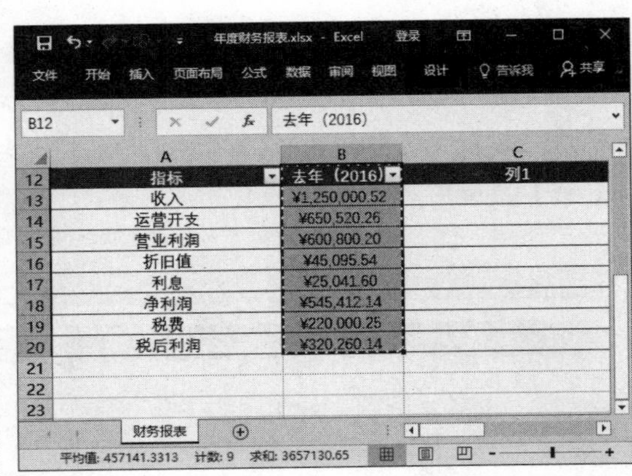

第4步 继续操作 将数据粘贴到所需的位置，采用同样的方法，将“报表年（2017）”列中的数据移至所需的位置。

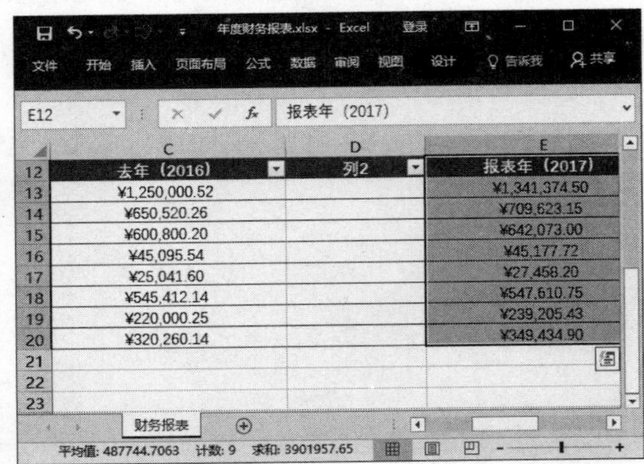

第5步 设置表格样式选项 根据需要调整 B、D、F 列的列宽。❶ 选中表格区域内任意单元格。❷ 选择“设计”选项卡。❸ 在“表格样式选项”组中选中“第一列”复选框。❹ 取消选中“筛选按钮”复选框。

多学点

选择表格的标题单元格，然后按【Ctrl+A】组合键选择所有单元格，按【Delete】键即可删除整个表格。

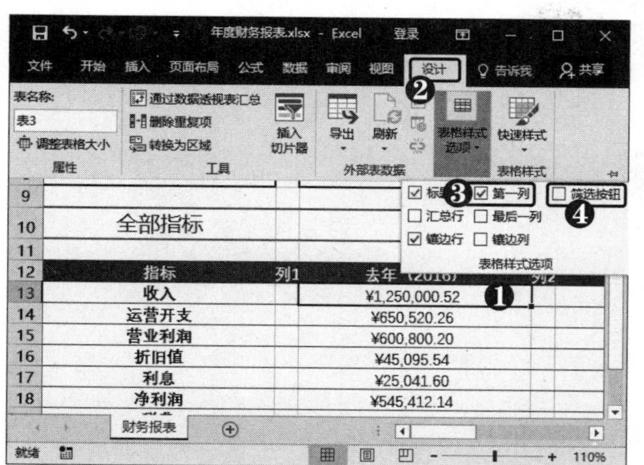

第6步 **设置字体格式** 根据需要设置单元格字体格式，对于 B12、D12、F12 单元格中无法删除的文本，将其字体颜色设置为蓝色。

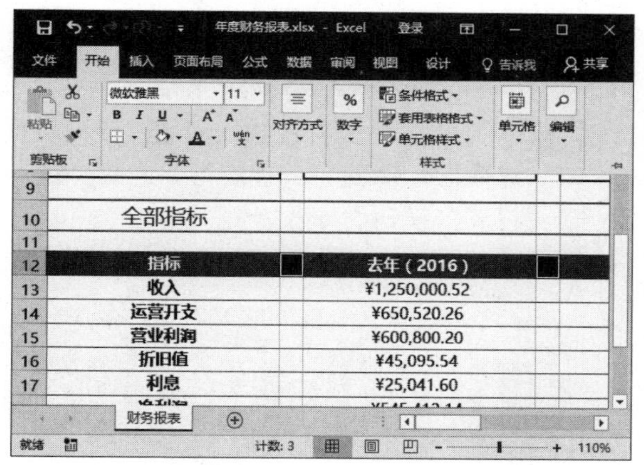

第7步 **输入文本** 此时在表格下方输入文本，将自动套用表格样式。

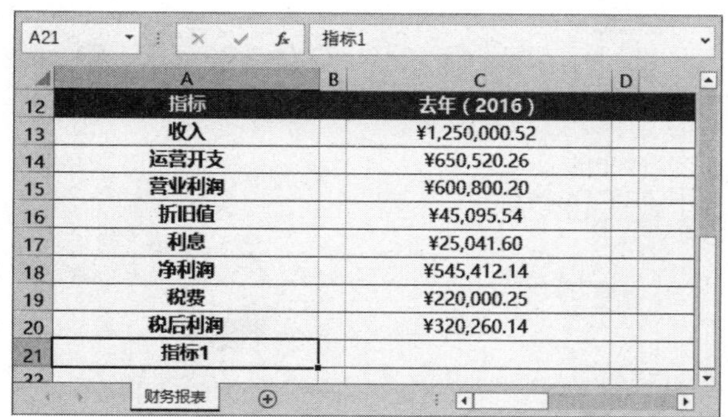

第8步 **调整区域大小** 为单元格区域应用表格样式后，其右下角会显示▟标记。将鼠标指针移至此标记上方，当指针变为↘形状时拖动鼠标，可控制套用表格格式区域的大小。

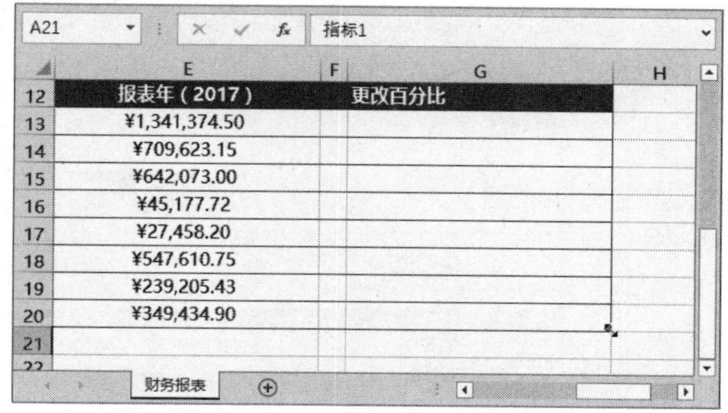

第9步 **单击"转换为区域"按钮** ❶ 选中表格中的任意单元格。❷ 在"工具"组中单击"转换为区域"按钮。

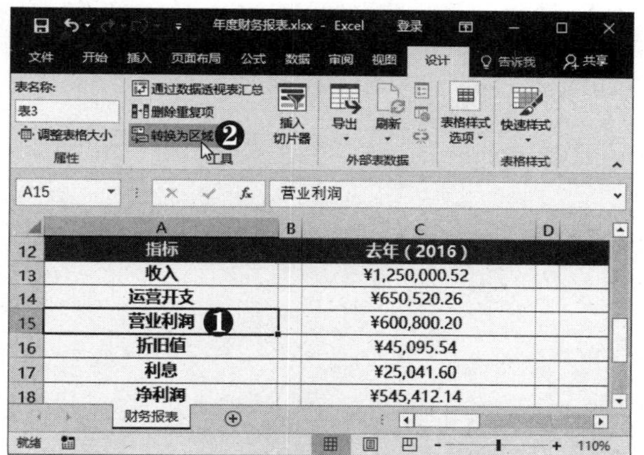

第10步 **确认转换操作** 弹出提示信息框，单击"是"按钮，即可将表格转换为普通区域。

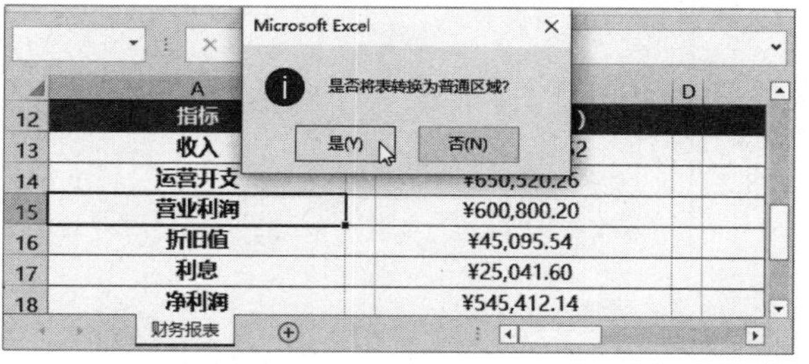

2．创建表格样式

如果 Excel 2016 预设的表格样式不能满足需求，还可创建新的表格样式，自定义表格中各元素的格式，具体操作方法如下：

第1步 选择"新建表格样式"选项 ❶ 单击"套用表格格式"下拉按钮。❷ 选择"新建表格样式"选项。

第2步 单击"格式"按钮 弹出"新建表样式"对话框，❶ 输入样式名称。❷ 在"表元素"列表框中选择"整个表"选项。❸ 单击"格式"按钮。

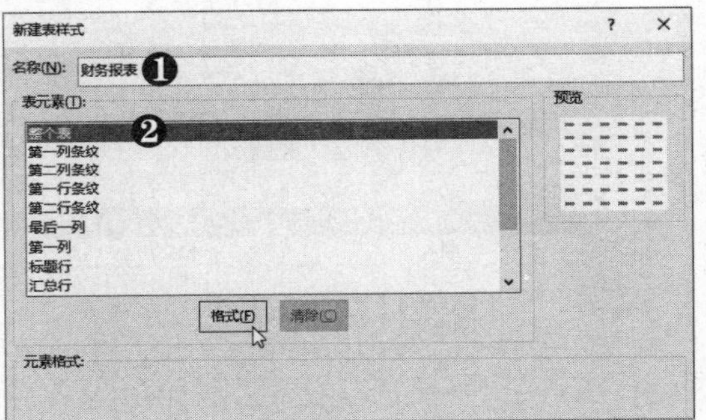

第3步 设置字体颜色 弹出"设置单元格格式"对话框，❶ 选择"字体"选项卡。❷ 设置字体颜色。

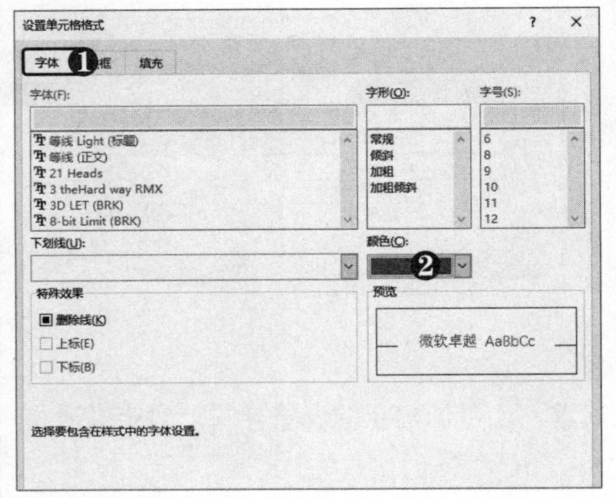

第4步 设置边框样式 ❶ 选择"边框"选项卡。❷ 设置线条颜色。❸ 在右侧单击田、田、田按钮。❹ 单击"确定"按钮。

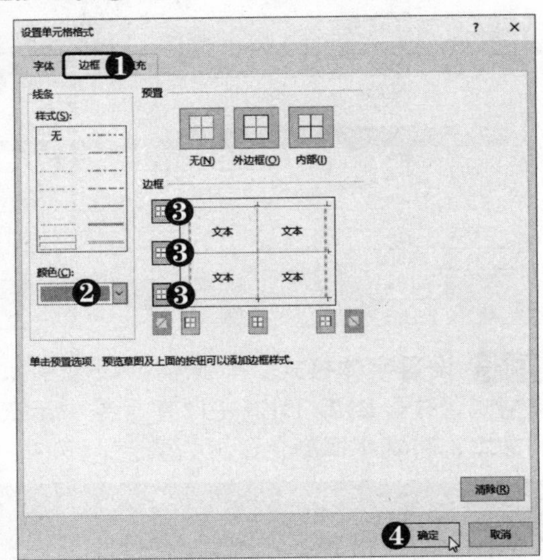

第5步 单击"格式"按钮 返回"新建表样式"对话框，❶ 选择"标题行"选项。❷ 单击"格式"按钮。

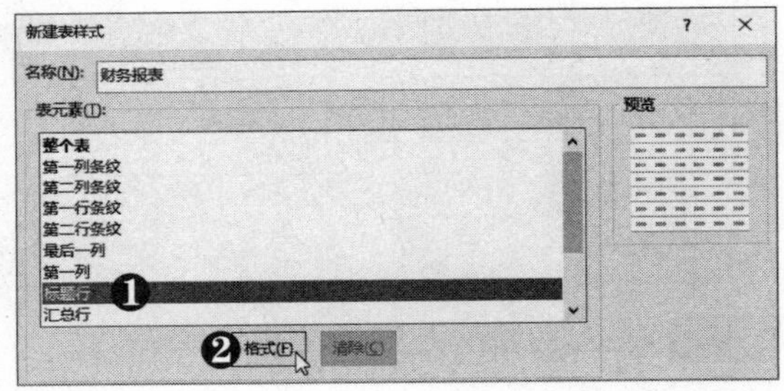

第6步 设置字体格式 弹出"设置单元格格式"对话框，❶ 选择"字体"选项卡。❷ 设置"字形"为"加粗"。❸ 设置字体颜色为白色。

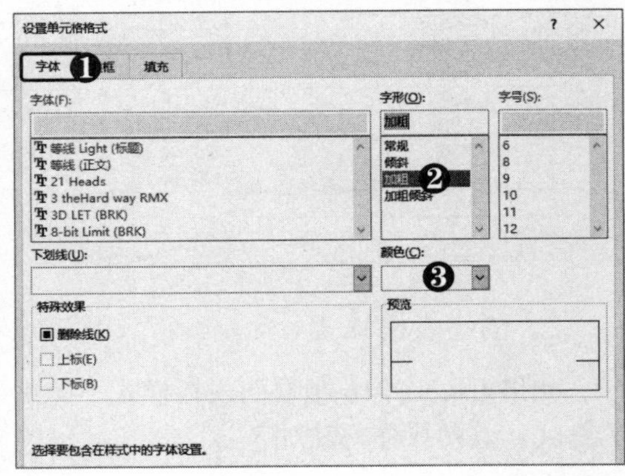

电脑小专家

问：怎样在原有单元格格式下套用表格格式？

答：单击"套用表格格式"下拉按钮，在弹出的下拉列表中右击表格样式，选择"应用并保留格式"命令即可。

新手巧上路

问：如何删除表格样式？

答：单击"套用表格格式"下拉按钮，在弹出的下拉列表中右击表格样式，选择"删除"命令即可。

第7步 **设置边框样式** ❶ 选择“边框”选项卡。❷ 在右侧单击田按钮。

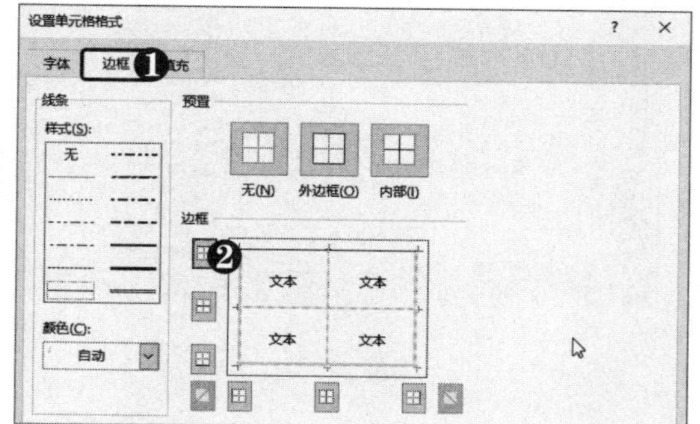

第8步 **设置填充颜色** ❶ 选择“填充”选项卡。❷ 选择填充颜色。❸ 单击“确定”按钮。

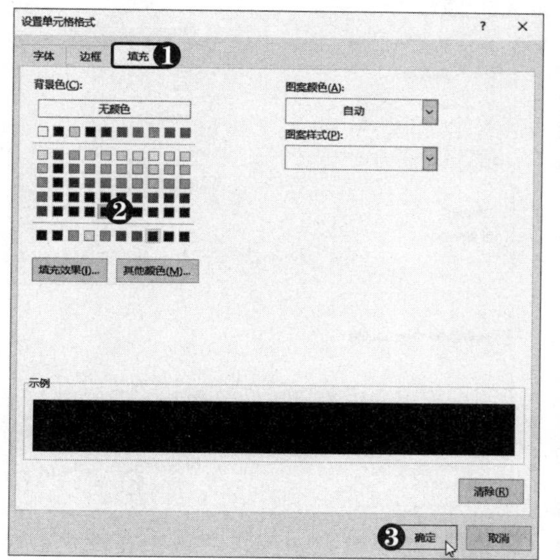

第9步 **单击“格式”按钮** 返回“新建表样式”对话框，❶ 选择“第二条行纹”选项。❷ 单击“格式”按钮。

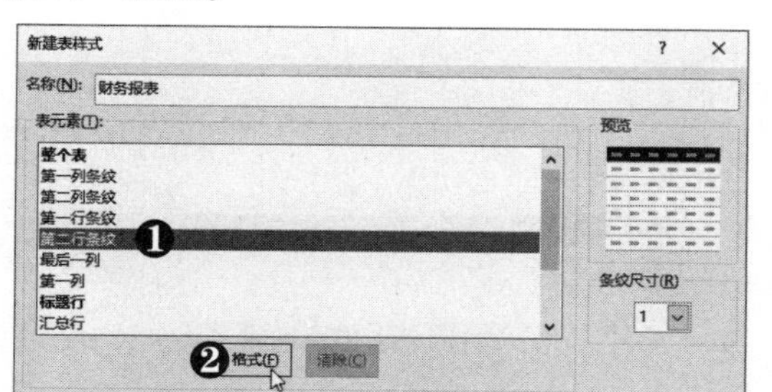

第10步 **设置填充颜色** 弹出“设置单元格格式”对话框，❶ 选择“填充”选项卡。❷ 选择填充颜色。❸ 单击“确定”按钮。

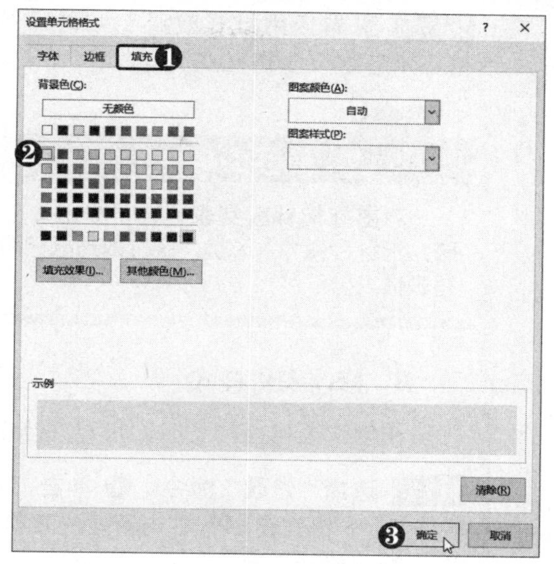

第11步 **预览表格样式** 返回“新建表样式”对话框，在右侧可预览表格样式，单击“确定”按钮。

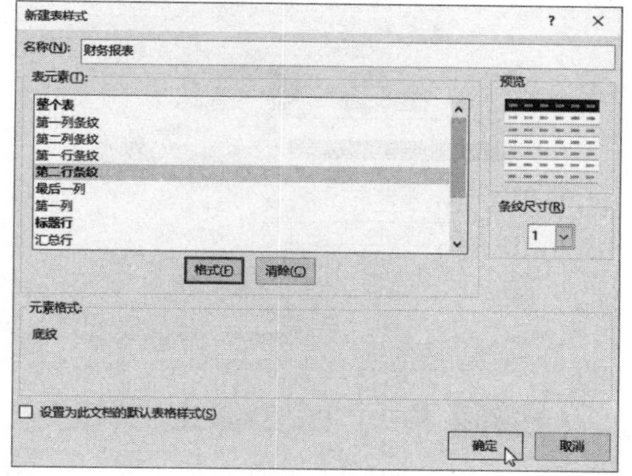

第12步 **应用自定义表格样式** ❶ 选中任意单元格。❷ 单击“套用表格格式”下拉按钮。❸ 右击新建的表格样式。❹ 选择“应用并清除格式”命令。

第13步 查看应用样式效果 此时即可为表格应用自定义表格样式。

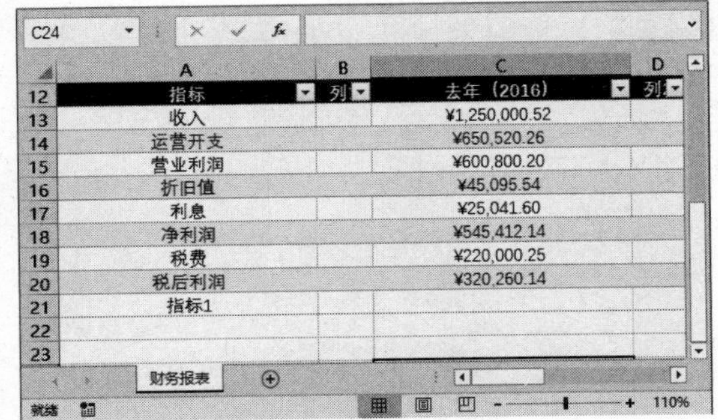

	A	B	C	D
12	指标	列1	去年（2016）	列2
13	收入		¥1,250,000.52	
14	运营开支		¥650,520.26	
15	营业利润		¥600,800.20	
16	折旧值		¥45,095.54	
17	利息		¥25,041.60	
18	净利润		¥545,412.14	
19	税费		¥220,000.25	
20	税后利润		¥320,260.14	
21	指标1			
22				
23				

将鼠标指针放到表格右下角的◢形状上时，指针会变为↘形状，这时拖动鼠标即可调整表格大小。

3. 修改表格样式

在创建表格新样式时，可以在当前样式上进行修改，具体操作方法如下：

> **提示您**
>
> 在“修改表样式”对话框中设置行或列条纹时，可以单击“条纹尺寸”下拉按钮，选择条纹数量。

第1步 选择“修改”命令 ❶ 单击“套用表格格式”下拉按钮。❷ 右击新建的表格样式。❸ 选择“修改”命令。

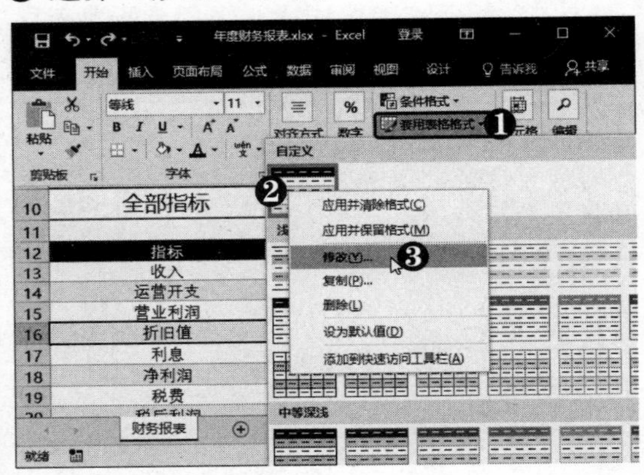

第2步 单击“格式”按钮 弹出“新建表样式”对话框，❶ 选择“整个表”选项。❷ 单击“格式”按钮。

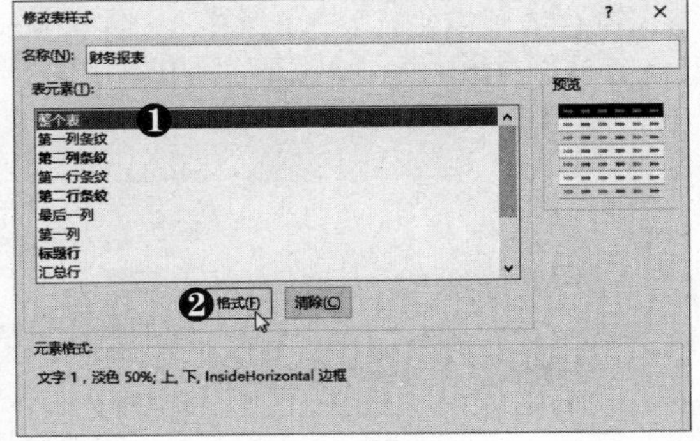

> **多学点**
>
> 选中表格区域中的任意单元格，选择“设计”选项卡，在“工具”组中单击“删除重复项”按钮，即可删除表格中的重复数据。

第3步 修改字体颜色 弹出“设置单元格格式”对话框，❶ 选择“字体”选项卡。❷ 修改字体颜色。❸ 单击“确定”按钮。

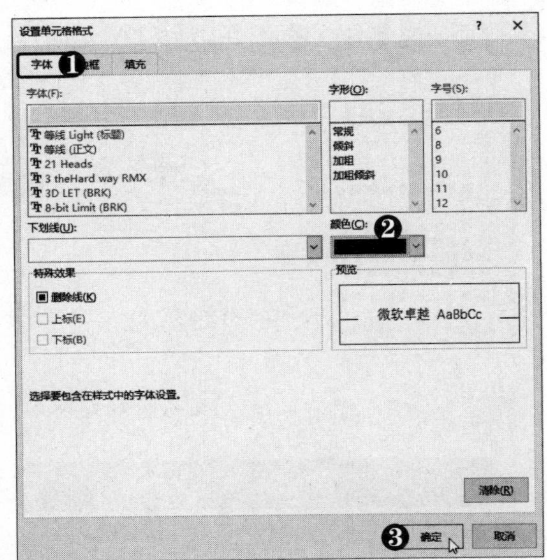

第4步 清除格式 返回“新建表样式”对话框，❶ 选中“第二条行纹”选项。❷ 单击“清除”按钮，即可清除格式。❸ 单击“确定”按钮。

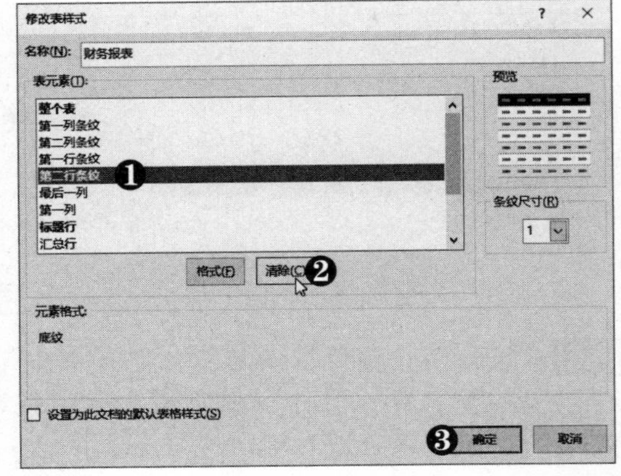

第5步 **取消筛选按钮** 此时表格将自动应用修改后的样式，在“表格样式选项”组中取消选择“筛选按钮”复选框。

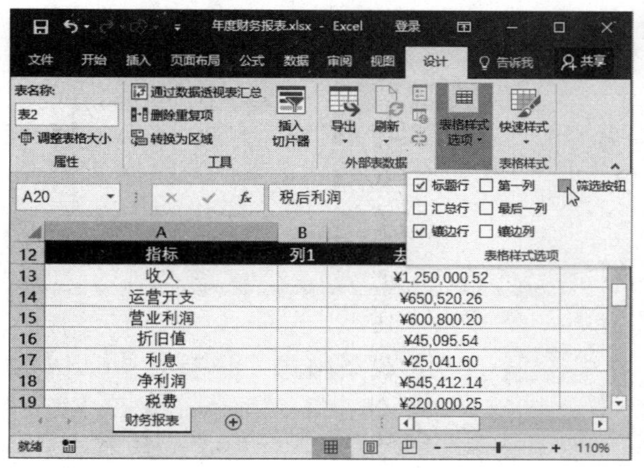

第6步 **取消显示网格线** 根据需要修改表格中的字体格式，❶ 选中“视图”选项卡。❷ 在“显示”组中取消选中“网格线”复选框。

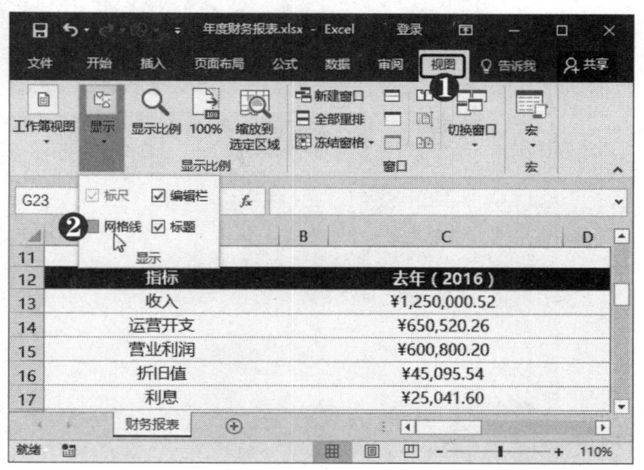

6.1.3 应用条件格式

条件格式包括数据条、突出显示单元格规则、色阶、图表集等，使用条件格式功能可以为满足某种自定义条件的单元格设置相应的单元格格式，如颜色、字体等，在很大程度上改进了电子表格的设计和可读性。

1．应用数据条格式

应用数据条条件格式可以在工作表中直观地显示数据，使用户对多个单元格中数据的大小关系一目了然，具体操作方法如下：

第1步 **单击“转换为区域”按钮** ❶ 选择“设计”选项卡。❷ 在“工具”组中单击“转换为区域”按钮。

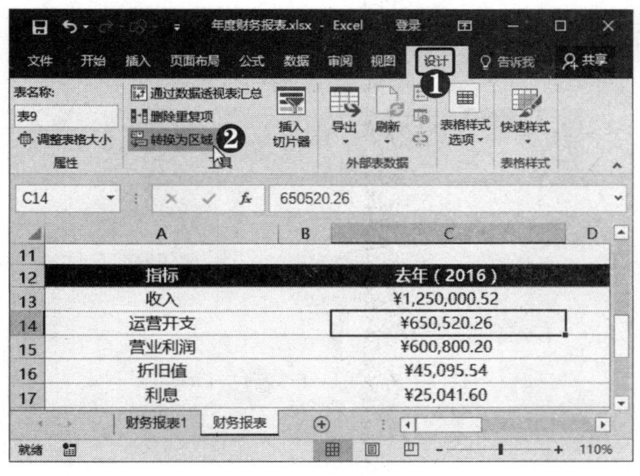

第2步 **选择数据条样式** ❶ 选中 C13:C20 单元格区域。❷ 单击“条件格式”下拉按钮。❸ 选择“数据条”选项。❹ 选择数据条样式。

第3步 继续操作 采用同样的方法，在E13:E20单元格区域中应用数据条格式。

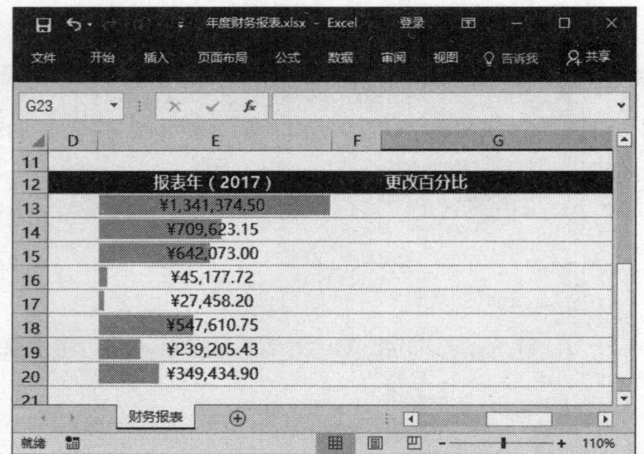

第4步 输入公式 在A5单元格中输入“=”，再选中E13单元格，即可在公式中引用单元格数据。

第5步 继续输入公式 按【Enter】键确认。采用同样的方法，在其他指标单元格中输入公式。

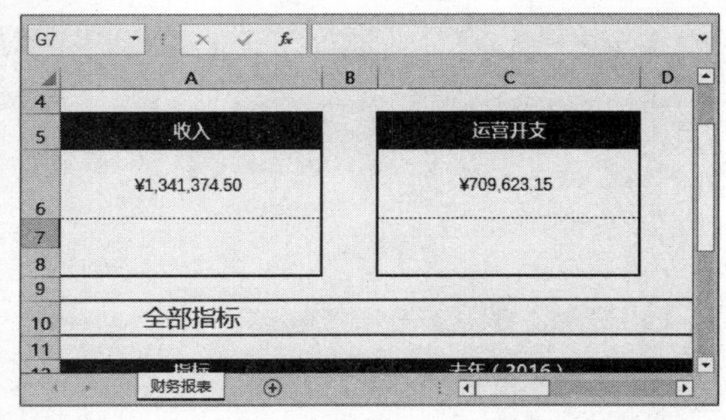

第6步 应用数据条格式 ❶ 按住【Ctrl】键选中A6、C6、E6、G6单元格。❷ 在“字体”组中设置指标数据的字体格式。❸ 单击“条件格式”下拉按钮。❹ 选择“数据条”选项。❺ 选择数据条样式。

电脑小专家

问：当向一列数据应用多个规则后，怎样设置规则的优先级？

答：在“条件格式”下拉列表中选择“管理规则”选项，在弹出的对话框中选择其中一个规则后，单击“上移”或“下移”按钮即可更改其优先级。

2. 应用突出显示单元格规则

应用“突出显示单元格规则”功能可以为符合选取规则的单元格或单元格区域设置格式，以突出显示所关注的数据，具体操作方法如下：

第1步 选择“文本包含”选项 ❶ 选中A13:A20单元格区域。❷ 单击“条件格式”下拉按钮。❸ 选择“文本包含”选项。

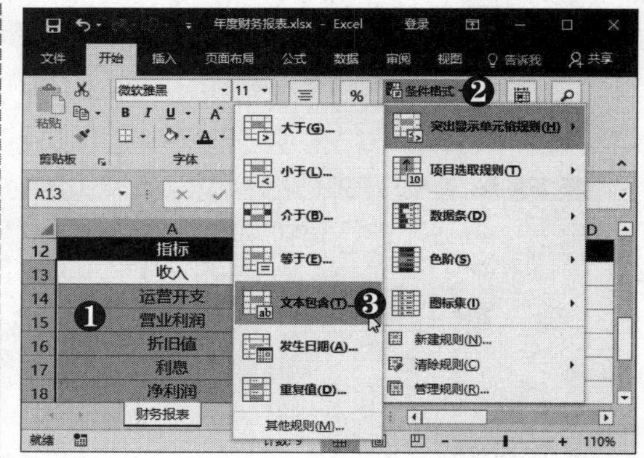

高手点拨

在“条件格式”下拉列表中选择“新建规则”选项，弹出“新建格式规则”对话框，选择“使用公式确定要设置格式的单元格”规则类型，即可使用逻辑公式来指定格式设置条件。

新手巧上路

问：怎样突出显示单元格区域中的重复值？

答：选中单元格区域，单击“条件格式”下拉按钮，选择“突出显示单元格规则”|“重复值”选项，在弹出的对话框中即可设置重复值的格式。

第2步 **选择“自定义格式”选项** 弹出“文本中包含”对话框，❶ 在“为包含以下文本的单元格设置格式”文本框中输入“净利润”。❷ 单击“设置为”下拉按钮。❸ 选择“自定义格式”选项。

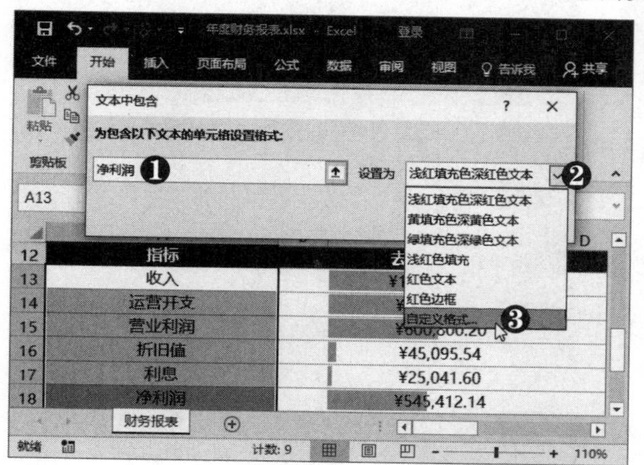

第3步 **设置字体格式** 弹出“设置单元格格式”对话框，❶ 选择“字体”选项卡。❷ 设置“字形”为“加粗”。❸ 设置字体颜色。

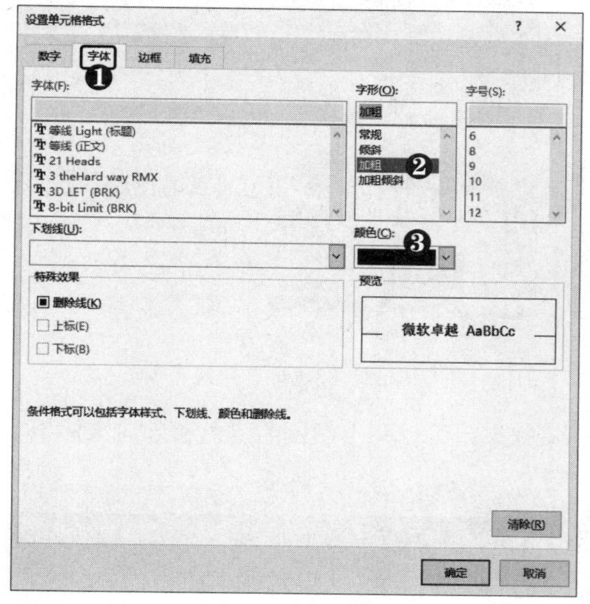

第4步 **设置填充颜色** ❶ 选择“填充”选项卡。❷ 选择填充颜色。❸ 单击“确定”按钮。

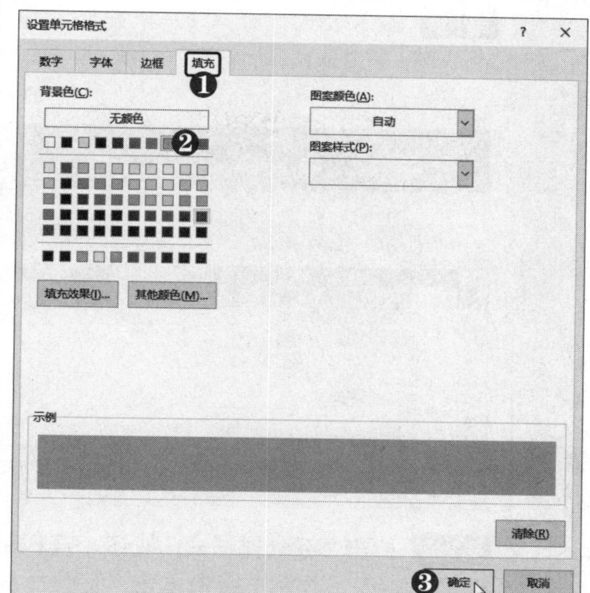

第5步 **确认自定义格式** 返回“文本中包含”对话框，单击“确定”按钮。

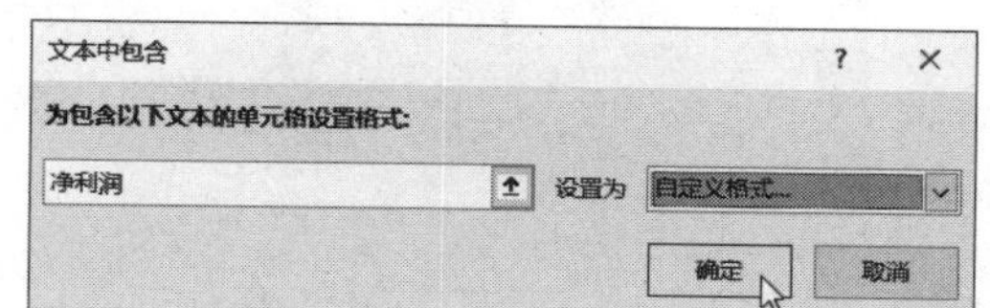

第6步 **查看突出显示效果** 此时即可突出显示包含“净利润”的单元格。

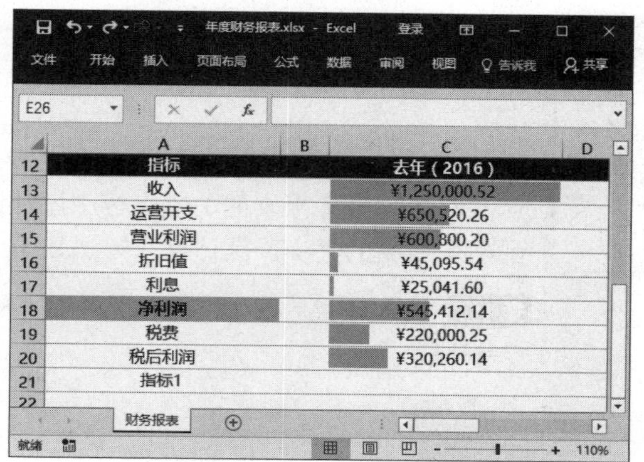

3．应用色阶格式

在年度财务报表中的“更改百分比”列中添加色阶效果，可以用不同颜色来标识单元格中数据的大小，具体操作方法如下：

第1步 **输入公式** 在G13单元格中输入公式“=E13/C13-1”。

第2步 **单击“百分比样式”按钮** 按【Enter】键确认，在“数字”组中单击“百分比样式”按钮%。

第3步 **填充公式** 拖动单元格右下角的填充柄，将公式填充到整列，根据需要将单元格对齐方式设置为居中。

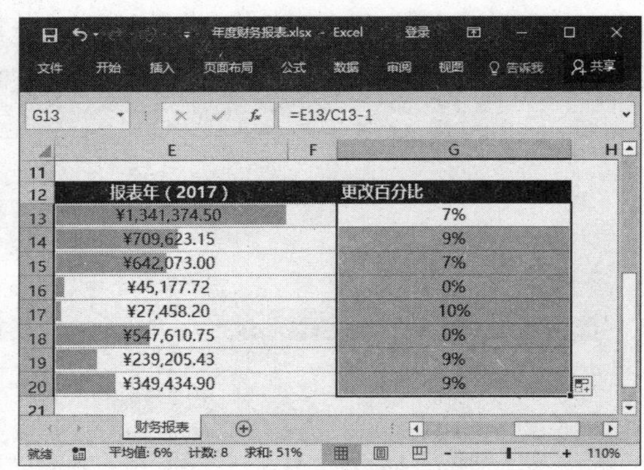

第4步 **应用色阶条件格式** ❶ 选中G13:G20单元格区域。❷ 单击“条件格式”下拉按钮。❸ 选择“色阶”选项。❹ 选择色阶样式，即可应用色阶条件格式。

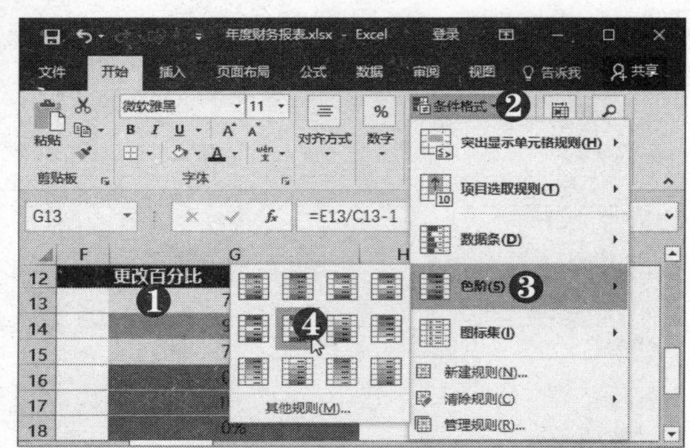

提示您

使用格式刷可以复制单元格中应用的条件格式。

多学点

数据条的长度代表单元格中的值。数据条越长，表示值越大；数据条越短，表示值越小。

4．应用图标集格式

在年度财务报表的关键指标中添加图标集效果，可以利用图标的颜色和方向来标识单元格中数据的大小，具体操作方法如下：

第1步 **输入公式** 在A7单元格中输入公式“=G13”。

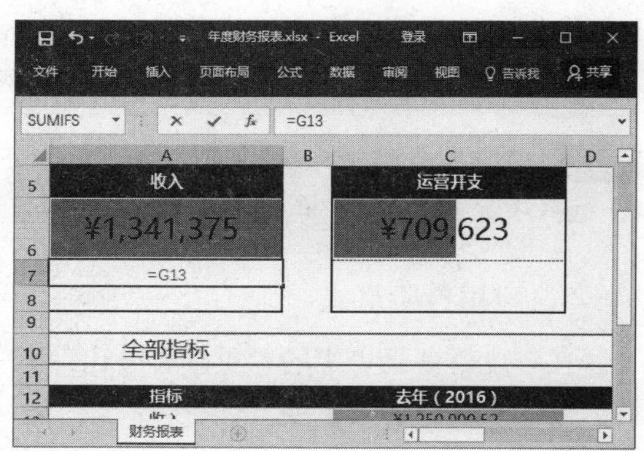

高手点拨

单击“条件格式”下拉按钮，选择“图表集”|“其他规则”选项，在弹出的对话框中选中“仅显示图标”复选框，即可在单元格内仅显示图标。

第2步 **设置字体格式** 按【Enter】键确认，在其他单元格中输入公式，根据需要设置单元格字体格式。

第3步 **选择图标集样式** ❶ 选中 A7、C7、E7、G7 单元格。❷ 单击“条件格式”下拉按钮。❸ 选择“图标集”选项。❹ 选择图标集样式。

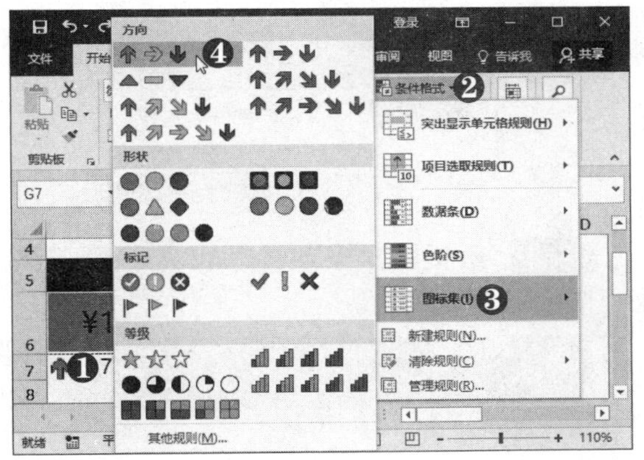

第4步 **选择“其他规则”选项** ❶ 选中 C7 单元格。❷ 单击“条件格式”下拉按钮。❸ 选择“图标集”选项。❹ 选择“其他规则”选项。

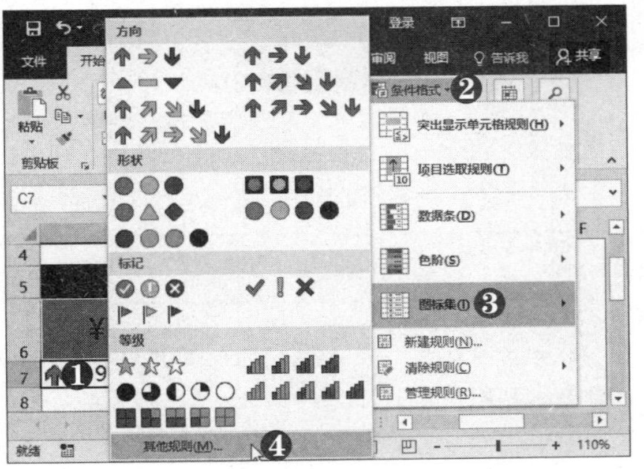

第5步 **单击“反转图标次序”按钮** 弹出“新建格式规则”对话框，❶ 设置图标集样式。❷ 单击“反转图标次序”按钮。

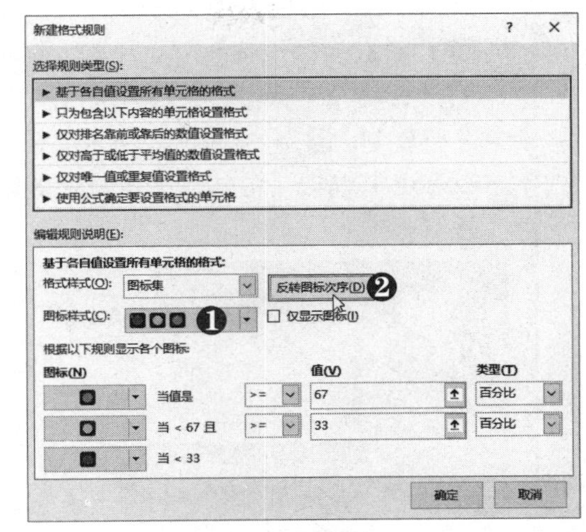

第6步 **查看反转效果** 此时即可反转图标次序，单击“确定”按钮。

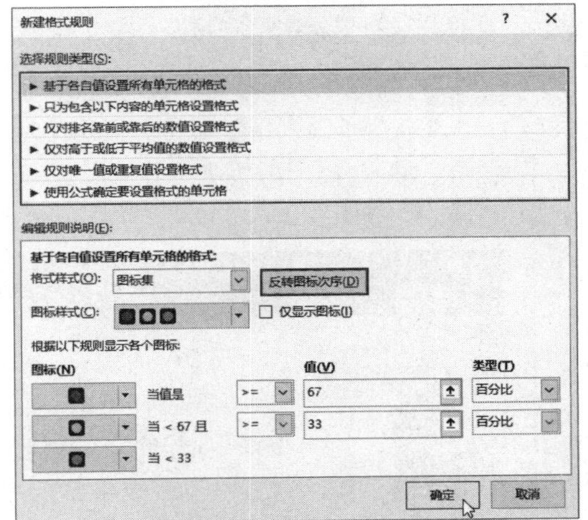

第7步 **查看应用规则效果** 此时即可应用自定义图标集规则。

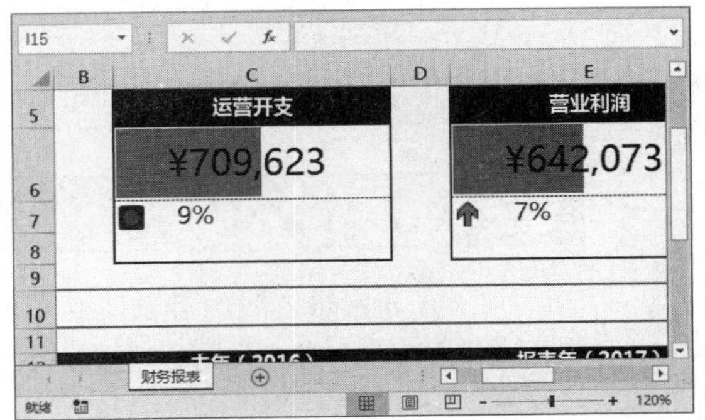

5．应用条件格式制作对比图

在工作表中应用数据条条件格式时，有时需要隐藏单元格中的数据，而只显示数据条，具体操作方法如下：

第1步 粘贴为值 添加“对比图”列，❶ 选中 G13:G20 单元格区域，按【Ctrl+C】组合键进行复制。❷ 选中 H13 单元格。❸ 在“剪贴板”组中单击“粘贴”下拉按钮。❹ 选择“值”选项。

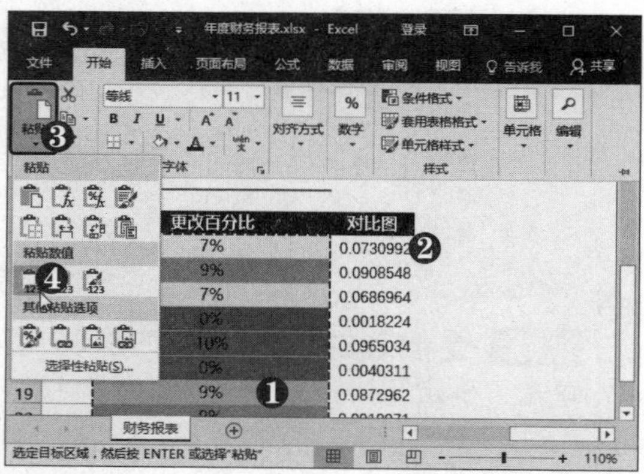

第2步 选择“其他规则”选项 ❶ 选中 H13:H20 单元格区域。❷ 单击“条件格式”下拉按钮。❸ 选择“数据条”选项。❹ 选择“其他规则”选项。

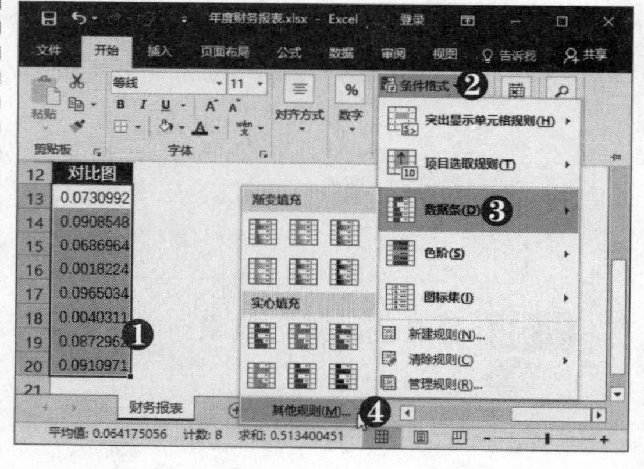

第3步 设置格式规则 弹出“新建格式类型”对话框，❶ 选中“仅显示数据条”复选框。❷ 设置条形图外观颜色。❸ 单击“确定”按钮。

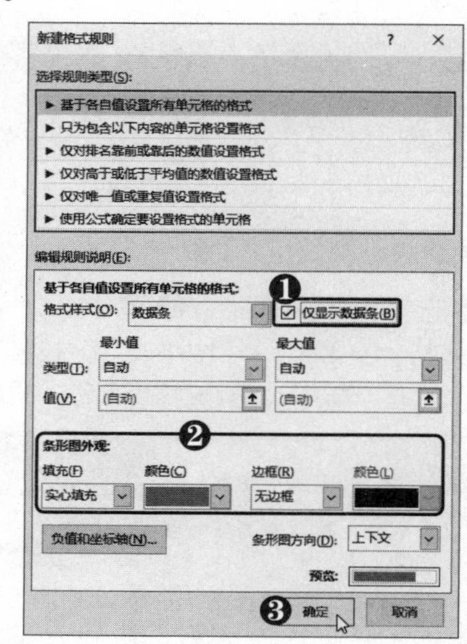

第4步 查看数据条效果 此时即可在单元格中仅显示数据条。

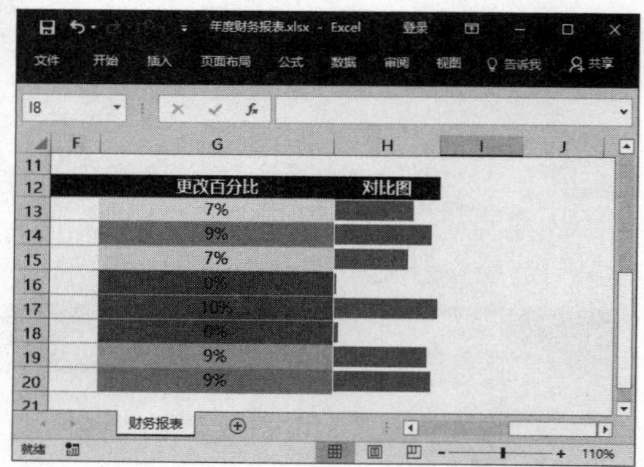

> **电脑小专家**
>
> 问：如何自定义数据条样式？
>
> 答：单击“条件格式”下拉按钮，选择“数据条”|“其他规则”选项，在弹出的对话框中即可设置条形图外观。

> **新手巧上路**
>
> 问：怎样突出显示单元格区域中的空值？
>
> 答：选择单元格区域，单击“条件格式”下拉按钮，选择“突出显示单元格规则”|“其他规则”选项，在弹出的对话框中设置应用格式的条件为“空值”，单击“格式”按钮设置格式即可。

6.2 工作表的美化与打印

创建好表格之后，可以根据需要对工作表进行美化操作，然后将工作表打印出来。下面将以美化和打印年度财务报表为例，介绍美化和打印工作表的方法和技巧。

6.2.1 插入图形美化工作表

在制作工作表时，有时会通过插入形状与图片来对工作表进行修饰与美化，具体操作方法如下：

第1步 设置形状格式 在工作表中插入形状，❶ 在“形状样式”组中设置填充颜色。❷ 设置形状轮廓为无轮廓。❸ 单击“形状效果”下拉按钮。❹ 选择“阴影”效果。❺ 选择阴影样式。

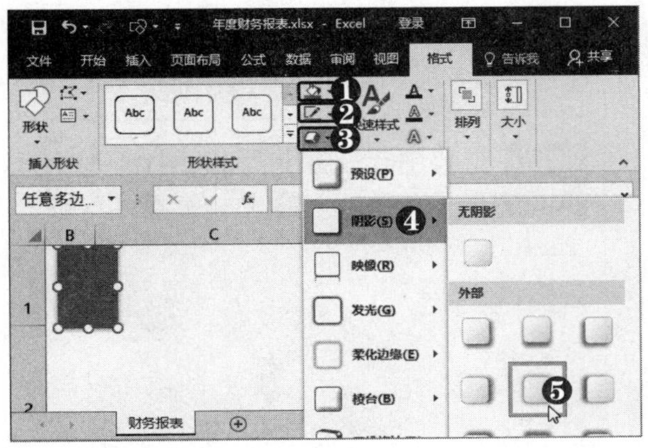

第2步 单击“图片”按钮 采用同样的方法，插入圆形并设置形状格式，在“插图”组中单击“图片”按钮。

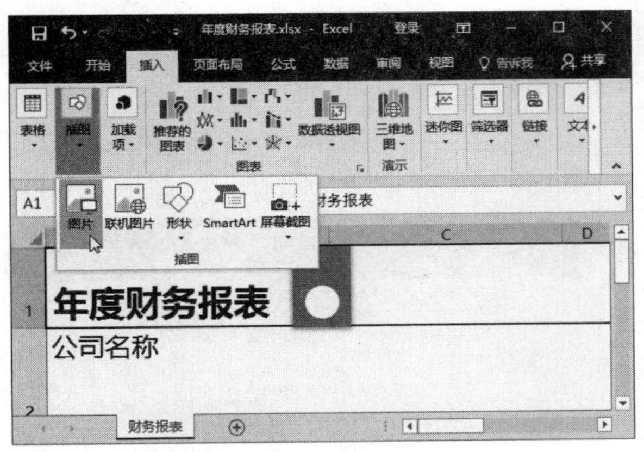

第3步 选择图片 弹出“插入图片”对话框，❶ 选择所需的图片。❷ 单击“插入”按钮。

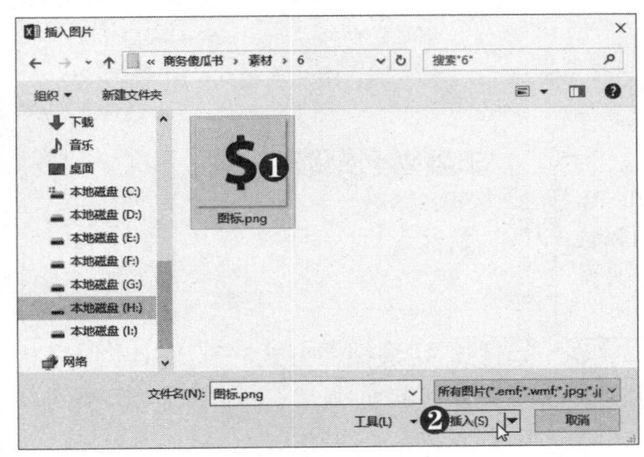

第4步 重新着色 按【Ctrl+1】组合键，打开“设置图片格式”窗格。❶ 选择“图片”选项卡。❷ 在“图片颜色”组中单击“重新着色”下拉按钮。❸ 选择着色样式。

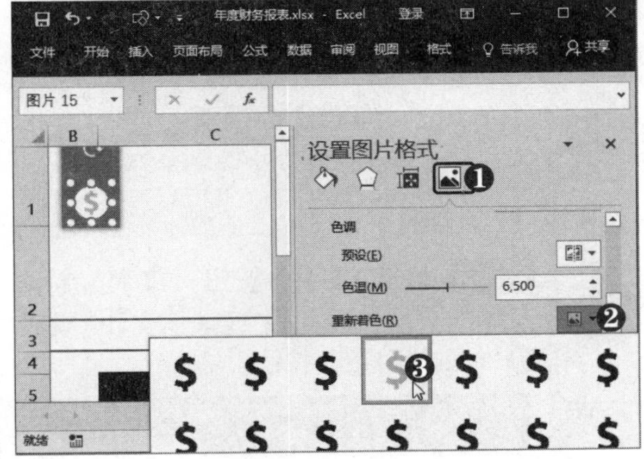

6.2.2 打印工作表

工作表制作完成后，在对其进行输出前可以进行必要的打印设置，如设置纸张方向、插入页眉和页脚、插入分页符，以及其他工作表打印设置等。

1．插入页眉和页脚

在打印工作表时，可以在工作表的页边距位置添加页眉或页脚。在页眉或页脚位置可以添加图片、工作表名和日期等，具体操作方法如下：

第1步 选择“横向”选项 ❶选择“页面布局”选项卡。❷单击“纸张方向”下拉按钮。❸选择“横向”选项。

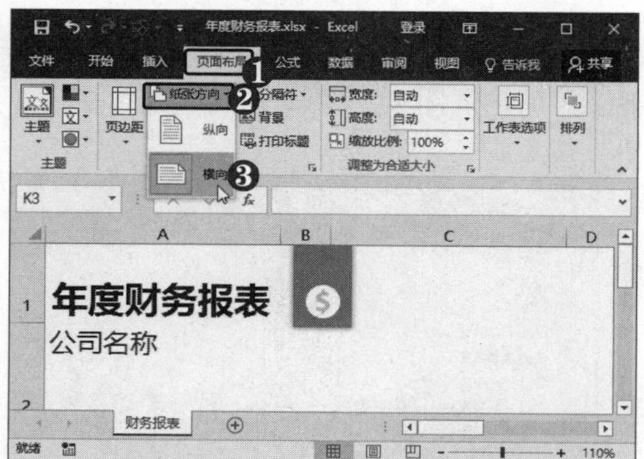

第2步 切换视图方式 在Excel程序状态栏中单击“页面布局”按钮，切换到页面布局视图。

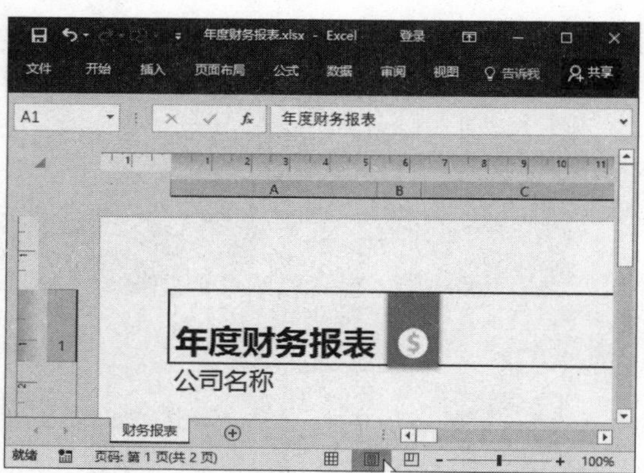

提示您

按【Alt+P】组合键，可以快速切换到“页面布局”选项卡中。

多学点

在“页面布局”选项卡下“调整为合适的大小”组中可以设置页面缩放。

第3步 单击“图片”按钮 ❶将光标定位到左侧的页眉位置。❷选择“设计”选项卡。❸单击“图片”按钮。

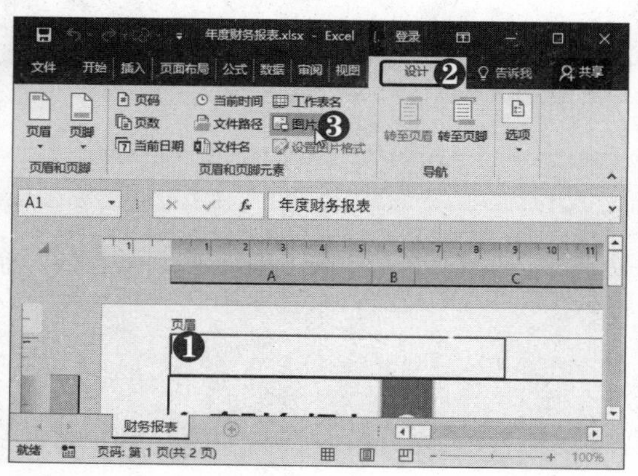

第4步 单击“来自文件”按钮 弹出“插入图片”对话框，单击“来自文件”按钮。

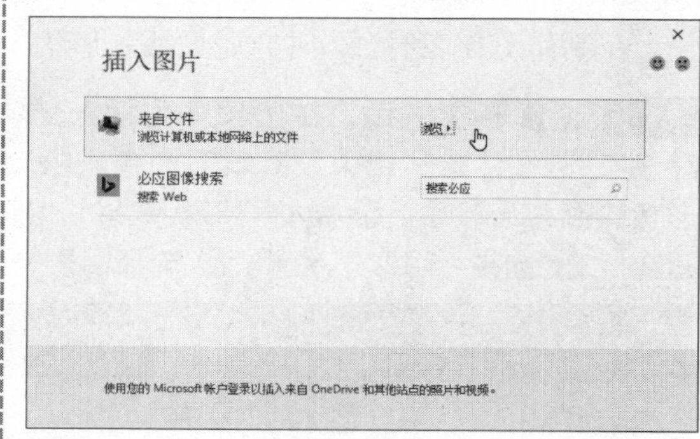

第5步 选择图片 弹出“插入图片”对话框，❶选择所需的图片。❷单击“插入”按钮。

第6步 单击“设置图片格式”按钮 此时即可在页眉中插入图片，单击“设置图片格式”按钮。

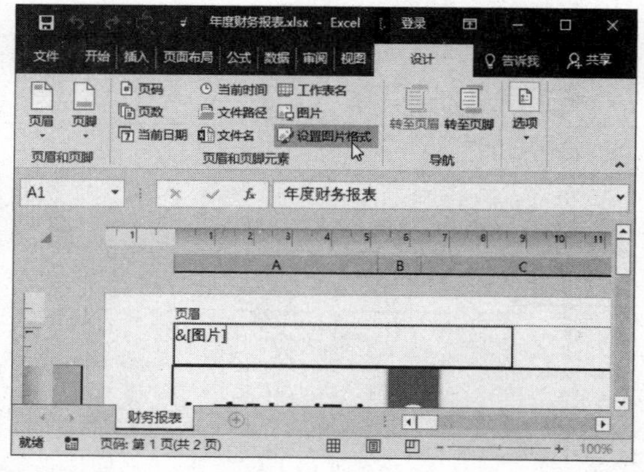

第7步 设置图片大小 弹出“设置图片格式”对话框，❶设置图片高度。❷单击“确定”按钮。

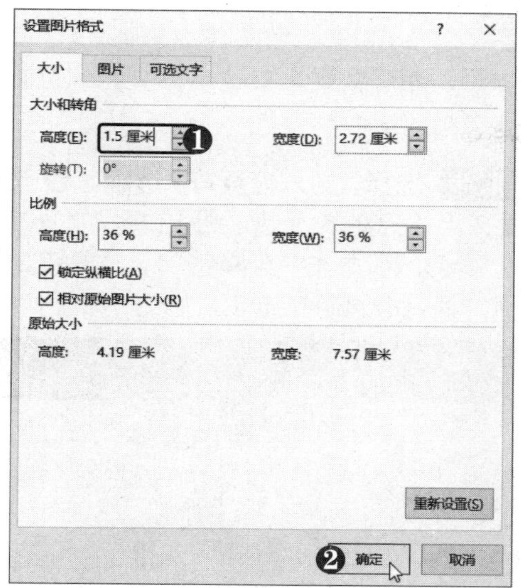

第8步 预览图片 将光标定位到页眉中部，即可预览图片效果。

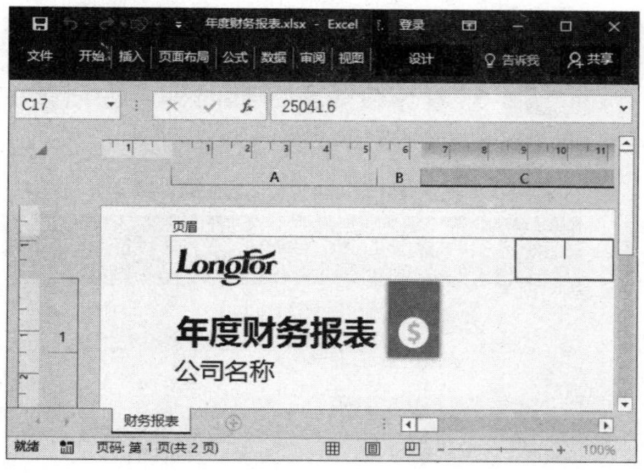

第9步 单击"工作表名"按钮 ❶ 将光标定位到页眉中间位置。❷ 单击"工作表名"按钮。

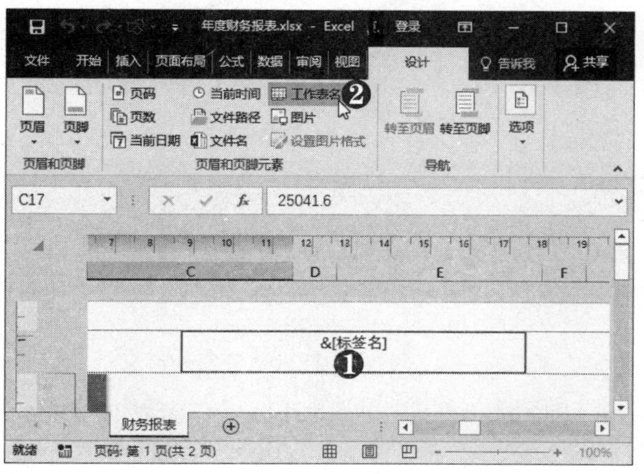

第10步 单击"当前日期"按钮 ❶ 将光标定位到页眉右侧位置。❷ 单击"当前日期"按钮。

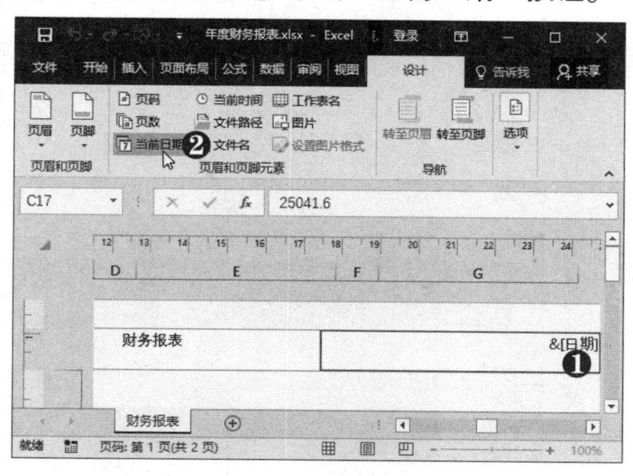

第11步 选择页脚样式 ❶ 在"页眉和页脚"组中单击"页脚"下拉按钮。❷ 在弹出的下拉列表中选择所需的页脚样式。

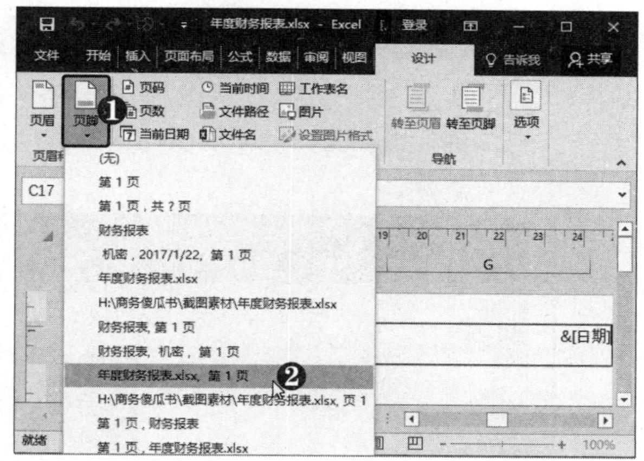

第12步 查看页脚效果 此时即可在工作表底端插入页脚。

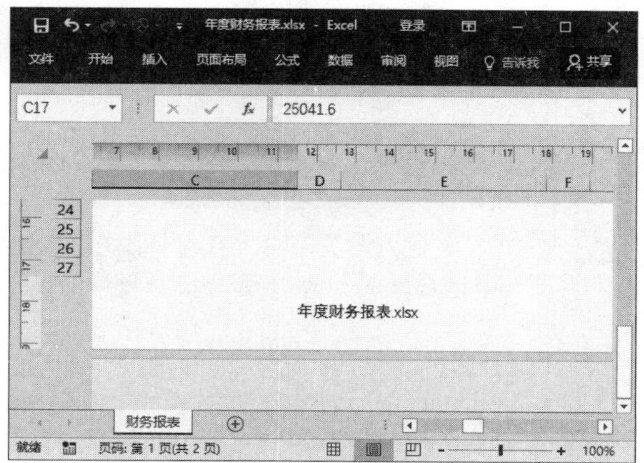

2．插入分页符

通过添加分页符可以在工作表中进行手动分页，还可根据需要调节分页符的位置，具体操作方法如下：

第1步 **单击“分页预览”按钮** 在状态栏上单击“分页预览”按钮，切换到“分页预览”视图。

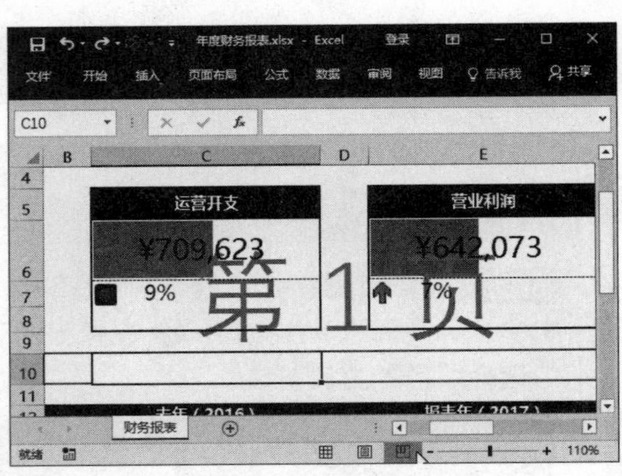

第2步 **移动分页符** 将鼠标指针置于分页符位置，当其变为双向箭头时向左拖动鼠标至最右侧。

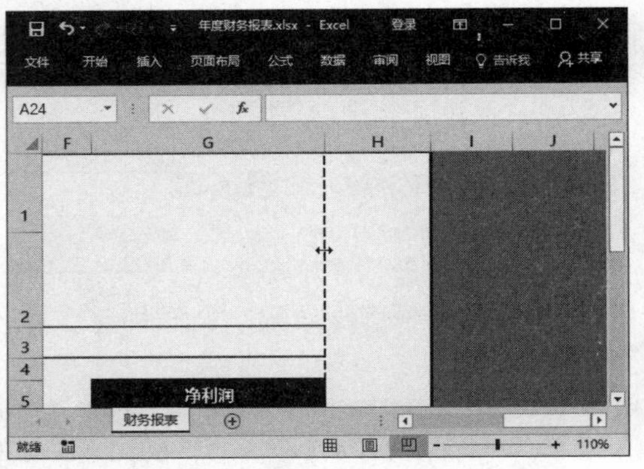

第3步 **选择“插入分页符”选项** ❶ 选择要插入分页符的单元格。❷ 选择“页面布局”选项卡。❸ 单击“分隔符”下拉按钮。❹ 选择“插入分页符”选项。

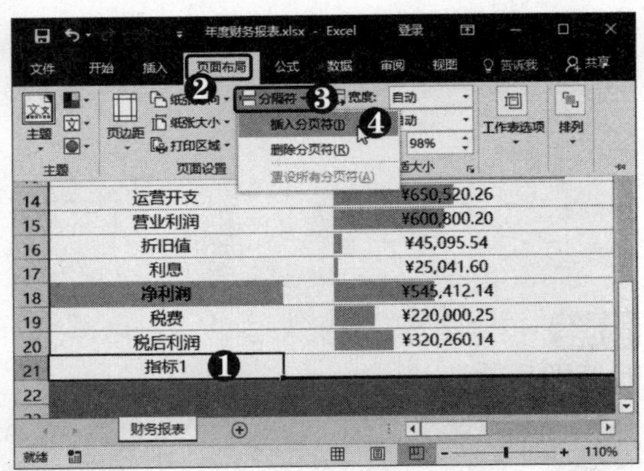

第4步 **查看分页效果** 此时即可在所选的单元格位置将当前页面分为2页。

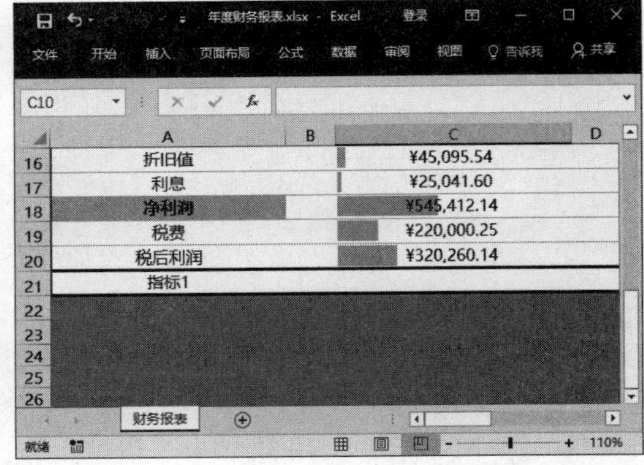

电脑小专家

问：如何统一工作表的页面效果？

答：在“页面布局”选项卡下“主题”组中选择相同的主题样式即可。

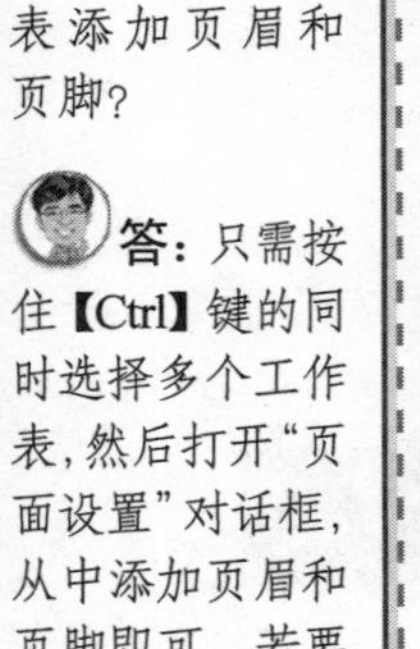

新手巧上路

问：如何同时为多个工作表添加页眉和页脚？

答：只需按住【Ctrl】键的同时选择多个工作表，然后打开“页面设置”对话框，从中添加页眉和页脚即可。若要删除页眉和页脚，只需选择“无”选项即可。

高手点拨

在插入分页符时，若选中非最左侧的单元格，可在所选的单元格位置将当前页面分为4页。

3．工作表打印设置

在打印工作表之前，可以根据需要设置打印标题和打印区域，具体操作方法如下：

第1步 单击"格式刷"按钮 输入其他指标，❶ 选中 A21 单元格。❷ 单击"格式刷"按钮，复制当前的单元格格式。

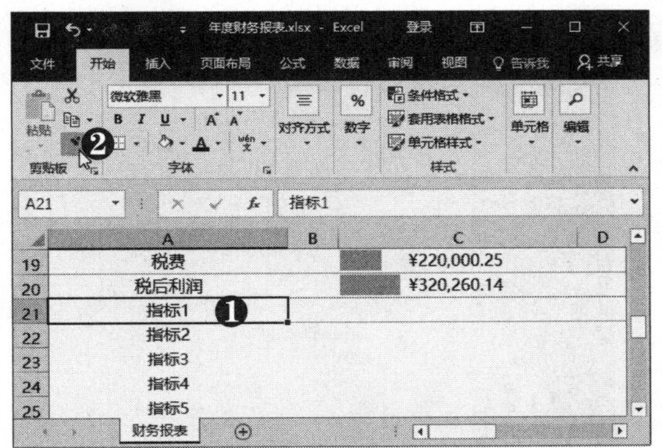

第2步 单击"打印标题"按钮 此时鼠标指针变为形状，选中 A22:G40 单元格区域，即可应用格式。在"页面设置"组中单击"打印标题"按钮。

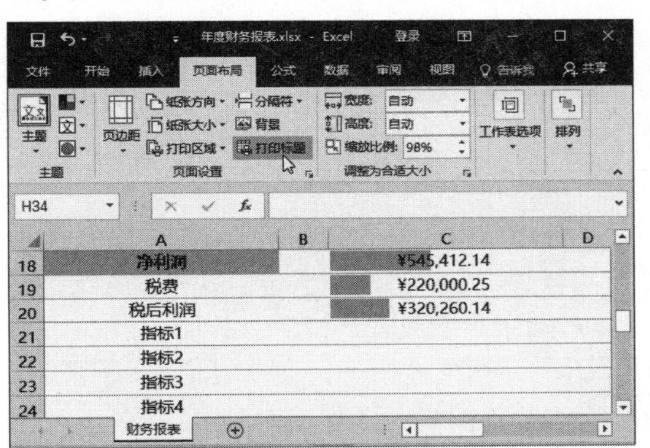

第3步 单击折叠按钮 弹出"页面设置"对话框，单击"顶端标题行"右侧的折叠按钮。

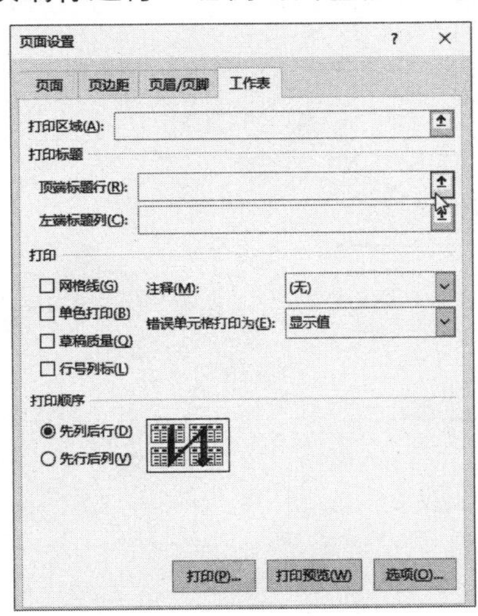

第4步 选择标题行 在工作表中选择第 1~12 行，设置标题行后将在各页中均显示第 1~12 行中的数据。

第5步 单击折叠按钮 按【Enter】键返回"页面设置"对话框，单击"打印区域"右侧的折叠按钮。

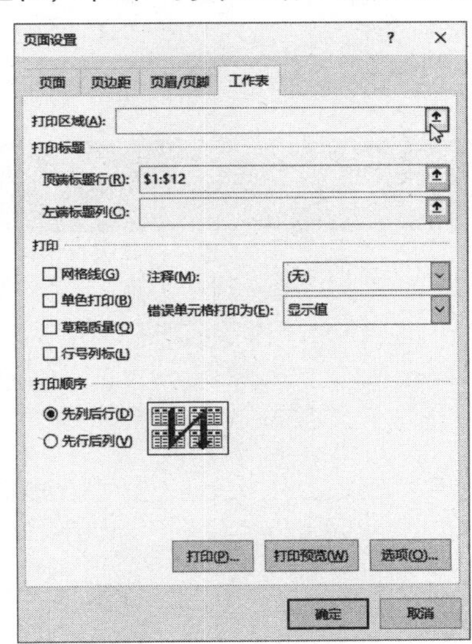

第6步 设置打印区域 选中 A1:H33 单元格区域，即可设置打印区域。

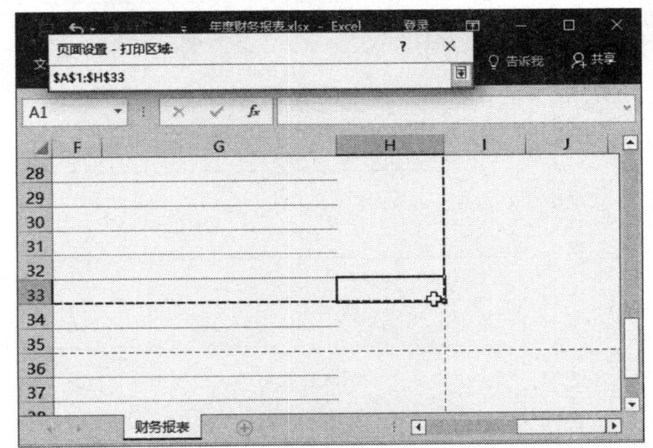

第7步 确认打印设置 按【Enter】键返回“页面设置”对话框，单击“确定”按钮。

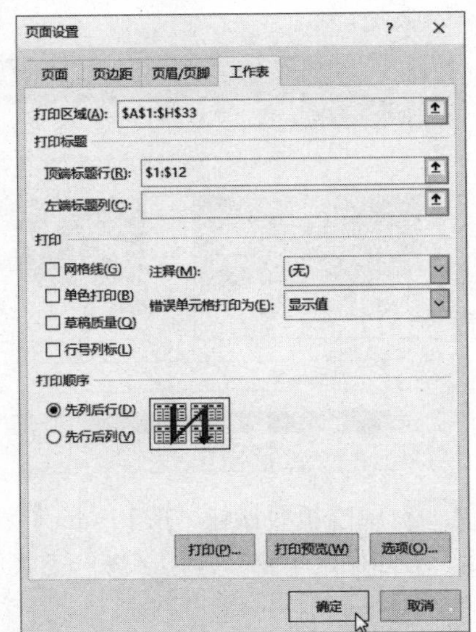

第8步 打印工作表 切换到“文件”选项卡，❶ 在左侧选择“打印”选项。❷ 单击“打印”按钮，即可打印工作表。

提示您

按【Ctrl+P】、【Ctrl+F2】组合键，可以快速转到“打印”界面。

多学点

若工作表已经定义了打印区域，Excel 将只打印这些打印区域。若不想仅打印已定义的打印区域，可在设置打印范围时选择“忽略打印区域”选项。

学习笔录

第7章

Excel 数据统计与分析

New Computer Tech For Dummies

章前导读

Excel 拥有强大的数据处理功能，如排序与筛选数据、分类汇总数据、对数据进行数据验证与合并计算等。在遇到一些烦琐的表格数据时，可以应用这些功能快速处理分析表格数据，从中提取出对管理者有效的信息，大大提高工作效率。本章将以处理销售情况分析表和销售汇总表为例，介绍 Excel 数据统计与分析的方法和技巧。

- 销售情况分析表的排序与筛选
- 销量汇总表的分类汇总
- 销售情况分析表与销量汇总表的数据处理

小神通，Excel 2016 的数据统计和分析功能是不是很强大？

是的，利用 Excel 2016 的排序和筛选功能能够从大量数据中快速了解表格的数据信息，并且轻松提取有效数据进行分析处理。

没错，在 Excel 2016 中可以对数据进行排序、筛选、分类汇总、数据验证和合并计算等，通过这些功能可以快速处理大量的表格数据，得到我们想要的分析结果，从而大大提高工作效率。

7.1 销售情况分析表的排序与筛选

当 Excel 表格中含有大量数据时，如果不对数据进行处理，分析起来会非常麻烦，既费时又费力。利用 Excel 2016 的排序和筛选功能可以从大量数据中快速了解表格的数据信息，并且轻松提取有效数据进行分析处理。

7.1.1 排序销售情况分析表

数据排序是指对数据进行简单的升序或降序排序，或按多个关键字进行排序。根据排序条件不同，数据排序可以分为单条件排序、多条件排序和自定义排序等。

提示您

在“排序”对话框中单击“选项”按钮，在弹出的对话框中选中“按行排序”单选按钮，即可对行进行排序。

1．单条件排序

在 Excel 2016 中可以根据某个条件对数据进行排序，如在培训日志表中根据部门名称首字笔画的多少进行排序，具体操作方法如下：

第1步 单击“排序”按钮 打开素材文件，❶ 选择数据区域的任意单元格。❷ 选择“数据”选项卡。❸ 在“排序和筛选”组中单击“排序”按钮。

多学点

按【Alt+A】组合键，可以快速切换到“数据”选项卡。

第2步 设置排序条件 弹出“排序”对话框，❶ 设置“主要关键字”为“商品名称”。❷ 设置“次序”为“升序”。❸ 单击“确定”按钮。

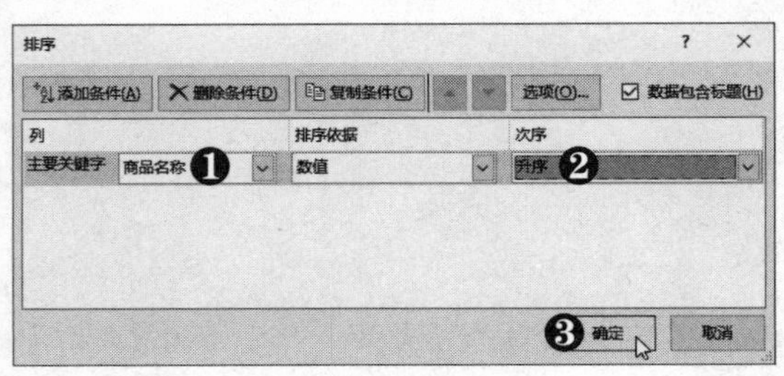

第3步 查看排序结果 此时表格数据根据 C 列中的商品名称进行升序排列。

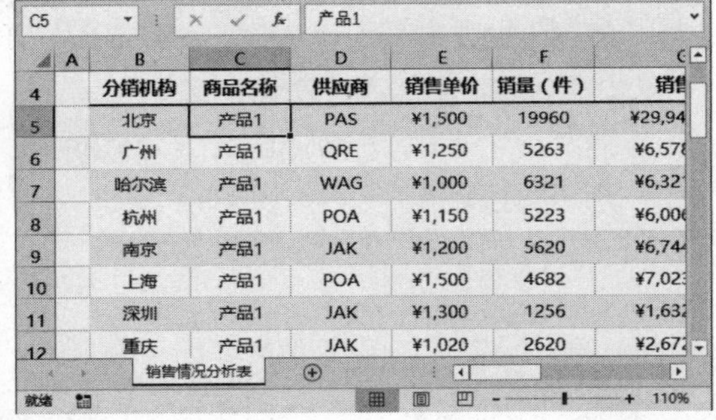

分销机构	商品名称	供应商	销售单价	销量（件）
北京	产品1	PAS	¥1,500	19960
广州	产品1	QRE	¥1,250	5263
哈尔滨	产品1	WAG	¥1,000	6321
杭州	产品1	POA	¥1,150	5223
南京	产品1	JAK	¥1,200	5620
上海	产品1	POA	¥1,500	4682
深圳	产品1	JAK	¥1,300	1256
重庆	产品1	JAK	¥1,020	2620

第4步 单击“降序”按钮 ❶ 选择“利润率”列的任意单元格。❷ 在“排序和筛选”组中单击“降序”按钮。

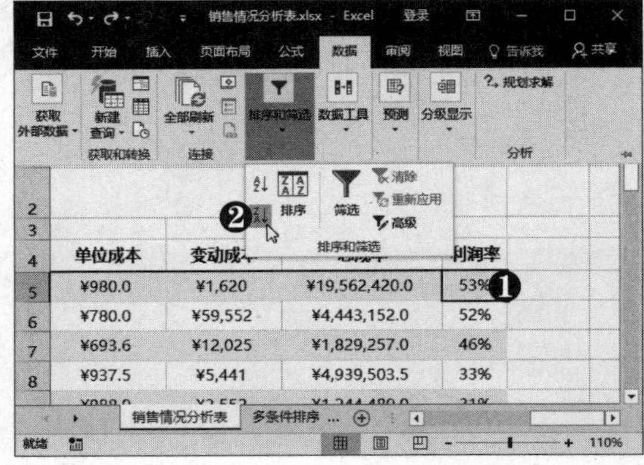

第5步 查看排序结果 此时即可对“利润率”进行降序排序。

	H	I	J	K
4	单位成本	变动成本	总成本	利润率
5	¥2,835.0	¥5,846	¥24,531,431.0	85%
6	¥3,193.6	¥26,441	¥7,263,138.6	56%
7	¥2,340.0	¥3,323	¥131,560,463.0	54%
8	¥5,135.0	¥11,026	¥19,000,256.0	54%
9	¥624.0	¥6,625	¥9,802,177.0	54%
10	¥1,859.0	¥46,220	¥10,493,800.0	53%
11	¥980.0	¥1,620	¥19,562,420.0	53%
12	¥780.0	¥59,552	¥4,443,152.0	52%

高手点拨

在“排序”对话框中单击“选项”按钮，在弹出的对话框中选中“笔划”单选按钮，可按笔划对数据进行排列。

2．多条件排序

当存在多个排序条件时，可以在“排序”对话框中单击“添加条件”按钮添加排序条件，即可对数据进行多条件排序，具体操作方法如下：

第1步 单击“排序”按钮 ❶ 选择数据区域的任意单元格。❷ 选择“数据”选项卡。❸ 在“排序和筛选”组中单击“排序”按钮。

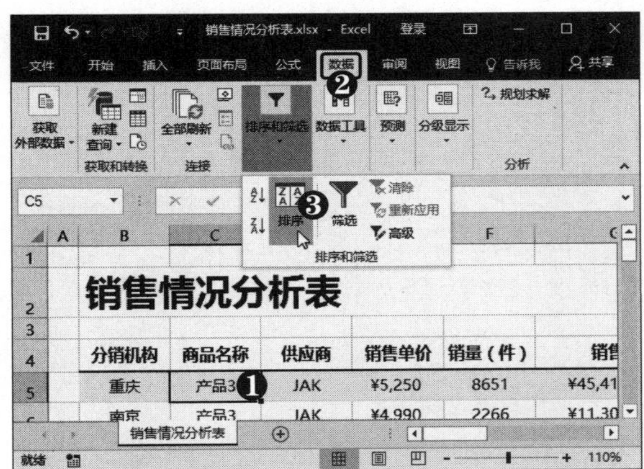

第2步 单击“删除条件”按钮 弹出“排序”对话框，❶ 选中条件。❷ 单击“删除条件”按钮。

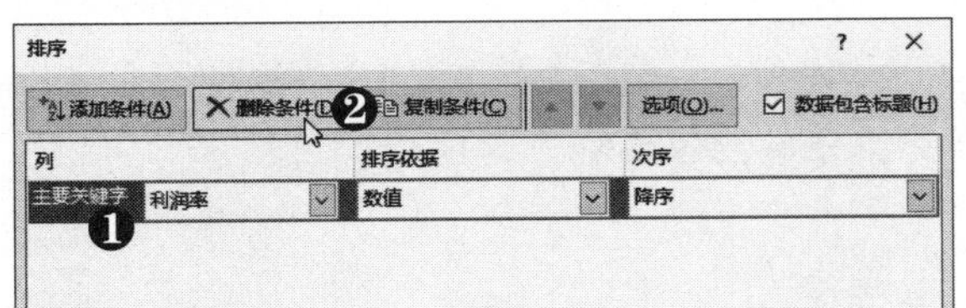

第3步 单击“添加条件”按钮 此时即可删除条件。单击“添加条件”按钮。

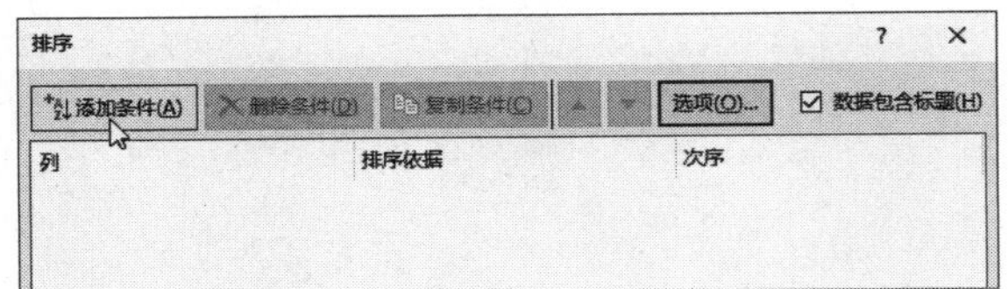

第4步 单击“上移”按钮 添加 2 个条件，❶ 选中“供应商”条件。❷ 单击“上移”按钮。

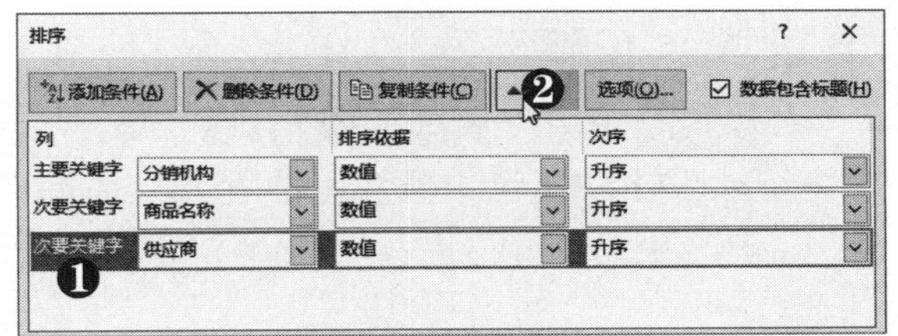

第5步 确认排序设置 此时即可更改“供应商”条件的位置，单击“确定”按钮。

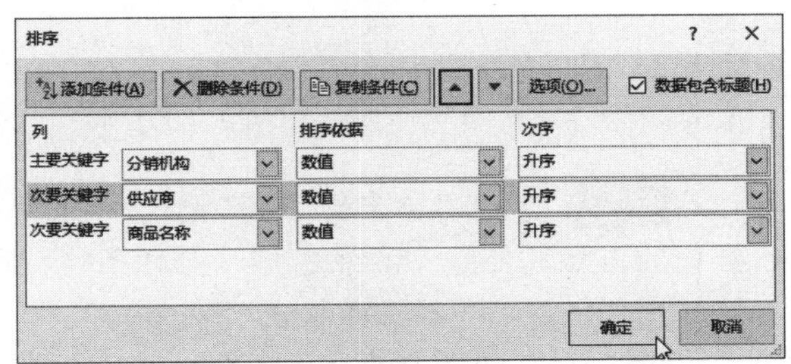

第6步 查看排序结果 此时即可按照排序条件的顺序排序数据。

	B	C	D	E	F	G
4	分销机构	商品名称	供应商	销售单价	销量（件）	销售额
5	北京	产品3	LAY	¥5,630	6520	¥36,707,60
6	北京	产品4	LAY	¥4,500	2661	¥11,974,50
7	北京	产品6	LAY	¥2,760	8975	¥24,771,00
8	北京	产品7	LAY	¥7,900	3698	¥29,214,20
9	北京	产品8	LAY	¥3,600	56221	¥202,395,6(
10	北京	产品1	PAS	¥1,500	19960	¥29,940,00
11	北京	产品2	PAS	¥2,560	8960	¥22,937,60
12	北京	产品5	PAS	¥960	15698	¥15,070,08

3．自定义排序

在 Excel 2016 中可以根据需要指定某一序列对数据进行排序，具体操作方法如下：

第1步 单击“排序”按钮 选择数据区域的任意单元格，❶ 选择“数据”选项卡。❷ 在“排序和筛选”组中单击“排序”按钮。

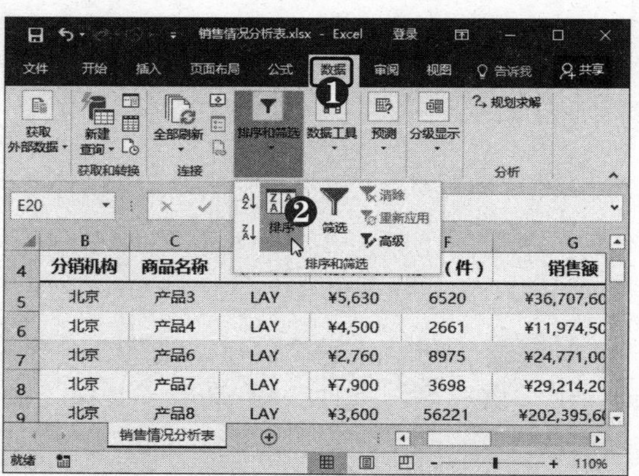

电脑小专家

问：怎样调整关键字的次序？

答：在“排序”对话框中选中关键字，单击▲、▼按钮即可调整关键字的次序。

第2步 单击“删除条件”按钮 弹出“排序”对话框，❶ 选中条件。❷ 单击“删除条件”按钮。

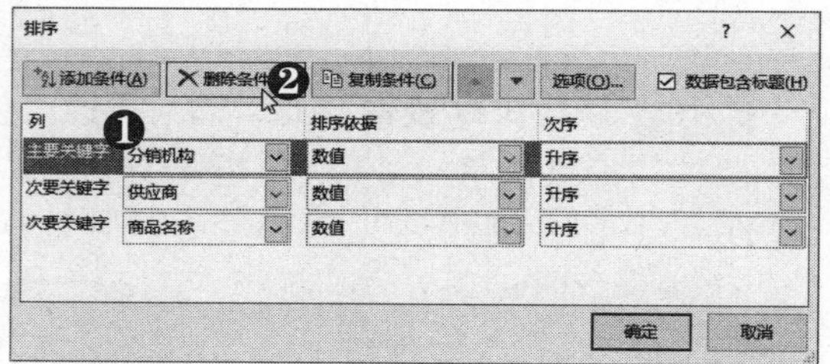

第3步 选择“自定义序列”选项 采用同样的方法，删除“商品名称”排序条件。❶ 单击“供应商”排序条件的“次序”下拉按钮。❷ 选择“自定义序列”选项。

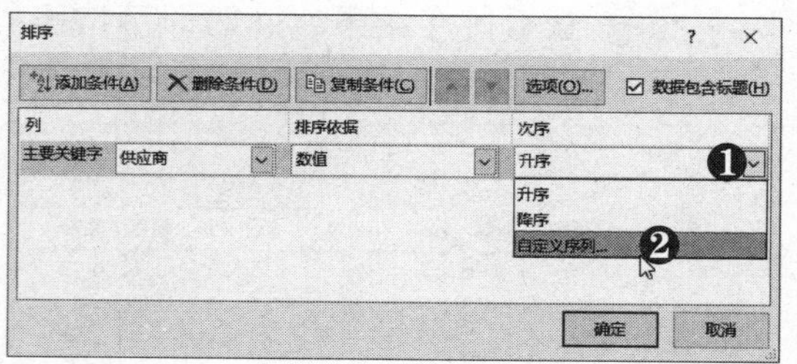

新手巧上路

问：如何快速排列数据？

答：选择“数据”选项卡，在“排序和筛选”组中单击“升序”按钮 或“降序”按钮，即可快速对数据进行排序。

第4步 输入序列 弹出“自定义序列”对话框，❶ 输入序列，并按【Enter】键分割。❷ 单击“添加”按钮。

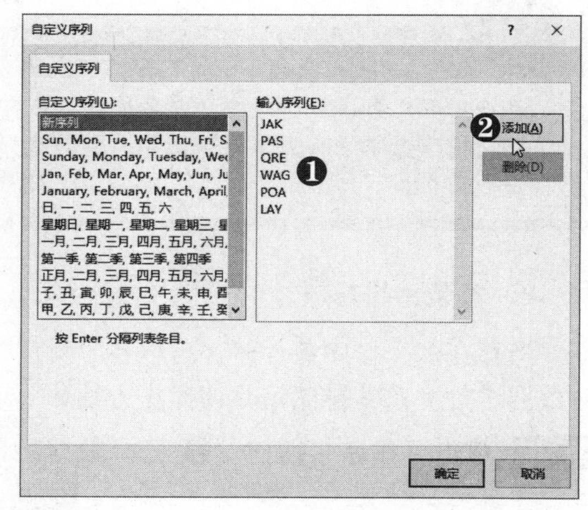

第5步 确认序列设置 此时即可将序列添加到左侧的“自定义序列”列表框中，依次单击“确定”按钮。

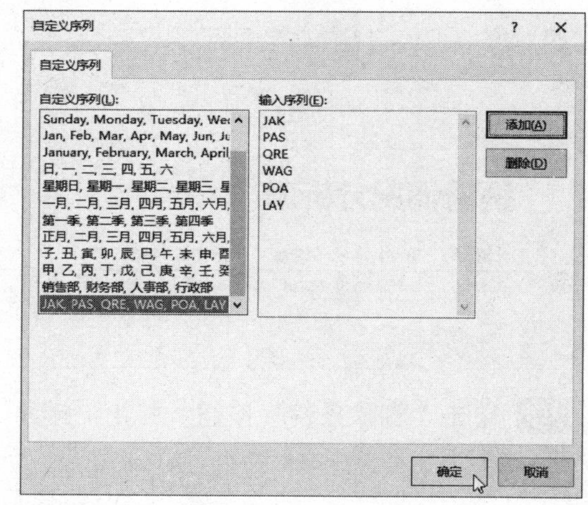

第6步 查看排序结果 此时“供应商”列即可按自定义序列进行排序。

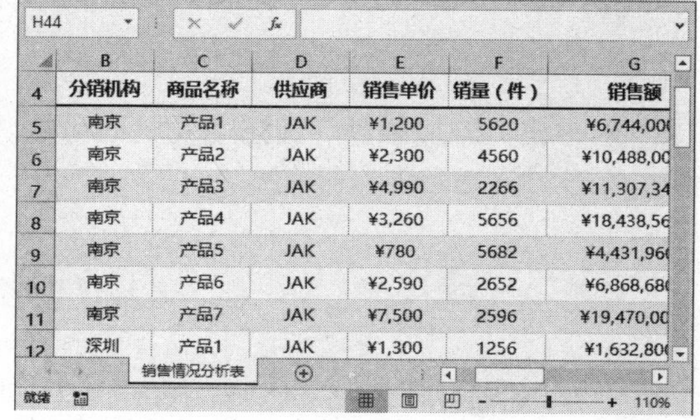

7.1.2 筛选销售情况分析表

数据筛选是指筛选出符合条件的数据。如果数据表中的数据有很多，使用数据筛选功能后可以快速查找数据表中符合条件的数据，此时表格中只显示筛选出的数据记录，并将其他不满足条件的记录隐藏起来。

1. 自动筛选

通过自动筛选功能可以筛选出符合条件的数据，具体操作方法如下：

第1步 单击“筛选”按钮 ❶ 选择数据区域的任意单元格。❷ 选择“数据”选项卡。❸ 单击“筛选”按钮。

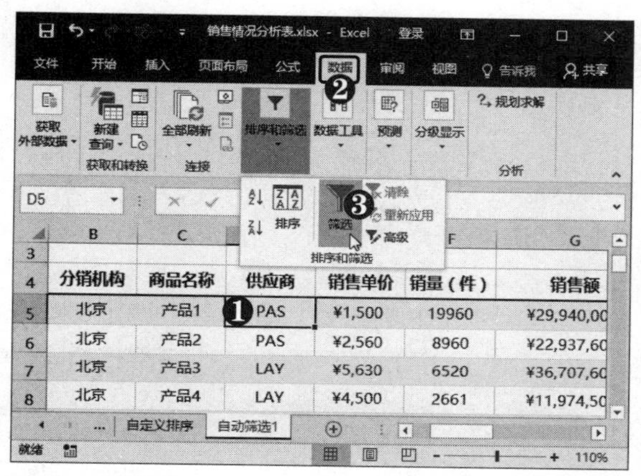

第2步 筛选指定供应商 此时在每列的标题单元格中出现筛选按钮▾。❶ 单击“供应商”右侧的筛选按钮▾。❷ 在弹出的下拉列表中取消选中“全选”复选框。❸ 选中 JAK、PAS、POA 复选框。❹ 单击“确定”按钮。

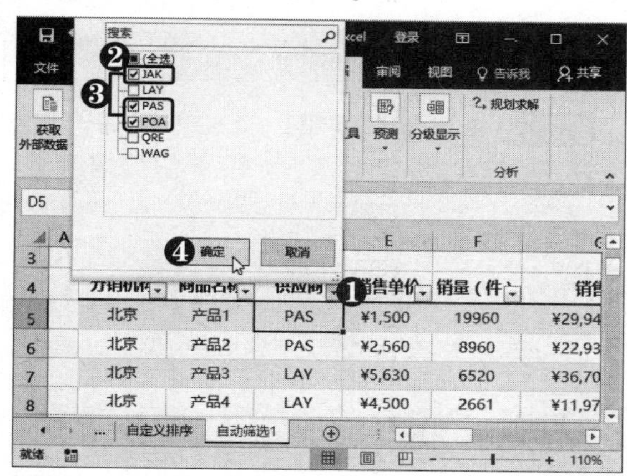

第3步 查看筛选结果 此时即可在表格中筛选出指定供应商的数据记录。

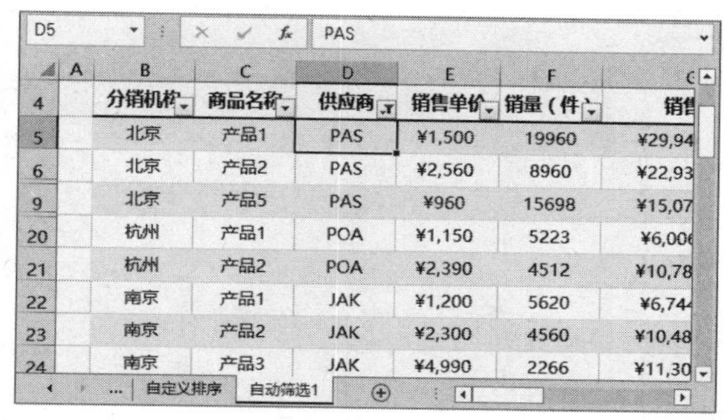

第4步 选择“高于平均值”选项 ❶ 单击“利润率”右侧的筛选按钮▾。❷ 选择“数字筛选”选项。❸ 选择“高于平均值”选项。

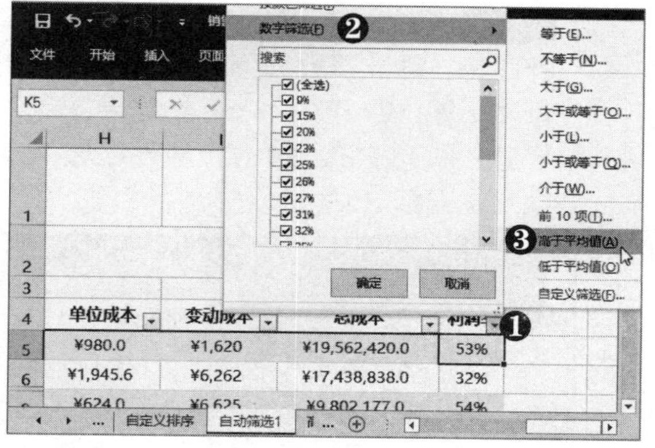

第5步 查看筛选结果 此时即可筛选出高于平均值的利润率记录。

2．高级筛选

在应用高级筛选功能之前，需要先制作条件区域。条件由字段名称和条件表达式组成。首先在空白单元格中输入要作为筛选条件的字段名称，该字段名称必须与进行筛选的列表区域中的列标题名称完全相同，然后在其下方的单元格中输入以比较运算符开头的条件表达式，具体操作方法如下：

提示您

在筛选数据时可以使用通配符，其中“?”表示任意单个字符，“*”表示任意数量的字符。

第1步 单击“高级”按钮 在工作表中输入筛选条件并简单设置格式，选择数据单元格中的任意单元格，在“排序和筛选”组中单击“高级”按钮。

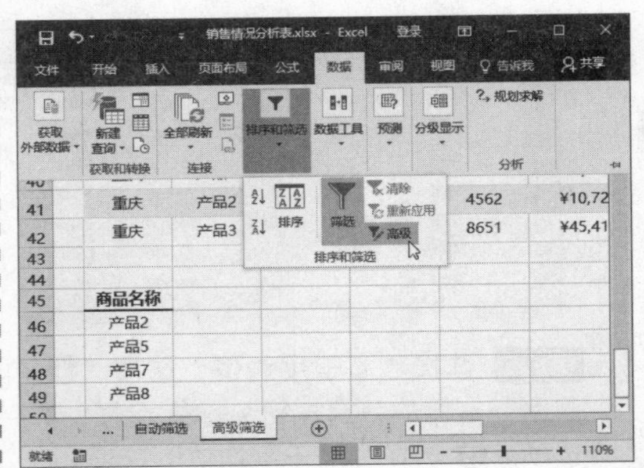

第2步 定位光标 弹出“高级筛选”对话框，程序将自动选择数据列表区域，也可自定义条件区域。❶ 选中“将筛选结果复制到其他位置”单选按钮。❷ 在“条件区域”文本框中定位光标。

多学点

在“高级筛选”对话框中选中“选择不重复的记录”复选框，即可筛选出不重复的数据记录。

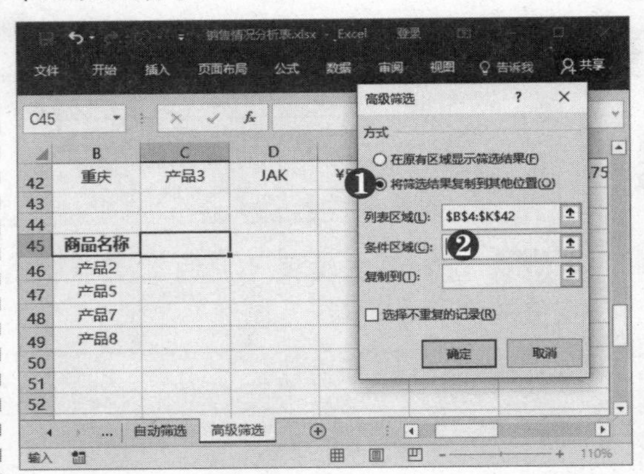

第3步 选择条件区域 在工作表中选择B45:B49单元格区域，此时“高级选项”对话框将自动折叠起来。

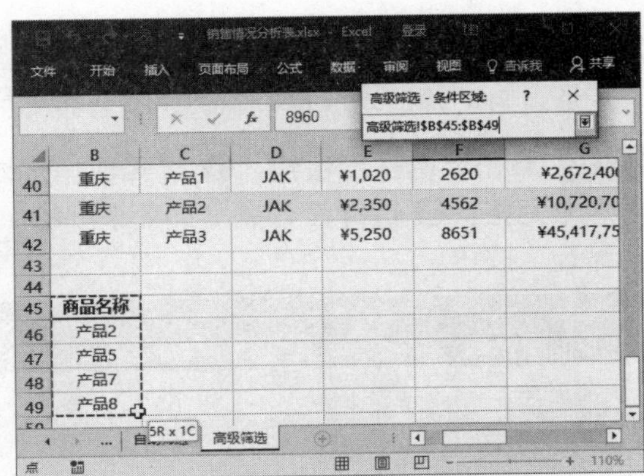

第4步 确认筛选条件 释放鼠标后，“高级筛选”对话框将自动展开。❶ 在“复制到”文本框中引用B51单元格。❷ 单击“确定”按钮。

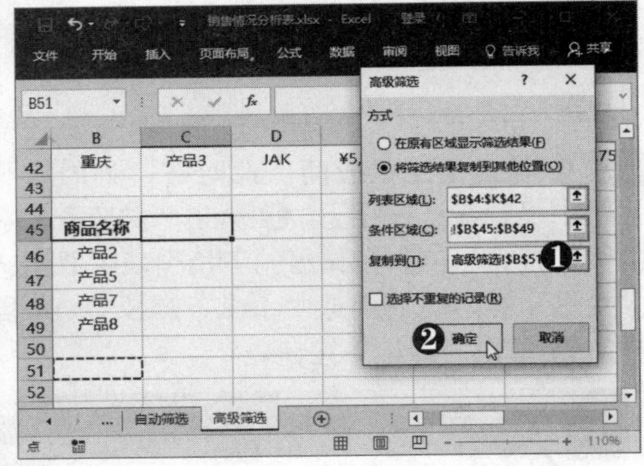

第5步 查看筛选结果 此时即可筛选出产品2、产品5、产品7、产品8的数据记录。

	B	C	D	E	F	G
48	产品7					
49	产品8					
50						
51	分销机构	商品名称	供应商	销售单价	销量（件）	销售额
52	北京	产品2	PAS	¥2,560	8960	¥22,937,60
53	北京	产品5	PAS	¥960	15698	¥15,070,08
54	北京	产品7	LAY	¥7,900	3698	¥29,214,20
55	北京	产品8	LAY	¥3,600	56221	¥202,395,60
56	广州	产品2	QRE	¥2,490	4621	¥11,506,29
57	哈尔滨	产品2	WAG	¥1,099	8952	¥9,838,24
58	哈尔滨	产品5	WAG	¥879	8900	¥7,823,10

第6步 单击“高级”按钮 在工作表中输入筛选条件并简单设置格式，在“排序和筛选”组中单击“高级”按钮。

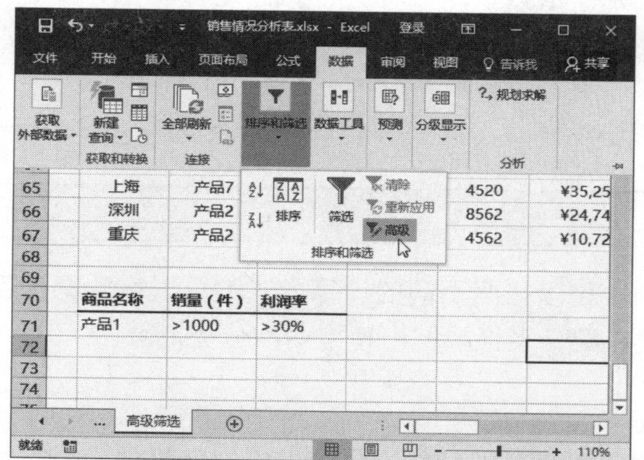

第7步 设置筛选条件 弹出“高级筛选”对话框，❶ 选中“将筛选结果复制到其他位置”单选按钮。❷ 设置列表区域。❸ 在“条件区域”文本框中引用 B70:D71 单元格区域。❹ 在“复制到”文本框中引用 B73 单元格。❺ 单击“确定”按钮。

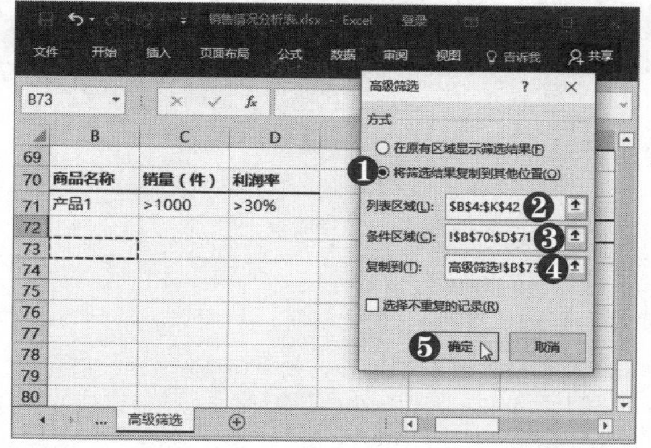

第8步 查看筛选结果 此时即可筛选出产品 1 中销量大于 1 000 且利润率大于 30%的数据记录。

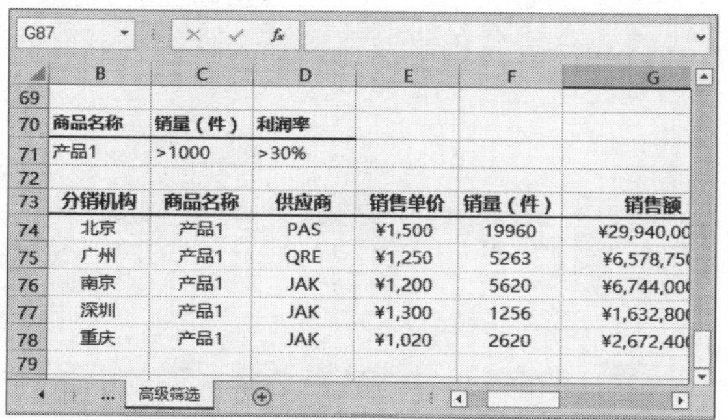

第9步 单击“高级”按钮 在工作表中输入筛选条件并简单设置格式，在“排序和筛选”组中单击“高级”按钮。

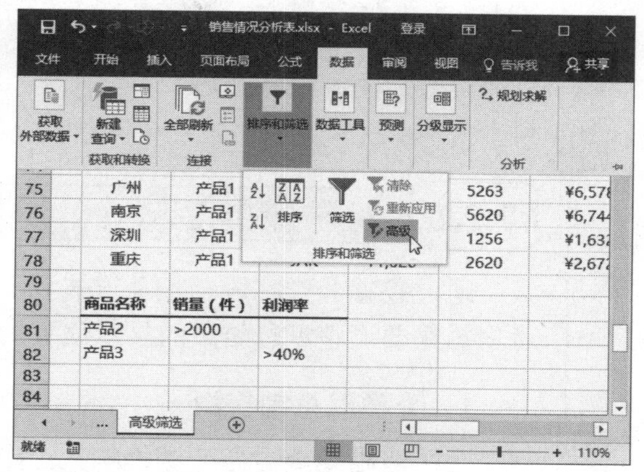

第10步 设置筛选条件 弹出“高级筛选”对话框，❶ 选中“将筛选结果复制到其他位置”单选按钮。❷ 设置列表区域。❸ 在“条件区域”文本框中引用 B80:D82 单元格区域。❹ 在“复制到”文本框中引用 B84 单元格。❺ 单击“确定”按钮。

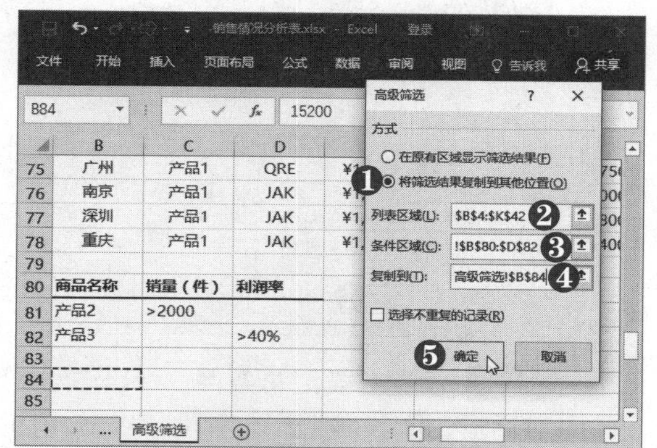

第11步 查看筛选结果 此时即可筛选出产品 2 中销量大于 2 000 或产品 3 中利润率大于 40%的数据记录。

7.2 销量汇总表的分类汇总

分类汇总就是利用汇总函数对同一类别中的数据进行计算，得到统计结果。经过分类汇总，可以分级显示汇总结果。下面将以分析销售汇总表为例，介绍对数据进行分类汇总的方法和技巧。

电脑小专家

问：如何分类汇总数据的平均值？

答：打开“分类汇总”对话框，在“汇总方式”下拉列表框中选择“平均值”选项即可。

7.2.1 创建分类汇总

通过设置分类字段、汇总方式和汇总项，可以按照不同的计算方式汇总表格数据，还可根据需要调整汇总结果的显示位置，以及在同一表格区域中使用两次分类汇总。

1．分类汇总销售额

为了清晰地查看各分销机构在上半年的销售情况，可按“分销机构”字段进行分类，并汇总各个月份和季度的销售额，具体操作方法如下：

第1步 单击“分类汇总”按钮 打开素材文件，❶ 选择数据单元格中的任意单元格。❷ 在“分级显示”组中单击“分类汇总”按钮。

第2步 设置分类汇总条件 弹出“分类汇总”对话框，❶ 设置“分类字段”为“分销机构”。❷ 设置“汇总方式”为“求和”。❸ 在“选定汇总项”列表框中选中多项汇总项。❹ 单击“确定”按钮。

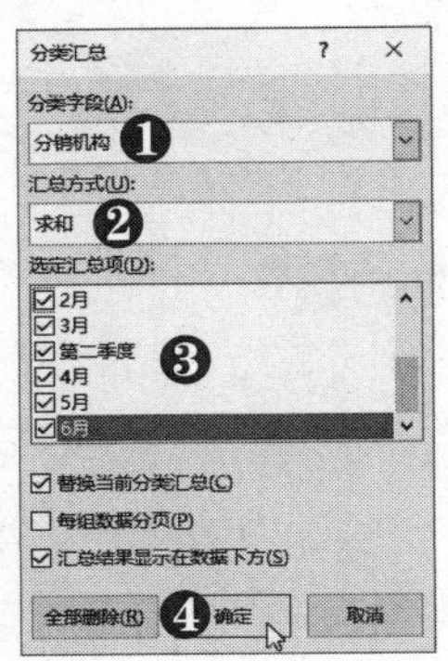

新手巧上路

问：如何清除分级按钮？

答：在“分级显示”组中单击“取消组合”下拉按钮，选择“清除分级显示”选项，即可清除分级按钮。

第3步 查看分类汇总结果 此时即可根据“分类机构”对选定的汇总项进行求和汇总。在“广州”汇总行左侧单击[-]按钮。

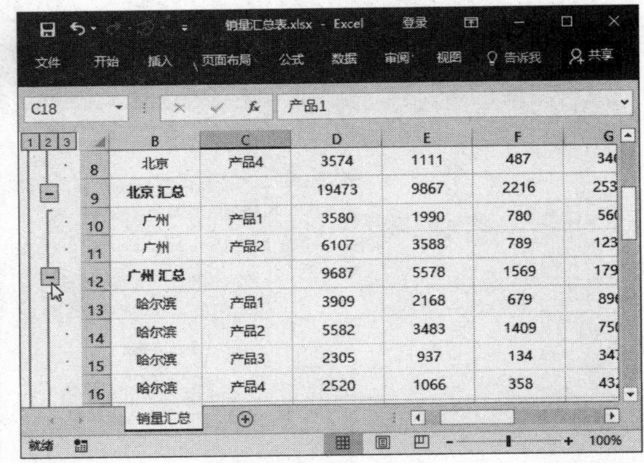

	B	C	D	E	F
8	北京	产品4	3574	1111	487
9	北京 汇总		19473	9867	2216
10	广州	产品1	3580	1990	780
11	广州	产品2	6107	3588	789
12	广州 汇总		9687	5578	1569
13	哈尔滨	产品1	3909	2168	679
14	哈尔滨	产品2	5582	3483	1409
15	哈尔滨	产品3	2305	937	134
16	哈尔滨	产品4	2520	1066	358

第4步 单击分级按钮 此时即可隐藏广州的明细数据。单击左上方的[2]按钮。

第5步 设置单元格格式 此时即可隐藏全部 2 级明细数据。❶ 按住【Ctrl】键分别选中分销机构汇总行。❷ 在“字体”组中设置单元格填充颜色和单元格字体格式。❸ 单击左上方的3按钮。

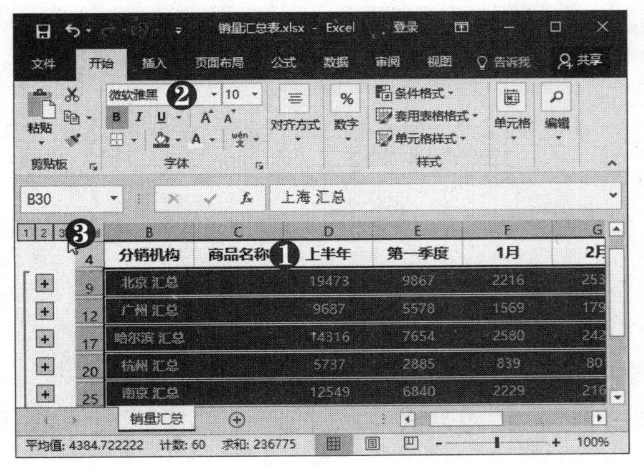

第6步 设置字体格式 此时即可展开所有明细数据，❶ 选中“总计”汇总行。❷ 在“字体”组中设置字体格式。

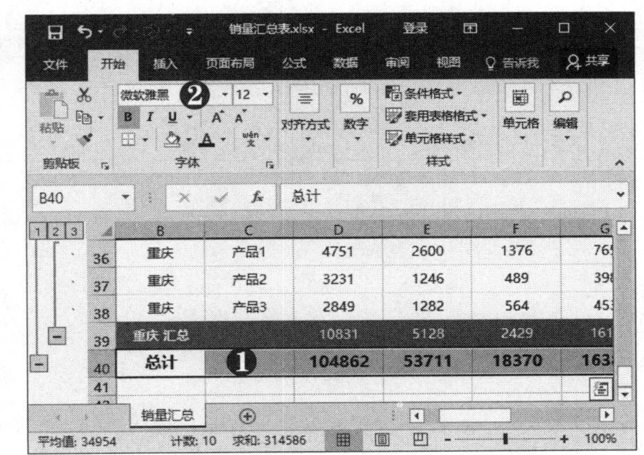

2．统计产品销量最大值

在使用分类汇总前，需要先将数据进行排序，使类别相同的数据位置排列在一起，从而实现分类的功能，然后使用分类汇总命令按相应的分类进行数据汇总。在分类汇总时，还可以调整汇总结果的显示位置。

第1步 单击“分类汇总”按钮 复制工作表并重命名，❶ 选择数据单元格中任意单元格。❷ 在“分级显示”组中单击“分类汇总”按钮。

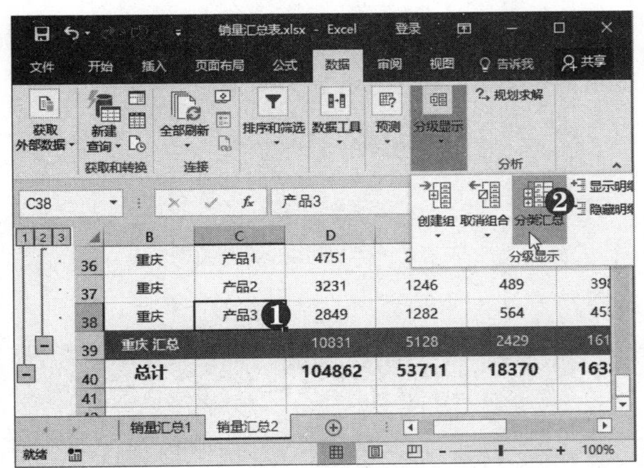

第2步 单击“全部删除”按钮 弹出“分类汇总”对话框，单击“全部删除”按钮。

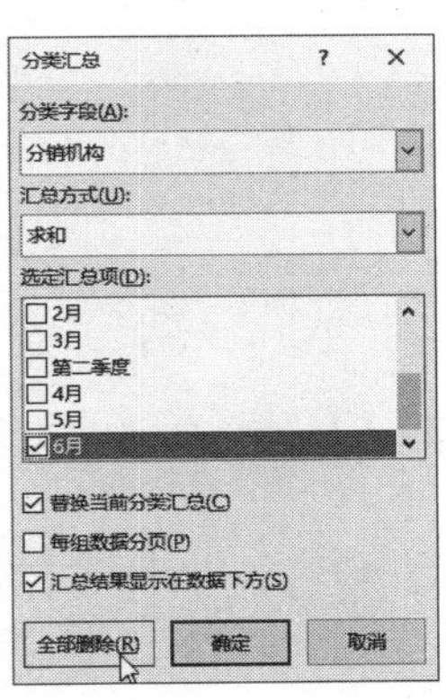

第3步 单击“升序”按钮 ❶ 选择“商品名称”列中的任意单元格。❷ 在“排序和筛选”组中单击“升序”按钮。

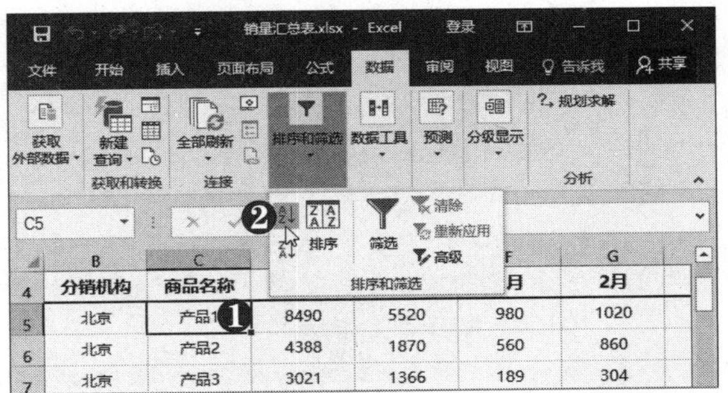

第4步 单击"分类汇总"按钮 在"分级显示"组中单击"分类汇总"按钮。

第5步 设置分类汇总条件 弹出"分类汇总"对话框，❶ 设置"分类字段"为"商品名称"。❷ 设置"汇总方式"为"最大值"。❸ 在"选定汇总项"列表框中选中"上半年"、"第一季度"、"第二季度"复选框，取消选中"汇总结果显示在数据下方"复选框。❹ 单击"确定"按钮。

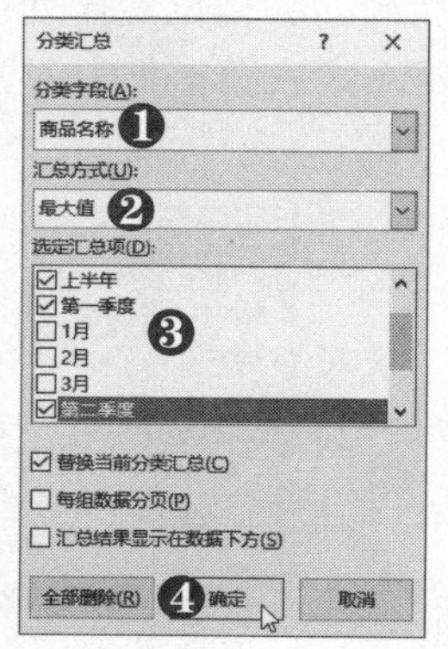

第6步 查看汇总结果 此时即可按照商品名称统计"上半年"、"第一季度"、"第二季度"的销量最大值，汇总结果显示在数据上方。单击左上方的2按钮。

第7步 设置单元格格式 此时即可隐藏全部2级明细数据。❶ 按住【Ctrl】键分别选中分销机构汇总行。❷ 在"字体"组中设置单元格填充颜色和单元格字体格式。

提示您

在设置各产品汇总数据单元格的格式时，可按住【Ctrl】键分别选择各行数据，否则会选中2个汇总行之间的单元格区域。

多学点

在设置多个分类汇总选项时，要取消选中"替换当前分类汇总"复选框。若没有取消选中此选项，新的汇总数据将替换掉原汇总数据。

3．统计产品种类和销量

为同时汇总产品种类和销量，可以使用两次分类汇总，此时需要先按照两次分类的字段对数据进行排序，再进行分类汇总，具体操作方法如下：

第1步 单击"升序"按钮 复制工作表，并删除表中的分类汇总。❶ 选中"分销机构"列中的任意单元格。❷ 单击"升序"按钮 A↓Z。

高手点拨

在分类汇总前，需对分类字段进行排序。若存在多次分类汇总，需将第一次分类的字段设置为排序的主要关键字，将第二次分类的字段设置为次要关键字。

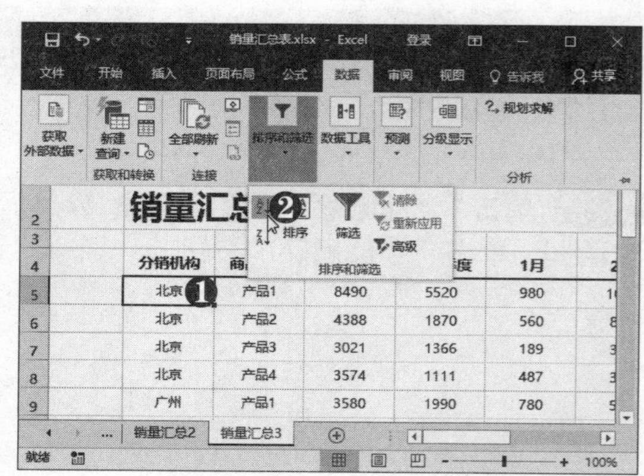

第2步 单击“分类汇总”按钮 在“分级显示”组中单击“分类汇总”按钮。

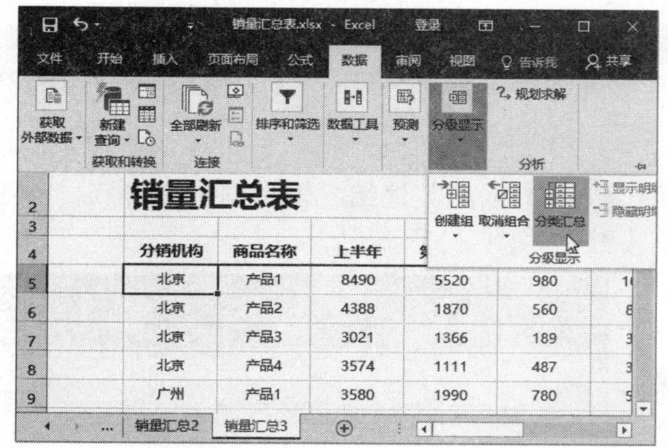

第3步 设置分类汇总条件 弹出“分类汇总”对话框，❶ 设置“分类字段”为“分销机构”。❷ 设置“汇总方式”为“计数”。❸ 在“选定汇总项”列表框中选中“商品名称”复选框。❹ 选中“汇总结果显示在数据下方”复选框。❺ 单击“确定”按钮。

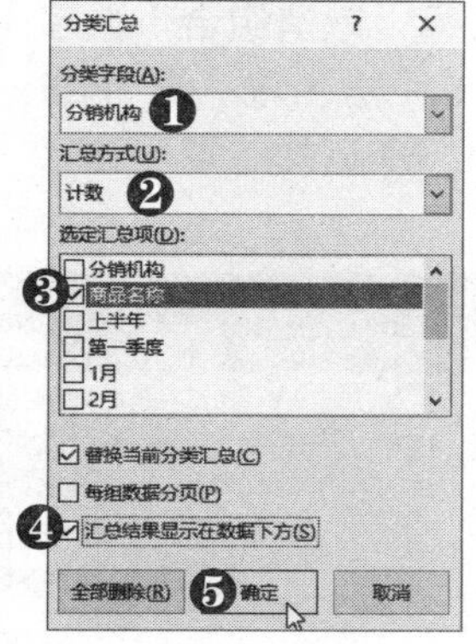

第4步 单击“分类汇总”按钮 此时即可按照“分销机构”统计产品种类。在“分级显示”组中单击“分类汇总”按钮。

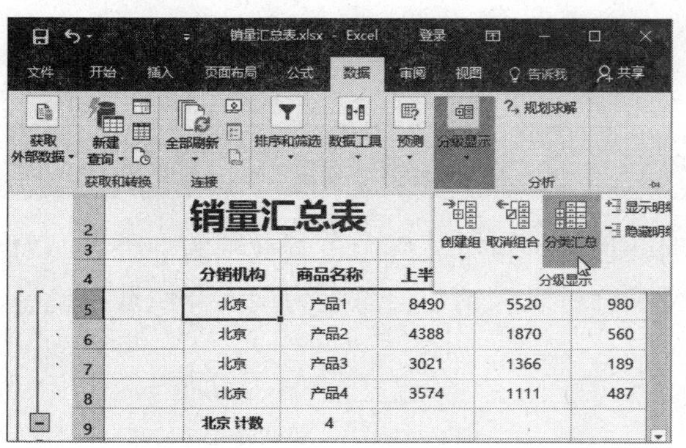

第5步 设置分类汇总条件 弹出“分类汇总”对话框，❶ 设置“分类字段”为“分销机构”。❷ 设置“汇总方式”为“求和”。❸ 在“选定汇总项”列表框中选中“上半年”、“第一季度”、“第二季度”复选框。❹ 取消选中“替换当前分类汇总”复选框。❺ 单击“确定”按钮。

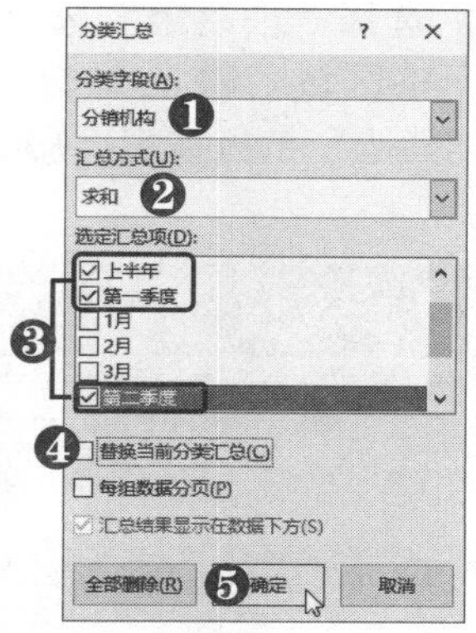

第6步 查看汇总结果 此时即可在按照“分销机构”统计产品种类的基础上对“上半年”、“第一季度”、“第二季度”的产品销量进行求和汇总。

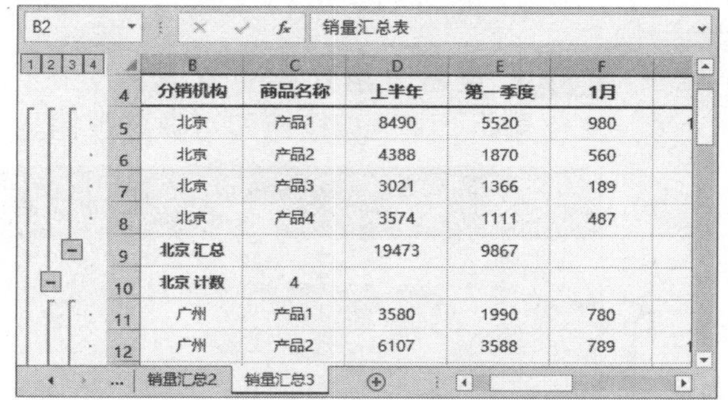

第7步 设置字体格式 ❶ 单击左上方的3按钮。❷ 按住【Ctrl】键分别选中分销机构汇总行。❸ 在“字体”组中设置单元格字体格式。

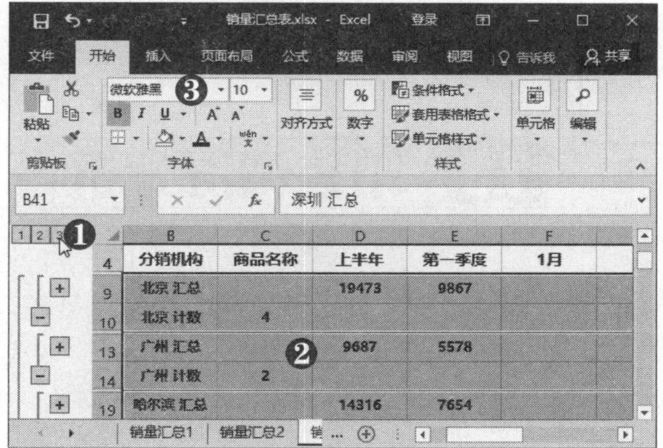

7.2.2 创建组

在 Excel 2016 中处理数据时，可以应用“创建组”功能对数据进行分组。对于一些明细数据，在某些时候可以将其隐藏起来，便于快速查找数据，提高工作效率。创建组的具体操作方法如下：

第1步 选择“创建组”选项 ❶ 选中 E~L 列单元格区域。❷ 在“分级显示”组中单击“创建组”下拉按钮。❸ 选择“创建组”选项。

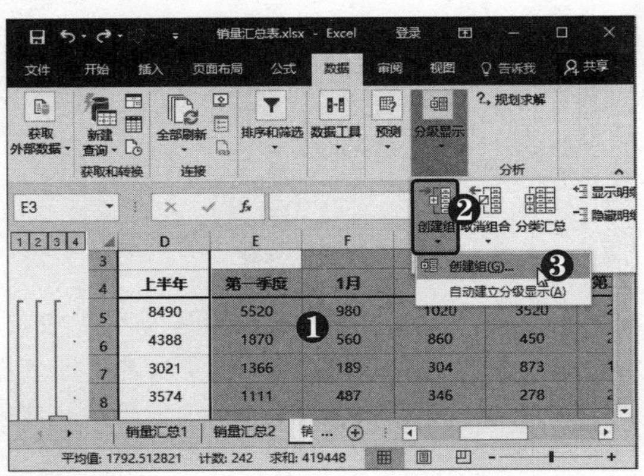

第2步 查看分组效果 此时即可在列方向上创建组，单击⊟按钮即可隐藏数据。

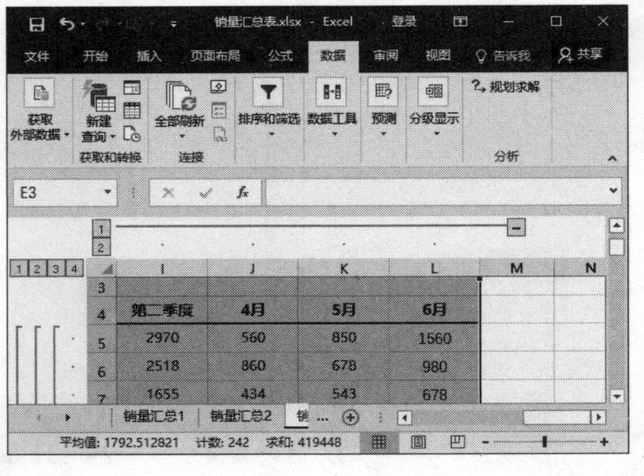

第3步 创建其他组 采用同样的方法，创建其他组。

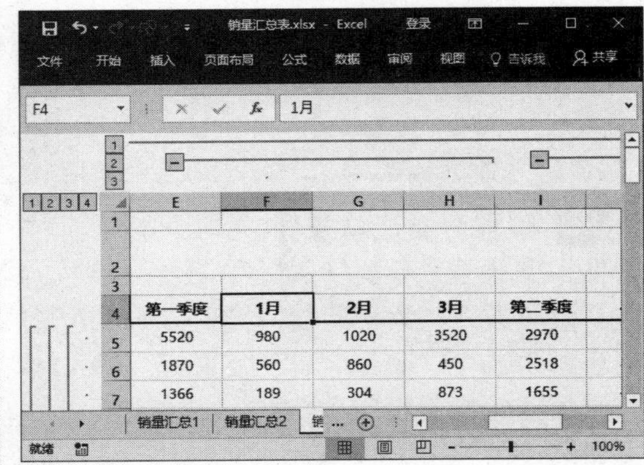

第4步 选择“取消组合”选项 ❶ 选中 J、K、L 列单元格区域。❷ 单击“取消组合”下拉按钮。❸ 选择“取消组合”选项，即可取消组合。

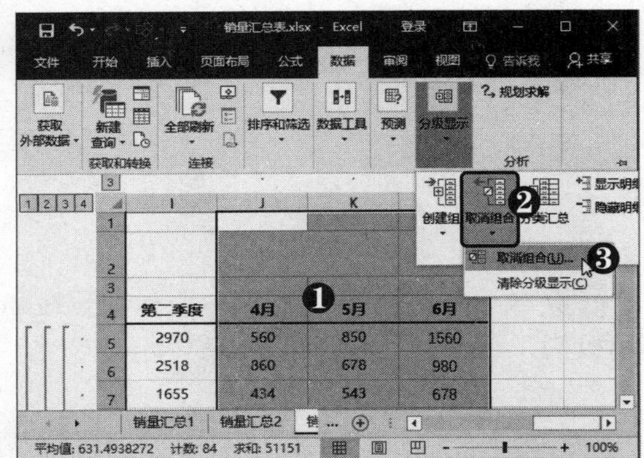

电脑小专家

问：怎样设置分级显示按钮的位置？

答：单击“分级显示”组右下角的扩展按钮，在“设置”对话框中取消选中“明细数据的右侧”复选框，即可将分级显示的按钮放置在数据左侧。

新手巧上路

问：如何隐藏所有明细数据？

答：单击左上方的1按钮，即可隐藏所有明细数据。

7.3 销售情况分析表与销量汇总表的数据处理

除了可以排序、筛选和分类汇总数据外，还可在单元格中设置数据验证，以及对数据进行合并计算。下面将以处理销售情况分析表和销量汇总表为例，介绍数据验证和合并计算的方法。

7.3.1 数据验证

在 Excel 2016 中，应用“数据验证”功能可以制作出根据初级菜单变化而变化的二级菜单，以及根据二级菜单变化的三级菜单，具体操作方法如下：

第1步 单击“数据验证”按钮 打开素材文件，❶ 选中 B5:B42 单元格区域。❷ 选择“数据”选项卡。❸ 在“数据工具”组中单击“数据验证”按钮。

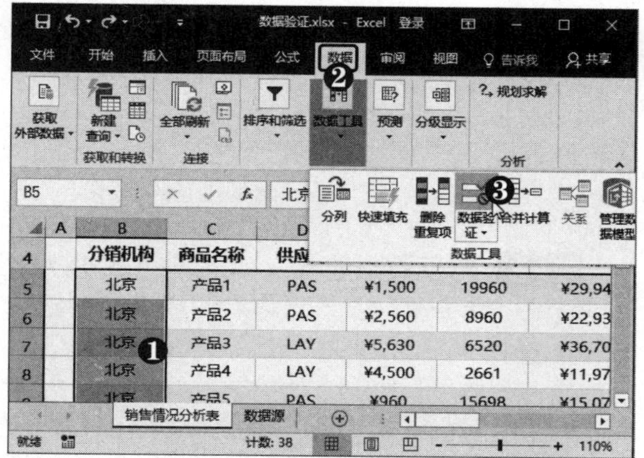

第2步 单击折叠按钮 弹出“数据验证”对话框，❶ 在“允许”下拉列表框中选择“序列”选项。❷ 在“来源”文本框右侧单击折叠按钮。

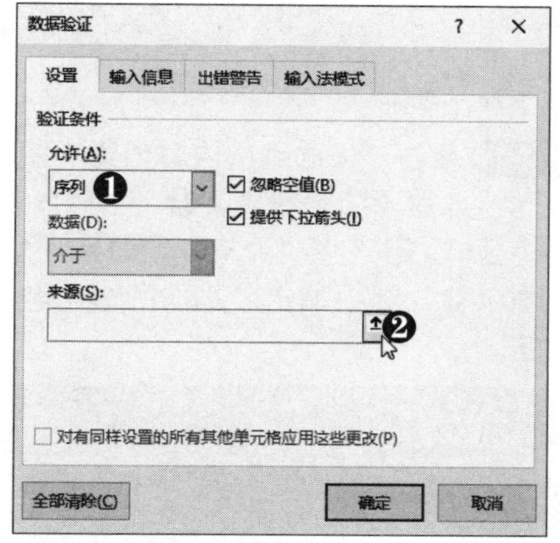

第3步 选择数据来源 在“数据源”工作表中选中 B3:I3 单元格区域。

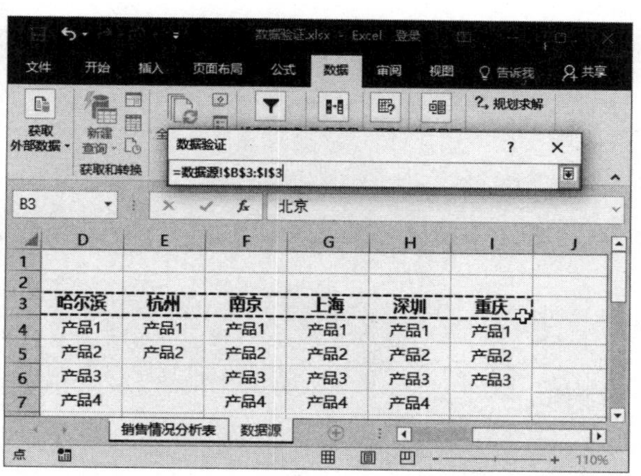

第4步 确认数据来源 按【Enter】键确认，返回“数据验证”对话框，单击“确定”按钮。

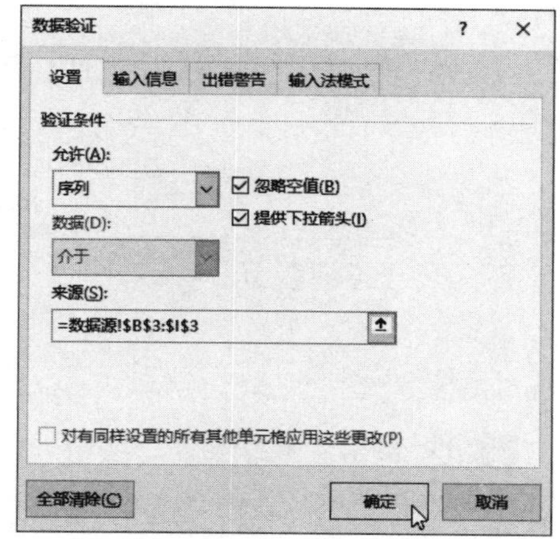

第5步 应用数据验证 此时即可应用数据验证，❶ 单击 B5 单元格右侧的下拉按钮。❷ 选择“北京”选项。

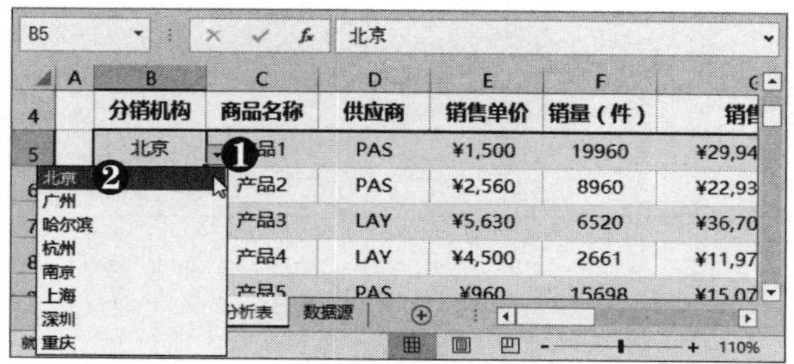

第6步 单击“根据所选内容创建”按钮 切换到“数据源”工作表，❶ 选中 B3:I11 单元格区域。❷ 选择“公式”选项卡。❸ 在“定义的名称”组中单击“根据所选内容创建”按钮。

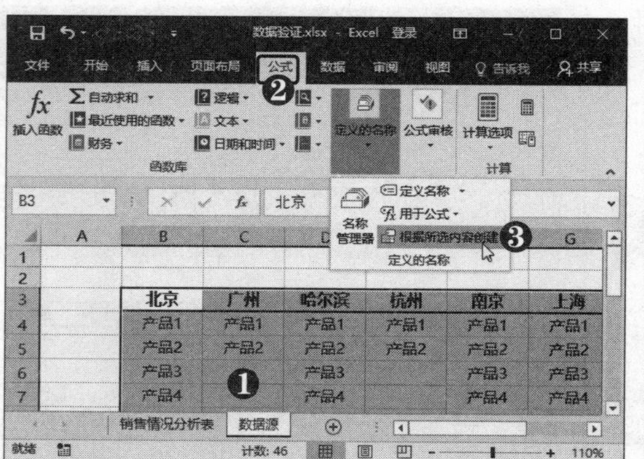

第7步 选中“首行”复选框 弹出“以选定区域创建名称”对话框，❶ 取消选中“最左列”复选框。❷ 单击“确定”按钮。

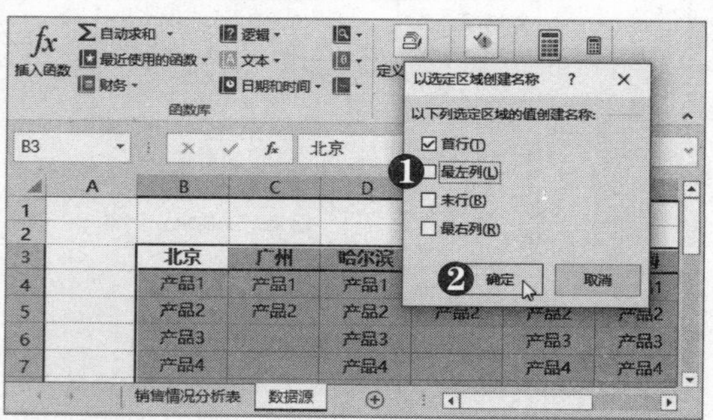

第8步 单击“数据验证”按钮 切换到“销售情况分析表”工作表，❶ 选中 C5:C42 单元格区域。❷ 在“数据工具”组中单击“数据验证”按钮。

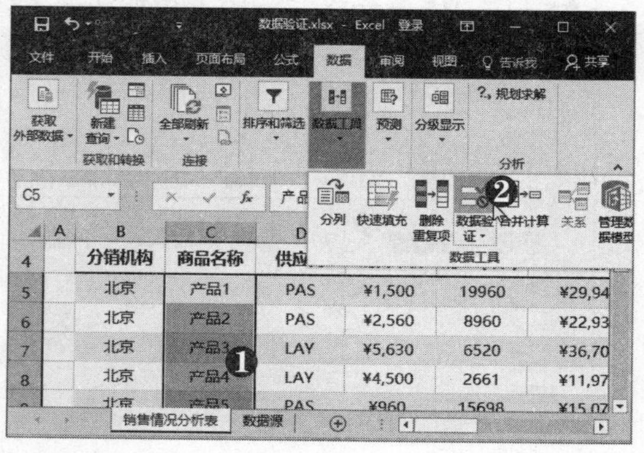

第9步 设置数据验证条件 弹出“数据验证”对话框，❶ 在“允许”下拉列表框中选择“序列”选项。❷ 在“来源”文本框中输入公式“=INDIRECT(B5)”。❸ 单击“确定”按钮。

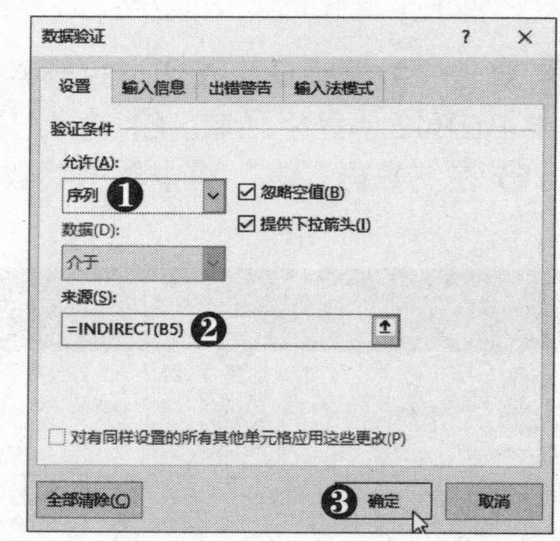

第10步 应用数据验证 此时即可应用数据验证，❶ 单击 C5 单元格右侧的下拉按钮。❷ 选择“产品 1”选项。

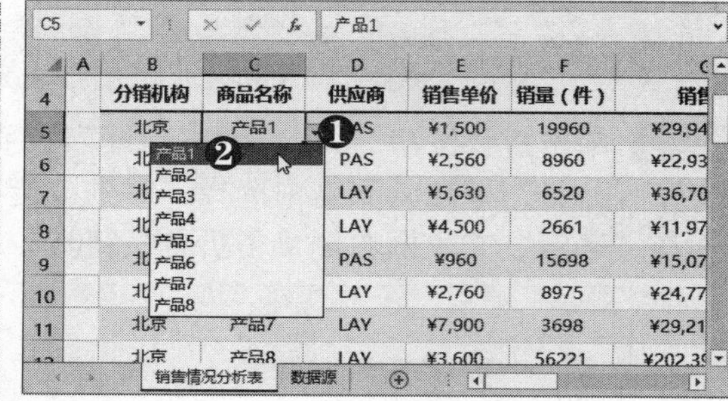

第11步 单击“根据所选内容创建”按钮 切换到“数据源”工作表，❶ 选中 B16:I21 单元格区域。❷ 选择“公式”选项卡。❸ 在“定义的名称”组中单击“根据所选内容创建”按钮。

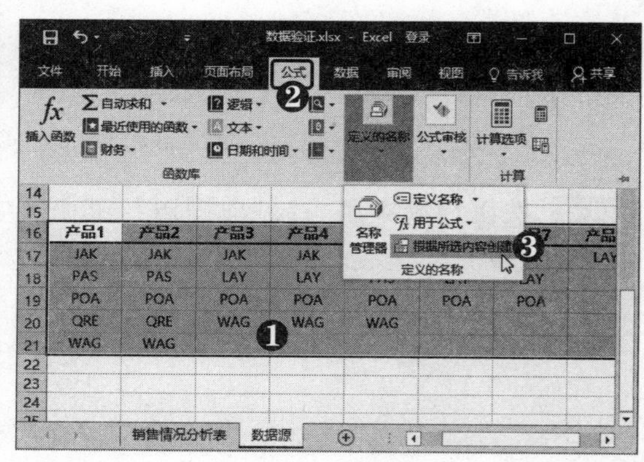

提示您

公式“=INDIRECT (B5)”的含义是引用 B5 单元格。

多学点

选择单元格区域，在“定义的名称”组中单击“定义名称”按钮，在弹出的对话框中即可定义所选单元格区域的名称。

第12步 **选中“首行”复选框** 弹出“以选定区域创建名称”对话框，❶ 取消选中“最左列”复选框。❷ 单击“确定”按钮。

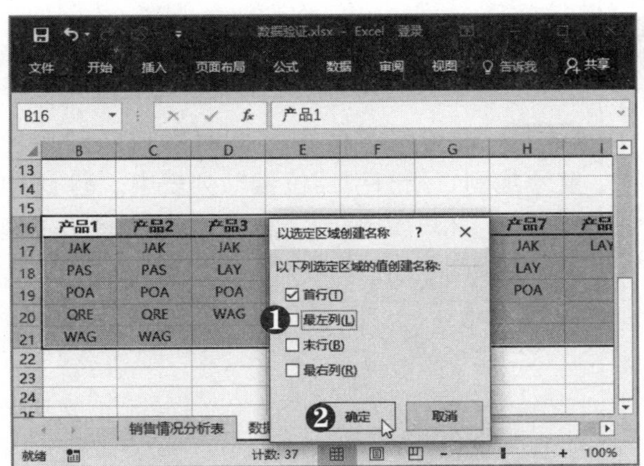

第13步 **单击“数据验证”按钮** 切换到“销售情况分析表”工作表，❶ 选中 D5:D21 单元格区域。❷ 在“数据工具”组中单击“数据验证”按钮。

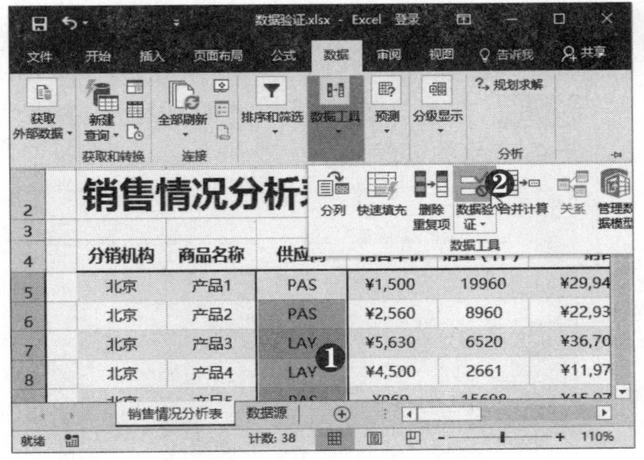

第14步 **设置数据验证条件** 弹出“数据验证”对话框，❶ 在“允许”下拉列表框中选择“序列”选项。❷ 在“来源”文本框中输入公式“=INDIRECT(C5)”。❸ 单击“确定”按钮。

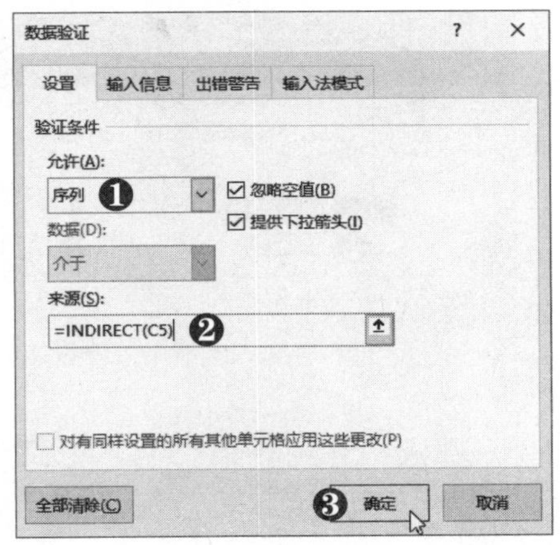

第15步 **应用数据验证** 此时即可应用数据验证，❶ 单击 D5 单元格右侧的下拉按钮。❷ 选择 PAS 选项。

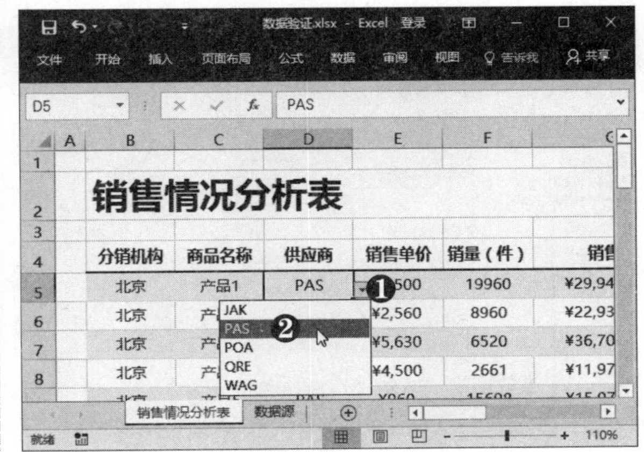

7.3.2 合并计算

要按某一个分类将数据结果进行汇总计算，可以应用 Excel 2016 中的合并计算功能，该功能可以将一个或多个工作表中具有相同标签的数据进行汇总运算。

1．合并计算销售额

在“销售情况分析表”中列举了各分销机构各产品的销售情况，现在需要计算出总产品销售额，并将该结果应用到新工作表中，具体操作方法如下：

第1步 **单击"合并计算"按钮** 打开素材文件，新建"合并计算销售额"工作表。❶ 选中 B3 单元格。❷ 选择"数据"选项卡。❸ 单击"合并计算"按钮。

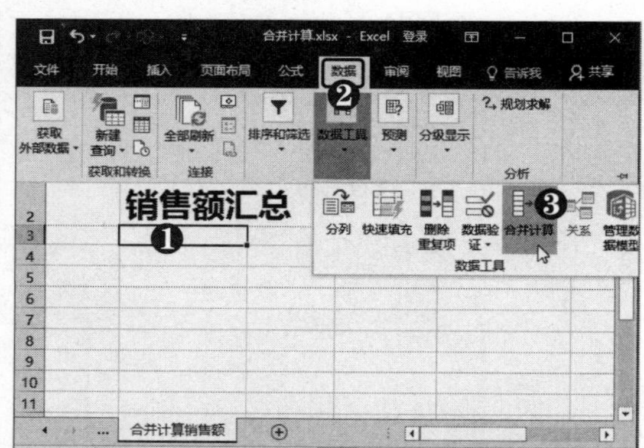

第2步 **设置合并计算函数** 弹出"合并计算"对话框，❶ 在"函数"列表框中选择"求和"选项。❷ 在"引用位置"文本框右侧单击折叠按钮。

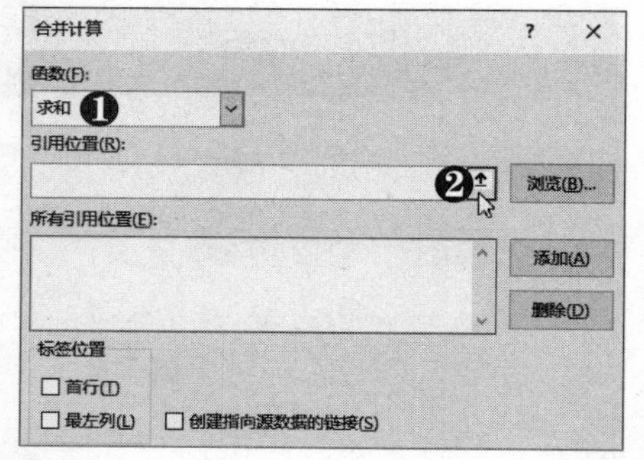

第3步 **选择引用位置** 在"销售情况分析表"中选中 C4:K42 单元格区域。

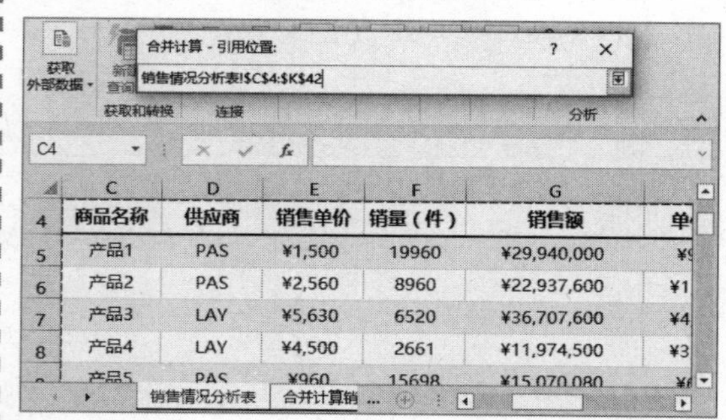

第4步 **单击"添加"按钮** 按【Enter】键确认，返回"合并计算"对话框，单击"添加"按钮。

第5步 **设置标签位置** 此时即可将引用位置添加到"所有引用位置"列表中。❶ 选中"首行"和"最左列"复选框。❷ 单击"确定"按钮。

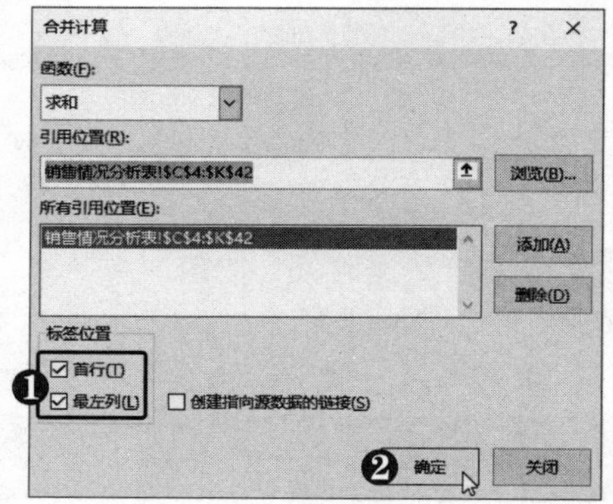

第6步 **查看计算结果** 此时即可合并计算出各产品的销售额。

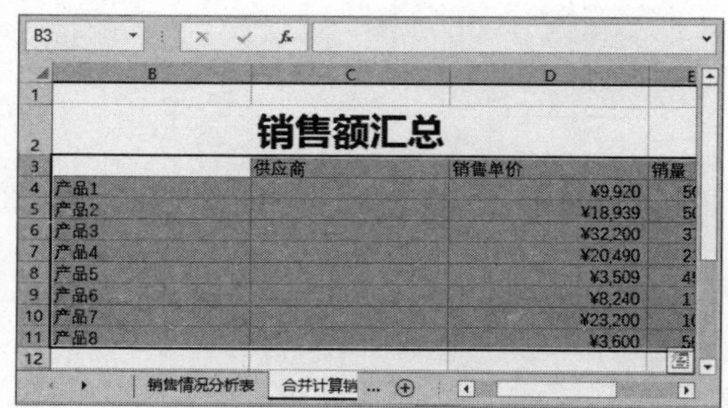

第7步 **设置单元格格式** 根据需要删除空列，并设置单元格格式。

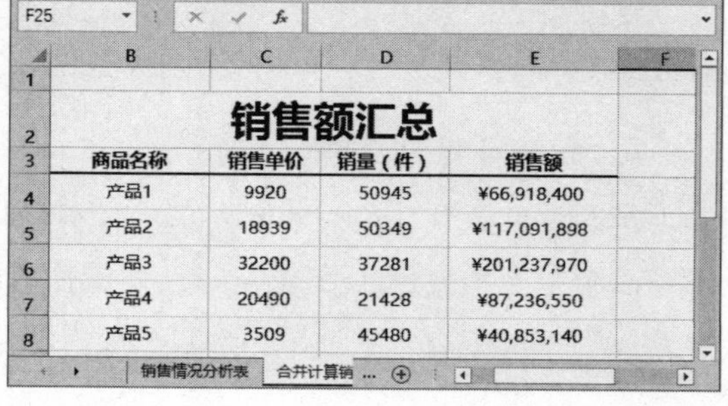

电脑小专家

问：当数据表较多时，怎样合并计算更方便？

答：可先将要合并计算的单元格区域定义名称，在"合并计算"对话框的"引用位置"文本框中直接输入该名称即可。

新手巧上路

问：合并计算结果的空列是怎么回事？

答：合并计算的是所选单元格区域最左列的数据，只能合并计算与之相对应的数字数据而不能计算文本数据，所以会以空列的形式出现。

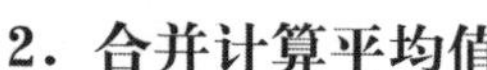

2. 合并计算平均值

通过设置合并计算中的函数，可以按照不同的计算方法汇总数据，具体操作方法如下：

第1步 **单击“合并计算”按钮** 新建“合并计算销量均值”工作表，❶ 选中 B3 单元格。❷ 选择“数据”选项卡。❸ 单击“合并计算”按钮。

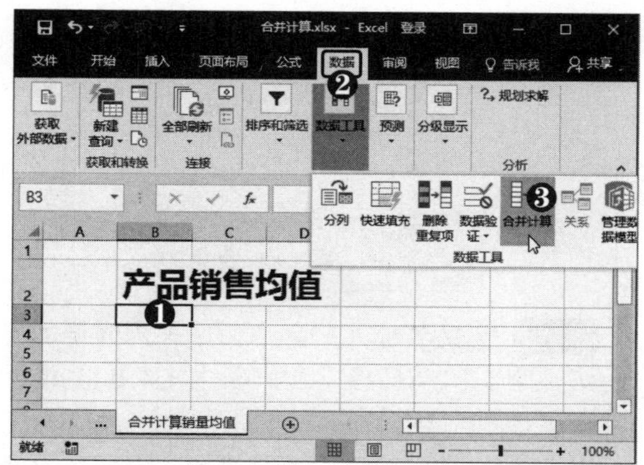

第2步 **设置合并计算函数** 弹出“合并计算”对话框，❶ 在“函数”下拉列表框中选择“平均值”选项。❷ 在“引用位置”文本框右侧单击折叠按钮。

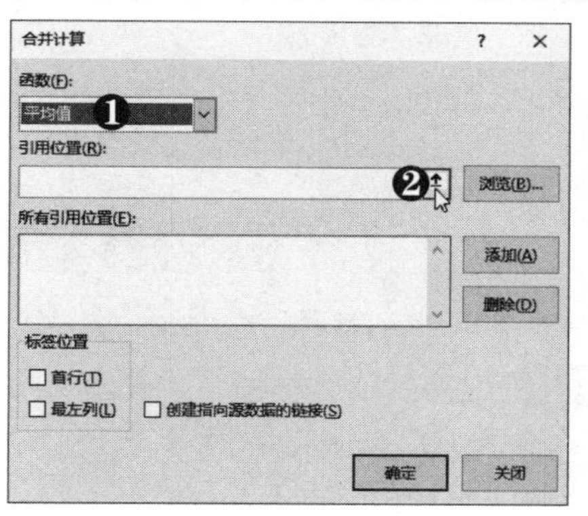

第3步 **选择引用位置** 在“销售情况分析表”中选中 B4:K42 单元格区域。

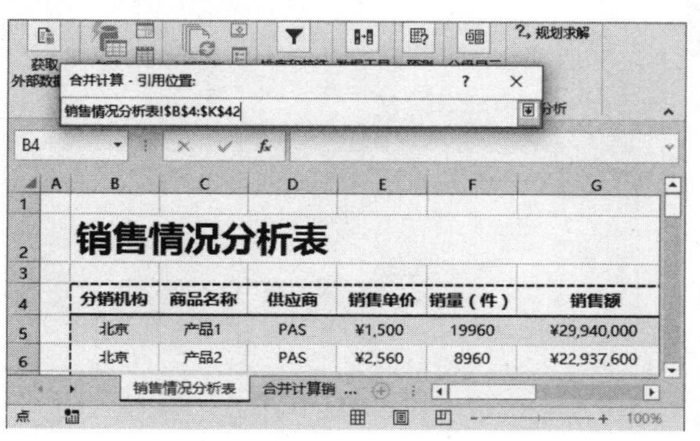

第4步 **设置标签位置** 按【Enter】键确认，返回“合并计算”对话框，将引用位置添加到“所有引用位置”列表中。❶ 选中“首行”和“最左列”复选框。❷ 单击“确定”按钮。

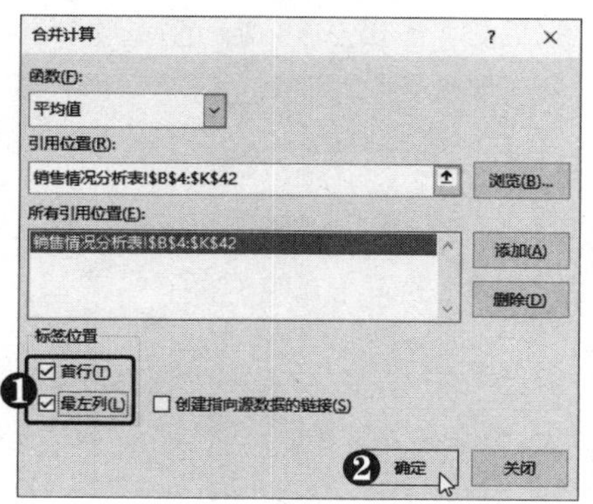

第5步 **查看计算结果** 此时即可合并计算出各分销机构的销售均值。

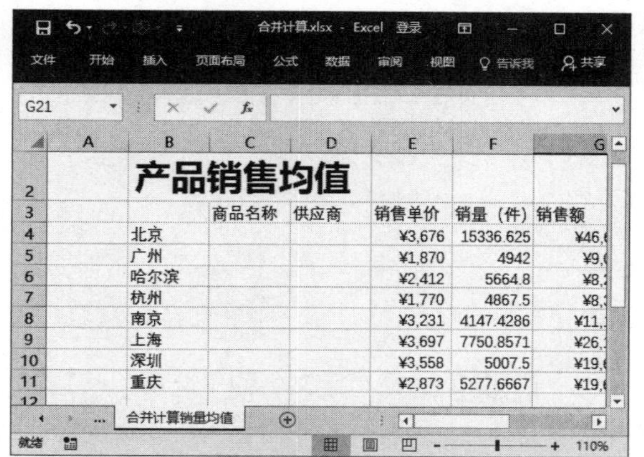

第6步 **设置单元格格式** 根据需要删除空列，并设置单元格格式。

3．合并计算销量

应用合并计算功能可以将多个工作表中具有相同标签的数据进行汇总运算，具体操作方法如下：

第1步 选择“定义名称”选项（产品1） 切换到“产品1”工作表，❶选中C4:K11单元格区域。❷选择“公式”选项卡。❸单击“定义名称”下拉按钮。❹选择“定义名称”选项。

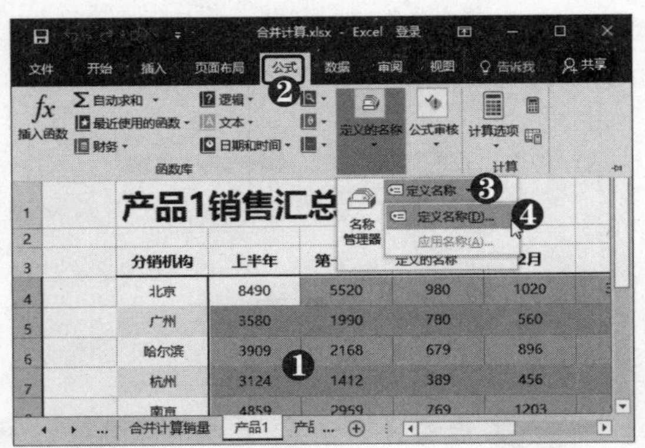

第2步 设置名称 弹出“新建名称”对话框，❶输入名称。❷单击“确定”按钮。

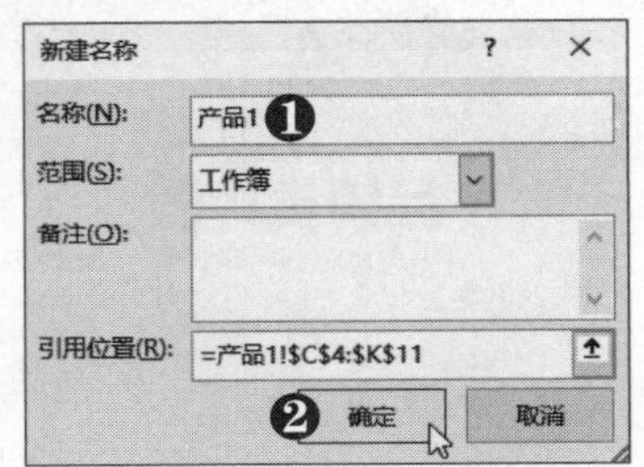

第3步 选择“定义名称”选项（产品2） 切换到“产品2”工作表，❶选中C4:K11单元格区域。❷选择“公式”选项卡。❸单击“定义名称”下拉按钮。❹选择“定义名称”选项。

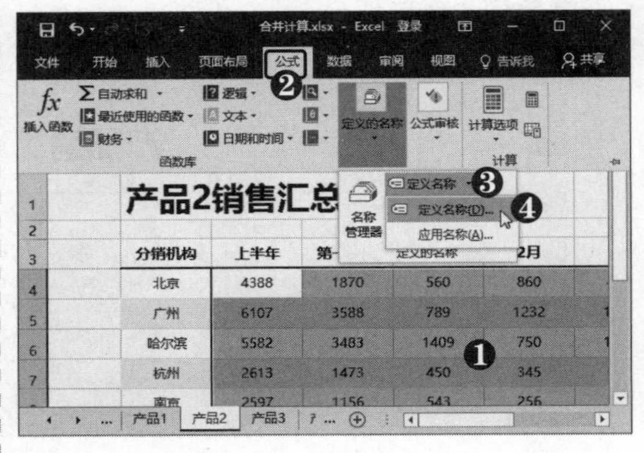

第4步 设置名称 弹出“新建名称”对话框，❶输入名称。❷单击“确定”按钮。

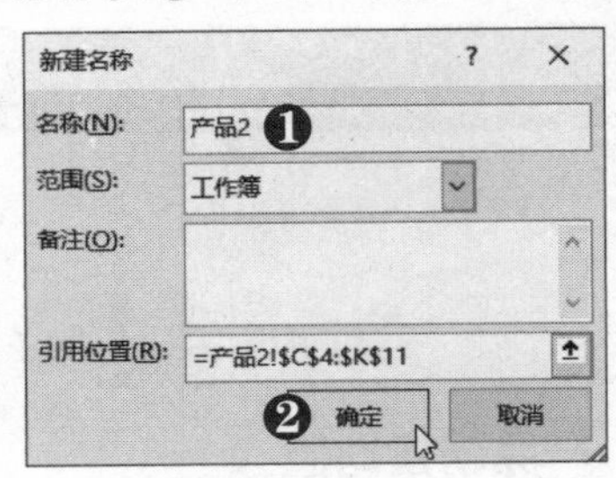

第5步 定义名称（产品3） 采用同样的方法，定义“产品3”工作表中C4:K11单元格区域的名称。

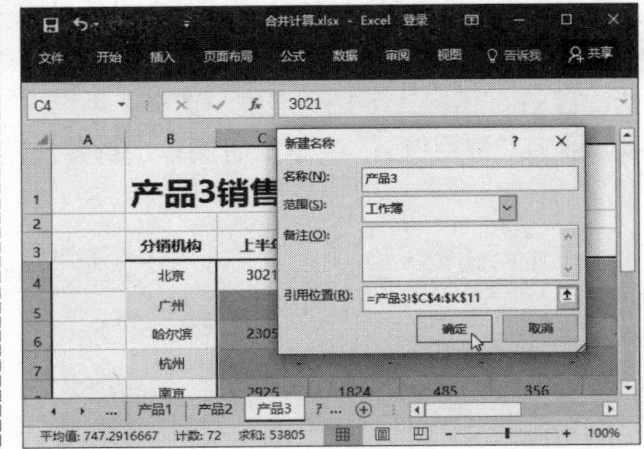

第6步 定义名称（产品4） 采用同样的方法，定义“产品4”工作表中C4:K11单元格区域的名称。

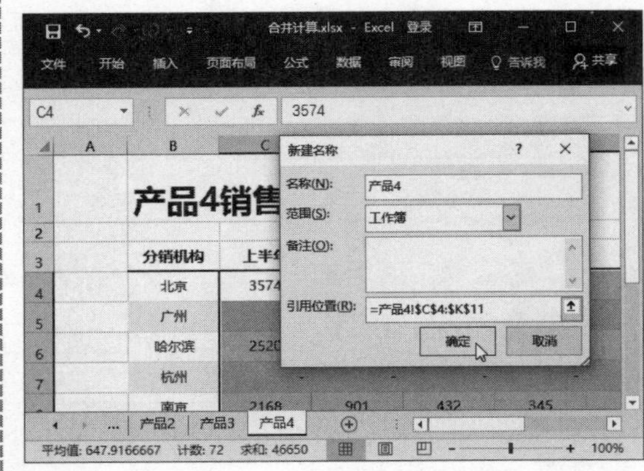

提示您

选中要定义名称的单元格区域后，在工作表左上角的名称框中输入名称后按【Enter】键，也可为单元格定义名称。

多学点

在“定义的名称”组中单击“名称管理器”按钮，在弹出的对话框中可对定义的名称进行编辑管理。

第7步 单击“合并计算”按钮 切换到“合并计算销量”工作表，❶ 选中 C4 单元格。❷ 选择“数据”选项卡。❸ 单击“合并计算”按钮。

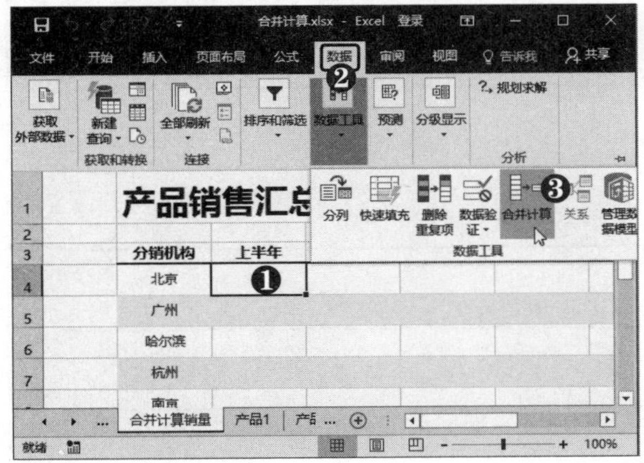

第8步 单击“添加”按钮 弹出“合并计算”对话框，❶ 在“函数”下拉列表框中选择“求和”选项。❷ 在“引用位置”文本框中输入“产品 1”。❸ 单击“添加”按钮。

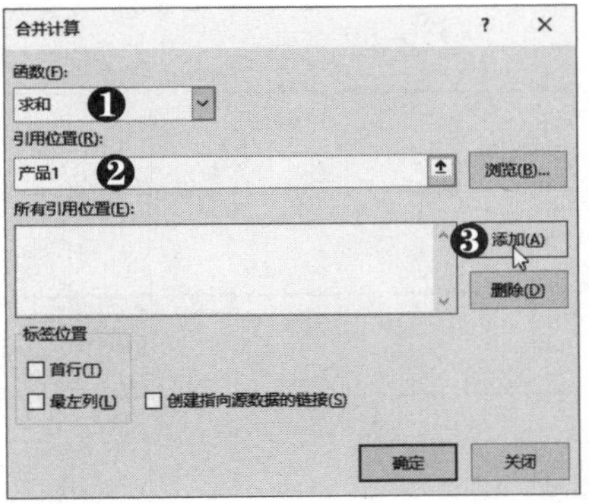

第9步 设置标签位置 采用同样的方法，添加其他引用位置。❶ 选中“创建指向源数据的链接”复选框。❷ 单击“确定”按钮。

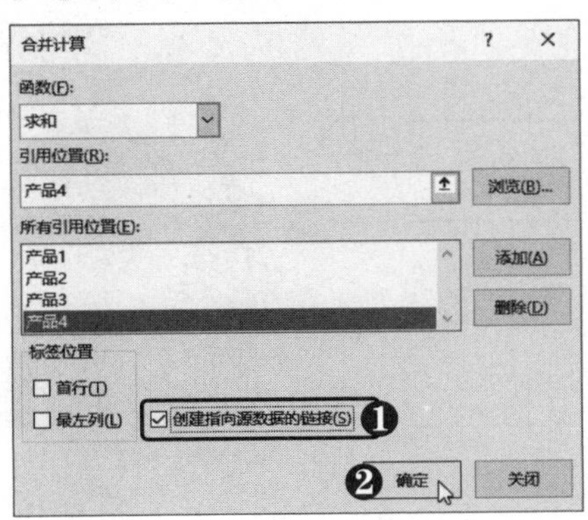

第10步 查看计算结果 此时即可在“合并计算销量”工作表中汇总各个分销机构的销量总额。在“广州”汇总行左侧单击+按钮。

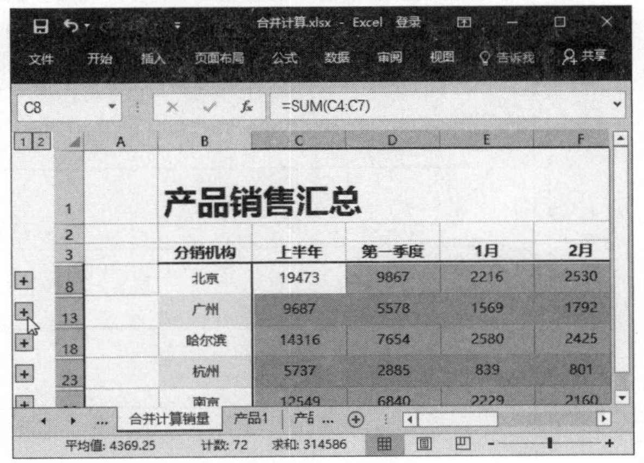

第11步 展开数据明细 此时即可查看广州分销机构的销量明细数据。

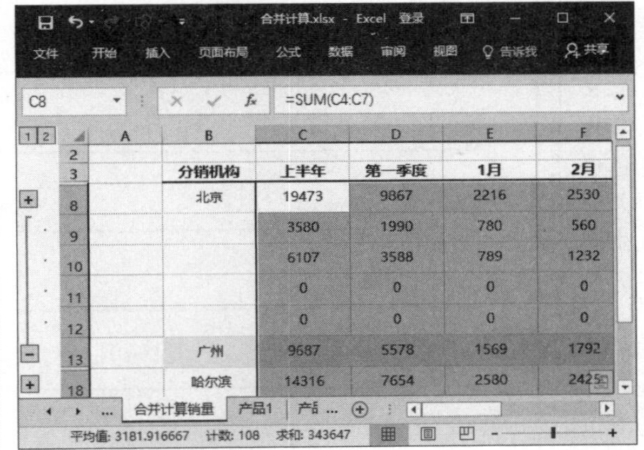

高手点拨

单击“广州”前面的+按钮，明细数据会显示在“广州”汇总列的上方而不是下方。

学习笔录

电脑小专家

问：为什么要选中“创建指向源数据的链接”复选框？

答：为合并计算结果创建指向源数据的链接后，即使合并计算的数据发生改变，也可自动更新计算结果。

第8章

Excel 数据分析图形化

章前导读

Excel 数据分析图形化是指将工作表中的数据用图形表示出来，表示方法通常有两种，图表和数据透视图/表。在 Excel 中应用图表可以使用户更生动、直观地了解数据之间的数量关系，以便于分析数据的走势和预测发展趋势；而数据透视图/表有机地综合了数据排序、筛选和分类汇总等数据分析的优点，能够帮助用户灵活地分析和组织数据。

- 制作销量趋势表
- 制作利润分析表
- 应用数据透视图/表分析产品销售情况

小神通，在 Excel 2016 中是不是可以通过制作图表来对表格数据进行分析？

是的，在 Excel 2016 中不仅可以使用图表进行数据分析，还可以创建数据透视表/图，后者的数据分析功能更强大呢！

没错！图表可以用来体现数据间的关系，使读者更直观地了解数据所表达的内容，而数据透视表/图则包含了数据排序、筛选和分类汇总等数据分析的功能，本章我们就一起来学习这些知识。

8.1 制作销量趋势表

在对销量统计数据进行分析时，经常需要应用图表来表现销量的变化情况。应用图表不仅可以清晰地展现数据，还可将数据的趋势、走向等间接数据立体化地呈现给用户。下面将通过制作销量趋势表介绍 Excel 图表的创建及编辑等操作。

8.1.1 创建图表

在 Excel 2016 中可以很轻松地将工作表中的数据转换为各种类型的图表，只需根据图表制作向导选择自己喜欢的图表类型、图表布局和图表样式即可。

提示您

选择单元格区域后按【Alt+F1】组合键，即可在工作表中快速创建簇状柱形图。

1．创建簇状柱形图

柱形图主要用于数据的对比与比较，本例需要在图表中对各分销机构各月销量进行查看和分析，可以通过创建簇状柱形图来统计数据，具体操作方法如下：

第1步 **选择单元格区域** 打开素材文件，选择 B4:J11 单元格区域。

销量趋势表

分销机构	1月	2月	3月	4月	5月
北京	2216	2530	1253	2543	2860
广州	1569	1792	2217	893	1238
杭州	839	801	1245	1076	756
南京	2229	2160	2451	2192	2140
上海	3470	2315	2015	1205	859
深圳	3038	2744	2177	2698	2058
重庆	2429	1616	1083	2022	3264

多学点

选择数据区域后按【F11】键，将创建一个图表工作表。

第2步 **选择"簇状柱形图"选项** ❶ 选择"插入"选项卡。❷ 单击"插入柱形图或条形图"下拉按钮。❸ 选择"簇状柱形图"选项。

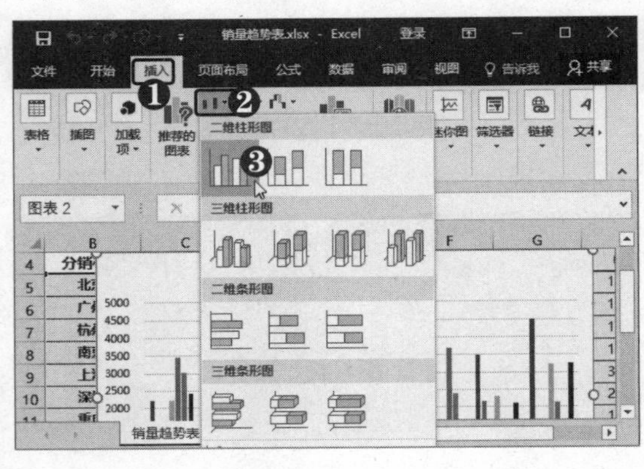

第3步 **选择"插入"命令** ❶ 选中多行单元格并右击。❷ 选择"插入"命令。

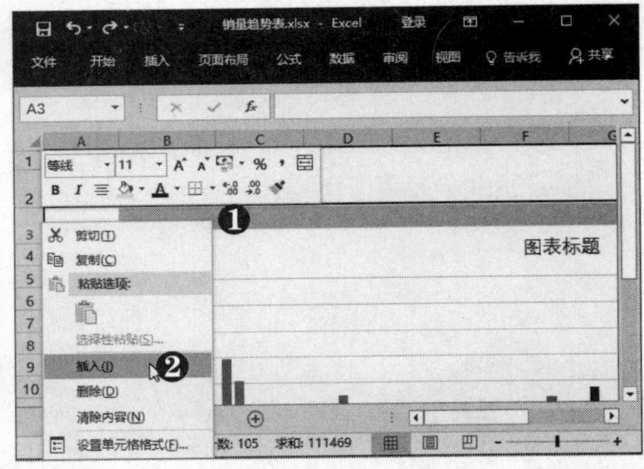

第4步 **调整图表位置** 此时即可插入多行空白行。根据需要调整图表的大小和位置。

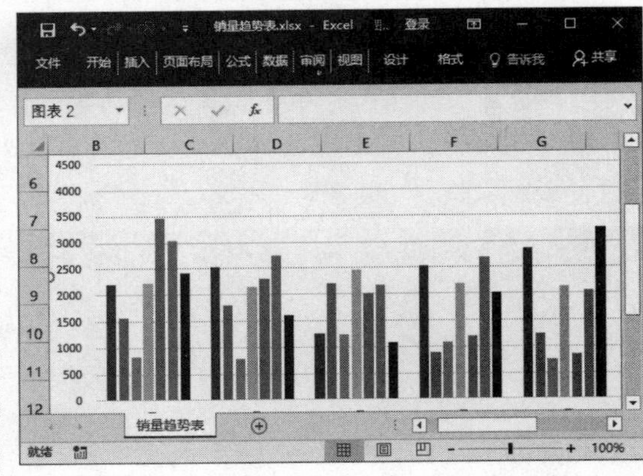

2．更改图表类型

对于单个分销机构的数据分析，可以在原有图表的基础上通过更改图表类型创建二维饼图，更清晰地查看各月销量所占整体的百分比，具体操作方法如下：

第1步 单击“选择数据”按钮 复制图表，❶ 选择“设计”选项卡。❷ 在“数据”组中单击“选择数据”按钮。

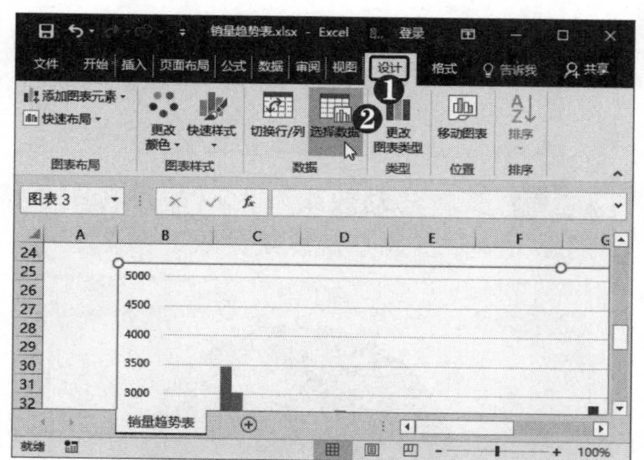

第2步 设置图例项 弹出“选择数据源”对话框，❶ 取消选中“广州”、“杭州”、“南京”、“上海”等前面的复选框。❷ 单击“确定”按钮。

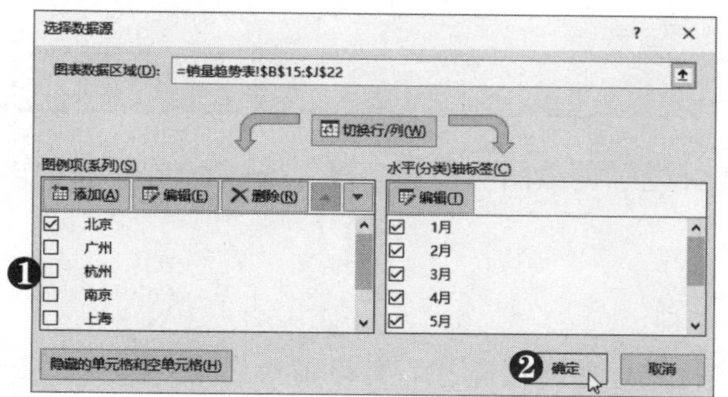

高手点拨

在“选择数据源”对话框中选中系列，然后单击“删除”按钮，即可删除该列。

第3步 单击“更改图表类型”按钮 此时即可更改图表数据源。在“类型”组中单击“更改图表类型”按钮。

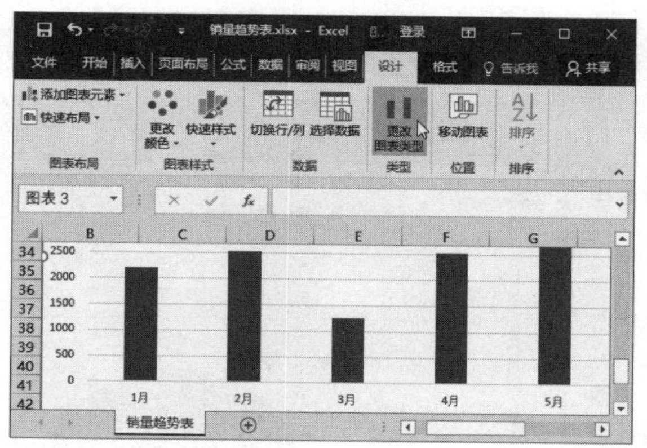

第4步 更改图表类型 弹出“更改图表类型”对话框，❶ 在左侧选择“饼图”选项。❷ 在右侧选择图表样式。❸ 单击“确定”按钮。

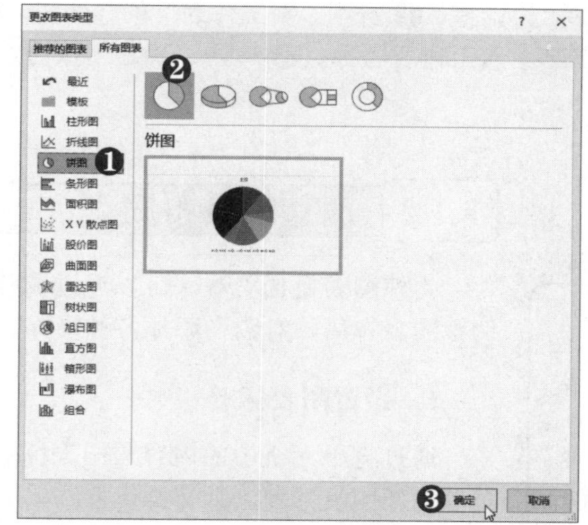

第5步 查看更改效果 此时即可将图表类型更改为饼图。

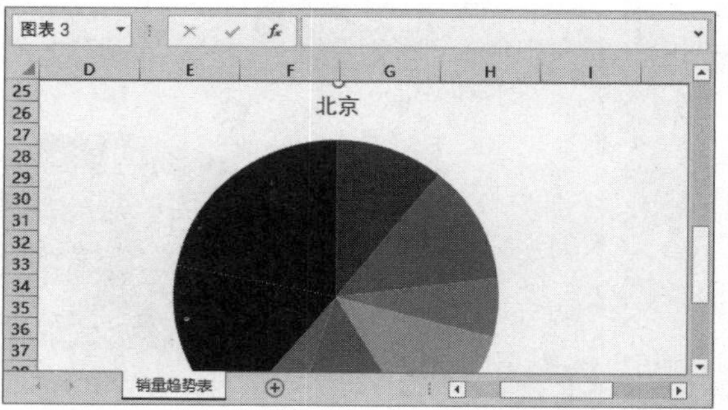

3．移动图表位置

为了使图表与表格数据相对独立，可以通过“移动图表”功能将图表放置到新工作表中，具体操作方法如下：

第1步 单击“移动图表”按钮 ❶ 选中图表。❷ 在“位置”组中单击“移动图表”按钮。

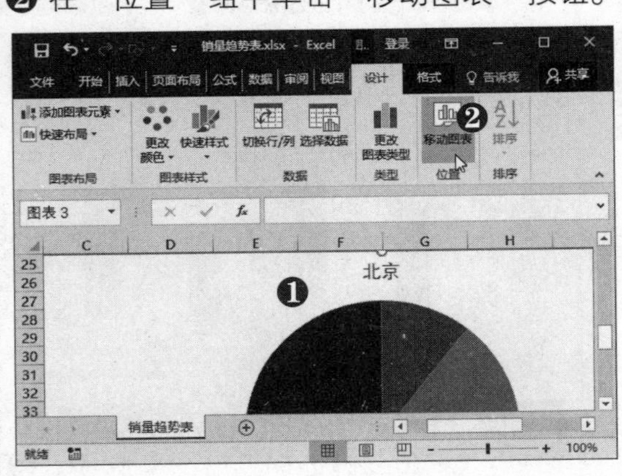

第2步 选择图表位置 弹出“移动图表”对话框，❶ 选中“新工作表”单选按钮。❷ 输入工作表名称。❸ 单击“确定”按钮。

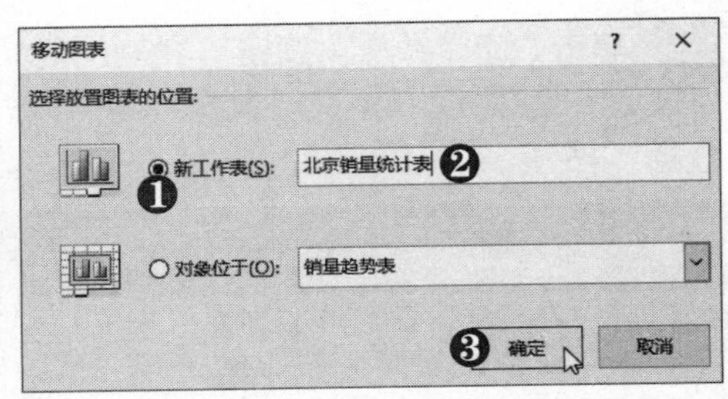

第3步 查看移动效果 此时即可将图表移到新工作表“北京销量统计表”中。

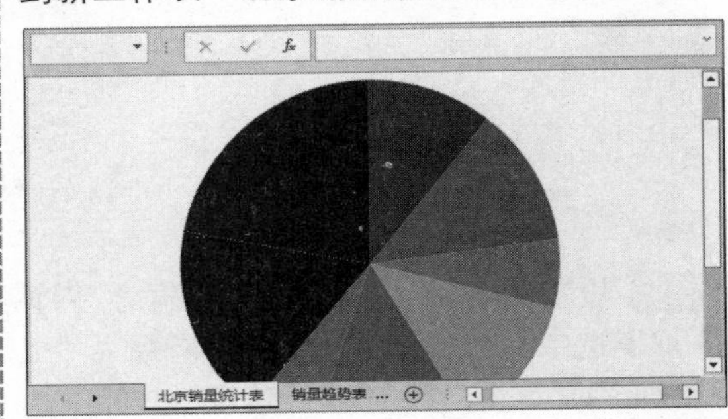

电脑小专家

问：如何快速美化图表？

答：选中图表，选择“设计”选项卡，在“图表样式”列表中可以选择内置的图表样式，或单击“更改颜色”下拉按钮，选择所需的图表颜色。

8.1.2 调整图表布局

为使图表更加美观，可以通过调整图表标题、更改图例位置、设置坐标轴位置等操作调整图表布局，对图表添加各种修饰。

1．设置图表标题

通过将单元格中的内容与图表标题或坐标轴标题连接起来，可以随单元格内容的改变自动更新图表标题，具体操作方法如下：

第1步 输入“=” ❶ 选中图表标题。❷ 在编辑栏中输入“=”。

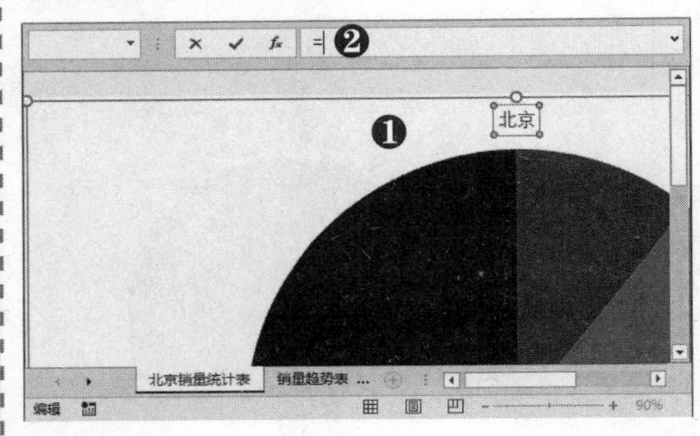

第2步 选择引用单元格 切换到“销量趋势表”工作表，选中B2单元格。

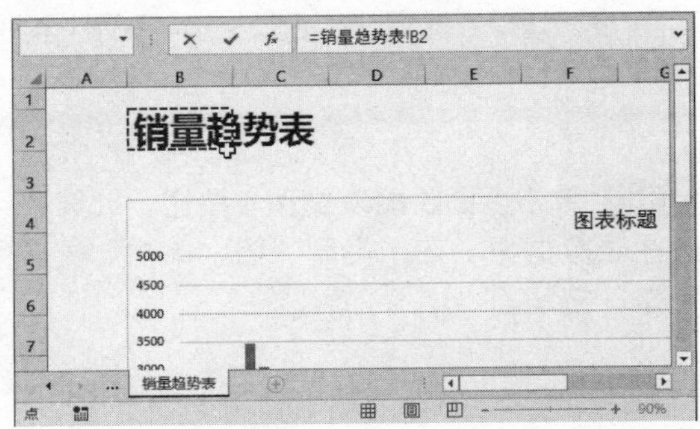

新手巧上路

问：怎样快速删除图表元素？

答：在图表中选中要删除的图表元素，按【Delete】键即可将其删除。

第3步 **查看引用效果** 按【Enter】键确认，此时即可将 B2 单元格中的文本引用为图表标题。

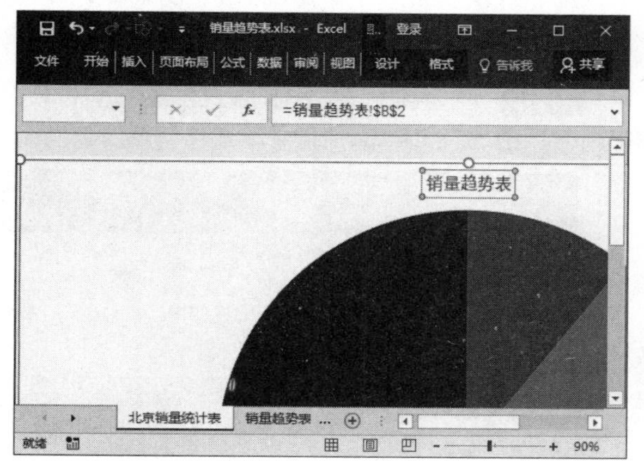

单击图表右侧的“图表样式”按钮，在弹出的列表中可以选择图表样式和图表颜色，快速美化图表。

第4步 **设置字体格式** ❶ 选中图表标题。❷ 在“字体”组中设置字体格式。

第5步 **取消显示图表标题** 切换到“销量趋势表”工作表，❶ 在图表右侧单击“图表元素”按钮。❷ 在弹出的列表中取消选中“图表标题”复选框，即可取消显示图表标题。

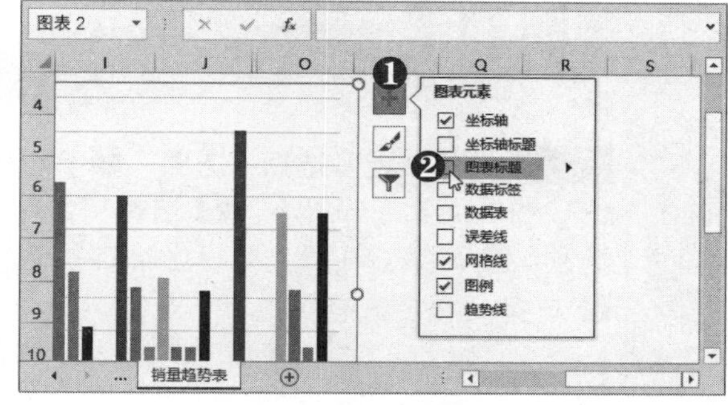

2．更改图例位置

图例是对图表中的图形或颜色进行说明的部分，用户可以根据需要调整图例的位置，具体操作方法如下：

第1步 **更改图例位置** ❶ 选中图表。❷ 单击右侧的“图表元素”按钮。❸ 选择“图例”选项。❹ 选择“右”选项，即可将更改图例位置。

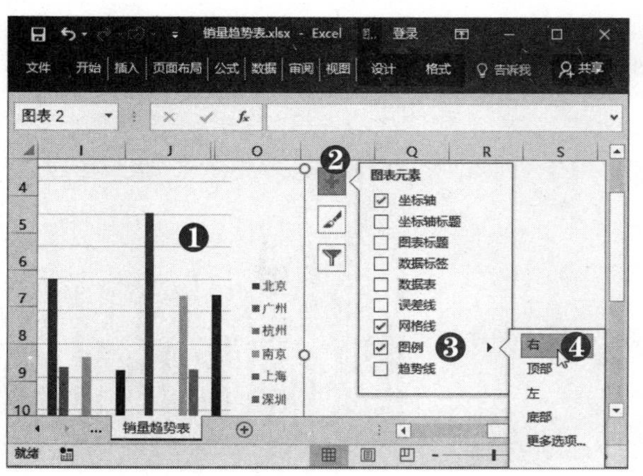

第2步 **设置图例字体格式** ❶ 选中图例。❷ 在“字体”组中设置字体格式。

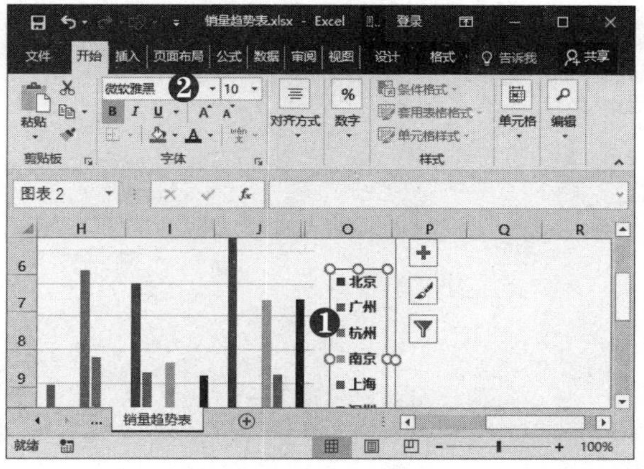

3．设置坐标轴刻度

图表的坐标轴都会有刻度值，默认的刻度值间隔有时会太小，从而使网格线过于密集，影响图表的美观度。可以通过设置坐标轴刻度控制网格线的密集程度，具体操作方法如下：

第1步 设置网格线 ❶ 选中图表。❷ 单击右侧的"图表元素"按钮+。❸ 选择"网格线"选项。❹ 选中"主轴主要垂直网格线"复选框。

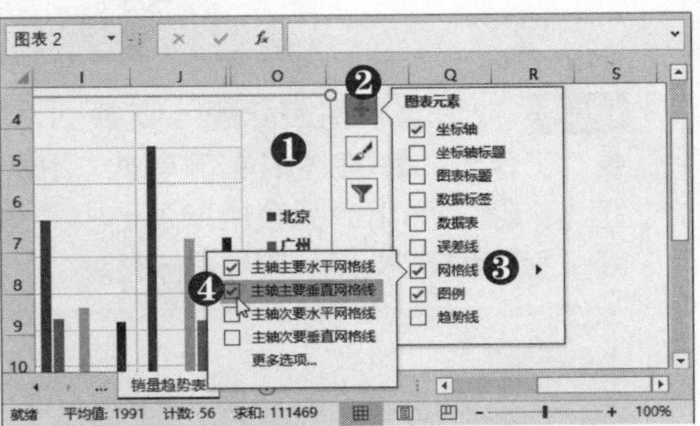

第2步 选择"更多选项"选项 ❶ 单击右侧的"图表元素"按钮+。❷ 选择"坐标轴"选项。❸ 取消选中"主要横坐标轴"复选框。❹ 选择"更多选项"选项。

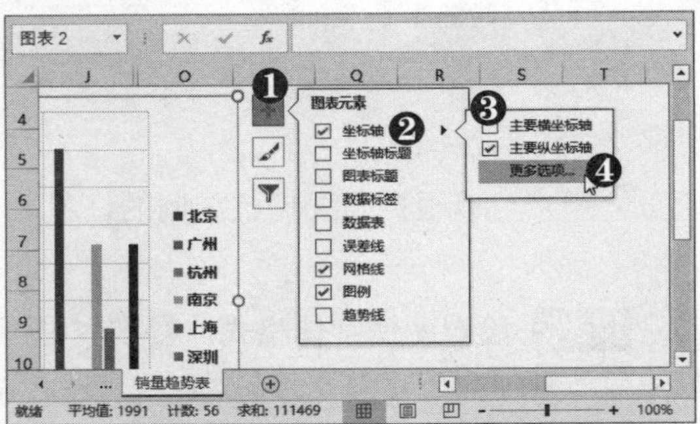

第3步 设置主要单位 打开"设置坐标轴格式"窗格，在"坐标轴选项"选项区中设置主要单位为 1 000。

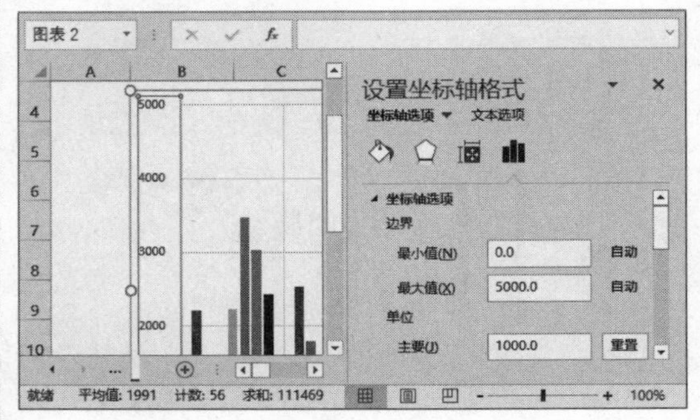

第4步 设置坐标轴字体格式 ❶ 选中坐标轴。❷ 在"字体"组中设置字体格式。

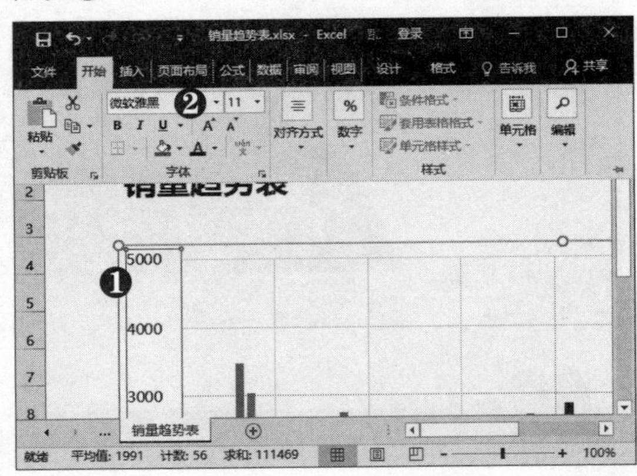

第5步 设置单元格样式 ❶ 选中 C17:J23 单元格区域。❷ 单击"单元格样式"下拉按钮。❸ 选择"千位分隔[0]"选项。

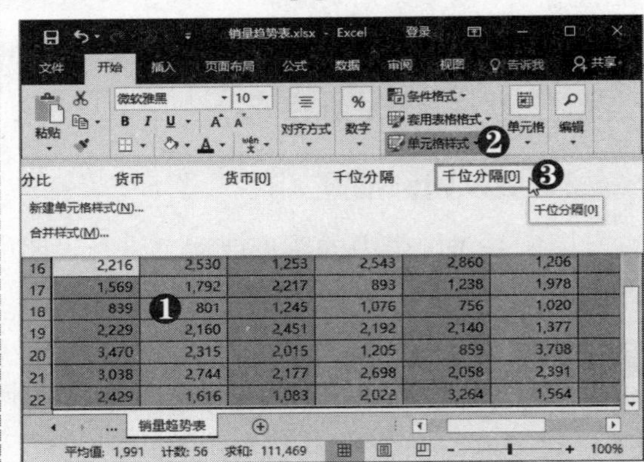

第6步 查看图例效果 此时图例中的数据将会自动更改样式。

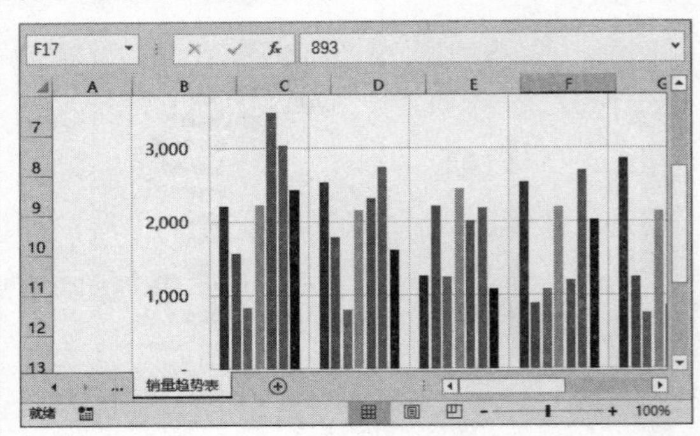

提示您

在"图表元素"列表中选中"趋势线"复选框，可以为图表添加趋势线，预测数据的大致走向。

多学点

在"图表元素"列表中还可选中"误差线"复选框添加误差线，标记数据的潜在误差量。

4．插入迷你图

为使各分销机构的月销量趋势清晰可见，可以应用迷你图在单元格中创建出表现一组数据变化趋势的图表，具体操作方法如下：

第1步 选择“插入”命令 ❶ 选中第 4 行单元格并右击。❷ 选择“插入”命令。

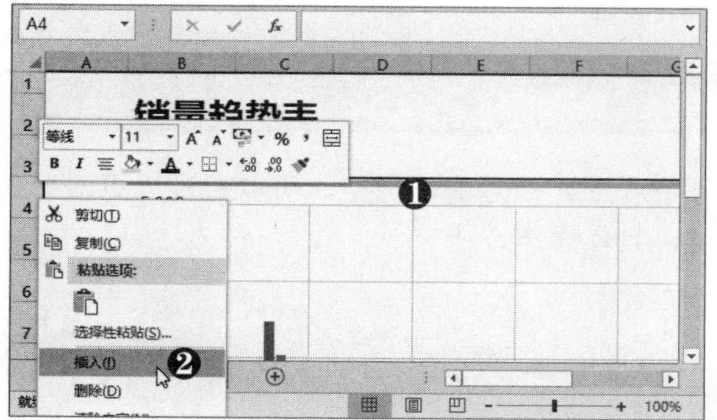

第2步 设置单元格格式 在单元格中输入月份并设置单元格格式，根据需要调整图表位置。

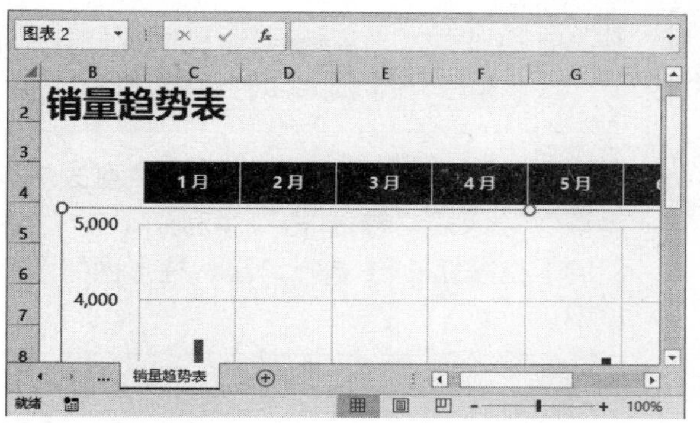

第3步 单击“折线图”按钮 ❶ 选中 O17 单元格。❷ 选择“插入”选项卡。❸ 在“迷你图”组中单击“折线图”按钮。

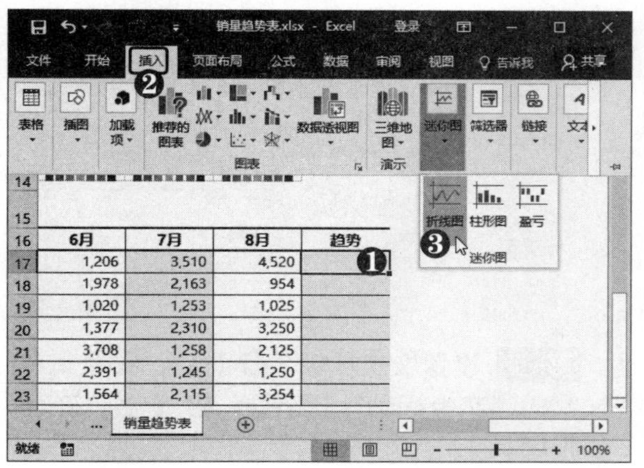

第4步 设置迷你图数据范围 弹出“创建迷你图”对话框，❶ 设置迷你图数据范围。❷ 单击“确定”按钮。

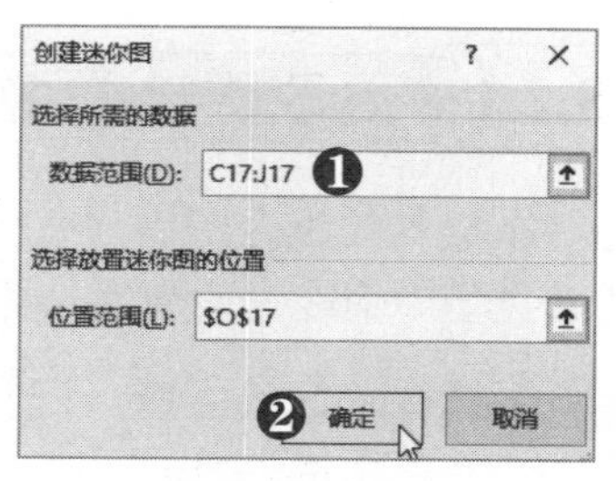

第5步 选择迷你图样式 此时即可创建迷你图，❶ 在“显示”组中选中“标记”复选框。❷ 在“样式”列表中选择迷你图样式。

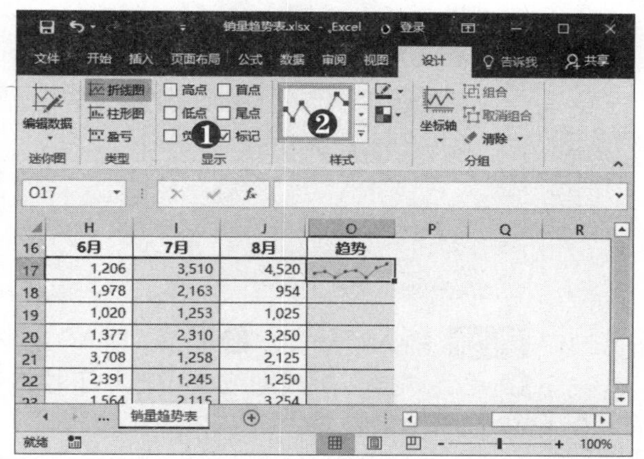

第6步 选择“不带格式填充”选项 拖动单元格右下角的填充柄，在其他单元格中插入迷你图。❶ 单击“自动填充选项”下拉按钮。❷ 选择“不带格式填充”选项。

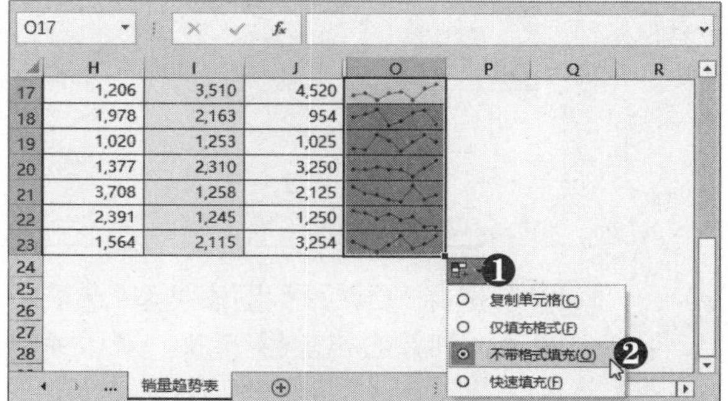

8.2 制作利润分析表

在工作中常常会遇到需要在同一图表中分析两组数据的情况，如同时分析利润分析表中的净利润和利润率，这时需要创建组合图表。下面将以制作利润分析表为例，介绍组合图表的创建方法。

8.2.1 更改图表类型

在插入的组合图中，各系列的图表类型并不一定是理想的类型，可以通过“更改系列图表类型”命令来设置某一系列的图表类型，具体操作方法如下：

第1步 选择单元格区域 打开素材文件，选择 B4:N6 单元格区域。

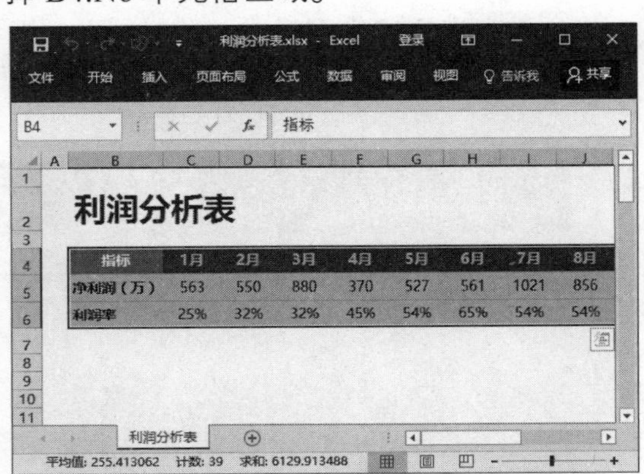

第2步 插入折线图 ❶ 选择“插入”选项卡。❷ 单击“插入折线图或面积图”下拉按钮。❸ 选择图表样式。

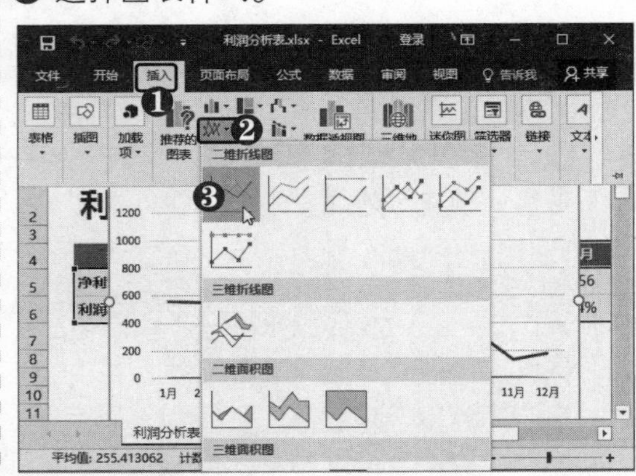

第3步 选择“更改系列图表类型”选项 ❶ 选中图表系列并右击。❷ 选择“更改系列图表类型”选项。

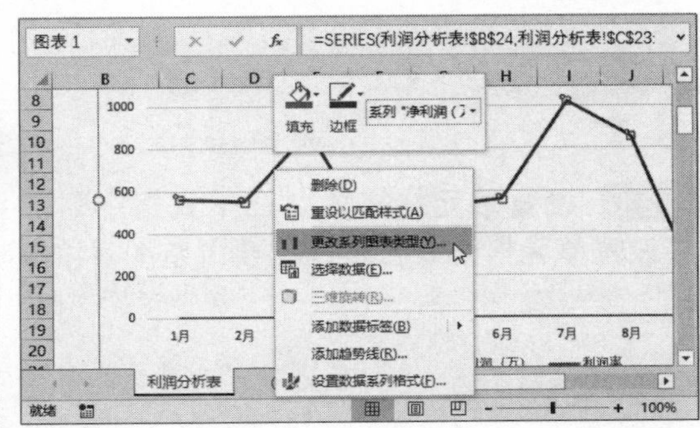

第4步 更改系列图表类型 弹出“更改图表类型”对话框，❶ 单击“净利润（万）”右侧的下拉按钮。❷ 选择“簇状柱形图”图表类型。

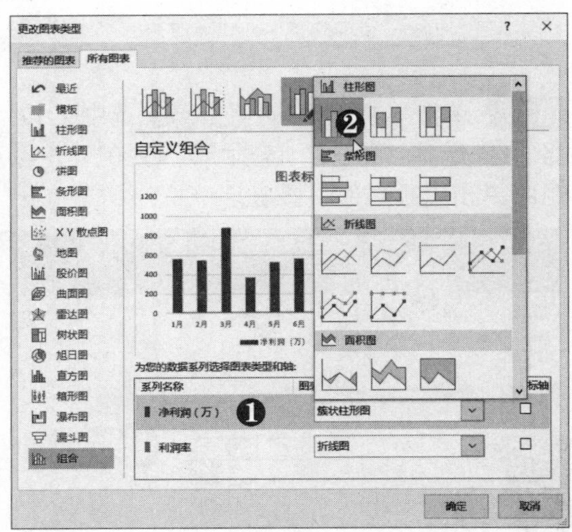

第5步 设置次坐标轴 ❶ 选中“利润率”右侧的“次坐标轴”复选框。❷ 单击“确定”按钮。

电脑小专家

问：如何创建组合图表?

答：选中数据后，选择“插入”选项卡，单击“图表”组右下角的扩展按钮，在弹出的对话框选择“所有图表”选项卡，在左侧选择“组合”选项，在右侧设置系列图表类型即可。

新手巧上路

问：如何更改数据系列的产生方式?

答：选中图表，选择“设计”选项卡，在“数据”组中单击“切换行/列”按钮，即可互换行列数据。

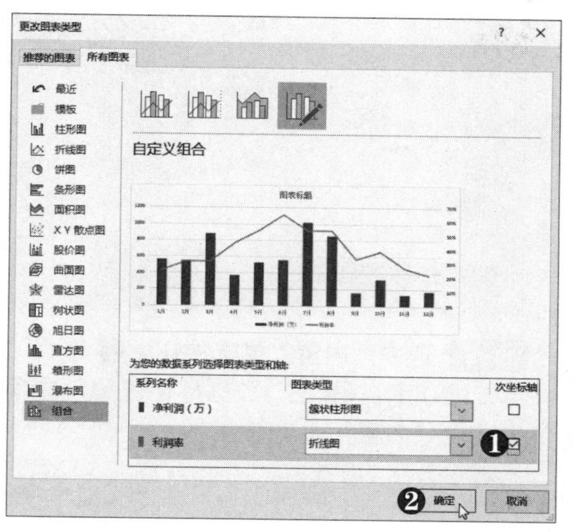

第6步 查看更改效果 此时即可更改系列图表类型。

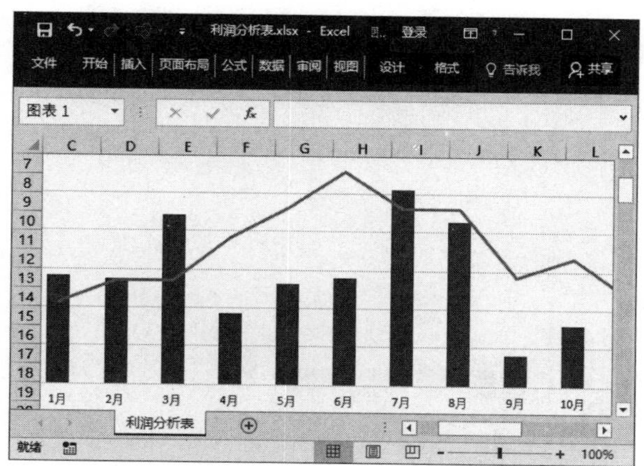

8.2.2 美化组合图表

在创建好组合图表后，可以为图表应用预设样式，或单独设置各图表元素的格式，使其更加美观，具体操作方法如下：

第1步 设置网格线 ❶ 选中图表。❷ 单击右侧的“图表元素”按钮⊞。❸ 取消选中“图表标题”复选框。❹ 选择“网格线”选项。❺ 选中“主轴主要垂直网格线”和“主轴次要水平网格线”复选框。

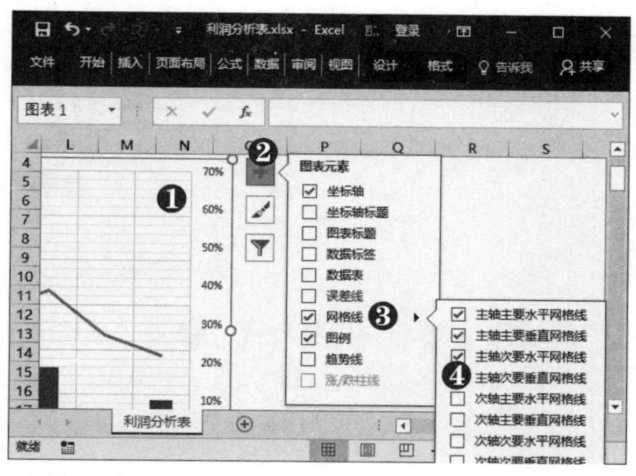

第2步 设置图例位置 ❶ 选中图例。❷ 按【Ctrl+1】组合键，打开“设置图例格式”窗格，选择“图例选项”选项卡。❸ 选中“右上”单选按钮。

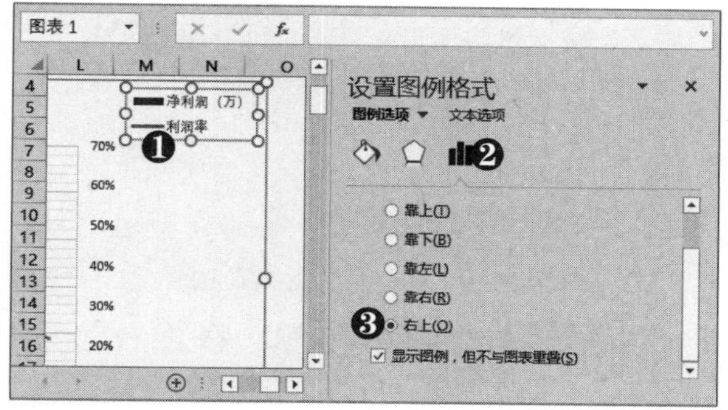

第3步 选择图表元素 ❶ 在右窗格中单击“系列选项”下拉按钮。❷ 选择“系列‘净利润(万)’”选项。

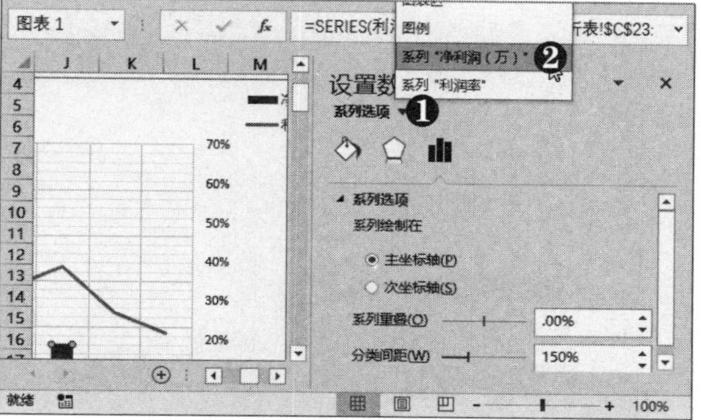

第4步 **设置数据系列格式** ❶ 选择“填充”选项卡。❷ 在“边框”选项区中选中“无线条”单选按钮。❸ 单击“填充颜色”下拉按钮。❹ 选择填充颜色。

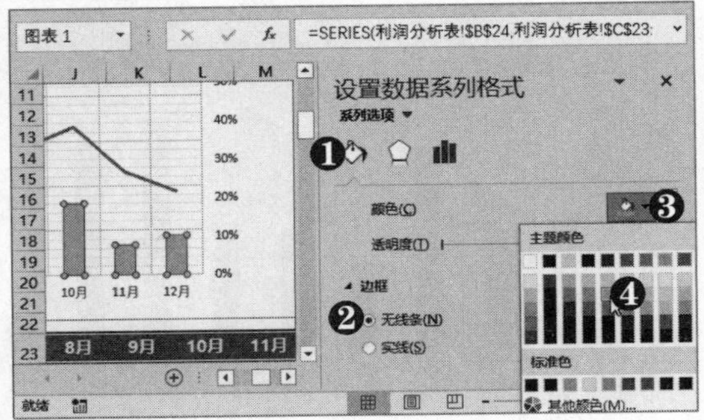

提示您

在“设置数据系列格式”窗格中将“系列重叠”设置为100%时，两列数据会重叠在一起。

第5步 **设置分类间距** ❶ 选择“系列选项”选项卡。❷ 设置分类间距为75%。

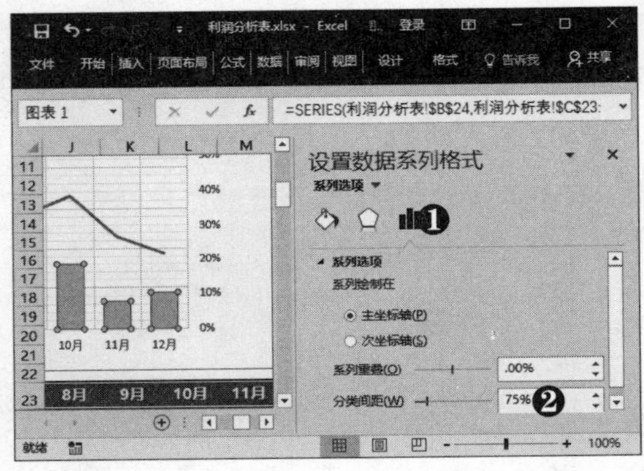

第6步 **选择图表元素** ❶ 在右窗格中单击“系列选项”下拉按钮。❷ 选择“系列‘净利润’”选项。

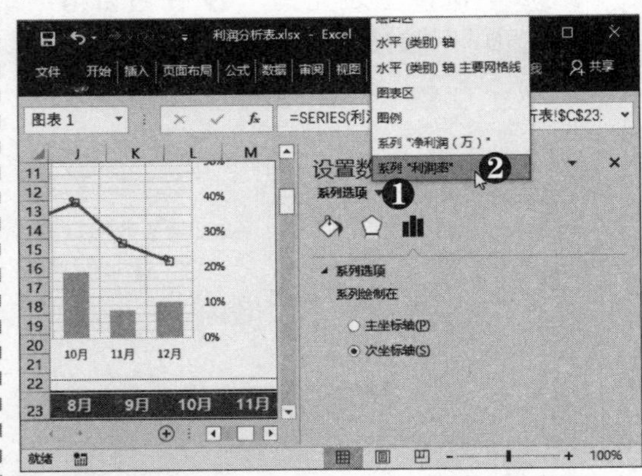

多学点

对于折线图，在“填充与线条”选项卡下“线条”组中选中“平滑线”复选框，即可将折线变为平滑的曲线。

第7步 **设置系列填充颜色** ❶ 选择“填充”选项卡。❷ 设置系列填充颜色。

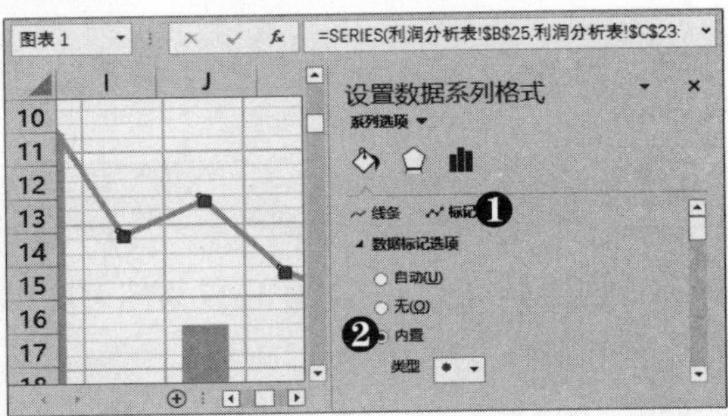

第8步 **选中“内置”单选按钮** ❶ 选择“标记”选项卡。❷ 在“数据标记选项”选项区中选中“内置”单选按钮。

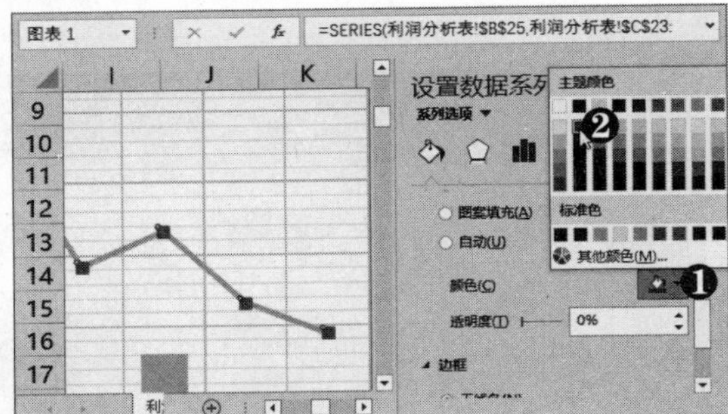

第9步 **设置标记填充颜色** ❶ 在“填充”选项区中单击“填充颜色”下拉按钮。❷ 选择填充颜色。

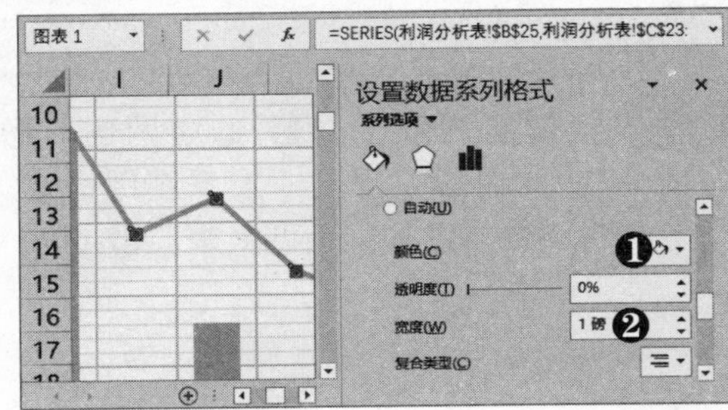

第10步 **设置标记边框样式** ❶ 在“边框”选项区中设置轮廓颜色。❷ 设置边框宽度为1磅。

第11步 **设置数据标签** ❶ 选中“利润率”系列。❷ 单击右侧的“图表元素”按钮。❸ 选中“数据标签”复选框。❹ 选择“上方”选项。

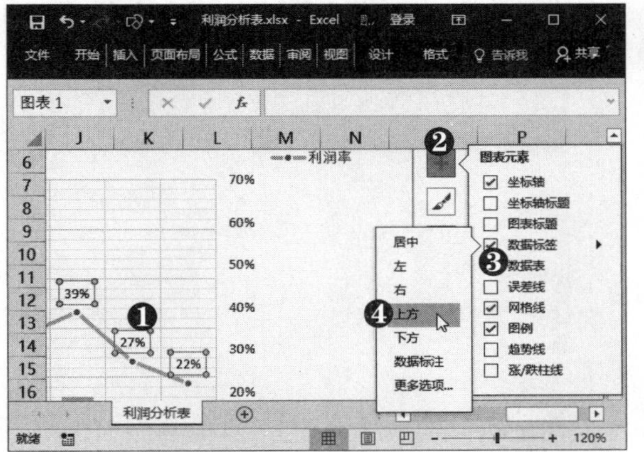

第12步 **设置标签字体格式** ❶ 选中数据标签。❷ 在“字体”组中设置字体格式。

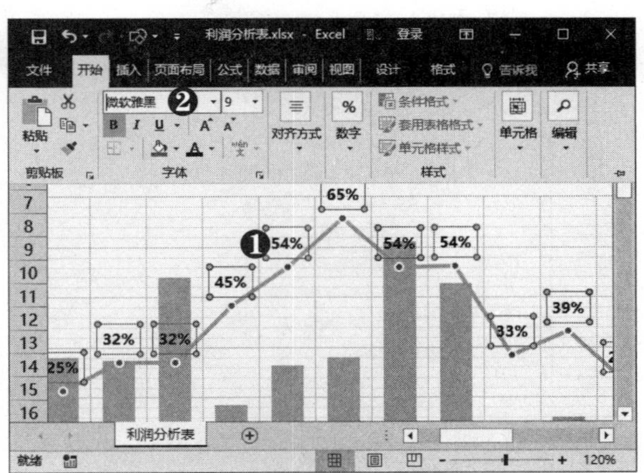

8.3 应用数据透视图/表分析产品销售情况

数据透视表有机地综合了数据排序、筛选和分类汇总等数据分析的优点，可以方便地调整分类汇总的方式。而当数据透视表的数据比较多或比较复杂时，通过数据透视表便很难纵观全局，此时便可以创建数据透视图。下面将以分析产品销售情况为例，介绍数据透视图/表的应用方法与技巧。

8.3.1 创建产品销售透视表

数据透视表是一种交互式的工作表，可以进行某些计算，如求和与计数等。数据透视表中所进行的计算和统计跟数据透视表中的排列有关，每次改变版面布置时，数据透视表会立即按照新的布置重新计算数据。下面将介绍如何创建产品销售透视表，具体操作方法如下：

第1步 **单击“数据透视表”按钮** ❶ 选择“插入”选项卡。❷ 在“表格”组中单击“数据透视表”按钮。

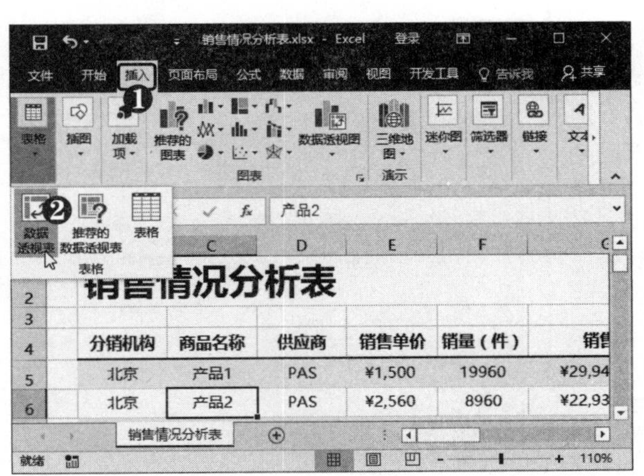

高手点拨

在“插入”选项卡下“图表”组中单击“数据透视图”下拉按钮，选择“数据透视图和数据透视表”选项，可以同时插入数据透视表与数据透视图/表。

第2步 **选择数据透视表区域** 弹出“创建数据透视表”对话框，采用默认选项，单击“确定”按钮。

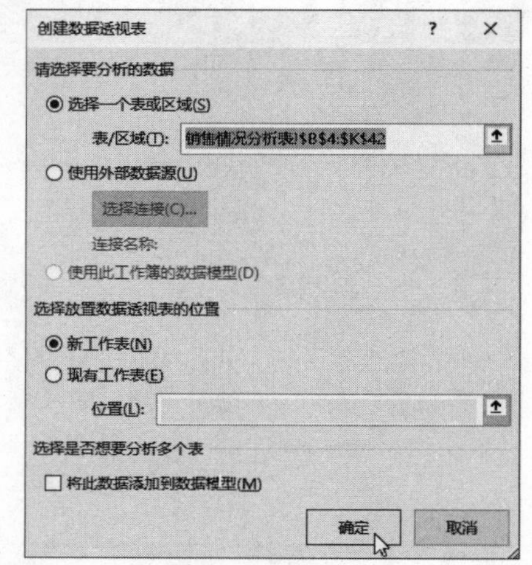

第3步 **选择“移动”选项** 此时即可创建数据透视表，根据需要修改透视表名称。❶ 在“数据透视表字段”窗格中单击下拉按钮▾。❷ 选择“移动”选项。

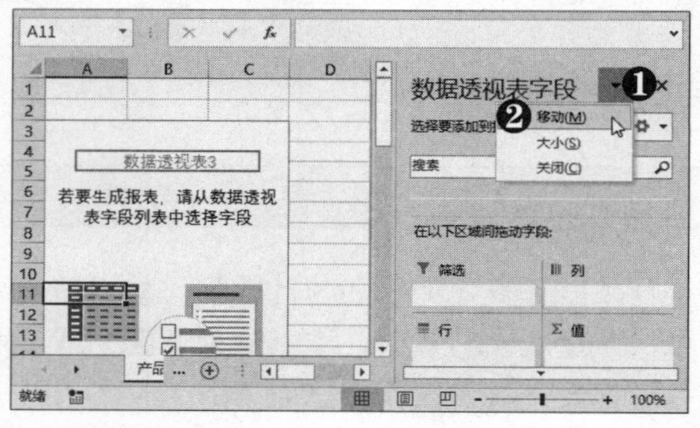

第4步 **移动窗格** 当鼠标指针变为✥形状时，拖动鼠标将窗格移至所需位置。

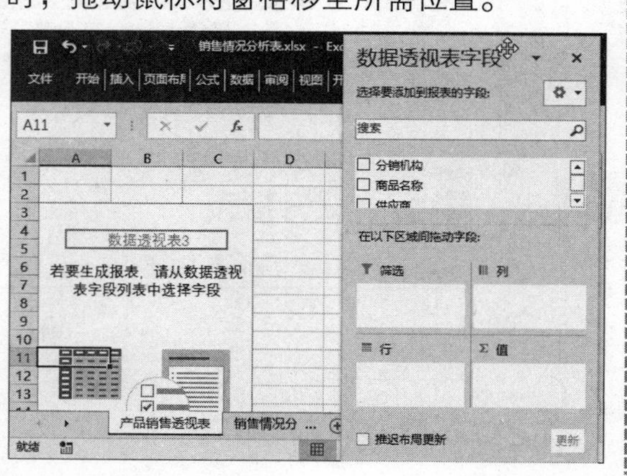

第5步 **添加行标签** 在“数据透视表字段”窗格中选中“分销机构”和“商品名称”字段复选框，将字段添加至“行”区域中，此时在数据透视表中将显示出行标签。

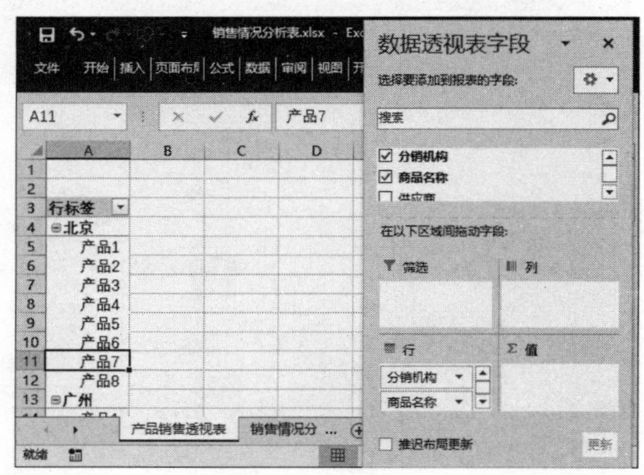

第6步 **调整字段顺序** 在“行”区域中拖动“分销机构”字段至“商品名称”字段下方。

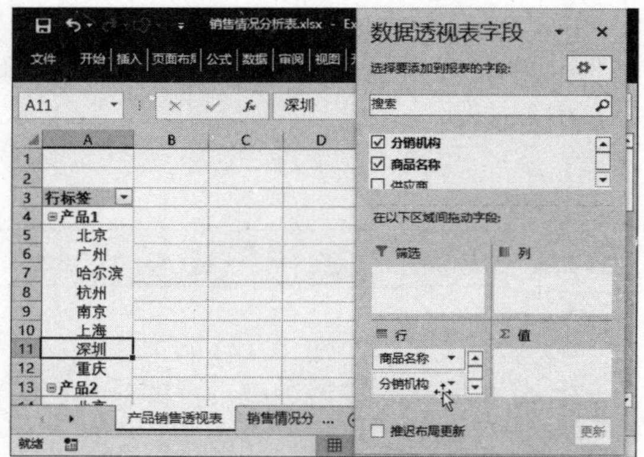

第7步 **添加值** 拖动“销售额”字段至“值”区域中，查看数据透视表效果。

电脑小专家

问：数据透视表有什么作用？

答：以多种方式查询大量数据，对数据进行分类汇总和聚合；切换数据行/列，以透视数据，查看源数据不同的汇总结果；对关注的数据子集进行筛选、排序、分组和有条件地设置格式等。

新手巧上路

问：如何移动数据透视表的位置？

答：选中数据透视表的任意单元格，在“分析”选项卡下“操作”组中单击“移动数据透视表”按钮，在弹出的对话框中选择位置即可。

8.3.2 处理数据透视表数据信息

创建数据透视表后，可以很方便地根据需要对其中的数据进行处理，如更改汇总类型、对数据进行排序、更改值显示方式，以及添加筛选字段和字段组等。

1．更改汇总类型

本例中要分析各产品的平均销售情况，所以需要将数值字段的值汇总依据设置为“平均值”，具体操作方法如下：

第1步 添加求和项 在“数据透视表字段”窗格中选中“总成本”、“利润率”和“销量（件）”字段复选框，此时即可在数据透视表中添加求和项。

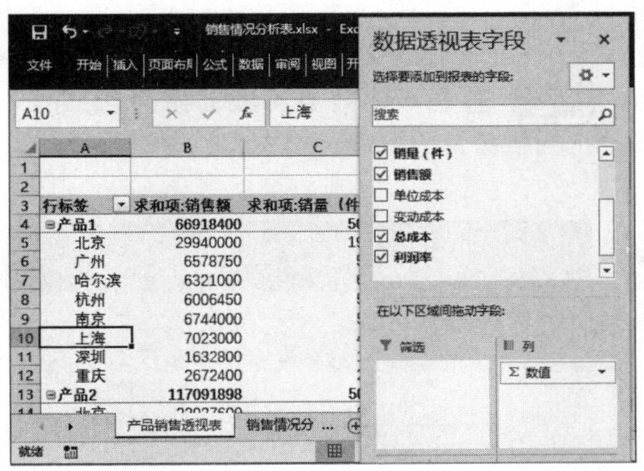

第2步 选择“平均值”命令 ❶ 选中 B3 单元格并右击。❷ 选择“值汇总依据”选项。❸ 选择“平均值”命令。

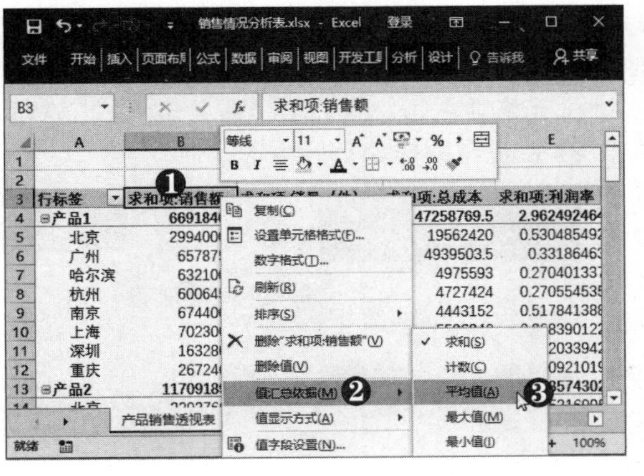

第3步 更改值汇总依据 此时即可将值汇总依据由“求和”更改为“平均值”。

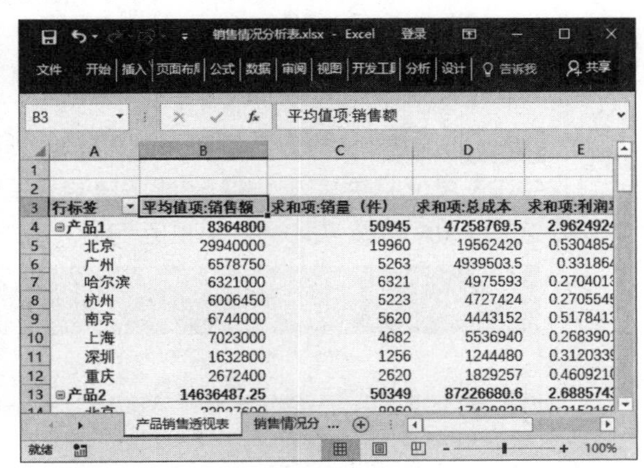

第4步 单击“百分比样式”按钮 采用同样的方法，更改其他列的值汇总依据。❶ 选中 E4:E50 单元格区域。❷ 在“数字”组中单击“百分比样式”按钮 %。

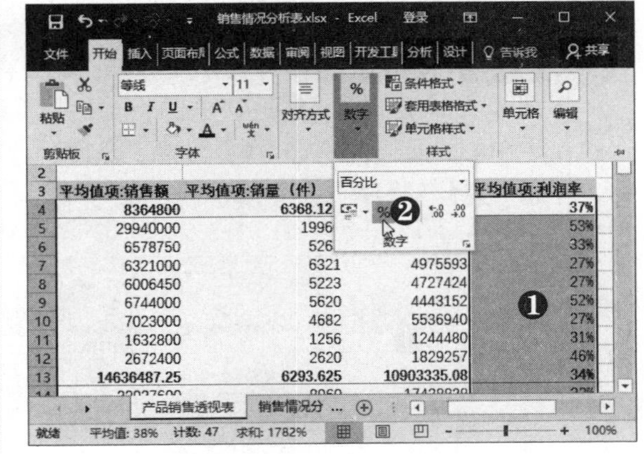

2．更改值显示方式

在数据透视表中可以通过更改值显示方式计算出各产品各分销机构销量所占百分比，具体操作方法如下：

第1步 **选择"求和"命令** ❶ 选中B3单元格并右击。❷ 选择"值汇总依据"选项。❸ 选择"求和"命令。

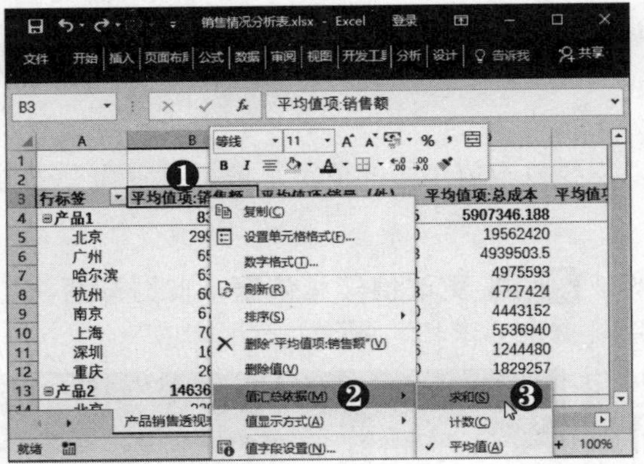

第2步 **选择"父行汇总的百分比"命令** ❶ 选中B3单元格并右击。❷ 选择"值显示方式"选项。❸ 选择"父行汇总的百分比"命令。

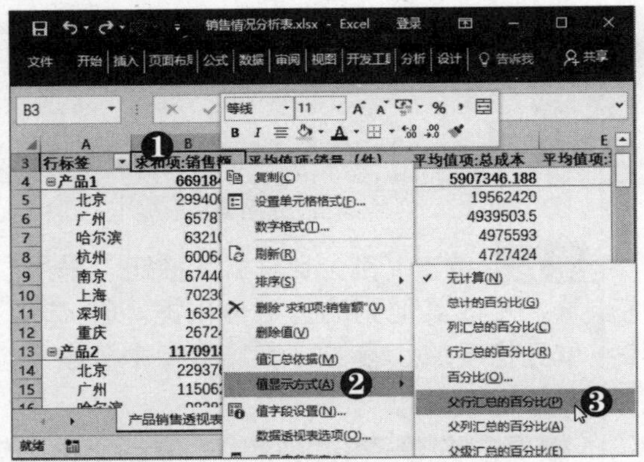

第3步 **设置产品排序方式** 此时即可将值显示方式更改为"父行汇总的百分比"。❶ 选中B4单元格并右击。❷ 选择"排序"选项。❸ 选择"降序"命令。

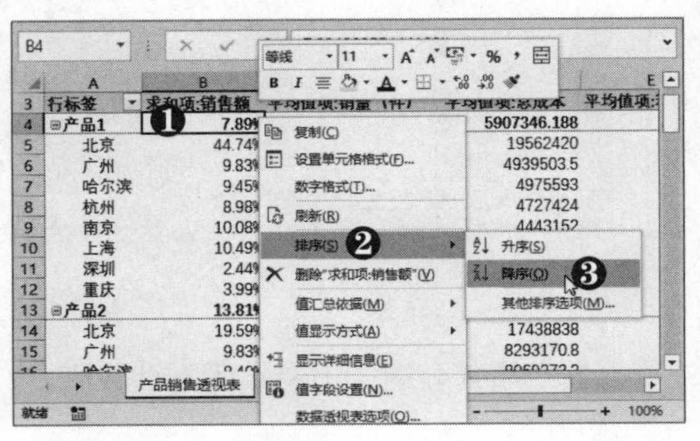

第4步 **设置分销机构排序方式** ❶ 选中B7单元格并右击。❷ 选择"排序"选项。❸ 选择"降序"命令。

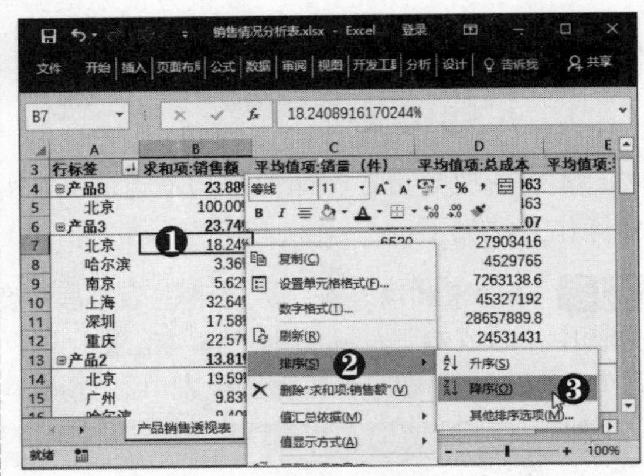

第5步 **查看排序效果** 此时即可按照分销机构所占百分比进行排序。

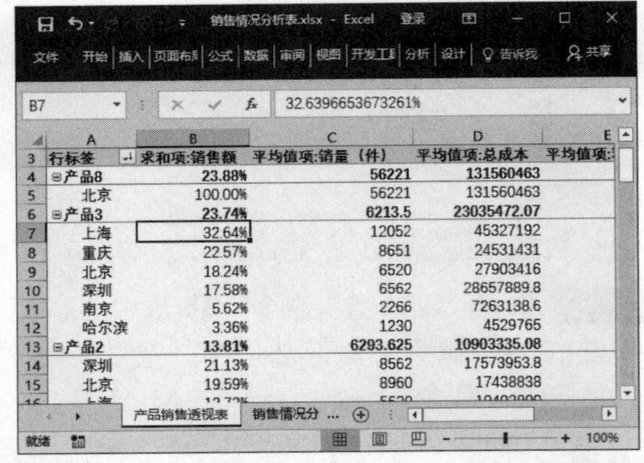

第6步 **选择"降序排列"命令** ❶ 选中E5单元格并右击。❷ 选择"值显示方式"选项。❸ 选择"降序排列"命令。

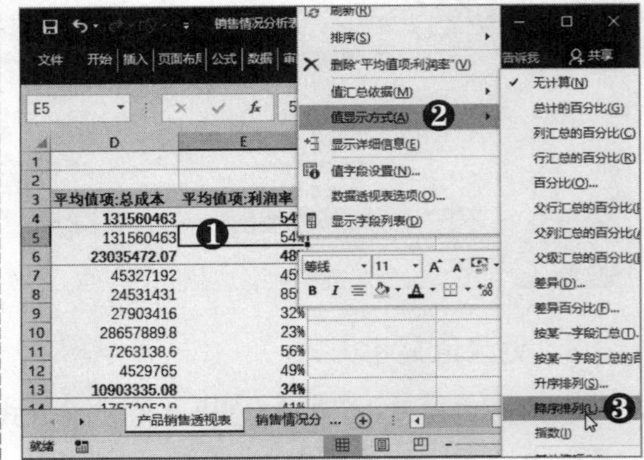

提示您

在"数据透视表字段"窗格中单击"设置"按钮，在弹出的列表中选择相应的选项，即可更改该窗格的布局。

多学点

单击行标签右侧的下拉按钮，在弹出的下拉列表中可对数据透视表进行排序和筛选。

第7步 **设置基本字段** 弹出“值显示方式”对话框，❶ 在“基本字段”下拉列表框中选择“分销机构”选项。❷ 单击“确定”按钮。

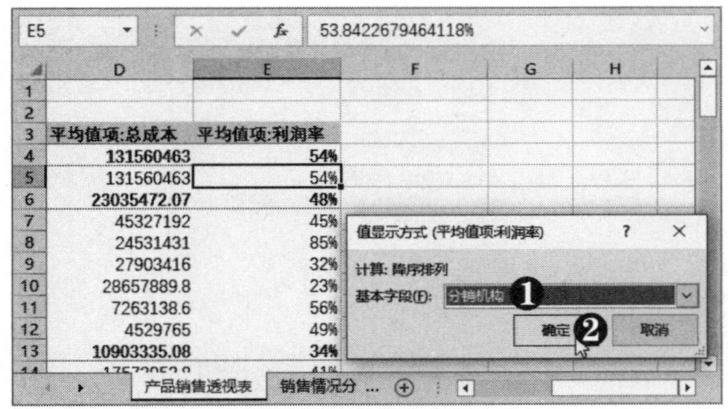

第8步 **更改值显示方式** 此时即可将值显示方式更改为降序排列。

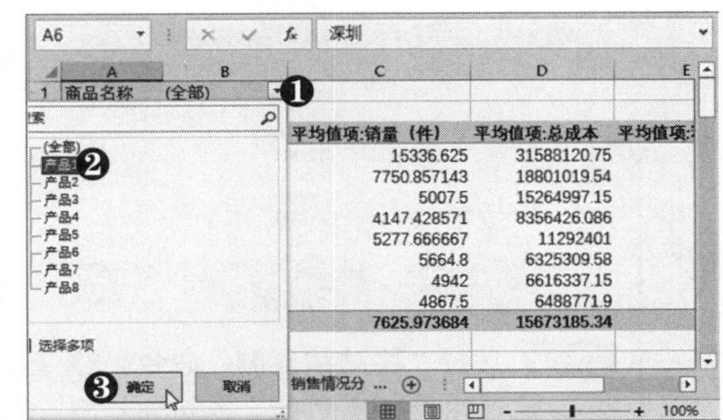

3．添加筛选字段

在“数据透视表字段”窗格中“筛选器”区域中的字段显示为数据透视表的顶级报表筛选器，用于对报表进行筛选操作。添加筛选器的具体操作方法如下：

第1步 **选择“显示字段列表”命令** ❶ 右击数据透视表中任意单元格。❷ 选择“显示字段列表”命令。

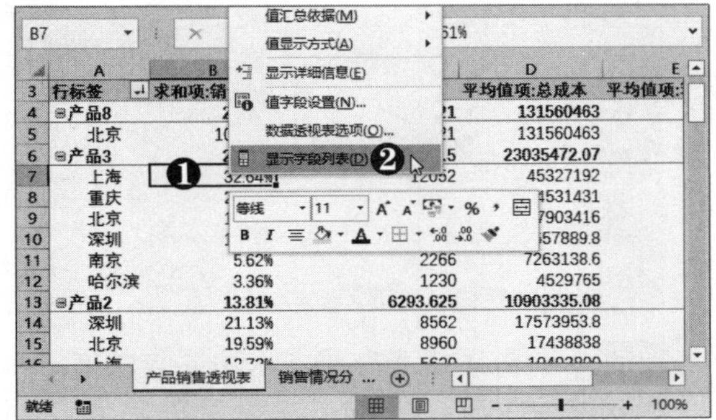

第2步 **移动字段** 打开“数据透视表字段”窗格，将“商品名称”字段移至“筛选”区域中。

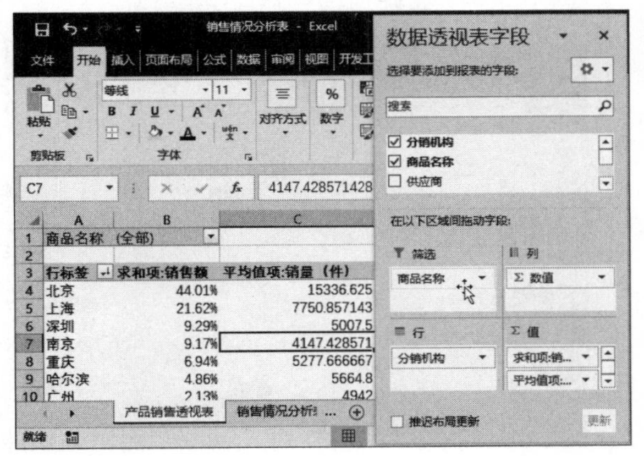

第3步 **选择“产品 1”选项** ❶ 单击“商品名称”标签右侧的下拉按钮。❷ 选择“产品 1”选项。❸ 单击“确定”按钮。

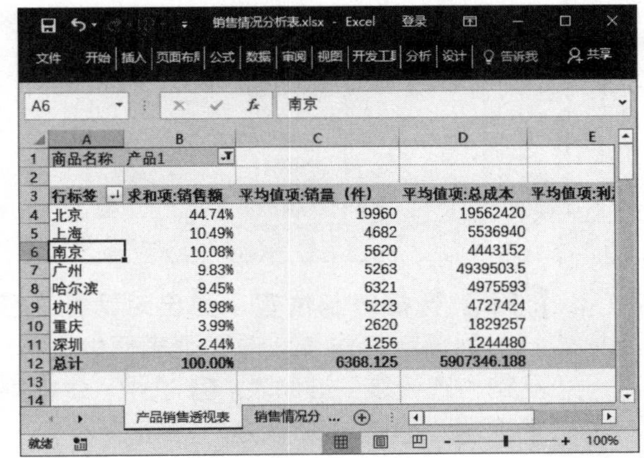

第4步 **查看筛选结果** 此时即可筛选出“产品 1”的数据记录。

4．添加字段组

当以销量作为行分类字段时，可以通过创建组统计出各销量段的产品销售情况，具体操作方法如下：

第1步 **更改标签名称** 双击A3单元格，更改标签名称。

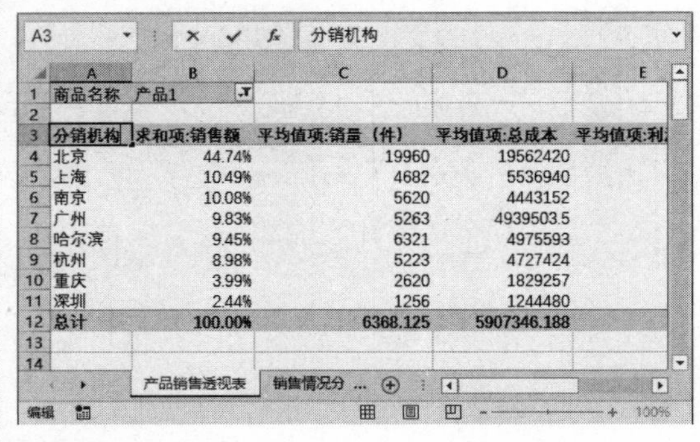

第2步 **更改其他标签名称** 采用同样的方法，更改其他单元格的标签名称。

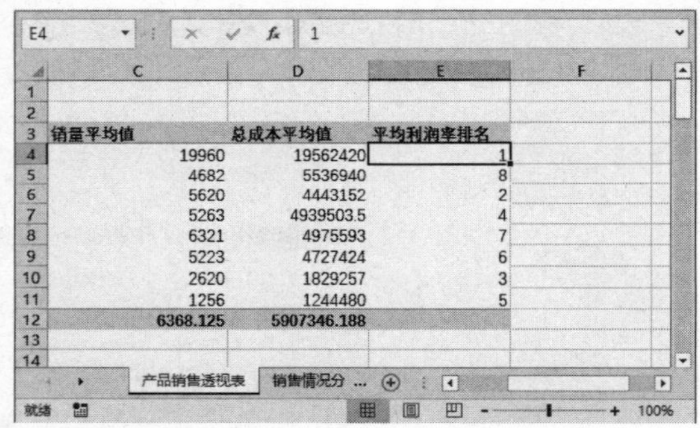

第3步 **选择“移动和复制”命令** ❶ 右击数据工作表标签。❷ 选择“移动和复制”命令。

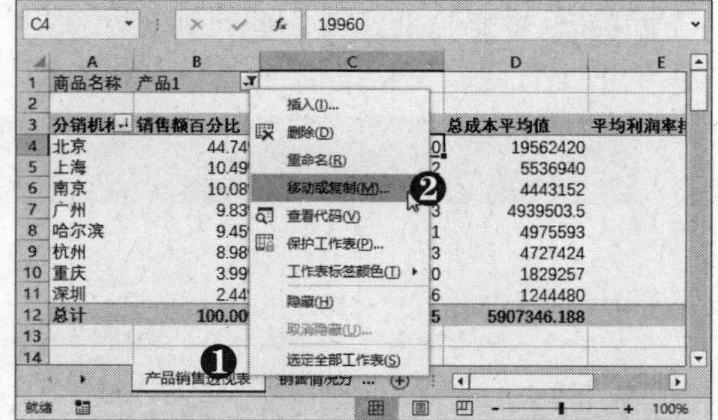

第4步 **选择复制位置** 弹出对话框，❶ 在“下列选定工作表之前”列表框中选择“产品销售透视表”工作表。❷ 选中“建立副本”复选框。❸ 单击“确定”按钮。

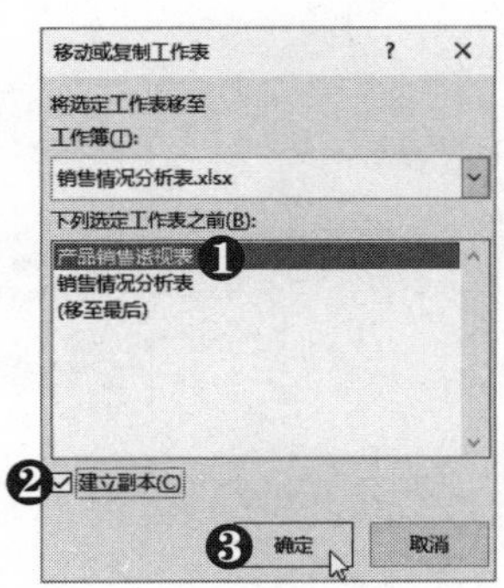

第5步 **删除字段** 打开“数据透视表字段”窗格，❶ 在“值”区域中单击“销售额百分比”下拉按钮。❷ 选择“删除字段”选项。

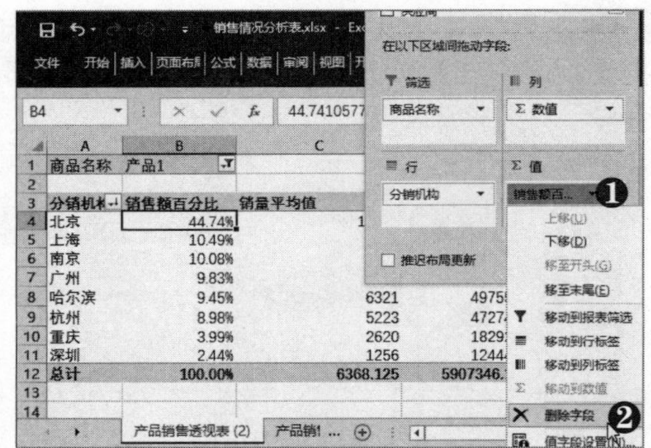

第6步 **更改透视表布局** 采用同样的方法，删除其他字段。❶ 将“销量（件）”和“商品名称”字段拖到“行”区域中。❷ 将“分销机构”字段拖到“列”区域中。❸ 将“销售额”字段拖到“值”区域中。

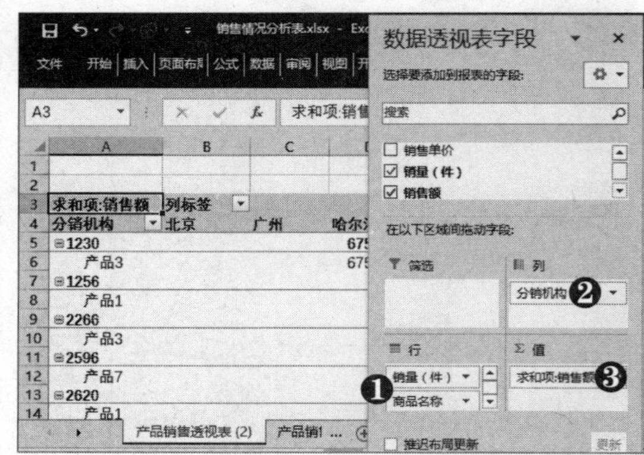

电脑小专家

问：如何显示数据中的详细信息？

答：在值字段列表中选择单元格并双击，即可在新工作表中查看数据的详细信息。

新手巧上路

问：怎样对字段进行多次筛选？

答：选择“分析”选项卡，在“数据透视表”组中单击“选项”按钮，在弹出的对话框中选择“汇总和筛选”选项卡，选中“每个字段允许多个筛选”复选框即可。

第7步 选择“创建组”命令 ❶ 选中 A5 单元格并右击。❷ 选择“创建组”命令。

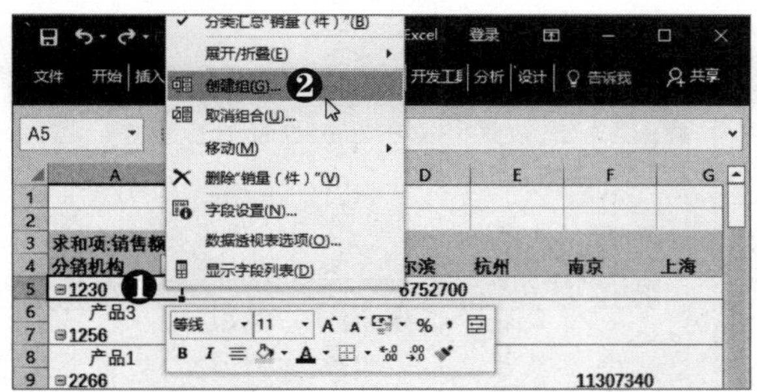

第8步 设置组合属性 弹出“组合”对话框，❶ 设置“起始于”数值。❷ 设置“终止于”数值。❸ 设置步长值。❹ 单击“确定”按钮。

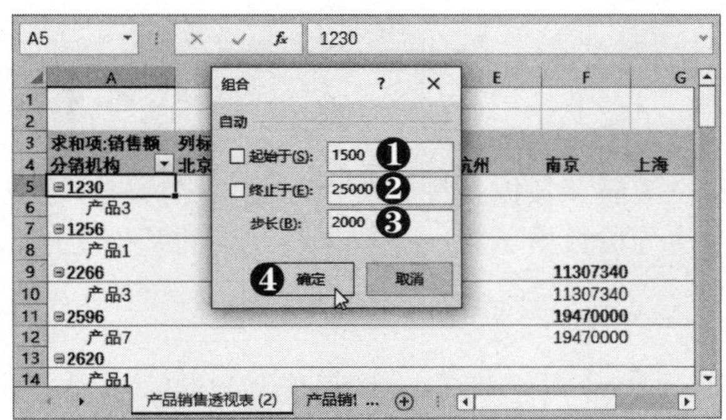

第9步 查看分组效果 此时即可根据分销机构对产品销量进行分组。

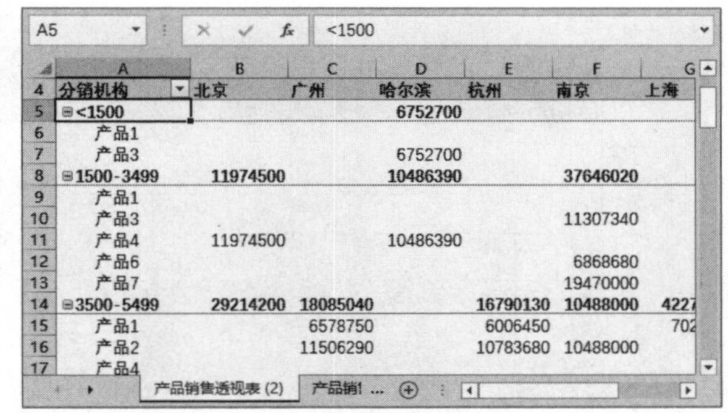

第10步 修改单元格标签 根据需要修改单元格标签。

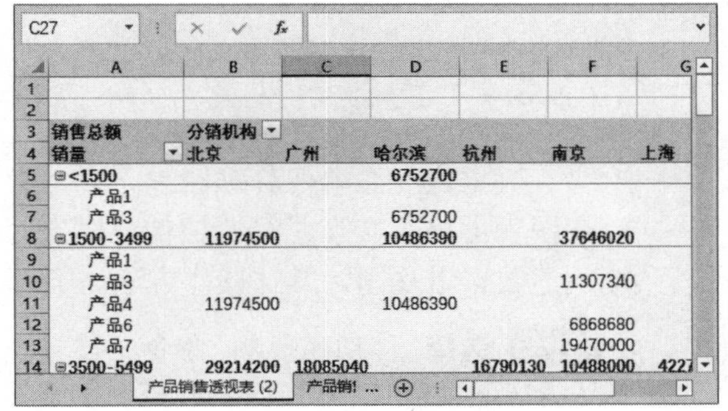

8.3.3 设置透视表样式

在 Excel 2016 中提供了多种内置的数据透视表样式，用户可以从中直接选择所需的样式，快速美化数据透视表，具体操作方法如下：

第1步 应用数据透视表样式 选中数据透视表中的任意单元格。❶ 选择“设计”选项卡。❷ 在“数据透视表样式”组中选择所需的样式。

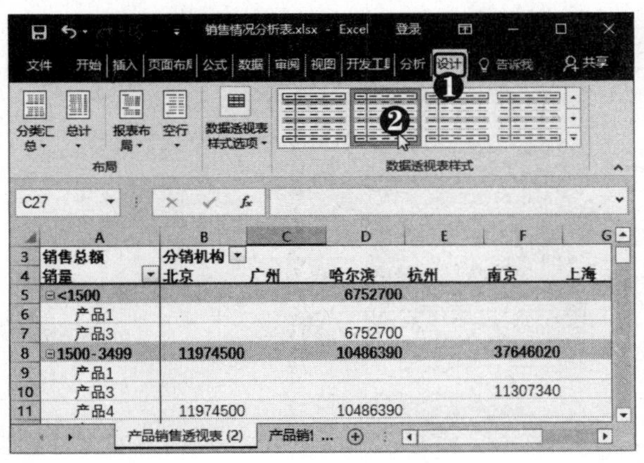

第2步 单击“居中”按钮 ❶ 选中透视表数据区域。❷ 在“字体”组中设置字体格式。❸ 在“对齐方式”组中单击“居中”按钮。

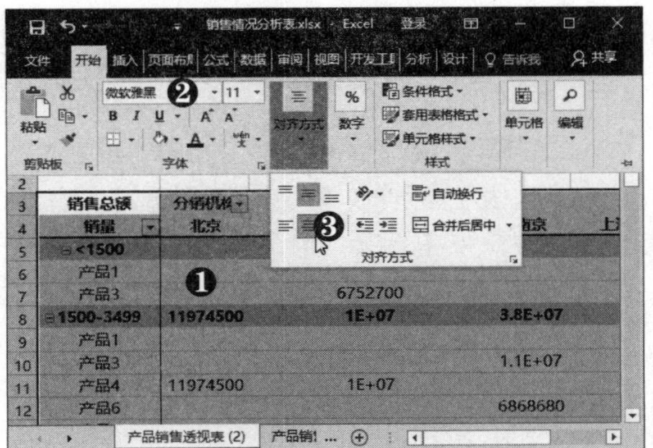

第3步 调整列宽 选中 B~J 列单元格，调整列宽。

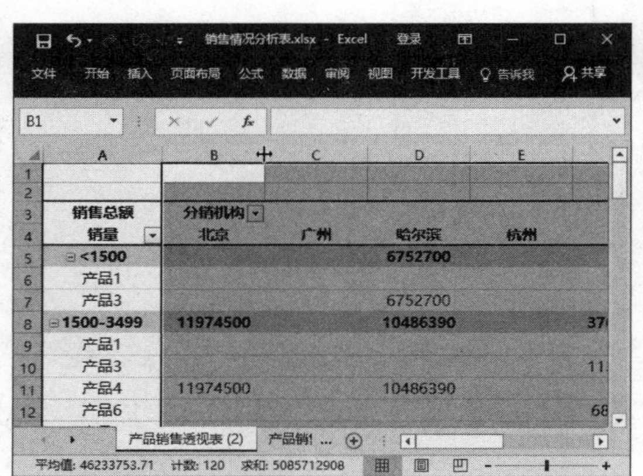

第4步 设置透视表样式 采用同样的方法，设置“产品销售透视表”的透视表样式，设置单元格格式。

> **提示您**
> 在移动或复制工作表时，为了不丢失数据，可以选中“建立副本”复选框。

8.3.4 创建透视图

数据透视图就像标准图表一样，数据透视图显示数据系列、类别和图表坐标轴，它还在图表上提供交互式筛选控件，以便用户快速分析数据子集。在数据透视表的基础上可以创建数据透视图，具体操作方法如下：

第1步 选择“移动和复制”命令 ❶ 右击“产品销售透视表（2）”工作表标签。❷ 选择“移动和复制”命令。

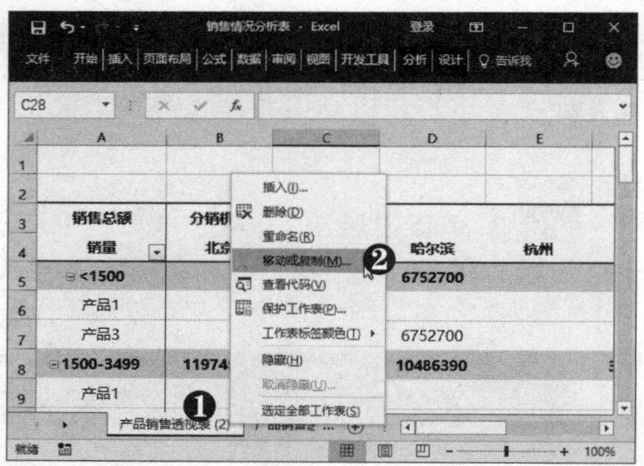

> **多学点**
> 在工作表中右击要删除的字段，如“分销机构”字段，在弹出的快捷菜单中选择“删除‘分销机构’”命令，即可删除该字段。

第2步 选择复制位置 弹出“移动或复制工作表”对话框，❶ 在“下列选定工作表之前”列表框中选择“产品销售透视表（2）”工作表。❷ 选中“建立副本”复选框。❸ 单击“确定”按钮。

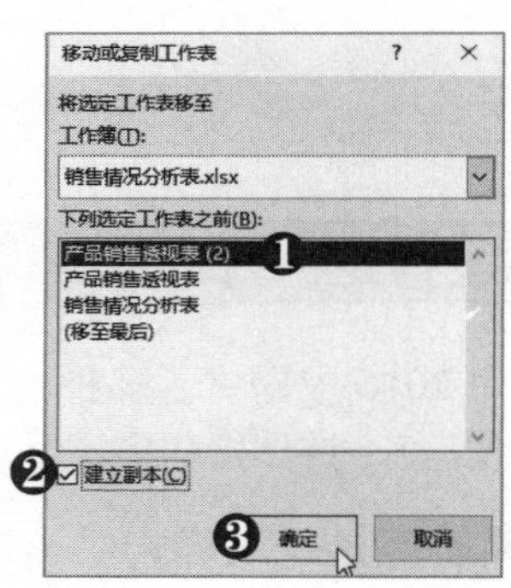

第3步 删除字段 打开“数据透视表字段”窗格，❶ 在“列”区域中单击“分销机构”下拉按钮。❷ 选择“删除字段”选项。

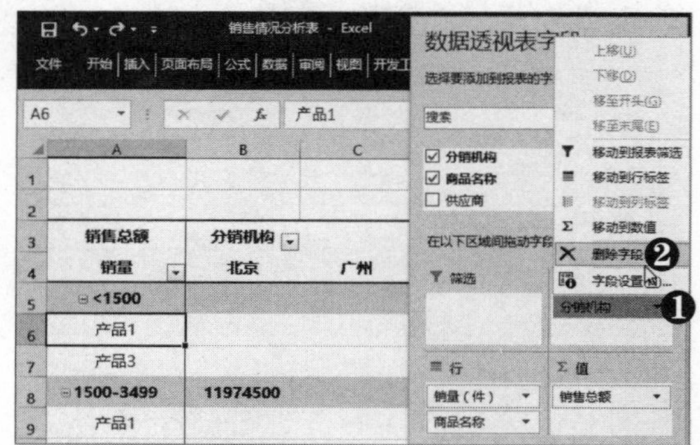

第4步 **调整透视表布局** ❶在“行”区域中将“商品名称”字段移至“销量(件)”字段上方。❷将“销售额”和“利润率”字段添加到“值”区域中。

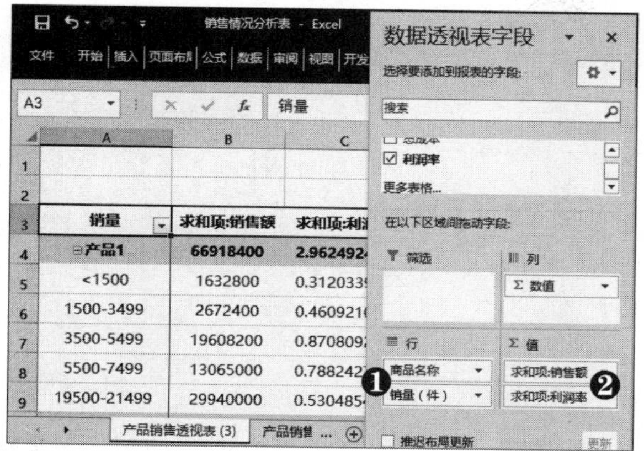

第5步 **选择“平均值”命令** ❶选中C3单元格并右击。❷选择“值汇总依据”选项。❸选择“平均值”命令。

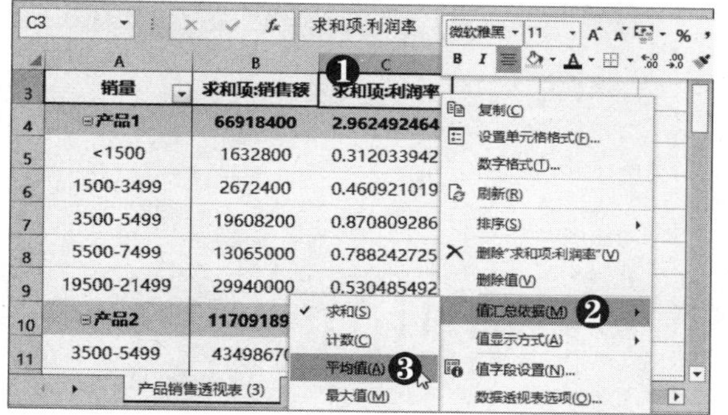

第6步 **单击“百分比样式”按钮** 采用同样的方法，更改其他列的值汇总依据。❶选择C3:C29单元格区域。❷在“数字”组中单击“百分比样式”按钮%。

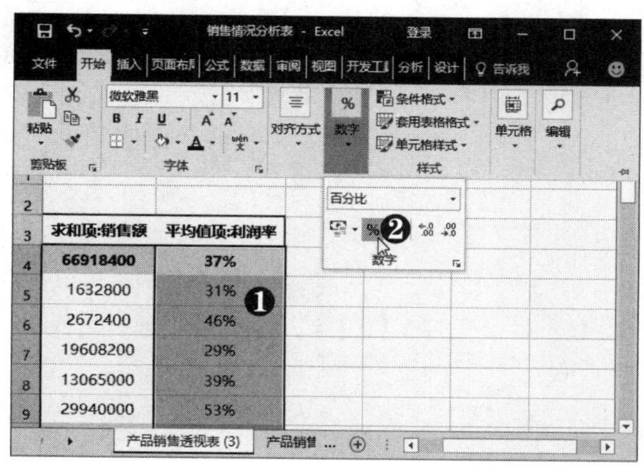

第7步 **选择“数据透视图”选项** ❶选择任意单元格。❷选择“插入”选项卡。❸单击“数据透视图”下拉按钮。❹选择“数据透视图”选项。

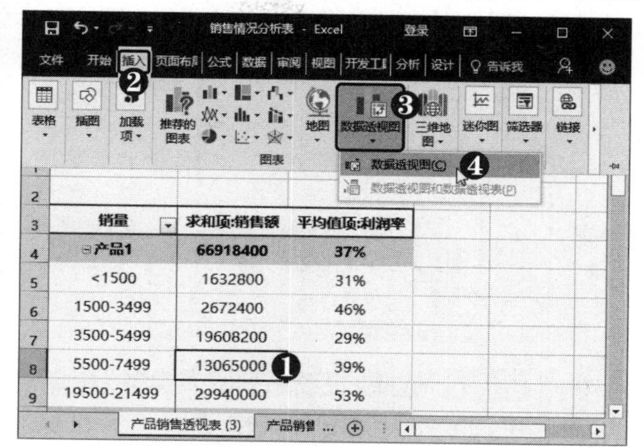

第8步 **选择图表样式** 弹出“插入图表”对话框，❶在左侧选择“柱形图”选项。❷选择图表样式。❸单击“确定”按钮。

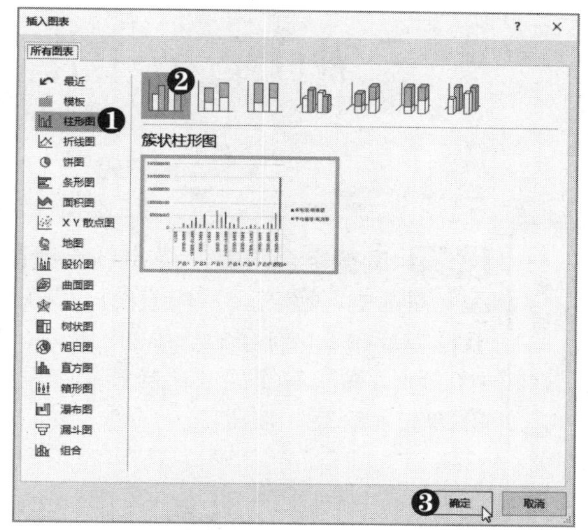

第9步 **选择“插入”命令** ❶选中多列单元格并右击。❷选择“插入”命令。

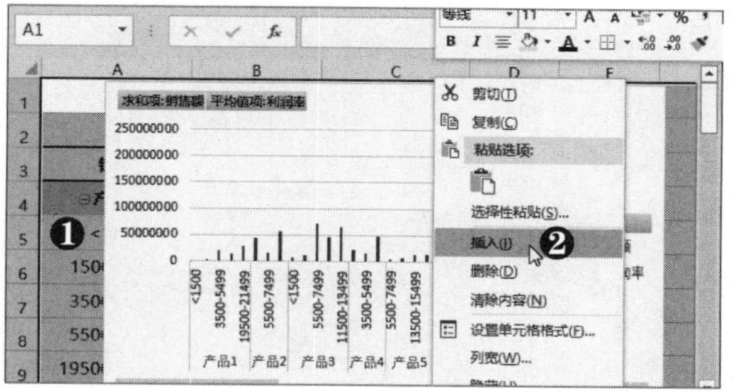

第10步 取消选中“图例”复选框 调整图表大小和位置，❶ 在图表右侧单击“图表元素”按钮+。❷ 取消选中“图例”复选框。

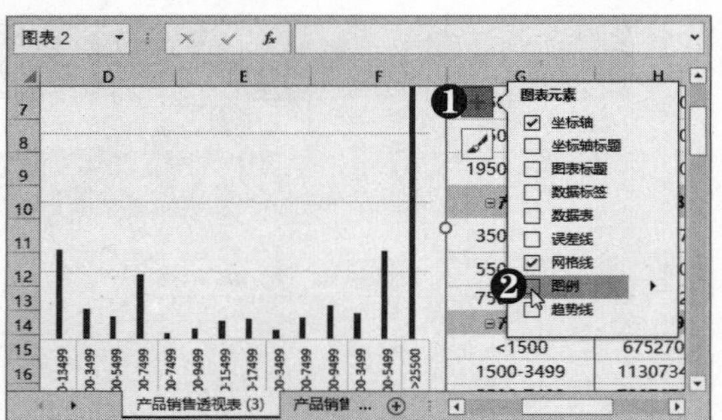

第11步 选择“更改系列图表类型”命令 ❶ 选中图表系列并右击。❷ 选择“更改系列图表类型”命令。

第12步 设置组合图表 弹出“更改图表类型”对话框，❶ 在“平均值项：利润率”列表框中选择“带标记的折线图”选项。❷ 选中“利润率”右侧的“次坐标轴”复选框。❸ 单击“确定”按钮。

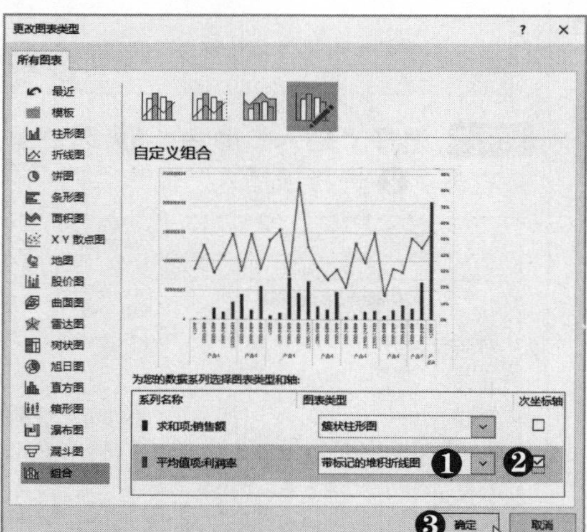

第13步 设置系列样式 ❶ 双击“利润率”系列，打开“设置数据系列格式”窗格。❷ 选择“填充”选项卡。❸ 设置线条颜色。❹ 设置线条宽度。

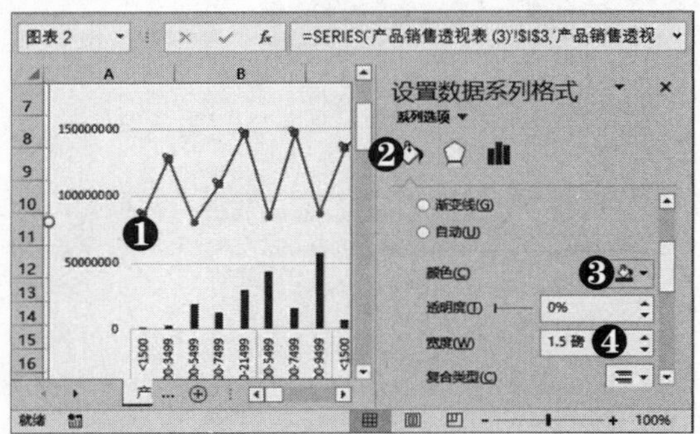

第14步 选中“纯色填充”单选按钮 ❶ 选择“标记”选项卡。❷ 在“填充”选项区中选中“纯色填充”单选按钮。

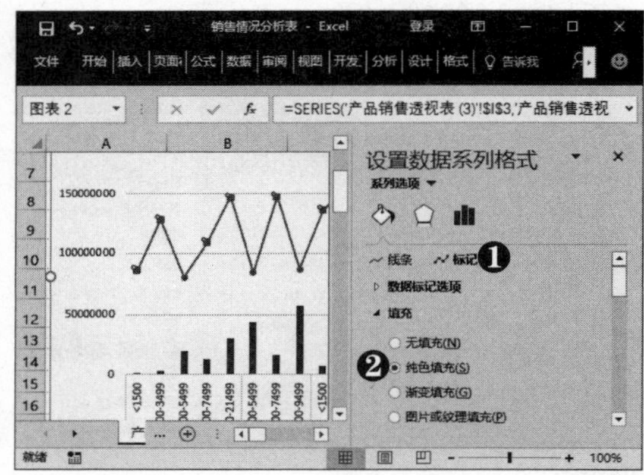

第15步 选中“无线条”单选按钮 ❶ 设置填充颜色。❷ 在“边框”选项区中选中“无线条”单选按钮。

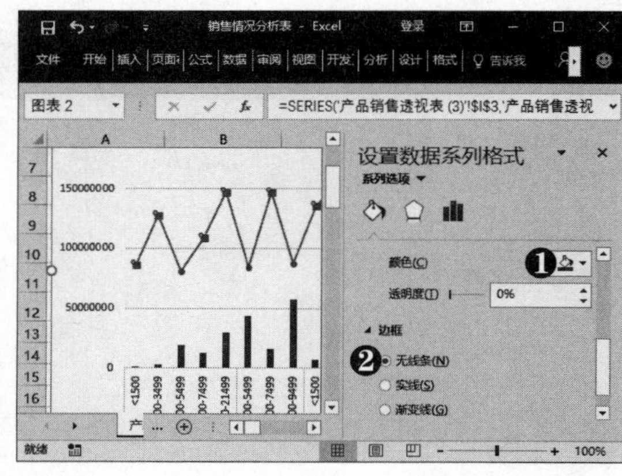

电脑小专家

问：怎样更新数据透视表/图中的数据？

答：在“分析”选项卡下“数据”组中单击“刷新”按钮即可。

新手巧上路

问：怎样更改数据透视表的布局方式？

答：选择“设计”选项卡，在“布局”组中单击“报表布局”下拉按钮，在弹出的下拉列表中选择报表布局方式即可。

8.3.5 插入切片器

在数据透视图/表中使用切片器可以快速且高效地筛选数据。切片器包含单击即可筛选数据的按钮，它们与数据一起保持可见，以便随时了解哪些字段在筛选的数据透视表中显示或隐藏，具体操作方法如下：

第1步 单击“插入切片器”按钮 ❶ 选中图表。❷ 选择“分析”选项卡。❸ 在“筛选”组中单击“插入切片器”按钮。

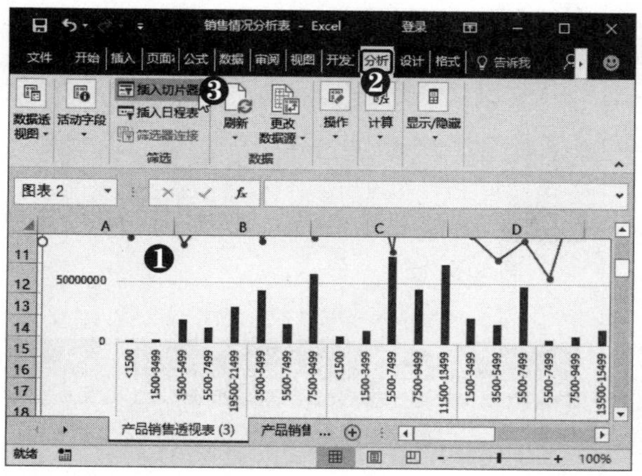

第2步 设置切片器选项 弹出“插入切片器”对话框，❶ 选中“商品名称”和“销量（件）”复选框。❷ 单击“确定”按钮。

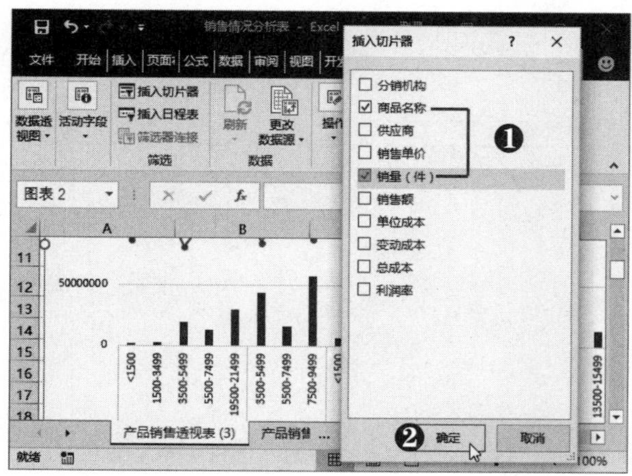

第3步 插入切片器 此时即可在工作表中插入“商品名称”和“销量（件）”切片器。

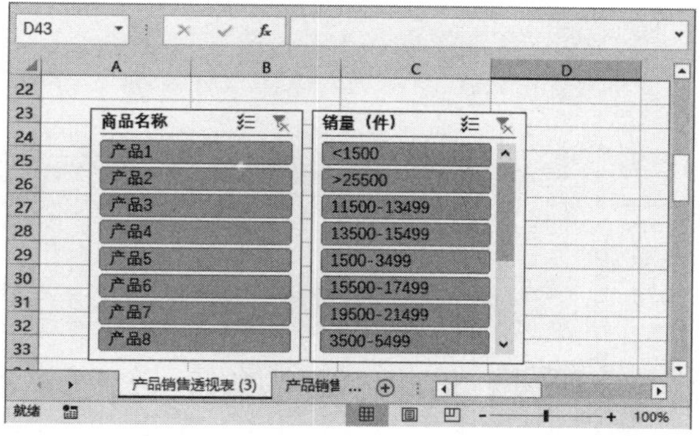

第4步 设置按钮列数 ❶ 选择“选项”选项卡。❷ 在“列”数值框中输入数字 8。

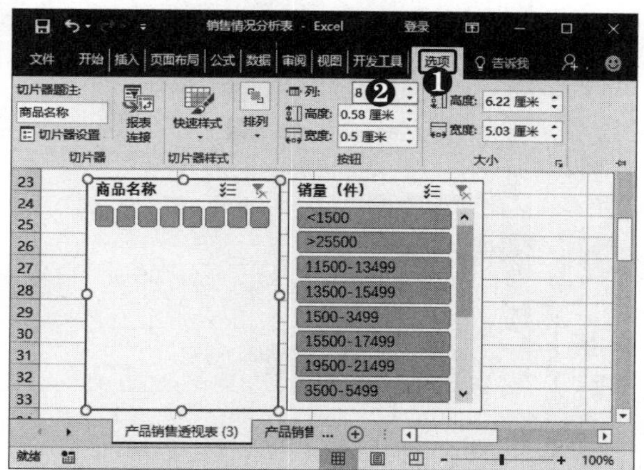

第5步 调整切片器大小 拖动切片器四周的控制点○，调整切片器的大小。

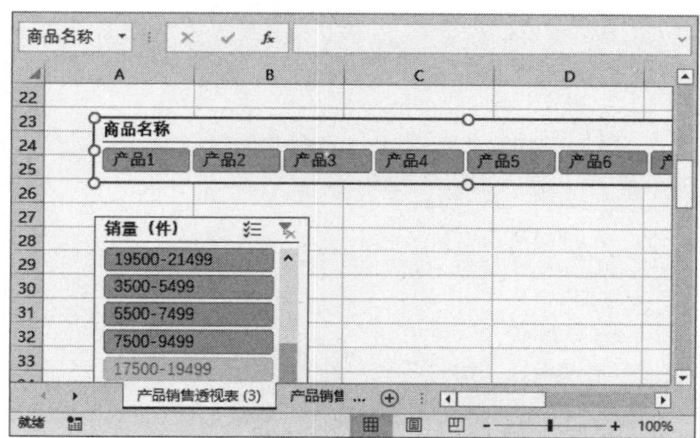

第6步 **继续操作** 采用同样的方法，设置“销量(件)”切片器的按钮列数，并调整切片器的大小。

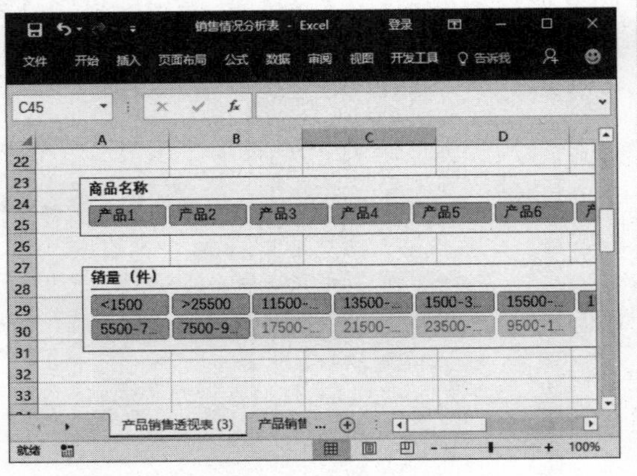

第7步 **单击“产品 1”按钮** 在“商品名称”切片器中单击“产品 1”按钮，即可在透视图和透视表中筛选出产品 1 的数据记录。

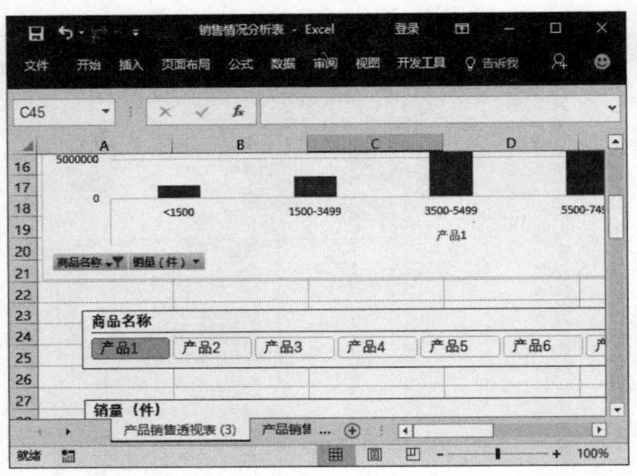

第8步 **单击“多选”按钮** 在“商品名称”切片器右侧单击“多选”按钮。

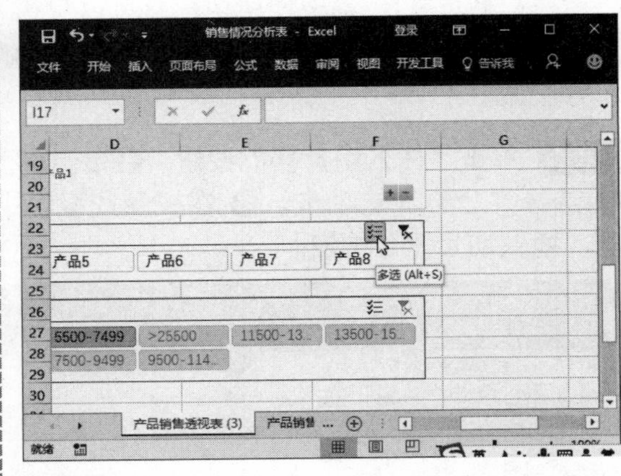

第9步 **查看筛选结果** 此时即可同时选中多个商品名称。

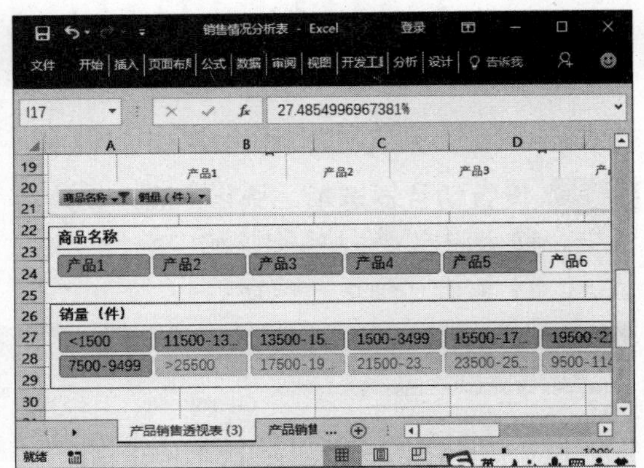

提示您

单击切片器右上角的“清除筛选器”按钮，即可清除筛选。

多学点

选中切片器，选择“选项”选项卡，在“切片器样式”列表中可以设置切片器的样式。

第9章 使用公式与函数计算Excel数据

章前导读

在制作商务办公表格时，经常需要对大量的数据进行计算。借助Excel中的公式和函数，可以发挥其强大的数据计算功能，能够满足用户的各种工作需要，既方便又快捷。本章将详细介绍Excel商务办公表格中公式和函数的应用方法与技巧。

- ✔ 认识公式和函数
- ✔ 制作销售数据分析表
- ✔ 制作销货清单
- ✔ 制作数据记录表
- ✔ 应用查找与引用函数制作查询表

小神通，在Excel 2016中怎样进行数据计算呢?

使用Excel 2016中的公式和函数即可做到，还是让博士来介绍一下吧!

没错，借助Excel 2016中的公式和函数，可以发挥其强大的数据计算功能，对表格数据进行计算和分析，本章我们就来学习一下Excel 2016中公式和函数的使用方法。

9.1 认识公式和函数

Excel 2016 中内置了大量的函数，使用这些函数可以对工作表中的数据进行分析与运算。函数是 Excel 预先定义的执行统计、分析等处理数据任务的内部工具。公式是由用户自行设计并结合常量数据、单元格引用、运算符元素进行数据处理和计算的算式。

9.1.1 认识公式

提示您

在简单公式中可以使用单元格引用和名称，而不是实际值。

公式不同于文本、数字等存储格式，它有自己的语法规则，如结构、运算符号及优先次序等。使用公式是为了有目的地计算结果，因此 Excel 的公式必须返回值。

1．公式的结构

输入公式时，必须以“=”开始，然后输入公式的内容，如公式“=(G1-E1)*0.75”。在 Excel 2016 中，公式可以为下列部分或全部内容：

- **函数：** Excel 中的一些函数，如 SUM、AVERAGE 和 IF 等。
- **单元格引用：** 可以是当前工作簿中的单元格，也可以是其他工作簿中的单元格。例如，在公式“=Sheet1!A1”中，引用的是 Sheet1 工作表 A1 单元格的数值。
- **运算符：** 公式中使用的运算符，如“+”、“-”、“*”、“/”及“>”等。
- **常量：** 公式中输入的数字或文本值，如 8 等。
- **括号：** 用于控制公式的计算次序。

2．运算符

多学点

按【Alt+M】组合键，可以快速切换到“公式”选项卡。

运算符的作用在于对公式中的元素执行特定类型的运算。在 Excel 公式中可以使用的运算符主要有算术运算符、文字运算符、比较运算符和引用运算符 4 种，它们负责完成各种复杂的运算。

当公式或函数比较复杂时，各种运算之间的计算顺序按照运算符的优先级进行计算。默认的计算顺序是由左及右，优先级由高及低。

下表列出了不同运算符之间的优先级别。

级　别	运算符	说　明
1	:（冒号）	引用运算符
	（单个空格）	
	,（逗号）	
2	–	负数（如 – 1）
3	%	百分比
4	^	乘方
5	* 和 /	乘和除

续 表

级 别	运算符	说 明
6	+ 和 -	加和减
7	&	连接两个文本字符串（串连）
8	=	比较运算符
	<和>	
	<=	
	>=	
	<>	

9.1.2 认识函数

函数由函数名和相应的参数组成。函数名是固定不变的，参数的数据类型一般是数字和文本、逻辑值、数组、单元格引用和表达式等。各参数的含义如下：

- **数字和文本：** 既不进行计算也不发生改变的常量。
- **逻辑值：** 也就是 TRUE 和 FLASE 这两个逻辑值。
- **数组：** 用于建立可生成多个结果，或可对在行和列中排列的一组参数进行计算的单个公式。
- **单元格引用：** 通过单元格引用确定参数所在的单元格位置。
- **表达式：** 在 Excel 中，当遇到一个表达式作为参数时，会先计算这个表达式，然后使用其结果作为参数值。当使用表达式时，表达式中也可能包含其他函数，这就是函数的嵌套。

9.1.3 常用函数介绍

在 Excel 2016 中，包含财务函数、文本函数、日期和时间函数、统计函数、工程函数、逻辑函数、查找和引用函数，以及数学和三角函数等，下面将对办公中常用函数的作用和语法进行介绍。

1．逻辑函数

逻辑函数用于判断数值真假或检测数值是否符合规定条件函数，下面将介绍常用的逻辑函数。

（1）IF 函数

如果指定条件的计算结果为 TRUE，IF 函数将返回某个值；如果该条件的计算结果为 FALSE，则返回另一个值。

函数语法： IF(logical_test,[value_if_true],[value_if_false])

IF 函数参数说明：

- logical_test：计算结果为 TRUE 或 FALSE 的任何值或表达式。
- value_if_true：可选参数。logical_test 参数的计算结果为 TRUE 时所要返回的值。
- value_if_false：可选参数。logical_test 参数的计算结果为 FALSE 时所要返回的值。

（2）AND、OR和NOT函数

· AND函数

当所有参数的计算结果为TRUE时，返回TRUE；只要有一个参数的计算结果为FALSE，即返回FALSE。

函数语法：AND(logical1,[logical2],...)

函数参数可以为操作、事件、方法、属性、函数或过程提供信息的值。

· OR函数

在其参数组中，任何一个参数逻辑值为TRUE，即返回TRUE；任何一个参数的逻辑值为FALSE，即返回FALSE。

函数语法：OR(logical1,[logical2],...)

· NOT函数

对参数值求反。当要确保一个值不等于某一特定值时，可以使用NOT函数。

函数语法：NOT(logical)

这三个函数的一种常见用途就是扩大用于执行逻辑检验的其他函数的效用。例如，通过将AND函数用作IF函数的logical_test参数，可以检验多个不同的条件，而不仅仅是一个条件。

电脑小专家

问：什么是常量？

答：常量是一个不是通过计算得出的值，它始终保持不变。

2．文本函数

文本函数是以公式的方式对文本进行处理的一种函数，下面将介绍常用的文本函数。

（1）LEFT和LEFTB函数

根据指定的字符数，LEFT返回文本字符串中第一个字符或前几个字符。

LEFTB基于指定的字节数返回文本字符串中的第一个或前几个字符。

LEFT函数语法：LEFT(text,[num_chars])

LEFTB函数语法：LEFTB(text,[num_bytes])

（2）RIGHT和RIGHTB 函数

RIGHT根据指定的字符数返回文本字符串中最后一个或多个字符。

RIGHTB根据指定的字节数返回文本字符串中最后一个或多个字符。

RIGHT函数语法：RIGHT(text,[num_chars])

RIGHtb函数语法：RIGHTB(text,[num_bytes])

- text：包含要提取字符的文本字符串。
- num_chars：可选参数。指定由RIGHT提取的字符的数量。
- num_bytes：可选参数。按字节指定由RIGHTB提取的字符的数量。

新手巧上路

问：如何为单元格引用定义名称？

答：选择单元格区域后，在编辑栏的“名称框”中输入名称，按【Enter】键即可。在默认状态下，名称使用绝对单元格引用。

（3）LEN和LENB函数

根据指定的字符数，LEFT返回文本字符串中第一个字符或前几个字符。

LEFTB基于指定的字节数返回文本字符串中的第一个或前几个字符。

LEFT函数语法：LEFT (text,[num_chars])

LEFTB函数语法：LEFTB (text,[num_bytes])

（4）MID 和 MIDB 函数

MID 返回文本字符串中从指定位置开始的特定数目的字符，该数目由用户指定。

MIDB 根据指定的字节数返回文本字符串中从指定位置开始的特定数目的字符。

MID 函数语法：MID(text,start_num,num_chars)

MIDB 函数语法：MIDB(text,start_num,num_bytes)

➢ text：包含要提取字符的文本字符串。
➢ start_num：文本中要提取的第一个字符的位置。文本中第一个字符的 start_num 为 1，依此类推。
➢ num_chars：指定希望 MID 从文本中返回字符的个数。
➢ num_bytes：指定希望 MIDB 从文本中返回字符的个数（字节数）。

（5）REPT 函数

按照给定的次数重复显示文本。可以通过 REPT 函数来不断地重复显示某一文本字符串，对单元格进行填充。

函数语法：REPT(text,number_times)

➢ text：需要重复显示的文本。
➢ number_times：用于指定文本重复次数的正数。

3．日期和时间函数

日期与时间函数用于计算两个日期之间的天数，指定月份的最后一天，将时间和日期转换成序列号，返回指定时间，计算周次等，下面将介绍常用的日期与时间函数。

（1）YEAR、MONTH、DAY 函数

YEAR 函数用于返回对应于某个日期的年份。

函数语法：YEAR(serial_number)

MONTH 函数用于返回日期（以序列数表示）中的月份。

函数语法：MONTH(serial_number)

DAY 函数用于返回以序列数表示的某日期的天数。

函数语法：DAY(serial_number)

Excel 可将日期存储为可用于计算的序列号。默认情况下，1900 年 1 月 1 日的序列号是 1，而 2008 年 1 月 1 日的序列号是 39 448，这是因为它距 1900 年 1 月 1 日有 39 448 天。

（2）DAYS 函数

DAYS 函数用于计算两个日期之间的天数。

函数语法：DAYS(end_date,start_date)

start_date 和 end_date 用于计算期间天数的起止日期。

（3）DATE 函数

DATE 函数返回表示特定的日期序列号。

函数语法：DATE(year,month,day)

➢ year：表示年份，参数的值可以包括一到四位数字。Excel 根据用户计算机使用的日期系统。默认情况下，Microsoft Excel for Windows 使用 1900 年日期系统，即 1900 年 1 月 1 日的第一个日期。

* 如果 year 介于 0 到 1899 之间（包含这两个值），Excel 会将该值与 1900 相加来计算年份。例如，DATE(117,3,8)返回 2017 年 3 月 8 日(1900+117)。
* 如果 year 介于 1900 到 9999 之间（包含这两个值），Excel 将使用该数值作为年份。
* 如果 year 小于 0 或大于等于 10 000，Excel 会返回错误值#NUM!。

➢ month：表示月，其值可以为正整数或负整数，表示一年中从 1 月至 12 月的各个月。
* 如果 month 大于 12，month 会将该月份数与指定年中的第一个月相加。例如，DATE(2016,15,8)返回代表 2017 年 3 月 8 日的序列数。
* 如果 month 小于 1，month 从指定年份的一月份开始递减该月份数，然后再加上 1 个月。例如，DATE(2017,-4,9)返回代表 2016 年 8 月 9 日的序列号。

➢ day：表示日，其值可以为正整数或负整数，表示一月中从 1 日到 31 日的各天。
* 如果 day 大于月中指定的天数，day 会将天数与该月中的第一天相加。例如，DATE(2017,4,35)返回代表 2017 年 5 月 5 日的序列数。
* 如果 day 小于 1，day 从指定月份的第一天开始递减该天数，然后加上 1 天。例如，DATE(2017,5,-15)返回代表 2017 年 4 月 15 日的序列号。

提示您

按【Ctrl+Shift+U】组合键，可展开或折叠编辑栏。

（4）DATEDIF 函数

DATEDIF 函数用于计算天数、月或两个日期之间的年数。

函数语法：DATEDIF(start_date,end_date,unit)

➢ start_date：表示时间段的第一个（即起始）日期的日期。
➢ end_date：表示时间段的最后一个（即结束）日期的日期。
➢ unit：要返回的信息类型：
* Y：一段时期内的整年数。
* M：一段时期内的整月数。
* D：一段时期内的天数。
* MD：start_date 与 end_date 之间天数之差。忽略日期中的月份和年份。
* YM：start_date 与 end_date 之间月份之差。忽略日期中的天和年份
* YD：start_date 与 end_date 的日期部分之差。忽略日期中的年份。

多学点

在复制单元格时，若要删除单元格中的公式，可在“开始”选项卡下单击“粘贴”下拉按钮，在弹出的下拉列表中选择“值”选项。

（5）TODAY、NOW 函数

TODAY 函数返回当前日期的序列号。

函数语法：TODAY()，该函数无参数。如公式“=YEAR(TODAY())-1979”，使用 TODAY 函数作为 YEAR 函数的参数来获取当前年份，然后减去 1979，最终返回对方的年龄。

NOW 函数用于返回当前日期和时间的序列号。

函数语法：NOW()，该函数无参数。NOW 函数的结果仅在计算工作表或运行含有该函数的宏时才改变，它不会持续更新。

（6）NETWORKDAYS 函数

NETWORKDAYS 函数用于用于返回开始日期和结束日期之间的所有工作日数，其中工作日包括周末和专门指定的假期。

函数语法：NETWORKDAYS(start_date,end_date,holidays)

- start_date：表示开始日期。
- end_date：表示结束日期。
- holidays：在工作日中排除的特定日期。

（7）TIME 函数

TIME 函数用于返回特定时间的十进制数字。由 TIME 返回的十进制数字是一个范围在 0 到 0.99988426 之间的值，表示 0:00:00（12:00:00 AM）到 23:59:59（11:59:59 PM）之间的时间。

函数语法：TIME(hour,minute,second)

- hour：表示小时，其值为 0 到 32767 之间的数字。任何大于 23 的值都会除以 24，余数将作为小时值。例如，TIME(27,0,0) = TIME(3,0,0) =0.125 或 3:00 AM。
- minute：表示分钟，其值为 0 到 32767 之间的数字。任何大于 59 的值将转换为小时和分钟。例如，TIME(0,750,0) = TIME(12,30,0) =0.520833 或 12:30 PM。
- second：表示秒，其值为 0 到 32767 之间的数字。任何大于 59 的值将转换为小时、分钟和秒。例如，TIME(0,0,2000) = TIME(0,33,22) =0.023148 或 12:33:20 AM。

4．数学与三角函数

数学与三角函数是指通过数学和三角函数进行简单计算，如计算单元格区域中的数值总和或复杂计算。

（1）SUM 函数

SUM 将指定为参数的所有数字相加。每个参数都可以是区域、单元格引用、数组、常量、公式或另一个函数的结果。

函数语法：SUM(number1,[number2],...])

（2）SUMIF 函数

SUMIF 函数用于对区域中符合指定条件的值求和。

函数语法：SUMIF(range,criteria,[sum_range])

- range：用于条件计算的单元格区域。
- criteria：用于确定对哪些单元格求和的条件，其形式可以为数字、表达式、单元格引用、文本或函数。
- sum_range：可选参数。要求和的实际单元格（如果要对未在 range 参数中指定的单元格求和）。如果 sum_range 参数被省略，Excel 会对在 range 参数中指定的单元格（即应用条件的单元格）求和。

5．统计函数

统计函数主要用于对数组或数据区域进行统计分析，下面将介绍常用的统计函数。

（1）COUNTIF 函数

COUNTIF 函数对区域中满足单个指定条件的单元格进行计数。

函数语法：COUNTIF(range,criteria)

- range：要对其进行计数的一个或多个单元格，其中包括数字或名称、数组或包含数字的引用。空值和文本值将被忽略。

- criteria：用于定义将对哪些单元格进行计数的数字、表达式、单元格引用或文本字符串。

（2）FREQUENCY 函数

FREQUENCY 函数的含义是以一列垂直数组返回一组数据的频率分布。

函数语法：FREQUENCY(data_array,bins_array)

- data_array 是一组数值，根据 Bins_array 中对 data_array 中的数值进行分组的情况统计频率。
- bins_array 用于对 data_array 中的数值进行分组。

（3）LARGE 函数

LARGE 函数可以用来计算区域中从大到小排名第几的数值。

函数语法：LARGE（array,k)

- array：要统计的数组或区域。
- k：表示要查询从大到小排名第几的名次。

（4）MAX 和 MIN 函数

MAX 函数返回一组值中的最大值。

MIN 函数返回一组值中的最小值。

MAX 函数语法：MAX(number1,[number2],...)

MIN 函数语法：MIN(number1,[number2],...)

参数可以是数字或者是包含数字的名称、数组或引用。

（5）RANK.EQ 函数

RANK.EQ 函数用于返回一个数字在数字列表中的排位，如果多个值都具有相同的排位，返回该组数值的最高排位。

函数语法：RANK.EQ(number,ref,order)

- number：表示要查找排名的数字。
- ref：表示要在其中查找排名的数字列表。
- order：表示指定排名方式的数字。

电脑小专家

问：在手动输入函数时，需要注意哪些问题？

答：在手动输入函数时，需要牢记函数规则与参数，否则容易出错，出现返回错误代码的提示。

新手巧上路

问：每个函数都会有特定的参数语法吗？

答：有些函数仅需要一个参数，有些函数需要允许多个参数。

6．查找与引用函数

查找和引用函数用于按指定的要求对数据进行查找操作，并返回需要的值，下面将介绍常用的查找与引用函数。

（1）VLOOKUP 函数

VLOOPUP 函数用于在表格或区域中按行查找内容。可以使用 VLOOKUP 函数搜索某个单元格区域中的第一列，返回该区域相同行上任何单元格中的值。

函数语法：VLOOKUP(lookup_value,table_array,col_index_num,[range_lookup])

- lookup_value：要在表格或区域的第一列中搜索的值。lookup_value 参数可以是值或引用。
- table_array：包含数据的单元格区域。table_array 第一列中的值是由 lookup_value 搜索的值，可以是文本、数字或逻辑值。文本不区分大小写。

- col_index_num：table_array 参数中必须返回的匹配值的列号。
- range_lookup：可选参数，一个逻辑值，指定希望 VLOOKUP 查找精确匹配值还是近似匹配值。如果 range_lookup 为 TRUE 或被省略，返回精确匹配值或近似匹配值；如果找不到精确匹配值，返回小于 lookup_value 的最大值。且必须按升序排列 table_array 第一列中的值，否则 VLOOKUP 可能无法返回正确的值。如果 range_lookup 为 FALSE，无须对 table_array 第一列中的值进行排序。VLOOKUP 将只查找精确匹配值。

（2）HLOOKUP 函数

在表格的首行或数值、数组中搜索值，然后返回表格或数组中指定行的所在列中的值。当比较值位于数据表格的首行时，如果要向下查看指定的行数，可使用 HLOOKUP 函数。当比较值位于所需查找的数据的左边一列时，可使用 VLOOKUP 函数。

HLOOKUP 中的 H 代表“行”。

函数语法：HLOOKUP(lookup_value,table_array,row_index_num,[range_lookup])

- lookup_value：要在表格的第一行中查找的值，可以是数值、引用或文本字符串。
- table_array：在其中查找数据的信息表。使用对区域或区域名称的引用。
- row_index_num：table_array 中将返回的匹配值的行号。
- range_lookup：可选参数。一个逻辑值，指定希望 HLOOKUP 查找精确匹配值还是近似匹配值。如果为 TRUE 或省略，返回近似匹配值。如果找不到精确匹配值，返回小于 lookup_value 的最大值。如果为 False，HLOOKUP 将查找精确匹配值。

（3）INDEX 函数

返回表格或区域中的值或值的引用。INDEX 函数有两种形式：数组形式和引用形式。

INDEX 函数数组形式的语法：INDEX(array,row_num,[column_num])

- array：单元格区域或数组常量。
- row_num：数组中的某行，函数从该行返回数值。如果省略 row_num，必须有 column_num。
- column_num：可选参数。代表数组中的某列，函数从该列返回数值。如果省略 column_num，必须有 row_num。

INDEX 函数引用形式的语法：INDEX(reference,row_num,[column_num],[area_num])

- reference：一个或多个单元格区域的引用。
- row_num：引用中某行的行号，函数从该行返回一个引用。
- column_num：可选参数，代表引用中某列的列标，函数从该列返回一个引用。
- area_num：可选参数，代表选择引用中的一个区域，以从中返回 row_num 和 column_num 的交叉区域。选中或输入的第一个区域序号为 1，第二个为 2，依此类推。如果省略 area_num，则函数 INDEX 使用区域 1。

（4）CHOOSE 函数

CHOOSE 函数使用指定的值参数返回数值参数列表中的数值。

函数语法：CHOOSE(index_num,value1,[value2],...)

- index_num：所选定的值参数。index_num 必须为 1~254 之间的数字，或者为公式或对包含 1~254 之间某个数字的单元格的引用。

> ➢ value1,value2,...：value1 是必需的，后续值是可选的，代表 1~254 个数值参数。CHOOSE 函数基于 index_num 从这些值参数中选择一个数值或一项要执行的操作，参数可以为数字、单元格引用、已定义名称、公式、函数或文本。

（5）MATCH 函数

MATCH 函数可在单元格区域中搜索指定项，返回该项在单元格区域中的相对位置。例如，如果单元格区域 A1:A3 包含值 5、25 和 38，公式“=MATCH(25,A1:A3,0)”会返回数字 2，因为值 25 是单元格区域中的第二项。

如果需要获得单元格区域中某个项目的位置而不是项目本身，应使用 MATCH 函数。例如，可以使用 MATCH 函数为 INDEX 函数的 row_num 参数提供值。

提示您

若经常使用函数，可直接在工作表中输入公式。输入等号和函数名称后，将光标定位到函数中，此时将显示函数语法，单击函数名称即可查看函数语法帮助。

函数语法：MATCH(lookup_value,lookup_array,[match_type])

- ➢ lookup_value：需要在 lookup_array 中查找的值。
- ➢ lookup_array：要搜索的单元格区域。
- ➢ match_type：可选参数。默认值为 1，MATCH 函数会查找小于或等于 lookup_value 的最大值，ookup_array 参数中的值必须按升序排列。若 match_type 为 0，MATCH 函数会查找等于 lookup_value 的第一个值。若 match_type 为-1，MATCH 函数会查找大于或等于 lookup_value 的最小值，lookup_array 参数中的值必须按降序排列。

（6）ROW 和 ROWS 函数

ROW 函数返回引用的行号。

函数语法：ROW([reference])。reference 为需要得到其行号的单元格或单元格区域，若省略则是对函数 ROW 所在单元格的引用。

ROWS 函数返回引用或数组的行数。

函数语法：ROWS(array)。array 为需要得到其行数的数组、数组公式或对单元格区域的引用。

多学点

按【Shift+F3】组合键，可以弹出“插入函数”对话框。

高手点拨

函数由函数名和相应的参数组成。函数名是固定不变的，参数的数据类型一般是数字和文本、逻辑值、数组、单元格引用和表达式等。

9.2 制作销售数据分析表

在日常工作中，经常需要对销售数据进行分析，如根据销售总额和成本计算利润和利润率，应用模拟运算表根据销量和单价的变化预测利润的变化，根据增值税率计算销项税额等。下面以制作销售数据分析表为例，介绍公式在 Excel 中的广泛应用。

9.2.1 输入公式

用户既可以在单元格中输入公式，也可以在编辑栏中输入公式，具体操作方法如下：

第1步 输入公式 在 E3 单元格中输入公式“=C5-D5”。

第2步 填充公式 按【Enter】键确认公式，并将公式填充到整列。在 F3 单元格中输入公式“=(C5-D5)/C5”。

第3步 单击“百分比样式”按钮 按【Enter】键确认公式，并将公式填充到整列。在“数字”组中单击“百分比样式”按钮%。

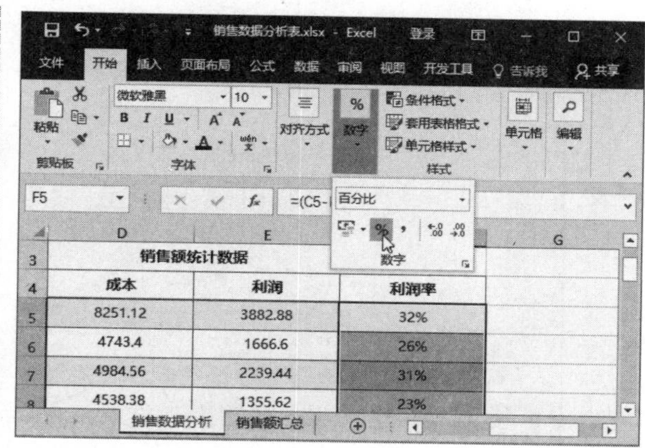

第4步 自动求和 选择 C13 单元格，按【Alt+=】组合键，即可自动求出 C5:C12 单元格区域中的数据之和。

第5步 填充公式 按【Enter】键确认公式，并将公式填充到 D13、E13 单元格中。

9.2.2 应用模拟运算表

在对销售情况进行分析和统计时，经常需要分析产品在不同销量及不同售价时的利润情况，此时可应用 Excel 中的模拟运算表进行分析，具体操作方法如下：

第1步 输入公式 在F18单元格中输入公式“=(C17-C19)*C20-C18”。

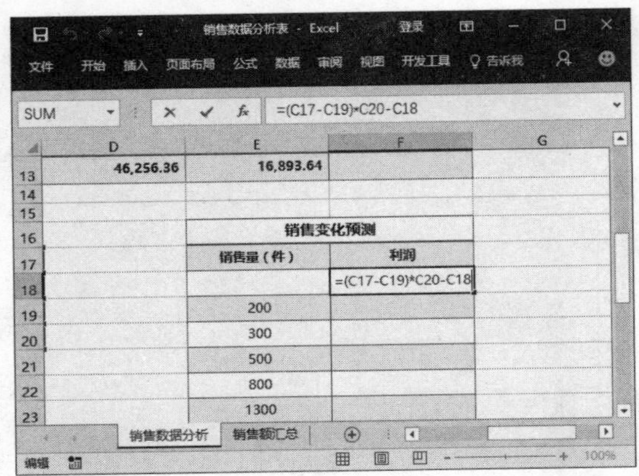

第2步 选择“模拟运算表”选项 ❶ 选择E18:F23单元格区域。❷ 选择“数据”选项卡。❸ 在“预测”组中单击“模拟分析”下拉按钮。❹ 选择“模拟运算表”选项。

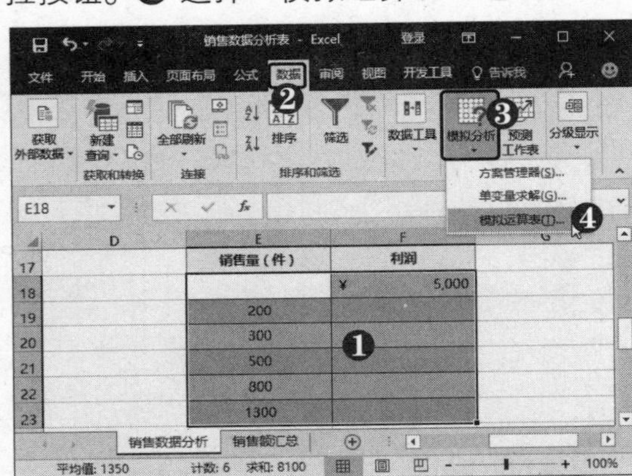

第3步 设置引用单元格 弹出“模拟运算表”对话框，❶ 在“输入引用列的单元格”文本框中引用C20单元格。❷ 单击“确定”按钮。

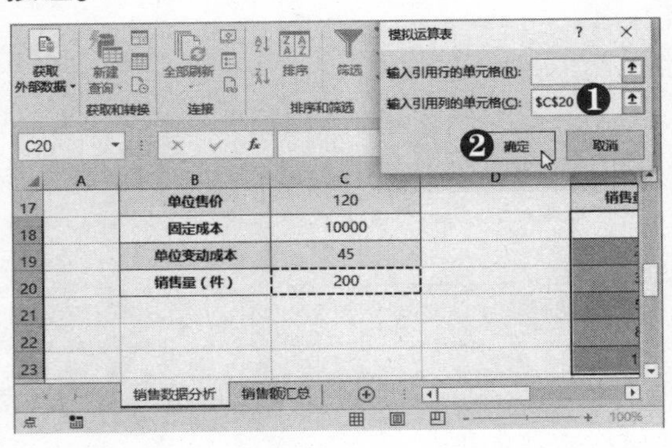

第4步 查看运算结果 此时即可得到模拟运算表结果。

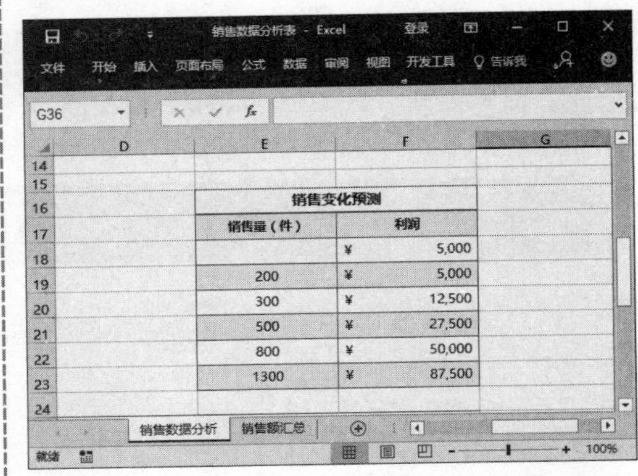

第5步 输入公式 在C27单元格中输入公式“=(C17-C19)*C20-C18”。

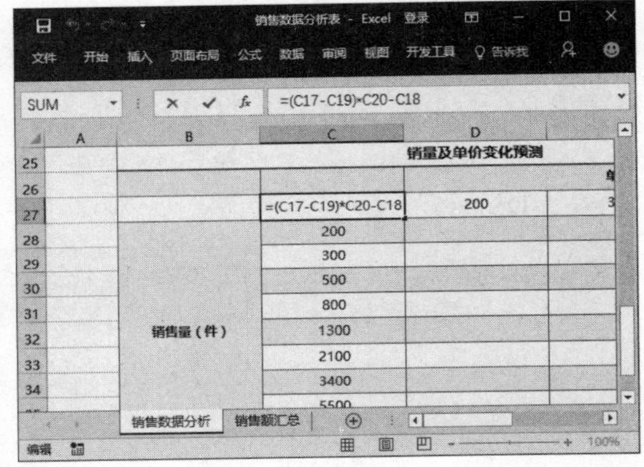

第6步 选择“模拟运算表”选项 ❶ 选择C27:F36单元格区域。❷ 在“预测”组中单击“模拟分析”下拉按钮。❸ 选择“模拟运算表”选项。

电脑小专家

问：怎样复制公式？

答：选中带有公式的单元格并复制，在“开始”选项卡下单击“粘贴”下拉按钮，在弹出的下拉列表中选择“公式”选项即可。

新手巧上路

问：在输入公式时只能使用键盘输入吗？

答：可以结合鼠标和键盘输入公式。在输入公式时，单击要引用的单元格，即可在公式中添加该单元格。

第7步 **设置引用单元格** 弹出“模拟运算表”对话框，❶ 在“输入引用行的单元格”文本框中引用 C17 单元格。❷ 在“输入引用列的单元格”文本框中引用 C20 单元格。❸ 单击“确定”按钮。

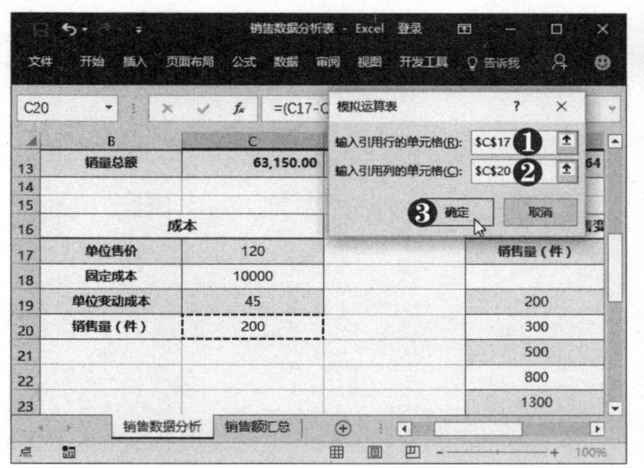

第8步 **查看运算结果** 此时即可得到双变量模拟运算表结果。

9.2.3 引用单元格

在公式中经常需要使用单元格或单元格区域来引用工作表中的一个或多个单元格。单元格的引用分为 3 种：相对引用、绝对引用以及混合引用。Excel 中默认的引用方式为相对引用，相对引用是指包含公式和单元格引用的单元格的相对位置。若要更改单元格引用，只需选择公式单元格后，在编辑栏中选中引用后按【F4】键，或直接输入引用。

1. 绝对引用

与相对引用不同，在使用绝对引用时，即使公式所在单元格的位置发生改变，引用也不会随之改变。在行号和列标前添加一个“$”符号即可成为绝对引用，如$A$1。绝对引用的具体操作方法如下：

第1步 **输入公式** 在 P7 单元格中输入公式“=O7*O3”。

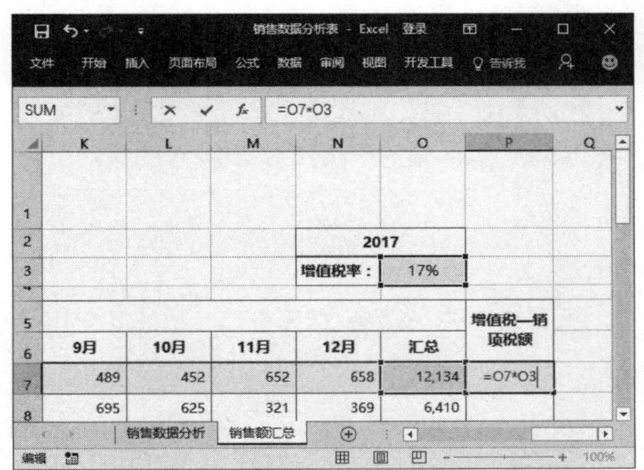

第2步 **转换引用方式** 在公式中选中 O3，按【F4】键，将其转换为绝对引用。

第3步 填充公式 按【Enter】键确认公式，并将公式填充到整列。

P18

	K	L	M	N	O	P
2				2017		
3				增值税率：	17%	
5–6	9月	10月	11月	12月	汇总	增值税—销项税额
7	489	452	652	658	12,134	2,062.78
8	695	625	321	369	6,410	1,089.70
9	325	874	634	652	7,224	1,228.08
10	456	783	452	329	5,894	1,001.98

第4步 自动求和 选中C15单元格，按【Alt+=】组合键，即可自动求出C7:C14单元格区域中的数据之和。

=SUM(C7:C14)

	B	C	D	E	F	G
8	广州	780	560	650	456	345
9	哈尔滨	679	896	593	345	834
10	杭州	389	456	567	678	467
11	南京	769	1,203	987	568	845
12	上海	1,346	765	823	678	450
13	深圳	567	956	456	879	564
14	重庆	1,376	765	459	909	783
15		=SUM(C7:C14)				

第5步 填充公式 按【Enter】键确认公式，并将公式填充到整行。

C14　1376

	K	L	M	N	O	P
8	695	625	321	369	6,410	1,089.70
9	325	874	634	652	7,224	1,228.08
10	456	783	452	329	5,894	1,001.98
11	268	325	215	452	7,320	1,244.40
12	961	126	325	657	8,350	1,419.50
13	214	325	635	785	7,357	1,250.69
14	532	452	874	954	8,461	1,438.37
15	3,940	3,962	4,108	4,856	63,150	10,736

提示您

输入公式“=3:7”，即可引用行3到行7之间的全部单元格。同样的公式“=B:E”，表示引用B列到E列之间的全部单元格。

2. 混合引用

混合引用是指在公式中既有相对引用，又有绝对引用，如A$1、$A1。混合引用的具体操作方法如下：

第1步 输入公式 在C20单元格中输入公式“=B20*C19”。

=B20*C19

	B	C	D	E	F	G
18	销售额	佣金				
19		1%	2%	3%	4%	5%
20	10,000	=B20*C19				
21	20,000					
22	30,000					
23	40,000					
24	50,000					
25	60,000					
26	70,000					

第2步 转换引用方式 在公式中选中B20，按3次【F4】键，将其转换为混合引用$B20，表示对B列的绝对引用和对第20行的相对引用。

=$B20*C19

	B	C	D	E	F	G
18	销售额	佣金				
19		1%	2%	3%	4%	5%
20	10,000	=$B20*C19				
21	20,000					
22	30,000					
23	40,000					
24	50,000					
25	60,000					
26	70,000					

第3步 转换引用方式 在公式中选中C19，按2次【F4】键，将其转换为混合引用C$19，表示对C列的相对引用和对第19行的绝对引用。

=$B20*C$19

	B	C	D	E	F	G
18	销售额	佣金				
19		1%	2%	3%	4%	5%
20		=$B20*C$19				
21	20,000					
22	30,000					
23	40,000					
24	50,000					
25	60,000					
26	70,000					

多学点

对同一个工作簿中其他工作表上的单元格区域的引用格式为“工作表名!单元格引用”，如“工资表!B2：D23”。

第4步 填充公式 按【Enter】键确认公式，并将公式填充到整行。

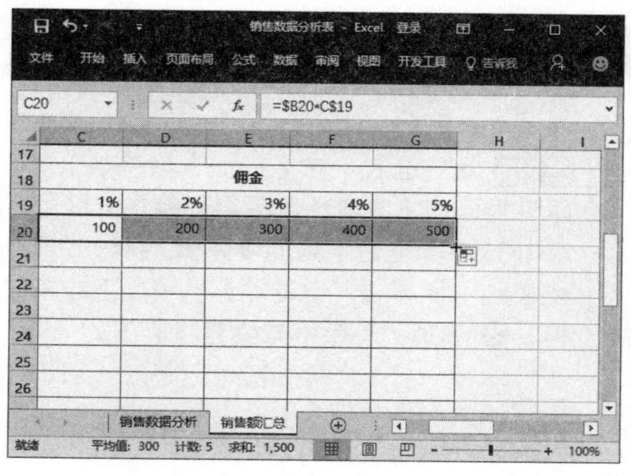

第5步 填充多行公式 选择 C20:G20 单元格区域，拖动 G20 单元格右下角的填充柄，将公式填充到多行单元格中。

9.3 制作销货清单

销货清单中记录了销售日期、商品编号、商品名称、商品类别和购货方信息等内容。下面将以制作销货清单为例，介绍文本函数在 Excel 中的应用。

9.3.1 文本函数

文本函数是指可以在公式中处理字符串的函数。下面将应用 LEFT、RIGHT、LEN 函数对销货清单进行计算和分析，具体操作方法如下：

第1步 输入公式 ❶ 选择 E5 单元格。❷ 在编辑栏中输入公式 "=IF(LEFT(C5)="1","农产品",IF(LEFT(C5)="2","奶制品",IF(LEFT(C5)="3","肉类","海鲜")))"。

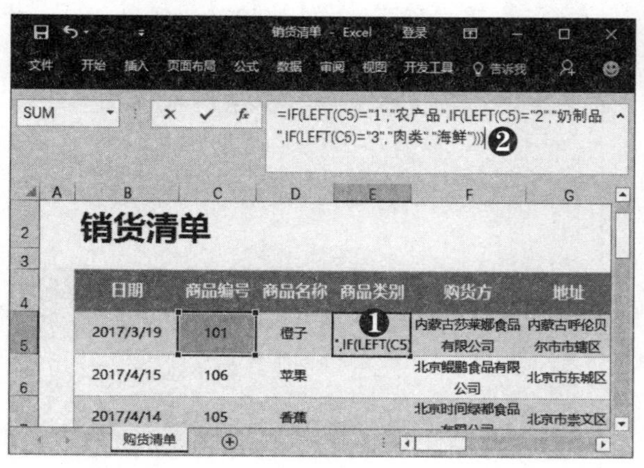

第2步 查看计算结果 按【Enter】键确认公式，即可根据商品编号得到商品类别。

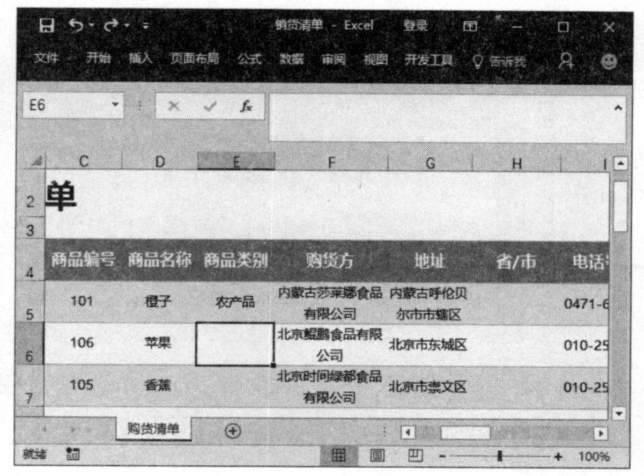

第3步 选择“不带格式填充”选项 双击E5单元格右下角的填充柄，将公式填充到整列。❶ 单击“自动填充选项”下拉按钮。❷ 选择“不带格式填充”选项。

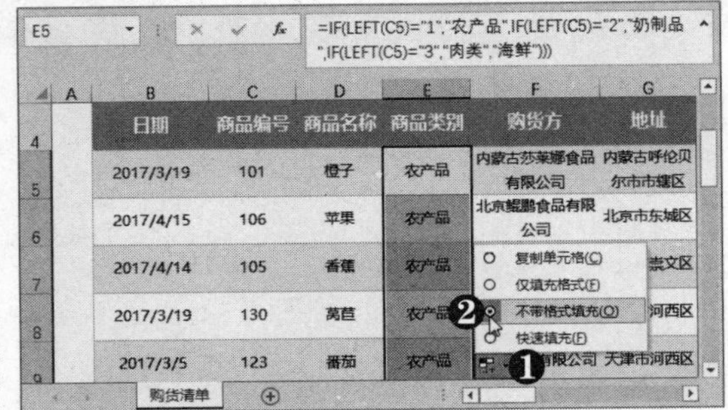

第4步 输入公式 ❶ 选择H5单元格。❷ 在编辑栏中输入公式“=LEFT(G5,MIN(FIND({"省","市","区"},G5&"省市区")))”。

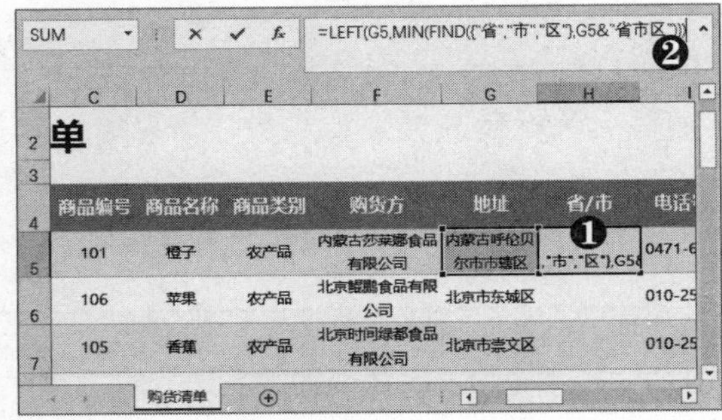

第5步 填充公式 按【Enter】键确认公式，即可根据购货方地址得到购货方所在省/市。双击H5单元格右下角的填充柄，将公式填充到整列，❶ 单击“自动填充选项”下拉按钮。❷ 选择“不带格式填充”选项。

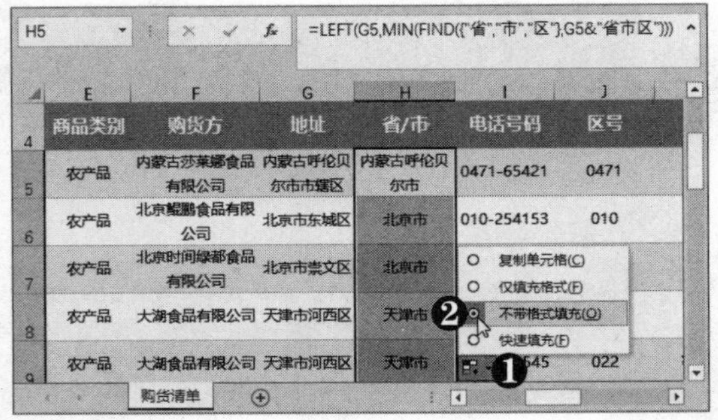

第6步 输入公式 ❶ 选择J5单元格。❷ 在编辑栏中输入公式“=LEFT(I5,FIND("-",I5)-1)”。

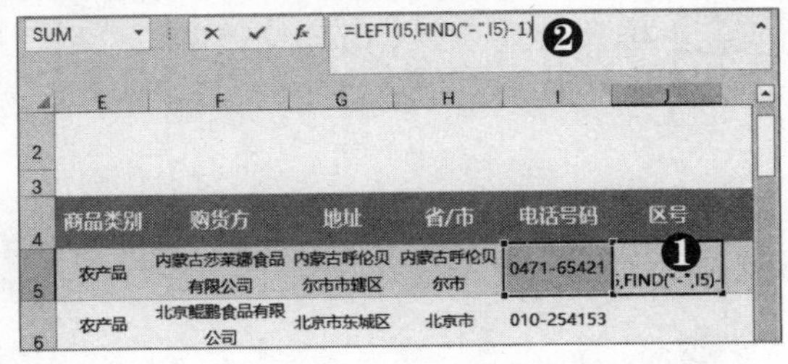

第7步 填充公式 按【Enter】键确认公式，即可根据购货方电话号码得到购货方区号。双击J5单元格右下角的填充柄，将公式填充到整列。❶ 单击“自动填充选项”下拉按钮。❷ 选择“不带格式填充”选项。

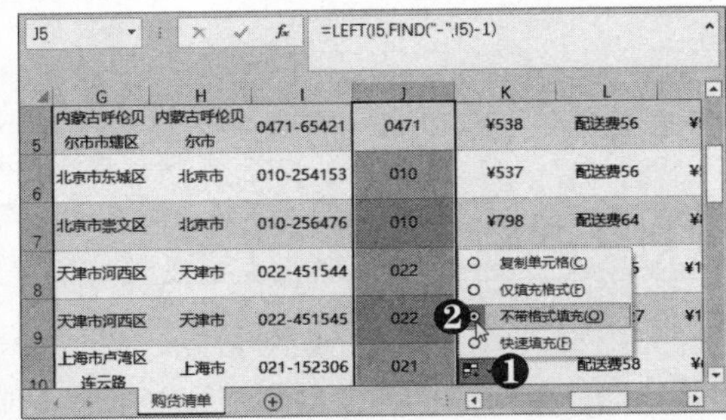

第8步 输入公式 ❶ 选择M5单元格。❷ 在编辑栏中输入公式“=K5+RIGHT(L5,LEN(L5)-3)”。

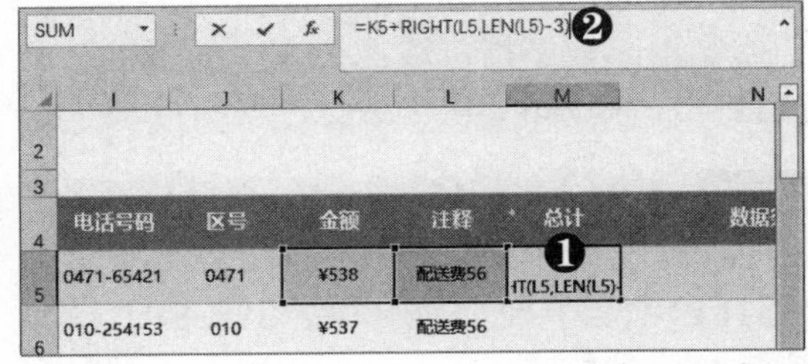

第9步 填充公式 按【Enter】键确认公式，并将公式填充到整列。❶ 单击“自动填充选项”下拉按钮。❷ 选择“不带格式填充”选项。

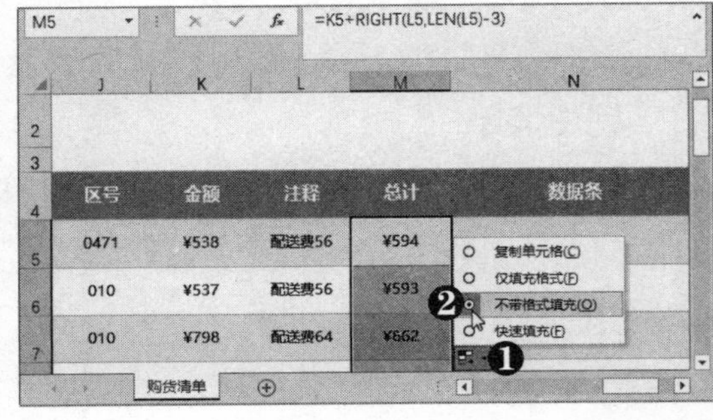

电脑小专家

问：FIND函数的函数语法是什么？

答：FIND(find_text,within_text,start_num)。find_text是要查找的字符串，within_text是包含要查找关键字的单元格，start_num指定开始进行查找的字符数。

新手巧上路

问：公式“=LEFT(I5,FIND("-",I5)-1)”的含义是什么？

答：此公式的含义是选取I5单元格中“-”左侧的全部字符，即电话号码中的区号。

9.3.2 利用函数制作数据条

REPT 作为常用的文本函数之一，可以在单元格中一次性输入多个相同的符号，具体操作方法如下：

第1步 自动求和 选择 M23 单元格，按【Alt+=】组合键，即可自动求出 M5:M22 单元格区域中的数据之和。

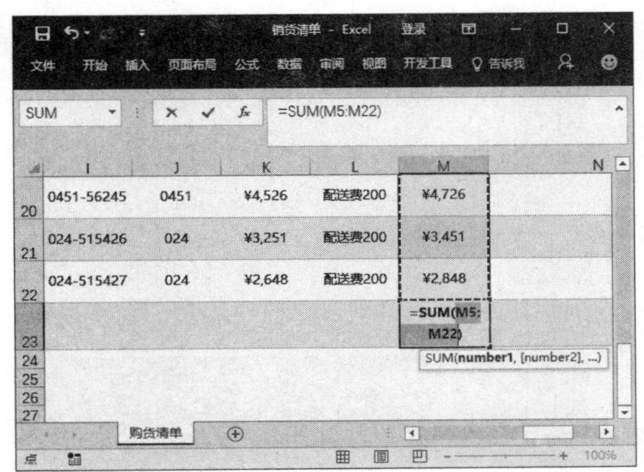

第2步 输入公式 ❶ 选择 N5 单元格。❷ 在编辑栏中输入公式“=REPT("|",300*M5/$M$23)”。

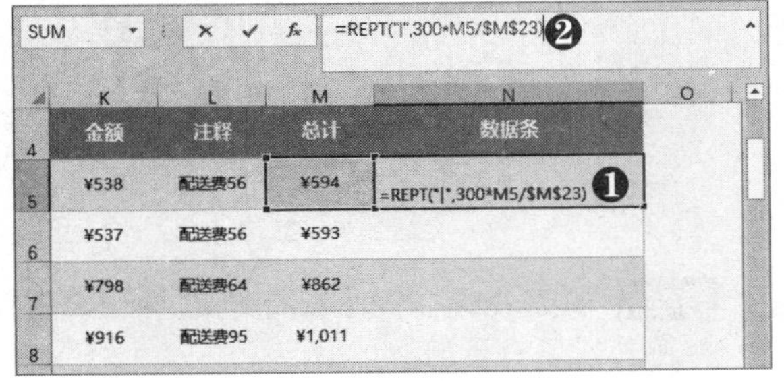

第3步 填充公式 双击 N5 单元格右下角的填充柄将公式填充到整列，❶ 单击“自动填充选项”下拉按钮。❷ 选择“不带格式填充”选项。

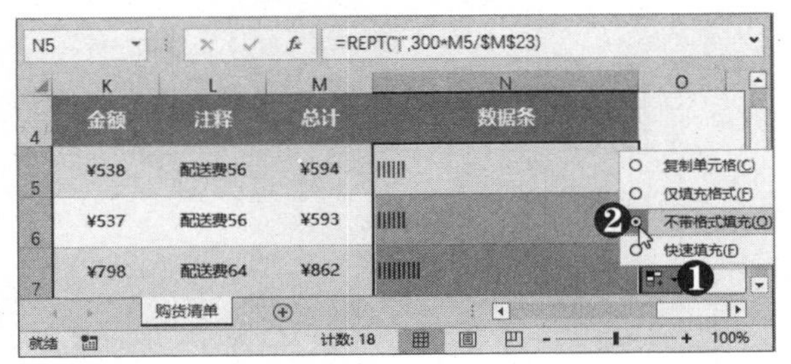

第4步 设置单元格字体颜色 ❶ 在“字体”组中单击“字体颜色”下拉按钮。❷ 选择所需颜色。

9.4 制作数据记录表

在 Excel 2016 中可以创建多种记录表，如入库记录表、实习记录表、生产记录表等。下面以制作这些记录表为例，介绍日期与时间函数、数学与三角函数、统计函数等常用函数在 Excel 中的应用。

9.4.1 创建入库记录表

入库记录表中包括对入库时间、产品保质期以及库龄等信息的记录。下面将应用日期与时间函数对其进行计算和分析，具体操作方法如下：

第1步 **输入公式** 打开素材文件，❶ 选择F4单元格。❷ 在编辑栏中输入公式“=DATE(YEAR(C4),MONTH(C4),DAY(C4)+E4)”。

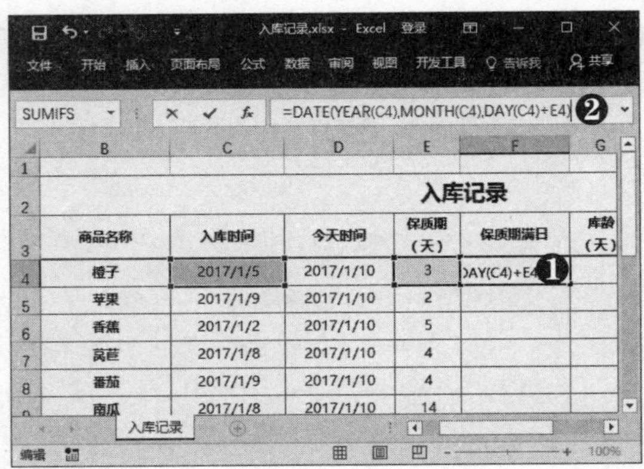

第2步 **填充公式** 按【Enter】键确认公式，并将公式填充到整列。

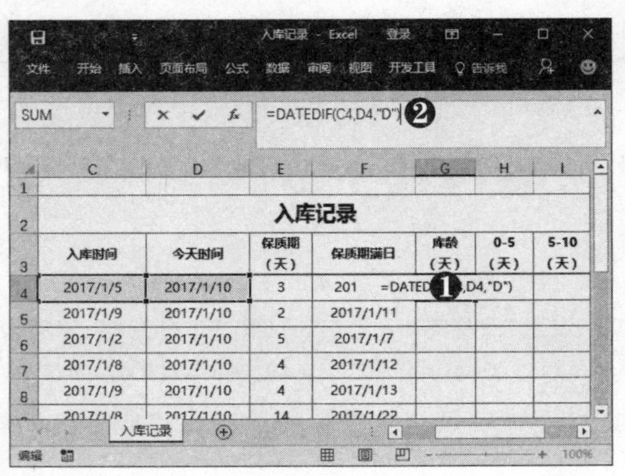

第3步 **输入公式** ❶ 选择G4单元格。❷ 在编辑栏中输入公式“=DATEDIF(C4,D4,"D")”。

第4步 **填充公式** 按【Enter】键确认公式，并将公式填充到整列。

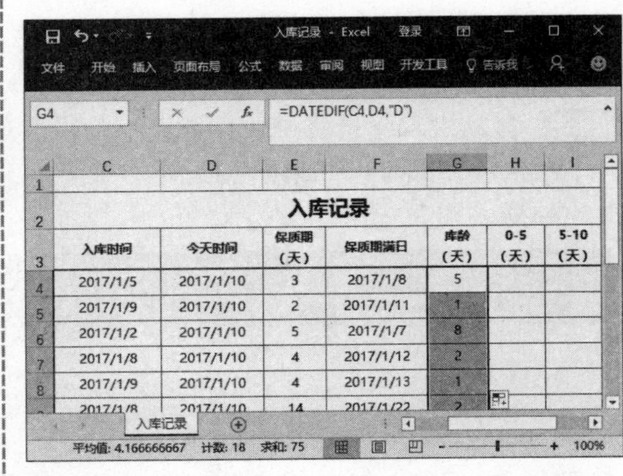

第5步 **输入公式** ❶ 选择H4单元格。❷ 在编辑栏中输入公式“=IF(G4<=5,"是","否")”。

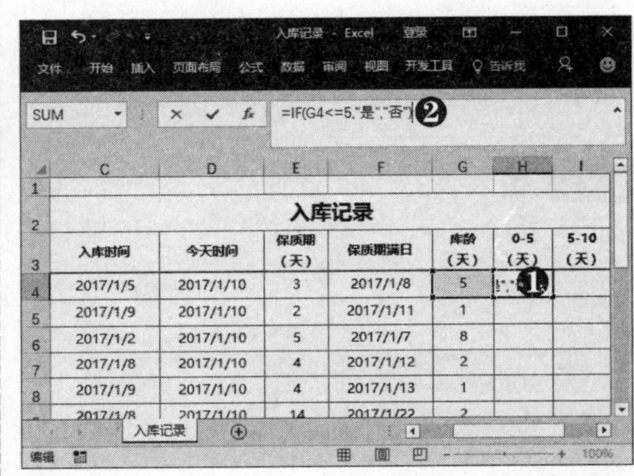

第6步 **填充公式** 按【Enter】键确认公式，并将公式填充到整列。

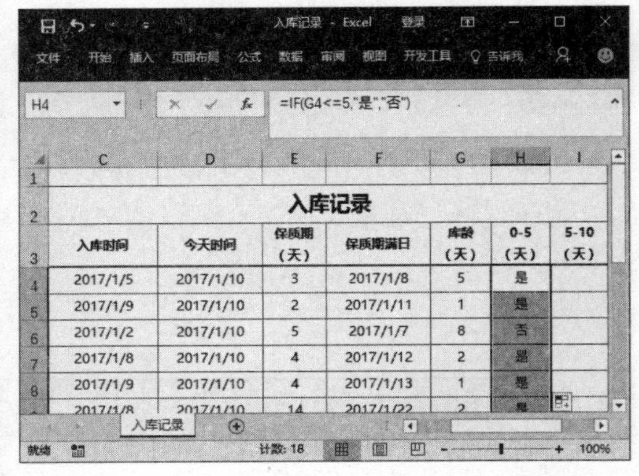

提示您

若使用IF函数后单元格出现0，则表示value_if_true或value_if_false参数无参数值。

多学点

在另一个IF函数内使用IF函数，最多可以使用64个IF函数作为value_if_true和value_if_false参数相互嵌套，以构造更详尽的测试。

第7步 输入公式 ❶ 选择 I4 单元格。❷ 在编辑栏中输入公式 "=IF(AND(G4>5,G4<=10),"是","否")"。

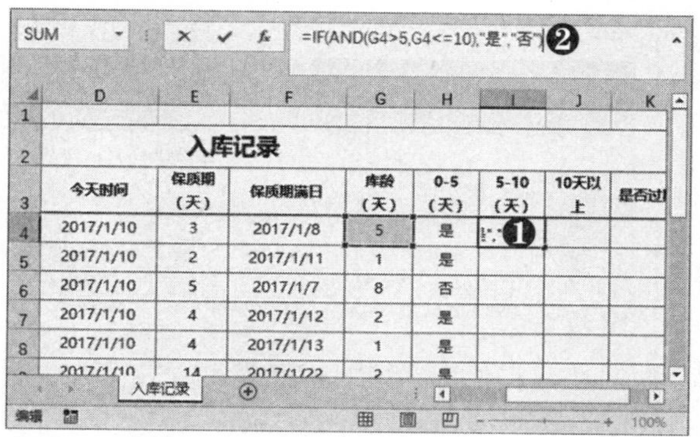

第8步 填充公式 按【Enter】键确认公式，并将公式填充到整列。

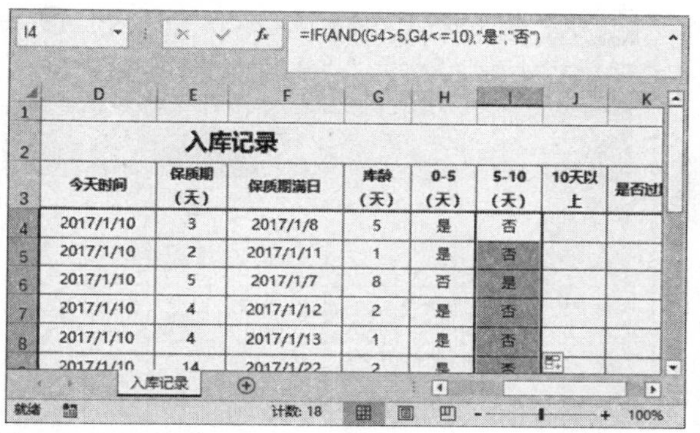

第9步 输入公式 ❶ 选择 J4 单元格。❷ 在编辑栏中输入公式 "=IF(G4>10,"是","否")"。

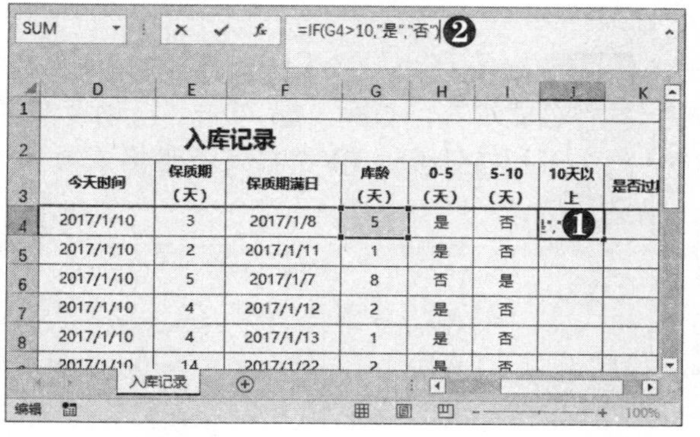

第10步 填充公式 按【Enter】键确认公式，并将公式填充到整列。

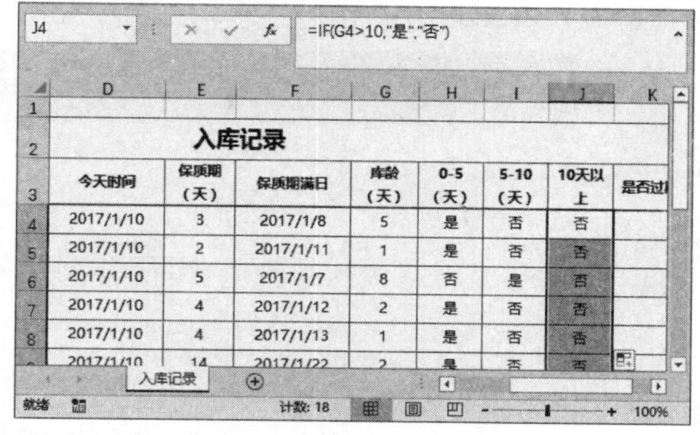

第11步 输入公式 ❶ 选择 K4 单元格。❷ 在编辑栏中输入公式 "=IF(NOT(G4<=E4),"已过期","未过期")"。

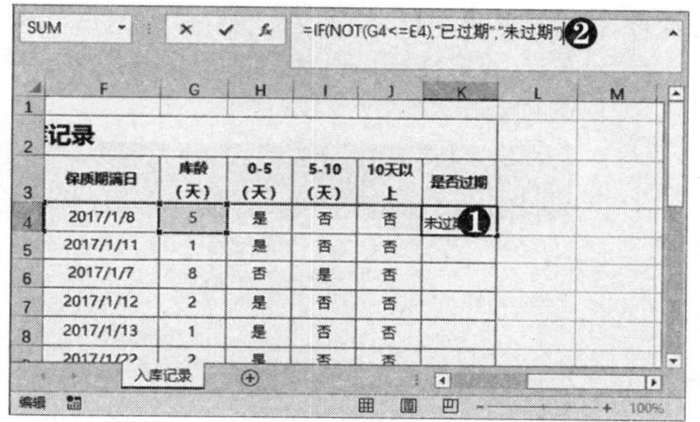

第12步 填充公式 按【Enter】键确认公式，并将公式填充到整列。

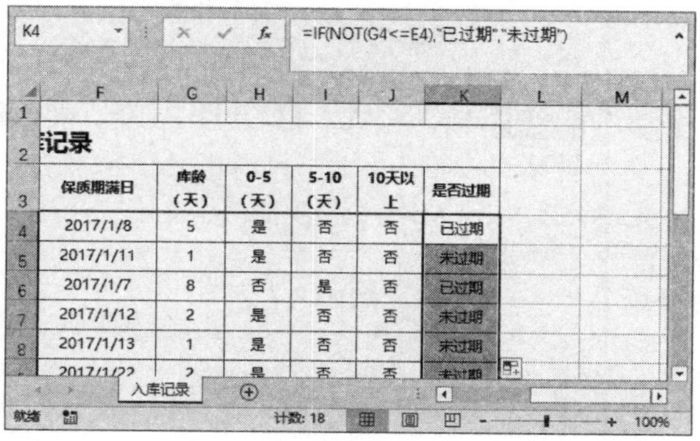

9.4.2 制作实习记录表

在实习记录表中，应用日期函数不仅可以根据实习员工的身份证号计算出生日期，还能计算实习天数以及去除节假日后的实际实习天数，具体操作方法如下：

第1步 输入公式 打开素材文件，❶ 选择D3单元格。❷ 在编辑栏中输入公式"=IF(ISODD(MID(E3,17,1)),"男","女")"。

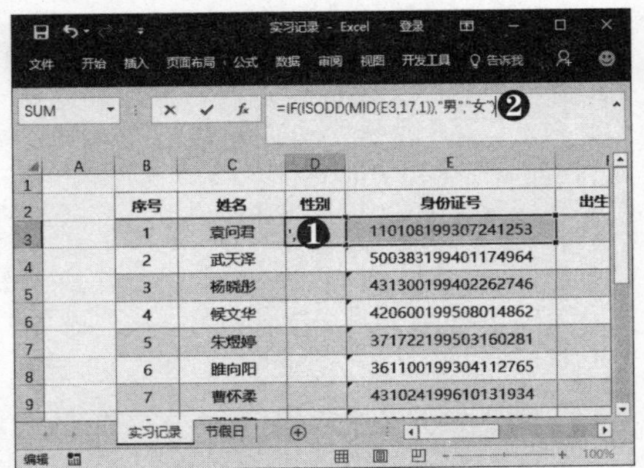

第2步 填充公式 按【Enter】键确认公式，并将公式填充到整列。❶ 单击"自动填充选项"下拉按钮。❷ 选择"不带格式填充"选项。

第3步 输入公式 ❶ 选择F3单元格。❷ 在编辑栏中输入公式"=DATE(MID(E3,7,4),MID(E3,11,2),MID(E3,13,2))"。

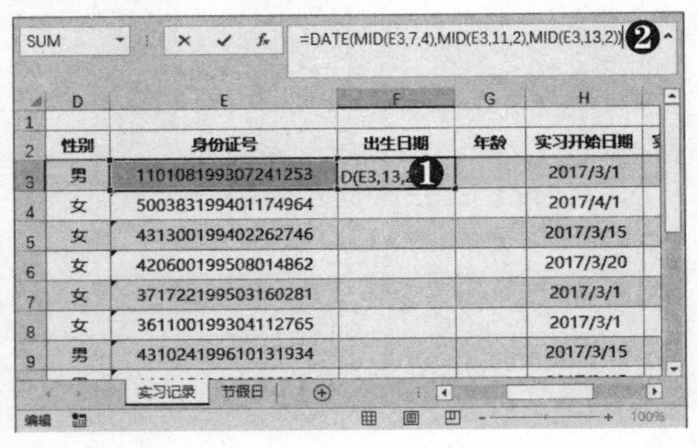

第4步 填充公式 按【Enter】键确认公式，并将公式填充到整列。❶ 单击"自动填充选项"下拉按钮。❷ 选择"不带格式填充"选项。

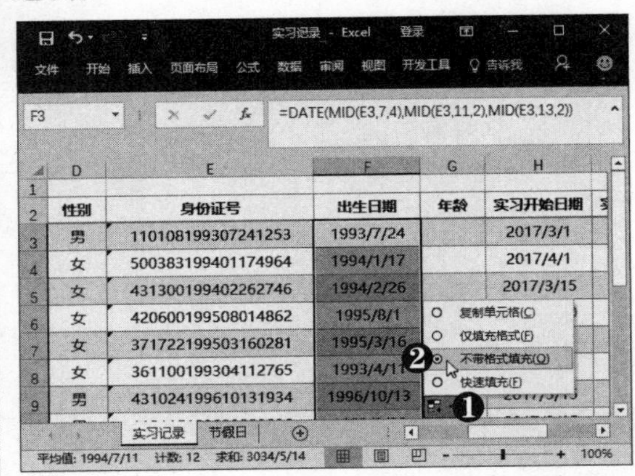

第5步 输入公式 ❶ 选择G3单元格。❷ 在编辑栏中输入公式"=INT((NOW()-F3)/365)"。

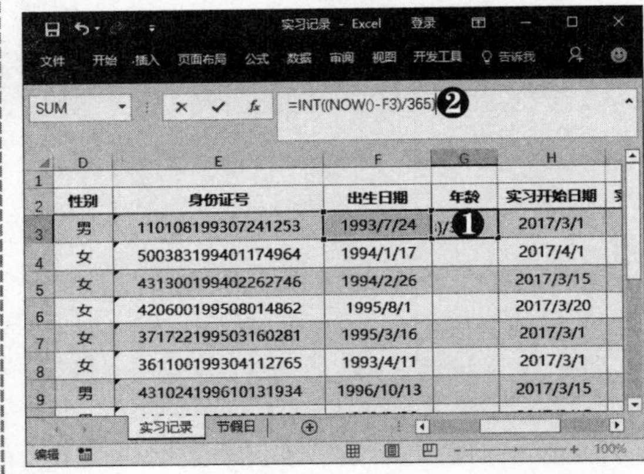

第6步 填充公式 按【Enter】键确认公式，并将公式填充到整列。❶ 单击"自动填充选项"下拉按钮。❷ 选择"不带格式填充"选项。

电脑小专家

问：INT函数的函数语法是什么？

答：INT函数表示将数值向下取整为最接近的整数。函数语法为INT(number)，number表示需要进行向下舍入取整的实数。

新手巧上路

问：ISODD函数的函数语法是什么？

答：ISODD函数用于判断数字是否为奇数。函数语法为ISODD(number)，若参数number为奇数，返回TRUE，否则返回FALSE。

第7步 输入公式 ❶ 选择 J3 单元格。❷ 在编辑栏中输入公式 “=DAYS360(H3,I3,TRUE)”。

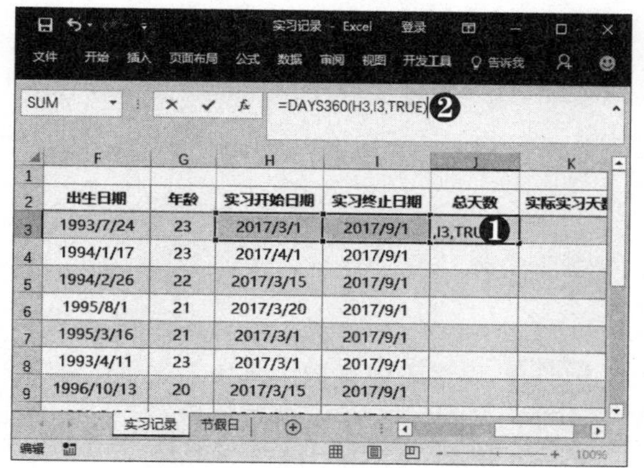

第8步 输入公式 按【Enter】键确认公式，并将公式填充到整列。❶ 单击 “自动填充选项” 下拉按钮。❷ 选择 “不带格式填充” 选项。

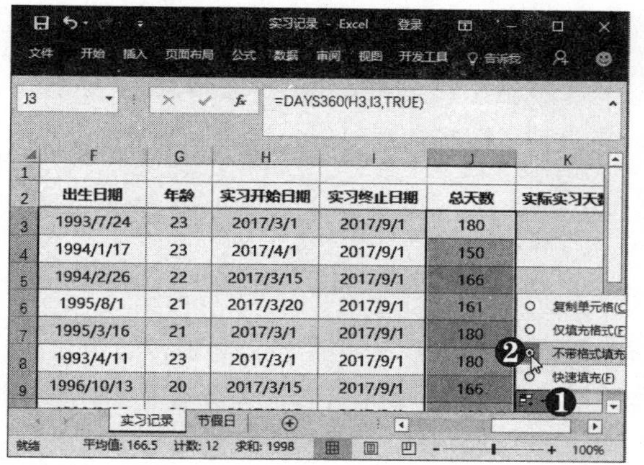

第9步 输入公式 ❶ 选择 K3 单元格。❷ 在编辑栏中输入公式 “=NETWORKDAYS(H3,$I$3,)”，将光标定位到 “,” 后。

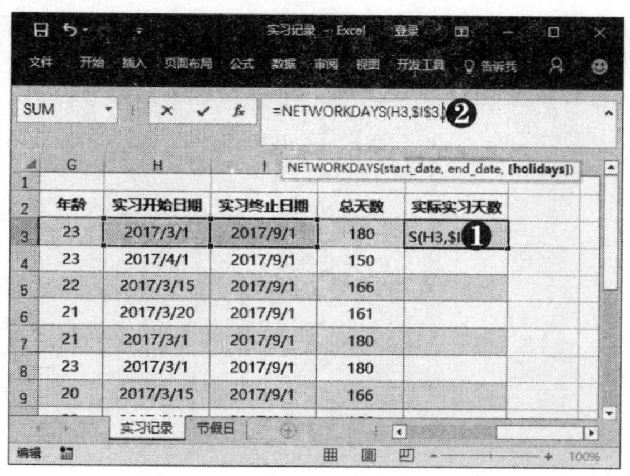

第10步 选择引用区域 切换到 “节假日” 工作表，选中 C3:C11 单元格区域。

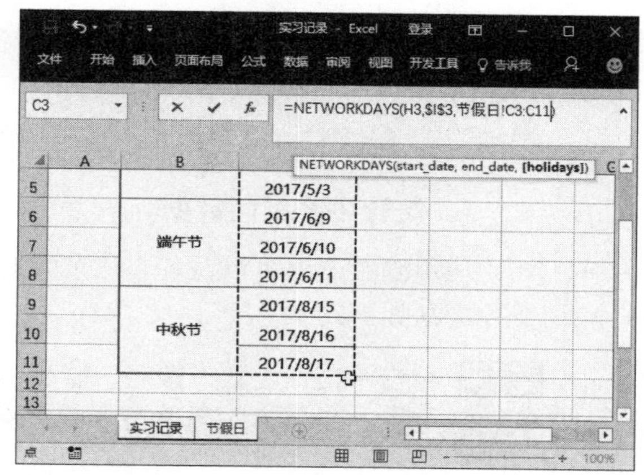

第11步 转换引用方式 在公式中选中 “C3:C11”，按【F4】键，将其转换为绝对引用。

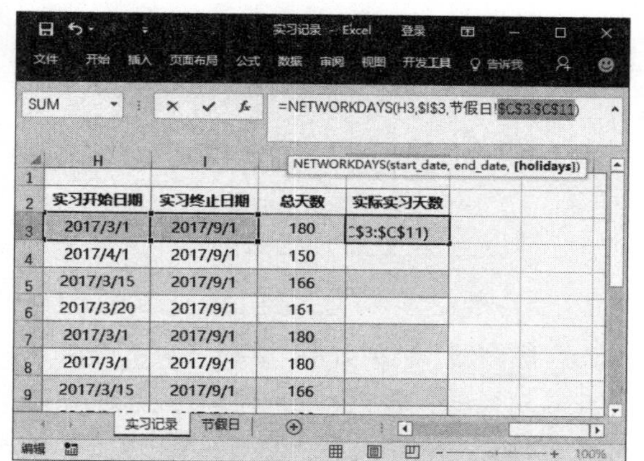

第12步 填充公式 将公式填充到整列，❶ 单击 “自动填充选项” 下拉按钮。❷ 选择 “不带格式填充” 选项。

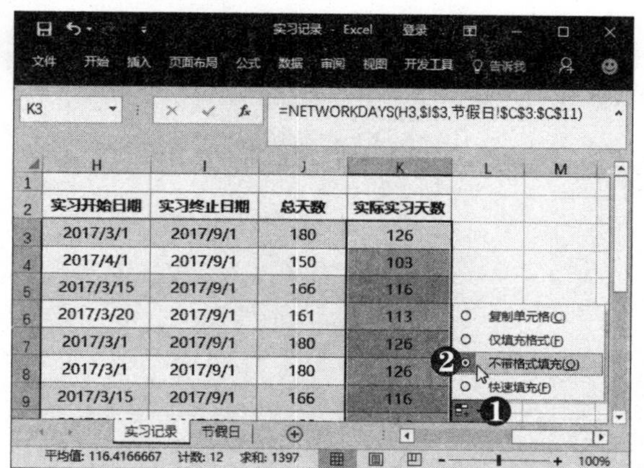

9.4.3 制作生产记录表

生产记录表中记录了各生产车间各月的生产量，应用 SUM、SUMIF、COUNTIF、FREQUENCY、MAX、MIN 和 LARGE 等函数可以对其进行计算和分析，便于管理者掌握准确的生产数据。

1．统计生产车间数据

应用函数不仅可以对各生产车间的生产量进行求和计算，还可以统计车间个数，具体操作方法如下：

提示您

在“插入函数”对话框中选择函数后，单击“有关该函数的帮助”超链接，即可打开“Excel 2016 帮助”窗口，从中可以查询该函数的说明、语法及示例。

第1步 单击“插入函数”按钮 ❶ 选择 O5 单元格。❷ 在编辑栏左侧单击“插入函数”按钮 f_x。

第2步 选择 SUM 函数 弹出“插入函数”对话框，❶ 在“或选择类别”下拉列表框中选择“常用函数”选项。❷ 在“选择函数”列表框中选择 SUM 函数。❸ 单击“确定”按钮。

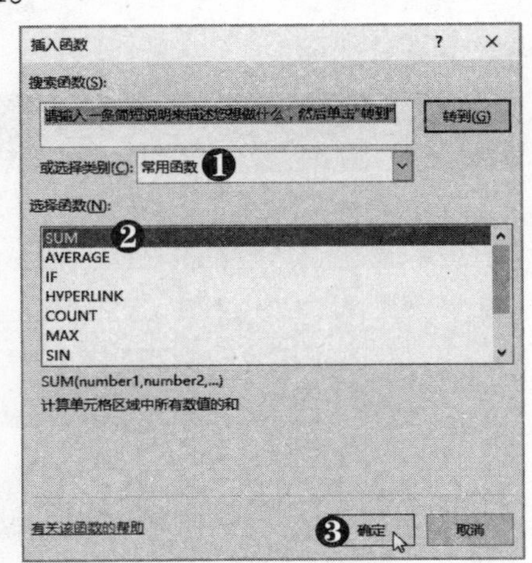

多学点

在“插入函数”对话框中选择函数时，在“搜索函数”文本框中输入要插入的函数，单击“转到”按钮，即可在“选择函数”列表框中显示出该函数。

第3步 设置函数参数 弹出“函数参数”对话框，在 Number1 文本框中默认引用 C5:N5 单元格区域，单击“确定”按钮。

第4步 填充公式 此时，即可计算出求和结果。拖动 O5 单元格右下角的填充柄，将公式填充到 O6:O12 单元格区域中，将公式填充到整列，❶ 单击“自动填充选项”下拉按钮。❷ 选择“不带格式填充”选项。

第5步 **插入函数** 采用同样的方法，在 C13 单元格中插入 SUM 函数，并将其填充到整行。

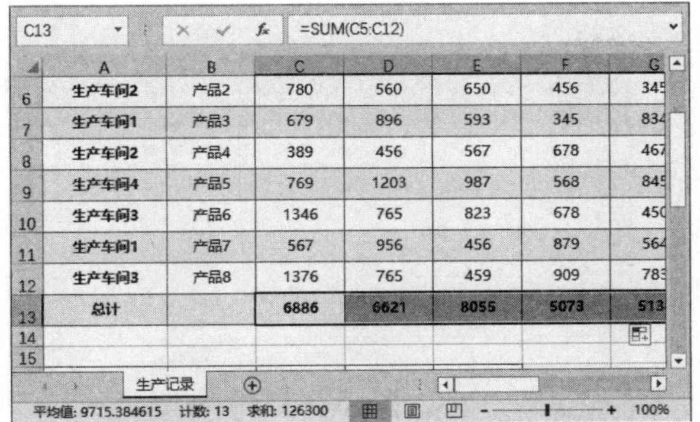

第6步 **单击"插入函数"按钮** ❶ 选择 B17 单元格。❷ 在编辑栏左侧单击"插入函数"按钮f_x。

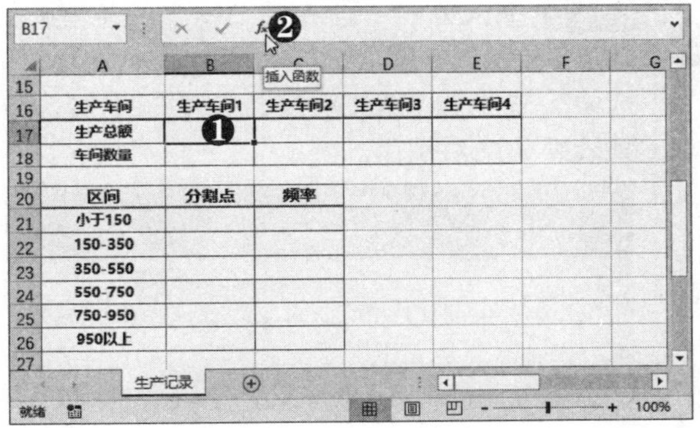

第7步 **选择 SUMIF 函数** 弹出"插入函数"对话框，❶ 在"或选择类别"下拉列表框中选择"数学与三角函数"选项。❷ 在"选择函数"列表框中选择 SUMIF 函数。❸ 单击"确定"按钮。

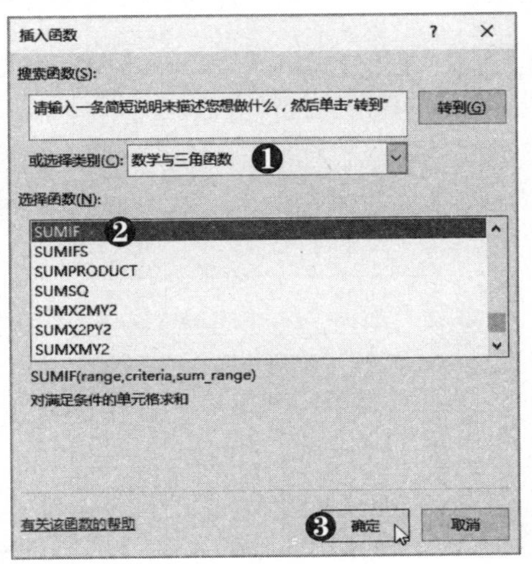

第8步 **单击扩展按钮** 弹出"函数参数"对话框，在 Range 文本框右侧单击扩展按钮。

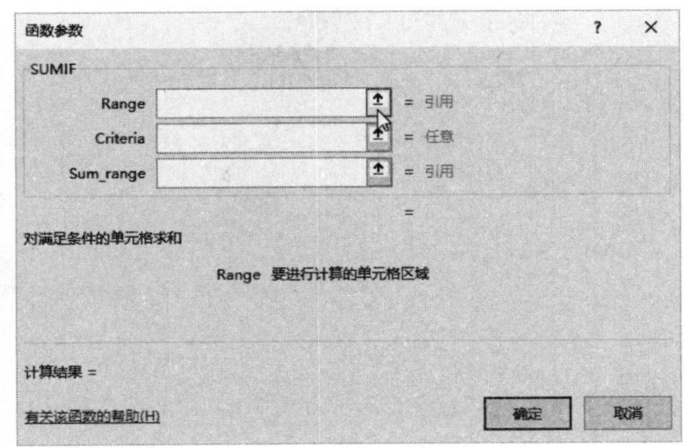

第9步 **选择单元格区域** 在"生产记录"工作表中选择 A5:A12 单元格区域。

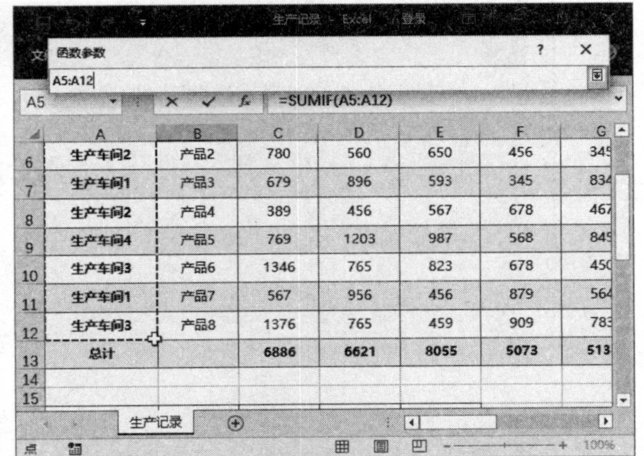

第10步 **转换引用方式** 按【Enter】键确认，返回"函数参数"对话框，在 Range 文本框选中引用区域 A5:A12，按【F4】键将其转换为绝对引用。

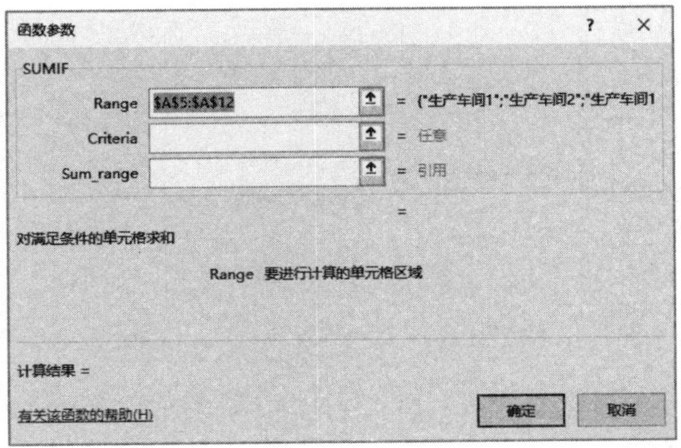

第11步 单击扩展按钮 ❶ 在 Criteria 文本框中引用 B16 单元格。❷ 在 Sum_range 文本框右侧单击扩展按钮。

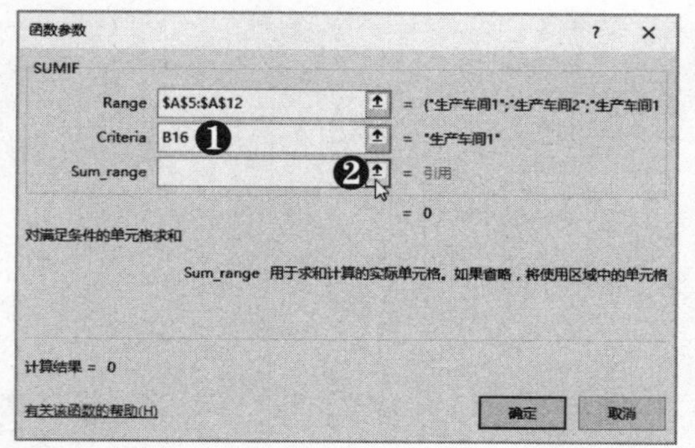

第12步 选择求和区域 在“生产记录”工作表中选择 O5:O12 单元格区域。

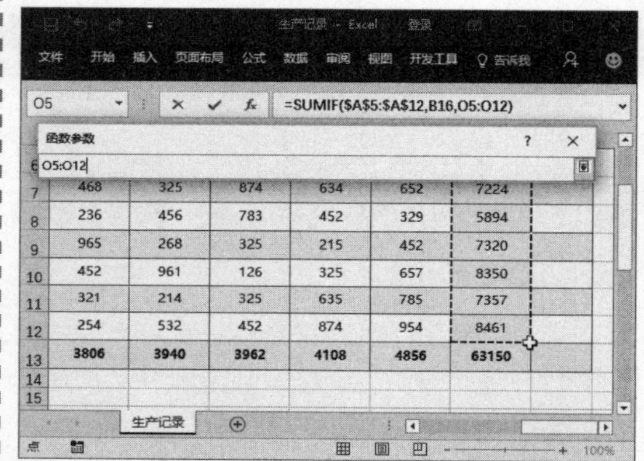

第13步 转换引用方式 按【Enter】键确认，返回“函数参数”对话框。❶ 在 Sum_range 文本框选中引用区域 O5:O12，按【F4】键将其转换为绝对引用。❷ 单击“确定”按钮。

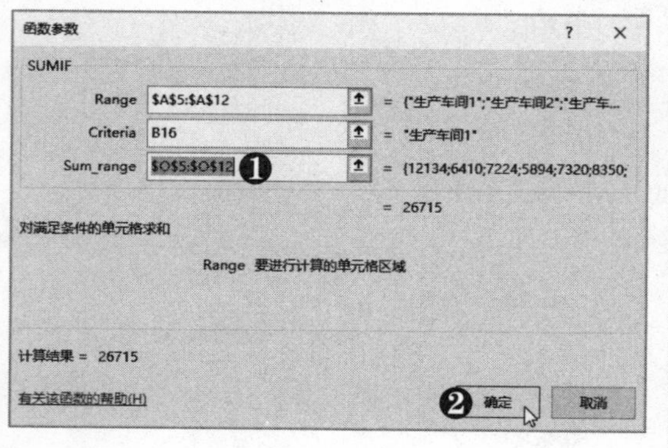

第14步 填充公式 此时即可得到生产车间 1 的生产总额，拖动 B17 单元格右下角的填充柄，将公式填充到整行。

第15步 输入公式 ❶ 选择 B18 单元格。❷ 在编辑栏中输入公式“=COUNTIF(A5:A12,B16)”，选中公式中的“A5:A12”，按【F4】键，将其转换为绝对引用。

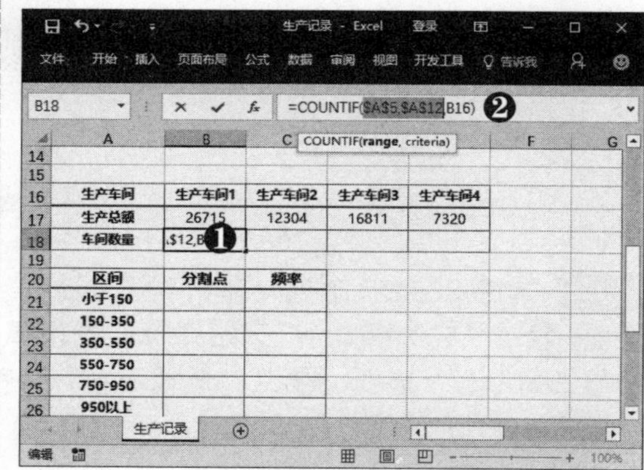

第16步 填充公式 按【Enter】键确认公式，并将公式填充到整行。

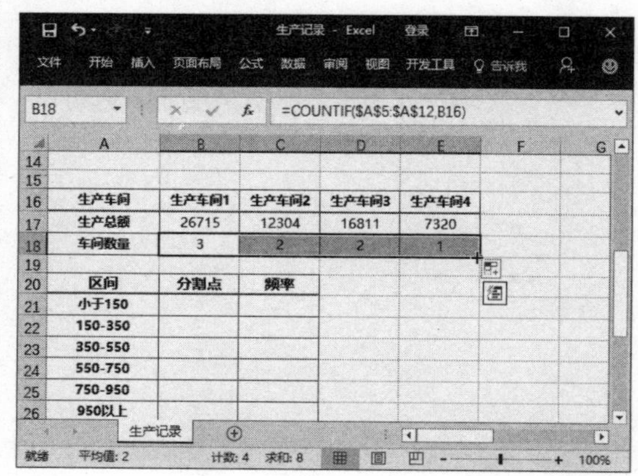

电脑小专家

问：SUMIFS 函数的函数语法是什么？

答：函数语法为 SUMIFS (sum_range,criteria_range1,criteria1,[riteria_range2, criteria2]...)，sum_range 是要求和的范围，criteria_range1 是条件的范围，criteria1 是条件，后面的条件范围和条件可以增加。

新手巧上路

问：COUNTIFS 函数与 COUNTIF 函数有什么不同？

答：COUNTIFS 函数用法与 COUNTIF 函数类似，但 COUNTIF 针对单一条件，而 COUNTIFS 可以实现多个条件同时求结果。

2. 频率函数

频率函数与数组公式相结合可以实现对多个数据的计算操作，从而提高工作效率。数组公式采用一对花括号作为标记，因此在输入完公式之后，只有在同时按下【Ctrl+Shift+Enter】组合键之后才能正常生成数组公式，具体操作方法如下：

第1步 输入区间分割点 在 B21:B25 单元格区域中输入区间分割点。

第2步 输入公式 ❶ 选择 C21:C26 单元格区域。❷ 在编辑栏中输入公式“=FREQUENCY(C5:N12,B21:B25)”。

第3步 填充数组公式 按【Ctrl+Shift+Enter】组合键，将公式填充到所选单元格区域中。

3. 统计生产量

应用统计函数不仅可以计算所选单元格区域中的最大值、最小值和平均值，还可以根据排名计算数值，具体操作方法如下：

第1步 输入最大值公式 ❶ 选择 B29 单元格。❷ 在编辑栏中输入公式“=MAX(C5:N12)”。

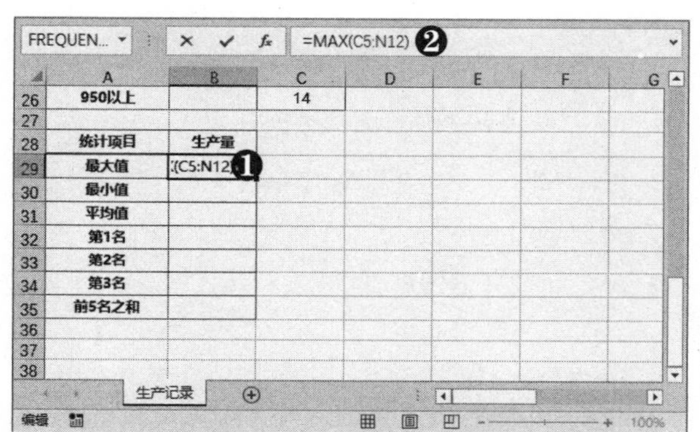

第2步 输入最小值公式 按【Enter】键确认公式，即可计算出最大生产量。❶ 选择 B30 单元格。❷ 在编辑栏中输入公式“=MIN(C5:N12)”。

第3步 输入平均值公式 按【Enter】键确认公式，即可计算出最小生产量。❶ 选择 B30 单元格。❷ 在编辑栏中输入公式“AVERAGE(C5:N12)”。

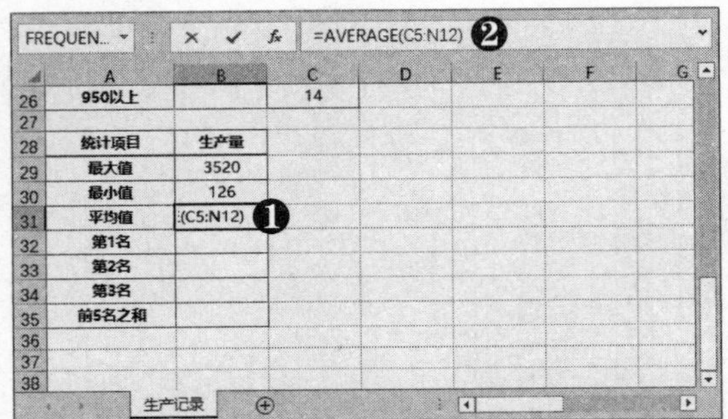

第4步 单击“插入函数”按钮 按【Enter】键确认公式，即可计算出生产量平均值。❶ 选择 B32 单元格。❷ 在编辑栏左侧单击“插入函数”按钮 f_x。

第5步 选择 LARGE 函数 弹出“插入函数”对话框，❶ 在“或选择类别”下拉列表框中选择“统计”选项。❷ 在“选择函数”列表框中选择 LARGE 函数。❸ 单击“确定”按钮。

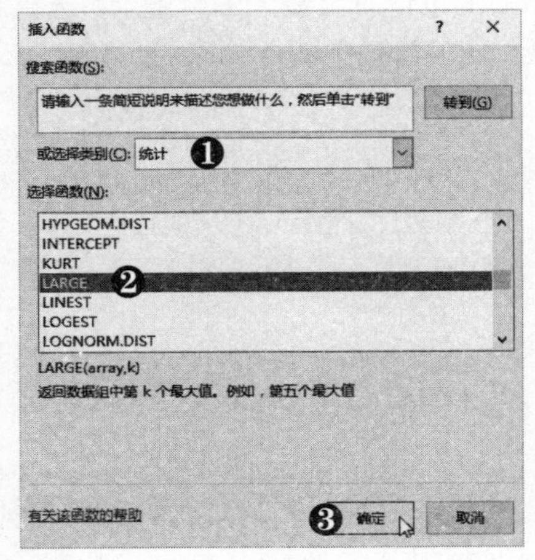

提示您

当对单元格中的数值求平均值时，应牢记空单元格与含零值单元格的区别。空单元格将不计算在内，但零值会计算在内。

多学点

公式“=LARGE(C5:N12,1)”与公式“=MAX(C5:N12)”的含义都是计算单元格区域 C5:N12 的最大值。在使用函数时，要根据情况选择最简便的函数计算数据。

第6步 设置函数参数 弹出“函数参数”对话框，❶ 在 Array 文本框中引用 C5:N12 单元格区域。❷ 在 K 文本框中输入 1。❸ 单击“确定”按钮。

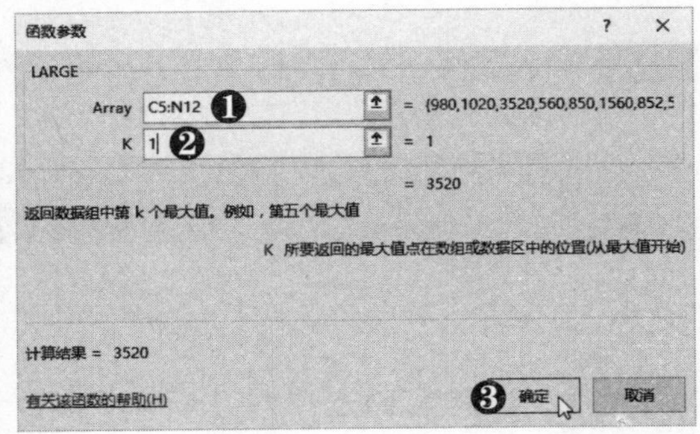

第7步 输入公式 此时即可通过 LARGE 函数得到第 1 名的生产量。❶ 选择 B33 单元格。❷ 在编辑栏中输入公式“=LARGE(C5:N12,2)”。

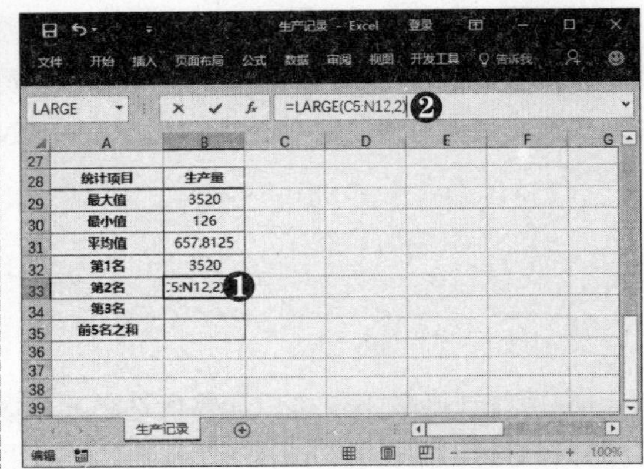

第8步 输入公式 按【Enter】键确认，即可得到第 2 名的生产量。❶ 选择 B34 单元格。❷ 在编辑栏中输入公式“=LARGE(C5:N12,3)”。

第9步 **输入公式** 按【Enter】键确认，即可得到第 3 名的生产量。❶ 选择 B35 单元格。❷ 在编辑栏中输入公式“=SUMIF(C5:N12,">"&LARGE(C5:N12,6))”。

LARGE | =SUMIF(C5:N12,">"&LARGE(C5:N12,6)) ❷

	A	B
27		
28	统计项目	生产量
29	最大值	3520
30	最小值	126
31	平均值	657.8125
32	第1名	3520
33	第2名	1560
34	第3名	1376
35	前5名之和	5:N12,6) ❶
36		

第10步 **查看计算结果** 按【Enter】键确认，即可得到前 5 名的生产量总和。

C49

	A	B
27		
28	统计项目	生产量
29	最大值	3520
30	最小值	126
31	平均值	657.8125
32	第1名	3520
33	第2名	1560
34	第3名	1376
35	前5名之和	9111
36		

4. 排序函数

应用排序函数可以计算数据排名，并且可以去除重复名次，具体操作方法如下：

第1步 **单击“插入函数”按钮** ❶ 选择 P5 单元格。❷ 在编辑栏左侧单击“插入函数”按钮 *fx*。

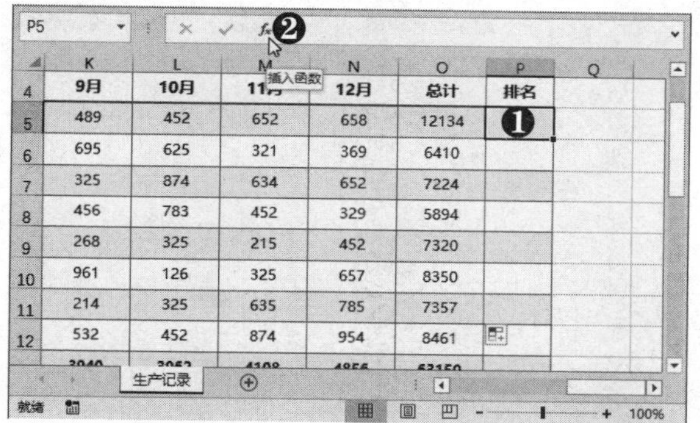

第2步 **选择 RANK.EQ 函数** 弹出“插入函数”对话框，❶ 在“或选择类别”下拉列表框中选择“统计”选项。❷ 在“选择函数”列表框中选择 RANK.EQ 函数。❸ 单击“确定”按钮。

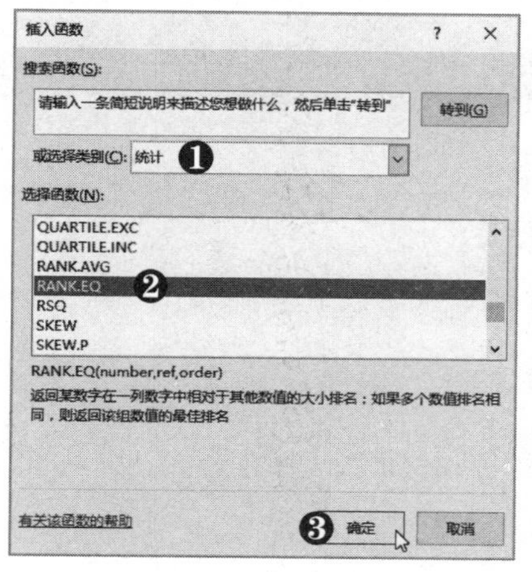

第3步 **设置函数参数** 弹出“函数参数”对话框，❶ 在 Number 文本框中引用 O5 单元格。❷ 在 Ref 文本框中输入“O5:O12”并选中，按【F4】键将其转换为绝对引用。❸ 在 Order 文本框中输入 0。❹ 单击“确定”按钮。

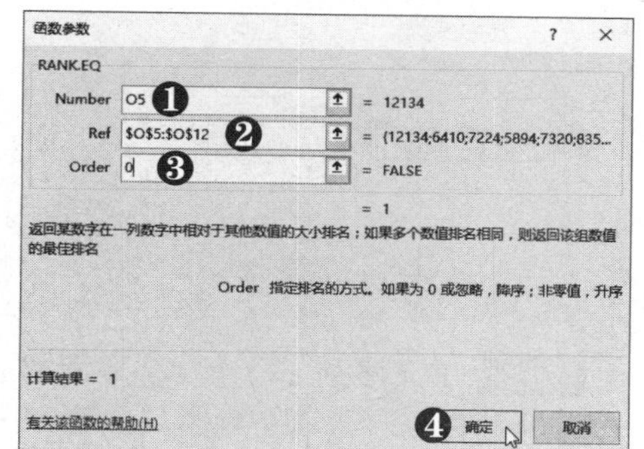

第4步 **填充公式** 此时即可得到各生产车间生产量的排名。双击 P5 单元格右下角的填充柄，将公式填充到整列。❶ 单击“自动填充选项”下拉按钮。❷ 选择“不带格式填充”选项。

P5 | =RANK.EQ(O5,$O$5:$O$12,0)

	K	L	M	N	O	P
4	9月	10月	11月	12月	总计	排名
5	489	452	652	658	12134	1
6	695	625	321	369	6410	7
7	325	874	634	652	7224	6
8	456	783	452	329	5894	8
9	268	325	215	452	7320	5
10	961	126	325	657	8350	3
11	214	325	635	785	7357	4
12	532	452	874	954	8461	2

复制单元格(C)
仅填充格式(F)
不带格式填充(O) ❷
快速填充(F)

9.5 应用查找与引用函数制作查询表

常用的查找与引用函数包括 VLOOKUP 和 HLOOKUP 函数，通过这两个函数可以制作产品销量查询表、生产情况分析表以及产品产量查询表。需要注意的是，在应用函数时正确引用单元格可以简化操作，提高工作效率。

电脑小专家

问：VLOOKUP 函数与 HLOOKUP 函数有什么区别？

答：VLOOKUP 函数是用第一个参数在一列中查找，而 HLOOKUP 函数是用第一个参数在一行中查找。

9.5.1 产品销量查询

要在销售情况分析表中快速找到自己所需的数据，可以应用 VLOOKUP 函数制作产品查询表，此表可以通过输入商品名称查询到其他项目信息，具体操作方法如下：

第1步 输入序号 打开素材文件，在 A7 单元格中输入数字 2。

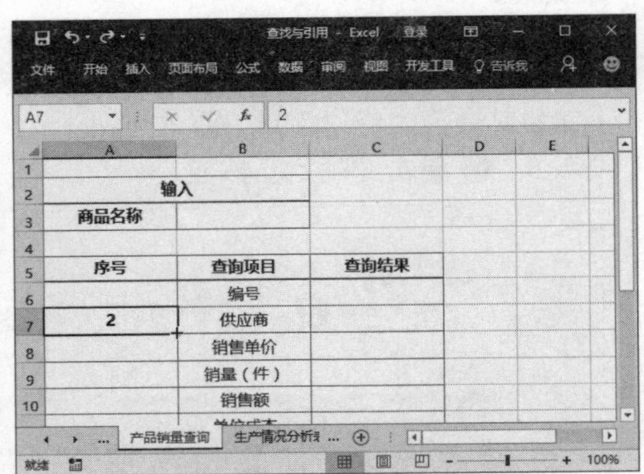

第2步 填充序列 双击 A7 单元格右下角的填充柄，将序号填充到整列。❶ 单击“填充序列”下拉按钮。❷ 选择“填充序列”选项。

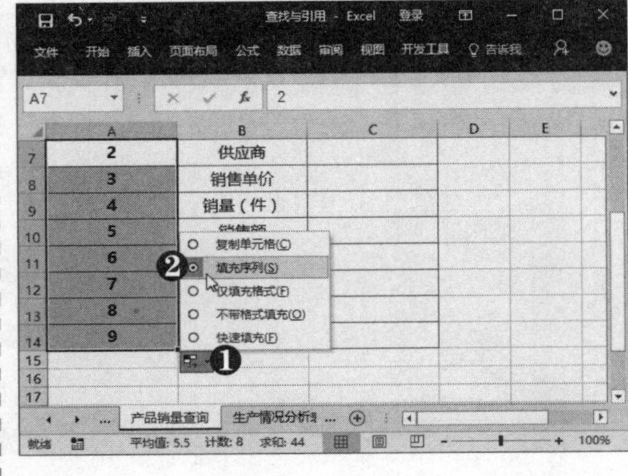

第3步 输入公式 ❶ 选择 C7 单元格。❷ 在编辑栏中输入公式“=VLOOKUP($B$3,)”，将光标定位到“,”后。

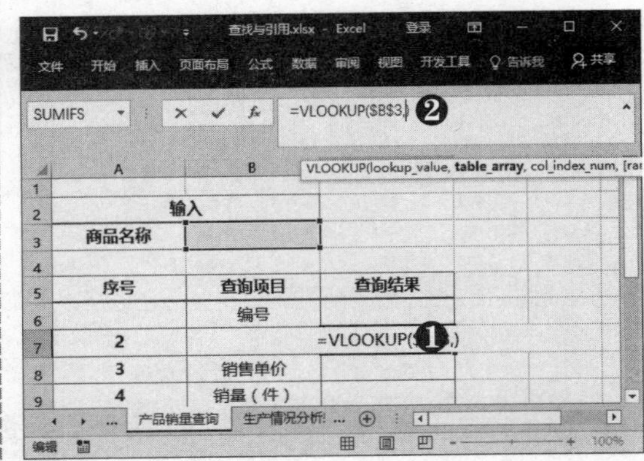

第4步 选择引用区域 在“销售情况分析表”工作表中选择 C4:K41 单元格区域。

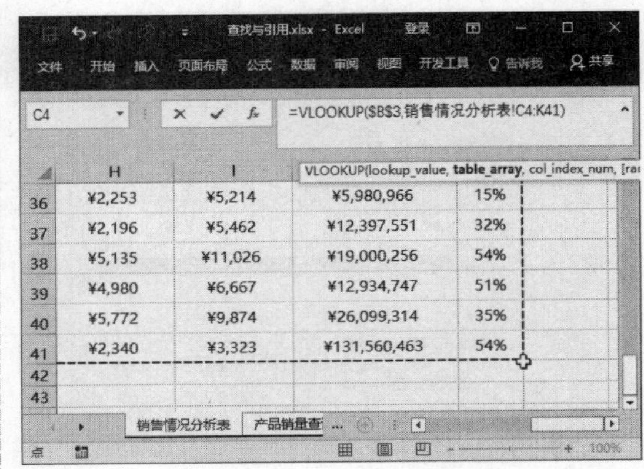

新手巧上路

问：为什么要在公式中使用绝对引用？

答：绝对引用主要应用于公式填充操作，若不设置为绝对引用，则填充的公式将随着单元格地址的改变而改变。

第5步 **转换引用方式** 在公式中选择“C4:K41”，按【F4】键将其转换为绝对引用，在其后输入 A7。

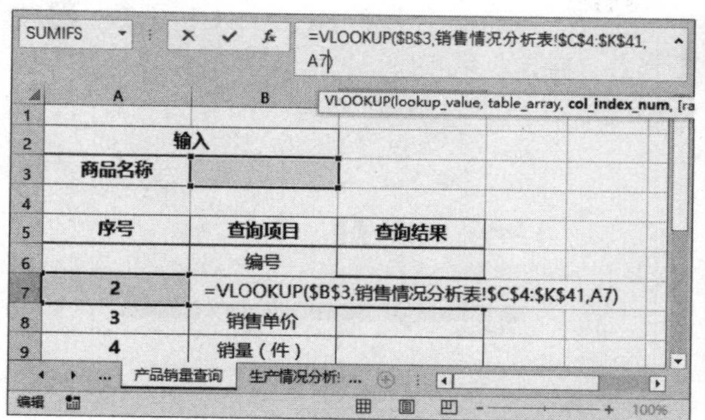

第6步 **查看查询结果** 按【Enter】键确认公式，在 B4 单元格中输入“产品 1”并按【Enter】键确认，即可得到查询结果。

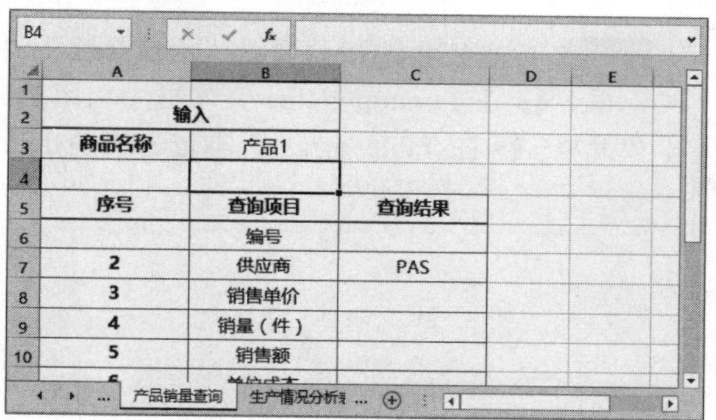

第7步 **填充公式** 双击 C7 单元格右下角的填充柄，将公式填充到整列。

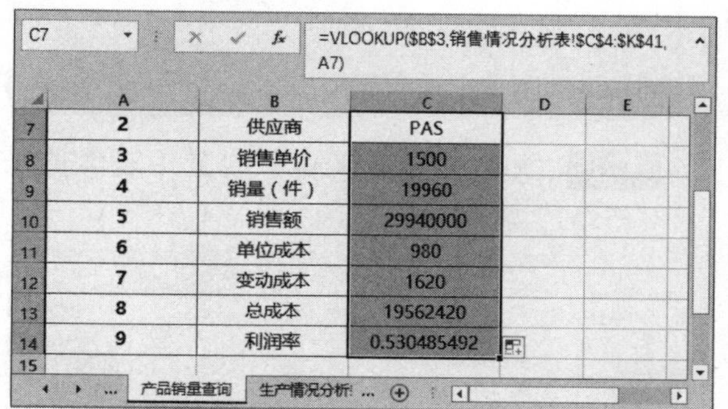

第8步 **单击“百分比样式”按钮** ❶ 选择 C14 单元格。❷ 在“数字”组中单击“百分比样式”按钮 % 。

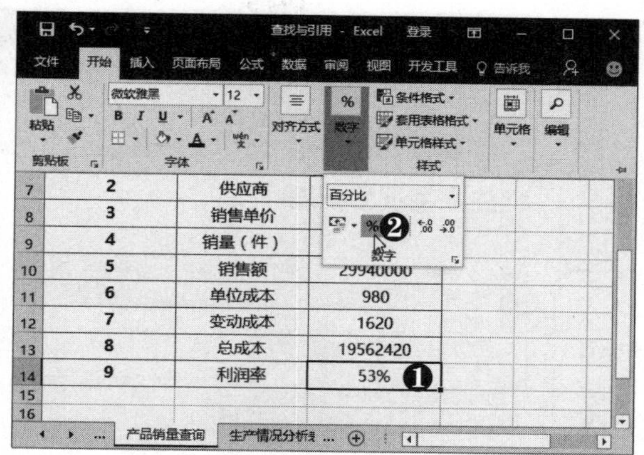

第9步 **输入公式** ❶ 选择 C6 单元格。❷ 在编辑栏中输入公式“=VLOOKUP(B3,CHOOSE({1,2},销售情况分析表!C4:C41,销售情况分析表!B4:B41),2,0)”。

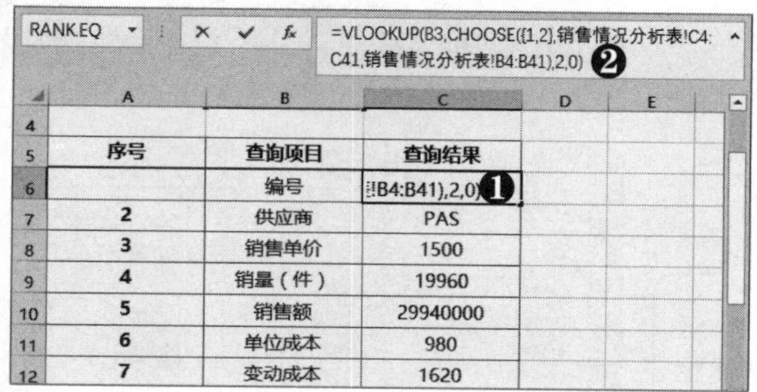

第10步 **查看计算结果** 按【Enter】键确认公式，即可根据产品名称反向查询编号。

C6 =VLOOKUP(B3,CHOOSE({1,2},销售情况分析表!C4:C41,销售情况分析表!B4:B41),2,0)

序号	查询项目	查询结果
	编号	1001
2	供应商	PAS
3	销售单价	1500
4	销量（件）	19960
5	销售额	29940000
6	单位成本	980

9.5.2 生产情况分析表

应用 IF、CHOOSE 函数可以根据产量排名情况计算各车间的得奖情况，而应用 HLOOKUP 函数可以根据奖金发放标准计算各生产车间的奖金，具体操作方法如下：

第1步 输入公式 ❶ 选择 F5 单元格。❷ 在编辑栏中输入公式“=IF(E5<=3,CHOOSE(E5,"金牌","银牌","铜牌"),"未得奖")”。

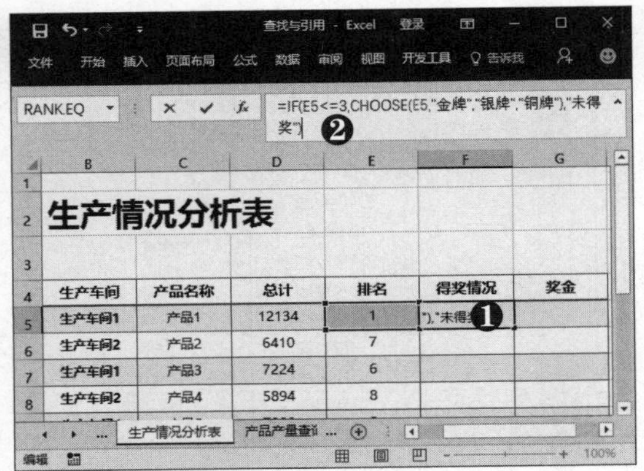

第2步 填充公式 双击 F5 单元格右下角的填充柄，将公式填充到整列。❶ 单击“自动填充选项”下拉按钮。❷ 选择“不带格式填充”选项。

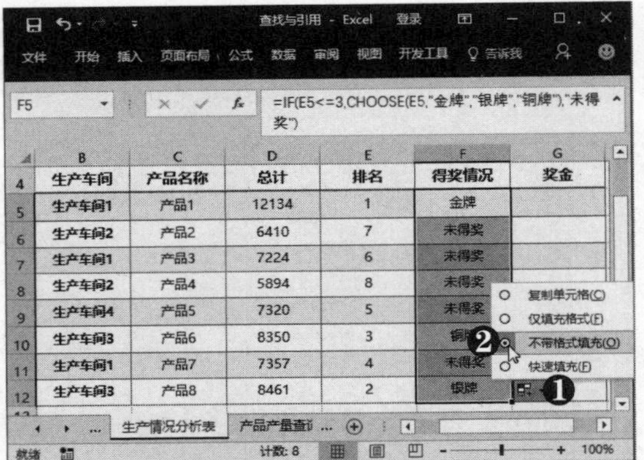

第3步 单击“插入函数”按钮 ❶ 选择 G5 单元格。❷ 在编辑栏左侧单击“插入函数”按钮 f_x。

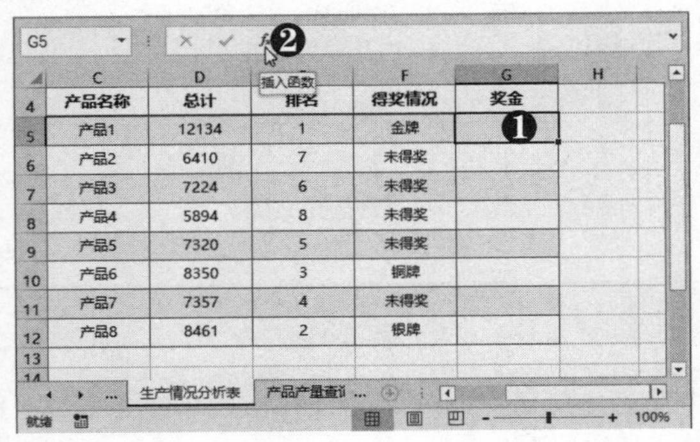

提示您

选择一个含有公式的单元格后，在表格上方的编辑栏中会显示出该表格中含有的公式。

多学点

本例中介绍的函数参数设置方法均为单击“选取”按钮进入表格中选取，也可直接在参数文本框中输入相应的单元格地址。

第4步 选择 HLOOKUP 函数 弹出“插入函数”对话框，❶ 在“或选择类别”下拉列表框中选择“查找与引用”选项。❷ 在“选择函数”列表框中选择 HLOOKUP 函数。❸ 单击“确定”按钮。

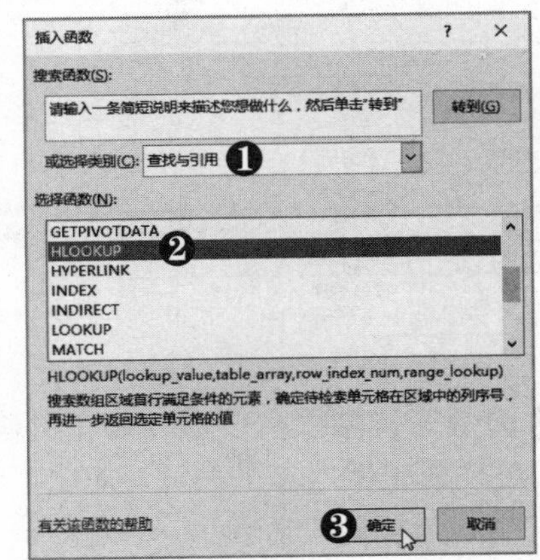

第5步 单击折叠按钮 弹出“函数参数”对话框，❶ 在 Lookup_value 文本框中引用 D5 单元格。❷ 在 Table_array 文本框右侧单击折叠按钮。

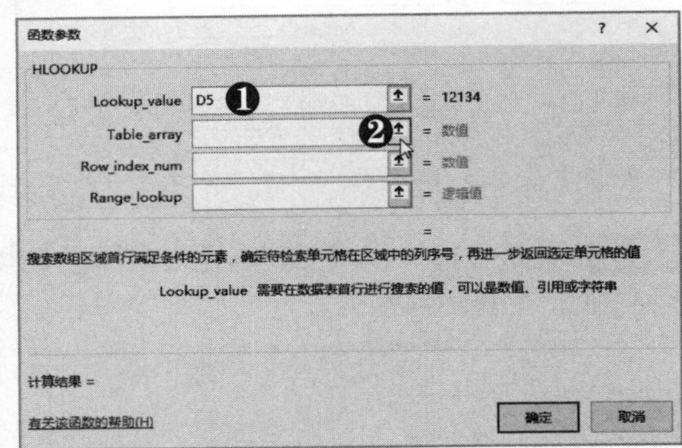

第6步 选择单元格区域 在工作表中选择 C15:G17 单元格区域。

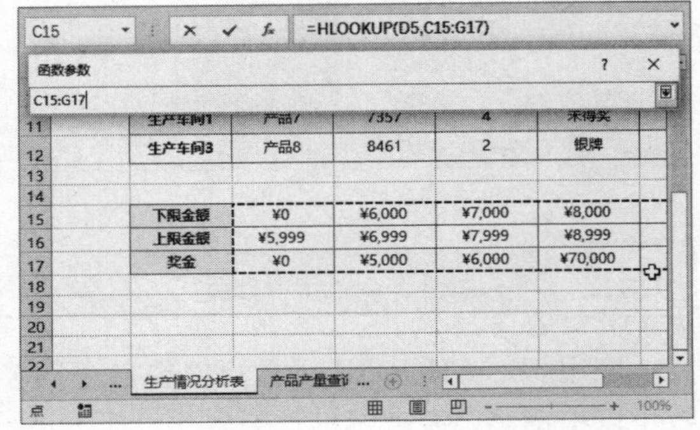

第7步 **设置函数参数** 按【Enter】键确认，返回“函数参数”对话框。❶ 在 Table_array 文本框中选择 C15:G17，按【F4】键将其转换为绝对引用。❷ 在 Row_index_num 文本框中输入 3。❸ 在 Range_lookup 文本框中输入 1。❹ 单击“确定”按钮。

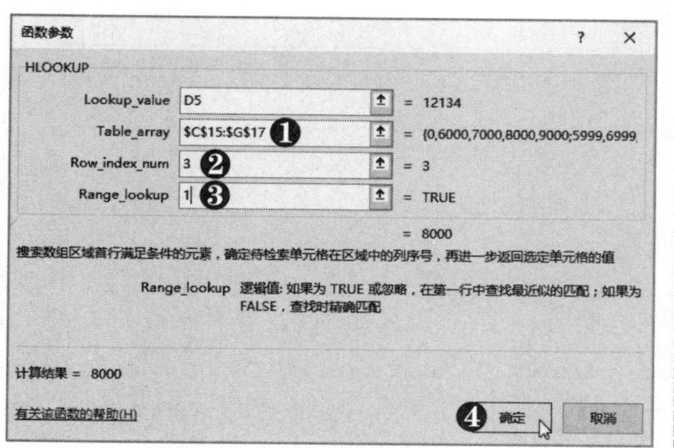

第8步 **填充公式** 此时即可按照 C15:G17 单元格区域中的奖金分配方式计算各生产车间的奖金。将公式填充到整列，❶ 单击“自动填充选项”下拉按钮。❷ 选择“不带格式填充”选项。

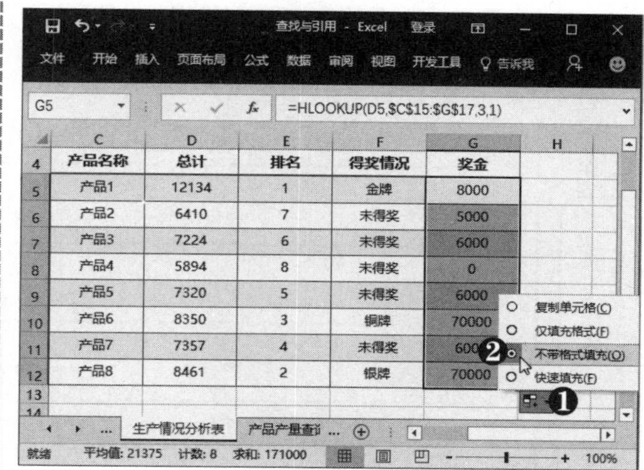

9.5.3 产品产量查询表

综合应用 INDEX、MATCH 函数，可以得到与 VLOOKUP、HLOOKUP 函数相同的查询效果，具体操作方法如下：

第1步 **输入公式** 打开素材文件，❶ 选择 C17 单元格。❷ 在编辑栏中输入公式“=INDEX(C5:N12,MATCH(B17,B5:B12,0),MATCH(A17,C4:N4,0))”。

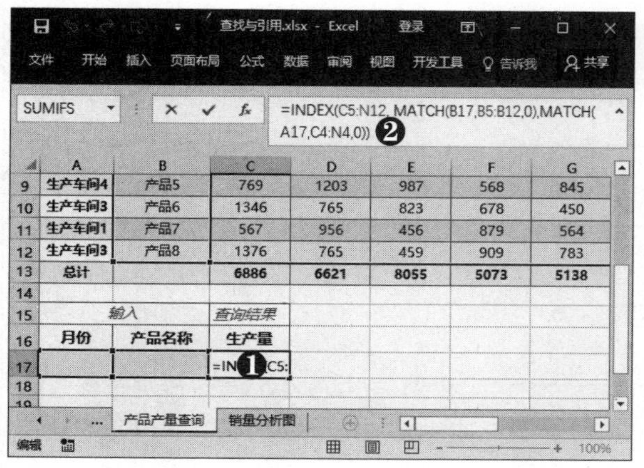

第2步 **查看查询结果** 按【Enter】键确认公式，在 A17 和 B17 单元格中输入查询条件，即可得到查询结果。

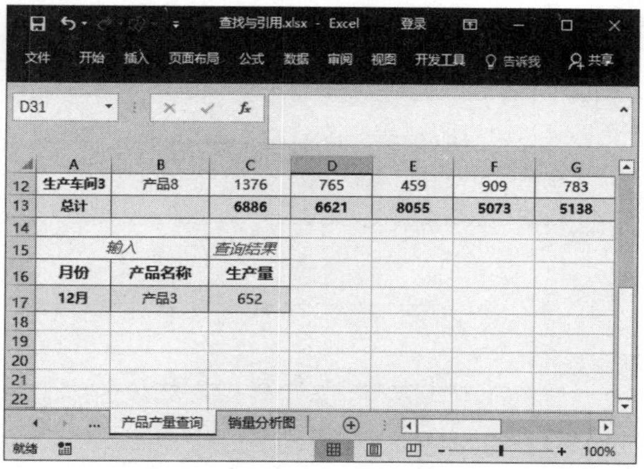

	A	B	C	D	E	F	G
12	生产车间3	产品8	1376	765	459	909	783
13	总计		6886	6621	8055	5073	5138
15	输入		查询结果				
16	月份	产品名称	生产量				
17	12月	产品3	652				

学习笔录

电脑小专家

问：还有哪些常用的查找与引用函数，用途是什么？

答：常见的还有OFFSET函数和INDIRECT函数。OFFSET函数用来返回对单元格或单元格区域中指定行数和列数的区域的引用；INDIRECT函数用来返回由文本字符串指定的引用，此函数立即对引用进行计算，并显示其内容。

第10章 使用PPT设计与制作普通演示文稿

章前导读

PowerPoint是Office套装软件的重要组成部分，使用它可以制作出带有图片、图形、表格以及图表的演示文稿，在工作汇报、企业宣传、产品推介、婚礼庆典、项目竞标、管理咨询等领域都有广泛的应用。本章以制作企业财富——品牌力演示文稿和客户服务行业趋势报告 PPT 为例，详细介绍演示文稿的创建方法。

- 制作企业财富——品牌力演示文稿
- 制作客户服务行业趋势报告 PPT

小神通，你知道怎样使用 PowerPoint 2016 制作精美的幻灯片吗？

在 PowerPoint 2016 中，设计者可以通过插入图形和图片等对象，并对其进行编辑和设置，将自己所要表达的信息制作成一组图文并茂的画面，最终以演示文稿的形式呈现出来。

说得没错，在 PowerPoint 2016 中可以插入文字、图形、声音及视频剪辑等多媒体元素，并且 PowerPoint 2016 因其功能强大受到了众多用户的青睐。本章就来介绍如何使用 PowerPoint 2016 制作精美的幻灯片。

10.1 制作企业财富——品牌力演示文稿

品牌力是知名度、美誉度和诚信度的有机统一，是指消费者对某个品牌形成的概念对其购买决策的影响程度。对企业来说，是渠道经营的主轴。为了更好地推广品牌力理念，可以将对品牌力的介绍制作成演示文稿，把静态文件制作成动态文件浏览，把复杂的问题变得通俗易懂，给人留下更为深刻的印象。

10.1.1 创建与保存演示文稿

提示您

演示文稿是一个完整的演示文件，它包含多张幻灯片，幻灯片展示页面或画面。

多学点

PowerPoint 2016 幻灯片中包含了智能参考线，当移动对象时会自动显示，使用户可以轻松地排列对象，如居中、间隔均匀等。

下面将介绍如何在 PowerPoint 2016 中创建一个演示文稿并保存，可以创建空白演示文稿，也可以使用模板创建演示文稿，具体操作方法如下：

第1步 单击“业务”超链接 打开 PPT 程序，在欢迎界面的搜索框下方单击“业务”超链接。

第2步 选择模板 开始联机搜索演示文稿，在“切片”列表中选择“带红线的业务演示文稿”模板。

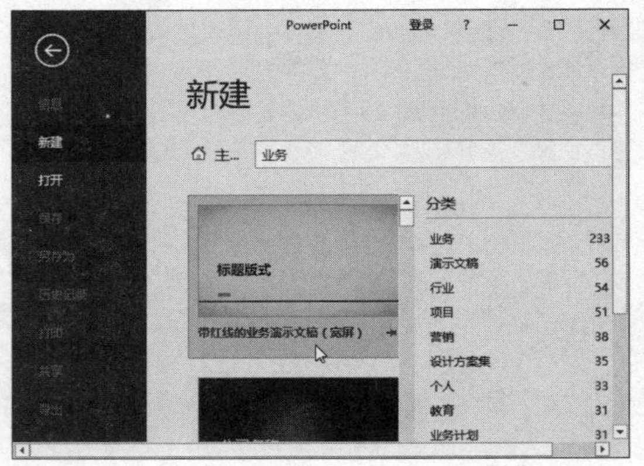

第3步 单击“创建”按钮 在弹出的对话框中单击“创建”按钮。

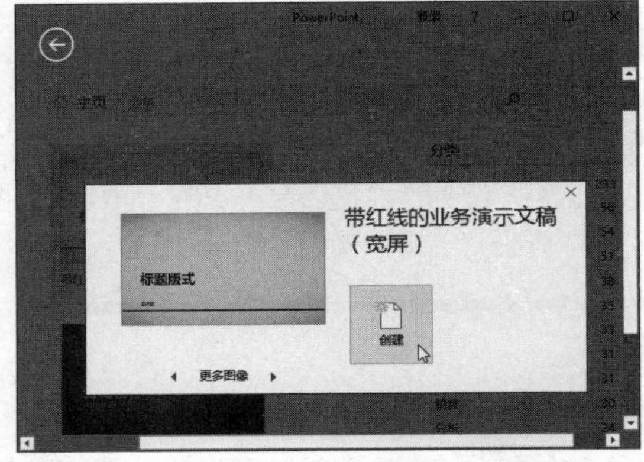

第4步 创建模板演示文稿 此时即可根据模板创建演示文稿，从中可以新建已经设计好的幻灯片版式。

第5步 **修改标题** 单击占位符，即可根据需要修改标题内容。

第6步 **保存演示文稿** 按【F12】键，弹出“另存为”对话框，❶ 选择保存位置。❷ 输入文件名称。❸ 单击“保存”按钮。

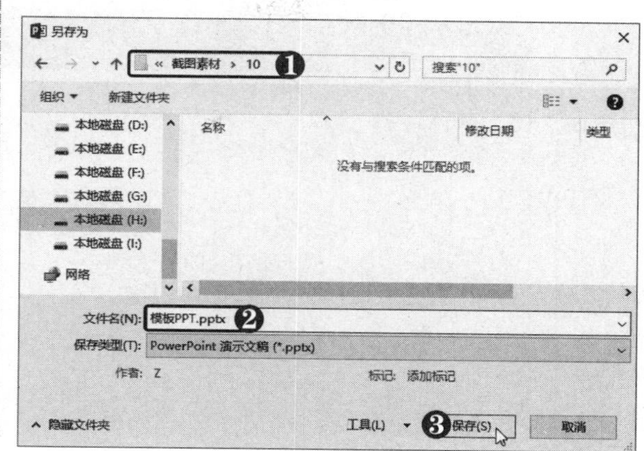

10.1.2 使用母版制作章节幻灯片

母版可以为所有幻灯片设置默认的版式和样式。PPT 有三种母版类型，分别为幻灯片母版、讲义母版和备注母版。

1．设置母版背景

使用母版背景可以使演示文稿中所有应用该版式的幻灯片有统一的风格。下面将介绍如何插入幻灯片母版版式并设置幻灯片背景，具体操作方法如下：

第1步 **选择“空白演示文稿”选项** 切换到“文件”选项卡，❶ 在左侧选择“新建”选项。❷ 选择“空白演示文稿”选项。

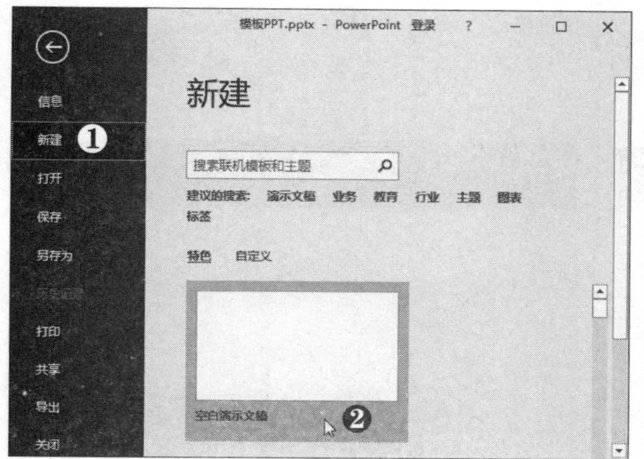

第2步 **单击“幻灯片母版”按钮** 此时即可新建空白演示文稿，❶ 选择“视图”选项卡。❷ 在“母版视图”组中单击“幻灯片母版”按钮。

第3步 单击"插入版式"按钮 进入"幻灯片母版"视图，在"编辑母版"组中单击"插入版式"按钮。

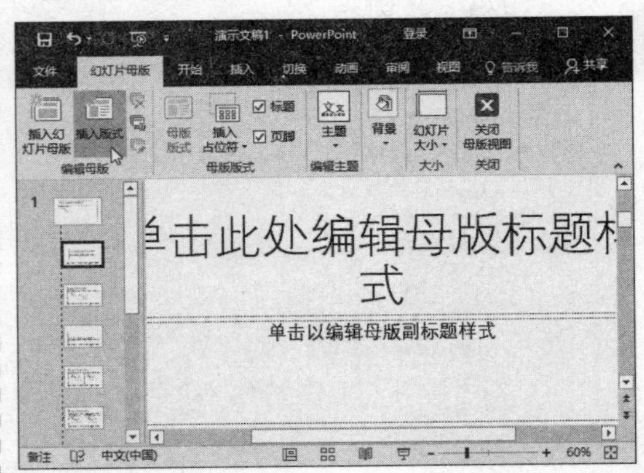

第4步 删除标题占位符 此时即可插入一个新的版式。选中标题占位符，按【Delete】键即可将其删除。

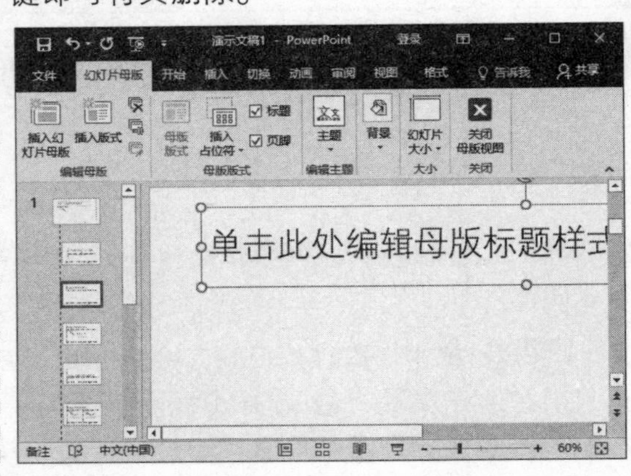

第5步 单击"图片"按钮 ❶ 选择"插入"选项卡。❷ 在"图像"组中单击"图片"按钮。

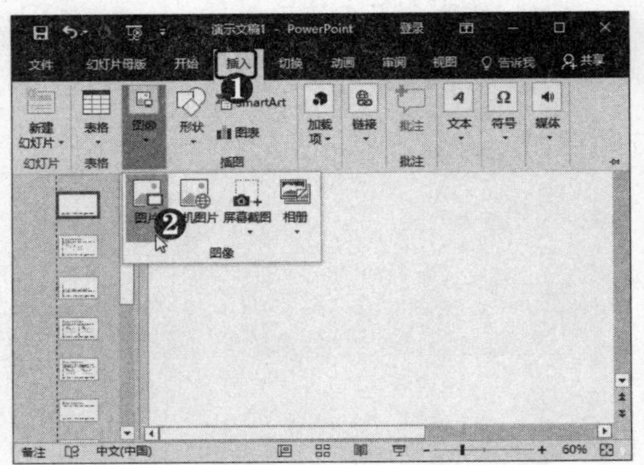

第6步 选择图片 弹出"插入图片"对话框，❶ 选择所需的图片。❷ 单击"插入"按钮。

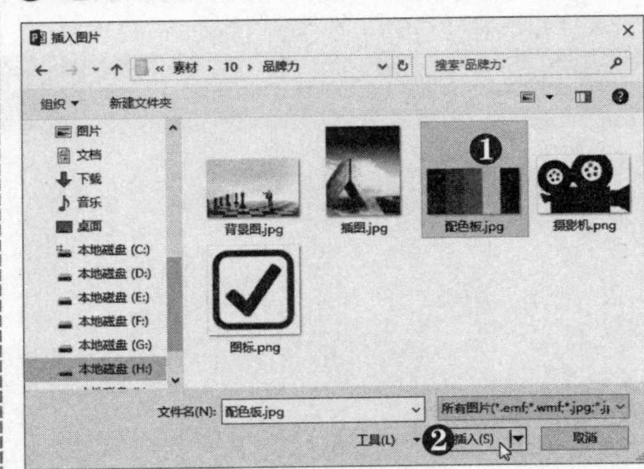

第7步 选择"设置背景格式"命令 ❶ 在幻灯片空白处右击。❷ 选择"设置背景格式"命令。

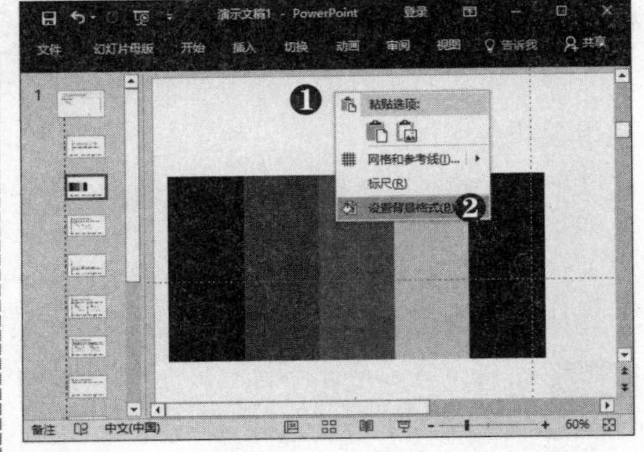

第8步 选择"取色器"选项 打开"设置背景格式"窗格，❶ 在"填充"选项区中单击"填充颜色"下拉按钮。❷ 选择"取色器"选项。

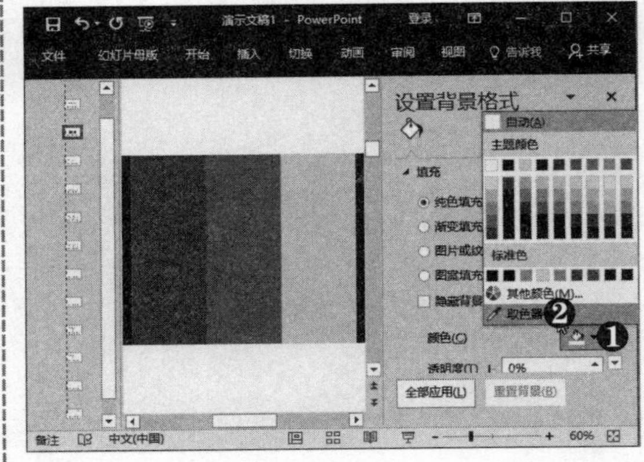

电脑小专家

问：什么是主母版？

答：在"幻灯片母版"视图左窗格的母版缩略图中，第一个母版即为主母版。主母版影响着所有的版式母版，如统一的内容、图片、背景和格式。

新手巧上路

问：怎样在一个幻灯片中使用多个主题？

答：使用多个幻灯片母版即可，每个幻灯片母版各表示一个主题，在"幻灯片母版"视图中单击"插入幻灯片母版"按钮，可再插入一个母版。

第9步 **选取颜色** 此时鼠标指针变为✒形状，在所需选取颜色处单击。

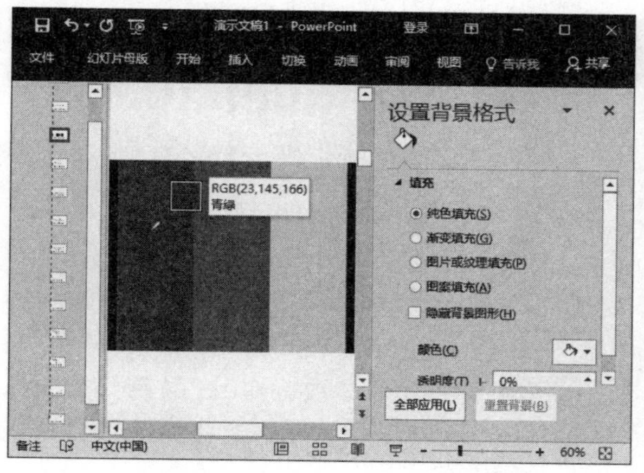

第10步 **查看填充效果** 此时即可填充幻灯片背景颜色。

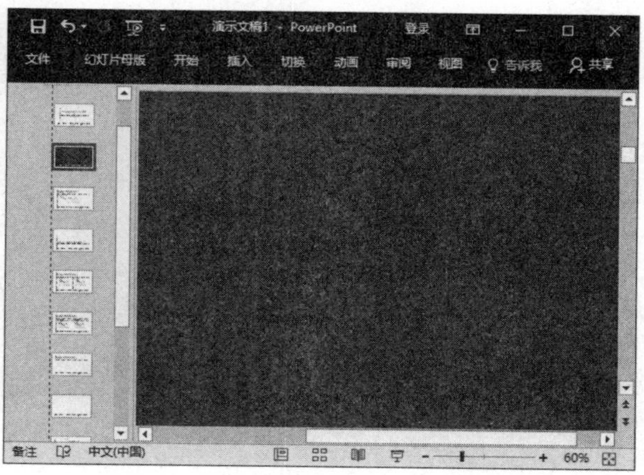

2．添加形状修饰

设置好母版背景后，可以在幻灯片中添加形状进行修饰，具体操作方法如下：

第1步 **选择形状** ❶ 选择"插入"选项卡。❷ 在"插图"组中单击"形状"下拉按钮。❸ 选择"椭圆"形状。

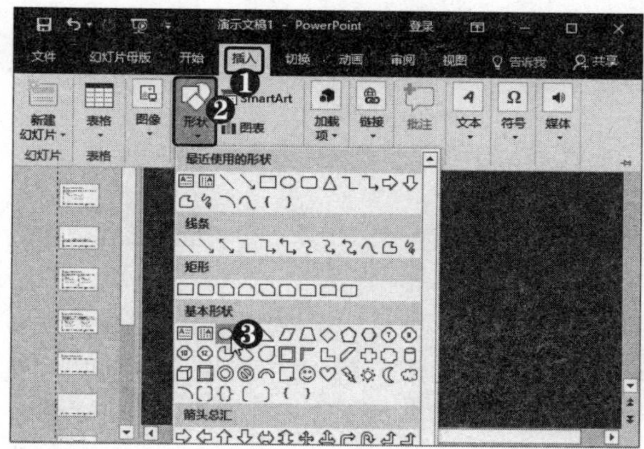

高手点拨

选择幻灯片主母版，在"幻灯片母版"选项卡下的"母版版式"组中单击"母版版式"按钮，在弹出的对话框中可以设置显示或隐藏占位符，如标题、文本、日期、幻灯片编号或页脚占位符等。

第2步 **设置形状格式** ❶ 选择"格式"选项卡。❷ 设置填充颜色为白色。❸ 单击"形状轮廓"下拉按钮。❹ 选择"无轮廓"选项。

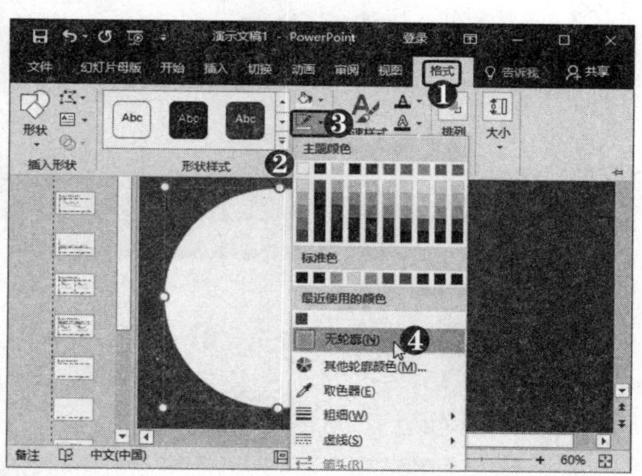

第3步 **选中"参考线"复选框** ❶ 选择"视图"选项卡。❷ 在"显示"组中选中"参考线"复选框。

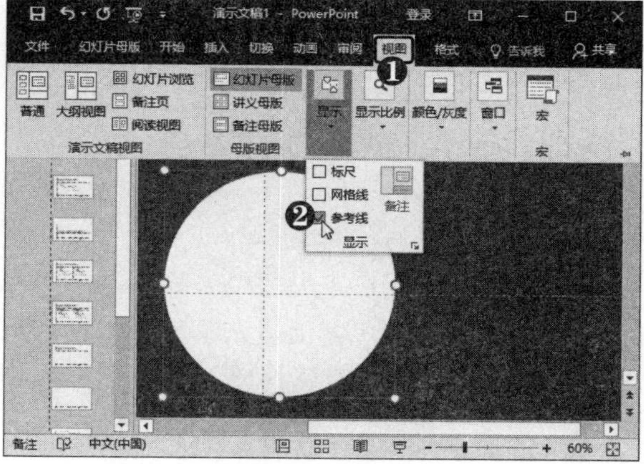

第4步 移动形状 根据参考线将形状移至幻灯片中央。

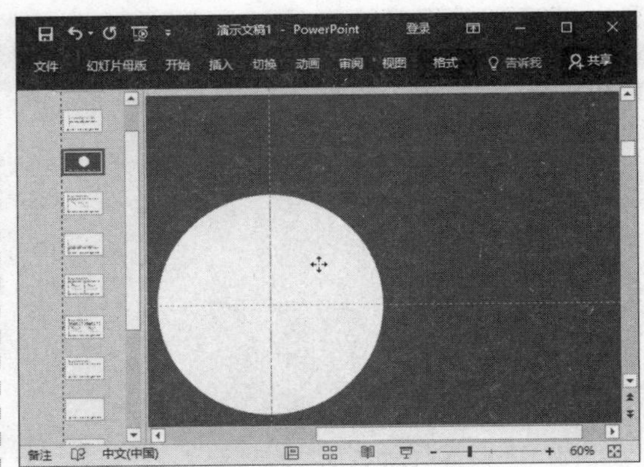

> **提示您**
>
> 主母版以下的缩略图为版式母版。对各版式母版进行设置，只对应用了该版式的幻灯片有影响。

第5步 插入并调整形状 插入矩形并旋转，根据需要调整矩形宽度。

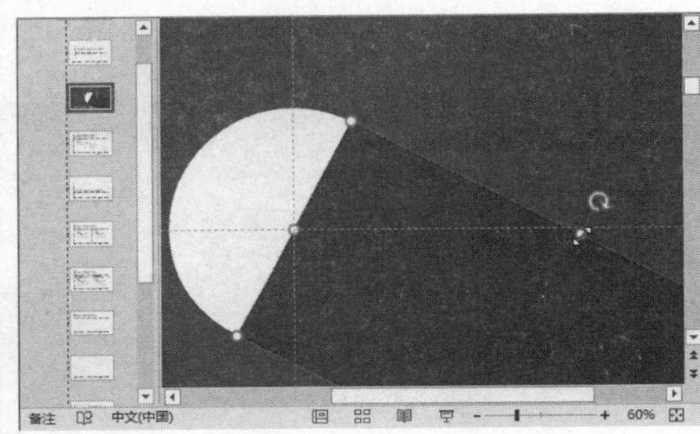

第6步 设置形状格式 ❶ 选择“格式”选项卡。❷ 单击“填充颜色”下拉按钮。❸ 选择所需的颜色。

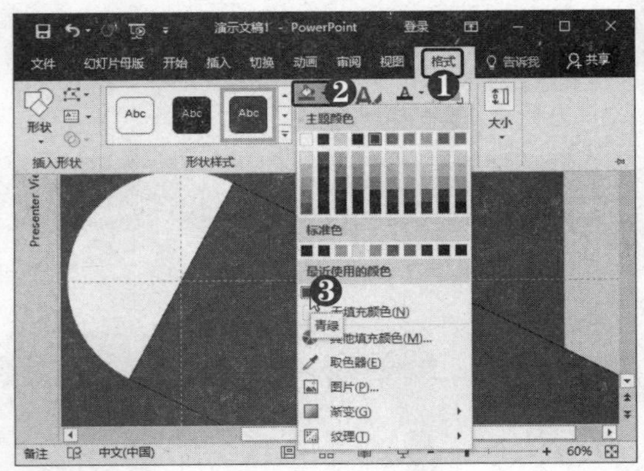

> **多学点**
>
> 在“设置背景格式”窗格中包含一个“隐藏背景图形”复选框，此功能只对幻灯片母版中的图形起作用。

第7步 选择“其他填充颜色”选项 ❶ 单击“填充颜色”下拉按钮。❷ 选择“其他填充颜色”选项。

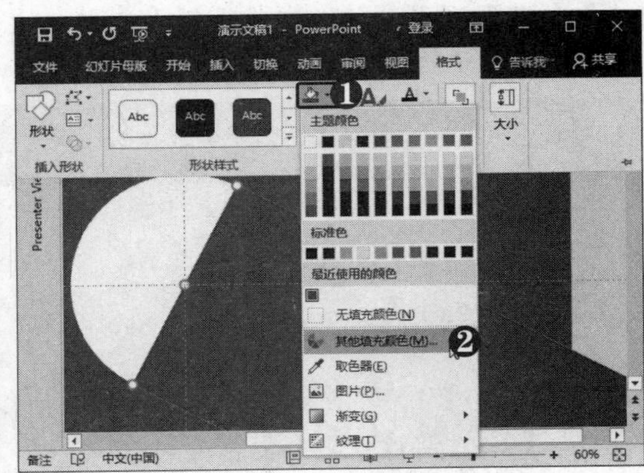

第8步 调整颜色参数 弹出“颜色”对话框，❶ 向下拖动◂按钮，调整颜色参数。❷ 单击“确定”按钮。

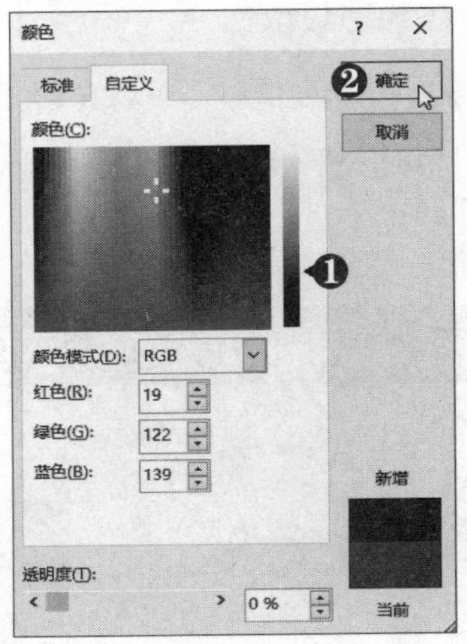

第9步 选择“置于底层”命令 设置形状轮廓为“无轮廓”。❶ 右击形状。❷ 选择“置于底层”选项。❸ 选择“置于底层”命令。

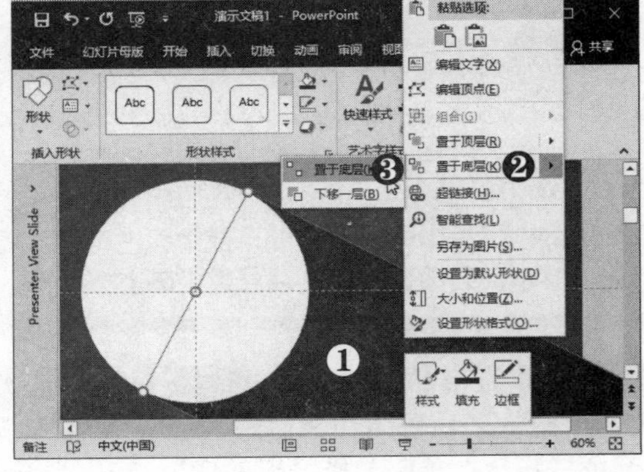

3．制作齿轮形状

PowerPoint 2016 中提供了“合并形状”功能，使用该功能可以根据需要随意联合、组合、拆分与剪除形状，在原来简单图形的基础上创造复杂形状，具体操作方法如下：

第1步 设置形状样式 插入梯形，在“形状样式”列表中选择所需的样式。

第2步 调整形状位置 复制形状，并根据参考线调整形状的位置。

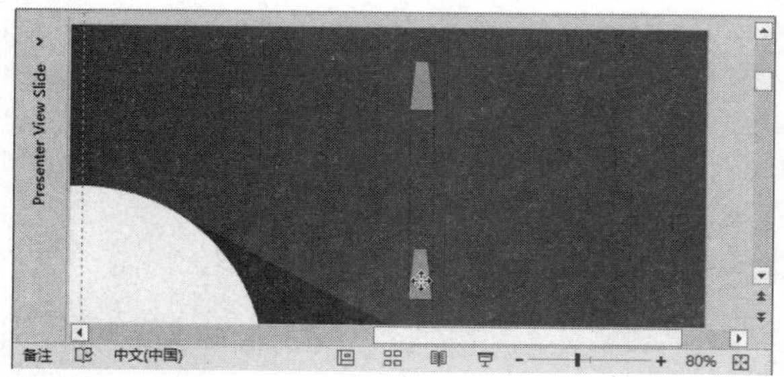

第3步 选择“垂直翻转”选项 ❶ 在“排列”组中单击“旋转”下拉按钮。❷ 选择“垂直翻转”选项。

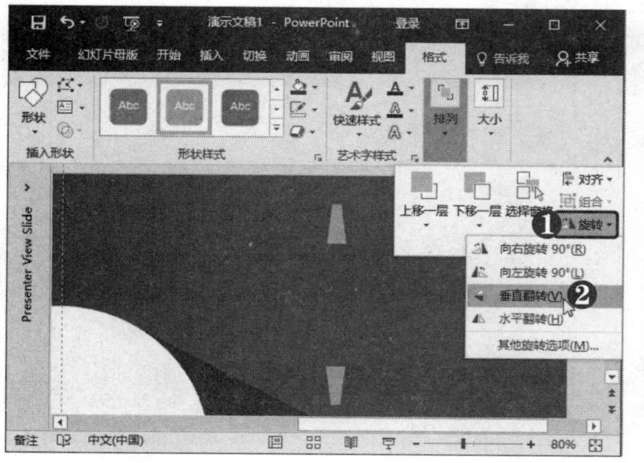

第4步 组合形状 ❶ 按住【Shift】键的同时选中两个形状。❷ 在“排列”组中单击“组合”下拉按钮。❸ 选择“组合”选项。

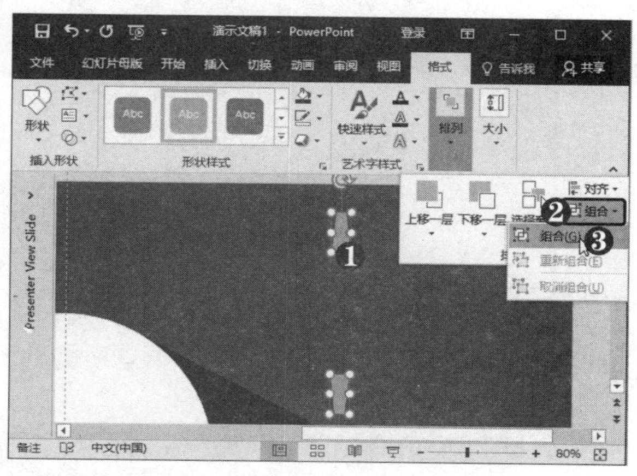

第5步 复制形状 选中组合形状，并多次复制此形状。

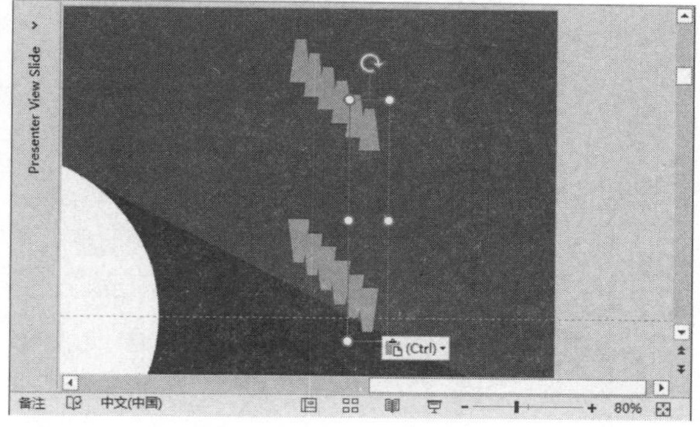

第6步 层叠排列 调整形状位置，使其层叠排列。

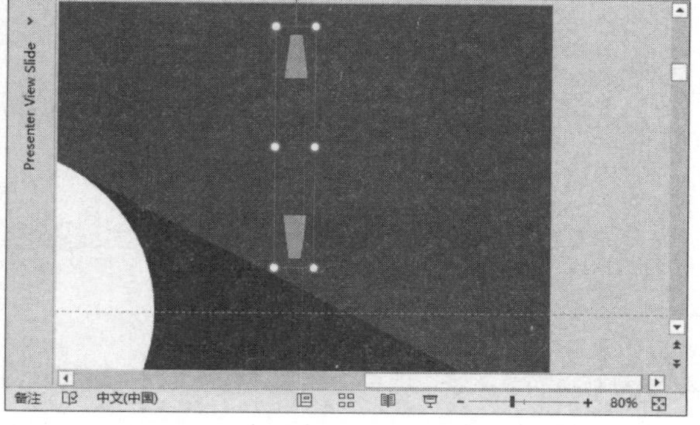

第7步 **旋转形状** 选中最上层的组合形状，按 2 次【Alt+→】组合键，即可将其向右旋转 30° 。

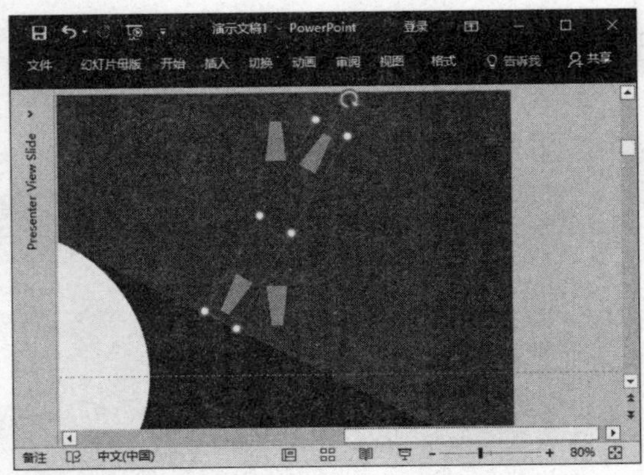

第8步 **框选形状** 采用同样的方法，旋转其他组合形状，然后拖动鼠标框选所需的形状。

第9步 **组合形状** 此时即可同时选中多个形状，❶ 右击形状。❷ 选择“组合”命令。● 选择“取消组合”命令。

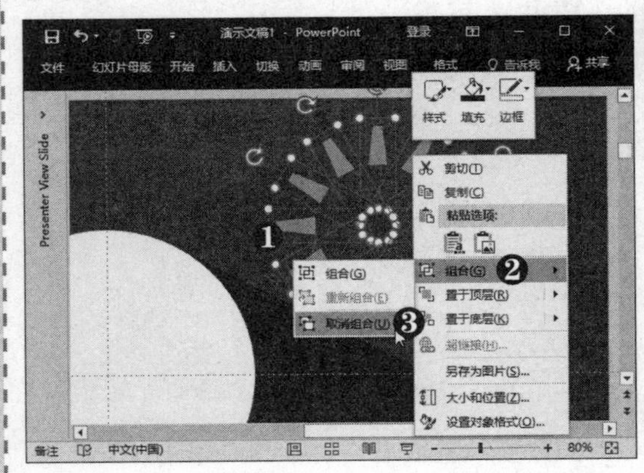

第10步 **框选形状** 插入圆形并设置形状格式，拖动鼠标框选所需的形状。

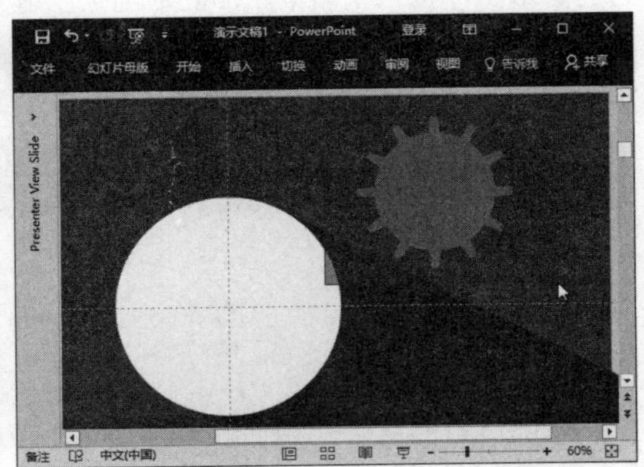

第11步 **选择“联合”选项** ❶ 在“插入形状”组中单击“合并形状”下拉按钮。❷ 选择“联合”选项。

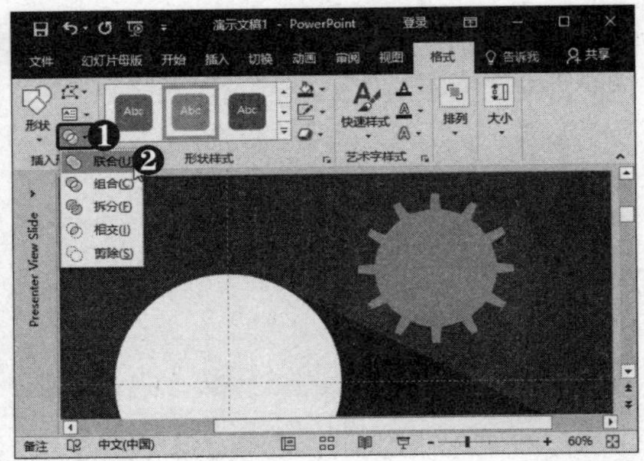

第12步 **选择形状** ❶ 选择“插入”选项卡。❷ 在“插图”组中单击“形状”下拉按钮。❸ 选择“圆环”形状。

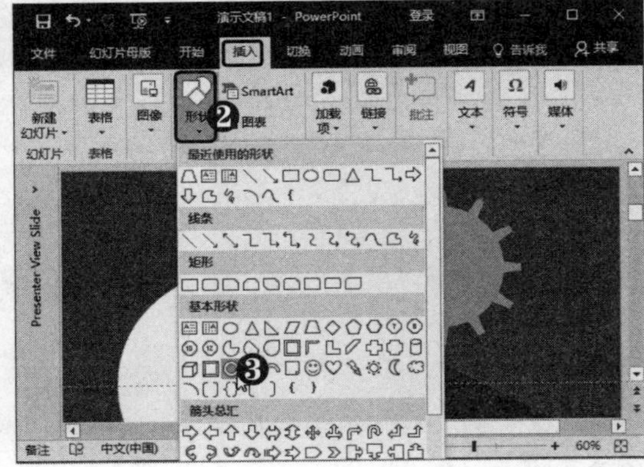

电脑小专家

问：怎样添加参考线？

答：在幻灯片中右击，在弹出的快捷菜单中选择“网格和参考线”|“添加垂直/水平参考线”命令即可。

新手巧上路

问：如何恢复幻灯片背景？

答：在“设置背景格式”窗格下方单击“重置背景”按钮，即可恢复到原来的幻灯片背景。

第13步 调整圆环宽度 拖动圆环内侧的控制点 ，调整圆环的宽度。

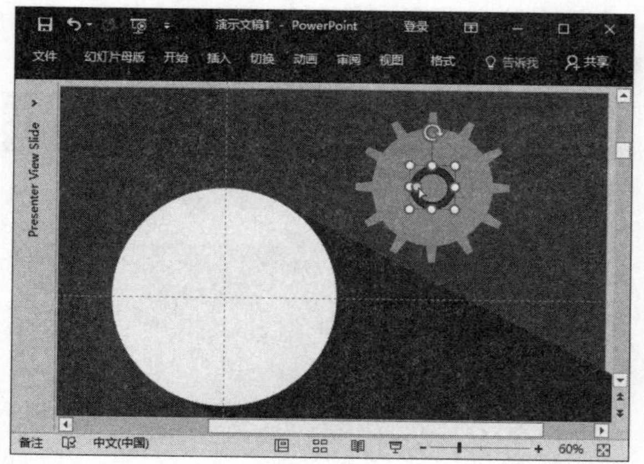

第14步 依次选中形状 插入 2 个圆形，根据需要调整圆形的位置。按住【Shift】键先选中下层的圆形，再选中上层的圆形。

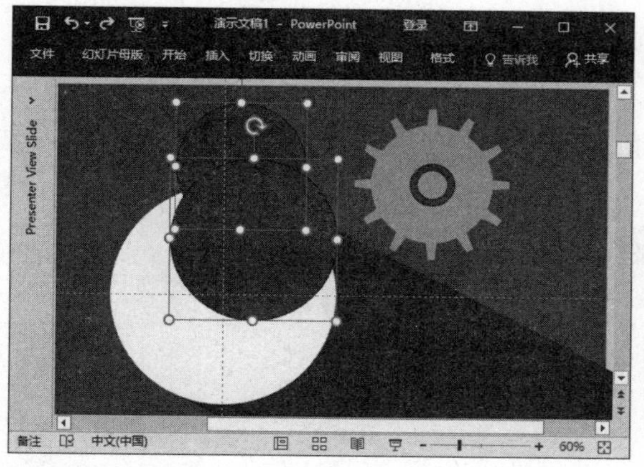

第15步 选择“剪除”选项 ❶ 在“插入形状”组中单击“合并形状”下拉按钮 。❷ 选择“剪除”选项。

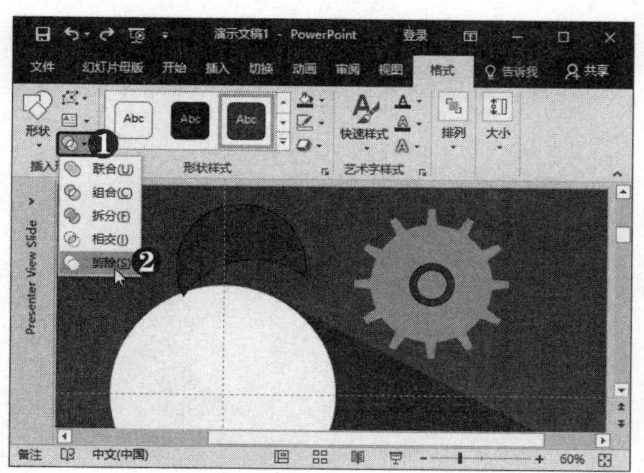

第16步 调整形状大小和位置 调整形状的大小，并将其移至所需的位置。

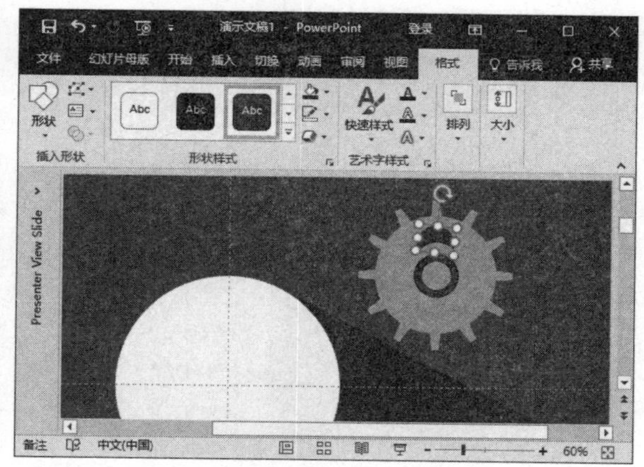

第17步 依次选中形状 复制多个合并后的形状，并将其移至所需的位置。按住【Shift】键先选中下层的齿轮形状，再选中上层的圆环和月牙形状。

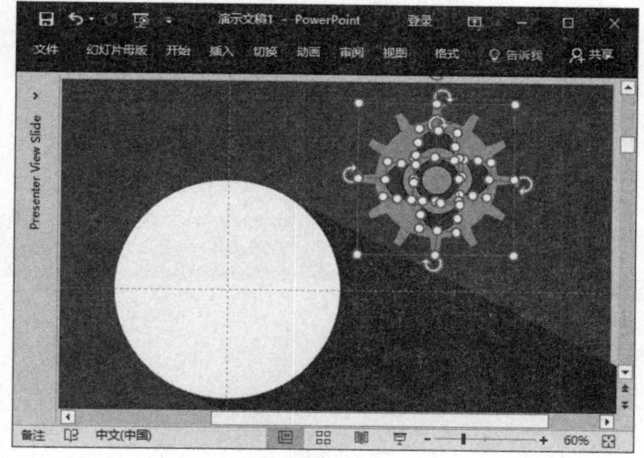

第18步 选择“剪除”选项 ❶ 在“插入形状”组中单击“合并形状”下拉按钮 。❷ 选择“剪除”选项。

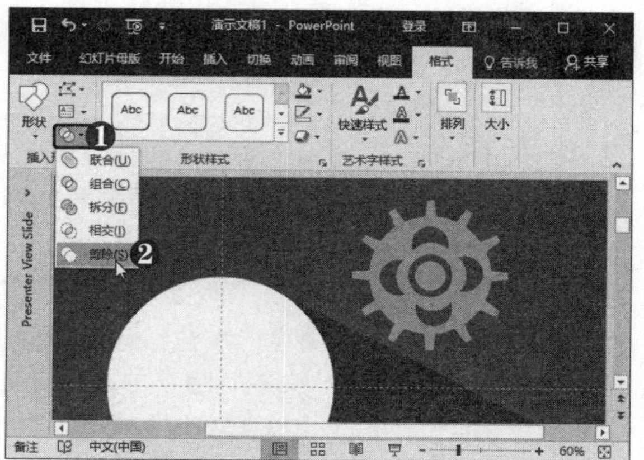

第19步 **选择阴影样式** ❶ 单击"形状效果"下拉按钮。❷ 选择"阴影"选项。❸ 选择所需的阴影样式。

第20步 **单击"关闭母版视图"按钮** 复制齿轮形状，根据需要调整形状大小，并将其移至所需的位置。❶ 选择"幻灯片母版"选项卡。❷ 单击"关闭母版视图"按钮。

提示您

若幻灯片没有因主母版的设置而发生变化，需要重置幻灯片的版式，在"开始"选项卡下"幻灯片"组中单击"重置"按钮即可。

4. 应用母版

要在幻灯片中应用自定义幻灯片版式，只需选择相应的幻灯片，然后更改它的版式即可，也可在新建幻灯片时选择自定义的版式，具体操作方法如下：

第1步 **选择新版式** ❶ 在"幻灯片"组中单击"新建幻灯片"下拉按钮。❷ 选择新创建的版式。

多学点

若要使文本框距幻灯片边界的左右宽度相同，可在鼠标拖动左侧(或右侧)控制柄的同时按住【Ctrl】键。按住【Shift】键则会保持拖动方向为水平，也可在拖动控制柄时同时按住【Ctrl+Shift】组合键。

高手点拨

在幻灯片中应用母版中的格式后，还可根据需要对幻灯片的格式进行调整。

第2步 **单击"文本框"按钮** ❶ 选择"插入"选项卡。❷ 在"文本"组中单击"文本框"按钮。

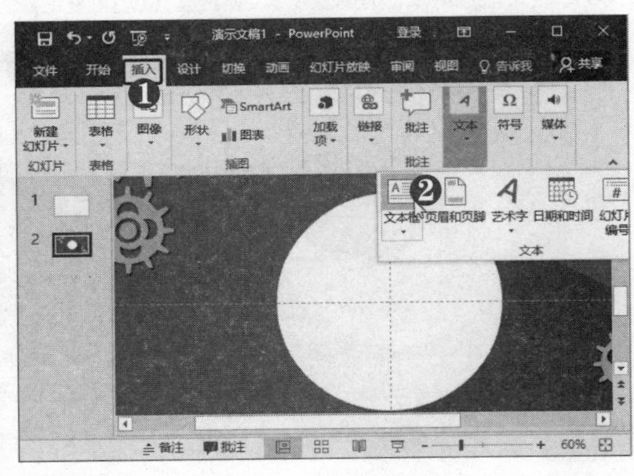

第3步 **设置字体格式** ❶ 输入文本并选中。❷ 在"字体"组中设置字体格式。

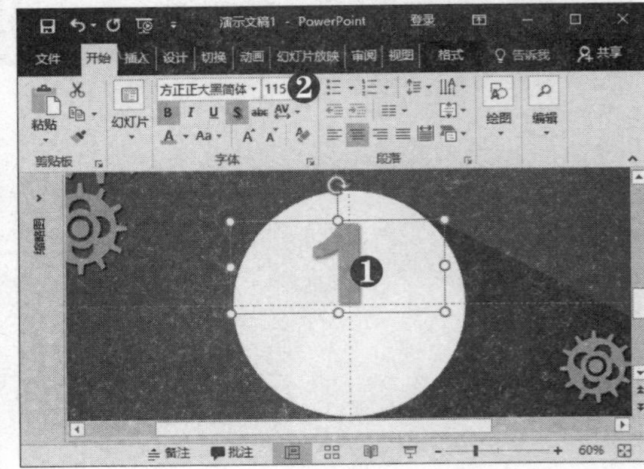

第4步 选择"复制幻灯片"命令 采用同样的方法，插入文本框，并设置字体格式。❶ 在左窗格中右击当前幻灯片。❷ 选择"复制幻灯片"命令。

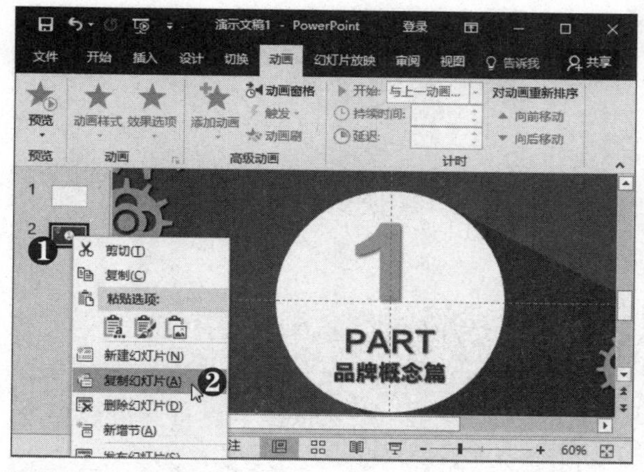

第5步 复制幻灯片 此时即可复制幻灯片，根据需要修改标题文本。

第6步 创建其他章节幻灯片 采用同样的方法，创建其他章节幻灯片。按【Ctrl+S】组合键，保存演示文稿。

10.1.3 制作幻灯片封面

在设计幻灯片封面时，可以通过表格和图片制作出美观、大方的商务 PPT 封面。表格既可作为排版文字的工具，也可作为装饰丰富幻灯片的内容。制作幻灯片封面的具体操作方法如下：

第1步 单击"图片"按钮 选择第 1 张幻灯片，❶ 在标题和文本占位符单击，分别输入所需的文本。❷ 选择"插入"选项卡。❸ 在"图像"组中单击"图片"按钮。

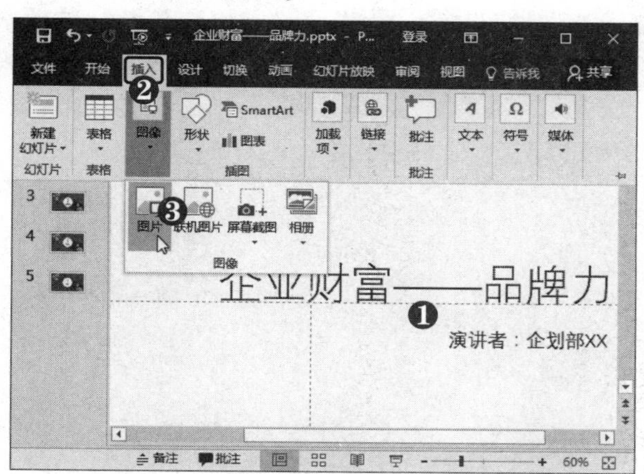

第2步 选择图片 弹出"插入图片"对话框，❶ 选择所需的图片。❷ 单击"插入"按钮。

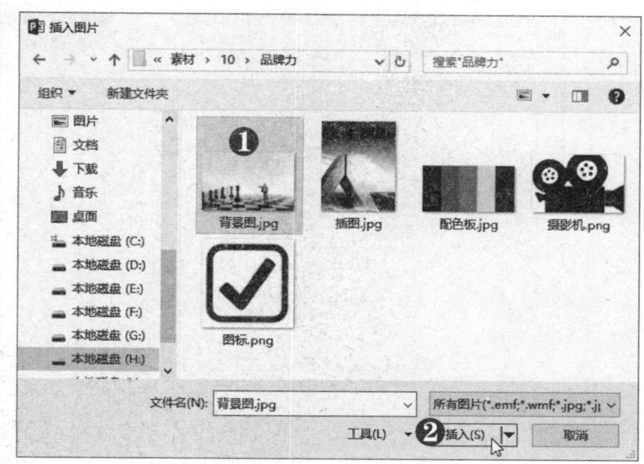

电脑小专家

问：怎样快速裁剪图片？

答：右击图片，在浮动工具栏中单击“裁剪”按钮，即可快速进入图片裁剪状态。

新手巧上路

问：如何将Excel中的表格数据导入PowerPoint中？

答：可以直接复制Excel中的数据，再粘贴到PowerPoint中。单击“粘贴”下拉按钮，在弹出的下拉列表中选择“保留源格式”选项，即可保留表格原来的格式。

第3步 选择“水平翻转”选项 ❶选择“格式”选项卡。❷单击“旋转”下拉按钮。❸选择“水平翻转”选项。

第4步 选择“置于底层”命令 ❶右击图片。❷选择“置于底层”命令。

第5步 单击“裁剪”按钮 ❶选中图片。❷在“大小”组中单击“裁剪”按钮。

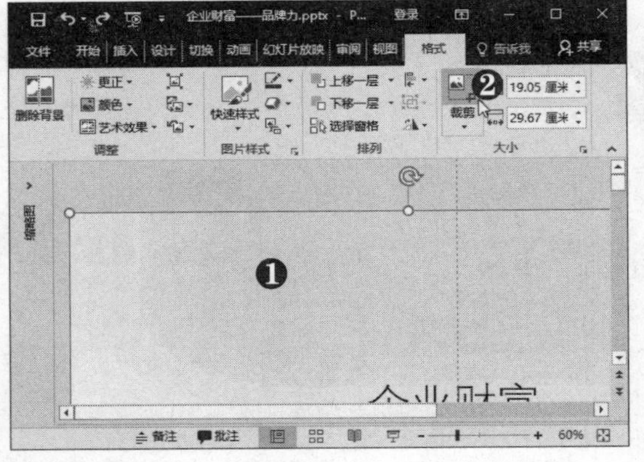

第6步 调整图片大小 进入图片裁剪状态，根据需要调整图片大小。

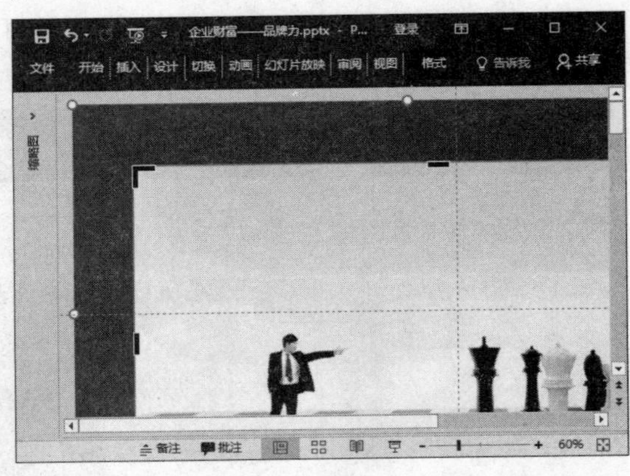

第7步 选择网格大小 ❶选择“插入”选项卡。❷单击“表格”下拉按钮。❸选择网格大小。

第8步 选择“无填充颜色”选项 根据需要调整表格大小。❶选择“设计”选项卡。❷在“表格样式选项”组中取消选中“标题行”和“镶边行”复选框。❸单击“形状填充”下拉按钮。❹选择“无填充颜色”选项。

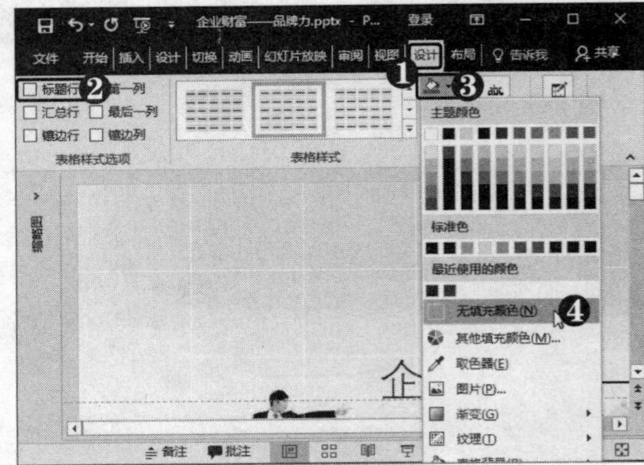

第9步 单击扩展按钮 插入 2 个矩形，❶ 按住【Shift】键的同时选中 2 个形状。❷ 在“形状样式”组右下角单击扩展按钮。

第10步 设置形状格式 打开“设置形状格式”窗格，❶ 设置形状填充颜色。❷ 设置填充透明度。❸ 在“线条”选项区中选中“无线条”单选按钮。

第11步 选择“选择窗格”选项 ❶ 选择“开始”选项卡。❷ 在“编辑”组中单击“选择”下拉按钮。❸ 选择“选择窗格”选项。

第12步 调整显示顺序 打开“选择”窗格，将“标题 1”和“副标题 2”选项移至最上方。

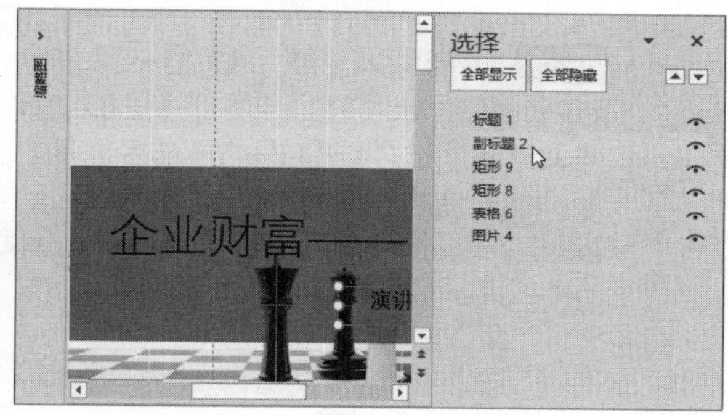

第13步 设置标题字体格式 此时即可将标题和副标题移至最顶层，在“字体”组中设置标题和副标题的字体格式。

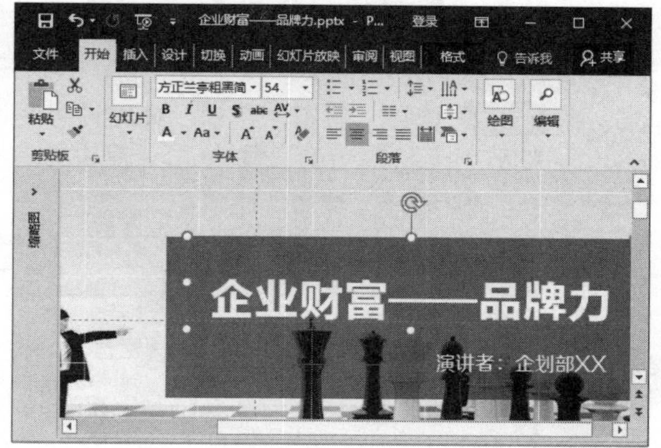

10.1.4 制作目录幻灯片

目录幻灯片可以使观众从整体上了解演示文稿的大致内容。目录页的表现形式既要新颖，又要能体现整个 PPT 的内容。制作目录幻灯片的具体操作方法如下：

第1步 选择“空白”版式 ❶ 在“幻灯片”组中单击“新建幻灯片”下拉按钮。❷ 选择“空白”版式。

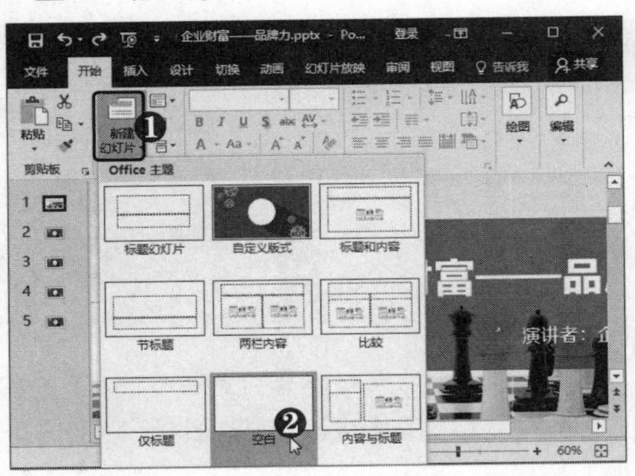

第2步 选择裁剪形状 ❶ 插入图片并将其选中。❷ 单击“裁剪”下拉按钮。❸ 选择“裁剪为形状”选项。❹ 选择所需的形状。

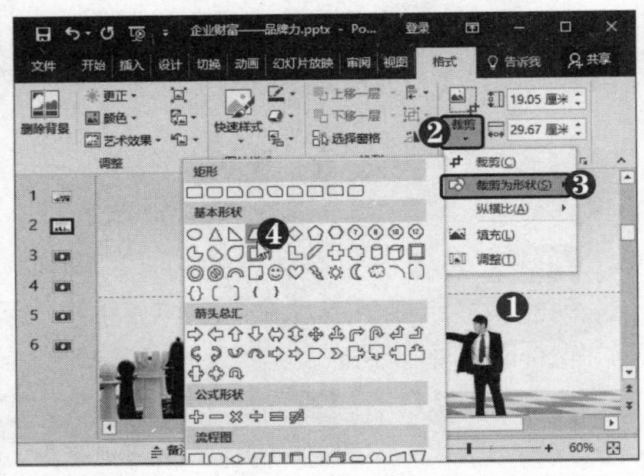

第3步 选择“裁剪”选项 此时即可将图片裁剪为平行四边形。❶ 单击“裁剪”下拉按钮。❷ 选择“裁剪”选项。

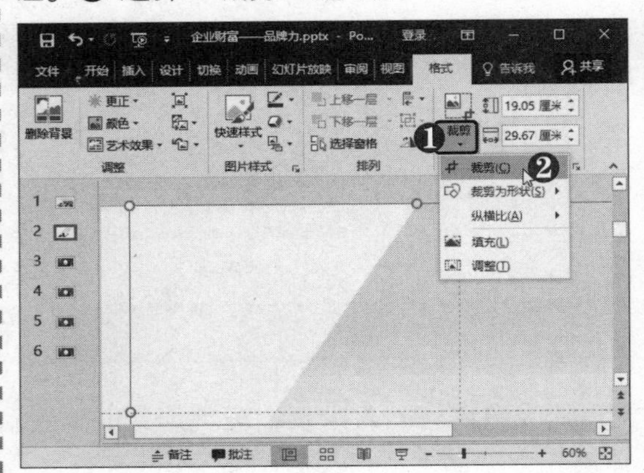

第4步 调整图片大小 进入图片裁剪状态，根据需要调整图片大小。

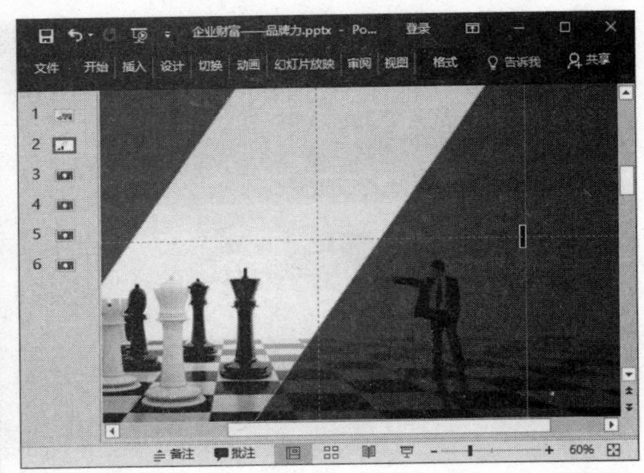

第5步 依次选中图形 插入矩形，并将其移至所需位置。按住【Shift】键，依次选中图片和矩形。

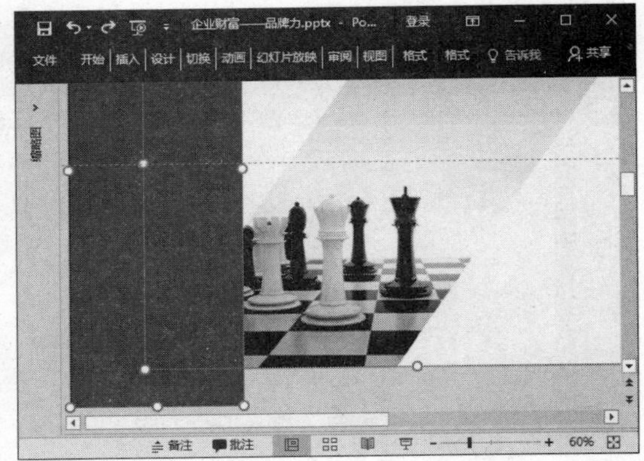

第6步 选择“剪除”选项 ❶ 选择“格式”选项卡。❷ 单击“合并形状”下拉按钮。❸ 选择“剪除”选项。

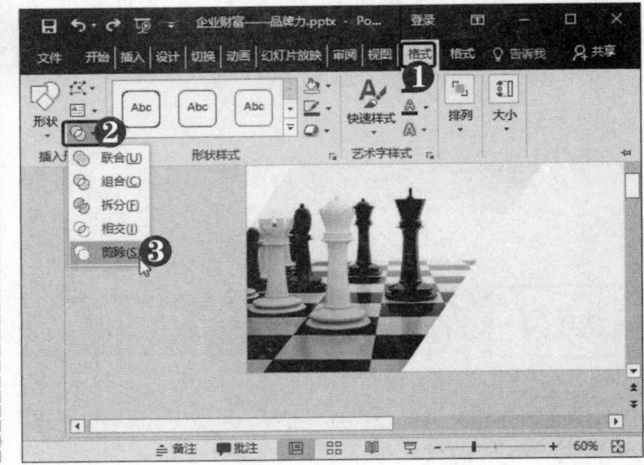

提示您

在剪除形状时，可先选中要裁剪的形状，再选中遮盖住剪除部分的形状，否则将得不到想要的剪除效果。

多学点

按【Ctrl+G】组合键可快速组合形状，按【Ctrl+Shift+G】组合键可取消组合形状。

第7步 **选择“无轮廓”选项** ❶ 插入 2 个矩形，并旋转形状。❷ 设置形状填充颜色。❸ 单击“形状轮廓”下拉按钮。❹ 选择“无轮廓”选项。

第8步 **依次选中形状** 插入矩形，并将其移至所需的位置。按住【Shift】键，依次选中下层的矩形和上层的矩形。

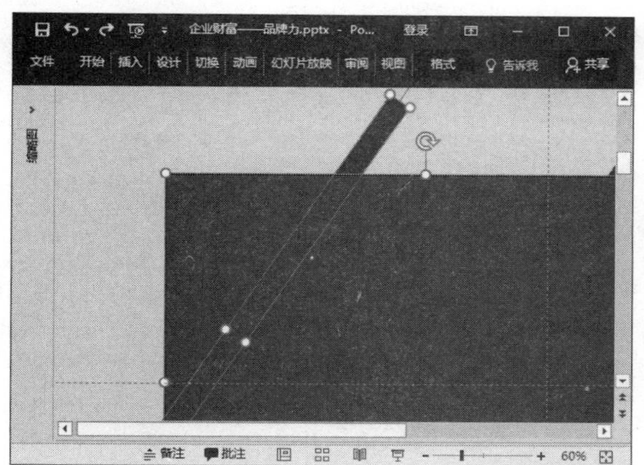

第9步 **选择“相交”选项** ❶ 单击“合并形状”下拉按钮。❷ 选择“相交”选项。

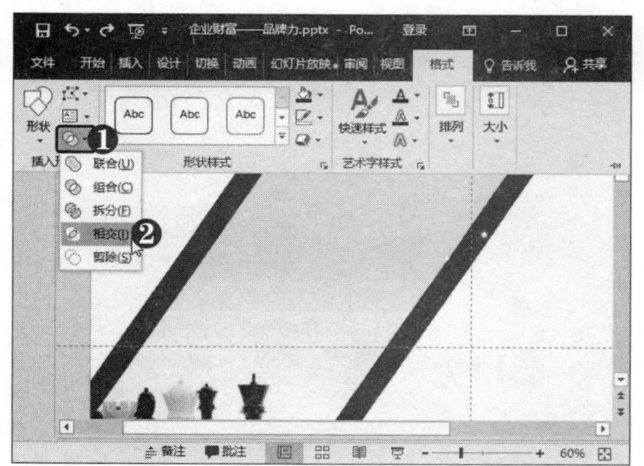

第10步 **去掉另一矩形多余部分** 采用同样的方法，去掉另一个矩形多余的部分。

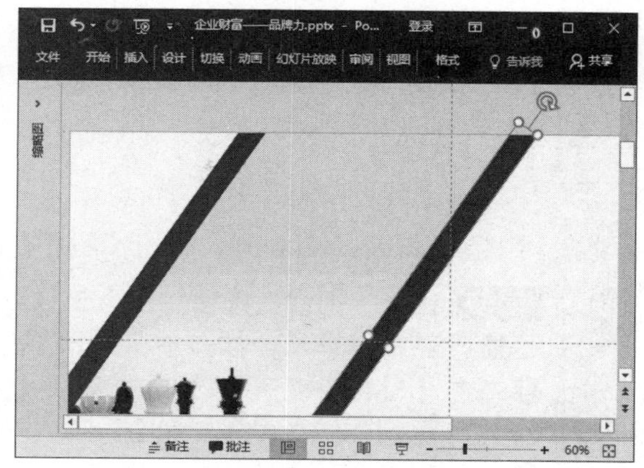

第11步 **设置形状格式** 在幻灯片中插入文本框，并设置字体格式。在数字 1 后插入矩形，❶ 设置形状填充颜色。❷ 单击“形状轮廓”下拉按钮。❸ 选择“无轮廓”选项。

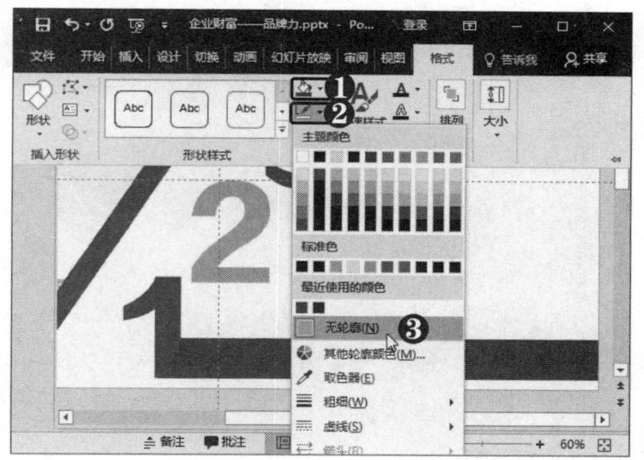

第12步 **添加各章节标题** 采用同样的方法，插入其他形状，并添加各章节的标题。

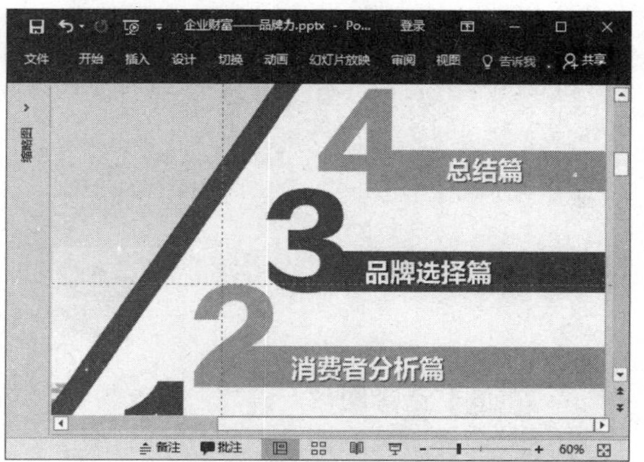

10.1.5 制作正文幻灯片

正文幻灯片是演示文稿的主体部分。一般由图形、图片和文本框组成。下面将通过填充组合形状、合并形状、编辑顶点等操作来制作企业财富——品牌力演示文稿的正文幻灯片。

1. 图片填充

在幻灯片中插入图片时可以先插入形状，再将形状填充设置为图片填充，这种方法打破了图片原有的形状局限，丰富了图片在幻灯片中呈现方式。图片填充的具体操作方法如下：

第1步 选择“组合”选项 在第 3 张幻灯片后插入空白幻灯片，插入多个矩形并旋转。❶ 按住【Shift】键的同时选中多个形状。❷ 在“排列”组中单击“组合”下拉按钮。❸ 选择“组合”选项。

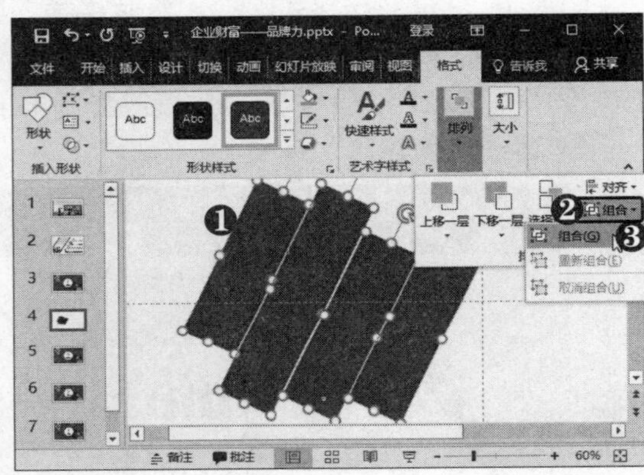

第2步 单击“文件”按钮 打开“设置形状格式”窗格，❶ 在“填充”选项区中选中“图片或纹理填充”单选按钮。❷ 单击“文件”按钮。

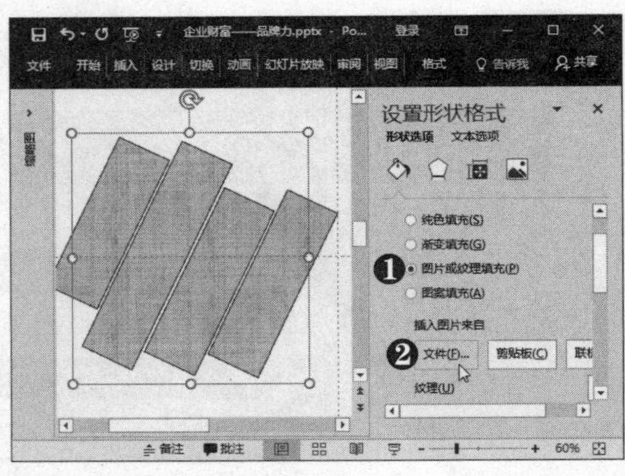

第3步 选择图片 弹出“插入图片”对话框，❶ 选择所需的图片。❷ 单击“插入”按钮。

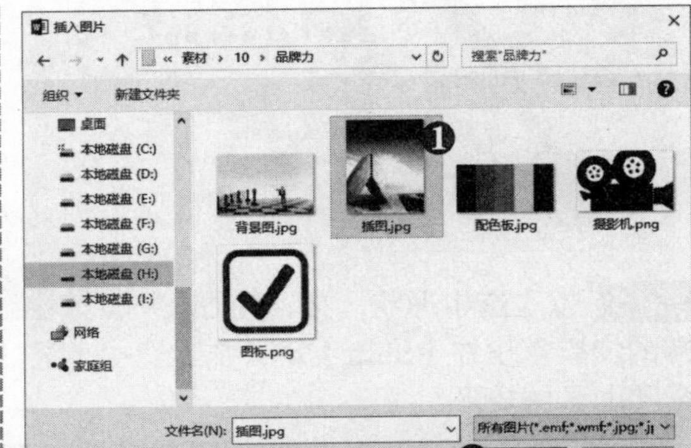

第4步 选中“无线条”单选按钮 在“线条”选项区中选中“无线条”单选按钮。

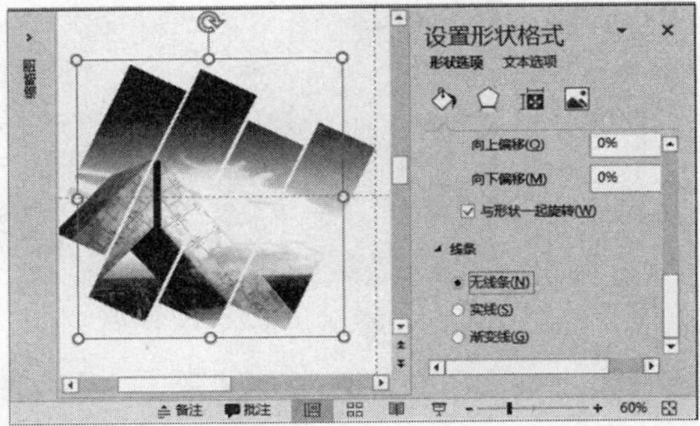

第5步 添加内容 在幻灯片中添加文本内容，并插入修饰形状。

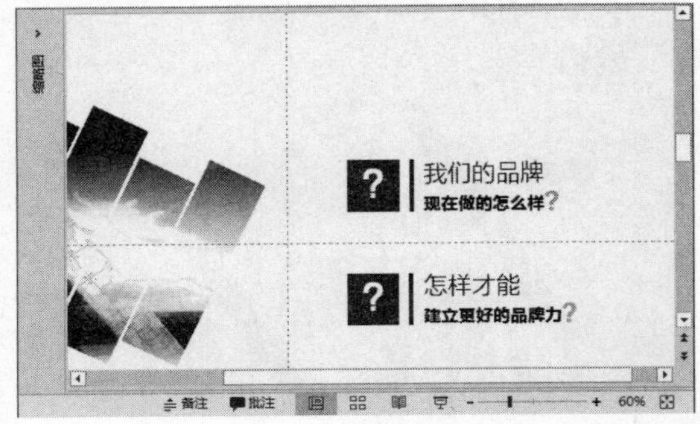

电脑小专家

问：怎样在幻灯片中快速显示标尺和参考线？

答：按【Alt+Shift+F9】组合键可快速显示标尺，按【Alt+F9】组合键可快速显示参考线，再次按相应的组合键即可执行隐藏操作。

新手巧上路

问：怎样快速复制幻灯片？

答：在幻灯片缩略图窗格中选择幻灯片后，按【Ctrl+D】组合键即可复制所选的幻灯片。

2．合并文本与形状

在 PowerPoint 2016 中，不仅可将形状进行合并，还可将文本与形状进行合并，具体操作方法如下：

第1步 选择形状 在第 5 张幻灯片后插入空白幻灯片，❶ 选择“插入”选项卡。❷ 在“插图”组中单击“形状”下拉按钮。❸ 选择“直角三角形”形状。

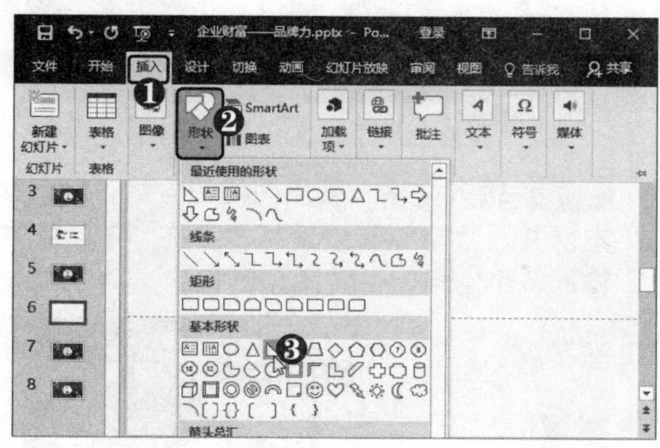

第2步 设置形状格式 ❶ 选择“格式”选项卡。❷ 设置形状填充颜色。❸ 单击“形状轮廓”下拉按钮。❹ 选择“无轮廓”选项。

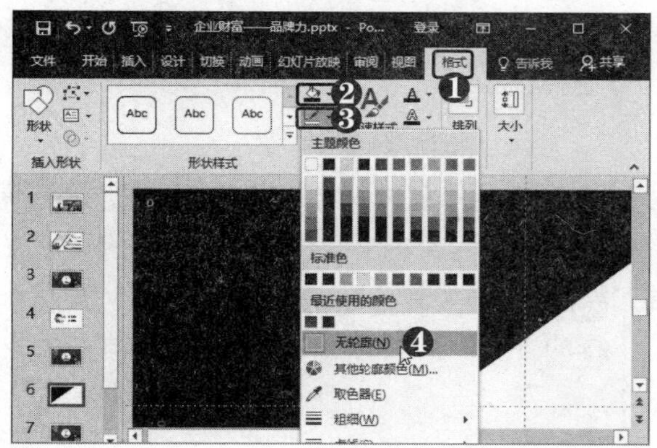

第3步 添加图形 插入图片和文本框，在“字体”组中设置字体格式。

第4步 插入形状 在幻灯片右侧插入直角三角形，设置形状格式。

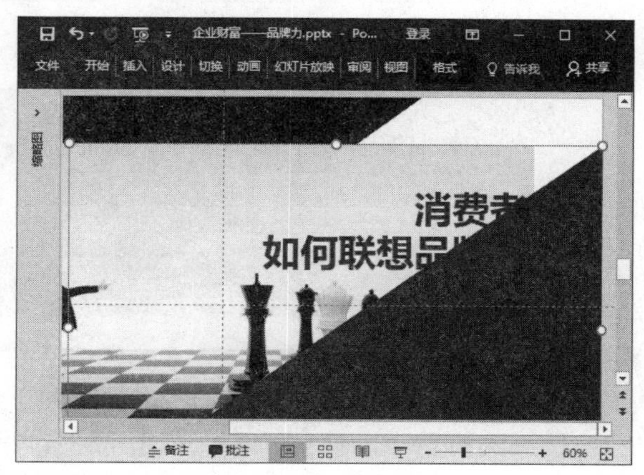

第5步 设置字体颜色 ❶ 复制文本框并将其选中。❷ 在“字体”组中单击“字体颜色”下拉按钮。❸ 选择字体颜色。

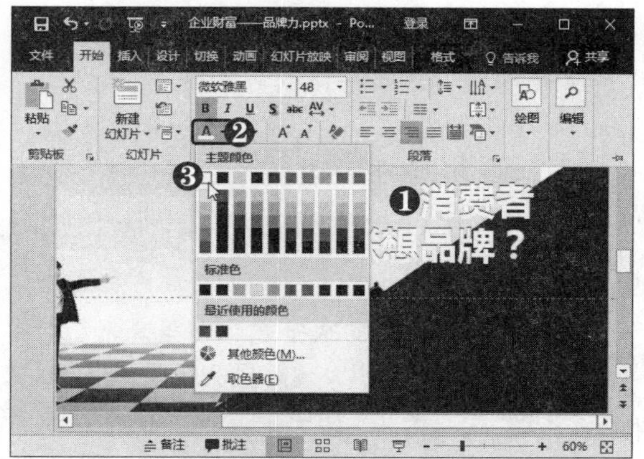

第6步 选中形状 复制直角三角形，按住【Shift】键依次选中文本框和直角三角形。

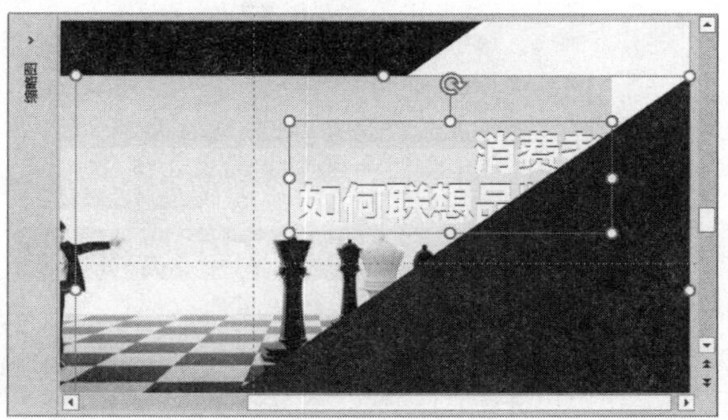

第7步 选择"相交"选项 ❶ 在"插入形状"组中单击"合并形状"下拉按钮。❷ 选择"相交"选项。

第8步 设置字体段落格式 ❶ 插入文本框并将其选中。❷ 在"字体"组中设置字体格式。❸ 在"段落"组中单击"右对齐"按钮。❹ 单击"行距"下拉按钮。❺ 选择1.5选项。

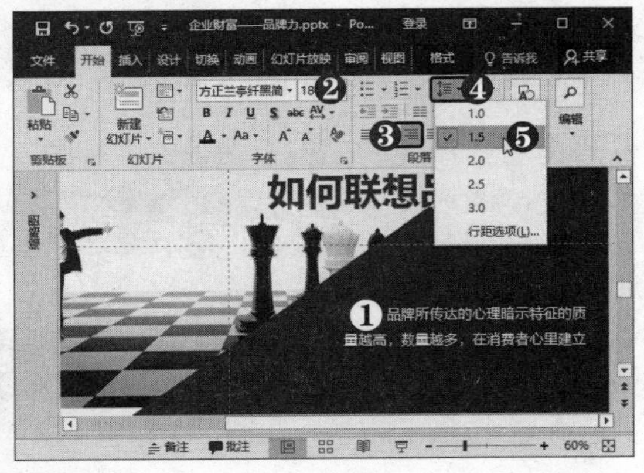

第9步 输入空格 采用同样的方法，插入文本框并设置字体和段落格式，在"起"字前输入多个空格，使文本呈阶梯状。

提示您

在"行距"下拉列表中选择"行距选项"选项，在弹出的"段落"对话框中可以设置段落间距和缩进值。

3．编辑顶点

在 PowerPoint 2016 中，应用编辑形状顶点功能可以随意更改形状顶点的位置，具体操作方法如下：

第1步 设置文本格式 在第8张幻灯片后插入空白幻灯片，❶ 插入矩形并输入文本。❷ 在"字体"组中设置字体格式。❸ 在"段落"组中单击"居中"按钮。

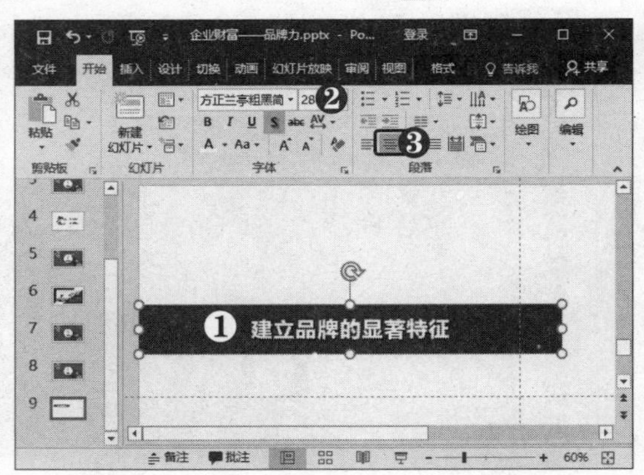

第2步 插入其他矩形并输入文本 采用同样的方法，插入其他矩形并输入文本。

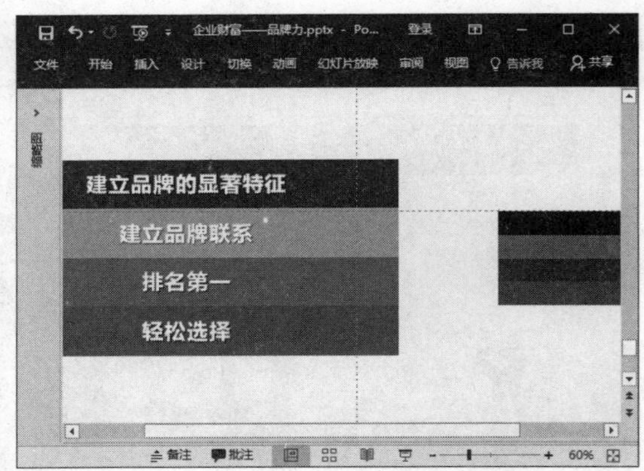

多学点

按【Ctrl+T】组合键可打开"字体"对话框，按【Shift+F3】组合键可更改句子的字母大小写。

第3步 **选择"编辑顶点"选项** ❶ 复制右侧第 1 个矩形并将其选中。❷ 在"插入形状"组中单击"编辑顶点"下拉按钮。❸ 选择"编辑顶点"选项。

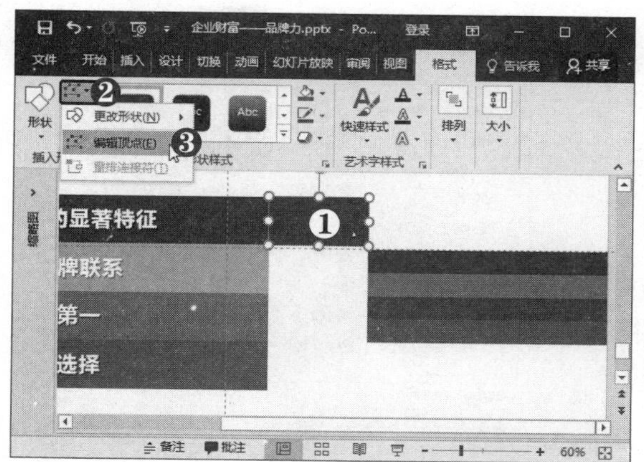

第4步 **编辑顶点** 此时在形状上显示顶点，调整矩形右下角的顶点位置。

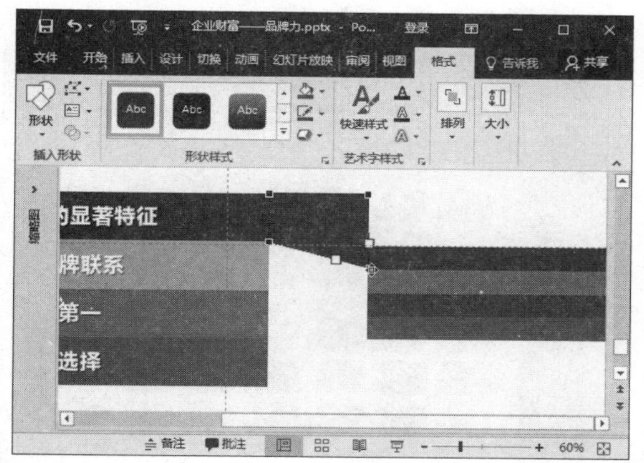

第5步 **调整顶点位置** 采用同样的方法，调整矩形右上角的顶点位置。

第6步 **退出编辑顶点状态** 在空白处单击，即可退出编辑顶点状态。复制右侧的矩形，并根据需要调整矩形的顶点位置。

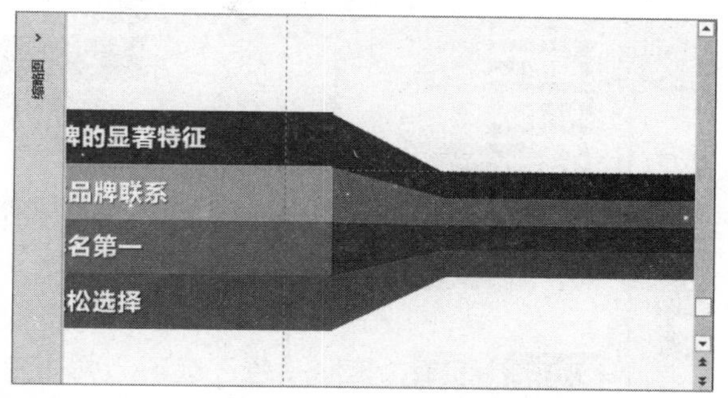

第7步 **选择"无轮廓"选项** 在幻灯片右侧插入圆形，❶ 设置形状填充颜色。❷ 单击"形状轮廓"下拉按钮。❸ 选择"无轮廓"选项。

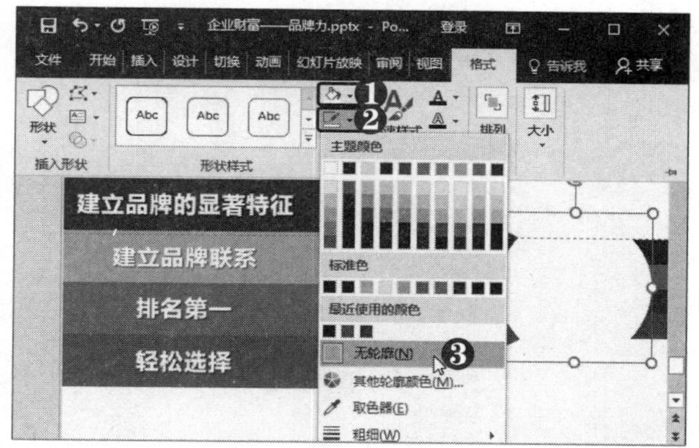

第8步 **选择"水平翻转"选项** ❶ 在圆形上方插入图片并将其选中。❷ 在"排列"组中单击"旋转"下拉按钮。❸ 选择"水平翻转"选项。

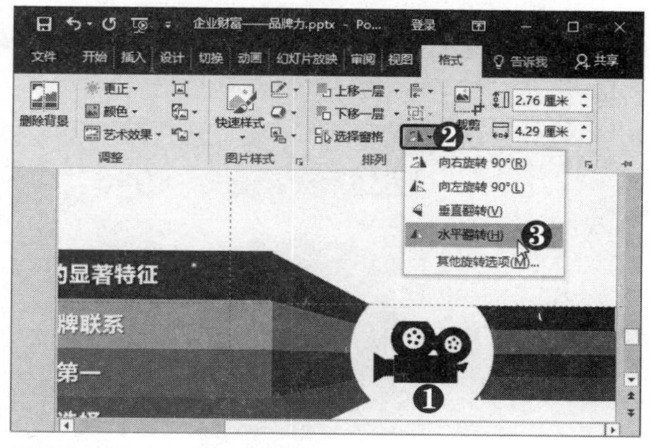

第9步 **选择"自定义颜色"选项** 选择"设计"选项卡，❶ 在"变体"组中选择"颜色"选项。❷ 选择"自定义颜色"选项。

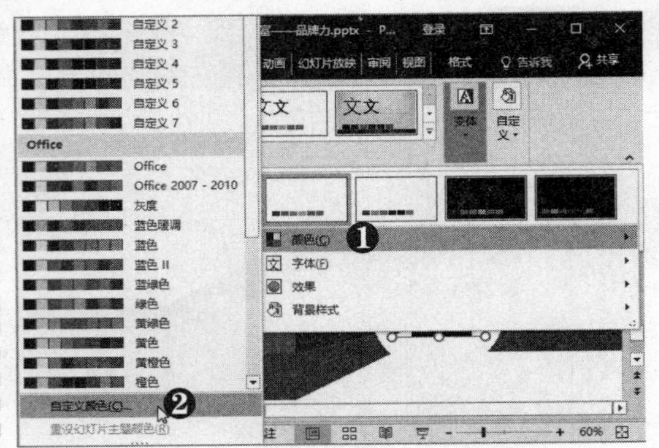

第10步 选择"其他颜色"选项 弹出"新建主题颜色"对话框，❶在"名称"文本框中输入主题颜色名称。❷单击"着色 6"下拉按钮。❸选择"其他颜色"选项。

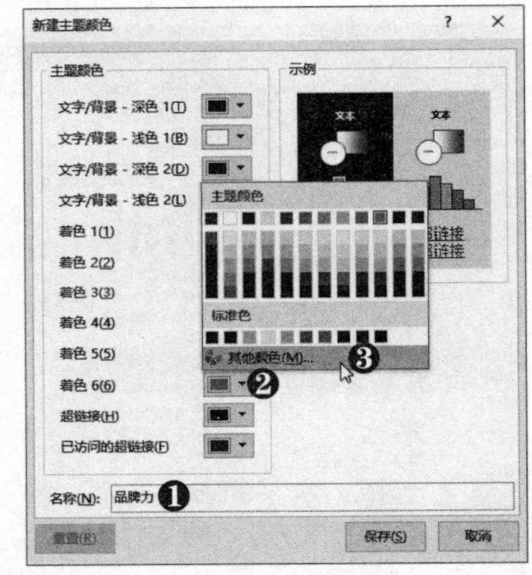

第11步 选择颜色 弹出"颜色"对话框，❶选择"标准"选项卡。❷选择所需的颜色。❸单击"确定"按钮。

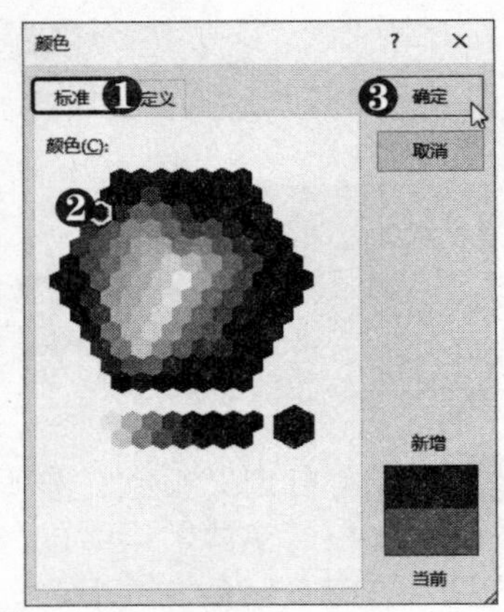

第12步 单击"保存"按钮 返回"新建主题颜色"对话框，单击"保存"按钮。

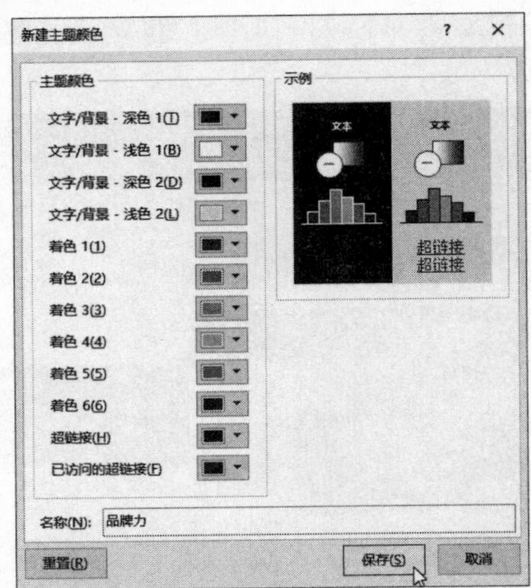

第13步 选择图片颜色 ❶选择"格式"选项卡。❷单击"颜色"下拉按钮。❸选择所需的图片颜色。

第14步 插入标题 此时即可更改图片颜色，在幻灯片中插入文本框，并输入标题文本。

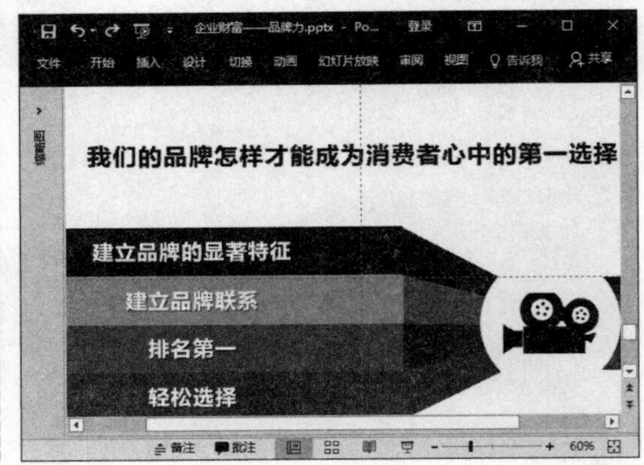

电脑小专家

问：什么是主题颜色？

答：主题颜色包含四种文本和背景颜色，六种强调文字颜色以及两种超链接颜色。决定颜色组合之前，可在"示例"下查看文本字体样式和颜色的显示效果。

新手巧上路

问：怎样为单张幻灯片应用主题颜色？

答：选择"设计"选项卡，在"变体"组中选择"颜色"选项，在弹出的下拉列表中右击主题颜色，选择"应用于所选幻灯片"命令，即可仅在当前幻灯片中应用主题颜色。

10.2 制作客户服务行业趋势报告 PPT

图表与表格是演示文稿中常见的元素。在演示文稿中应用图表和表格可以使客户服务行业趋势报告中要传达的信息更加简单、明了。下面将详细介绍图表和表格在幻灯片中的应用方法和技巧。

10.2.1 使用母版制作幻灯片背景

当幻灯片章节较多时，应用“幻灯片母版”功能可以为各章节幻灯片设计版式，然后应用“节”功能组织幻灯片，具体操作方法如下：

第1步 单击“幻灯片母版”按钮 创建演示文稿，❶ 选择“视图”选项卡。❷ 在“母版视图”组中单击“幻灯片母版”按钮。

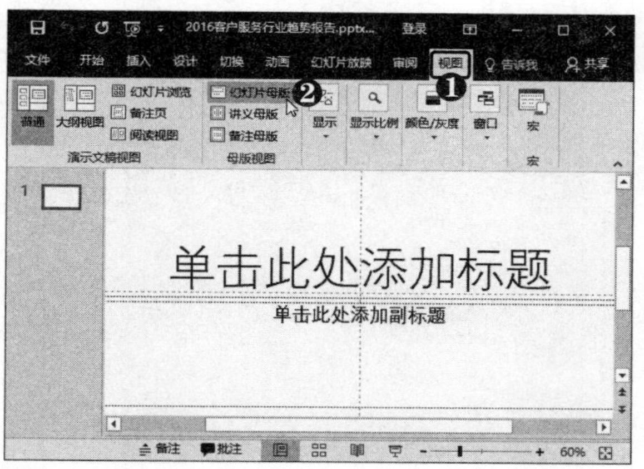

第2步 选择“设置背景格式”命令 进入“幻灯片母版”视图，❶ 在左窗格中选择第 1 张幻灯片，即主母版。❷ 在幻灯片空白处右击。❸ 选择“设置背景格式”命令。

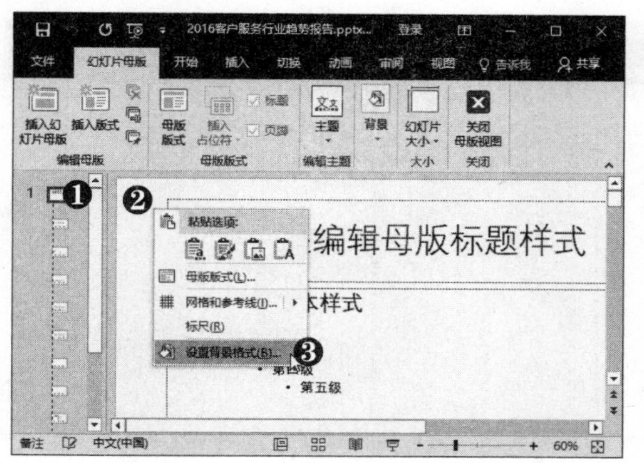

第3步 设置背景颜色 打开“设置背景格式”窗格，❶ 单击“填充颜色”下拉按钮。❷ 选择所需的颜色。

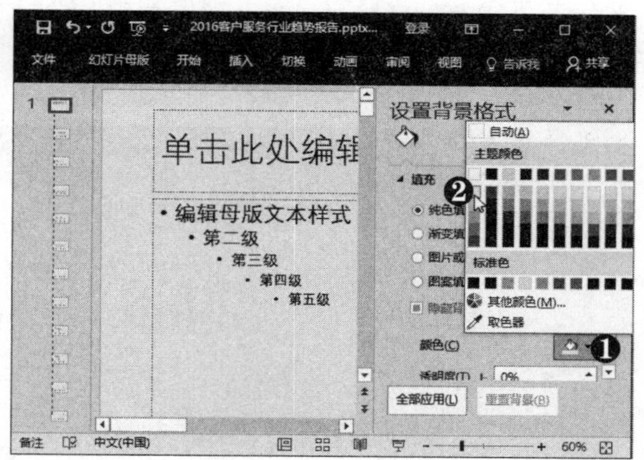

第4步 单击“插入版式”按钮 此时即可更改主母版下所有版式的背景颜色。在“编辑母版”组中单击“插入版式”按钮。

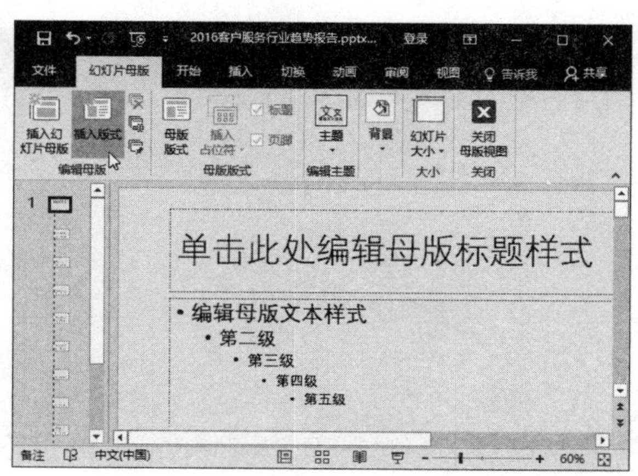

第5步 设置形状格式 ❶ 在新版式中插入形状，并输入文本。❷ 选择"格式"选项卡。❸ 在"形状样式"列表中选择所需的样式。

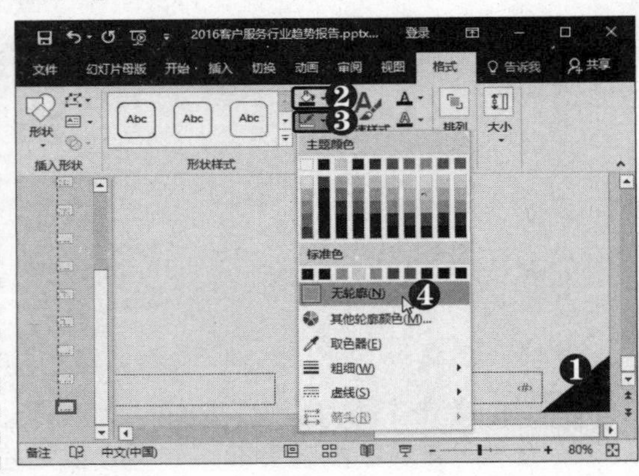

提示您

单击幻灯片右下方的"普通视图"按钮▣，即可快速从母版视图切换到普通视图。

第6步 选择"无轮廓"选项 ❶ 在幻灯片右下角添加直角三角形并将其选中。❷ 设置形状填充颜色。❸ 单击"形状轮廓"下拉按钮。❹ 选择"无轮廓"选项。

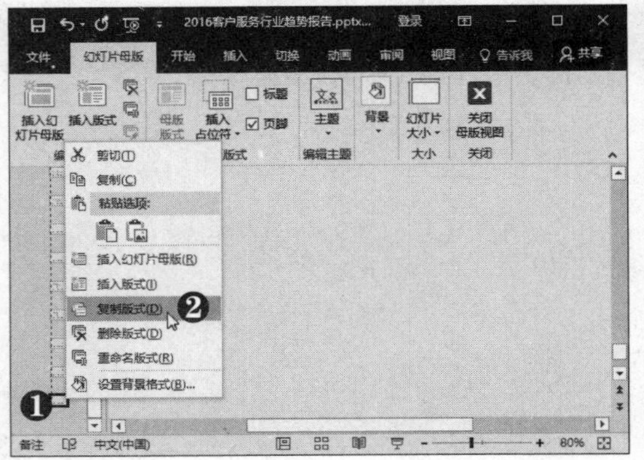

多学点

在左窗格中选中版式后，按【Delete】键即可删除该版式。

第7步 选择"复制版式"命令 ❶ 在左窗格中右击当前版式。❷ 选择"复制版式"命令。

第8步 修改版式内容 此时即可复制版式，根据需要修改版式中的内容。

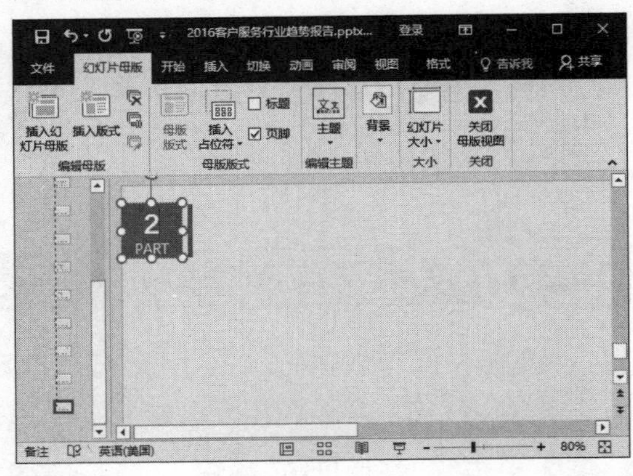

第9步 选择"重命名版式"命令 采用同样的方法复制多个版式，并根据需要修改版式内容。❶ 在左窗格中右击第1个新建的版式。❷ 选择"重命名版式"命令。

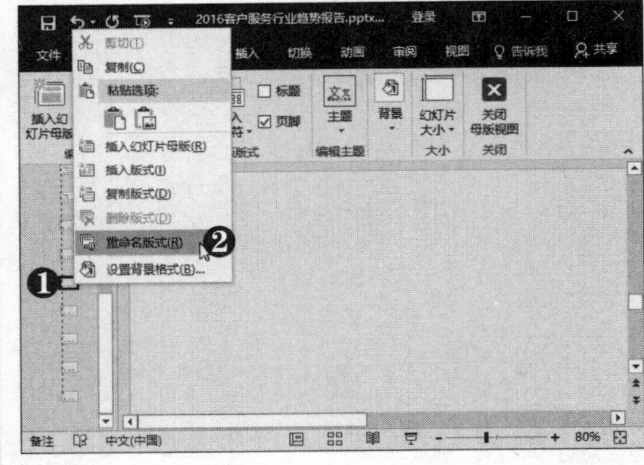

第10步 单击"重命名"按钮 弹出"重命名版式"对话框，❶ 输入版式名称。❷ 单击"重命名"按钮。

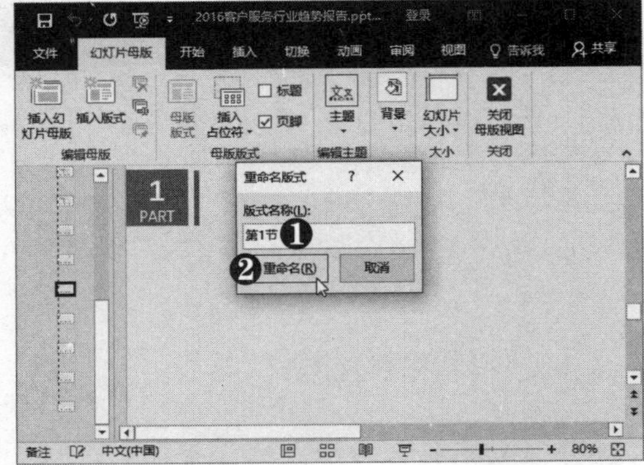

第11步 **单击“关闭母版视图”按钮** 采用同样的方法重命名其他版式，单击“关闭母版视图”按钮。

第12步 **选择版式** ❶ 在“幻灯片”组中单击“新建幻灯片”下拉按钮。❷ 选择“第 1 节”版式。

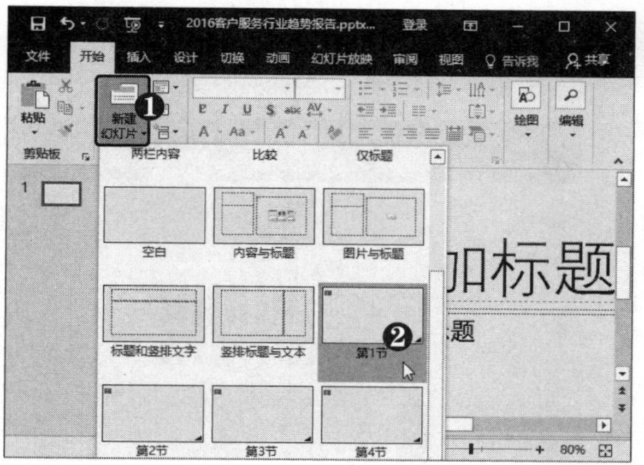

第13步 **选择“新增节”选项** ❶ 在“幻灯片”组中单击“节”下拉按钮。❷ 选择“新增节”选项。

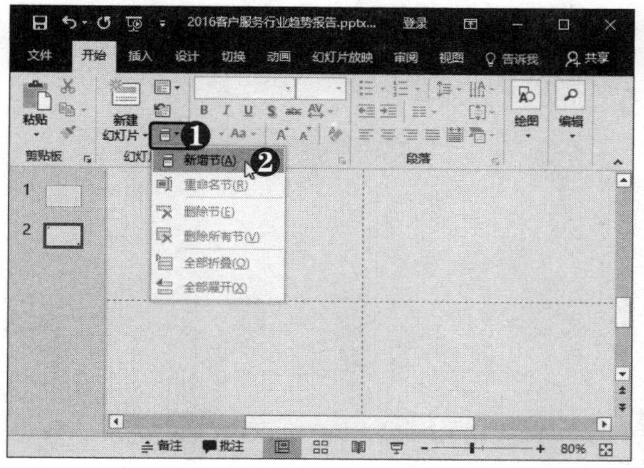

第14步 **选择“重命名节”命令** 此时即可新增一节。❶ 右击节名称。❷ 选择“重命名节”命令。

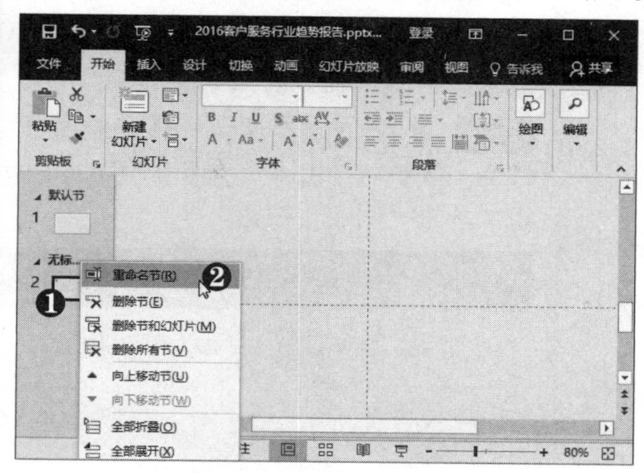

第15步 **输入节名称** 弹出“重命名节”对话框，❶ 输入节名称。❷ 单击“重命名”按钮。

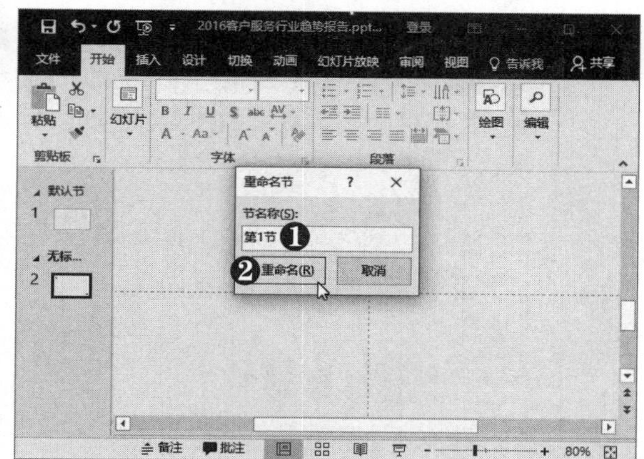

第16步 **创建其他节** 采用同样的方法，创建其他节并进行重命名。

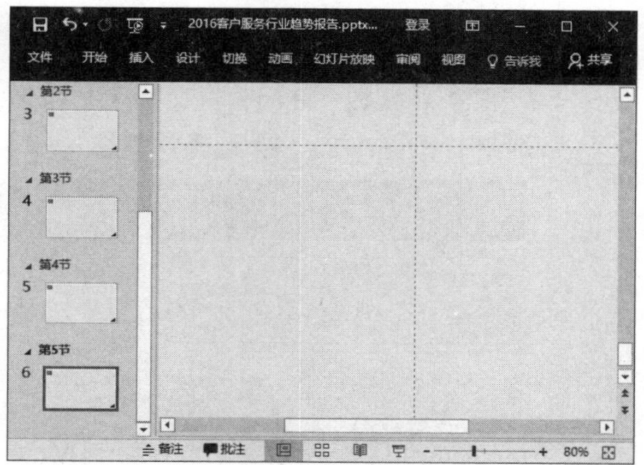

10.2.2 创建幻灯片图表

在 PowerPoint 2016 中可以根据需要更改图表系列的形状，从而起到美化幻灯片图表的作用，具体操作方法如下：

第1步 单击“图表”按钮 ❶ 选择第 3 张幻灯片。❷ 选择“插入”选项卡。❸ 在“插图”组中单击“图表”按钮。

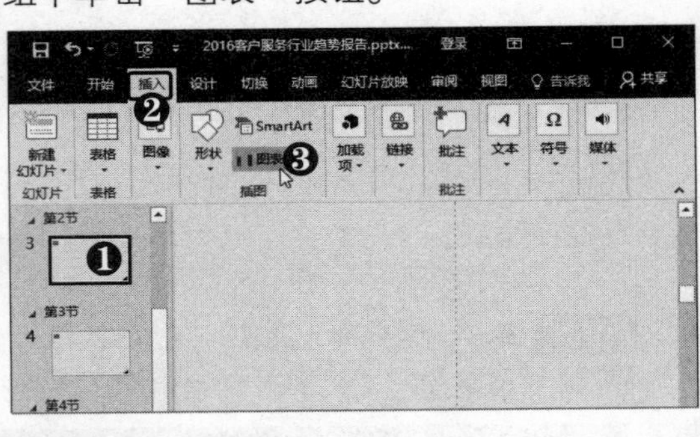

第2步 选择图表样式 弹出“插入图表”对话框，❶ 在左侧选择“柱形图”选项。❷ 在右侧选择所需的图表样式。❸ 单击“确定”按钮。

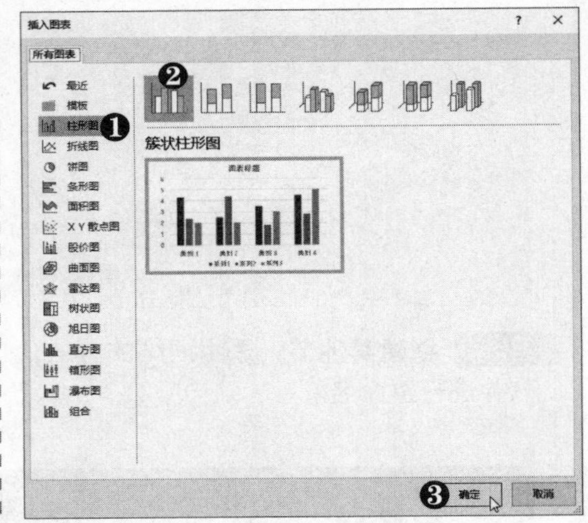

第3步 删除列 此时打开 Excel 工作表，❶ 选中 D 列并右击。❷ 选择“删除”命令。

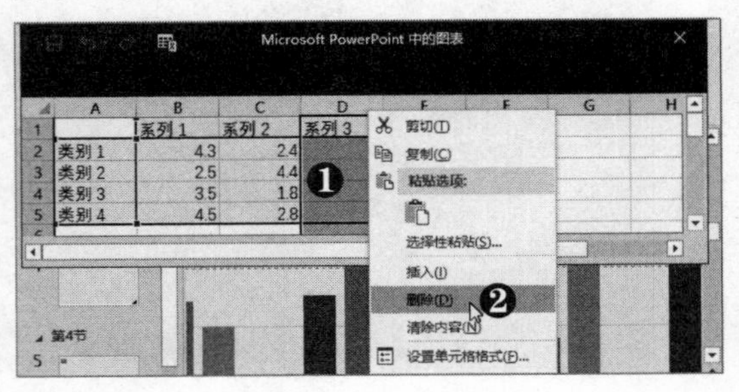

第4步 输入数据 ❶ 在单元格中输入柱形图所需的数据。❷ 单击“关闭”按钮 ×。

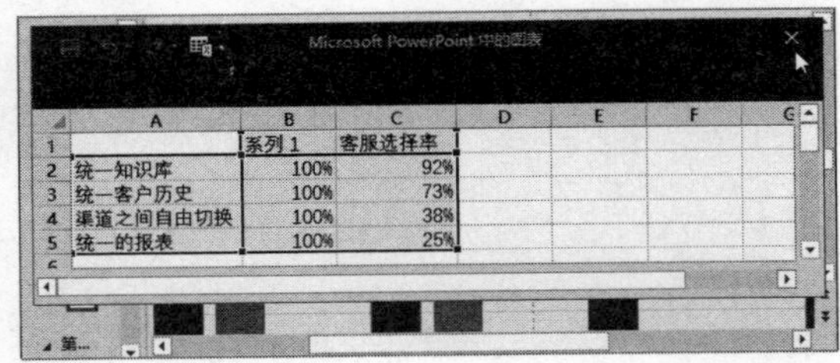

第5步 设置形状格式 此时即可在幻灯片中插入柱形图。插入圆角矩形，设置形状填充颜色。❶ 单击“形状轮廓”下拉按钮。❷ 设置轮廓颜色。❸ 选择“粗细”选项。❹ 选择轮廓粗细。

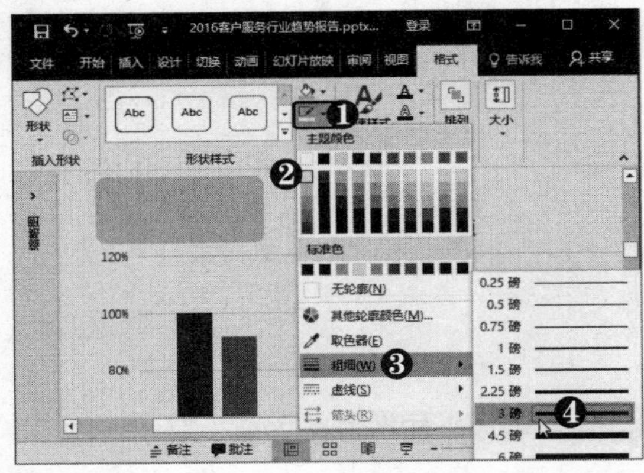

第6步 更改系列形状 选中圆角矩形，按【Ctrl+C】组合键进行复制，选中图表系列，按【Ctrl+V】组合键进行粘贴，即可将系列形状变为圆角矩形。

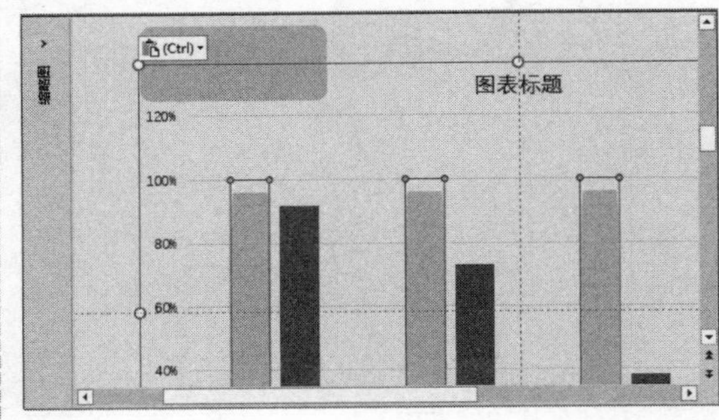

电脑小专家

问：怎样快速创建演示文稿？

答：按【Ctrl+N】组合键，即可创建一个空白演示文稿。

新手巧上路

问：怎样设置幻灯片的显示比例？

答：在幻灯片中按住【Ctrl】键的同时滚动鼠标滚轮，可以增大或减小缩放比例。

第7步 选中“层叠”单选按钮 双击图表系列，打开“设置数据系列格式”窗格，❶ 选择“填充与线条”选项卡。❷ 选中“层叠”单选按钮。

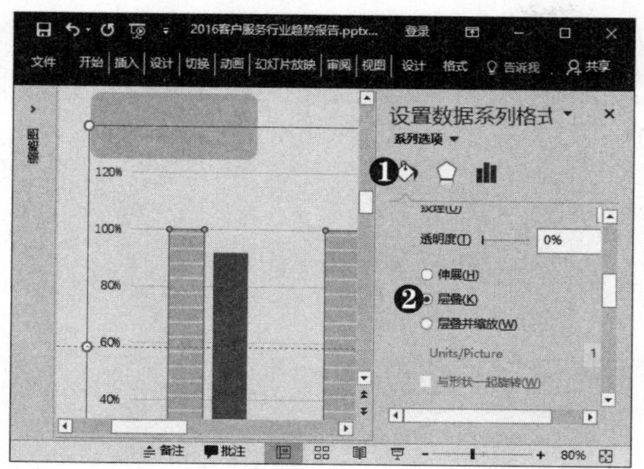

第8步 设置另一图表系列 采用同样的方法，设置另一图表系列的形状和填充方式。

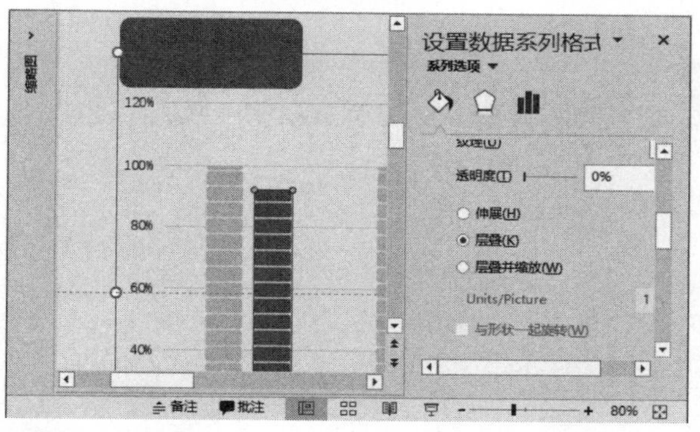

第9步 设置系列重叠值 ❶ 选择“系列选项”选项卡。❷ 设置系列重叠值为 100%。

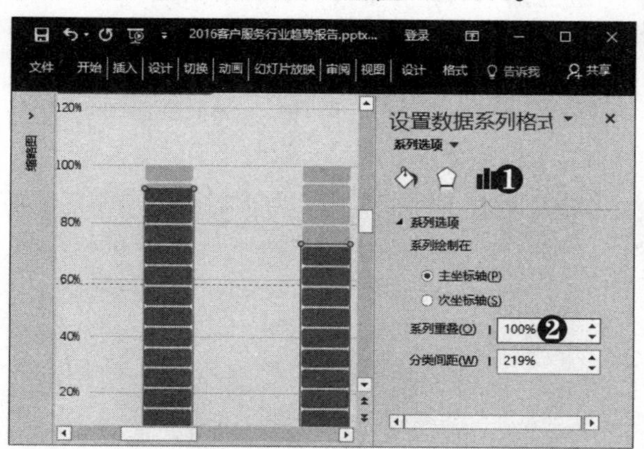

第10步 更改系列填充颜色 更改圆角矩形的填充颜色，按【Ctrl+C】组合键进行复制。单击 2 次图表系列，即可单独选中其中 1 列，按【Ctrl+V】组合键进行粘贴。

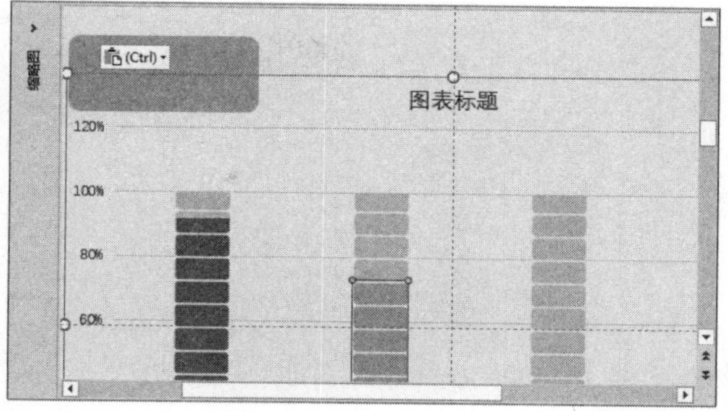

第11步 显示数据标签 采用同样的方法，更改其他系列的填充颜色。❶ 选中图表。❷ 单击右侧的“图表元素”按钮。❸ 取消选中“坐标轴”、“图表标题”、“网格线”和“图例”复选框，选择“数据标签”选项。❹ 选择“数据标签外”选项。

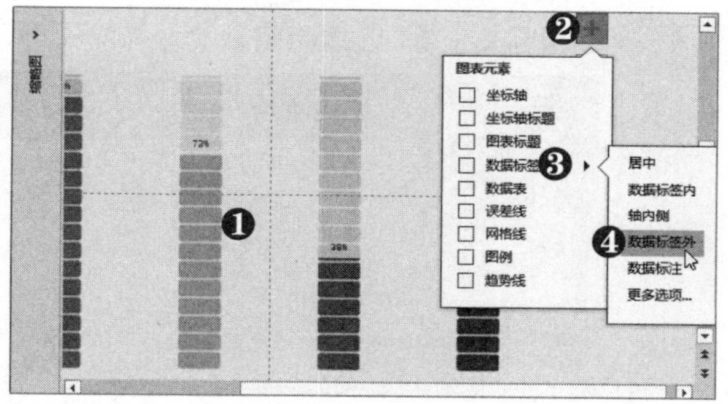

第12步 设置标签格式 ❶ 选中“数据标签”文本框。❷ 在“字体”组中设置字体格式。

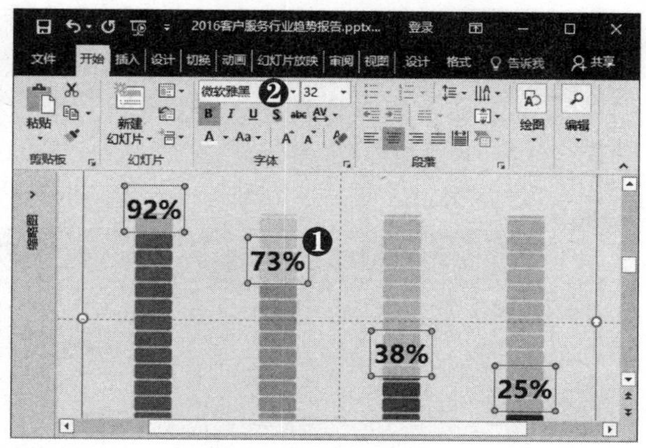

第13步 设置标签颜色 ❶ 单击 2 次数据标签，即可选中其中的 1 个标签。❷ 在“字体”组中设置字体颜色。

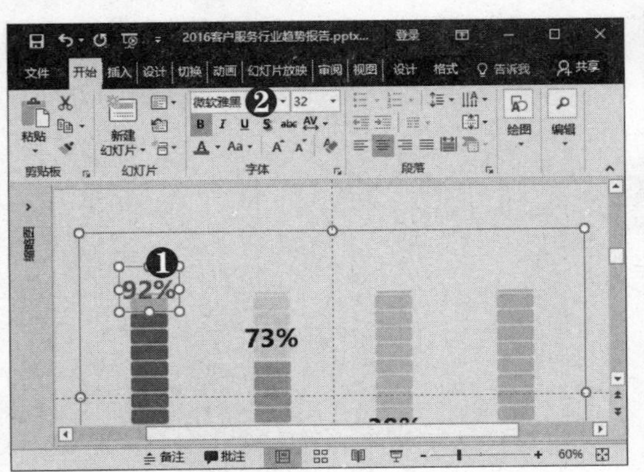

第14步 **添加标题** 采用同样的方法，设置其他标签颜色。在幻灯片中插入其他形状，并添加幻灯片标题。

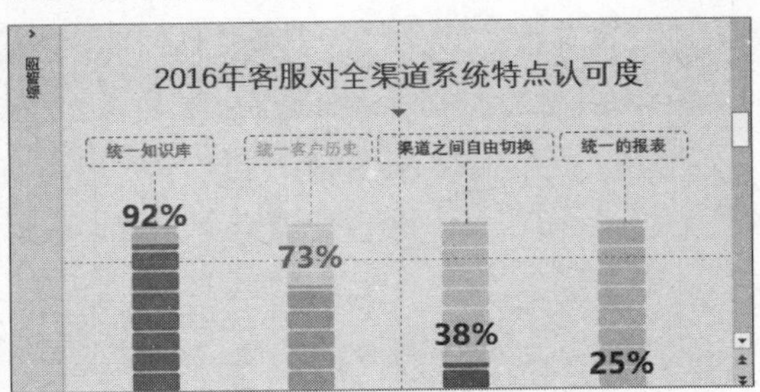

提示您

若需要再次打开 Excel 表格编辑数据，可先选择图表，然后选择“设计”选项卡，在“数据”组中单击“编辑数据”按钮即可。

10.2.3 插入幻灯片表格

应用表格可以创建色块，调整表格框线即可设置色块大小，具体操作方法如下：

第1步 **选择网格大小** ❶ 选择第 6 张幻灯片。❷ 选择“插入”选项卡。❸ 单击“表格”下拉按钮。❹ 选择网格大小。

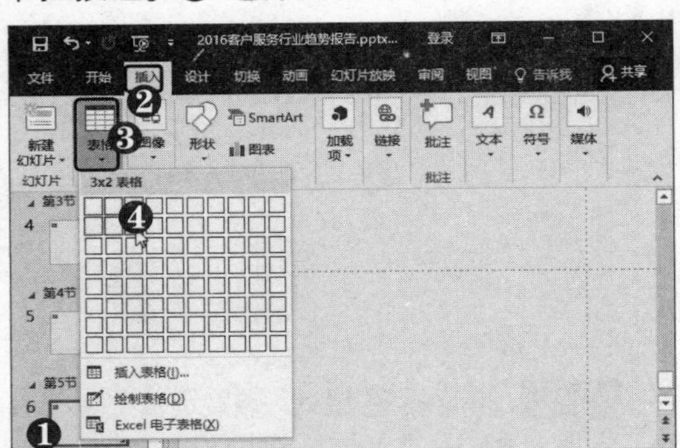

第2步 **选择“无框线”选项** ❶ 调整表格大小。❷ 选择“设计”选项卡。❸ 在“表格样式选项”组中取消选中“标题行”和“镶边行”复选框。❹ 单击“边框”下拉按钮。❺ 选择“无框线”选项。

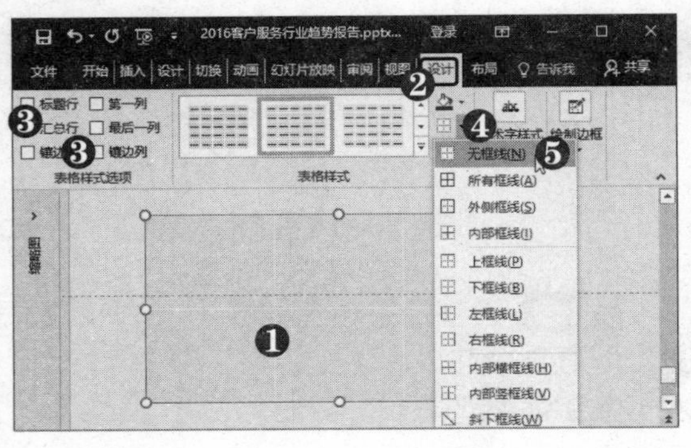

第3步 **设置单元格底纹颜色** ❶ 选中单元格。❷ 单击“底纹”下拉按钮。❸ 选择底纹颜色。

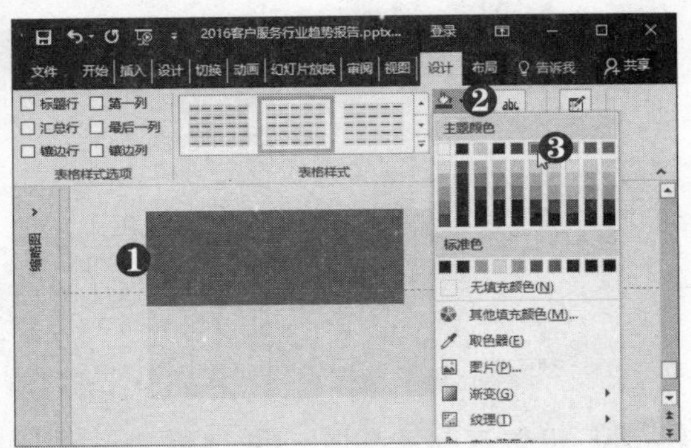

第4步 **设置表格对齐方式** 采用同样的方法，设置其他单元格的底纹颜色。❶ 选择“布局”选项卡。❷ 选中表格。❸ 在“对齐方式”组中单击“居中”按钮。❹ 单击“垂直居中”按钮。

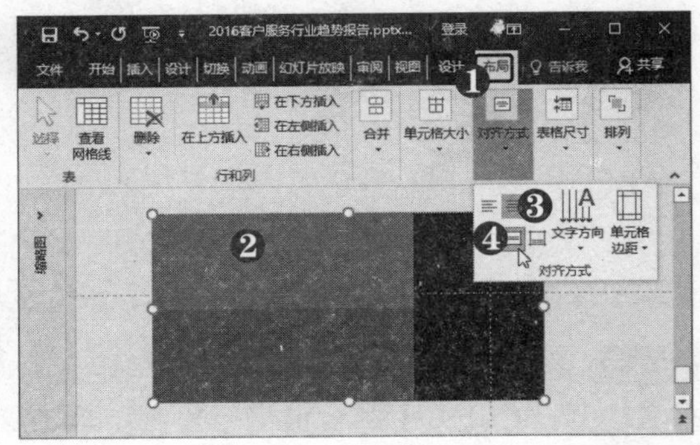

多学点

右击单元格，此时将弹出浮动工具栏，单击“插入”或“删除”下拉按钮，在弹出的下拉列表中可以选择插入或删除行、列。

第5步 复制单元格 选中第 1 列单元格，按【Ctrl+C】组合键进行复制。

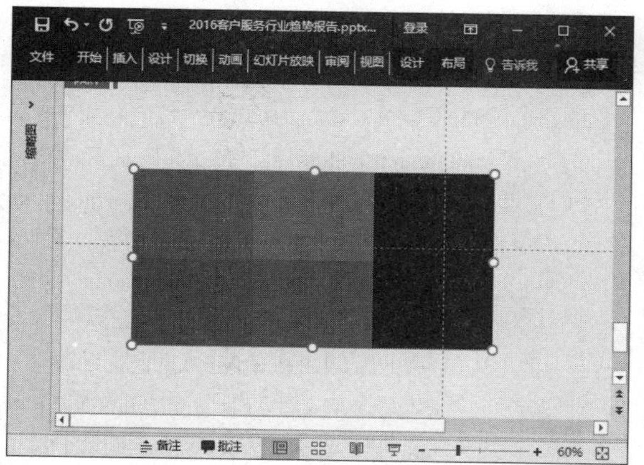

第6步 粘贴表格 在空白处单击，按【Ctrl+V】组合键粘贴表格。

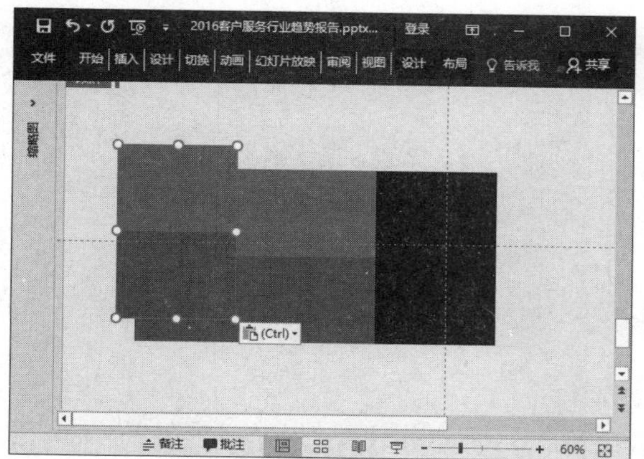

第7步 设置底纹颜色 将复制的表格移至所需位置，并调整表格大小。❶ 选中表格。❷ 选择“设计”选项卡。❸ 单击“底纹”下拉按钮。❹ 选择底纹颜色。

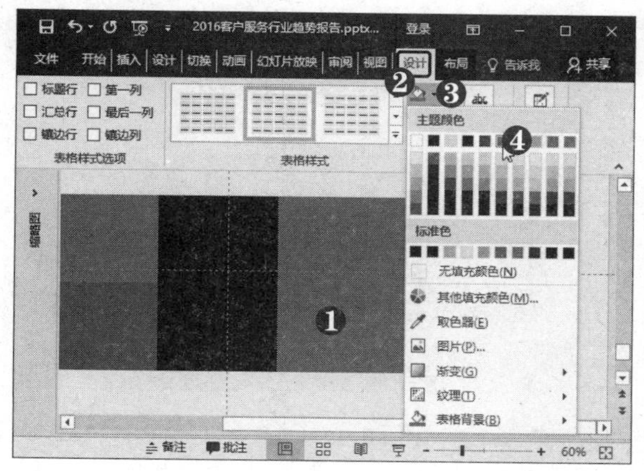

第8步 单击“查看网格线”按钮 ❶ 选择“布局”选项卡。❷ 单击“查看网格线”按钮。

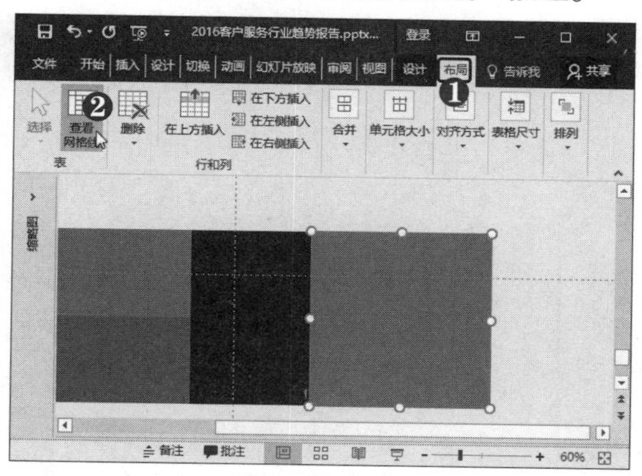

第9步 调整单元格高度 此时即可显示网格线，将光标变为双向箭头时调整单元格高度。

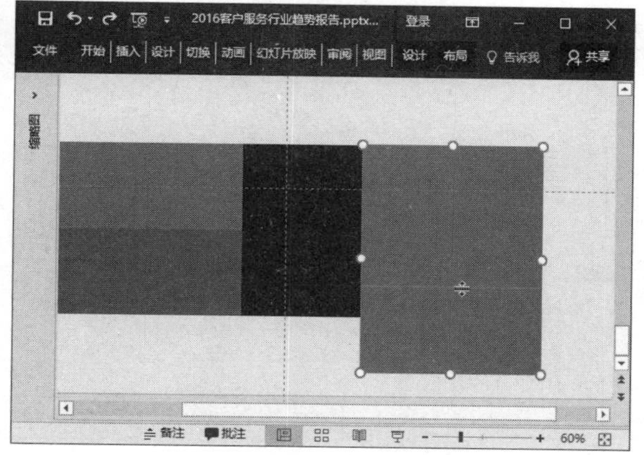

第10步 调整表格大小 拖动表格下方的控制点，调整表格大小。

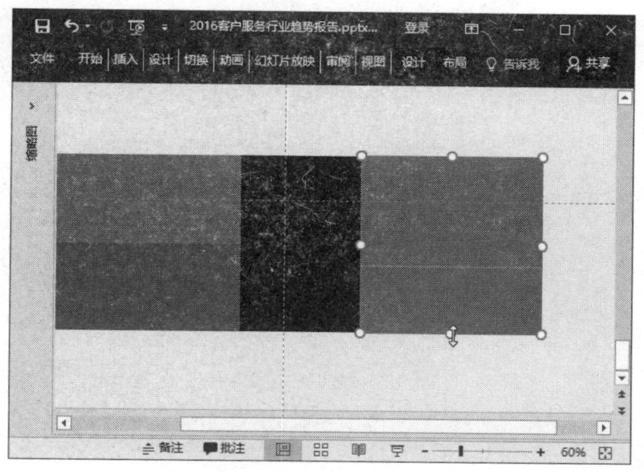

第11步 插入图片 在幻灯片中插入图片，并将其移至所需的位置。

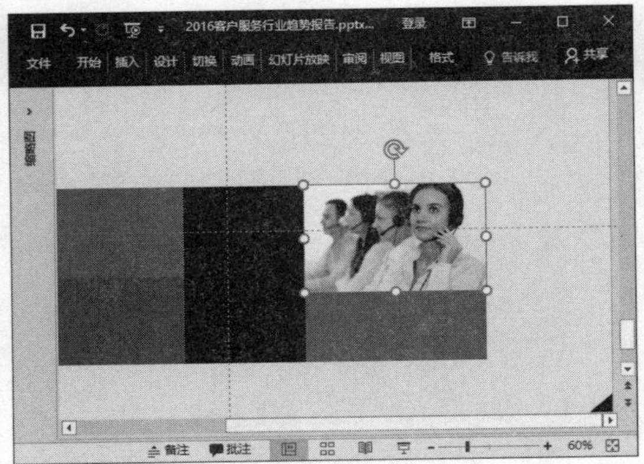

第12步 单击"在右侧插入"按钮 ❶ 在单元格中定位光标。❷ 选择"布局"选项卡。❸ 在"行和列"组中单击"在右侧插入"按钮。

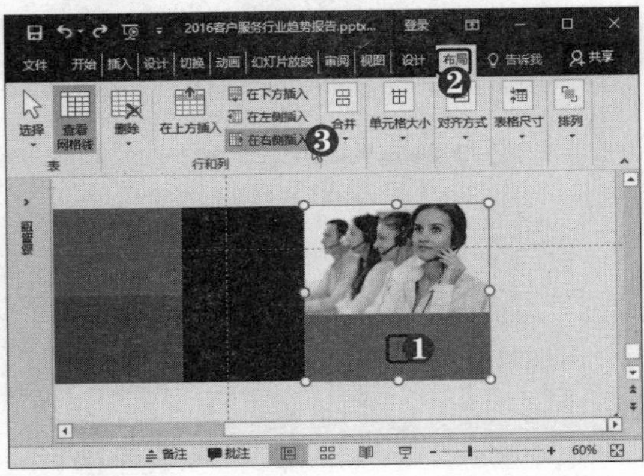

第13步 添加文本 此时即可在光标右侧插入单元格。❶ 在单元格中输入文本并将其选中。❷ 在"字体"组中设置字体格式。

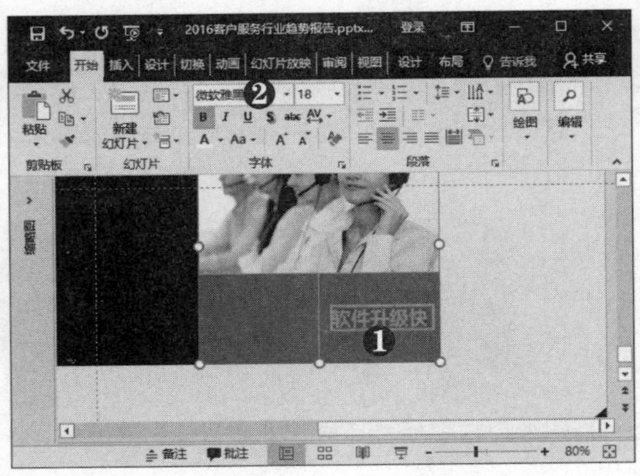

第14步 选择"设置图片格式"命令 插入图片，并将其移至所需的位置。❶ 右击图片。❷ 选择"设置图片格式"命令。

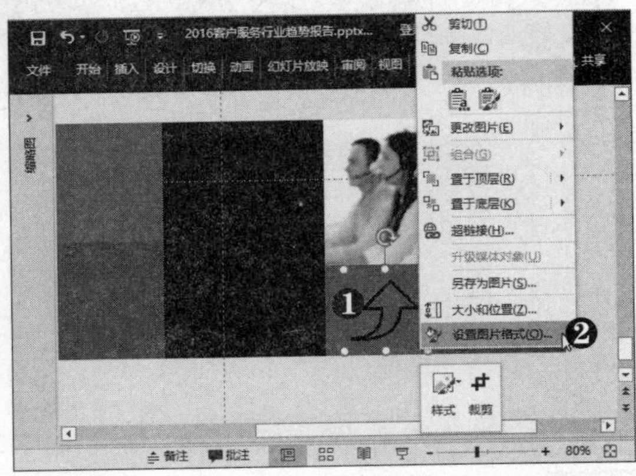

第15步 设置图片亮度 打开"设置图片格式"窗格，❶ 选择"图片"选项卡。❷ 在"图片更正"选项区中设置图片亮度值为100%。

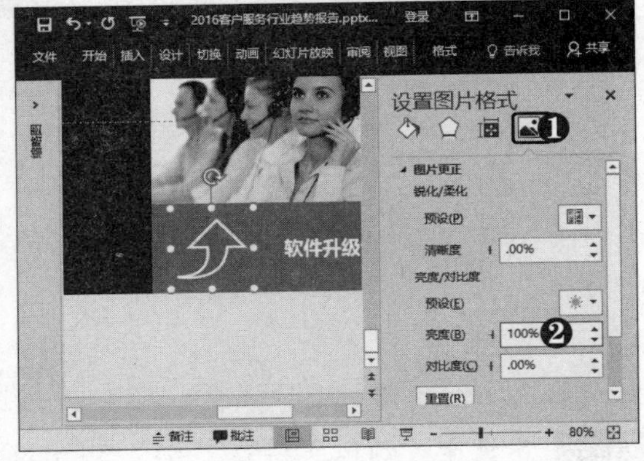

第16步 插入其他图片和文本 采用同样的方法，插入其他图片和文本。

电脑小专家

问：在演示文稿中可以插入哪些图片类型？

答：在演示文稿中可以插入JPG、GIF、PNG、AI等多种格式的图片。

新手巧上路

问：怎样减小所有图片的大小？

答：打开"PowerPoint选项"对话框，在左侧选择"高级"选项，在右侧"将默认目标输出设置为"下拉列表框中选择所需的分辨率。

第11章 制作带切换与动画效果的动态演示文稿

章前导读

为使演示文稿在观赏的过程更具吸引力，在制作演示文稿时可以为幻灯片添加动画，使原本静态的幻灯片动起来。本章以制作动态品牌力演讲 PPT 和动态行业报告 PPT 为例，详细介绍动态演示文稿的制作方法。

- 制作动态品牌力演讲 PPT
- 制作动态行业报告 PPT

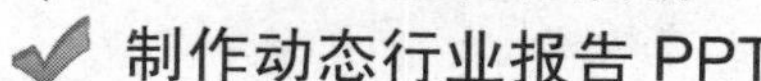

小神通，听说幻灯片制作好之后，可以为其添加动画效果？

是的，通过添加动画效果可以使演示文稿“动”起来，给读者留下更深刻的印象。

没错！动画效果可以让观众提起兴趣，强化记忆。根据对象的不同可以对幻灯片页面添加切换效果，而对幻灯片中的对象添加进入、强调、退出等动画效果。本章我们就来学习怎样为幻灯片添加切换和动画效果。

11.1 制作动态品牌力演讲 PPT

相比静态演示文稿，添加动画效果后的动态演示文稿更能抓住观众的注意力。下面将以制作动态品牌力演讲 PPT 为例，介绍设置幻灯片切换效果与母版动画效果的方法。

11.1.1 设置幻灯片切换效果

幻灯片的切换动画指的是从一张幻灯片到另一张幻灯片的切换效果，大致分为细微型、华丽型和动态内容三类。下面将介绍如何为幻灯片添加切换动画，具体操作方法如下：

提示您

在“切换”选项卡下单击“预览”按钮，可以播放切换效果。

第1步 选择“棋盘”效果 打开素材文件，❶ 选择“切换”选项卡。❷ 单击“切换效果”下拉按钮。❸ 选择“棋盘”效果。

第2步 设置计时参数 ❶ 在“声音”下拉列表框中选择“爆炸”选项。❷ 设置持续时间为 2 秒。

多学点

需要注意的是，切换效果应用于幻灯片的进入方式，而不是其退出方式。

第3步 设置自动换片时间 ❶ 在“计时”组中选中“设置自动换片时间”复选框。❷ 设置自动换片时间为 2 秒。

第4步 选择“形状”效果 ❶ 选择第 2 张幻灯片。❷ 单击“切换效果”下拉按钮。❸ 选择“形状”效果。

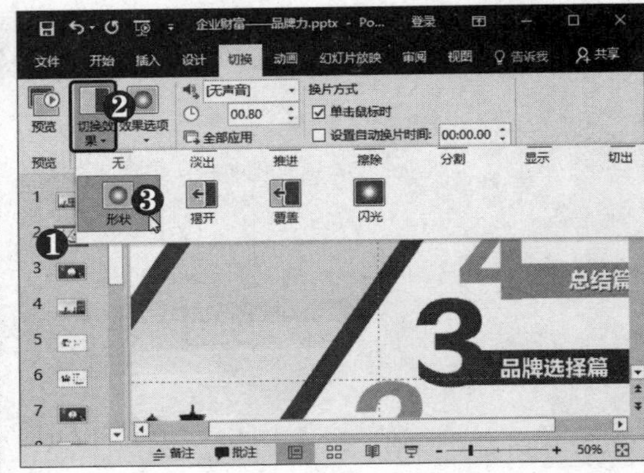

第5步 **设置效果选项** ❶ 单击“效果选项”下拉按钮。❷ 选择“菱形”选项。

第6步 **单击“全部应用”按钮** 单击“全部应用”按钮，即可设置所有幻灯片的切换方式。

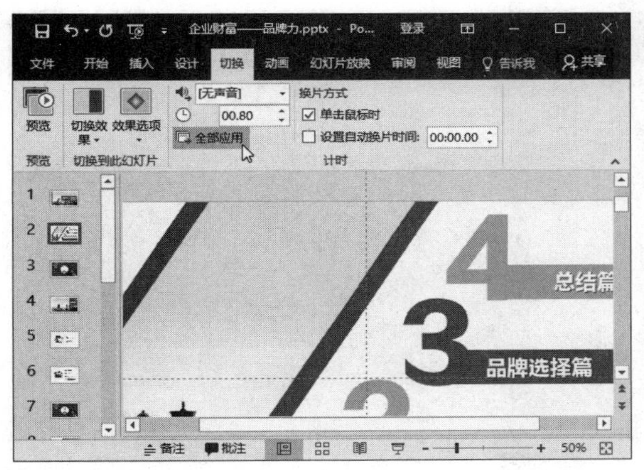

第7步 **选择“时钟”效果** ❶ 按住【Ctrl】键选择章节幻灯片。❷ 单击“切换效果”下拉按钮。❸ 选择“时钟”效果。

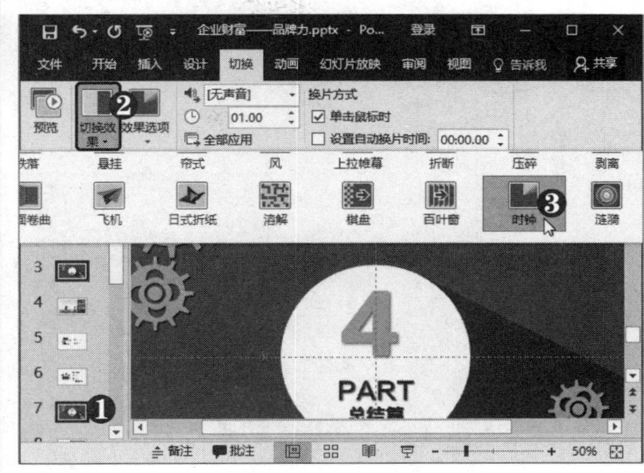

第8步 **选择“飞过”效果** ❶ 选择结尾幻灯片。❷ 单击“切换效果”下拉按钮。❸ 选择“飞过”效果。

11.1.2 设置母版动画效果

为幻灯片母版添加动画后，在演示文稿中应用该版式的幻灯片会具有动画效果，从而加深观众的印象。下面将详细介绍如何创建母版动画。

1. 添加动画效果

PowerPoint 2016 中提供了多种动画样式，如进入动画、路径动画、强调动画等。添加好动画后，可在“动画”选项卡中设置动画效果和计时参数，还可在“动画窗格”中调整动画位置，具体操作方法如下：

第1步 单击"幻灯片母版"按钮 ❶ 选择"视图"选项卡。❷ 单击"幻灯片母版"按钮。

第2步 选择"淡出"动画 ❶ 在左窗格中选择版式。❷ 按住【Shift】键选中多个齿轮形状。❸ 选择"动画"选项卡。❹ 单击"动画样式"下拉按钮。❺ 选择"淡出"动画。

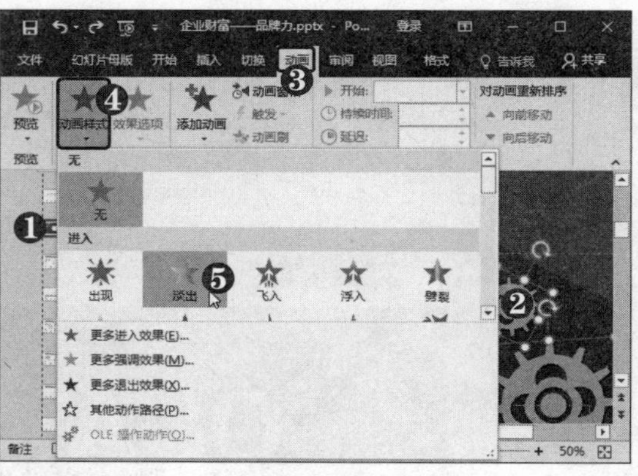

第3步 选择"更多强调效果"选项 ❶ 单击"添加动画"下拉按钮。❷ 选择"更多强调效果"选项。

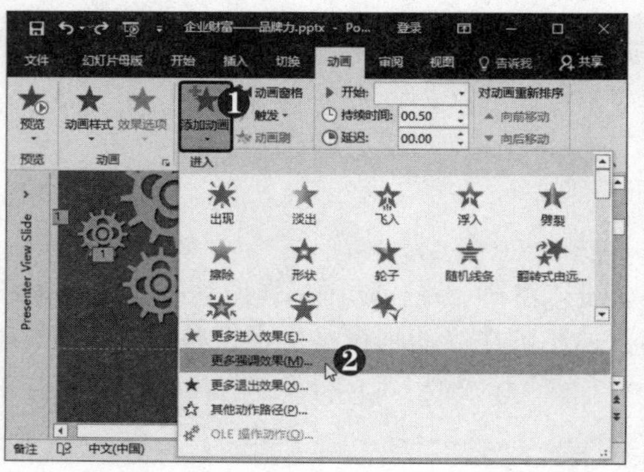

第4步 选项动画样式 弹出"添加强调效果"对话框，❶ 选择"陀螺旋"动画。❷ 单击"确定"按钮。

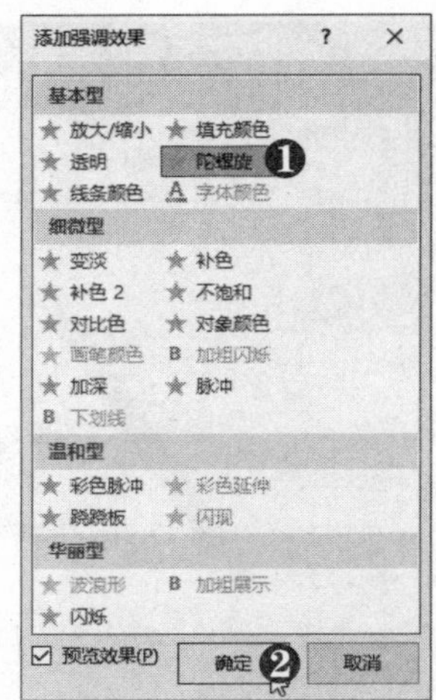

第5步 单击"动画窗格"按钮 在"高级动画"组中单击"动画窗格"按钮。

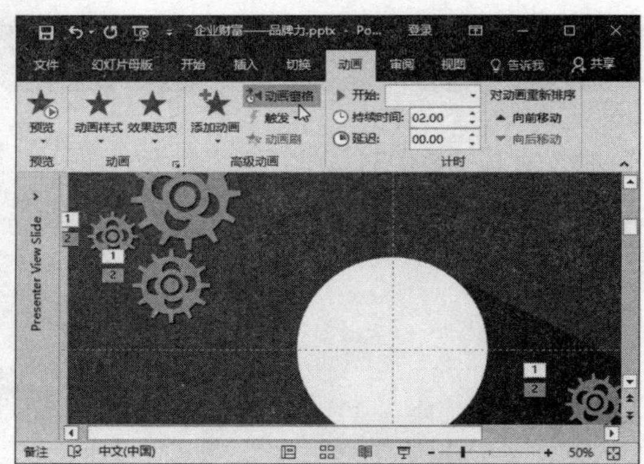

第6步 选择多个动画 此时即可打开"动画窗格"，按住【Shift】键选择多个动画。

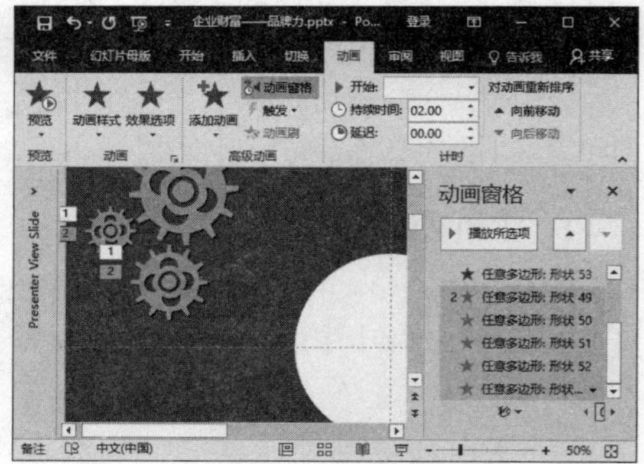

电脑小专家

问：幻灯片动画效果的作用是什么？

答：一是串联幻灯片或幻灯片内容，二是强调幻灯片内容，做好这两点便可以让PPT的放映达到画龙点睛的效果。

新手巧上路

问：在设计动画效果时要注意什么？

答：动画不能胡乱添加，否则会让整个幻灯片显得非常凌乱。在添加动画时要注意两点，一是要做到少而精，二是要注意慎用较华丽的动画效果。

第7步 选择"计时"选项 ❶ 单击"任意多边形：形状 53"强调动画右侧的下拉按钮。❷ 选择"计时"选项。

第8步 设置计时参数 弹出"陀螺旋"对话框，❶ 在"开始"下拉列表框中选择"与上一动画同时"选项。❷ 在"期间"下拉列表框中选择"中速（2 秒）"选项。❸ 在"重复"下拉列表框中选择"直到幻灯片末尾"选项。❹ 单击"确定"按钮。

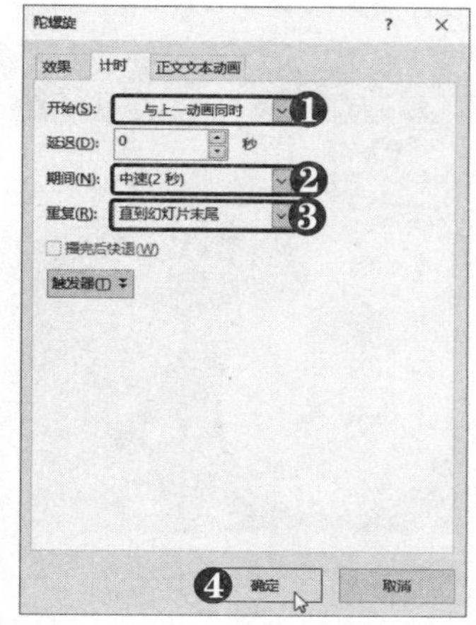

第9步 设置"开始"选项 在"动画窗格"中选择"任意多边形：形状 49"进入动画，❶ 在"计时"组中单击"开始"下拉按钮。❷ 选择"上一动画之后"选项。

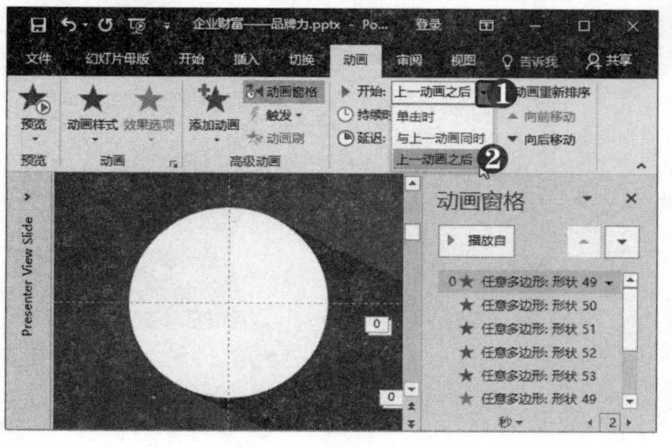

第10步 调整动画位置 在"动画窗格"中选中动画并拖动鼠标，调整"任意多边形：形状 49"强调动画的位置。

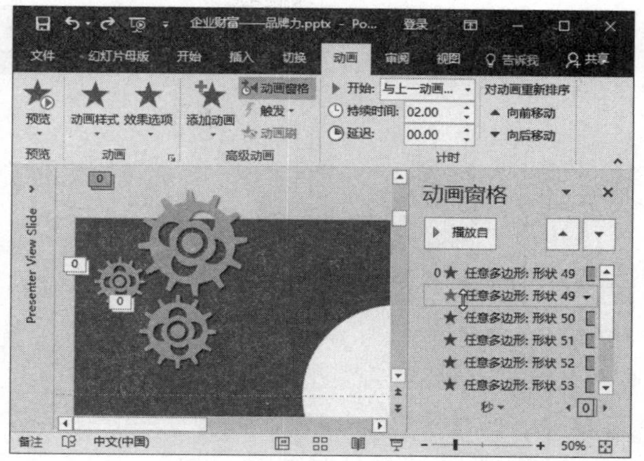

第11步 调整其他动画位置 采用同样的方法，调整其他强调动画的位置。

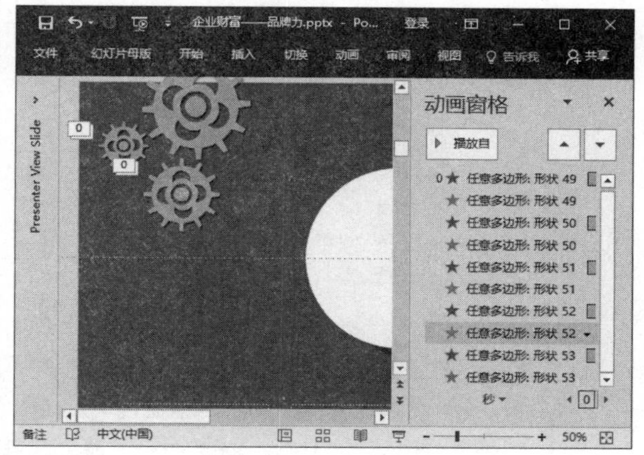

第12步 选择"飞入"动画 ❶ 选中圆形。❷ 单击"动画样式"下拉按钮。❸ 选择"飞入"动画。

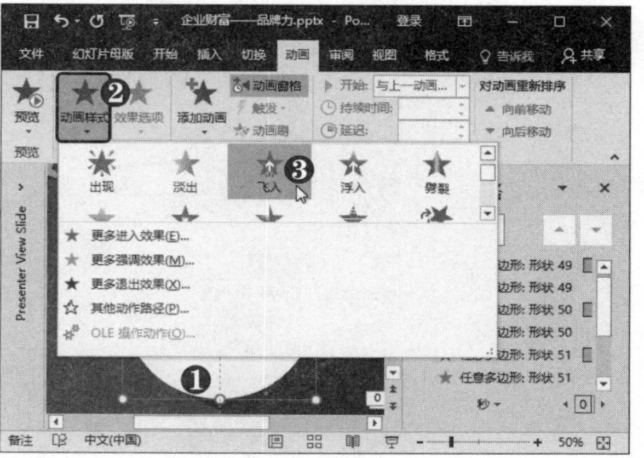

第13步 **选择“效果选项”选项** ❶ 在“动画窗格”中单击“椭圆 6”动画右侧的下拉按钮▾。❷ 选择“计时”选项。

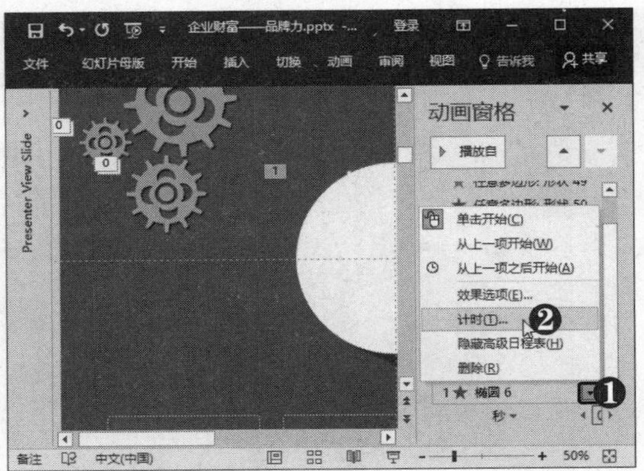

第14步 **设置计时参数** 弹出“飞入”对话框，❶ 在“开始”下拉列表框中选择“与上一动画同时”选项。❷ 设置“期间”为 1.5 秒。

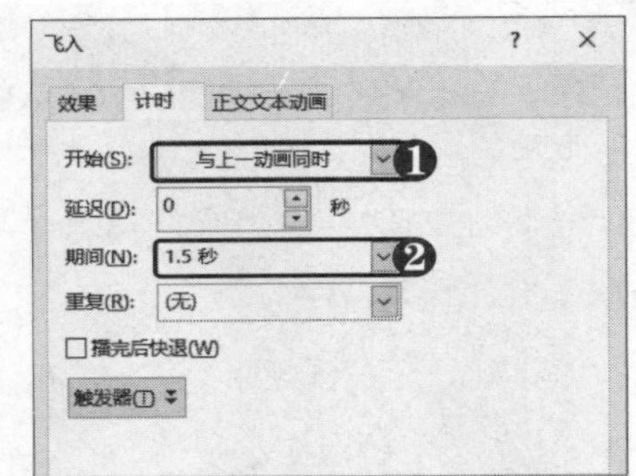

第15步 **设置效果选项** ❶ 选择“效果”选项卡。❷ 设置“平滑开始”为 0.15 秒。❸ 设置“弹跳结束”为 1.2 秒。❹ 单击“确定”按钮。

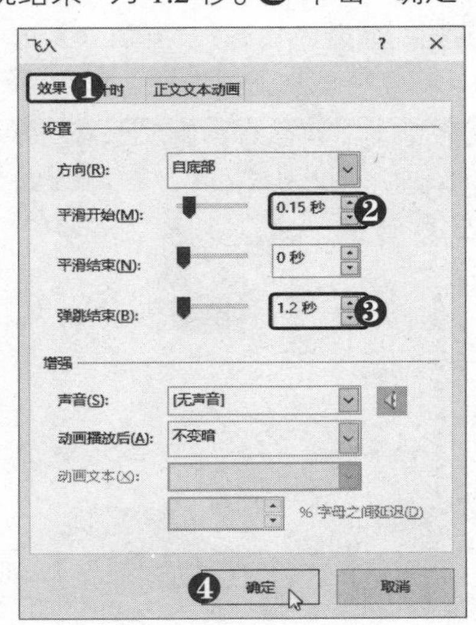

第16步 **选择“擦除”选项** ❶ 选中形状。❷单击“动画样式”下拉按钮。❸ 选择“擦除”选项。

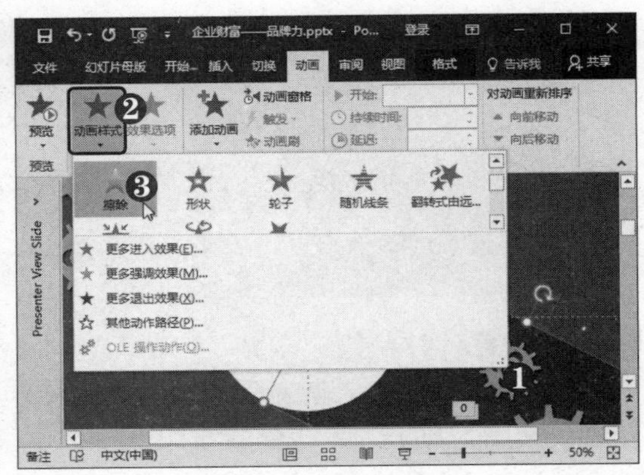

第17步 **设置效果选项** ❶ 单击“效果选项”下拉按钮。❷ 选择“自左侧”选项。

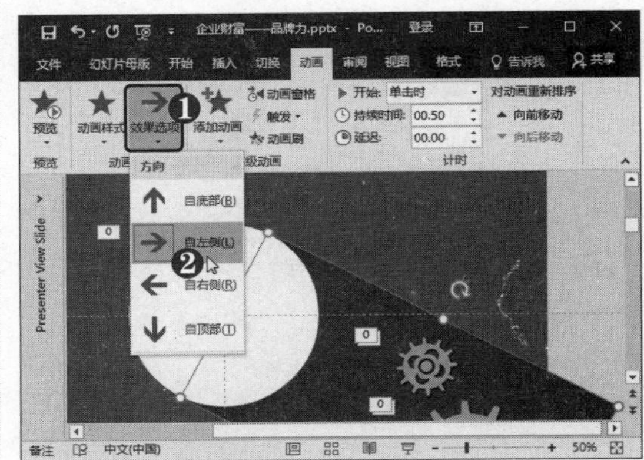

第18步 **设置计时参数** ❶ 设置“开始”为“与上一动画同时”。❷ 设置持续时间为 1 秒。❸ 设置延迟时间为 0.5 秒。

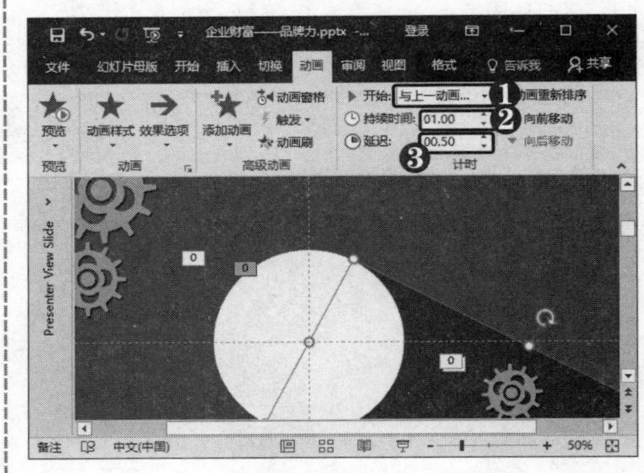

提示您

不同的动画样式会有不同的效果选项，有的动画样式也会没有效果选项，如“出现”和“淡出”动画。

多学点

在“动画窗格”中双击动画，即可快速打开“飞入”对话框。

2．使用动画刷

应用动画刷功能可以快速复制动画效果，提高工作效率，具体操作方法如下：

第1步 选中文本框 退出幻灯片母版视图，❶ 选择第 3 张幻灯片。❷ 选中文本框。

第2步 选择"浮入"动画 ❶ 单击"动画样式"下拉按钮。❷ 选择"浮入"动画。

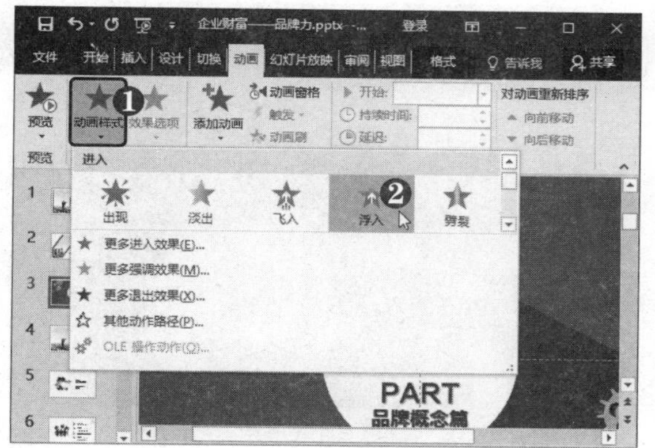

第3步 设置"开始"选项 ❶ 在"计时"组中单击"开始"下拉按钮。❷ 选择"与上一动画同时"选项。

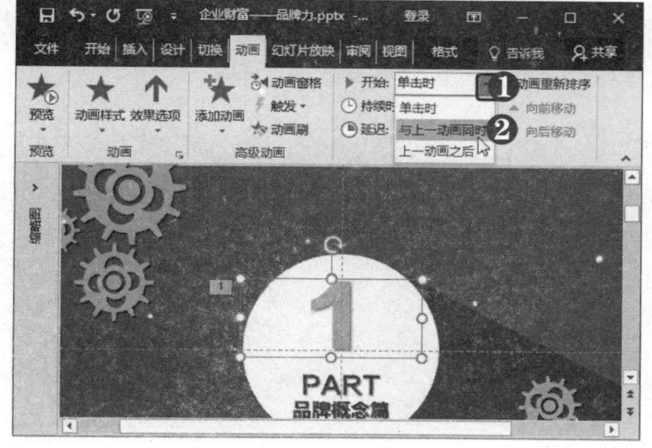

第4步 单击"动画刷"按钮 在"高级动画"组中单击"动画刷"按钮。

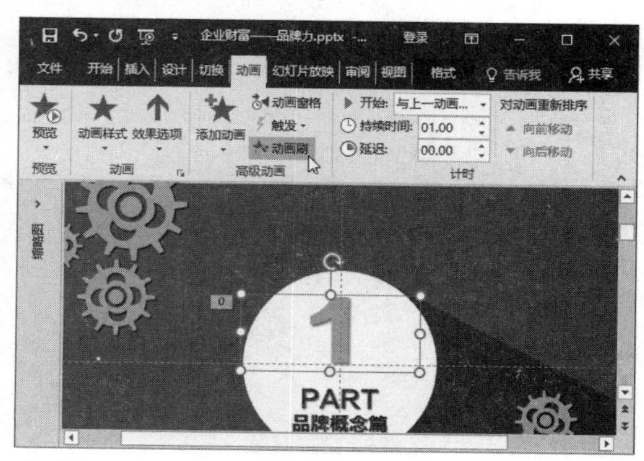

第5步 复制动画效果 进入动画刷状态，鼠标指针变为形状，单击幻灯片对象即可复制动画效果。

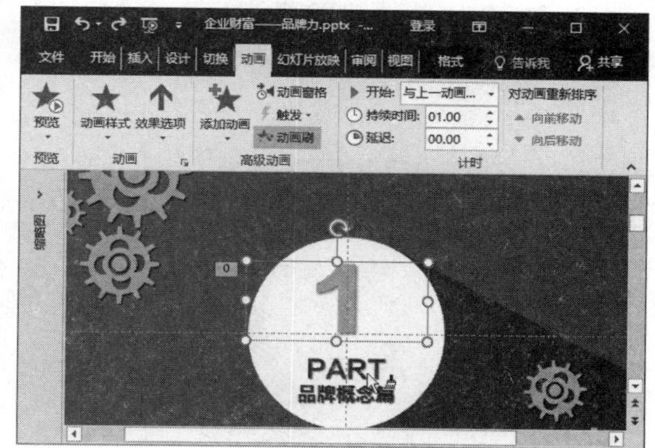

第6步 设置延迟时间 采用同样的方法，设置标题文本的动画效果。打开"动画窗格"，❶ 选中动画。❷ 在"计时"组中设置延迟时间为 1.25 秒。

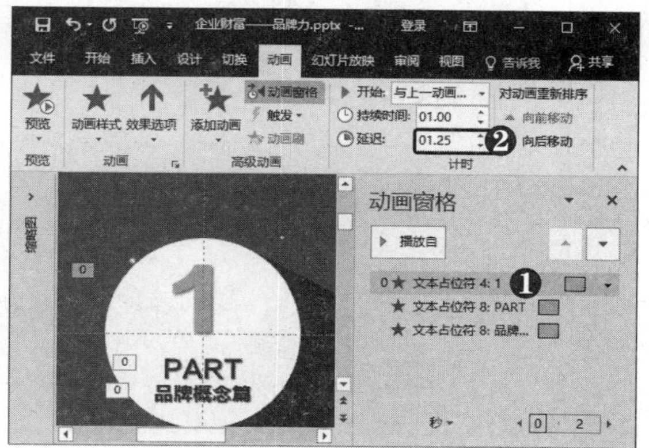

第7步 **设置延迟时间** ❶ 选中动画。❷ 在“计时”组中设置延迟时间为 1.75 秒。

第8步 **设置延迟时间** ❶ 选中动画。❷ 在“计时”组中设置延迟时间为 2.25 秒。

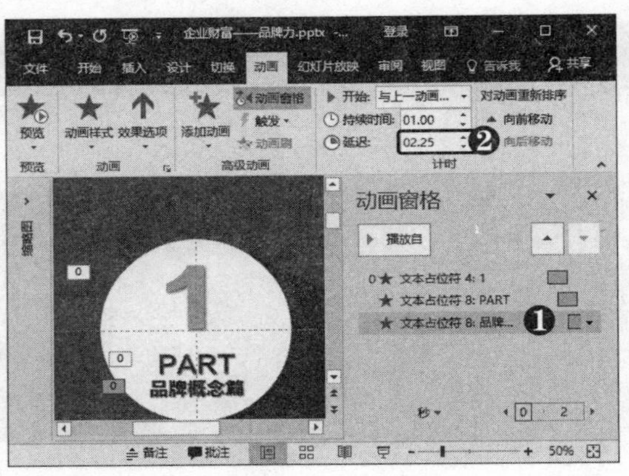

第9步 **预览效果** 单击“预览”按钮，即可预览幻灯片动画效果。

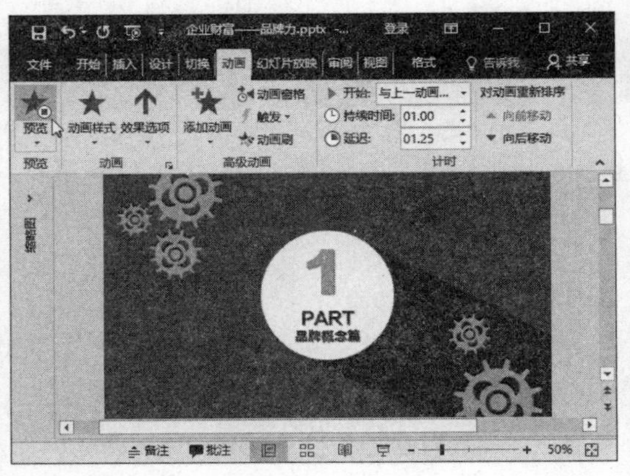

第10步 **双击“动画刷”按钮** ❶ 选中文本框。❷ 在“高级动画”组中双击“动画刷”按钮。

第11步 **复制动画效果** 此时即可连续使用“动画刷”功能，在其他章节幻灯片中单击形状，连续复制动画效果。

第12步 **继续设置动画效果** 采用同样的方法，设置其他章节幻灯片的动画效果。

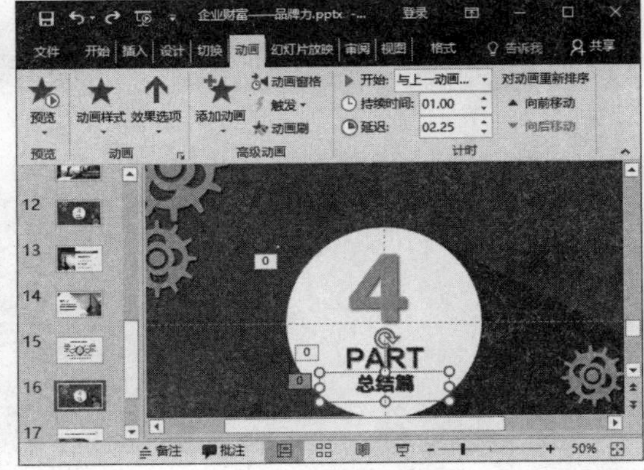

电脑小专家

问：有没有更简单的方法设置章节页的动画效果？

答：可以在设置好第 1 节的动画效果后再复制幻灯片，然后根据需要修改幻灯片中的内容即可。

新手巧上路

问：动画刷复制的动画效果包括计时参数吗？

答：包括计时参数，但不包括动画播放的顺序，所以在复制动画效果时要按照一定的顺序来进行复制。

11.2 制作动态行业报告 PPT

前面介绍了在幻灯片中添加动画效果的基本操作，下面将以制作动态行业报告 PPT 为例，完整地展示一个动态演示文稿的制作过程。

11.2.1 添加封面动画效果

封面动画在整个演示文稿中有着举足轻重的作用，可以增强观众对该演示文稿的阅读兴趣，为演讲起到强大的辅助效果。添加封面动画效果的具体操作方法如下：

第1步 选中形状 打开素材文件，按住【Shift】键选中多个形状。

第2步 选择“飞入”动画 ❶ 单击“动画样式”下拉按钮。❷ 选择“飞入”动画。

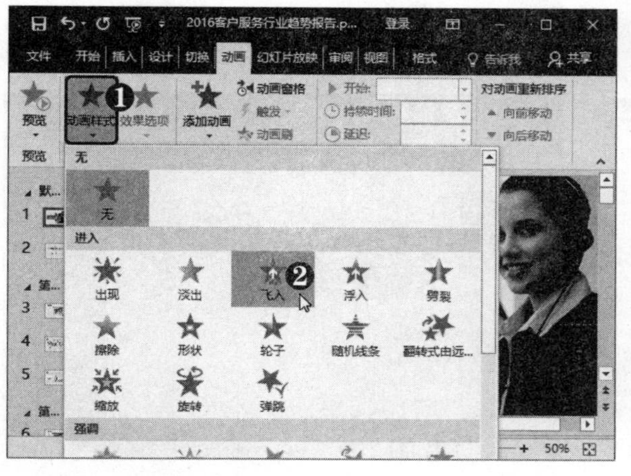

第3步 选择“自左侧”选项 ❶ 设置“开始”为“与上一动画同时”。❷ 单击“效果选项”下拉按钮。❸ 选择“自左侧”选项。

第4步 设置计时参数 打开“动画窗格”，❶ 选中动画。❷ 设置持续时间为 1 秒。❸ 设置延迟时间为 0.25 秒。

第5步 选择“飞入”动画 ❶ 选中图片。❷ 单击“动画样式”下拉按钮。❸ 选择“飞入”动画。

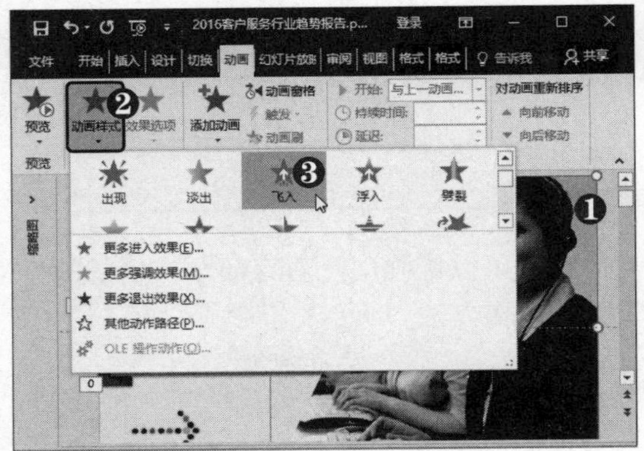

第6步 选择“自右侧”选项 ❶ 设置“开始”为“与上一动画同时”。❷ 设置持续时间为 1 秒。❸ 设置延迟时间为 0.25 秒。❹ 单击“效果选项”下拉按钮。❺ 选择“自右侧”选项。

第7步 选择“浮入”动画 按住【Shift】键选中文本框和组合形状，❶ 单击“动画样式”下拉按钮。❷ 选择“浮入”动画。

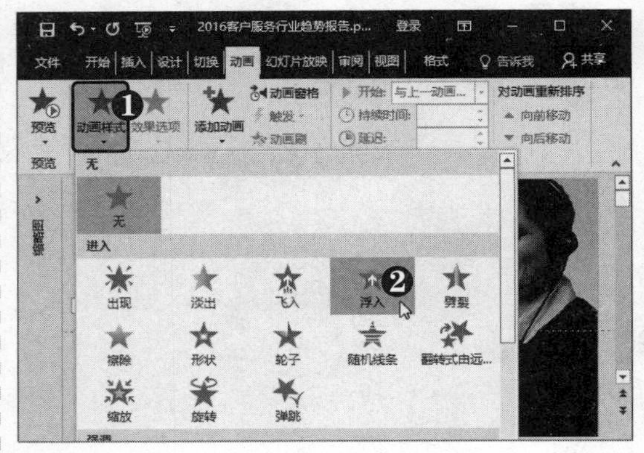

第8步 设置“开始”选项 ❶ 选中文本框。❷ 单击“开始”下拉按钮。❸ 选择“上一动画之后”选项。

第9步 设置效果选项 ❶ 选中组合形状。❷ 设置“开始”为“与上一动画同时”。❸ 单击“效果选项”下拉按钮。❹ 选择“下浮”选项。

第10步 选择“淡出”动画 ❶ 选中形状。❷ 单击“动画样式”下拉按钮。❸ 选择“淡出”动画。

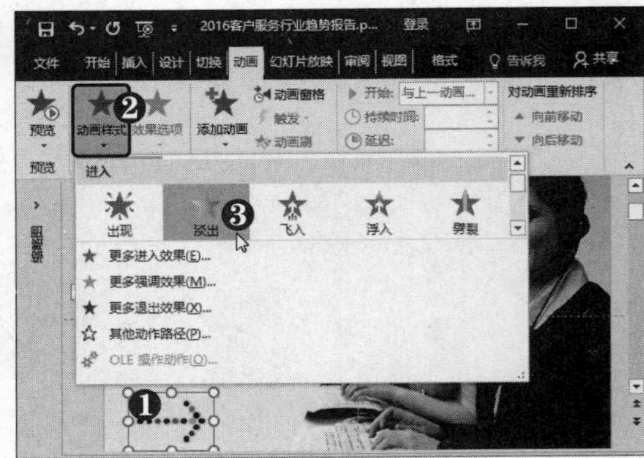

提示您

飞入或浮入动画可以同时设置在两个相对应的对象上，再将两个对象的效果选项设置为相反的方向进入，这样的效果既简洁又不会太单调。

多学点

在添加强调动画或路径动画效果前，必须先为对象添加进入效果。

第11步 选择"其他动作路径"选项 ❶ 单击"添加动画"下拉按钮。❷ 选择"其他动作路径"选项。

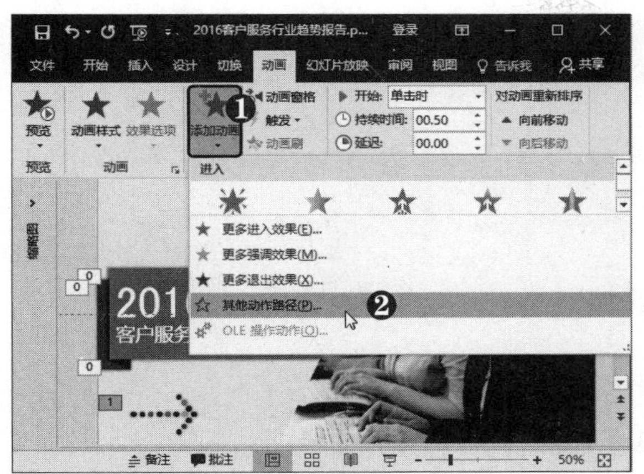

第12步 选择动画样式 弹出"添加动作路径"对话框，❶ 选择"向右"动画样式。❷ 单击"确定"按钮。

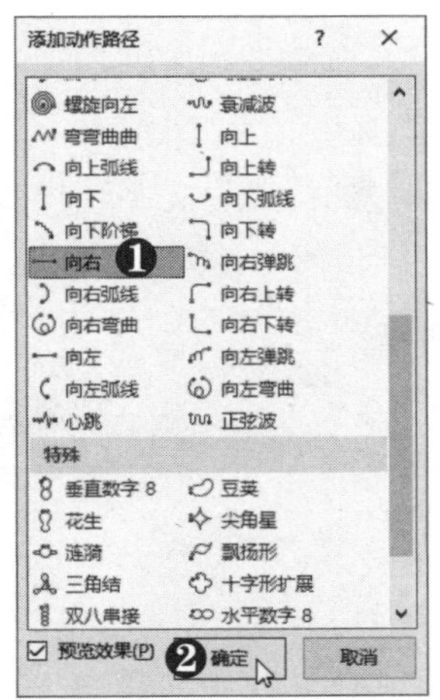

第13步 调整动画位置 在幻灯片中拖动控制柄，调整动画位置。

第14步 设置计时参数 打开"动画窗格"，❶ 选择动画。❷ 设置"开始"为"与上一动画同时"。❸ 设置延迟时间为 0.5 秒。

第15步 选择"计时"选项 ❶ 单击"组合 80"动画右侧的下拉按钮。❷ 选择"计时"选项。

第16步 设置计时参数 弹出"向右"对话框，❶ 设置"开始"为"与上一动画同时"。❷ 设置延迟时间为 1 秒。❸ 设置"期间"为 0.75 秒。❹ 设置"重复"为"直到幻灯片末尾"。

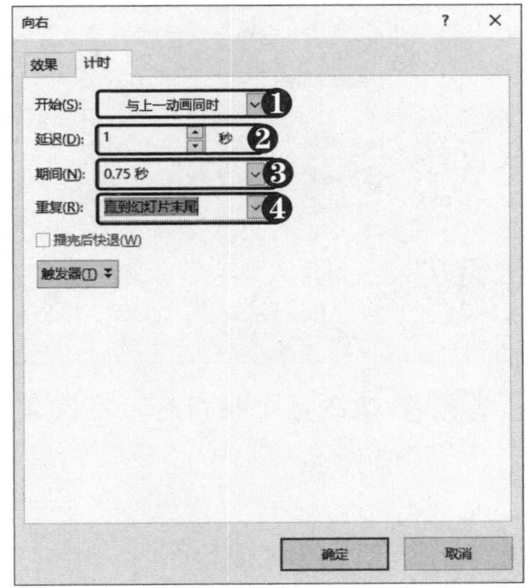

第17步 设置自动翻转 ❶ 选择“效果”选项卡。❷ 在“设置”选项区中选中“自动翻转”复选框。❸ 单击“确定”按钮。

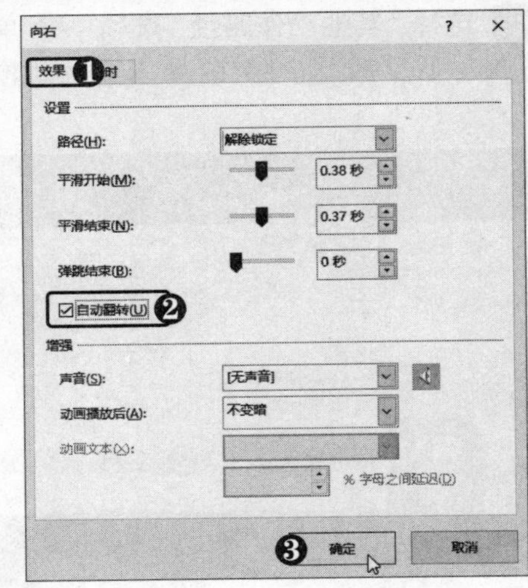

高手点拨

制作幻灯片时，可为幻灯片对象单独使用任何一种动画，也可将多个效果组合在一起。例如，可对一行文本应用“飞入”进入效果和“放大/缩小”强调效果，使它在飞入的同时逐渐放大。

电脑小专家

问：如何为动画添加触发器？

答：选中动画，在“高级动画”组中单击“触发”下拉按钮，选择“单击”选项，在弹出的下拉列表中选择合适的触发器即可。

11.2.2 添加章节页动画效果

通过插入文本框并为其添加动画效果可以制作出有趣的转场动画，为章节页幻灯片增添趣味。下面将详细介绍转场动画的制作过程。

1. 设置文本填充格式

要制作转场动画，首先需要在文本框中输入破折号，然后应用文字转换效果，再将文本填充设置为图片填充，具体操作方法如下：

第1步 单击“文本框”按钮 ❶ 选择第3张幻灯片。❷ 选择“插入”选项卡。❸ 在“文本”组中单击“文本框”按钮。

第2步 输入多个破折号 在文本框中输入多个破折号。

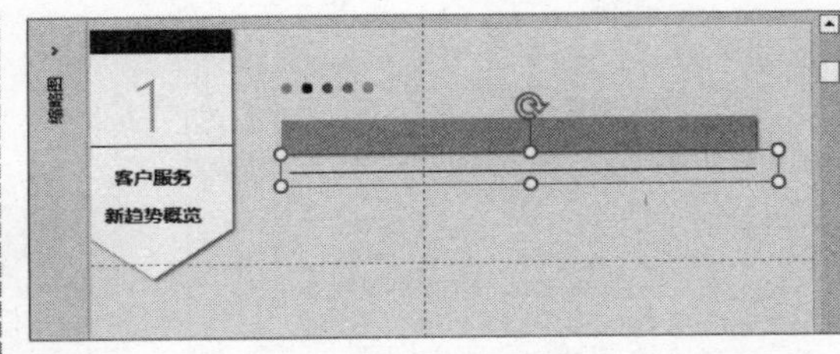

第3步 选择转换样式 ❶ 选择“格式”选项卡。❷ 单击“文字效果”下拉按钮。❸ 选择“转换”选项。❹ 选择转换样式。

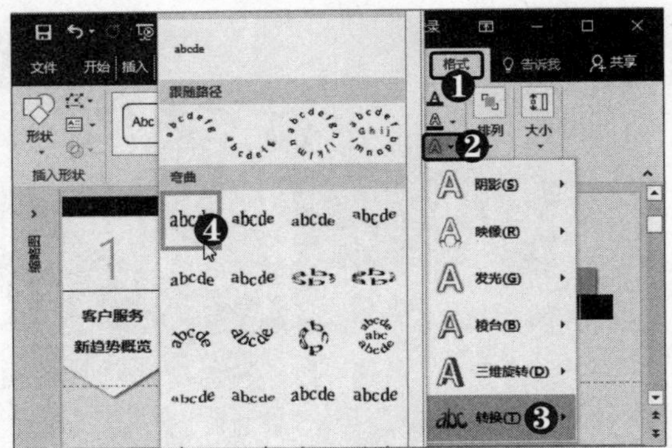

新手巧上路

问：文字动画效果的发送方式有哪些？

答：文字动画的发送方式有整批发送、按字/词、按字母三种。其中“按字母”是以字符为单位，依次对每一个字执行动画效果，是比较常用的发送方式。

第4步 **选择"图片"选项** ❶单击"文本填充"下拉按钮。❷选择"图片"选项。

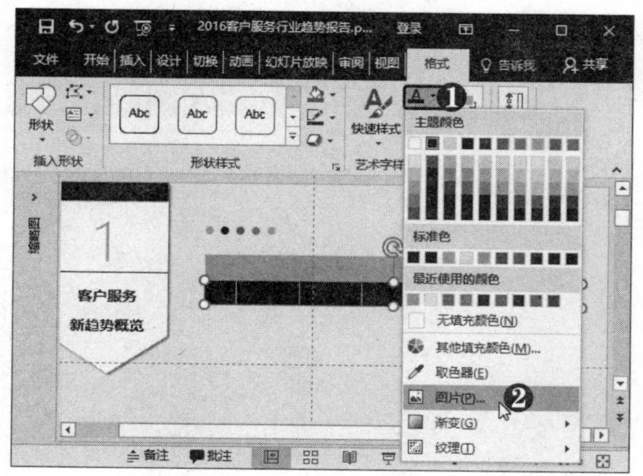

高手点拨

将应用了动画的多个形状再次组合到一起后，将失去动画效果。

第5步 **选择图片** 弹出"插入图片"对话框，❶选择所需的图片。❷单击"插入"按钮。

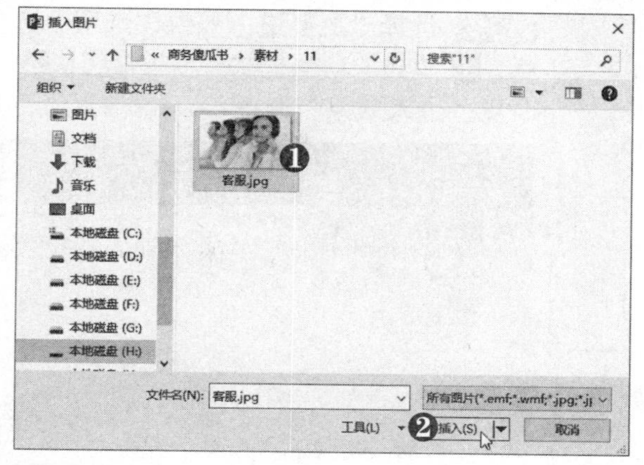

第6步 **调整文本框大小** 此时即可应用图片填充，根据需要调整文本框的大小。

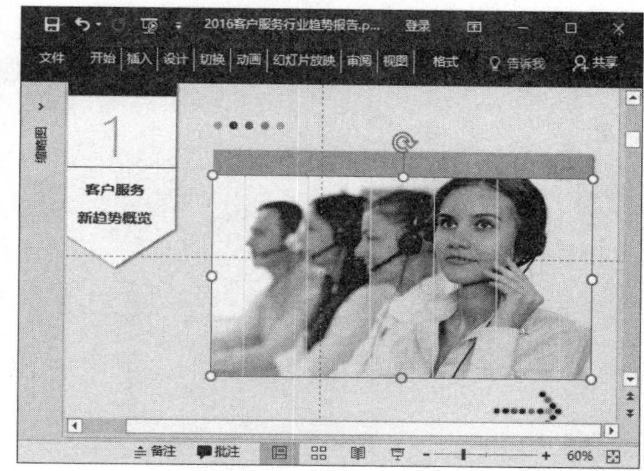

2. 添加动画效果

在文本框中应用图片填充后，需要为其添加文字动画效果，具体操作方法如下：

第1步 **选择"擦除"动画** 选中形状，❶单击"动画样式"下拉按钮。❷选择"擦除"动画。

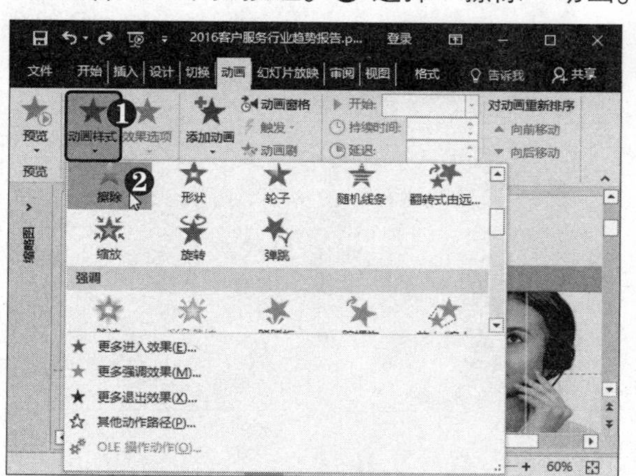

第2步 **设置计时参数** ❶设置"开始"为"上一动画之后"。❷设置持续时间为1秒。

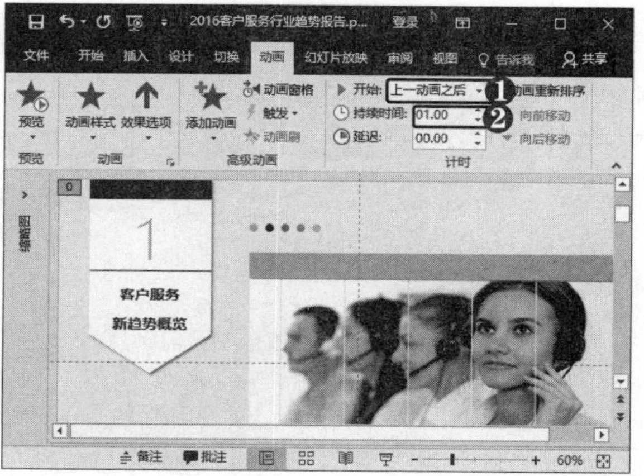

第3步　选择“更多进入效果”选项　选中形状，❶ 单击“动画样式”下拉按钮。❷ 选择“更多进入效果”选项。

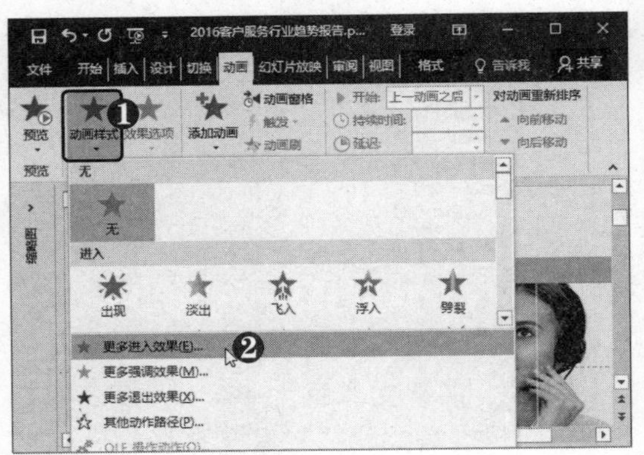

第4步　选择“伸展”动画　弹出“更改进入效果”对话框，❶ 选择“伸展”动画。❷ 单击“确定”按钮。

第5步　选择“自左侧”选项　❶ 设置“开始”为“上一动画之后”。❷ 设置持续时间为0.75秒。❸ 单击“效果选项”下拉按钮。❹ 选择“自左侧”选项。

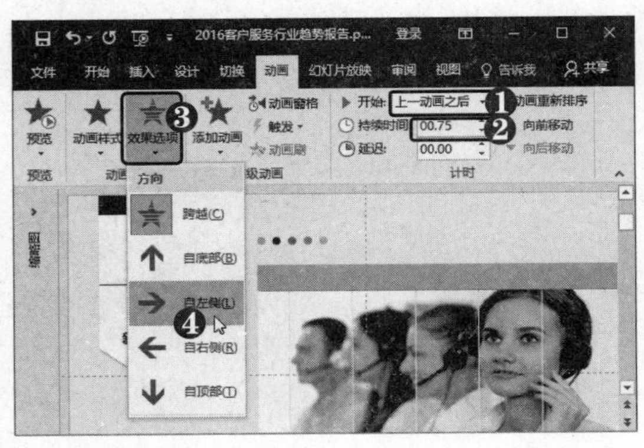

第6步　设置计时参数　采用同样的方法，设置标题文本的动画样式，在“计时”组中设置计时参数。

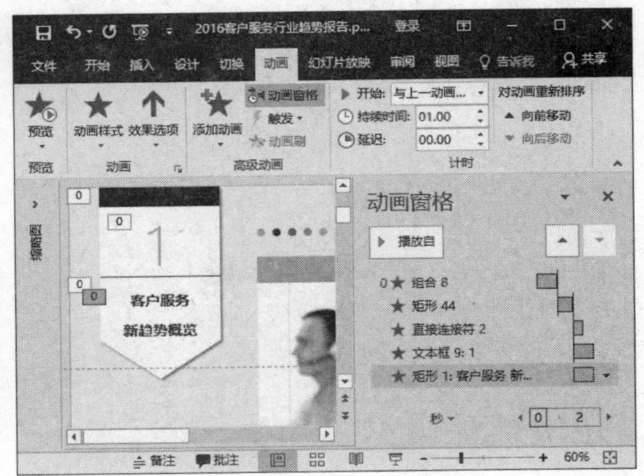

第7步　框选形状　拖动鼠标，框选图片上方的圆形形状。

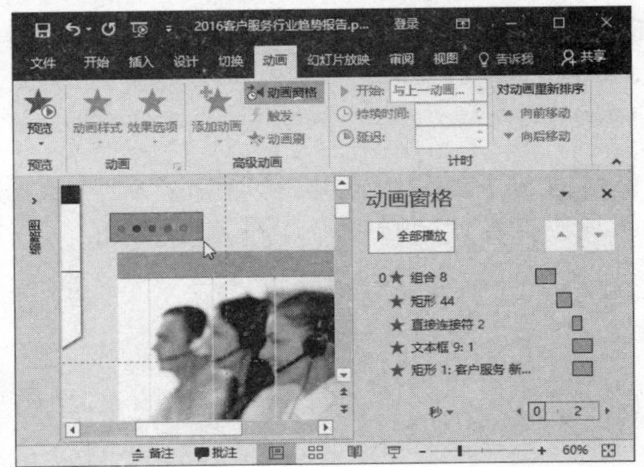

第8步　选择“飞入”动画　❶ 单击“动画样式”下拉按钮。❷ 选择“飞入”动画。

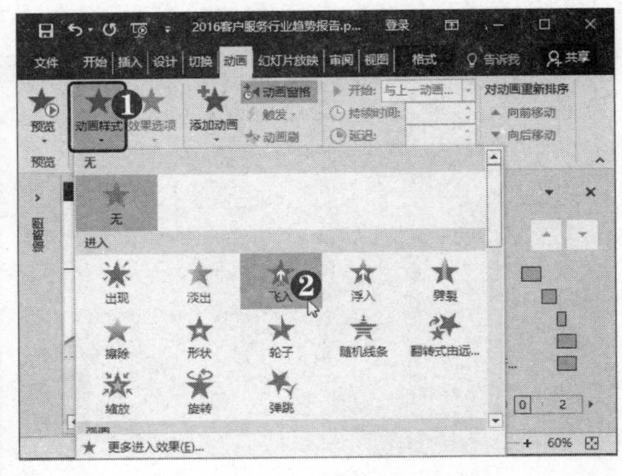

提示您

在“动画窗格”中可以方便地对动画进行操作，也可以有选择地播放动画效果。选中多个动画效果后，单击“播放所选项”按钮，即可播放所选的动画。

多学点

当“动画窗格”中不能显示所有动画的播放时间时，拖动“动画窗格”下方时间轴上的滑块■，可以查看各时间段的动画。

第9步 选择"自顶部"选项 ❶ 设置"开始"为"与上一动画同时"。❷ 设置持续时间为 0.75 秒。❸ 单击"效果选项"下拉按钮。❹ 选择"自顶部"选项。

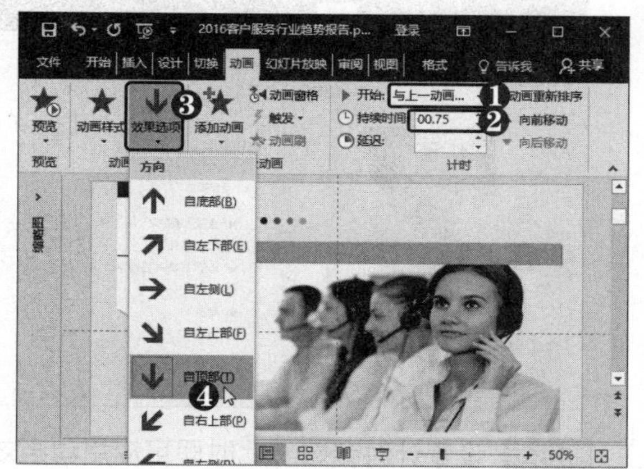

第10步 设置延迟时间 打开"动画窗格"，设置动画的延迟时间。

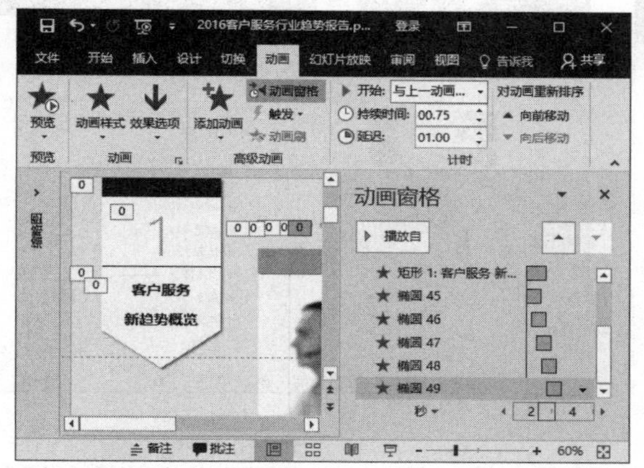

第11步 选择"浮入"动画 选中矩形，❶ 单击"动画样式"下拉按钮。❷ 选择"浮入"动画。

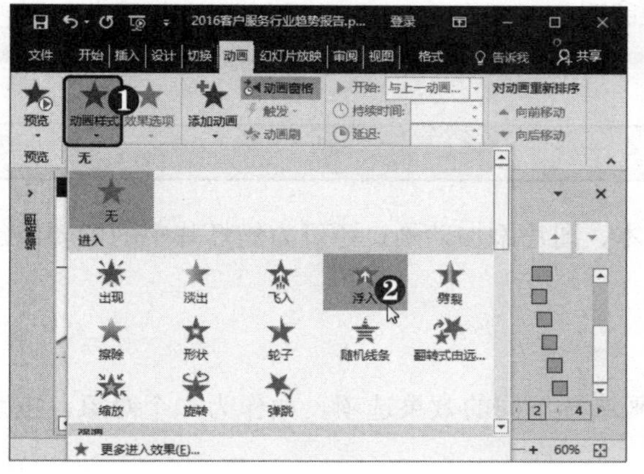

第12步 选择"下浮"选项 ❶ 设置"开始"为"与上一动画同时"。❷ 设置延迟时间为 1 秒。❸ 单击"效果选项"下拉按钮。❹ 选择"下浮"选项。

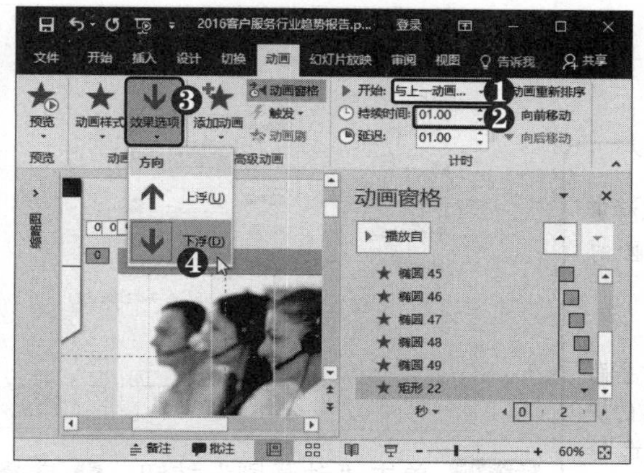

第13步 选择"缩放"动画 ❶ 选中文本框。❷ 单击"动画样式"下拉按钮。❸ 选择"缩放"动画。

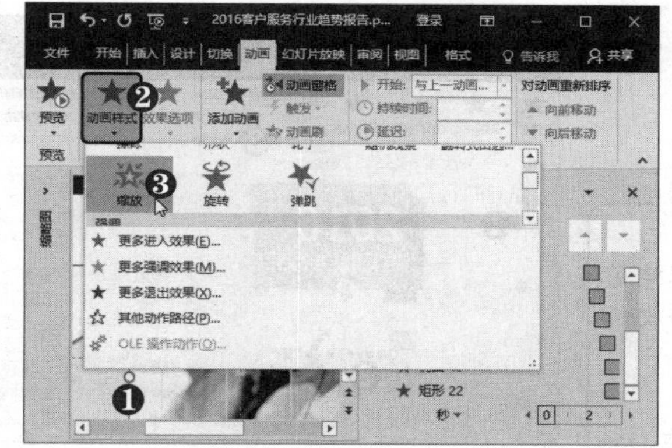

第14步 选择"效果选项"选项 ❶ 设置"开始"为"与上一动画同时"。❷ 设置持续时间为 1 秒。❸ 在"动画窗格"中单击"文本框"动画右侧的下拉按钮▾。❹ 选择"效果选项"选项。

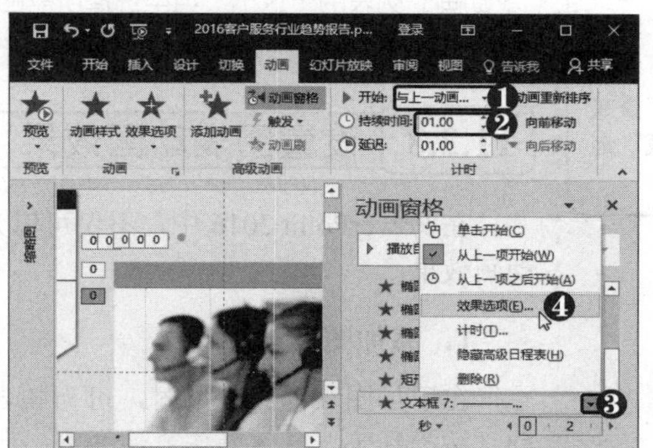

第15步 **设置动画效果** 弹出“缩放”对话框，❶ 在“动画文本”下拉列表框中选择“按字母”选项。❷ 单击“确定”按钮。

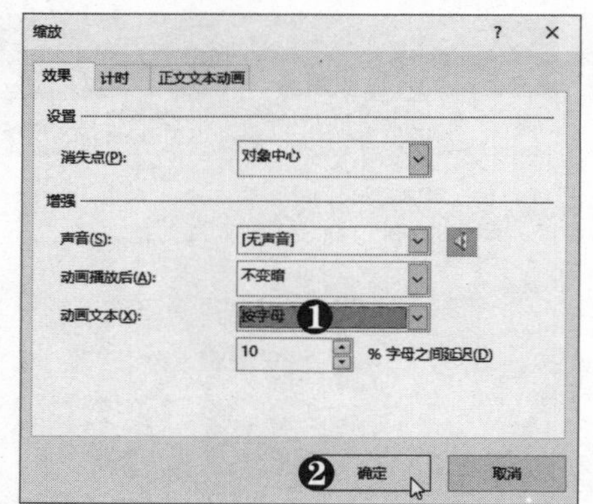

第16步 **单击“动画刷”按钮** ❶ 选择第 1 张幻灯片。❷ 选中箭头形状。❸ 单击“动画刷”按钮。

第17步 **复制动画效果** ❶ 选择第 3 张幻灯片。❷ 当鼠标指针变为形状时单击箭头形状。

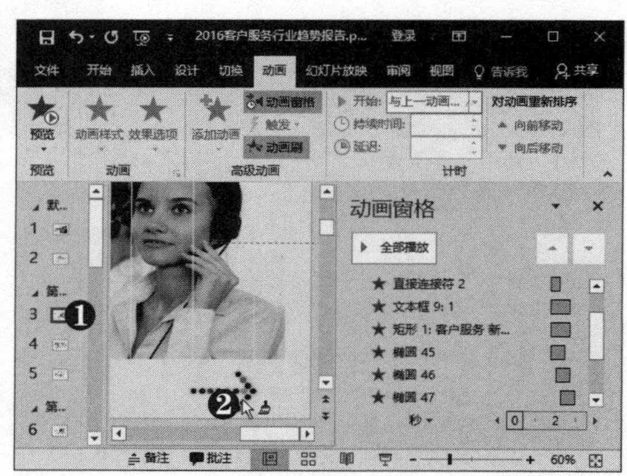

第18步 **设置计时参数** 此时即可应用动画效果，根据需要在“计时”组中设置计时参数。

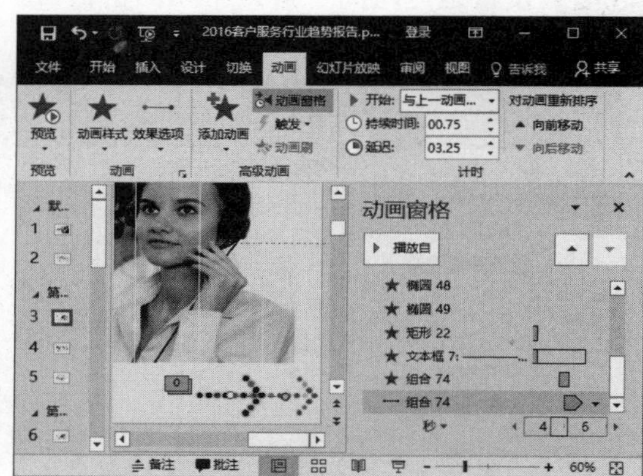

电脑小专家

问：怎样更改路径动画的方向？

答：右击路径，在弹出的快捷方式中选择“翻转路径方向”命令即可。

新手巧上路

问：怎样设置在动画播放后隐藏对象？

答：在“动画窗格”中双击动画，在弹出的对话框中选择“效果”选项卡，在“增强”选项区中单击“动画播放后”下拉按钮，选择“播放动画后隐藏”选项即可。

高手点拨

退出动画是在幻灯片放映时，幻灯片中的对象退出时的动画效果。要添加退出动画，只需在“动画”列表的“退出”组中选择所需的效果即可。

11.2.3 设置图表动画效果

在 PowerPoint 2016 中，不仅可以为文本、图片添加动画，还可为幻灯片中的图表添加动画效果。

1. 添加图表动画

在添加图表动画效果时，可为图表动画选择不同的效果选项，如作为一个对象、按系列、按类别等，具体操作方法如下：

第1步 **选择“浮入”动画** ❶ 选择第 14 张幻灯片。❷ 选中标题文本。❸ 单击“动画样式”下拉按钮。❹ 选择“浮入”动画。

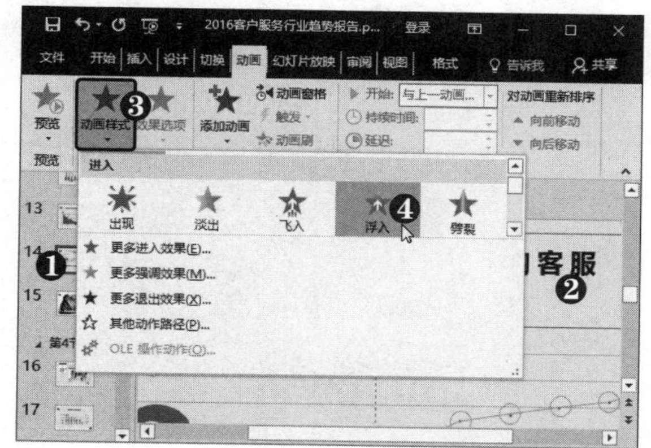

第2步 **选择“下浮”选项** ❶ 设置“开始”为“上一动画之后”。❷ 单击“效果选项”下拉按钮。❸ 选择“下浮”选项。

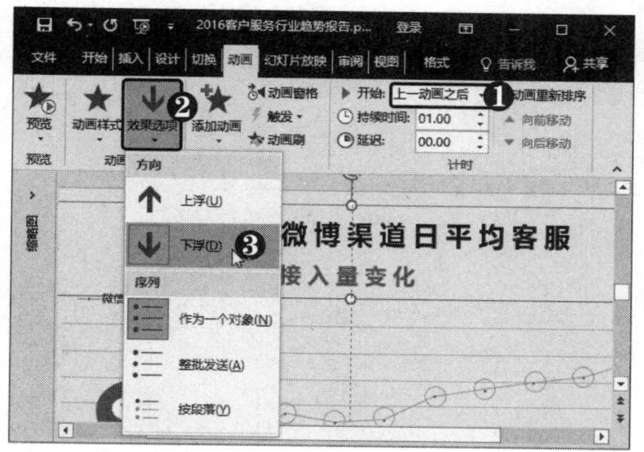

第3步 **选择“更多进入效果”选项** 选中图表，❶ 单击“动画样式”下拉按钮。❷ 选择“更多进入效果”选项。

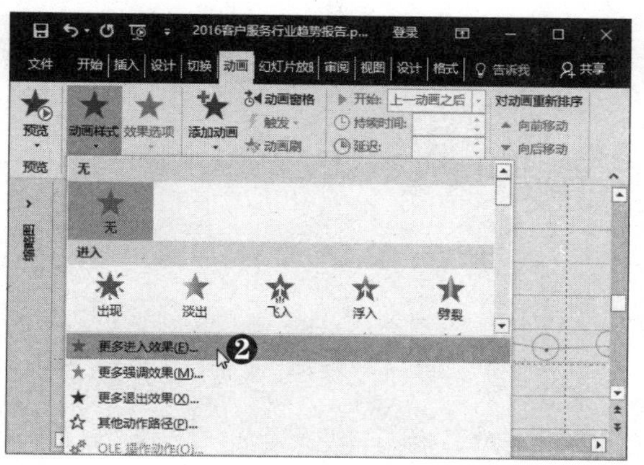

第4步 **选择动画样式** 弹出“更改进入效果”对话框，❶ 选择“阶梯状”动画。❷ 单击“确定”按钮。

第5步 **选择“右上”选项** ❶ 单击“效果选项”下拉按钮。❷ 选择“右上”选项。

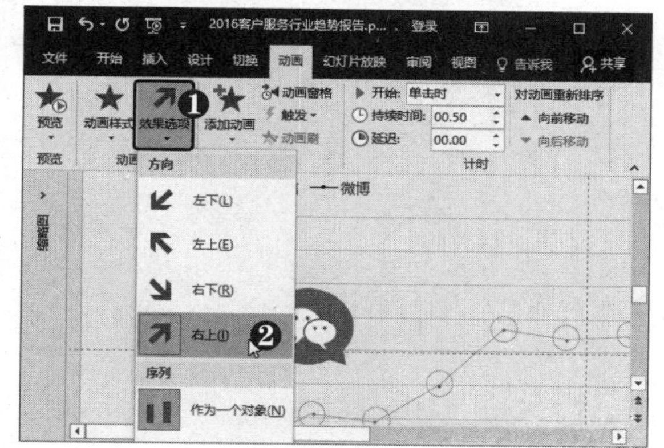

第6步 **选择“按类别”选项** ❶ 单击“效果选项”下拉按钮。❷ 选择“按类别”选项。

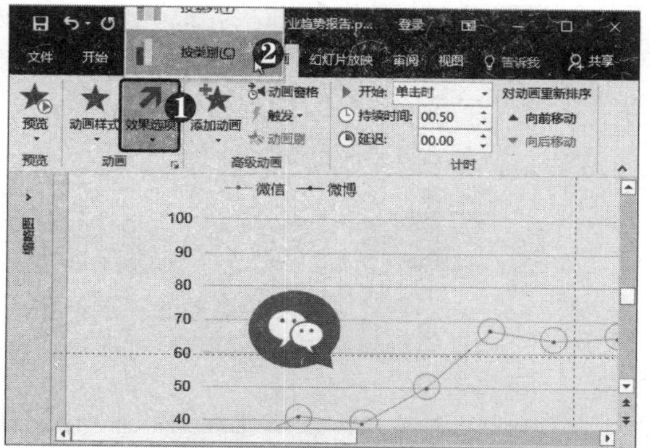

第7步 **选择“与上一动画同时”选项** 打开“动画窗格”，❶ 选中图表动画。❷ 单击“开始”下拉按钮。❸ 选择“与上一动画同时”选项。

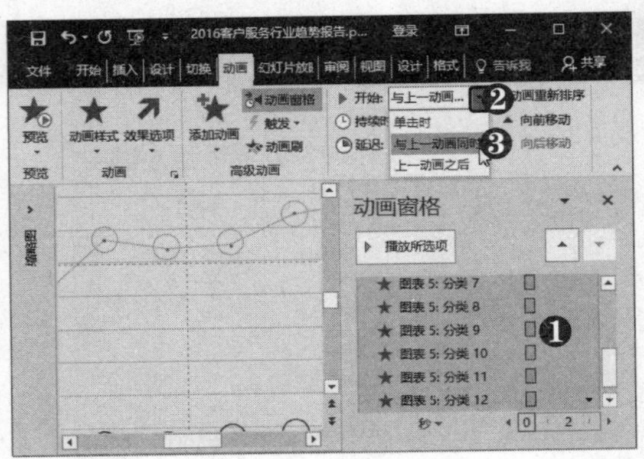

第8步 **设置计时参数** ❶ 选择“图表 5：背景”动画。❷ 设置“开始”为“上一动画之后”。❸ 设置持续时间为 1 秒。

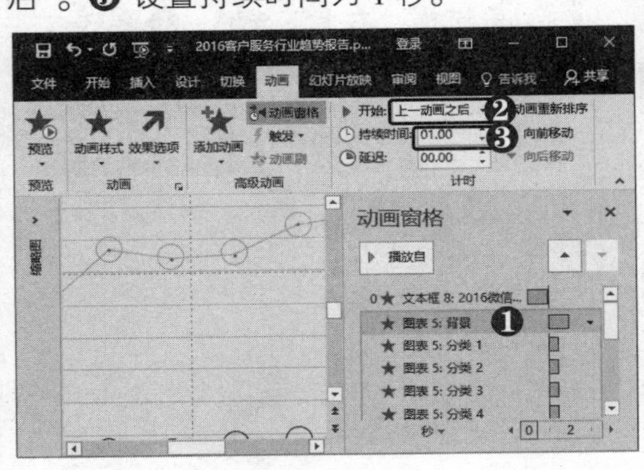

第9步 **设置计时参数** ❶ 选择“图表 5：分类 1”动画。❷ 设置延迟时间为 1.5 秒。

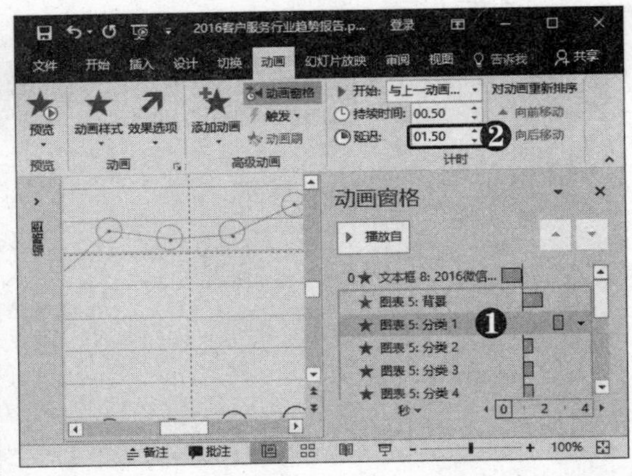

第10步 **继续设置延迟时间** 采用同样的方法，设置其他分类动画的延迟时间。

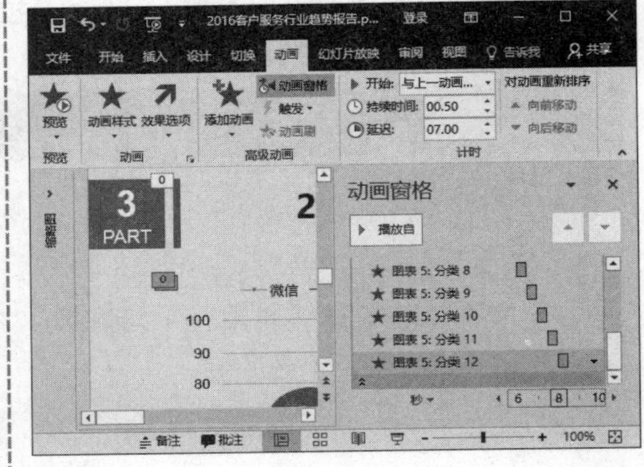

提示您

数据图表和概念类图表基本类似，可以整体为单位实现动画效果，也可以图表中的元素为单位实现动画效果。

多学点

为动画设置恰当的时间顺序，可使整个幻灯片在放映时更加流畅。

2. 添加形状动画

在添加形状动画时，可以为同一形状添加多种动画效果，如进入动画、强调动画、退出动画等，具体操作方法如下：

第1步 **选择“缩放”动画** ❶ 选中形状。❷ 单击“动画样式”下拉按钮。❸ 选择“缩放”动画。

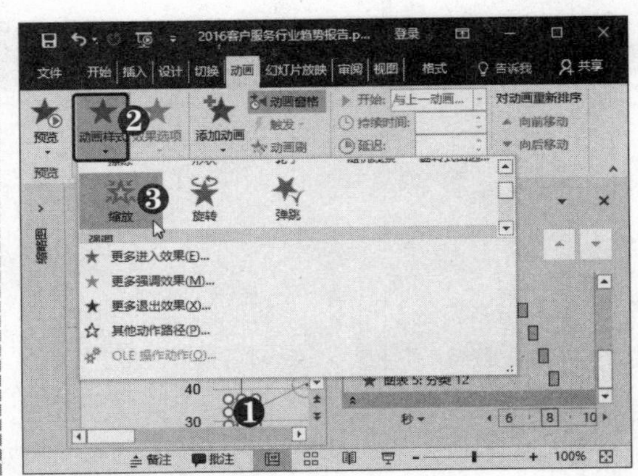

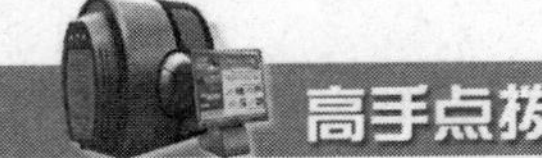

高手点拨

对幻灯片中的多个对象添加动画后，各个动画能否按照正确的顺序进行播放是幻灯片是否具有可视性的关键。

第2步 **选择"放大/缩小"动画** ❶单击"添加动画"下拉按钮。❷选择"放大/缩小"动画。

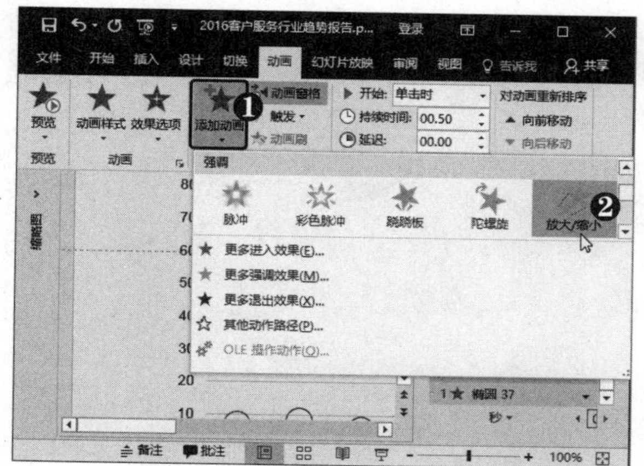

第3步 **选择"淡出"动画** ❶单击"添加动画"下拉按钮。❷选择"淡出"动画。

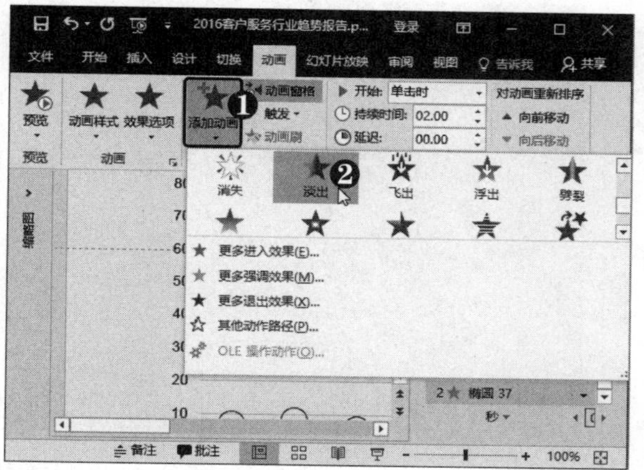

第4步 **单击"动画刷"按钮** ❶选中形状。❷单击"动画刷"按钮。

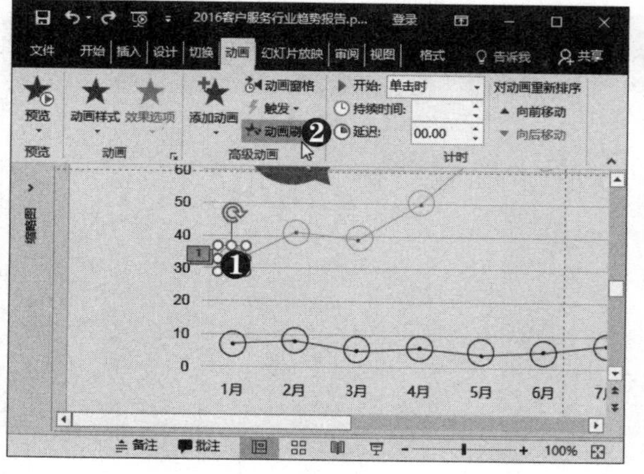

第5步 **复制动画效果** 当鼠标指针变为形状时，单击形状即可复制动画效果。

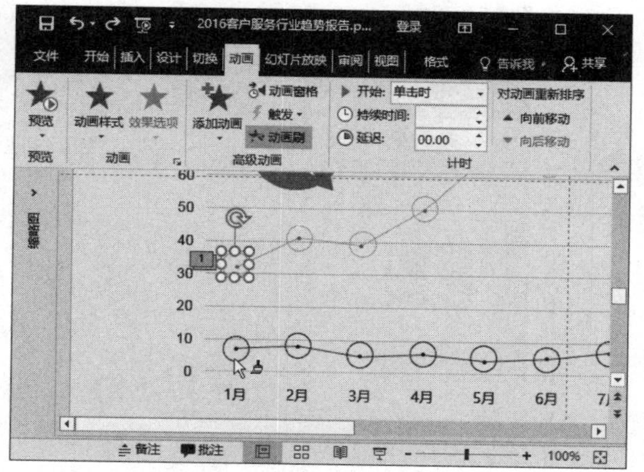

第6步 **选择动画** 打开"动画窗格"，按住【Shift】键选中多个动画。

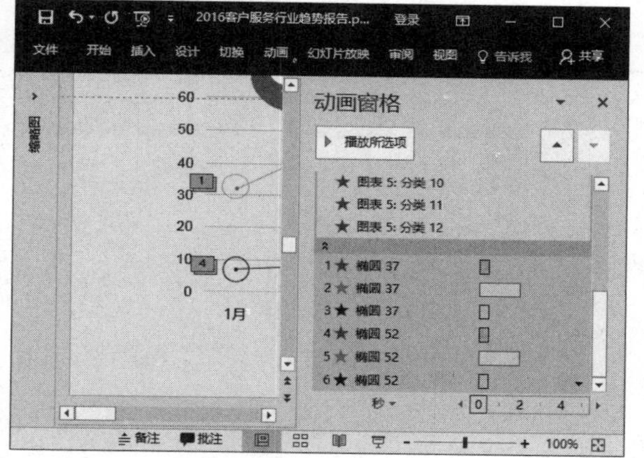

第7步 **设置计时参数** ❶将所选动画移至"图表 5：分类 1"动画下方。❷单击"开始"下拉按钮。❸选择"与上一动画同时"选项。

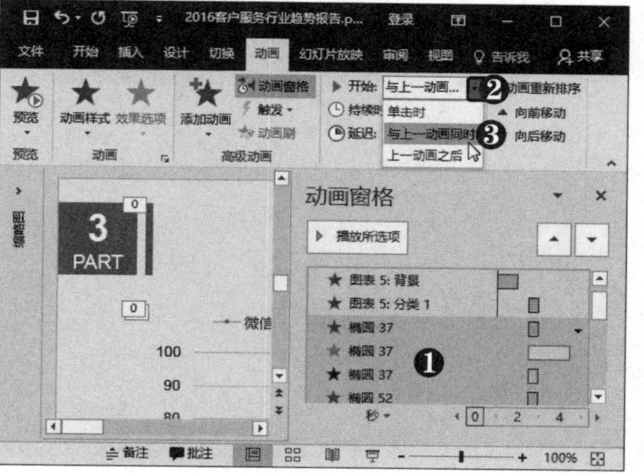

第8步 设置持续时间 ❶ 按住【Ctrl】键选择"椭圆 37"和"椭圆 52"强调动画。❷ 设置持续时间为 0.75 秒。

第9步 设置持续时间 ❶ 按住【Ctrl】键选择"椭圆 37"和"椭圆 52"退出动画。❷ 设置持续时间为 0.75 秒。

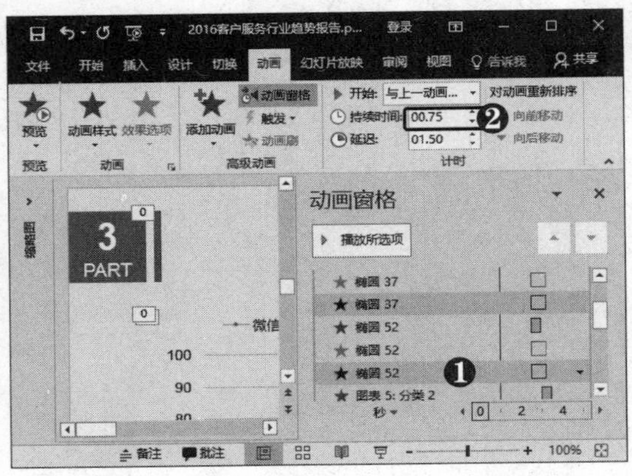

第10步 单击"动画刷"按钮 ❶ 选中形状。❷ 单击"动画刷"按钮。

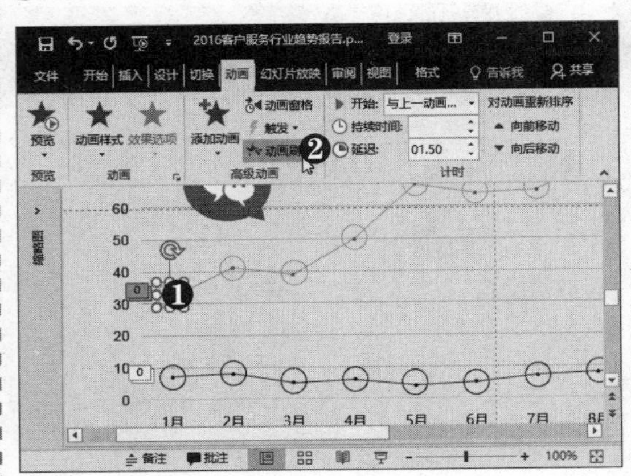

第11步 复制动画效果 当鼠标指针变为 形状时，单击形状即可复制动画效果。

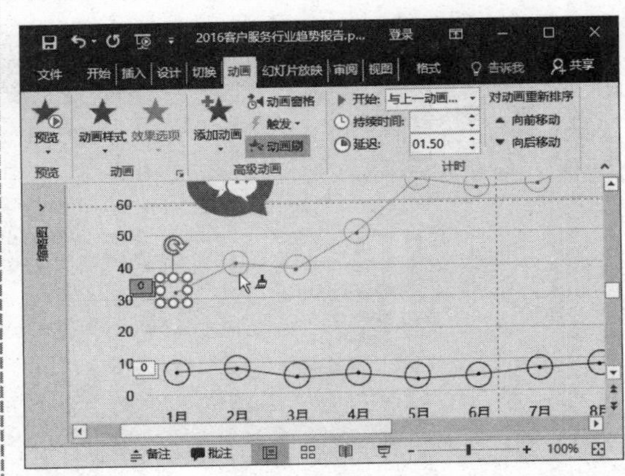

第12步 单击"动画刷"按钮 ❶ 选中形状。❷ 单击"动画刷"按钮。

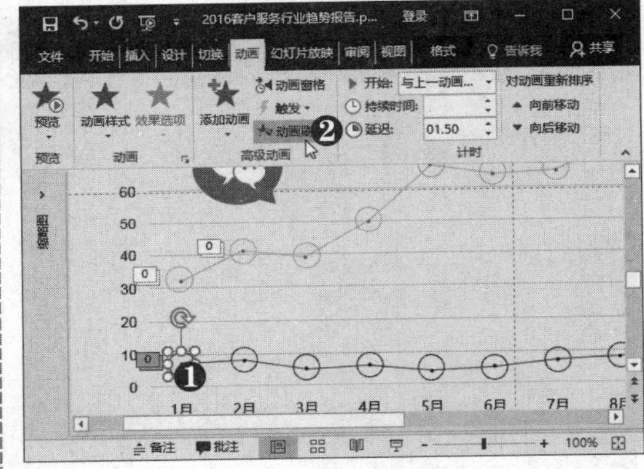

第13步 选择动画 单击形状，即可复制动画效果，打开"动画窗格"，按住【Shift】键选中多个动画，并将所选动画移至"图表 5：分类 2"动画下方。

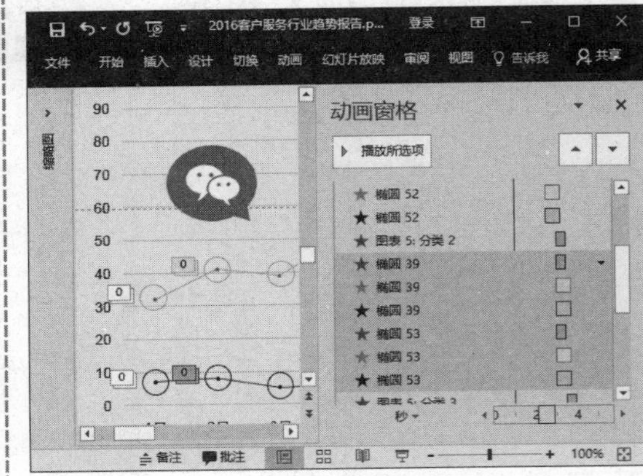

电脑小专家

问：为什么要为同一形状添加多个动画？

答：幻灯片中的形状可以设置不止一种动画，多种动画结合的播放效果会更加精彩。

新手巧上路

问：使用动画刷可以复制多个动画效果吗？

答：可以，动画刷可以复制所选对象的所有动画效果。

第14步 继续设置动画效果 采用同样的方法，设置其他形状的动画效果，并将其移至所需的位置。

第15步 选择"浮入"动画 ❶ 按住【Shift】键选择标注形状。❷ 单击"动画样式"下拉按钮。❸ 选择"浮入"动画。

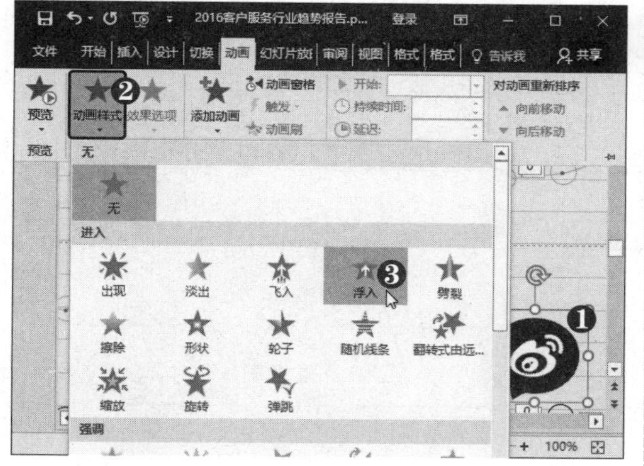

第16步 设置计时参数 ❶ 选中"微信"标注形状。❷ 设置"开始"为"上一动画之后"。❸ 设置持续时间为 0.5 秒。

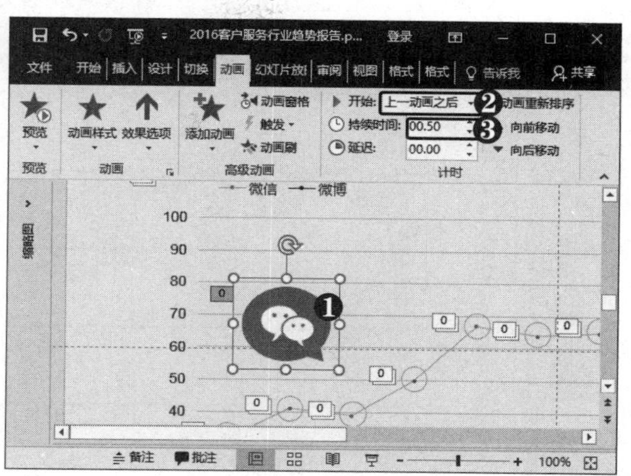

第17步 设置计时参数 ❶ 选中"微博"标注形状。❷ 设置持续时间为 0.5 秒。❸ 设置延迟时间为 0.25 秒。

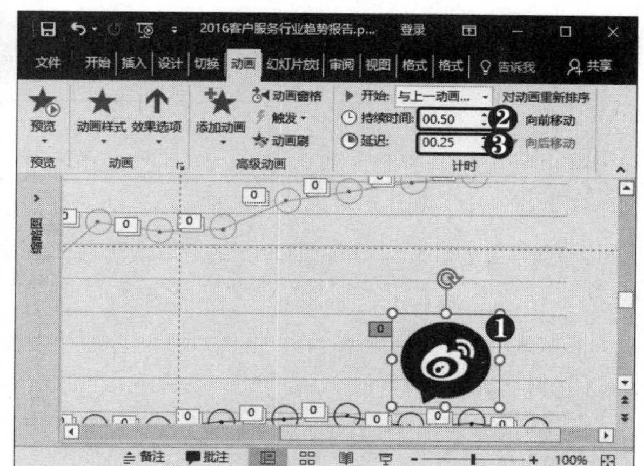

高手点拨

将鼠标指针置于"动画窗格"边框上，当其变成双向箭头时向左拖动，增大"动画窗格"空间。动画中的实心矩形条显示出动画的长度，对其进行操作可以更改动画的开始和结束时间。

学习笔记

提示您

在添加动画效果时，需要考虑内容的结构和逻辑等因素，根据这些因素来选择动画样式、动画选项和动画时间的安排。

第12章 商务演示文稿的放映、输出与打包

章前导读

演示文稿制作完毕后，用户可以根据需要对演示文稿进行放映、输出或打包等操作。在 PowerPoint 2016 中，可对幻灯片的放映类型进行设置，或自定义放映方式，也可将演示文稿进行打包操作，本章将进行详细介绍。

- 放映演示文稿
- 演示文稿的输出与打包

New Computer Tech For Dummies

小神通，添加好动画效果之后，下一步要做什么呢？

完成动画的添加操作后，就要放映幻灯片了。

没错！在放映幻灯片时，为使幻灯片按照我们想要的方式来放映，可以创建自定义放映，还可以插入超链接，增加幻灯片的交互功能。除此之外，还可以将演示文稿进行打包操作，本章我们就来学习这些知识吧！

12.1 放映演示文稿

制作演示文稿的最终目的是通过放映幻灯片向观众传达某种信息。本书将介绍如何设置幻灯片放映，如设置幻灯片放映参数、自定义幻灯片放映、排练计时等。

12.1.1 添加幻灯片交互功能

为幻灯片对象插入超链接可以使幻灯片轻松地跳转到演示文稿中的另一张幻灯片，也可以跳转到其他演示文稿中的幻灯片、电子邮件地址、网页或文件等。下面将介绍超链接与动作的应用方法。

提示您

单击状态栏中“幻灯片放映”按钮，即可快速放映幻灯片。

1. 插入超链接

在 PowerPoint 2016 中，可以为幻灯片中的对象创建超链接，如文本、占位符、文本框、图片和形状等。下面以为图片创建超链接为例进行介绍，具体操作方法如下：

第1步 选择“超链接”命令 打开素材文件，❶ 选择第 2 张幻灯片。❷ 选中文本框并右击。❸ 选择“超链接”命令。

多学点

当选中文本添加超链接时会在文本下方出现下画线，而对形状添加超链接则不会出现下画线。

第2步 选择幻灯片 弹出“插入超链接”对话框，❶ 在左侧“链接到”选项区中选择“本文档中的位置”选项。❷ 在右侧选择要链接到的幻灯片。❸ 单击“确定”按钮。

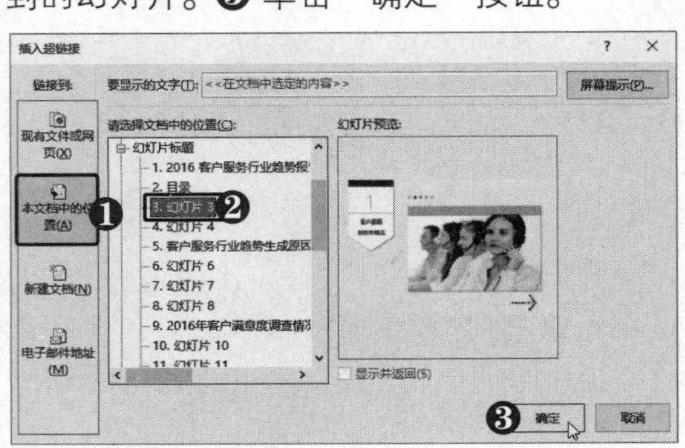

第3步 查看设置效果 此时即可为文本框创建超链接。按【Shift+F5】组合键放映当前幻灯片，单击文本框即可切换到相应的幻灯片中。

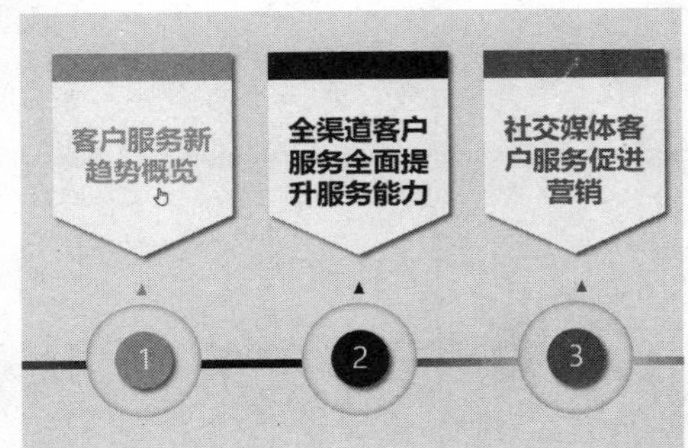

第4步 继续操作 采用同样的方法，为其他文本框添加超链接。

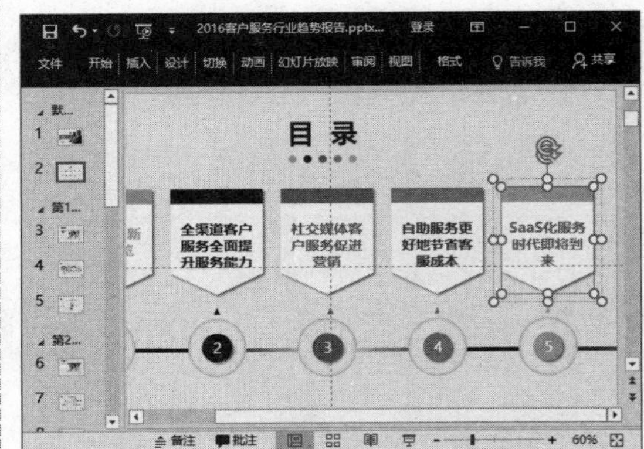

2．插入动作按钮

除了可以使用超链接进行幻灯片交互外，还可通过添加“动作”设置幻灯片交互。通过为幻灯片对象添加动作，不仅可以链接到指定的幻灯片，还可执行“结束放映”、“自定义放映”等命令，或运行指定的程序，具体操作方法如下：

第1步 选择动作按钮 ❶ 选择“插入”选择卡。❷ 单击“形状”下拉按钮。❸ 选择所需的动作按钮。

第2步 选择“幻灯片”选项 在幻灯片中绘制形状，绘制完成时弹出“操作设置”对话框，❶ 选中“超链接到”单选按钮。❷ 在“超链接到”下拉列表中选择“幻灯片...”选项。

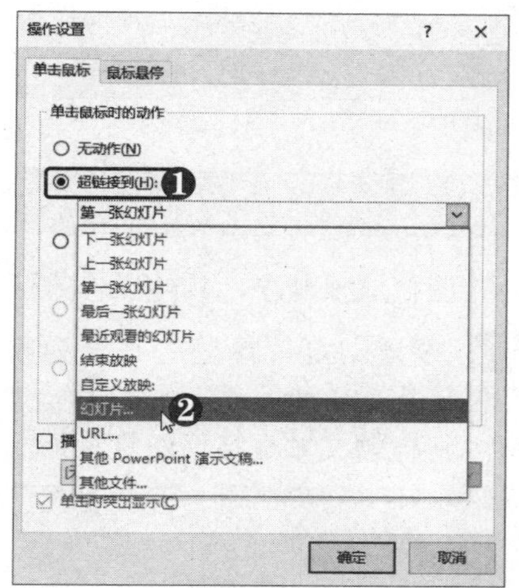

第3步 选择幻灯片 弹出“超链接到幻灯片”对话框，❶ 在“幻灯片标题”列表框中选择“目录”幻灯片。❷ 单击“确定”按钮。

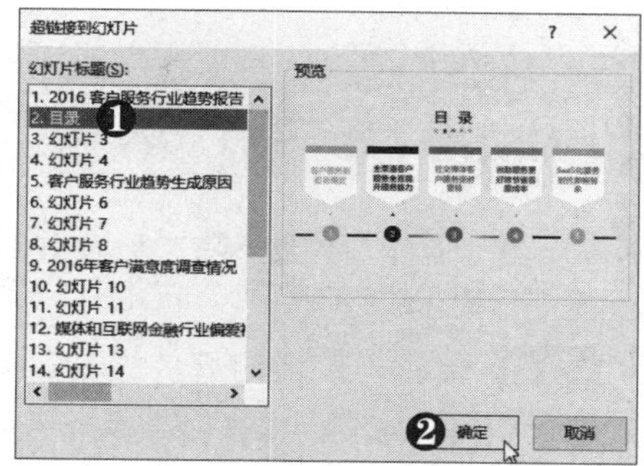

第4步 设置鼠标悬停声音 返回“操作设置”对话框，❶ 选择“鼠标悬停”选项卡。❷ 在“播放声音”下拉列表框中选择“单击”选项。❸ 单击“确定”按钮。

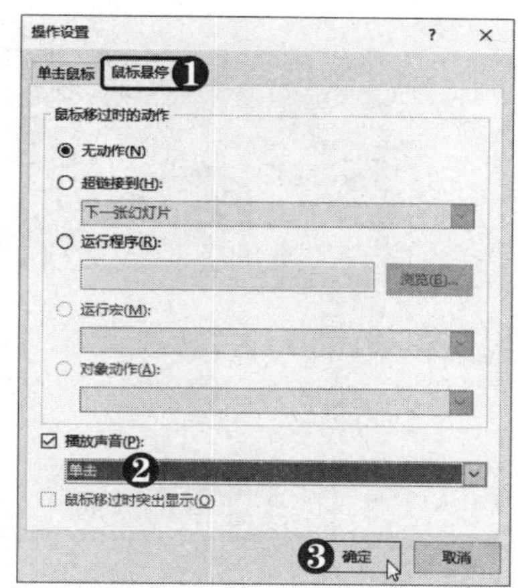

第5步 设置形状格式 ❶ 选择“格式”选项卡。❷ 设置形状填充为“无轮廓色”。❸ 单击“形状轮廓”下拉按钮。❹ 选择所需的颜色。

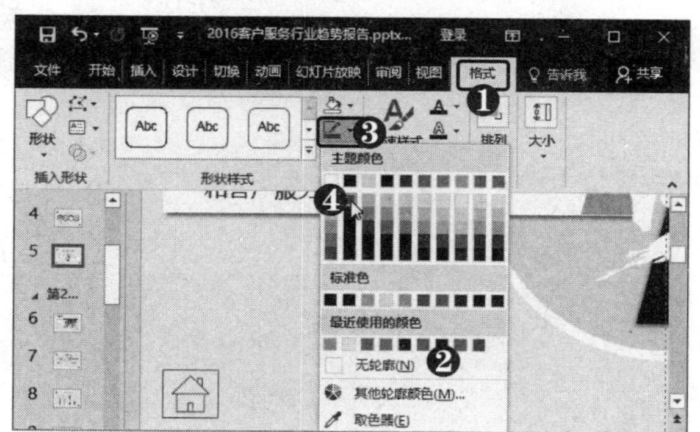

第6步 单击动作按钮 按【Shift+F5】组合键，放映当前幻灯片。单击动作按钮，即可切换到目录幻灯片。

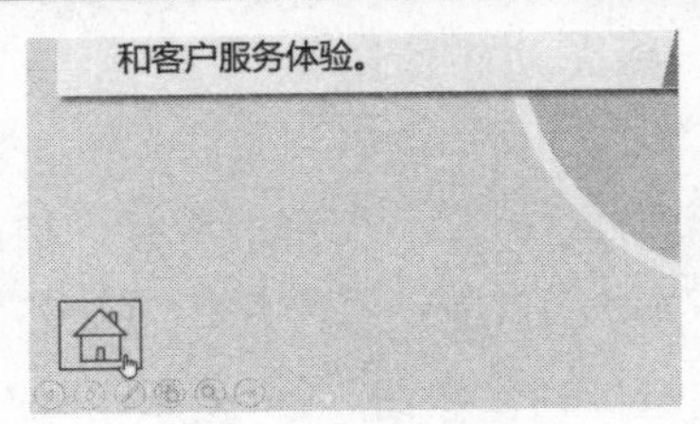

12.1.2 设置幻灯片放映方式

在幻灯片实际放映中，演讲者可能会对放映方式有不同的需求（如循环放映），这时就需要对幻灯片的放映方式进行设置，具体操作方法如下：

第1步 单击“设置幻灯片放映”按钮 ❶ 选择“幻灯片放映”选项卡。❷ 单击“设置幻灯片放映”按钮。

第2步 设置幻灯片放映参数 弹出“设置放映方式”对话框，❶ 选中“循环放映，按ESC键终止”复选框。❷ 在“放映幻灯片”选项区中选择演示文稿放映范围。❸ 单击“确定”按钮。

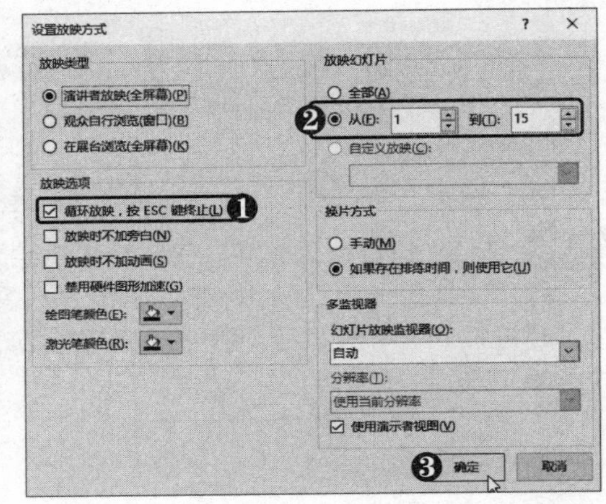

电脑小专家

问：怎样设置单击图片后链接到指定的幻灯片？

答：要链接到指定幻灯片，需要为图片创建超链接，而非动作。

新手巧上路

问：怎样为对象添加动作？

答：选中对象后选择“插入”选项卡，在“链接”组中单击“动作”按钮，即可打开“操作设置”对话框，再对动作进行设置即可。

12.1.3 自定义放映

通过创建自定义放映可以放映指定的幻灯片，并调整放映顺序，具体操作方法如下：

第1步 单击“大纲视图”按钮 ❶ 选择“视图”选项卡。❷ 单击“大纲视图”按钮。

第2步 设置幻灯片标题 在左窗格中将光标定位到标题位置，输入幻灯片标题，在右窗格中将标题文本框移至幻灯片外。

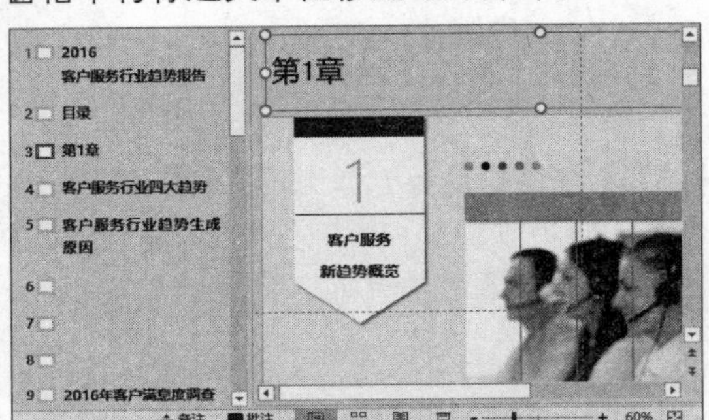

第3步 设置其他幻灯片标题 采用同样的方法，设置其他幻灯片的标题。

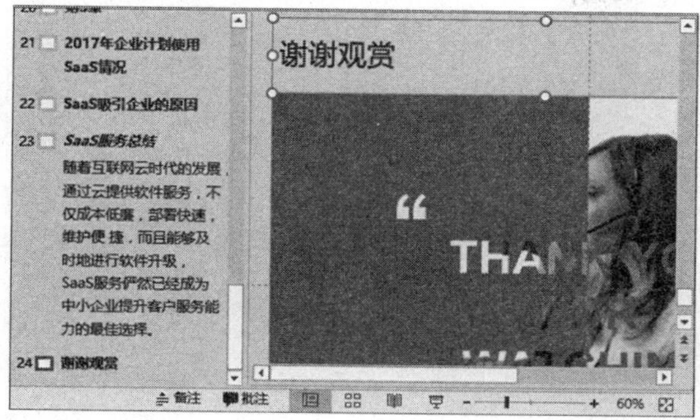

第4步 选择"自定义放映"选项 ❶ 选择"幻灯片放映"选项卡。❷ 单击"自定义幻灯片放映"下拉按钮。❸ 选择"自定义放映"选项。

第5步 单击"新建"按钮 弹出"自定义放映"对话框，单击"新建"按钮。

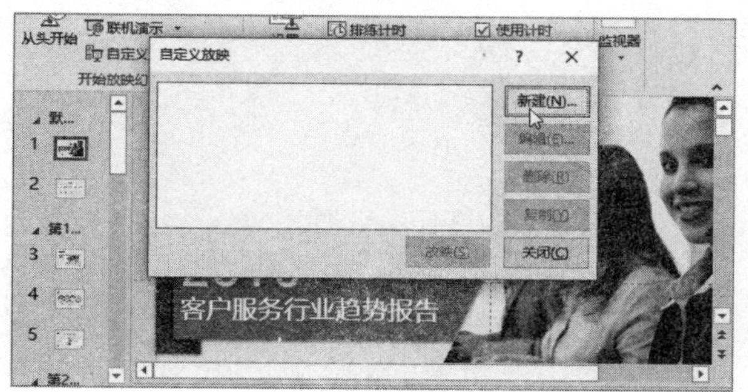

第6步 添加幻灯片 弹出"定义自定义放映"对话框，❶ 输入幻灯片放映名称。❷ 在左侧列表框中选中要放映的幻灯片前的复选框。❸ 单击"添加"按钮。

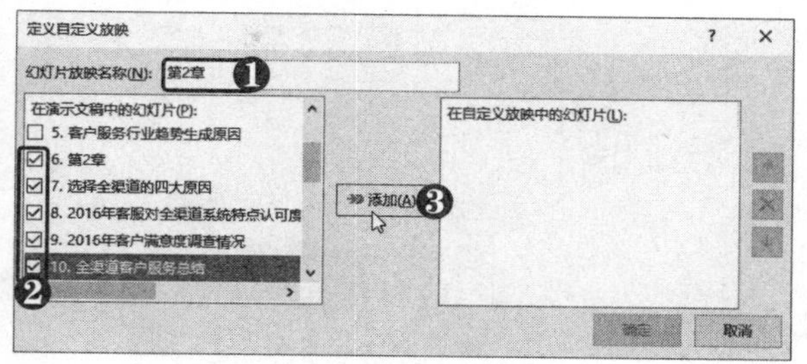

第7步 单击"确定"按钮 此时即可将自定义放映的幻灯片添加到右侧的列表框中，单击右侧的按钮，可调整幻灯片的顺序或删除幻灯片，单击"确定"按钮。

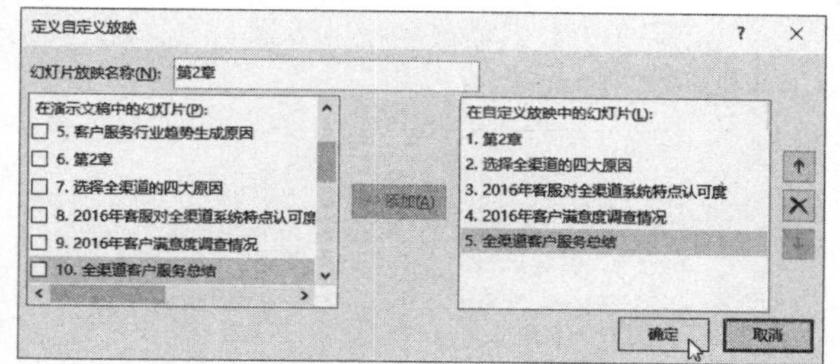

第8步 单击"放映"按钮 返回"自定义放映"对话框，从中可设置编辑、删除或复制自定义放映。单击"放映"按钮，即可放映幻灯片。

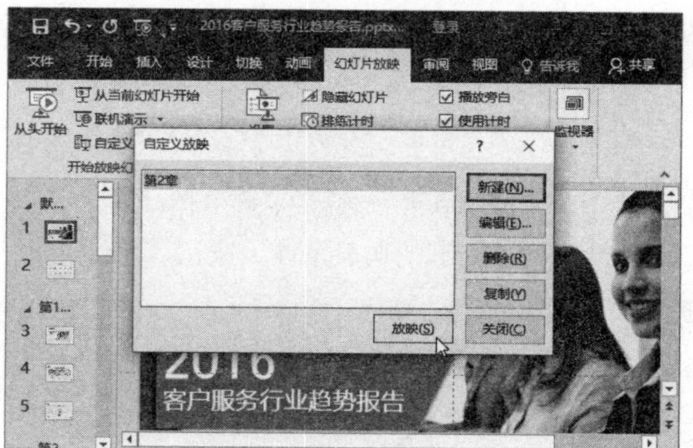

12.1.4 排练计时

若想对幻灯片的放映时间进行预先设置，可使用 PowerPoint 2016 的排练计时功能，具体操作方法如下：

第1步 单击“设置幻灯片放映”按钮 在“设置”组中单击“设置幻灯片放映”按钮。

第2步 设置幻灯片放映参数 弹出“设置放映方式”对话框，❶ 取消选中“循环放映，按 ESC 键终止”复选框。❷ 在“放映幻灯片”选项区中选中“全部”单选按钮。❸ 单击“确定”按钮。

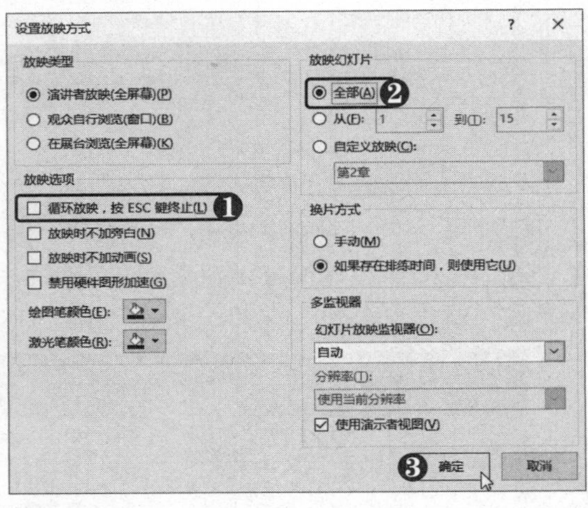

第3步 单击“排练计时”按钮 在“设置”组中单击“排练计时”按钮。

提示您

在左窗格中选中幻灯片并右击，选择“隐藏幻灯片”命令，即可在放映幻灯片时不放映该幻灯片。

多学点

设置排练计时后，在放映幻灯片时可以使幻灯片自动演示，而无须人参与运行。

第4步 暂停录制 进入幻灯片放映状态，在左上角出现“录制”工具栏，在该工具栏中可显示放映时间。在“录制”工具栏中单击“暂停”按钮⏸，即可暂停当前记录时间。

第5步 完成录制 采用同样的方法，设置其他幻灯片的放映时间，直到幻灯片放映完毕，弹出提示信息框。单击“是”按钮，保留录制时间。

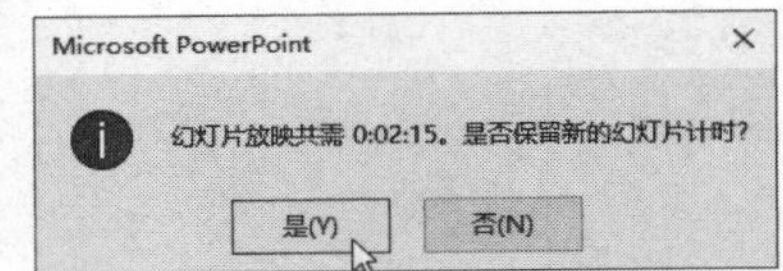

第6步 查看录制时间 单击幻灯片下方的▦按钮，切换到“幻灯片浏览”视图，其中会显示每张幻灯片的录制时间。

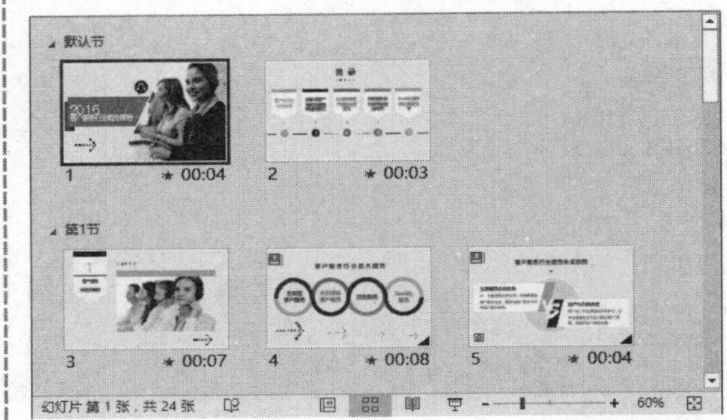

12.1.5 放映幻灯片

在放映幻灯片的过程中，可以使用“笔”工具进行注释标记，使用“放大”和“缩小”工具查看幻灯片。下面将详细介绍如何对幻灯片进行放映，具体操作方法如下：

第1步 单击“设置幻灯片放映”按钮 在“设置”组中单击“设置幻灯片放映”按钮。

第2步 设置幻灯片放映选项 弹出“设置放映方式”对话框，❶ 在“换片方式”选项区中选中“手动”单选按钮。❷ 单击“确定”按钮。

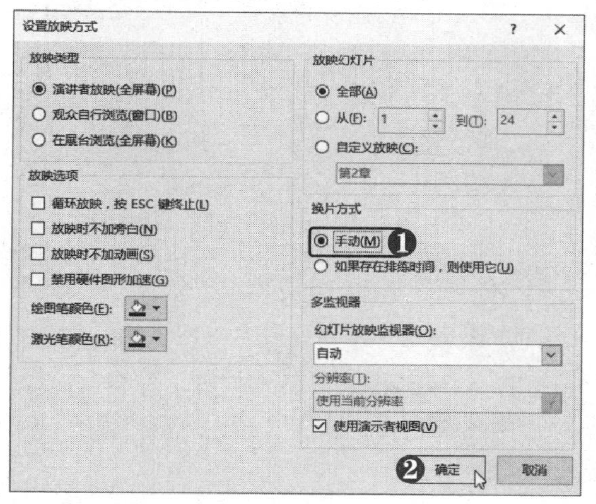

第3步 选择“显示演示者视图”命令 按【F5】键放映幻灯片，❶ 在幻灯片中右击。❷ 选择“显示演示者视图”命令。

第4步 选择“隐藏演示者视图”命令 进入演示者视图，在该视图中演讲者可查看备注信息。在此视图下，也可控制幻灯片的放映，❶ 在演示者视图中右击。❷ 选择“隐藏演示者视图”命令。

第5步 选择“笔”选项 ❶ 单击左下方的“笔”按钮。❷ 选择“笔”选项。

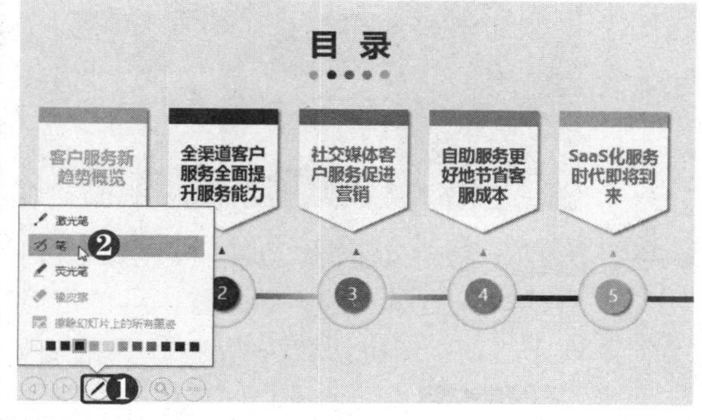

第6步 使用笔工具绘制 当鼠标指针呈红色圆点形状时按住鼠标左键不放，拖动鼠标即可进行绘制。

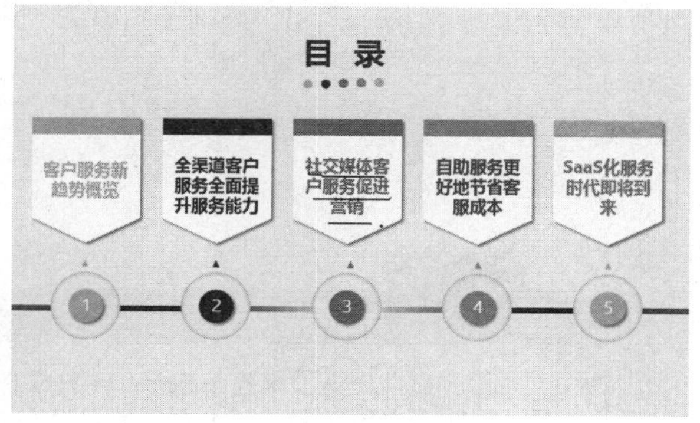

第7步 查看所有幻灯片 单击左下方的按钮，可以查看演示文稿中的所有幻灯片。

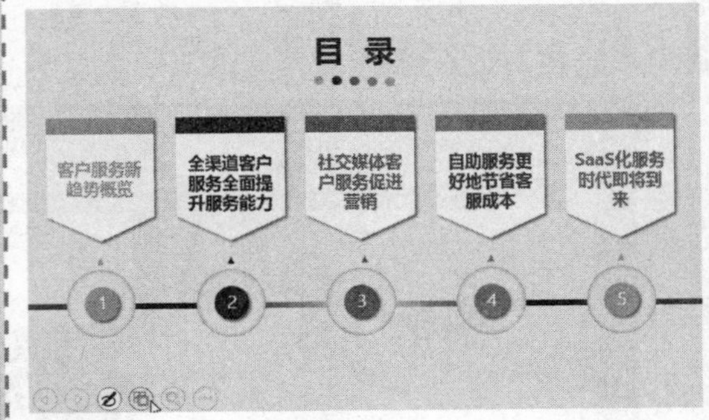

第8步 放映指定的幻灯片 在弹出的预览幻灯片界面中单击需要放映的幻灯片缩略图，即可放映该幻灯片。

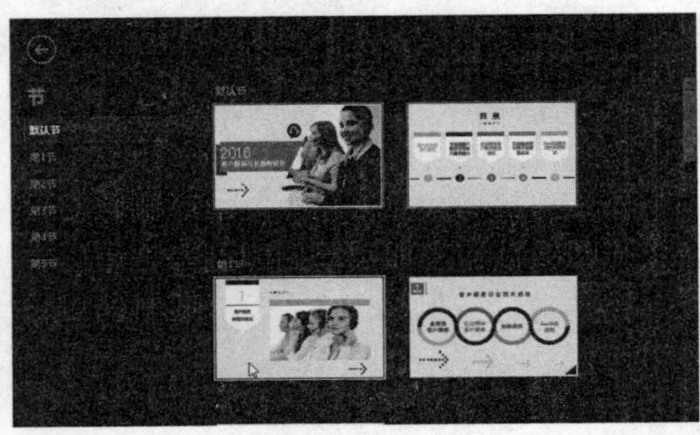

第9步 启动"放大"功能 若想放大幻灯片中的某一区域进行详细查看，可单击幻灯片左下方的按钮，启动"放大"功能。

第10步 使用放大工具 此时鼠标指针呈形状，并带有灰色边框。在幻灯片中选择要放大的区域并单击。

第11步 放大所选区域 此时即可将所选区域放大到整个屏幕，按住鼠标左键并拖动可移动屏幕位置，右击可退出放大状态。

第12步 选择"结束放映"命令 ❶ 在幻灯片中右击。❷ 选择"结束放映"命令。

电脑小专家

问：演示者视图的作用是什么？

答：当幻灯片中要输入的内容过多时，可在幻灯片中输入要点内容，而将其余内容输入备注窗格中，而演示者视图可以使演讲者在演讲时方便地查看备注内容。

新手巧上路

问：怎样查看更多的放映幻灯片时的快捷方式？

答：在放映幻灯片时，按【F1】键即可打开"幻灯片放映帮助"对话框，在"常规"选项卡下可以查看放映幻灯片时常用的快捷方式。

高手点拨

在"文件"选项卡左侧选择"导出"选项，在右侧选择"创建视频"选项，选择"使用录制的计时和旁白"选项，单击"创建视频"按钮，即可将演示文稿保存为视频文件。

12.2 演示文稿的输出与打包

演示文稿制作完成后，可以根据需要对演示文稿进行输出或保存操作。本书将详细介绍演示文稿的几种常用输出方式与打包、保存等知识。

12.2.1 输出演示文稿

演示文稿制作完成后，可以保存为多种类型的文件格式，如 Flash 文件、网页或图片文件等。下面将介绍其中比较常用的两种格式，即图片格式和放映格式。

1．保存为图片格式

将幻灯片保存为图片格式的具体操作方法如下：

第1步 单击“浏览”按钮 切换到“文件”选项卡，❶ 在左侧选择“另存为”选项。❷ 在右侧单击“浏览”按钮。

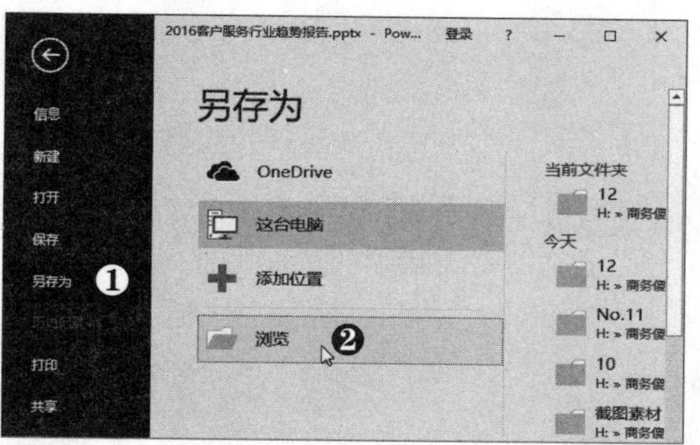

第2步 设置保存类型 弹出“另存为”对话框，❶ 在“保存类型”下拉列表框中选择“PNG 可移植网络图形格式（*.png）”选项。❷ 输入文件名称。❸ 单击“保存”按钮。

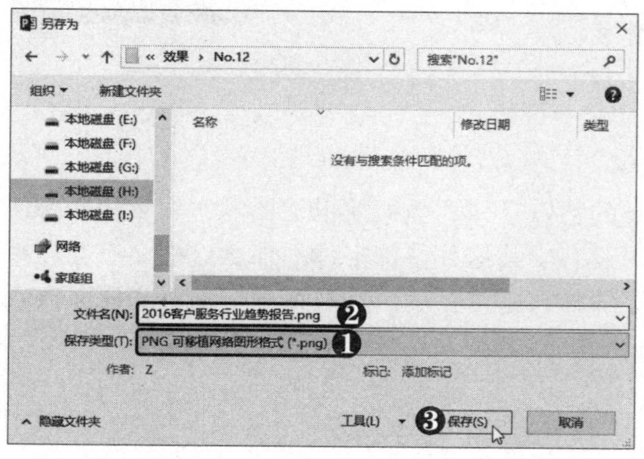

第3步 单击“所有幻灯片”按钮 在弹出的提示信息框中单击“所有幻灯片”按钮，即可导出所有幻灯片为图片。

第4步 确认保存操作 导出完毕后会弹出提示信息框，提示保存的位置，单击“确定”按钮。

第5步 查看保存图片 打开自动创建的“2016客户服务行业趋势报告”文件夹，即可查看保存为图片格式的所有幻灯片。

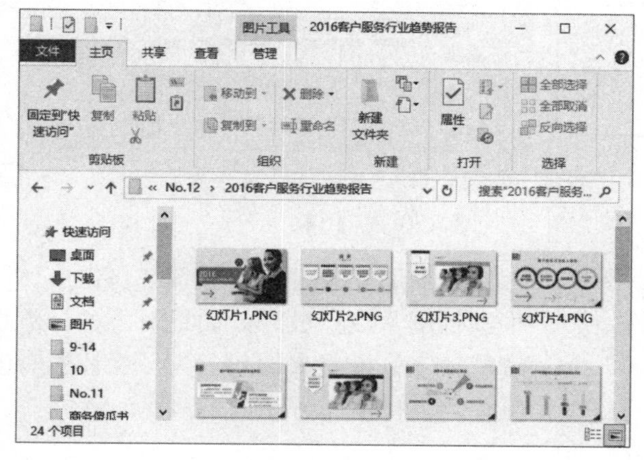

2．保存为幻灯片放映格式

幻灯片放映格式是以.ppsx为后缀名的一种文件格式。这种文件的特点是始终在幻灯片放映视图下打开演示文稿，而不是打开PPT的普通视图，适合于已经编辑完成的演示文稿。将幻灯片保存为幻灯片放映格式的具体操作方法如下：

第1步 单击“浏览”按钮 切换到“文件”选项卡，❶在左侧选择“另存为”选项。❷在右侧单击“浏览”按钮。

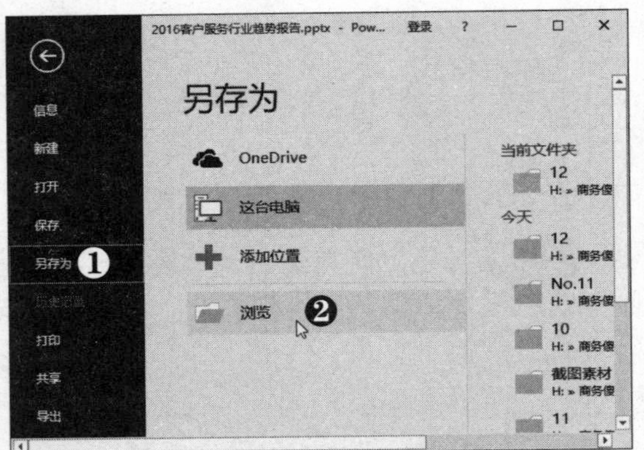

第2步 设置保存类型 弹出“另存为”对话框，❶在“保存类型”下拉列表框中选择“PowerPoint放映（*.ppsx）”选项。❷输入文件名称。❸单击“保存”按钮。

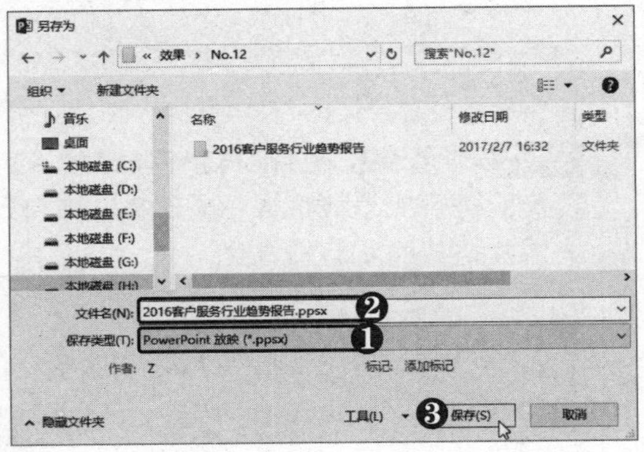

第3步 查看保存文件 打开文件所在位置，即可查看已保存完成的“2016客户服务行业趋势报告.ppsx”文件，该文件格式的图标在“小图标”视图下与“*.pptx”格式文件有所不同。

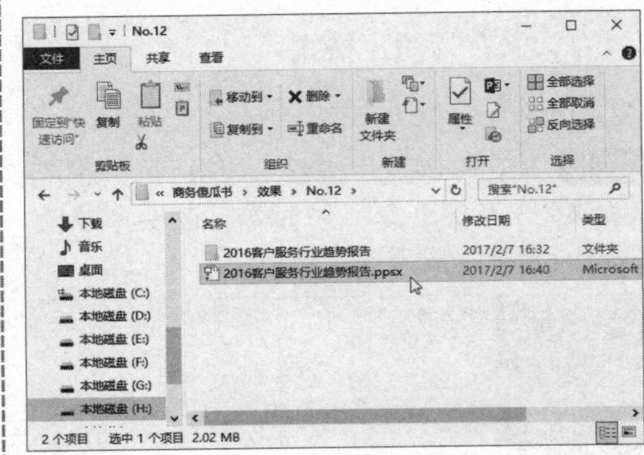

第4步 打开文件 双击文件图标打开文件，会自动跳转到PPT的放映视图。

提示您

用户可以根据需要将导出的幻灯片图片制作成静态的幻灯片，或制作成幻灯片相册。

多学点

在“保存类型”下拉列表框中选择“PowerPoint XML演示文稿”选项，即可将演示文稿保存为网页格式。

3．嵌入字体

如果幻灯片中使用了系统自带字体以外的特殊字体，当把演示文稿发送到其他计算机上进行浏览或播放时，如果对方的计算机中没有安装这种特殊字体，那么这些文字会以系统默认字体样式来替代。为了保证原有的字体样式正常显示，需要在保存演示文稿时嵌入字体，具体操作方法如下：

第1步 **选择"选项"选项** 切换到"文件"选项卡，在左侧选择"选项"选项。

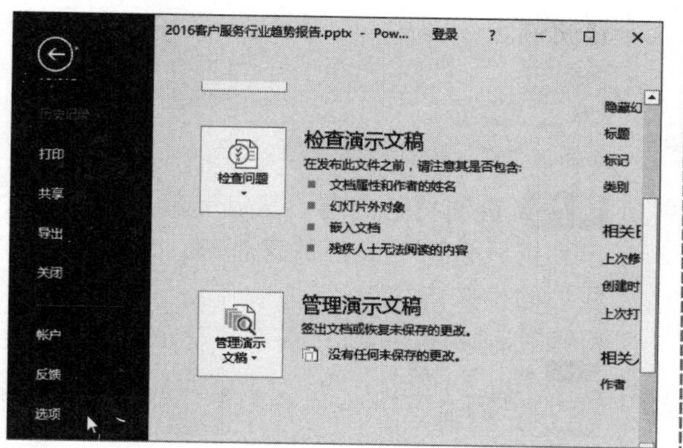

第2步 **嵌入字体** 弹出"PowerPoint 选项"对话框，❶ 在左侧选择"保存"选项。❷ 在右侧"共享此演示文稿时保持保真度"选项区中选中"将字体嵌入文字"复选框。❸ 选中"仅嵌入演示文稿中使用的字符（适于减小文件大小）"单选按钮。❹ 单击"确定"按钮，保存文件时即可将字体嵌入演示文稿中。

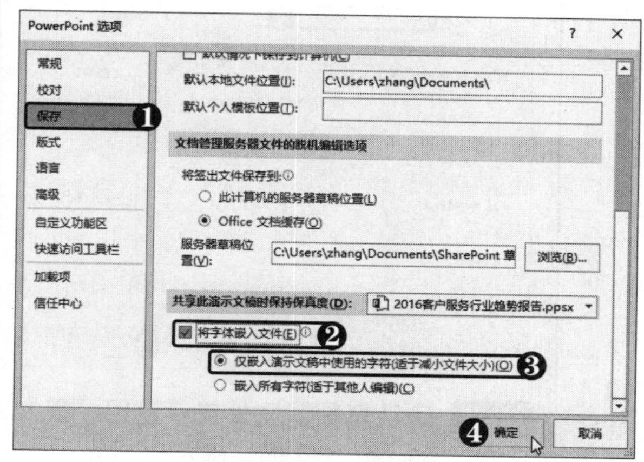

12.2.2 打包演示文稿

打包演示文稿是为使用户在没有安装 PowerPoint 软件的情况下也能正常观看演示文稿，具体操作方法如下：

第1步 **单击"打包成 CD"按钮** 选择"文件"选项卡，❶ 在左侧选择"导出"选项。❷ 在右侧选择"将演示文稿打包成 CD"选项。❸ 单击"打包成 CD"按钮。

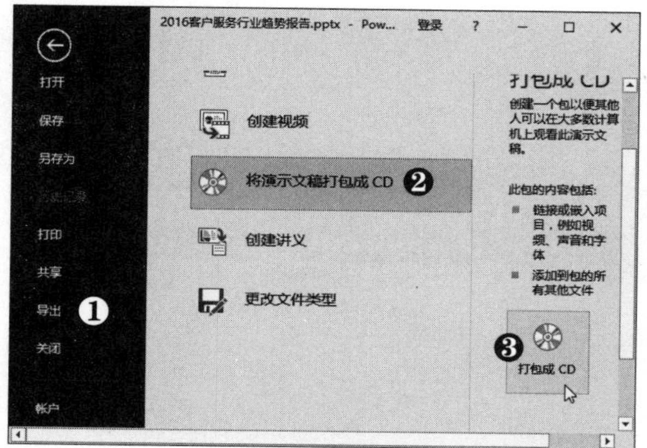

第2步 **单击"复制到文件夹"按钮** 弹出"打包成 CD"对话框，❶ 在"将 CD 命名为"文本框中输入文件名。❷ 单击"复制到文件夹"按钮。

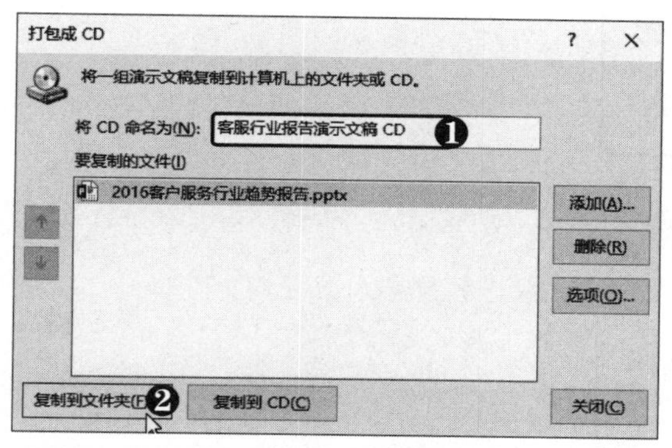

第3步 **单击"浏览"按钮** 弹出"复制到文件夹"对话框，❶ 输入文件夹名称。❷ 单击"浏览"按钮。

电脑小专家

问：演讲PPT时如何对时间进行把控？

答：演讲时可以遵循"一二三"或"二二"原则。"一二三"原则就是10-20-30原则，即一个PowerPoint不能超过10张，演讲时间不能超过20分钟，且幻灯片的字号要大于30；"二二"原则就是20-20原则，即要有20张幻灯片，但每张幻灯片只演讲20秒。这样做的目的就是尽量让PPT做到简练，避免观众不耐烦。

第4步 选择保存位置 弹出"选择位置"对话框，❶选择保存位置。❷单击"选择"按钮。

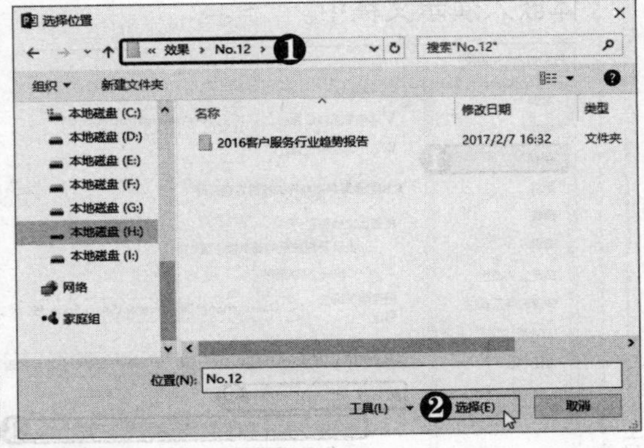

第5步 确认复制到文件夹 返回"复制到文件夹"对话框，单击"确定"按钮。

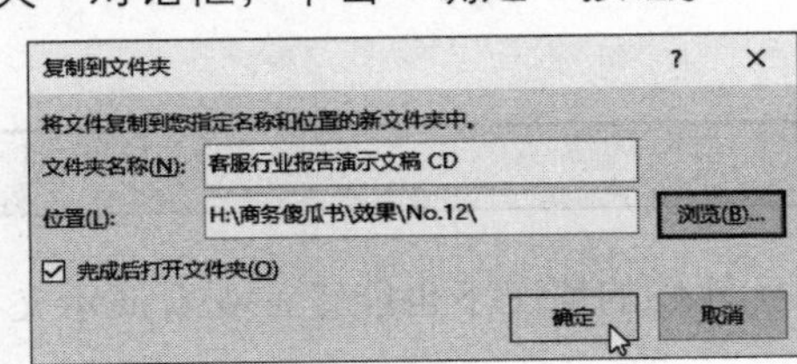

第6步 确认复制操作 弹出提示信息框，单击"是"按钮，此时链接的文件内容会同时被复制。

第7步 查看打包内容 复制完成后，系统会自动打开该打包文件的文件夹，可以看到打包后的相关内容。

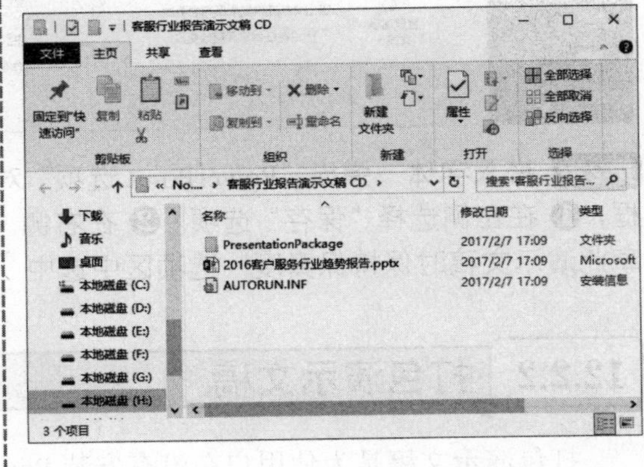

新手巧上路

问：演讲时有哪些技巧？

答：演讲时要注意三点，一是不要读幻灯片；二是演讲时要贴近观众；三是在演讲过程中需要翻页时不用总回到讲台再翻页，可以使用翻页器来翻页。